STADTBAUGESCHICHTE
VON DER ANTIKE
BIS ZUR NEUZEIT

STADTBAUGESCHICHTE VON DER ANTIKE BIS ZUR NEUZEIT

Herausgegeben von
Hartmut Hofrichter

3., verbesserte und ergänzte Auflage

Die Deutsche Bibliothek – CIP-Einheitsaufnahme
Stadtbaugeschichte von der Antike bis zur Neuzeit /
hrsg. von **Hartmut Hofrichter,** – 3., verb. und erg.
Aufl. – Braunschweig: Vieweg, 1995
    ISBN 978-3-528-28684-2   ISBN 978-3-663-07645-2 (eBook)
    DOI 10.1007/978-3-663-07645-2
NE: Hofrichter, Hartmut [Hrsg.]

Prof. Dr.-Ing. Dr.-Ing. h. c. Martin Grassnick war bis 1982 Ordinarius
für Baugeschichte und Entwerfen an der Universität Kaiserslautern und
30 Jahre im Nebenamt Dombaumeister von Xanten.

Prof. Dr.-Ing. habil. Hartmut Hofrichter ist Ordinarius für Baugeschichte/
Geschichte des Städtebaus/Denkmalpflege an der Universität Kaisers-
lautern und war bis 1982 Leiter des Landesamtes für Denkmalpflege
Rheinland-Pfalz.

Dieses Werk erschien in 1. Auflage 1982 als Band 4
der „Materialien zur Baugeschichte",
begründet und herausgegeben von Martin Grassnick.

2., verbesserte und ergänzte Auflage 1991
3., verbesserte und ergänzte Auflage 1995

© Springer Fachmedien Wiesbaden 1995

Ursprünglich erschienen bei Friedr. Vieweg & Sohn Verlagsgesellschaft mbH, Braunschweig/Wiesbaden 1995

Der Verlag Vieweg ist ein Unternehmen der Bertelsmann Fachinformation GmbH.

Umschlagentwurf: Peter Neitzke, Zürich

ISBN 978-3-528-28684-2

Inhalt

Vorwort des Herausgebers

Als 1982 die erste Auflage des Werkes *Stadtbaugeschichte von der Antike bis zur Neuzeit* erschien, war es das erklärte Ziel des damaligen Herausgebers, eine Übersicht über einzelne Kulturbereiche und -epochen anhand wesentlich scheinender Leitlinien zu vermitteln, das Interesse für siedlungs- und stadtbaugeschichtliche Fragestellungen zu wecken und das visuelle Gedächtnis direkt oder indirekt mit dem Bauen befaßter Leser zu schulen. Diese Absichten bestehen auch bei der zweiten verbesserten und ergänzten Auflage, mit der in Text und Zeichnung ein zeitengerer Anschluß an gegenwärtige Entwicklungen hergestellt werden soll. Das rege Interesse an einer Neuauflage ließ eine vollständige, weil allzu aufwendige Neubearbeitung nicht zu, so daß im bisherigen Text, dessen Konzept von Dipl.-Ing. K. Pelzer und Dipl.-Ing. C. Dillinger überarbeitet worden war, umfangreichere Verbesserungen und Ergänzungen nur dort vorgenommen wurden, wo dies zwingend und technisch problemlos möglich schien. Viele neue, z.B. archäologischen Untersuchungen zu verdankende Erkenntnisse, die zwangsläufig auch zu neuen Fragestellungen führen müssen, konnten nicht oder nur begrenzt eingearbeitet werden, doch scheint ein weitgehender Verzicht auf ihre Wiedergabe unter dem Aspekt des teilweise noch recht lückenhaften und nicht flächendeckenden Kenntnisstandes vorerst vertretbar, wenngleich es andererseits auch eine sehr reizvolle Aufgabe sein kann, sich mit den Ursprüngen der Stadt, ihren Beweggründen und der damit verbundenen Diskussion von Grundsatzfragen intensiver zu befassen.

Übersichten stehen in der Gefahr des manchmal voreiligen Generalisierens: Sie reduzieren notwendigerweise die Komplexität von Entstehungs- und Veränderungsprozessen wie deren Ergebnisse; ihre Beispielauswahl scheint mitunter unausgewogen oder sogar ungerecht. Dies um so mehr, wenn ergänzende und relativierende Anmerkungen als wesentlicher Teil eines wissenschaftlichen Apparats fehlen. Trotzdem haben sie ihren in der Praxis unbestrittenen Wert, können sie doch eine – zugegebenermaßen vergleichsweise grob gerasterte – Ausgangsbasis oder Orientierungshilfe für die anzustrebende kritische eigene Beschäftigung mit vertiefend zu erörternden Einzelproblemen bilden.

Die Zeichnung steht im Mittelpunkt des Bandes; sie ist vereinfachende Interpretation gebauter Wirklichkeit, reduziert die Fülle geschichtlicher und baugeschichtlicher Aussagen auf für wesentlich Gehaltenes, macht das Dargestellte für den „Einsteiger" lesbar und ermöglicht ihm vielleicht erst durch die visuell nachvollziehbare Erkennbarkeit von Zusammenhängen die Annäherung an ein schwierig scheinendes, weil häufig in der Fülle von Aussagen erstickendes Thema.

Fotos und Originalplänen wird im allgemeinen neben ihrem vielseitigeren Informationsgehalt eine größere Objektivität als einer Um- oder Überzeichnung beigemessen; ob sie darum aber grundsätzliche Entwicklungsschritte, die sie markieren, veranschaulichen können, mag mitunter zu bezweifeln sein.

Die überwiegende Zahl der Zeichnungen sind Grundrisse. Zum Teil wurde aus Gründen besserer Vermittelbarkeit räumlicher Vorstellungen auf Rekonstruktionen zurückgegriffen, über deren Aufriß in der Regel ebenso wie über die Interpretation von Skizzen und Idealentwürfen gestritten werden kann. Bei der Vielzahl der Zeichnungen wurde den jeweiligen Verfertigern trotz der Abstimmung von Grundinformationen ein notwendiger Darstellungsfreiraum gelassen. Die Zeichnungsbeispiele bestimmter Entwicklungen sind im Einzelfall sicher austauschbar, diejenigen für Entwicklungen neuerer Zeit überdies ergänzungsbedürftig: Sie vermitteln eher einen Ein- als einen Überblick.

Festgehalten wurde bei der vorliegenden Auflage am bewährten System der den Textrand begleitenden Zeichnungsverweise. Das auf neueren Stand gebrachte Literaturverzeichnis ist vorrangig als Anregung für weiterführende Informationen gedacht, beinhaltet jedoch lediglich eine Titelauswahl.

Die Um- bzw. Überzeichnungen (in Klammern aufgeführt die auf den jeweiligen Blättern vorhandenen Namenskürzel) stammen von B. Biegel (BB), A. Böhrend (BÖ), H. Fickers (FI), M. Gundlach (GU), H. Hofrichter (HO), U. Holzmann (UH), K. Imhof (IM), E. Kretz (EK), K. Mautschke (MA), K. Pelzer (PE), M. Sommer (SO), A. Thomas (TH) und I. Trumm (TR).

Danken möchte ich allen, die durch ihre Kritik an der ersten auch zur Verbesserung der zweiten Auflage der *Stadtbaugeschichte* beigetragen haben; insbesondere Dr.-Ing. V. Hammerschmidt, Kaiserslautern, steuerte zahlreiche Hinweise und über die vorliegende Arbeit hinausgehende Anregungen bei.

Zu Dank verpflichtet fühle ich mich gegenüber dem Erstherausgeber, Herrn Prof. Dr.-Ing. Dr.-Ing. h.c. Martin Grassnick, der die *Materialien zur Baugeschichte* begründete und die Edition der Folgeauflagen dem Unterzeichner übertrug: eine Aufgabe, die dieser nicht bedenkenlos und ohne Vorbehalt übernahm, denn die Darstellung eines konkreten Siedlungs- oder Stadtbeispiels mit detaillierter Analyse und Einbeziehung vielfältiger und differenzierter Rahmenbedingungen kann die Notwendigkeit permanenter Rückorientierung im Sinne wirklicher Zukunftsperspektiven nicht nur schlaglichtartig, sondern sogar intensiver verdeutlichen als eine Abfolge recht allgemein dargestellter Informationen. Doch bin ich der Auffassung, daß das eine das andere nicht entbehrlich macht, sondern vielmehr durchaus ergänzen kann. Bestehende Informationsmöglichkeiten besagen nur vergleichsweise selten etwas über deren tatsächliche Akzeptanz.

Ein besonderer Dank gilt dem Verlag, der die vorliegende Neuauflage durch sein großes Entgegenkommen und seine Geduld bei den Umarbeitungen und Ergänzungen förderte und die Erweiterung um ein Glossar und ein die Orientierung erleichterndes Register ermöglichte.

Auf längere Sicht zu wünschen ist eine vollständige Neubearbeitung mit der Möglichkeit einer dann angemesseneren Gewichtung von Themenschwerpunkten und zugehörigen, auf neuesten Forschungsergebnissen basierenden Zeichnungen, insbesondere mit einer intensiveren Darstellung der Entwicklungen des 20. Jahrhunderts.

Kaiserslautern, im Herbst 1994   *Hartmut Hofrichter*

Antike

Ursprünge des Städtebaus

Zeit (Neolithikum, Jungsteinzeit 9000-3000 v. Chr.)

Das Leben der steinzeitlichen Menschheit bewegt sich zwischen zwei Polen: Umherziehen und Seßhaftwerden. Nachdem Sammler, Jäger, Fischer, Viehzüchter und Hirten gelernt haben, gezielt Fruchtanbau zu betreiben, entwickeln sich bleibende Ansiedlungen. Die frühesten dauernd bewohnten Orte der Steinzeit erscheinen im Bereich der antiken Welt etwa zwischen 8000 und 6000 v. Chr. (z.B. Jericho und Çatal Hüyük). Lange Zeit vorher war die vor Klima und Umwelt schützende Behausung des Menschen die Höhle, das Versteck, das Lager; Versammlungsort, Treffpunkt, Thingstätte und Heiligtum war dort, wo die Ersten „dauernde Wohnstätte" fanden – die Toten.

Städtische Ordnungen, differenzierte Bestandteile urbaner Strukturen finden sich erst ab etwa 3500-3000 v. Chr. im mesopotamischen Raum.

Ort (Flußlandschaften)

Die nach den Eiszeiten nun klimatisch benachteiligten Stämme und Völker begeben sich mit allem, was sie besitzen, auf die Suche nach günstigen Landstrichen. Vornehmlich die von großen Flüssen bewässerten und gedüngten Mündungslandschaften werden zu Anziehungspunkten.

Wichtige Voraussetzungen für eine Ansiedlung sind neben urbarem Land: Quellwasser, topographisch günstige Standorte (Anhöhen, Sicherheit vor Angriffen und Überschwemmungen), Baumaterial.

Im 3. und 2. Jt. v. Chr. begegnet uns eine bereits vielschichtige städtische bzw. stadtähnliche Zivilisation: am Nil (Ägypten) und an Euphrat und Tigris (Syrien und Mesopotamien), am Indus (Drawidische Induskultur, 2200 v. Chr.), im Hoangho-Becken, im Jordantal (Palästina), in Kleinasien (Hethiter, Gebiet der heutigen Türkei) und im Iran. Auch in Mittel- und Südamerika entstehen städtische Kulturen. Die Grabungsbefunde aus den genannten Gebieten vermitteln jedoch nur bruchstückhafte Einblicke in die damaligen Stadt- und Gesellschaftsstrukturen, zumal meist nur noch Reste von Groß- und Steinbauten nachweisbar sind; erst von den Städten des Mittelmeerraumes, insbesondere von denen der griechischen und römischen Antike, besitzen wir genauere Kenntnis.

Gesellschaft (Hochkulturen)

Zwischen den Uranfängen der Stadt und bereits ausgebauten Anlagen typischer Art liegt zu wenig Zeit, um einen allmählichen Stadtentstehungsprozeß annehmen zu können. Städte treten in einem relativ kurzen Zeitraum so plötzlich in Erscheinung, daß sie nur durch einen Entwicklungssprung erklärt werden können.

Die verbreitetste These für das Entstehen und Aufblühen einer Kultur macht Einflüsse von außen geltend (nacheiszeitliche Zuwanderungen, Eroberungen). Neue Ideen, Techniken – in Verbindung mit Vorgefundenem – bewirken eine Ausweitung menschlicher Fähigkeiten.

„Der Absprung von einer statischen, nur auf das Sichern des Lebensunterhalts abgestimmten Ackerbaugesellschaft kann auch von dieser Gesellschaft selbst vollzogen werden, sofern die entsprechenden Bedingungen gegeben sind; Reizfaktoren also, die veranlassen, vom Althergebrachten abzuweichen." (Colin Renfrew)
Eine Aufwärts-Spirale sozialen Fortschritts wird in Gang gebracht, die die Entstehung einer Hochkultur ermöglicht.

Was veranlaßt die Menschen, Städte, Festungen, Tempel zu bauen, Kunstwerke zu schaffen, eine Religion und schließlich eine Schriftsprache hervorzubringen?

Positive Veränderungen in den Lebensbedingungen der Jungsteinzeit schaffen die verbesserten Ernteerträge nach der Erfindung des Pflugs, die Möglichkeit mehrfacher Ernten in den Flußlandschaften, die Domestizierung von Tieren, die Fähigkeit der Metallgewinnung (Kupfer und Bronze) und die gezielte Organisation größerer Gemeinschaften (vgl. insbesondere die älteste bisher gefundene Gesetzessammlung auf der Stele Königs Hammurabi (1792-1750 v. Chr.) von Babylon). Die nun leichter erzielbare und im Überfluß vorhandene Nahrung, deren Beschaffung vorher alle Mitglieder einer bäuerlichen Gemeinschaft vollauf beschäftigte, ermöglicht es einem Teil der menschlichen Gemeinschaft, sich anderen Dingen zu widmen. Die Freisetzung von Arbeitskraft, die Arbeitsteilung erlaubt eine berufliche Differenzierung, eine Spezialisierung.

Das Bedürfnis nach geistiger Orientierung führt zu Beobachtungen im Raum: Astrologie, Astronomie, Sonnenkult, Mondkult (Caracul), Mathematik, Kalender, Schrift (Feldmessung, Zuteilung von Land, Vorausbestimmbarkeit der Ernte).

Dies alles erfordert Spezialisten, die neue Klassen bilden, so Priesterschaft, Schriftgelehrte, Heilkundige, und somit neue Bautypen (Observatorium, Tempel) notwendig machen. Zur Aufbewahrung und Wiederverteilung der Vorräte braucht man öffentliche Plätze, Speicher – und Behälter. Eine Handwerkerklasse bildet sich, deren Produkte mit höherem Marktwert als Tauschwaren gehandelt werden.

Der Markt, das Handelszentrum entsteht, mit der Multifunktionalität, die das Wort „Stadt" nur erlaubt.

Der Treffpunkt, Markt oder Wallfahrtsort macht es auch interessant, Straßen und Wasserwege zwischen den einzelnen Zentren anzulegen. Transport und Verkehr als Folge eines wirtschaftlichen Aufschwungs – nicht umgekehrt. Organisation und Verwaltung sind nötig, ein „Organisator", der erst die Verantwortung trägt, dann die Macht besitzt (Ausbildung des Adels). Hinter der Stadtentwicklung steht also von Anfang an die Teilung der Menschheit in Gruppen: Ackerbauern, Hirten, Handwerker, Händler, Priester, Herrscher – und die Draußengebliebenen, denen der wachsende Wohlstand dort nicht verborgen bleibt.

So wird von einigen Autoren die Formierung zur Stadt gleichzeitig als die Geburtsstunde des Krieges angesehen. Das Bedürfnis nach Sicherheit führt zu Schutzmaßnahmen: Palisaden, Wälle, die früheren Ansiedlungen eher dazu dienten, Tiere draußen, die Kinder drinnen zu halten, werden zu Festungsmauern. Als weiterer „Beruf" entsteht ein kämpferischer Kriegerstand.

Die Bedürfnisse der herrschenden Schichten für Lebens- und Hofhaltung, Priesterschaft, Kriegführung etc. werden durch die Arbeiter aller Gattungen befriedigt, deren Anteil an den Gütern streng geregelt ist, die regierbar sind durch Zuteilung oder künstliche Verknappung der Vorräte, welche innerhalb der nochmals befestigten Zitadelle aufbewahrt werden (Tempelbezirk, Palast). Mumford bezeichnet die Bewohner der Stadt als „dauernd gefangengehaltene bäuerliche Bevölkerung".

Die hier lediglich grob skizzierten Kräfte, die zum Entstehen der Städte führen, sind bekannt, nicht aber die Ursprünge der ältesten Stadtbauideen:

Form (Stadtstrukturen, Urplanungen)

Sicher brachten die ersten Stadtgründer Formvorstellungen und Siedlungserfahrungen aus ihren früheren Heimatorten mit. Haus, Altar, Zisterne, öffentlicher Weg und Versammlungsort hatten ja bereits im Dorf Gestalt angenommen; die Idee von Plätzen (Lichtungen), Terrassen, ebenso die Vorstellung von Türmen (Bergspitzen) und Schutzanlagen (Wälle, Gräben, Palisaden, Mauern).

Diese Konstellation von traditionellen Vorstellungen, Klima und Topographie und die Zweckbestimmung lassen typische Ur-Anordnungen entstehen, die im Laufe der Zeit weiterentwickelt, modifiziert werden, aber niemals wieder ganz verschwinden. Keine „Planungs"-Idee, die sich einmal als brauchbar erwiesen hat, stirbt in der Geschichte, keine veraltet. In der historischen Betrachtung des Städtebaus ist keine lineare formale Weiterentwicklung zu sehen, in der eine – verbesserte – Struktur die vorhergehende ablöst, allenfalls eine zeitweilige Bevorzugung eines der parallel vorhandenen und wiederkehrenden Grundmuster:
– die geomorphische Anlage;
– die konzentrische Anlage;
– der orthogonal bindende oder modulare Plan;
– die lineare Struktur;
– Häufung, Agglomeration, Satellitengruppe;
– Kombinationsformen.

Bauen entspricht dem menschlichen Willen, sich von den zyklischen Existenzbeschränkungen der Natur und den unzureichenden Verteidigungsmöglichkeiten der Horde unabhängig zu machen. So findet sich auf Bergkuppen die Grundform der Burg mit umliegender Besiedelung (geomorphisch, konzentrisch), auf ebenem Gelände eher die geometrische Anlage (konzentrisch, orthogonal bindend), in Mesopotamien und Ägypten z.B. die „Stadtterrasse", die Plattform aus Lehm und Schlamm (bis zu 12 m hoch), die den landschaftlichen Gegebenheiten angepaßte vorteilhafte Anordnung zur Naturkontrolle und Verteidigung. Herodot vergleicht die im Überschwemmungsgebiet liegenden Städte mit den Inseln der Ägäis.

Die menschliche Umgebung erweist sich als das Ergebnis der ordnenden Architektur, ablesbar in
– Umrißform und Befestigung,
– Richtung der Hauptachse,
– Plazierung des Zentrums (Stadtkrone),
– Einteilung der Quartiere,

– Proportion der Abmessungen,
– Einbeziehung des Wassers.

Als Umrißform früher Städte findet sich meist die runde, ovale oder unregelmäßige Anlage; die Zitadelle des Herrschers als ummauerter Bezirk innerhalb oder
am Rande der Stadt erscheint gewöhnlich als Rechteck mit Türmen und Bastionen
(Uruk, Harappa). Hier befinden sich in der Regel mindestens drei große Stein-
oder Ziegelbauten: Palast, Kornhaus und Tempel, wobei der Palast mehrere Funktionen aufweist: Kaserne, Gefängnis, Gerichtshof, Verwaltungs-, Handels- und
Verteidigungszentrum und schließlich Wohnung. Die Größe des Bauwerks unterstreicht zugleich symbolisch den Machtanspruch.

Die flächenmäßige Ausdehnung der Stadt ergibt sich nicht nur durch die Bebauung
und ihre Erschließung, Platzbildungen usw., sondern auch aus der Tatsache, ob
z.B. landwirtschaftliche Flächen von einer Ummauerung mit eingeschlossen sind.
Insofern kann ohne flächendeckende archäologische Grabungen kaum eine realistische Schätzung ihrer ehemaligen Einwohnerzahlen erwartet werden, zumal
auch Schriftquellen in dieser Hinsicht nicht immer verläßlich sind.

Die Stadtummauerung erfüllt mehrere Aufgaben: militärische, innenpolitische –
als Mittel, die Bevölkerung zu regieren –, ästhetische, Stadt und Land abzugrenzen,
und nicht zuletzt soziale, indem sie Stadt- und Landbewohner voneinander schei-
det.

Die Öffnungen – Stadttore – befinden sich unter ständiger Kontrolle. In den Me-
tropolen entstehen dort nach Gasthaus, Stallung, Speicher die Kaufmannsviertel
mit Lagerplatz oder Hafen (nachdem die wirtschaftliche Verantwortung von der
Zitadelle an private Stände delegiert wurde).

Die Entfernungen der Stadtanlagen untereinander ergeben sich aus der Notwendigkeit, zwecks Sicherung der Autarkie ein eigenes Einziehungsgebiet mit landwirtschaftlicher Produktion zu beherrschen.

Beispiele frühester Stadtanlagen

Die archäologische Forschung hat in den letzten Jahrzehnten zumindest zwei
Siedlungen entdeckt, darunter Jericho in Palästina und Çatal Hüyük in Anatolien,
die bereits vor 5000 v. Chr. entstanden sind, Ansiedlungen, die nach der voraus-
gegangenen Definition noch nicht als „Städte" angesprochen werden können,
wohl aber als selbständige Einheiten.

Jericho
Die älteste Ansammlung von Wohnstätten datiert man ins 7. Jt. v. Chr. Ständig bewohnt
ist der Ort etwa ab 4700 v. Chr. Er wird von einer freistehenden Mauer aus behauenen
Steinen umschlossen, die teilweise noch 3,5 m hoch steht. Darüber ragt ein steinerner
Turm, 9 m im Umfang, heute noch 7 m hoch. Die 28 Stufen des Turmes waren mit Stein-
platten belegt, die 22 Bauperioden überdauert haben.
Zwischen 3500 und 2300 v. Chr. entstehen in Palästina Kleinstädte mit bäuerlichen Markt-
zentren. Die baulichen Reste sind jedoch so spärlich, daß ein klares Bild vom Aussehen
der damaligen Städte nicht zu geben ist.
Schätzt man in Jericho das Siedlungsareal auf 4 ha und die Einwohnerzahl auf ca. 800,
so vermutet bei Çatal Hüyük sein Ausgräber, J. Mellaart, 13 ha und wenigstens ca. 3000
Einwohner.

1 *Çatal Hüyük*

Die Siedlung wurde offensichtlich als Einheit geplant. Der heutige Stadthügel entstand durch mehrmalige Zerstörung und erneuten Wiederaufbau an gleicher Stelle (geschichtete Stadt – im Gegensatz zur „Wandelstadt", die sich im Laufe ihrer Geschichte auf derselben Ebene strukturell verändert). Heute wird Schicht für Schicht wieder abgetragen, um die alten Grundrisse freizulegen. Die Abbildung zeigt ein Wohnquartier der Schicht X. Insgesamt fanden sich 14 in den Zeitraum 6300-5500 v. Chr. zu datierende Schichten. Die Datierung ist auf Grund der Radiokarbonmethode (Zerfall des radioaktiven C^{14}-Isotops in toten organischen Substanzen, Halbwertzeit etwa 6000 Jahre) relativ gesichert.

Als Baumaterial wird Lehmziegel verwandt, da die Umgebung aus Schwemmland besteht und weit und breit keine Steine vorhanden sind.

Der Lehmziegel – mit Stroh vermischt – ist sonnengetrocknet und besitzt das Griffmaß der Hand: 8 x 16 x 32 cm. Die Mauertechnik zeigt den bis heute unveränderten Fugenversatz mit Mörtelschichten, jedoch dienten die Mauern lediglich als Ausfachung; die eigentliche Konstruktion ist ein Fachwerk aus sauber behauenen Vierkanthölzern.

Straßen sind bisher nicht nachgewiesen; auf einer Fläche von 300 x 500 m ist ein Haus an das andere gebaut. Kantenabdrücke an den oberen Zimmerwänden über den Kochstellen lassen darauf schließen, daß dort eine Baumleiter lehnte und die Dachöffnung also gleichzeitig Zugang und Rauchabzug gewesen sein könnte. Eine schützende Ummauerung (Mangel an Steinen?) scheint nicht bestanden zu haben. Die dichte Bauweise hat zahlreiche Vorteile: Z.B. stützen sich die Hauswände so gegenseitig, und die Witterungseinflüsse werden reduziert. Der weiße Wandanstrich bewahrt vor Schäden in der Regenzeit (bis zu 120 Anstriche = Jahre sind an einzelnen Häusern ablesbar). Die Einraumhäuser haben eine Größe von etwa 25 qm, ein Drittel davon nimmt die „Küche" ein. Ein viereckiger offener Herd ist in die Wand eingebaut (Wärmespeicher), L-förmig von Podesten zum Sitzen, Arbeiten, Schlafen umgeben; außerdem gibt es Nebengelasse für Vorräte und Schränke. Ob das an einem Fluß gelegene Çatal Hüyük, die bisher größte der aufgefundenen neolithischen Siedlungen im Vorderen Orient, Marktfunktion, Werkstätten, eine eigene Verwaltung und Priester besessen hat, muß in Anbetracht bisheriger Grabungsergebnisse offen bleiben. Die Einwohner betrieben Ackerbau und Viehzucht und waren zudem Jäger. Es fanden sich (hier produzierte?) Gefäße aus Keramik, Kupfer und Blei. Auffällig sind die zahlreichen ausgemalten Kulträume, in denen auch Tote bestattet wurden.

2 *Zincirli*

Hauptstadt des neuen Hethiterreiches (1500-1000 v. Chr.), Typ einer konzentrischen Stadt. Der Brennpunkt ist die befestigte Zitadelle, umgeben von einer Doppelmauer in Form eines vollendeten Kreises, obwohl das Gelände sehr zerklüftet ist. Die Verbindungslinien der drei Stadttore ergeben ein gleichseitiges Dreieck. Die Palastanlagen in der Zitadelle gehören dem 9.-8. Jh. v. Chr. an.

3 Die ältesten Darstellungen ägyptischer Städte finden sich auf einem vordynastischen Fragment als konzentrisch umwallte Städte. Eine Schminkpalette des Königs Nar-Mer (2. Dynastie; 3000 v. Chr.) zeigt, wie er – symbolisiert durch einen Stier – eine mit Türmen bewehrte, runde Stadtmauer zum Einsturz bringt.

Die Festung Uronarti (2000 v. Chr.) gilt als Vorläufer der späteren Orthogonalfestungen.

4 Der Stadthügel von Al Ubaid im südlichen Mesopotamien (4000 v. Chr.) weist einen konzentrischen Plan mit radialen Straßen auf.

4 Plan einer ummauerten Stadt, bei Ninive (Mesopotamien) gefunden. Man beachte den schützenden Fluß und Kanal, die verschiedenen Haustypen, die großen Häuser, die von Palmengärten umgeben sind (Wohnviertel der Oberschicht?). Das Gebäude auf dem Erd-

hügel, links im Bild neben dem Stadttor, könnte ein Lagerhaus oder die Markthalle des Hafens sein.

5 Darstellung einer Rundmauer mit Bastionen. Der König thront im Zentrum neben einem großen Haus (Palast); darunter zwei kleine Häuser und sechs Zelte (oder schilfgedeckte Hütten) mit verschiedenen Handwerksbetrieben, Werkstätten (ebenfalls aus Ninive).

6 Keramische Muster der Industal-Zivilisation, die Stadtstrukturen darstellen (Präharappa-Zeit, 5000-3000 v. Chr.).
Die Blütezeit der Induskultur (Harappa-Zeit) erstreckt sich über einen Zeitraum von etwa 1000 Jahren zwischen 2600-1600 v. Chr. Danach verschwindet sie wieder; ob durch Aufstände, feindliche Angriffe oder durch Vernichtung der Lebensgrundlage infolge von Naturkatastrophen, ist unbekannt. Da die später eindringenden Arier (1400-400 v. Chr.) nichts von dieser alten Zivilisation übernehmen, ist zu vermuten, daß sie bereits nichts mehr vorfanden. Inzwischen sind allerdings über hundert Städte durch Grabung bekannt geworden. Sie waren hoch organisiert und orthogonal um eine Zitadelle gebaut (Gesamtanlage fast rechteckig).
Die Namen der beiden wichtigsten Städte sind Mohenjo-Daro und Harappa, Bezeichnungen nach heutigen Siedlungen, da es keine lesbaren schriftlichen Quellen gibt.

7 *Mohenjo-Daro*
Am Unterlauf des Indus gelegen; Stadtreste sind heute noch vorhanden, und zwar verteilt auf einen größeren Hügel im Osten und einen kleineren im Westen der mutmaßlichen Stadtfläche.
Die in den Hügeln freigelegten Straßen zeigen eine ausschließliche West-Ost- und Nord-Süd-Orientierung. Die Stadtfläche bedeckte ein Rechteck von etwa 1100 x 1250 m.
Der kleinere Hügel stellt die Zitadelle der Stadt dar und nimmt die Mitte der Westfront ein. Nördlich und südlich der Zitadelle verlaufen zwei Hauptstraßen nach Osten. Ihnen entsprechen je zwei Tore in der West- und Ostmauer. In Nord-Süd-Richtung durchqueren drei Hauptstraßen die Stadt, so daß sich zwölf Hauptquartiere bilden, die ihrerseits durch schmale Straßen und Gassen in Kleinquartiere und Hausblöcke unterteilt sind.

8 Die Grabungen zeigen Hofhäuser unterschiedlicher Größe, von 9, 10, 11 Räumen, aber auch größere, eines sogar mit 112 Räumen. Fast alle Häuser haben neben dem Eingang einen Wächterraum, einen Zugang zum Wirtschaftsteil, ferner einen Empfangsteil und innere, um einen Hof angeordnete Räume.
Die Zitadelle besitzt eine eigene Befestigung und umschließt Speicher, Badeanlagen, Versammlungshallen und andere öffentliche Gebäude.
Die Stadt verfügt über gepflasterte Straßen mit darunterliegender Kanalisation. Auch sonst finden wir eine hochstehende Bautechnik in Ziegel- und Steinbauten. Die Architektur ist klar, großzügig und einfach.
In ihren aufeinanderfolgenden Epochen bleibt die Struktur der Stadt im wesentlichen gleich (geschichtete Stadt).

Harappa
900 km weiter nördlich gelegen, entspricht die Stadt in Größe und Aufteilung etwa Mohenjo-Daro. Auch hier liegt die Zitadelle in der Mitte der Westseite, das Straßenraster ist wiederum genau nach den Himmelsrichtungen angelegt.

Beide Städte zeigen eine regelmäßige Anlage und die Andeutung der quadratischen Umrißform. Sie erscheinen ohne erkennbare Vorbilder und bleiben nach Erlöschen dieser Epoche ohne ersichtliche Nachwirkungen.

Mesopotamien

Zeittafel (gerundete Angaben)

5000-2800 v. Chr.	Kulturentwicklung
2800-2500 v. Chr.	Sumerische Zeit, Stadtstaaten
2500-2300 v. Chr.	Akkadisches Reich
2000-1100 v. Chr.	Assyrische Zeit
1100- 500 v. Chr.	Spätbabylonische Großmacht
500 v. Chr.	Eroberung durch die Perser
300 v. Chr.	Teil des Weltreiches Alexanders d. Gr.

Geographischer und geschichtlicher Überblick

9 Die Frühgeschichte Mesopotamiens beginnt bald nach der mutmaßlichen Einwanderung der Sumerer im Mündungsgebiet des Zweistromlandes (zwischen Euphrat und Tigris). Ab 3500 v. Chr. finden sich sumerische Dörfer, ab 3400 v. Chr. Tempelstädte mit Markt, Speichern, Werkstätten und Hafenanlagen (Hafenstädte: Ur, Eridu). Aus Machtkämpfen zwischen den sumerischen Priestern und Königen geht Sargon als Usurpator hervor. Er begründet ein neues Reich im Landesinnern, das nach der neu angelegten Hauptstadt Akkad benannt wird. Über seine Städte Lagasch, Sippar, Mari, Kisch, Akkad ist wenig bekannt. Die Elamiter verwüsten Sumer und Akkad und begründen die 1. Dynastie von Babylon.

Die von Westen zuwandernden assyrischen Semiten stehen zunächst unter der Herrschaft Babylons (Hammurabi), können dann aber, nach Zerstörung Babylons durch die Hethiter (Hattuschili), die Oberherrschaft gewinnen. Gründung der assyrischen Hauptstadt Assur im Norden des Landes und Ausbau weiterer Städte wie Ninive, Mari, Larsa, Dur Scharrukin, Borsippa. Mit dem wiedererstarkten Babylon unter Nebukadnezar I. herrscht die spät-babylonische Großmacht über den gesamten mesopotamischen Bereich und erreicht einen hohen Stand in Kunst und Wissenschaft. 612 v. Chr. wird das Land von den Medern erobert und zerfällt in kurzer Zeit. Der Perserkönig Kyros löscht 539 v. Chr. das babylonische Reich völlig aus.

Gesellschaftsstruktur, Herrschaftsform

Bei den Sumerern finden wir die ersten schriftlichen Aufzeichnungen der Menschheit (Uruk: Keilschrift auf Tontafeln, um 3000 v. Chr.). Die Entwicklung führt vom Dorf zum Markt, zur Kult- und Priesterstadt. Der Herrscher ist König und oberster Priester in Personalunion, daher finden wir die Verbindung von Tempel und Palast in einer Einheit (Priesterkönige).

Im assyrisch-babylonischen Reich kommt es zu einer Trennung der Ämter; die veränderte Stellung des Königs als Autokrat mit unbeschränkter Gewalt verleiht dem Palast mehr Bedeutung als in Sumer-Akkad. Häufige Kriege verstärken das militärische Element in den Stadtanlagen. Obwohl Handwerker und Kaufleute an Einfluß gewinnen, kennzeichnen – soweit dies die bisherigen Grabungsergebnisse vermuten lassen – gestiegene soziale Unterschiede die Städte und führen zu einer stärkeren Abgrenzung wichtiger Zonen. Legte die spontane Urbanisation Sumers und Akkads weder der Distanz vom Tempel noch den Stadttoren besondere Bedeutung bei, so entwickeln die Assyrer und Babylonier, möglicherweise bedingt durch die Bildung von Großreichen und den damit verbundenen Zwang zu strafferer Organisation, gewisse städtebauliche Mindestregeln. Die mesopotamische Stadt ist ein urbanes Zentrum, das scheinbar einer bürgerlichen Selbstverwaltung entbehrte. Doch gilt diese Feststellung auch für andere orientalische Kulturen.

Sie war ausgerichtet auf Palast und Tempel, wobei für beide keine eindeutig fixierten Standorte innerhalb des Gesamtgefüges zu bestehen scheinen.

Da flächendeckende Grabungen in reinen Wohngebieten bisher nicht die Regel waren, sind Angaben über die Bevölkerungszahlen und die Sozialstruktur oft reine Schätzungen.

Stadtstrukturen, Bauformen

Die frühe sumerische Stadt ist wegen ihrer Unregelmäßigkeit und häufigen Zerstörung nur schwer faßbar. Auch das verwendete Baumaterial, luftgetrockneter Lehmziegel, hinterläßt nur undeutliche Spuren von der profanen Architektur, im Gegensatz zu Repräsentativbauten, bei denen gebrannte Ziegel und Steinplattenverkleidungen Anwendung finden.

In der Regel sind die Städte konzentrische Anlagen, und trotz zahlreicher Varianten im zentrifugalen Stadtplan lassen sich zwei Grundkonzepte herauslesen: das erste, die hierarchische Bauordnung, die Gegenüberstellung von monumental-öffentlicher und anonym-privater Architektur – durch betonte Kontraste in Maßstab, Proportion, Plazierung, Räumlichkeit und Baumaterial; das zweite sumerische Konzept ist die „Stadtterrasse" topographischen Ursprungs. Die Plattform wird zum Symbol der konzentrischen Stadt; sie wird zum Marktplatz, auf dem die Priester den Handel überwachen und Streit schlichten, lange bevor Agora und Forum entstehen. Die Herrscher des Bronzezeitalters in Syrien, Persien und Kreta übernehmen die Stadtterrasse, um ihre Palastzentren über die Umgebung zu erheben. Grandioseste Realisierung: Persepolis, 518 v. Chr.; Terrasse und Fundamente des Palastes wurden von mesopotamischen Arbeitern errichtet (300 x 500 x 16 m).

Zentrum der Städte bilden der Tempelbezirk und die Zikkurat, der Weltturm, als Zeichen der kosmischen Verankerung. Die Zikkurat (Stufenturm, Entwicklung unbekannt, eventuell ein Hinweis auf Götterverehrung auf Bergen und Hügelketten) ist gleichzeitig ein Symbol der Macht. Ihre Größe und Bedeutung wird erst im Vergleich mit der relativ gleichförmigen und niedrigen Wohnbebauung begreifbar.

Die Städte sind ähnlich den ummauerten nordafrikanischen Städten von heute: ein Gewirr enger Straßen und Gassen, durchschnittlich 2,5 Meter breit, die wegen der agglutinierenden Bauweise häufig Sackgassen geworden sind. Die Straße als offener, gegliederter Verkehrsweg ist die Ausnahme.

Sumerische Straßen sind bloße Verbindungspfade von Wohnzelle zu Wohnzelle, vom Fluß oder Seehafen zum Verwaltungszentrum der Stadt, dem Tempelbezirk. Architektonisch gestaltete Straßenfassaden und -räume entstehen erst mit dem Emporkommen eines Mittelstandes in späthellenistischen und römischen Städten. Die Häuser weisen ein bis zwei Stockwerke auf, haben Dachterrassen und Innenhöfe.

Zusammenfassend sind dies die Kennzeichen sumerischer Städte:
- runder bis ovaler Stadtumriß;
- rechteckige Tempelbezirke;
- Hauptachse der Städte = Südost-Nordwest;
- Querachse = Tempelachse = Südwest-Nordost
  (Ausnutzung der vorherrschenden kühlen Winde vom Zagros-Gebirge);
- Stufenturm als alleinige Stadtdominante (Zikkurat);
- unregelmäßige Wohnstraßen in Form von Such- und Sackgassen;
- Hofhaustyp für Tempel, Palast und Wohnhaus.

Das Erbe Sumers und Akkads bildet die Grundlage des assyrisch-babylonischen Städtebaus. Hinzu kommen nationale Eigenheiten der Assyrer sowie die wachsenden Kenntnisse von Städten anderer Kulturkreise. Auch die veränderten sozialen Verhältnisse spiegeln sich wider.

Kennzeichen assyrisch-babylonischer Städte:
- rationalistischere Pläne; der Umriß der Stadt wird vorwiegend rechteckig bis quadratisch;
- wo die gebirgige Landschaft Assyriens die Anpassung der Stadt an das Gelände nahelegt, bleiben die Umrisse unregelmäßig (Assur);
- großzügige Achsen beherrschen die Stadt, die Hauptorientierung bleibt Südost-Nordwest;
- orthogonale Gliederung in Quartiere (in der Regel nur Hauptstraßen – insbesondere Prozessionsstraßen – von geradlinigem, häufig von den Windrichtungen mit bestimmtem Verlauf);
- Baublöcke, Quartierstraßen und Wohnwege bleiben winklig, gekrümmt, keiner geometrischen Regelung unterworfen;
- die Quartiere umfassen meist ein oder zwei größere Hausanlagen, umgeben von kleineren Häusern in agglutinierender Bauweise. Kern einer Hauseinheit bilden Hof und Wohnraum mit sich unregelmäßig anfügenden Räumen. Die größeren Hofhäuser weisen auf: Außenhof, Pförtnerraum, Empfangssaal, Innenhof – im Hintergrund den Hauptraum, flankiert von Schlafräumen.

Nicht nur infolge Kriegseinwirkung (Zerstörung und Wiederaufbau auf einer Schuttschicht) wachsen die mesopotamischen Städte allmählich in die Höhe, sondern vor allem aufgrund des Baumaterials Lehmziegel, seiner Witterungsanfälligkeit und des hierdurch mit verursachten häufigeren Gebäudeabrisses und -wiederaufbaus nach Einebnung des Abbruchmaterials. „Den Verkehr nehmen

die schlecht oder gar nicht gepflasterten engen Straßen und Gäßchen auf, die es, wenig tiefer, schon in den älteren Siedlungsschichten taten." (Walter Andrae)

Beispiele

Sumerisch-akkadische Städte

Ur
(2700-2000 v. Chr.)

10 Lageplan der Stadt „Ur" mit Temenos, den beiden Häfen im Westen und Norden und Wohnquartieren, hauptsächlich im Süden der Stadtfläche. Das Grabungsbild zeigt einen ovalen Umriß mit einer Hauptachse (Nordwest-Südost) von 1300 m und einer Querachse von etwa 900 m (Verbindungslinie der Tore). Die Stadt ist außerhalb der Mauer (25-35 m) teils vom Euphrat, teils von Kanälen umgeben. Der Stadtkern mit dem gewaltigen Stufenturm, Tempeln und Palastbauten wurde im 9. Jh. v. Chr. von den Assyrern orthogo-
11 nal-geometrisch neu geordnet und erweitert. Ursprünglich handelt es sich um einen konzentrischen Siedlungsplan. Den Kern bildet die Stadtterrasse mit der Stufenpyramide (einzelliger Gipfelschrein als Brennpunkt des Welt-Himmel-Universums).
Ein Mantel aus in Asphalt verlegten Brandziegeln läßt die Bedeutung gegenüber den aus luftgetrockneten Lehmziegeln erbauten Türmen von Uruk, Nippur, Lagasch und Eridu erkennen.
12 Ein Wohnquartier der Stadt zeigt unterschiedlich große Hausblöcke an Sammelstraßen und Sackgassen. Deutlich erkennbar ist die Bevorzugung der Mauerrichtung Südwest-Nordost bzw. Nordwest-Südost.
Die Wohnräume der Häuser, gegen Südosten geöffnet, liegen im Nordwesten des Hofes.
13 Typisches Hofhaus. Der Tempelhof war Ort der öffentlichen Versammlung, wie es heute noch der Moscheehof ist; der Hausinnenhof gehört der Familie.

14 *Eridu*
Die Stadt am Meer wird als Kultstätte, Wallfahrtsort und Priestersiedlung angesehen. Der Tempelbezirk zeigt einen fast quadratischen Umriß und die typische Südost-Nordwest-Orientierung, rechteckige Palast- und Tempelanlagen in bekannter Hofhausform.

Mari
15 Ursprünglich assyrisch, zeitweise jedoch sumerische Kolonie. Acht Perioden (Schichten) der Stadt wurden hier freigelegt.
16 Hauptachse: von Südosten nach Nordwesten gerichtet. Wichtigster Teil neben Zikkurat und Tempeln: der große Palast (1. H. 18. Jh. v. Chr.; 120 x 200 m), der etwa 260 Räume umfaßt (Zimrilim-Palast).

Assyrisch-babylonische Städte

Assur
(1000 v. Chr.)
17 Auf einem Hügelrücken an einem Knie des Tigris gelegen, die offenen Seiten durch eine starke Doppelmauer geschützt. Die flächenmäßige Ausdehnung der Stadt betrug ursprünglich 65-85 ha. Im Temenos (nördlich, an der schroff abfallenden Seite) liegen: der
18 alte Palast, drei kleine Tempel und der neue Palast wie auch die Wohnquartiere in der üblichen Form und Orientierung. War Assur noch, durch die Topographie bedingt, im Mauerverlauf unregelmäßig, so folgen die weiteren assyrischen Städte mehr einem angenäherten Rechteckprinzip.

Dur Scharrukin
(713-707 v. Chr.)

19 Hauptstadt Sargons II. (Sargon = Scharrukin). Die Fläche bedeckt etwa ein Rechteck von
1650 x 1800 m (300 ha). Die 7 Tore der Stadt deuten auf die Lage der Hauptstraßen hin
(rechteckiges Proportionsschema). Über die Wohnhäuser ist nichts bekannt, nur der Pa-
20 lastbezirk mit seinen Tempeln und die Zikkurat sind gesichert.

21 *Borsippa*
(7 Jh. v. Chr.)

Das exakte Quadrat der Stadt ist von einem Kanal und einer Mauer mit 6 Toren für die
6 inneren und die 6 äußeren Straßen umgeben. Das 7. oder Lapislazuli-Tor ist Endpunkt
der Nebo-Straße, die nur zum heiligen Bezirk führt. Das Innere der Stadt ist in 9 Groß-
blöcke eingeteilt, die durch dreimal 3 Stadtteile gebildet werden. Im Norden befindet
sich, wie vermutet wird, ein Statthalterpalast. Die Ausrichtung des Stadtgrundrisses soll
nach den mythologischen Windrichtungen erfolgt sein.

Babylon
(Neuaufbau 680 v. Chr.)

22 3000 v. Chr. als Kleinstadt nachgewiesen,
18. Jh. v. Chr. Fürstensitz des Hammurabi,
Glanzzeit unter der neubabylonischen Dynastie (7. Jh. v. Chr.). Nebukadnezar II. erneuert
Babylon in riesigem Ausmaß: Die Stadt wächst von 400 ha (theoretisch Platz für 80 000
Einwohner) auf 2000 ha durch Errichtung einer zweiten Festungsmauer auf dem Ostufer
des Euphrat, die den Sommerpalast des Herrschers im Norden einschließt. Dieser „Er-
weiterungsbereich", wohl nur z.T. bebaut und vorrangig landwirtschaftlicher Produktion
vorbehalten, könnte als Zuflucht für die Landbevölkerung im Falle einer Gefahr gedient
haben. Im Stadtpalast Nebukadnezars: die „Hängenden Gärten der Semiramis", weitläu-
fige terrassierte Gartenanlagen auf gewölbten Unterbauten.
Die Stadt (1898-1917 von Robert Koldewey ausgegraben) besteht aus zwei ungleichen
Hälften: der größeren Altstadt – am linken Euphratufer, der kleineren, jüngeren am rech-
23 ten Ufer, mit der Altstadt durch eine Brücke verbunden. Im heiligen Bezirk, am linken
Ufer, in der Stadtmitte befindet sich die Zikkurat (Turm zu Babel, 91 m); wichtigste Achse
zur Stadt ist die breite Prozessionsstraße, die vom Marduktempel durch das Ischtartor
zum „Neujahrsfesthaus" außerhalb der Altstadt führt. Neben dieser gibt es weitere symmetrische Achsen, die das Gefüge durchschneiden. Babylon wird die erste vorgeplante
orthogonale Stadt genannt, da ein Netz von Haupt- und Nebenstraßen deutlich wird.
24 Hier haben sich die Waben sumerischer Städte fortentwickelt; Straße und öffentlicher Platz
sind zum regulierenden Element zwischen den Quartieren geworden. Innerhalb dieser
verlaufen die Straßen unregelmäßig. In den Baublock-Gevierten sind die Häuser eng an-
einandergedrängt. Groß- und Kleinhäuser bilden oft einen Baublock, wobei die Klein- die
Großhäuser umschließen. Der Hofhaustyp wird zuweilen durch einen zweiten Hof erweitert, der dann als Wirtschaftshof dient.
Die Gesamtanlage läßt einen Planungsmodul von 3:5 erkennen.
„Die Tore an der SSO-Seite stehen im Abstand von 5 Modulteilen voneinander und von
den Stadtecken. Die Tore an der ONO-Seite vom NO-Eck im zweimaligen Abstand von
5 Modulen, das Tor an der WSW-Seite von der NW-Ecke wieder im gleichen Abstand,
ebenso das erste Tor an der NNW-Seite im gleichen Abstand von der gleichen Ecke, während die beiden anderen Tore untereinander von der Ecke NO den Abstand von 4 Modulteilen einhalten. Damit ist das Hauptstraßennetz und die Flächenteilung der Stadt
bestimmt." (Egli, Geschichte ..., Bd. 1)

Ägypten

Zeittafel

Frühgeschichte	Stadtfürstentümer, Hieroglyphenschrift
3000 v. Chr.	Einigung der beiden Länder:
	Oberägypten und Unterägypten (Menes)
2800-2200 v. Chr.	*Das Alte Reich* (III.-VI. Dynastie)
	Hauptstadt Memphis
	Zeitalter der großen Pyramiden
	Erste Zwischenzeit (VII.-X. Dynastie)
2000-1800 v. Chr.	*Das Mittlere Reich* (XI.-XII. Dynastie)
	Hauptstadt Theben, Einbruch asiatischer Fremdvölker
	(Hyksos) mit Pferd und Streitwagen
	Zweite Zwischenzeit (Herrschaft der Hyksos vom
	Delta aus)
1600-1100 v. Chr.	*Das Neue Reich* (XVII.-XX. Dynastie)
	Hauptstädte: Theben, Amarna
	Entwicklung zur Großmacht, Kriegszüge in den Sudan
	und nach Vorderasien, Kampf gegen Hethiter und
	Assyrer
1100- 332 v. Chr.	*Die Spätzeit* (XXI.-XXXI. Dynastie)
	Herrschaft der Äthiopier, Assyrer und Perser
332 v. Chr.	Alexander d. Gr. in Ägypten
	Alexandria Residenzstadt der Ptolemäer
30 v. Chr.	Tod Kleopatras, Ägypten römische Provinz

Allgemeine Bemerkungen zum Städtebau

25 Um 4000 v. Chr. sind erstmals protourbane Dorfkulturen im Nildelta nachweisbar. Zwischen 3500 und 3000 v. Chr. gibt es ringförmig befestigte Gaufürstenstädte wohl am Unterlauf des Nils (fragmentarisch belegt, s. S. 16). Die Besiedlung zieht sich dann weiter, den Nil entlang, in einem schmalen fruchtbaren Gürtel von Vegetation zwischen Wüstenhochländern. Hieroglyphen und Stelenfragmente bezeugen, daß die vordynastischen Nilstädte den Städten Mesopotamiens ähnlich waren. Von den sumerischen unterscheiden sie sich jedoch dadurch, daß sie animistischen und nicht anthropomorphischen Gottheiten gewidmet sind und das architektonische Zentralsymbol des Weltberges fehlt. Vergeblich sucht man jedoch nach greifbaren Überresten der Stadt, wie man sie in Sumer schon vor 2500 v. Chr. findet. Geblieben sind nur die Großbauten aus Stein – Paläste, Pyramiden und Nekropolen wie die Totenstadt Sakkara (s. Materialien zur Baugeschichte, Bd. 1). Die Stadt selbst ist vergänglich, da sie in der Regel aus luftgetrockneten Lehm-

oder Nilschlammziegeln errichtet ist. Viele Städte im Delta liegen zudem noch unter seit Jahrhunderten abgelagertem meterhohem Nilschlamm. So sind die Kenntnisse über die altägyptische Stadt, ihre Größe, Form und soziale Struktur bisher gering. Die militärischen Züge der ummauerten Frühform verschwanden, sobald die großen Pharaonen allgemeine Ordnung geschaffen hatten und von außen keine Gefahr drohte. Dazu wird auch die isolierte geographische Lage beigetragen haben; Wüste und Gebirge bildeten die „Mauer", in deren Schutz das Alte Reich 1000 Jahre lang in relativem Frieden und Wohlstand seine Siedlungen und Städte entwickeln kann.

Die Städte Ägyptens sind verschwunden. Abgesehen von Teilen Thebens und Amarnas, der kurzzeitigen Hauptstadt des Neuen Reiches, und einigen Siedlungen (Kahun, Deir-el-Medine bei Theben), ist nur wenig durch Ausgrabung dokumentiert.

Herrschaftsform

Auf der Suche nach einer rationalen Erklärung für das Phänomen, daß nur die „Totenkultstadt" dauernde Gestalt annimmt, ist die Betrachtung der Herrschaftsform von Bedeutung. Der Pharao ist König und Gott, also Mensch und Gott in Person, ein Konzept von einer solchen praktischen Zweideutigkeit, daß es zwei Jahrtausende überdauert. Die bedingungslose Anerkennung dieser Stellung beeinflußt den Städtebau auf mehrfache Weise:

– so hinsichtlich planwirtschaftlicher Maßnahmen und sich daraus ergebender, allerdings sich wohl nicht kontinuierlich entwickelnder Siedlungsstrukturen,
– so bei der Schaffung einer Totenstadt, in der der Gottpharao nach seinem menschlichen Ableben einschließlich seines imaginären Hofstaats „residiert" und damit präsent bleibt: einer Aufgabe, die zu einer gesellschaftlichen wie religiösen wird.

Es ist naheliegend, daß neben dem Bau der auf ewig gedachten Nekropolen weder Mittel (Baumaterial) noch Wille vorhanden waren, die Stadt der Lebenden dauerhaft anzulegen. Rückschlüsse auf deren Form und Anlage lassen sich allenfalls aus der Tatsache ziehen, daß die Archäologie die steinerne Totenstadt als Abbild der Lehmziegelstadt der Lebenden interpretiert, die Totenstadt Sakkara als Replik der Residenzstadt Memphis, als Zeichen bewußter Trennung zwischen vergänglicher (profaner) und ewiger (sakraler) Architektur.

Stadtstrukturen, Bauformen

Aus den Grundrißdispositionen der Nekropolen und den freigelegten Resten ehemals bewohnter Städte lassen sich zusammenfassend folgende Aussagen über ägyptische Stadtanlagen machen:

– Ausrichtung der Bauten und Straßen nach den Himmelsrichtungen. Häuser und Paläste nach Norden (klimatische Gründe), Tempel nach Osten gerichtet (Sonnenkult);
– Standorte der Wohnstädte möglichst östlich des Nils (Sonnenaufgang = Leben); die Totenstädte liegen am westlichen Ufer (Sonnenuntergang = Tod);

– Grundrißform der Bauwerke rechteckig bis quadratisch, ebenso die Umgrenzung der Gesamtanlagen;
– Straßensystem meist rechtwinklig von Nord nach Süd und Ost nach West angelegt; die konzentrische Planung war wohl vordynastisch vorhanden; in der Pharaonenzeit bestimmt die Orthogonalstruktur gleichermaßen den ummauerten heiligen Bezirk wie auch die Arbeitersiedlung und die Wohnviertel von Priestern und Beamten;
– Hoftyp als Wohnhaus vollständig entwickelt;
– Einbeziehung des Wassers in die ägyptische Stadt: vom Nil abgeleitete Kanäle, künstliche Seen, heilige Teiche (1. Bewässerung, 2. Ausschmückung, 3. religiöse Gründe: Wasser als Urstoff; Nil als geregelter Ausfluß dieses Urstoffs, der Lebensgrundlage und – ohne göttliche Ordnung – auch Bedrohung darstellt; Entwicklung spezieller Kulte).

Der ägyptische Städtebau wirkt über die Grenzen des Landes hinaus. Die griechischen Philosophen, die später das Orthogonalsystem und eine zweckmäßige Erschließung fordern, haben Beziehungen zu Ägypten gehabt.

Beispiele ägyptischer Städte

26 *Sakkara*

27 Totenstadt des Pharao Djoser, um 2650 v. Chr. von Imhotep (erster namentlich bekannter Architekt Ägyptens) am der Hauptstadt Memphis gegenüberliegenden Nilufer errichtet. Bauliches Zentrum bildet die von den Gräbern der königlichen Familie und des Hofstaates umgebene Grabanlage des Pharao, ihren optischen Mittelpunkt eine sechsstufige, durch mehrfachen Umbau einer Mastaba (Bankgrab) entstandene Stufenpyramide mit dem zugehörigen Totentempel im Norden. Die Gesamtanlage ist der erste Steinbau Ägyptens. Die Konstruktion der Umfassungsmauer (540 x 310 m) mit ihrer Blendnischenarchitektur und ihren turmartigen Mauervorlagen geht u.a. auf frühere konstruktive Erfahrungen im Lehmbau zurück. Der Komplex wird interpretiert als die monumentalisierte, für die Ewigkeit geschaffene Nachbildung eines aus vergänglichen Materialien errichteten Palastes, der mit seinem Gefüge von nicht zugänglichen Scheinbauten am „Haus des Nordens" und am „Haus des Südens", seinen Höfen, Kapellen und Magazinen, wie seiner komplexen Baustruktur dem Palast von Memphis entsprochen haben kann, in dem die auch formal und bautechnisch sich unterscheidenden Verwaltungen von Ober- und Unterägypten untergebracht gewesen seien. Überdies vermitteln die Bauten einen Eindruck vom möglichen Aussehen nicht mehr erhaltener profaner Architektur damaliger Zeit.
Der Djoser-Komplex ist religiöses Wahrzeichen, Sinnbild des ewigen Bestandes der Dynastie, Ausdruck ihres Anspruches, vielleicht auch Abbild des damaligen Staatsgefüges. Er spiegelt eine straffe gesellschaftliche Ordnung und ihren hierarchischen Aufbau.

28 *Kahun*

29 Kahun wurde etwa 1900 v. Chr. gegründet (Mittleres Reich, Sesostris II.). Die Stadt liegt am Eingang des Tals von Fayum und ist genau Nord-Süd-orientiert. Erhalten hat sich nur der nördliche Teil; der südliche ist abgerutscht und im Laufe der Zeit weggespült worden. Der Grabungsbefund zeigt einen ganz anderen Stadttyp als Sakkara (bzw. Memphis). Kahun war Wohnstadt mit Markt und Quartieren für die beim Bau der Nekropolis von Illahun beschäftigten Arbeiter. Sie waren in den Kleinhäusern des westlichen, durch eine Nord-Süd-Mauer von der übrigen Stadt abgetrennten Bezirks untergebracht. Die Großhäuser liegen im Nordteil der Stadt; die Wohnräume sind nach Norden zu einem Innenhof geöffnet, gleich ob der Hauszugang von Norden oder Süden erfolgt. Die größten

Häuser haben bis zu 80 Räume (um bis zu acht Höfe gruppiert), doch überwiegen Kleinhäuser und „Zweistreifenhäuser" mit Hof und vier bis fünf Räumen. Alle Häuser weisen die typische Nord-Süd-Orientierung auf, so daß Ost-West-Wohnstraßen gebildet werden. Die kleinteilige Struktur im östlichen Stadtbereich zeigt vermutlich Reste von Marktbuden. Dieser Bezirk ist durch Nord-Süd-Straßen gegliedert (bessere Durchlüftung). Der Rest der Stadt besteht aus mittelgroßen Häusern, auch ein größerer Tempel scheint vorhanden gewesen zu sein. So dokumentiert dieser Stadtplan eine festgefügte soziale Ordnung und eine formale Gestaltung, die sowohl von den klimatischen Verhältnissen als auch von bestimmten Modul-Vorstellungen geprägt ist. Das Proportionsschema scheint über dem Rechteck 1:3 aufgebaut, mit der Breite des Großhauses als Grundmaß.

30 *Theben*

Theben wurde in der 11. Dynastie (um 2000 v. Chr.) zur Residenz erhoben. Unter Amenophis III. (18. Dynastie, 1580-1314 v. Chr.) stellt Theben die größte und monumentalste Stadt der Antike dar. Über Umfang und Aussehen gibt es nur vage schriftliche Quellen: „100 Tore hat sie, und es ziehen aus jedem 200 Männer zum Streit mit Rossen." *(Homer: Ilias, IX., 381-383)*

Als Theben 661 v. Chr. von den Assyrern zerstört wird, heißt es: „Wenn Theben fällt, welche Stadt ist sicher?" Die Stadt nimmt eine Fläche von etwa 6 x 9 km ein, teils vom Nil, teils von Kanälen umgeben. Heute durchfließt der Nil das Gebiet der ehemaligen Stadt. Einige westlich gelegene Nekropolen sind noch vorhanden, z.B. das Ramesseum
31 (s. Materialien zur Baugeschichte, Bd. 1: Die Architektur der Antike) und Deir-el-Medine, eine Vorstadt der am Bau der Königsgräber West-Thebens beteiligten Arbeiter und Handwerker.

El Amarna

Amenophis IV. (1375-1358 v. Chr.) wendet sich in einer monotheistischen Revolution gegen den Götterkult Thebens und gründet die neue Hauptstadt Amarna zu Ehren des Sonnengottes Aton. Der alleinige Sonnen- und Lichtkult, eine impressionistische und realistische Kunst, natürliche Lebensformen, Gleichberechtigung der Frau (Nofretete) kennzeichnen die Regierungszeit Echnatons, insbesondere die Amarnazeit (Echnaton = neuer Name Amenophis' IV. nach seiner politischen und religiösen Wendung).

32 Der Plan der Stadt unterscheidet sich wesentlich von allen bisherigen. Er scheint keine Regelmäßigkeit, kein Gesetz irgendwelcher Art widerzuspiegeln. Die Stadtteile reihen sich am Ostufer des Nils auf; es gibt einen großen, zentralen Bereich mit Tempeln, Palästen und Verwaltungsgebäuden. Mehrgeschossige Wohnbauten werden über ein Straßennetz erschlossen, dessen Längsachsen parallel zum gekrümmten Flußufer verlaufen. Die Längsstraßen wechseln in der Breite (Raumbildungsabsichten?), die Querstraßen sind
33 schmaler – ein dem der Natur zugewendeten Prinzip der Zeit entsprechendes System. Im geometrisch geordneten heiligen Bezirk sind, wie gewohnt, der Palast nord-südlich, die Tempel gegen Osten gerichtet. Der Bezirk ist nicht mehr so isoliert und in sich abgeschlossen wie in früheren Städten, aber eine erste „Fußgängerbrücke" über der Königsstraße erlaubt es dem Monarchen und seinem Hofstaat, sich ungestört zwischen dem riesigen offenen Tempel und der Palastanlage zu bewegen. Darüber hinaus weist die Stadt eine planlose Häufung von großen und kleinen Hofhäusern auf, die in keiner axialen Beziehung stehen. Oft ist auch der Innenhof überdacht und überhöht, Licht und Luft durch eine Reihe von Öffnungen einlassend.

Die Häuser Amarnas gleichen in die Stadt versetzten Gutshäusern. Die bewässerten Gärten und von Säulenhallen umgebenen Villen des „Westends" erreichen Weltruhm und werden als Vorläufer der hellenistischen und römischen Villen angesehen. Die ganze Stadt erscheint wie ein Protest gegen das Engbegrenzte, Festumrissene, das Geometrische und Eingeordnete und ist damit singuläre Erscheinung in der Antike. Der übernächste Nach-

26

folger Echnatons, der den Namen Tut-ench-Amun annimmt, verlegt seine Residenz nach Memphis und kehrt zur Tradition Amuns zurück. In der Folge werden Tempel und Paläste bis auf die Grundmauern beseitigt. Es ist aber sicher, daß während der beispiellosen monotheistischen Zeit der Ruhm der neuen Hauptstadt genauso verbreitet wurde wie die neue Lehre. Noch in hellenistischer Zeit wird über ihre Villen berichtet.

31 Im Gegensatz zu El Amarna steht eine kleine Siedlungsanlage östlich unter den Klippen des Kalksandsteingebirges. Hier ließ der gleiche Herrscher eine Arbeitersiedlung errichten, ähnlich der schon beschriebenen Wohnstadt Kahun, nur daß es sich hier ausschließlich um ein Arbeiterquartier handelt, ohne Tempel, Markt, öffentliche Gebäude oder irgendein anderes Bauelement als den einheitlichen Kleinsthaustyp. Der Gitternetzplan mit den modularen Zellen könnte darin begründet liegen, daß Schnelligkeit und Mechanisierung beim Aufbau im Vordergrund standen. Derartige Siedlungen konnten in relativ kurzer Zeit einheitlich errichtet werden, um Arbeiter (Kriegsgefangene, Sklaven?) aufzunehmen, die beim Bau der jeweiligen Machtzentren gebraucht wurden. Auch die gute Überwachbarkeit solcher einheitlichen Rasterpläne läßt sie später zum Muster syrischer und alexandrinischer Garnisonsgründungen werden.

Zusammenfassung städtischer Siedlungstypen im Mittleren und Neuen Reich Ägyptens (nach Badawy):

1. Plansiedlungen als selbständige Stadtteile für Arbeiter, Handwerker, Künstler oder als Gefangenensiedlungen im Bereich der Tempel (s.o.);
2. Teppichhausbereiche („attached houses of a semi-uniform plan") in Quartieren für ägyptische Beamte innerhalb befestigter Handelsniederlassungen in Nubien und im Sudan (z.B. Uronarti);
3. dicht bevölkerte Städte mit mehrgeschossigen Häusern, Zentren für Kultur und Verwaltung sowie mit Geschäftsgebieten (z.B. Theben)
4. die bandartige Residenzstadt El-Amarna.

Ägäischer Kulturkreis

Eine dritte frühe Hochkultur, die aber um 1000 v. Chr. wieder ganz erlischt, zeichnet sich im ägäischen Raume ab. Sie blieb lange ins Reich der griechischen Mythologie verbannt, bis Troja gefunden (Schliemann) und die Palaststadt Knossos auf Kreta ausgegraben wurden (Evans, 1901).

Die minoische Epoche auf Kreta geht bereits ab etwa 1450 v. Chr. unter (Naturkatastrophen oder/und Einfall der Mykener). Danach verlagert sich das Zentrum der ägäischen Kultur auf das griechische Festland. Die Burgstadt Mykene gibt ihr den Namen.

Zeittafel

Kreta	v. Chr.	Festland		
Frühminoisch	2600-2000	Frühhelladisch		
Mittelminoisch	2000-1600	Mittelhelladisch		
Spätminoisch	1600-1500	Späthelladisch I	=	Frühmykenisch
	1500-1400	Späthelladisch II	=	Mittelmykenisch
	1400-1100	Späthelladisch III	=	Spätmykenisch

Topographie, Standorte

34 Hier zeigen sich die deutlichsten Unterschiede zwischen den Städten Kretas und denen des Festlandes. Die Ausgrabungen auf Kreta stammen vorwiegend aus spätminoischer Zeit. Funde früherer Perioden ergeben kein zusammenhängendes Bild; erkennbar sind jedoch gleiche Grundidee und gleicher Bautypus. Es ist wieder das sumerische Konzept der Stadtterrasse; der Palast – das Hauptelement der minoischen Stadt – bildet das Zentrum. Neben der Hauptstadt Knossos gibt es rings um die Insel kleinere Landstädte, Fischer- und Hafenstädte (Mallia, Phaistos, Hagia Triada, Gurnia). Standorte der Städte werden an landeinwärts gelegenen Hügelflanken und auf dem Hochgestade gewählt. Geschützt gegen die Flutwellen wie gegen einen direkten Angriff von See aus, bieten sie einen weiten Blick auf das Meer. Terrassiert passen sie sich weitgehend der Topographie an. An vorgefaßte Umrisse sind sie anscheinend wegen ihrer Insellage und der Seeherrschaft der Minoer nicht gebunden, denn bisher fanden sich bei den meist nur teilergrabenen Plätzen keine Verteidigungsanlagen, dies im Gegensatz zu den Städten auf den Kykladen und dem griechischen Festland, die nur als starke Festungen überleben können. Geomorphische Anpassung an die vorteilhafte Angriffs- und Verteidigungslage der Bergkuppe läßt hier befestigte Burgstädte entstehen, die gleichzeitig den umliegenden Ansiedlungen (Mykene, Tiryns, Malthi) Schutz bieten. Von allen Burgstädten wächst Mykene am schnellsten. Um 1500 v. Chr. beherrschen die Mykener (bei Homer: Achäer) das griechische Festland,

die Kykladen und das Ägäische Meer; sie gründen Kolonien auf Rhodos, Zypern, in Kleinasien (Milet) und Ägypten.

Gesellschaftliche und wirtschaftliche Struktur

Der rege Seehandel mit den übrigen Mittelmeeranrainern stellt die Basis für die aufblühende kulturelle und wirtschaftliche Entwicklung dar. Trotz extrem unterschiedlicher Gestalt haben Palast- und Burgstadt einige Gemeinsamkeiten: Sie entwickeln sich zu Märkten, Wiederverteilungszentren mit umliegenden Wohn- und Arbeitsstätten für Bauern, Handwerker und Kaufleute. Auf Kreta ist die Olivenöl- und Weinproduktion vorherrschend, verbunden mit einem hohen handwerklichen und künstlerischen Niveau bei der Herstellung von Keramik und Vorratsbehältern aller Art. Importiert werden dafür Weizen und andere Lebensmittel. Gemeinsame Handelsinteressen ließen erst gar keine Rivalität zwischen den einzelnen Palaststädten aufkommen, so daß sich 1000 Jahre lang Städte, Kunst und eine hohe Wohnkultur ungestört entwickeln konnten. Bezeichnenderweise gibt es keinerlei kriegerische Darstellungen in der minoischen Wandmalerei. Im Gegensatz dazu steht die aggressive Politik Mykenes. Hier sind die Kenntnisse und Fähigkeiten der Metallverarbeitung (Waffen, Schmuck) Grundlage der wachsenden Macht.

Die Expansion der Stadt ist bestimmt durch die Suche nach Erzvorkommen und Absatzmärkten, denn auch die Mykener müssen u.a. Weizen einführen (Griechenland kennt zu jener Zeit weder Pflug noch Ochsenjoch). Dies ist nach Edey womöglich um 1200 v. Chr. die Ursache für den Niedergang der ägäischen Zivilisation. Gestörte Handelswege (Seevölker, organisierte Piraterie) bewirken Lebensmittelknappheit und Arbeitslosigkeit in den dicht bevölkerten Städten; durch innere kriegerische Auseinandersetzungen zerfällt ein Burgstaat nach dem anderen, die Bevölkerungszahl sinkt rapide ab, die Fähigkeit des Lesens und Schreibens verliert sich wieder. In diese zerfallene Region sickern ab 1200 v. Chr. die Dorer ein, die nach 500 Jahren „finsterer griechischer Zeit" um 700 v. Chr. die griechische Stadtkultur begründen. Interessant ist die typologische Verwandtschaft der befestigten mykenischen Hochburg zur späteren Akropolis.

Minoische Palaststädte

35 *Knossos*
Die Hauptstadt der Minoer entwickelt sich 6 km von der Küste entfernt auf einem 60 m hoch gelegenen Plateau am Kreuzungspunkt wichtiger Verkehrswege. Die Kernstadt umfaßt ein Oval von 600 x 1000 m, bestehend aus der zentralen Palastanlage, einem kleineren Palast, Magazinen, Arsenal, Villen und Kleinbürgerhäusern in engen Gassen.
Um den Stadtkern wachsen die Vorstadtsiedlungen zu einer Außenstadt von weniger dichtem Gefüge zusammen (200 ha, ca. 80 000 Einwohner?).
Der Palastgrundriß zeigt eine starke Kontrastierung zwischen Längs- und Querrichtung und eine gezielte Lichtführung durch Innenhöfe. Zentrum ist ein großer Hof von 30 x 60 m. Fassaden und Korridore sind zum Mittelhof hin orientiert. Die äußere Form wird völlig vernachlässigt, sie kann nach außen durch Addition wachsen. Die vielen verschiedenen Räume sind rechtwinklig gegeneinander verschoben und hintereinandergeschaltet, was eine Orientierung erschwert und die (späteren) Griechen womöglich zu den Spekulationen über das „minotaurische Labyrinth" anregt.

Die minoische Palastarchitektur zeichnet sich somit durch ihren labyrinthischen Charakter aus, ein additiv-akkumulierendes Prinzip – im Gegensatz zum freistehenden Megaron (griech. Festland und Troja).

Die Wände bestehen aus Bruchsteinen im Lehmverband und waren verputzt und bemalt. Horizontal eingebrachte Holzbalken sollten vermutlich Senkrisse bei Erdbeben verhindern. Stellenweise sind drei Vollgeschosse nachgewiesen. Treppen werden um nach oben offene Lichtschächte gebaut: ein weiteres Kennzeichen minoischer Architektur. Es gibt Folgen von zusammenhängenden Räumen, größeren zum Wohnen, kleineren zum Schlafen und für Vorräte, Bäder und Aborte mit Zu- und Abflußleitungen – komplizierte Rohrsysteme, durch die alle Abfälle mit fließendem Wasser weggespült werden konnten.

Die jahreszeitlichen Temperaturschwankungen sind auf Kreta relativ groß, deshalb die vielen offenen Lichtschächte, Höfe und Säulengänge für die sommerliche Nutzung. Säulenreihen und Abarbeitungen (Nuten) im Innern lassen vermuten, daß im Winter Trennwände aufgestellt wurden, um so die verkleinerten Räume mit tragbaren Kohlebecken leichter heizen zu können.

Die Gesamtanlage zeigt eine Nord-Süd-Achse, die Wohnräume sind, wie auch bei den meisten frei stehenden Häusern der Insel, ost-westlich gerichtet.

Gurnia

36 Nach dem Schema der Palaststadt ist in provinziellem Rahmen die Kleinstadt Gurnia angelegt. Bedingt durch die Hügellage, sind ringförmig umlaufende Hauptstraßen durch Treppenstraßen und Gassen miteinander verbunden. Stichstraßen erschließen die einzelnen, jeweils etwa 12 bis 20 Häuser umfassenden Quartiere.

Der Ort erstreckt sich auf einem flachen Hügel über eine Entfernung von rund 130 m.
37 Zentral liegt der Palast; eine Terrasse und Treppenanlage verbinden ihn mit dem Markt (Repräsentation).

Die Straßen verlaufen etwa rechtwinklig zum Palast und sind gepflastert. Die Terrassenhäuser werden eng aneinandergebaut und als „Schachtelhäuser" bezeichnet: Räume und Raumgruppen sind mit höher oder tiefer gelegenen Korridoren und Treppen verbunden, im Charakter – wenn auch einfacher – den labyrinthischen Palästen ähnlich.

Eine gezielte Lichtführung wird durch die Oberlichtbänder möglich, die beim Versatz der Baukörper entstehen, durch vereinzelt eingestreute Höfe und Lichtschächte oder Fenster (neues Element im Wohnhausbau) aus einem noch unbekannten durchscheinenden Material (wahrscheinlich Alabaster). Auffällig ist die Vorliebe für Ost-West-gerichtete Häuser, eine Tatsache, die dem Einfluß von Sonne und Wind in dieser Region Rechnung trägt. Gurnia gilt als Prototyp jener dicht bebauten, in ihrer Höhenstaffelung dem Gelände angepaßten Kleinstädte, wie sie für den Mittelmeerraum noch heute bezeichnend sind.

Mykenische Burgstädte

Die mykenischen Siedlungen fallen in eine viel primitivere städtische Form zurück,
38 als sie bereits auf Kreta vorgefunden wurde. Es sind in der Regel Bergsiedlungen (Fluchtburg mit Unterstadt), militärische Stützpunkte für weitere Landnahmen, zugleich Residenzen, Verwaltungszentren, Gewerbebetriebe und Speicher. Als Haustyp herrscht das Megaron vor. Es verselbständigt sich in der zentralen Halle der Burg (anders als auf Kreta) zu einem klar artikulierten, monumentalen Baukörper.

Der Entwurf der Zitadelle ist rein mykenisch, ebenso die Wegeführung: eine sich steigernde, eindrucksvolle Raumfolge vom Burgeingang zum zentralen Megaron,

den labyrinthischen, plötzlich abbrechenden minoischen Gängen nicht vergleichbar.

Einflüsse Kretas werden jedoch in der um Höfe gruppierten additiven Bauweise
und in stilistischer Anlehnung an minoische Raumgestaltung und Dekoration
sichtbar.

39 *Tiryns*
Ein Nebenzentrum des Königs von Mykene aus dem 14. und 13. Jh. v. Chr.
Die Anlage ist, wie Mykene selbst, von einer starken Zyklopenmauer umgeben. Bemerkenswert sind die Sicherungsanlagen der Tore: Die engen Zugangswege, die zudem noch
von Türmen überragt werden, wurden so angelegt, daß Angreifer einzeln vordringen und
überdies ihre ungeschützte rechte Seite (Schilde links) der Burg zuwenden müssen. Die
Verstärkung der Mauern um 1250 v. Chr. auf 15 m könnte auf die zu erwartenden Aufstände hinweisen (vgl. S. 29).

40 *Malthi*
In Malthi (Messenien) hat sich der Grundriß einer kleinen, um 1200 v. Chr. verlassenen
mykenischen Burgsiedlung erhalten. Es gibt etwa 100 Häuser mit ein oder zwei Räumen,
auf einem Hügelkopf, der zum Meer und den Seiten schroff abfällt, zugänglich nur von
Norden; daher findet sich hier eine starke Befestigung mit einem ersten Burghof und
einem zweiten wehrgangähnlichen Hof. Straßen und Häuser zeigen eine noch sehr pri-
mitive Abstimmung aufeinander. Oft steht das Haus frei im Straßenraum, oder es verbindet sich mit weiteren zu einer schmalen Zeile. Nirgends verbinden sich Häuser zur
Seite und in die Tiefe mit anderen, um einen städtischen Baublock zu bilden. Von Gasse
zu Gasse liegt nur eine Haustiefe; die Straßen verlaufen unregelmäßig krumm, ab und
zu im Winkel.
Der Apsidenbau westlich vom Haupttor scheint fremd in dieser Umgebung und könnte,
sofern er überhaupt ursprünglich ist, auf eine weiter östliche Herkunft hinweisen, ebenso
auch die Richtung des Kultes.

(Weitere Details zur ägäischen Architektur in: Materialien zur Baugeschichte, Bd. 1:
Die Architektur der Antike)

Griechenland

Die griechischen Stämme, die – bedingt vor allem durch die Wanderung der Illyrer zum Mittelmeer – nach Süden drängen und den mit Bronzewaffen kämpfenden Mykenern durch ihre Eisenwaffen überlegen sind, begreifen sich trotz unterschiedlicher Siedlungsschwerpunkte und Dialekte als Teile *eines* Volkes: Auf dem Festland und im Bereich des westlichen Mittelmeeres siedeln hauptsächlich Dorer; Äolier und Ionier werden auf die Inseln und nach Kleinasien verdrängt; Attika allerdings bleibt in ionischer Hand.

Zeittafel

1600-1150 v. Chr.	Späthelladische (mykenische) Zeit
1200-1000 v. Chr.	Griechische Wanderung (Dorische Wanderung)
900- 725 v. Chr.	Geometrische Periode
750- 550 v. Chr.	„Große" Kolonisation (Archaisch-griechische Kolonisation)
725- 500 v. Chr.	Archaische Zeit; Perserkriege (Schlacht von Marathon, 490; Salamis, 480; Platäa, 479 v. Chr.)
500- 300 v. Chr.	Griechische Klassik; Alexander d. Gr. (336-323 v. Chr.)
300- 30 v. Chr.	Hellenismus, Diadochenreiche
30 v. Chr.	Schlacht von Actium: Beginn der Alleinherrschaft Roms

Topographie, Lage und Verbreitung griechischer Städte

41 Bevorzugte Standorte der archaischen Städte (Athen, Korinth) sind, wie schon bei den mykenischen Burgstädten, Hügellagen mit Zugang (Sicht) zum Meer, gerade so weit entfernt, um Kriegsschiffen keine Angriffsmöglichkeiten zu bieten. Die vorgefundenen Burgen, natürliche Festungen mit steil abfallenden Hängen, erweisen sich als brauchbar, werden übernommen und bilden die Ausgangspunkte der sich später entwickelnden Stadtstaaten, der griechischen „Poleis" – „der Weg von der Fluchtburg zum dauernd bewohnten Herrensitz, um welchen dann eine bleibende Ansiedlung entsteht". (Gerkan)

Die Ansiedlung erfolgt dabei nicht konzentrisch, sondern meist auf der Südseite des Hanges – die Burg bleibt in Randlage. Burg und Markt, Akropolis, die höchstgelegene Oberstadt als Sitz der Verwaltung, und Agora, in Hang- oder Ebenenlage befindlicher bürgerlicher Versammlungsplatz und Markt, bilden die zwei Zentren der griechischen Stadt.

Daneben gibt es Kultstädte: Mystische Orte, heiße Quellen, Höhlen und Berggipfel werden zu Wallfahrtsorten, zu Städten auf Zeit (Delphi, Olympia). Überdies

47 kommt es zu Neugründungen der „älteren Kolonisation", hauptsächlich in Süditalien und auf Sizilien (Paestum, Selinunt).

50
51 Die meisten Städte der „neueren Kolonisation" der klassischen Epoche (500-300 v. Chr.) befinden sich an der kleinasiatischen Küste und werden als Hafenstädte angelegt. Ein geschützter Kriegshafen wird angestrebt, verbunden mit einem offenen Handelshafen. Die Stadt selbst liegt auf der Strandebene, mit einem Hügel im Rücken, in Südwestlage. Fruchtbares Hinterland und eine gute Handelslage sind unerläßlich. Eine Mauer umschließt Stadt und Akropolis. Stadtmauer und Umriß der archaischen sowie der klassischen Stadt bleiben unregelmäßig, der Topographie angepaßt, keiner geometrischen Konzeption folgend.

Gesellschaftliche Struktur

Das griechische Wort „Polis" wird allgemein mit „Stadtstaat" übersetzt. Es bezeichnet jedoch ein sich selbst verwaltendes, autonomes Territorium unterschiedlicher Größe, auf dem eine Stadt liegen kann, aber nicht muß. Die Anzahl der Poleis, die sich zwischen dem 8. und 6. Jh. v. Chr. vermutlich aus kleinen Herrschaftsbereichen entwickelt haben – dies unter Herausbildung eines mehr oder minder souveränen Bürgerverbandes und nach heftigen sozialen Spannungen –, wird in klassischer Zeit mit 500 bis 700 angegeben. Angaben zur Einwohnerzahl einer Polis sind nahezu reine Schätzwerte. Eine Größenordnung von mehr als 100.000 Einwohnern hält Aristoteles (384-322 v. Chr.) für nicht mehr einer Polis angemessen, doch besagt dies wenig im Hinblick auf die tatsächlichen Verhältnisse. Nach anfänglicher Übernahme des bei den Unterworfenen vorgefundenen Königtums, seiner Entmachtung durch den Adel, der Errichtung der Oligarchie und schließlich der Tyrannis bildet sich gegen Ende des 6. Jhs. eine demokratische Gesellschaft, innerhalb derer – ermöglicht durch die Sklaverei (!) – die politische Verantwortung auf den Bürger übergeht. Selbst das ursprüngliche Königtum ist kein absolutes, die Anführer sind von der Unterstützung des Volkes abhängig und so frei von den Phantasien schrankenloser Macht. Das „Zusammensiedeln" (Synoikismos) mehrerer Stämme im Schutz einer Akropolis nach Auflassen ihrer ursprünglichen Dörfer erfolgt aus unterschiedlichem Grund (z.B. vermutlich aus demokratischem in Mantinea; in Athen dagegen auf königlichen Wunsch). Die Vorstellung „Polis" ist eine „soziologische", politische – keine räumliche: Stadt und Landschaft sind keine sich ausschließenden Gegensätze, scheiden nicht Stadt- und Landbevölkerung voneinander; „daß Stadt und Land bei den Griechen eine Einheit bildeten und nicht zwei gegensätzliche Lebensweisen" (*Kuhn, E.:* Über die Entstehung der Städte der alten Komenenverfassung und Synoikismus, Leipzig 1908), zeigt die Tatsache, daß um 400 v. Chr. drei Viertel der Athener Bevölkerung ein Haus und ein Stück Land in Attika besaßen. Politische Einigungsbestrebungen zwischen den Stadtstaaten werden unterstützt durch panhellenische Einrichtungen wie Olympische Spiele (Olympia), allgemeine Kult- und Staatsschatzstätten (Delphi) oder Gesundheitszentren (Kos). Keiner dieser Orte will eine große Stadt sein; sie sind zeitlich begrenzte Treffpunkte und bereichern die städtische Kultur um Einrichtungen wie Orakel, Sportstätten, Gymnasien, Theater und Sanatorien. Hippokrates (Arzt und Naturforscher, ca. 450-350 v. Chr.) fordert in seinen „Abhandlungen über Luft, Wasser und Örtlichkeit" aus Gründen öffentlicher Hygiene ein begrenztes Wachstum der Städte. Städte mit nur mehr als

ein paar tausend Einwohnern gründen Kolonien, bevor sie selbst zu übervölkern drohen. Auch der begrenzte Umfang des jeweiligen Kulturlandes und die mangelhafte Wasserversorgung führen im Wettstreit mit den Phöniziern zur Kolonisation des Mittelmeerraumes (Rhodos, Milet). Nur Athen und Korinth setzen ihrem Größenwachstum keine Grenzen. Athen ist zur Sicherung der Versorgung auf Kriegszüge und „Tributzahlungen" angewiesen. Alexander d. Gr. begründet seine Ablehnung, sich in Alexandria (vor 323 v. Chr.) die größte Stadt der Welt anlegen zu lassen, mit der Unmöglichkeit, eine solche Stadt zu unterhalten.

Stadtstrukturen, Bauformen

Über den archaischen Städtebau im griechischen Mutterland ist wegen häufiger Überbauung und Veränderung wenig und damit kaum Allgemeinverbindliches bekannt. Es scheint, als wenn – wie die Tempelbezirke und ihre Kulte – auch die Akropolen aus vorgriechischer und mykenischer Zeit zunächst als Herrensitze und Ansätze von Siedlungen beibehalten worden sind. Attika z.B. erhält erst seit der Klassik ein von zentraler Stelle gelenktes grenzsicherndes neues Festungssystem. Straßen und Ummauerungen scheinen dem Gelände angepaßt, Plätze für städtische Zentren ausgespart oder bei Zusammenlegung mehrerer Einzelsiedlungen freigehalten und schrittweise ausgebaut. Städtische Zentren sind einerseits die Tempel, andererseits die Agora (Ort der politischen Beratung, der Gerichtsbarkeit und Götterverehrung, Markt) und eine Reihe öffentlicher Bauten. Doch unterscheiden sich diese städtebaulichen Strukturen im griechischen Mutterland wesentlich von den rational geplanten und nicht selten gleichzeitigen der Kolonien, in denen u.a. bereits wenigstens etwa 200 Jahre vor der Neugründung Milets nach seiner Zerstörung durch die Perser 494 (so im süditalienischen Metapont) ein schachbrettartiges Straßensystem angewendet wird. Für die „Große" Kolonisation (mehr als 200 Kolonien!), bei der z.B. dem Orakel von Delphi eine wichtige politische Rolle zugeschrieben wird, werden Übervölkerung, Ernährungsengpässe, Rohstoffbedarf (Metalle), Handelsinteressen, aber auch massive soziale Spannungen verantwortlich gemacht. Die Geschlossenheit bereits der frühen, städtisch geprägten Polis in den Kolonien erklärt sich aus dem natürlichen Schutzbedürfnis in fremder oder gar feindlicher Umgebung. Die Planung erfolgt überwiegend additiv, wobei meist Wert auf eine deutliche Trennung privater und öffentlicher Flächen und Gebäude gelegt worden zu sein scheint. Häufig wird für Agora und öffentliche Bauten Gelände in der Nähe wichtiger Straßenkreuzungen freigehalten.

Der Städtebau der klassischen Zeit und der „jüngeren Kolonisation" (500-200 v. Chr.), der nach dem ionischen Aufstand und den Perserkriegen einsetzt, bringt eine außerordentliche Blüte und verarbeitet die Anregungen auch der mesopotamischen, persischen und ägyptischen Städte.

Besonders die in Milet vorgefundene rechtwinklige Ordnung wurde lange Zeit als für die griechischen Kolonialstädte typenbildend angesehen. Als konsequenter Anwender des Raster-Plans gilt Hippodamos von Milet. Das nach ihm benannte hippodamische (oder milesianische) System liegt vor allem der Anlage bzw. Neuordnung späterer Kolonialstädte in Ionien zugrunde. Kennzeichen der klassischen Kolonialstadt:

- Umriß und Stadtmauer bleiben unregelmäßig wie zuvor: der Topographie angepaßte reine Verteidigungsbauwerke.
- Innere Struktur: Selbst in bewegtem Gelände herrscht der Gitternetzplan vor. Rechtwinklig sich kreuzende Straßen, parallel und senkrecht zum Hang, so daß in der Regel rechteckige Baublöcke von ca. 40 x 80 m entstehen. Gelegentlich wird durch Freilassen von Blöcken Fläche für Plätze und öffentliche Gebäude geschaffen. Die hierdurch entstehende einheitliche Ausrichtung der Großbauten, Tempel und Firstrichtungen prägt das Erscheinungsbild des Stadtzentrums.
- Die Agora ist Teil einer additiven, seltener integrierenden Planung und wird in hellenistischer Zeit oft streng rechteckig umbaut und tangential erschlossen.
- Öffentliche Gebäude werden zu Gruppen mit einheitlicher Fassadengestaltung zusammengefaßt.
- An Hauptgebäuden finden sich in jeder Stadt: Buleuterion (Ratssaal), Theater (geomorphisch eingepaßt), Odeion, Gymnasion, Stadion, Bäder und sonstige öffentliche Einrichtungen. Eine große Rolle im klassischen Städtebau spielt die Stoa (Säulenhalle) – die schattenspendende, vor Regen schützende, offene Wandelhalle am Rande der Agora oder – meist später – rings um sie herumgezogen.
- Die Säulenhallen der öffentlichen Gebäude kontrastieren mit den fensterlosen, geschlossenen Straßenwänden der übrigen Bebauung.
- Das städtische Wohnhaus entwickelt sich aus dem mediterranen Hof zum Peristylhaus und führt in geplanten Städten zur Herausbildung regelrechter „Grundtypen". Ausgangspunkt dieses Hauses bildet die Form des von Mauern umgebenen Gehöftes, an dessen Rückseite häufig das nach Süden gewendete Megaron anschließt. Dazu kommt die weitere Bebauung der rückwärtigen Ecken (Schlafräume), der Seiten (Nebenräume) und der Straßenfront. Rein griechisch ist die Ausbildung des verbleibenden Innenhofes als Peristyl (Säulenhof).

Der Schachbrettplan, dessen theoretische Durchdringung (unter Zugrundelegung einer idealen Polisverfassung mit Drittelparitäten von Handwerkern, Bauern und Kriegern) das Verdienst des Hippodamos von Milet ist, wird im griechischen Mutterland in den 470er Jahren bei der Anlage von Piräus offensichtlich unter seiner Mitwirkung realisiert: Eine Agora wirkt als städtebauliches Gelenk, dient aber gleichzeitig der Abgrenzung von Vierteln.

Aristoteles bezeichnet Hippodamos als Staatstheoretiker ohne konkrete architektonische Erfahrung. Ist er aber wirklich mit Menton, dem Urtyp des Stadtplaners, zu vergleichen, den Aristophanes in „Die Vögel" (414 v. Chr.) wie folgt verspottet:

„Mit dem Lineal machte ich mich daran, in diesen Kreis ein Quadrat zu zeichnen; im Mittelpunkt liegt der Marktplatz, in den alle geraden Straßen einmünden, die in diesen Mittelpunkt wie ein Stern zusammenlaufen, der ... seine Strahlen ringsumher in geraden Linien ausschickt".

Ein „Idealstadtkonzept", das 2000 Jahre später wiederentdeckt und realisiert wird.

Beispiele

Archaische und klassische Städte

42 *Athen*

Erste vorgriechische Besiedlung am Fuß der Akropolis.
Athen entsteht aus drei Kernen:
1. Akropolis – Sitz der weltlichen Macht,
2. Quartier am Ilissos – Sitz der Grund- und Landesherren, spätere Aristokratie,
3. Quartier der Handwerker und Kaufleute mit Markt.
Nach dem Sturz der Tyrannis 510 v. Chr. entwickelt sich Athen zum geistigen wie politischen Mittelpunkt der klassischen Epoche, Ausgangspunkt der neueren Kolonisation. Die Stadtmauer des 5. Jhs. umfaßt unregelmäßig das damalige Stadtgebiet. Als sich die Stadt zum Hafen hin erweitert (Piräus wird von Hippodamos im Gitternetzplan umgestaltet), verbindet eine neue Doppelmauer Stadt und Hafen. Die Altstadt selbst bleibt, wie fast alle Städte des griechischen Mutterlandes, frei von den Bestrebungen nach einer geometrischen Ordnung. Ein regelmäßiges Straßennetz oder entzifferbarer „Raumplan" existieren nicht; auch die bisher ergrabenen relativ geringen Reste der Bebauung des 6. Jhs. (etwa zwischen Pnyx und dem Westabhang der Akropolis) weisen – soweit feststellbar – eine unregelmäßige Struktur auf. Die Stadt entwickelt sich frei rings um bestimmte Festpunkte wie Markt, Versammlungsstätte, Tempel. Die Hauptgebäude werden auf den von der Natur vorgezeichneten Orten oder altüberlieferten Verehrungsplätzen errichtet und frei verbunden. Die in die Agora mündende Straße für die große Prozession der Panathenäen wurde insbesondere in hellenistischer Zeit umgestaltet; betont werden bestimmte Plätze, Auftakte, Eingänge, Ausblicke. Theater werden dort angelegt, wo sie praktisch am besten ausführbar sind, Tore da, wo der lineare Ablauf eines Weges oder Ablaufs eine Zäsur erfahren soll. „Kein Gebäude verliert seine Freiheit, keine Achse unterwirft die natürliche, spannungsreiche Anordnung einem geometrischen und monumentalen Pathos. In dieser freien Art des Städtebaus entfaltet sich eine typische Charakteristik des Griechentums: die Freiheit von jeglichem Schema." (Egli, Geschichte ..., Bd. 1)

43 *Delphi*

44 Delphi zeigt früheste städtische Ansätze. Die Anlage befindet sich am Südhang des Parnaß; dort gibt es drei flachere Stellen – die östliche wurde zum heiligen Bezirk der Athene und der Ort öffentlicher Gebäude (Bäder, Gymnasion) – die mittlere Terrasse war heiliger Bezirk des Apollo; Dämpfe, die aus einem Felsspalt aufstiegen, bestimmten den Ort der Orakelsprüche, welche die Priesterin, Pythia, im Trancezustand verkündete (panhellenisches Heiligtum des apollinischen Orakels).
Die obere, westliche Terrasse war der Standort des Stadions. Das übrige Gelände wurde von Straßen in horizontalen Schichtlinien durchzogen; quer dazu lagen Rampen oder Treppenstraßen.
Der Hang war mit Privathäusern überbaut. Die gesamte Bebauung erscheint frei, dem Gelände angepaßt; besonders das Theater, das am oberen Rand der mittleren Stadtterrasse aus dem Hang herausgearbeitet wurde, ist beispielhaft für griechisch-geomorphe Planung.

45 *Olympia*

Eine flache Terrasse am Fuße des Kronos-Hügels wurde zum heiligen Temenos gestaltet: Hier standen der Tempel des Zeus und andere Heiligtümer und Schatzhäuser. Außerhalb des Tempelbezirks befanden sich Palaestra, Leonidaion (Herberge für Ehrengäste), im Süden das Buleuterion (Ratssaal), Thermen und andere Gebäude. Im Osten schloß sich das Stadion an: 776 v. Chr. fanden hier die ersten panhellenischen Spiele statt (alle 4 Jahre

bis 393 n. Chr.). Olympia ist keine Stadt im engeren Sinne, sondern eine Stadt der Festspiele, eine Zeitstadt mit sehr wenigen ständigen Bewohnern. Sie weist daher weder Wohnanlagen noch Werkstätten und Märkte auf. Den Kern der Anlage bildet eine Terrasse, die Altis von etwa 160 x 180 m Fläche. Die Kultgebäude stehen auf dieser Terrasse, umgeben von einem Kranz profaner Gebäude. Auch hier findet sich keine geplante Symmetrie oder Geometrie.

46 *Korinth*

Korinth besaß eine wichtige Handelslage: Landverkehr zwischen Festland und Peloponnes und Güterumschlag in West-Ost-Richtung in zwei Häfen (erster Plan für den Kanal von Korinth). Damit wurde die Stadt zu einer der reichsten Handelsstädte der damaligen Welt.
Stadtanlage: Umfang 8 km, mit den Mauern zur Akropolis 17 km (Akrokorinth). Im Zentrum wieder eine geräumige Agora (100 x 200 m), der Hanglage angepaßt, später von Säulenhallen umgeben; um diesen zentralen Ort alle öffentlichen Gebäude, Heiligtümer und Theater. Die Wohnhäuser befanden sich oberhalb auf der Flanke des Berges, unterhalb der Burg.

47 *Paestum (Poseidonia)*
48 Die Stadt liegt südlich von Neapel am Golf von Salerno in der Ebene. Sie wurde von griechischen Kolonisten aus Sybaris im 7. Jh. v. Chr. gegründet und fiel 273 v. Chr. an Latium. Sie besitzt weder eine Akropolis, noch ist sie an einen Hügel angelehnt. Der Umriß ist zwar unregelmäßig, läßt aber eine gewisse geometrische Vorstellung und Planung erkennen. Als neues Element taucht das Hauptstraßenkreuz mit seinen vier Stadttoren auf. Forum (am Schnittpunkte der Hauptstraßen), rechtwinkliges Straßennetz und Ummauerung aus latinischer Zeit entsprechen vermutlich in ihrer Lage derjenigen des griechischen Stadtgrundrisses. Einen Hinweis hierauf gibt die auffällige Gleichrichtung der griechischen Tempel, die ihre Integration in ein gleichmäßiges Straßennetz annehmen läßt.

49 *Selinunt*

Auf einem Felsplateau an der Südküste Siziliens gelegen. Ursprüngliche Stadtgründung 628 v. Chr., 409 Zerstörung durch die Karthager, Neugründung 408 nach dem Plan des Hermokrates von Syrakus. Geschickte Ausnutzung der natürlichen Gegebenheiten für die Anlage von Stadt und zwei Häfen. Die 300 x 400 m große birnenförmige Stadtterrasse wird von einer Nord-Süd-Hauptachse und zwei Querachsen durchzogen und könnte als Abwandlung des „Schachbrett-Plans" bezeichnet werden.
Das differenzierte Straßennetz (Hauptstraßen, Wohnstraßen, Wohnwege) ist funktionell, weniger überzeugend die Einordnung der Agora und die der öffentlichen Gebäude. Auch hier wieder die Gleichrichtung (Ostung) der Tempel.
Ursprünglich breitete sich Selinunt auch nach den drei Landseiten unterhalb des Akropolishügels aus; an der Küste beiderseits der Oberstadt je ein Hafen.

51 *Milet*
bis Plan der Stadt für den Wiederaufbau nach der Zerstörung durch die Perser (479 v. Chr.).
54 Er zeigt große Regelmäßigkeit, d.h. die „hippodamische Ordnung" in folgerichtiger Anwendung:
Im Zentrum gruppieren sich die Anlagen des Gemeinbedarfs (Agora, Theater, Stadion, Handelshafen, Kriegshafen). Große Baublöcke (insulae) bei der Flachlandbebauung, kleinere bei der Hangbebauung mit Höhenstaffelung der Wohnbauten.

Wiederbegründung um 350 v. Chr., starke Förderung der Bautätigkeit durch Alexander d. Gr. Die Stadt ist relativ klein und historisch unbedeutend; dieser Tatsache ist es zu verdanken, daß sie im Laufe der Zeit nicht allzusehr überbaut wurde und die Rekonstruktion heute ein komplettes Bild der klassischen Stadt wiedergibt. Die heiligen Bezirke liegen tangential zu den Straßen und sind terrassiert. Gleiches gilt auch für die großen Plätze. Die öffentlichen Gebäude heben sich über die Masse der Bürgerbauten empor. Der Tempel der Athena krönt plastisch das Stadtbild. Die Befestigungsmauer ist den Geländeverhältnissen sorgfältig angepaßt. In der plastischen Durchgestaltung des Stadtbildes, in der Überhöhung und dreidimensionalen Auffassung von Baukörpern und Platzräumen zeigen sich bereits Merkmale, die für den hellenistischen Städtebau kennzeichnend sind.

Hellenistische Stadtplanung

51 Im Hellenismus geht die kulturelle und künstlerische Führung vielfach vom Mutterland auf andere Länder über (Diadochenreiche). In relativ kurzer Zeit werden Hunderte von neuen Städten gegründet, um das Weltreich Alexanders d. Gr. regierbar zu machen, es militärisch zu sichern, Länder dem Handel zu erschließen, leere Landstriche zu besiedeln, die griechische Überbevölkerung unterzubringen und mittels der Städte ein Gegengewicht gegenüber dem aufsässigen einheimischen Adel zu schaffen. Der hellenistische Städtebau basiert auf dem klassisch-griechischen System der orthogonal vorgeplanten Stadt. Der Gitternetzplan erlaubt einen raschen Aufbau, ist gut zu erweitern, garantiert ein Mindestmaß an öffentlichem freien Platz, ist übersichtlich für die meist fremden Bewohner und Beschäftigten (Seeleute, Kaufleute, Verwaltung), wie überhaupt Zweckmäßigkeit und kaufmännisches Denken dominieren (Agora direkt am Hafen, Kanäle, glatte Verkehrswege). Die spätklassische, hellenistische Stadt ist gesund, ordentlich, gut organisiert und künstlerisch einheitlich. Die formale Kontinuität steigert sich in Monumentalität. Größe, Machtanspruch, Repräsentationswille und orientalische Prachtentfaltung lassen die griechische Polis zur hellenistischen Metropolis anwachsen; schließlich überwiegt der Repräsentationscharakter (der den Römern imponiert und den sie in ihre etruskisch vorgebildete rechteckige Kolonialstadt-Form einbringen, so daß die abstrakte Form der hellenistisch-griechischen mit der der hellenistisch-römischen Stadt fast identisch ist).

Kennzeichen hellenistischen Städtebaus:

- Wo es die Topographie erlaubt, werden die Umrisse bei Stadtneugründungen regelmäßiger (Rechteck, Quadrat).

64 - Das Straßennetz wird nach der Rangordnung der Funktionen entworfen. Betonung der Eigenständigkeit der Hauptstraßen durch Breite, Kolonnaden und Laubengänge. Beginn einer axialen Ausrichtung unter Einbeziehung der besten naturgegebenen Blickpunkte wie Berge, Flüsse, Seeufer.
- Vorbestimmte Komposition der Baueinheiten. Die öffentlichen Gebäude sind nicht über das ganze Stadtgebiet verteilt, sondern werden zu einheitlichen Architekturgruppen zusammengefaßt und aufeinander abgestimmt.

– Einbeziehung der öffentlichen Plätze und Straßenkreuzungen in den Entwurf und die Gliederung des Stadtraumes durch Kunstwerke, Säulen, Brunnen.
– Einbeziehung der Natur in die bebaute Fläche durch Gärten, Bäume (die Ausdehnung der Städte erschwert den direkten Zugang zum Umland).
– Dreidimensionale Komposition; vertikale Bewegung im Stadtbild durch Treppen, Rampen, Terrassen, Fontänen, um die Eintönigkeit des orthogonalen Netzes zu durchbrechen (in Pergamon durch die Topographie vorgegeben).

60 *Alexandria*

Die Stadt wird 331 v. Chr. von Alexander d. Gr. an der Stelle einer ägyptischen Siedlung zwischen zwei natürlichen Häfen und einem großen See gegründet. Der Plan seines mazedonischen Architekten Deinokrates zeigt gewisse Ähnlichkeiten mit dem hippodamischen Piräus-Plan; er wird in der hellenistischen Epoche erweitert und monumental ausgebaut.

Ein Kanal verband Binnensee und Seehäfen, ein weiterer stellte über einen Nilarm die Verbindung zum afrikanischen Hinterland sicher. Die beiden sich kreuzenden Hauptachsen wiesen eine 54 m breite Fahrbahn auf, mit marmornen Säulenarkaden an den Seiten, mit überdeckten Schleusen und Abflußkanälen. Diese Achsen begrenzten im nordwestlichen Quadranten die Regia, eine umwallte Stadt-in-der-Stadt, die auf frühe assyrische Vorbilder zurückgeht. Hier standen die Paläste, Verwaltungsgebäude und das Museion („Forschungsinstitut") für 100 Gelehrte aller Länder und Rassen. Alle Begründer und Hüter der antiken Kultur arbeiteten dort von 200 v. Chr. bis zur Christianisierung im 4. Jh. n. Chr. in einer idealen Umgebung von Laboratorien, Werkstätten, Sternwarten, einem zoologischen Garten, einem botanischen Park und der größten Bibliothek der damaligen Zeit. Alexandria wurde dadurch neben dem wirtschaftlichen auch zum geistigen Zentrum der Alten Welt. „Die orthogonale vielzentrische Hafenstadt wurde der erste 'portus', der die sechs städtischen Eigenschaften realisierte, die vom 3. Jh. an den Welthafen von anderen Städten unterschieden: – Offene Gesellschaftsordnung – Übersee-Handel – Güterumschlag und Verteilung – Bankmonopol – Monumentalität – Kulturvorbild." (Moholy-Nagy)

61 *Pergamon*

bis Pergamon zeigt in hellenistischer Ausgestaltung die drei Stadien der Stadtentwicklung
63 als organische Einheit in einem grandiosen Maßstab:
– Die ursprüngliche Ansiedlung folgt dem geomorphischen Konzept der griechischen Akropolis. Die von der Natur vorgegebene Situation formt der Mensch nach seinen Notwendigkeiten um.
– Das Theater, das aus dem steilen Hang ausgehöhlt wurde, übertrifft alle vergleichbar gelegenen griechischen Theater, weil es als Brennpunkt der gesamten Stadtanlage geplant ist.
– Die Stadtterrassen – in Delphi ist die geometrische Abgrenzung scharf und ohne Übergang – entfalten sich hier wie ein Fächer, gestaffelt, dem natürlichen Halbkreis des Berges folgend, in geometrischer Präzision um das Auditorium des Theaters.
– Das orthogonale Konzept kommt in den rechtwinkligen Verbindungsstraßen und dem römischen Stadtteil um das Asklepieion zum Ausdruck, in dem Säulenhallen, öffentliche Plätze und Häuser nach einem Raster-Plan angelegt sind.
Pergamon wurde in einem Zeitraum von über 500 Jahren erbaut. Beachtlich ist dabei die Beibehaltung des Grundkonzeptes, denn jede nachfolgende Generation hielt sich an den einmal aufgestellten Plan. In römischer Zeit bildet Pergamon einen hervorgehobenen Platz des Kaiserkults in der Provinz Asia. Auf dem Burgberg entsteht der korinthische Trajanstempel; das Theater wird umgebaut, der – wie vermutet wird – ehemalige Dionysostempel

am Nordende der Theaterterrasse wiederhergestellt. An seinem Fuß erweitert sich die Stadt in Richtung der heutigen. Auswirkungen auf die römische Architektur sind darin zu sehen, daß Pergamon u.a. Vorbild wurde für repräsentative Monumentalität und städtebauliche Kompositionen auf bewegtem Gelände.

40

Etruskische und römische Kultur

Zeittafel

7. Jh. v. Chr.	Gründung und schnelles Wachstum etruskischer Städte
ca. 509 v. Chr.	Beseitigung des etruskischen Königtums in Rom durch eine aristokratische Verschwörung, Errichtung einer Republik, Wachstum der „Ziegelstadt" Rom
148 v. Chr.	Griechenland wird römische Provinz
30 v. Chr.	Ägypten wird römische Provinz
1. Jh. n. Chr.	Kaiserreich; Rom wird zur „Marmorstadt"
2. Jh. n. Chr.	Größte Ausdehnung des Reiches unter Trajan
260 n. Chr.	Aufgabe des obergermanisch-rätischen Limes wegen der Alemanneneinfälle
313 n. Chr.	Edikt von Mailand: Christentum wird als Religion toleriert
375-568 n. Chr.	Völkerwanderung (Zeitabschnitt vom Einfall der Hunnen ins ostgotische Reich bis zur Landnahme der Langobarden in Italien)
395 n. Chr.	Reichsteilung unter Konstantin; Rom: Hauptstadt des weströmischen Reiches; Konstantinopel: Hauptstadt des oströmischen Reiches
476 n. Chr.	Ende des weströmischen Reiches

Ursprünge, Standorte römischer Städte

65 Der römische Städtebau ist in starkem Maße von etruskischen wie griechischen Vorbildern beeinflußt. Die Etrusker, die hauptsächlich den Norden Italiens besiedelten, bauen ihre Städte als burgartige Festungen aus. Bei Neugründungen wenden sie ein System an, das streng geometrisch orientiert und wahrscheinlich von kultischen Vorstellungen geprägt ist. Ein Hauptstraßenkreuz wird genau nach den Himmelsrichtungen ausgerichtet und rechteckig umschlossen. Ein Tempelbezirk liegt innerhalb der Stadt an erhöhter Stelle (Rechteckstruktur, die möglicherweise auf die rechtwinklige Holzbauweise früherer Pfahldörfer der Poebene zurückgeht).

Rom selbst entsteht durch Zusammenschluß von 7 Dörfern (7 Stämme auf 7 Hügeln) und wächst organisch, während alle römischen Neugründungen die religiös bedingten Züge des etruskischen Systems tragen:

66 Mit der „groma" werden der Mittelpunkt des nach den Himmelsrichtungen orientierten Hauptachsenkreuzes und durch Umpflügen der zunächst wohl eher der Topographie angepaßte, bei Kolonialstädten späterer Zeit vorrangig rechteckige Umriß festgelegt.

Im Gegensatz zur griechischen Stadt, die meist erst später ummauert wird, legt die römische Stadt zuerst die Umgrenzung und einen „heiligen Streifen" (pomerium) innerhalb und außerhalb der Mauer fest, auf dem keine Gebäude errichtet werden dürfen (auch militärischer Vorteil).

Bevorzugte Standorte römischer Städte sind offenbar zunächst Hang-, im Zuge der Kolonisierung fast ausschließlich Ebenen möglichst an einem Fluß.

Gesellschaftsstruktur

Die territoriale Ausdehnung römischer Herrschaft begleitet eine Auseinandersetzung zwischen den zunächst politisch rechtlosen Plebejern gegen die an der Macht befindlichen Patrizier. Es installiert sich eine Republik, in der sich monarchische, aristokratische und demokratische Elemente zu einer Einheit verbinden. Die sozialen Gegensätze steigen mit der weiteren Reichsausdehnung bis zur Alleinherrschaft Caesars.

Die nominell unter Octavian geschaffene Republik mit gleichzeitiger Begründung des Prinzipats bedeutet praktisch die Wiedererrichtung der Monarchie. Das römische Kaiserreich fördert nicht nur die Verwaltung, sondern die städtische Zivilisation schon deswegen besonders, weil sie zugleich Romanisierung bedeutet.

Hierbei kommt ihm in den westlichen Provinzen vor allem bei der Oberschicht das Interesse an dem damit verbundenen höheren Lebensstandard wie den Einflußmöglichkeiten entgegen. Das Prestige des Bürgers wiederum drückt sich in seinen vielfach auch baulichen Leistungen für seine Stadt aus.

Die Plebs rekrutiert sich aus den freien Landarbeitern auf städtischem Areal, aus Tagelöhnern, Kleinkaufleuten und -handwerkern. Seit dem 4. Jh. v. Chr. ist eine deutliche Zunahme von „Kaufsklaven" festzustellen. In den Stadtrat gelangt nur, wer über ein bestimmtes Vermögen verfügt. Umgekehrt aber sind die Wohlhabenden zu „Sozialabgaben" verpflichtet, die sich im Laufe der Zeit ebenso ausweiten, wie Arbeitsdelegierung, Kapitalrenten und Unproduktivität der Oberschicht zunehmen.

Stadtstrukturen, Bauformen

Der eigentliche Beitrag der Römer zum Städtebau ist die Entwicklung des schon bei den Etruskern vorgebildeten, Achsenkreuz-geprägten Grundschemas für das Militärlager, die Veteranen- und Provinzstadt. Das Castrum folgt festen Regeln, kennt aber auch Variationen. Im Schnittpunkt des Achsenkreuzes liegt das Forum oder das Kapitol bzw. die Militärverwaltung. Die via cardinalis (cardo = Weltachse, in Nord-Süd-Richtung) wird in der Militärstadt zur via principalis, die ost-westlich gerichtete via decumana zur via praetoria. Als in der Kaiserzeit die Städte monumental ausgestaltet werden, zeigen auch die Militärlager besondere Prachtentfaltung: Der „decumanus maximus" tritt in doppelter Breite und kolonnadengesäumt an die erste Stelle. Die Größe der Gesamtanlagen ist sehr unterschiedlich. In einem bisweilen dem römischen Feldmesser Hyginus (1. Jh. n. Chr.) zugeschriebenen Buch über die Befestigung der Lager wird ihre Beschränkung auf 2400 x 1600 Fuß (720 x 480 m) verteidigungstechnisch begründet: Über größere Distanzen ließen sich Signale und Befehle nur bedingt weitergeben (Aosta und

Turin entsprechen diesen Maßen); die Fläche der meisten Städte variiert in der Größenordnung von 5 bis 20 ha (bis 200 ha: Autun, Nîmes). Vitruvs Vorschlag, aus praktischen Gründen runde Umrisse zu bilden, verstößt so gegen die römische Tradition seiner Zeit, daß er nicht befolgt wurde.

In den Provinzen werden zahlreiche Städte nach diesem Grundschema angelegt. Vorteil der Einheitlichkeit ist, daß beispielsweise ortsfremde Soldaten dieselben Funktionen stets an den gleichen Stellen vorfinden, ein Faktum, das auch aus Gründen der Staatsraison von Bedeutung gewesen sein könnte. Nachteilig ist die Starrheit gegenüber dem Wachstum: Die Regellosigkeit der sich bildenden **84** Vorstädte (Canabae) steht oft in krassem Widerspruch zur inneren „Idealstadt".

Das System der Vermessung von Landlosen oder der Einteilung von langrechteckigen Feldfluren, das z.B. stellenweise im Rheingebiet beobachtet worden ist, könnte im Ursprung auf Anregungen griechischer Kolonisation in Italien zurückgehen. Die Angaben über die Bevölkerungsstärke in den Städten sind strittig. Ostia soll in seiner Blütezeit (2. Jh. n. Chr.) bis zu 50 000 Einwohner gehabt haben.

Was den Städten an Größe fehlt, ersetzen sie durch Qualität und Ausstattung: Zur Standardausrüstung auch der kleinsten Provinzstadt (castrum, oppidum) gehören Forum, Tempel und öffentliche Bäder (Thermen). Die Auszeichnung „municipium" oder „colonia regia" berechtigte zugleich zu einer „basilica" (Gerichtshof), einem Theater und einem Triumphbogen (falls der Imperator in die Stadt einzieht).

Diese öffentlichen Gebäude sind in ihrer Zweckbestimmung typisiert und unterscheiden sich jeweils lediglich durch ihre Größe. Zu den besonderen technischen Leistungen gehören die zahlreichen Aquädukte.

Die Wohngebäude der zivilen römischen Städte sind entweder Atriumhäuser (frühestens nachzuweisen seit dem 3. Jh. v. Chr.), eine Mischung des Atriums mit dem griechischen Peristylhaus (Pompeji), oder regelrechte, bis zu sieben Geschossen zählende Mietshäuser (Rom, Ostia). Der Straßenplan der Städte zeigt verschiedene, nach Funktionen abgestimmte Breiten.

Der Rasterplan legt freie Plätze von Anfang an fest, die Baublöcke (insulae, ca. 75 x 75 m) werden als Einheiten geplant; die Häuser sind stets nach innen gekehrt, nur Tavernen und Läden öffnen sich zur Straße.

Einzige Ausnahme vom oben beschriebenen römischen Städtebausystem ist die Hauptstadt des Imperiums, wo aufgrund des ungeheuren Bevölkerungszustroms ein geordnetes Planen trotz aller Versuche durch Bauvorschriften, besonders in der Kaiserzeit, nur in beschränkten Grenzen möglich war.

Beispiele

67 **Rom**
bis Rom wächst in der republikanischen Zeit (510-37 v. Chr.) zur Weltstadt heran. Die Be-
72 bauung drängt über die „Servianische" Mauer hinaus; vor den Toren bilden sich ungeplante Vorstädte (Suburbes).
Die Hauptgebäude werden ohne erkennbares planerisches Gesamtkonzept um das Forum errichtet: Das Forum Romanum zeigt die freie Anordnung unterschiedlicher, vielfach nacheinander entstandener oder sich ablösender Bauwerke; auf diese Weise entsteht der Typ eines offenen, bebauten, wandlungsfähigen Platzes, der trotz Typenvielfalt eine Einheit bildet.

In der Kaiserzeit (23 v. Chr.-315 n. Chr.) wird die Stadt monumental umgestaltet. Unter hellenistisch-griechischem Einfluß erhalten insbesondere Kapitol, Forum, Marsfeld und andere Plätze großartige, meist in Marmor errichtete Bauwerke. (Augustus rühmt sich, eine Ziegelstadt vorgefunden zu haben und eine Stadt aus Marmor zu hinterlassen.)

Die Paläste der Kaiser, luxuriöse Thermen, Theater, Arenen, Triumphbögen und die nun auf Achsen bezogenen Kaiserforen verändern das Bild der Stadt. Der axiale Plan führt zu der Tendenz, die Bauwerke auch symmetrisch zur Achse anzuordnen.

**70
bis
72
82
83**
An den Kaiserforen werden verschiedenartige Gebäude zu einer monumentalen Einheit zusammengefaßt (Trajansmarkt), die zwar in sich jeweils axial konzipiert sind, aber eine übergeordnete Integration in das Stadtgefüge vermissen lassen (eine fast vollständige Einheit wird erst beim Helios-Heiligtum in Baalbek erreicht), wie auch nie der Versuch gemacht wurde, das gewachsene Straßensystem vorgeplant zu erweitern oder dem in der Provinz üblichen Ordnungssystem zu unterwerfen.

Eine Bestandsaufnahme zur späten Kaiserzeit (A. 4. Jh.) weist 9 Aquädukte auf, 10 Thermen, 10 Foren, 10 Basiliken, 856 öffentliche Bäder, 1352 Trinkwasserbrunnen an den Straßenkreuzungen, 254 Mühlen, 2000 „domus", die Häuser der Patrizier, vielfach an die Wasserversorgung direkt angeschlossen, und 50 000 „insulae", die von Spekulanten errichteten Mietshäuser in Blöcken bis zu 7 Geschossen und 20 m Höhe mit engen Wohnquartieren für Plebejer und Sklaven.

„Crassus, der sein sagenhaftes Vermögen mit Mietskasernen machte, rühmte sich, er habe niemals Geld für Neubauten ausgegeben; es war einträglicher, teilweise beschädigte alte Häuser auf Versteigerungen zu kaufen, notdürftig zu reparieren und dann zu vermieten." (Mumford, Bd. 1)

Da aus finanziellen Gründen die Wände der Mietshäuser oft nur 18 cm dick waren, kam es häufig zu Schäden, wenn nicht zu Einstürzen, so daß die engen Straßen zusätzlich durch enorme Holzgerüste verstopft waren. Auch bestand ständige Brandgefahr durch die vielen Öllampen und Holzkohlebecken (nach Juvenal). Das erste römische Planungsgesetz (Lex Julia Municipalis) erließ daher Richtlinien für einheitliche Gebäudehöhen, Straßenbreiten, Pflasterung, Sauberkeit, Reparaturen, öffentliche Arbeiten und Grenzregelungen. Um den Verkehrsstockungen zu begegnen, schränkte Hadrian (117-132 n. Chr.) den Lastfuhrwerksverkehr, der schon lange nur noch nachts stattfinden durfte, noch mehr ein, ebenso die Ansiedlung „fliegender Händler" in den engen Straßen.

Der Zerfall des Imperium Romanum ist schließlich Ergebnis übermäßigen Wachstums und ab Anfang des 3. Jhs. massiver werdender Bedrohungen von außen, insbesondere durch Neuperser, Araber und Germanen. 271-75 entsteht nach Vordringen gotischer Truppenverbände zum Schutz der Metropole die Aurelianische Mauer mit fast 19 km Länge, 14 Toren und 380 Türmen.

Nach der Reichsteilung von 395 wird um 400 Ravenna Hauptstadt des Westreiches, 410 Rom durch den Westgoten Alarich, 455 durch den Wandalen Geiserich erobert und geplündert. 476 kommt es zur Absetzung des letzten weströmischen Kaisers Romulus Augustulus und zur Ausrufung des Germanen Odoaker zum König: Das römische Westreich hat zu existieren aufgehört. Rom entvölkert sich (von vielleicht 1 bis 1,5 Millionen Einwohnern verbleiben im 6. Jh. etwa 20 000). Die Mehrzahl seiner Bauten zerfällt oder dient als Steinbruch. Kirche und Papst als ihr Oberhaupt werden zur beharrenden Kraft und gewinnen – wenngleich mit Rückschlägen – an Bedeutung auch im politischen Raum.

Römische Provinzstädte

Ostia

73
Ostia wurde als Küstenbefestigung etwa im 3. V. des 4. Jhs. v. Chr. gegründet. Wie die Anlieger des ersten republikanischen Forums reihen sich die wichtigsten Gebäude entlang der Fahrbahn (Decumanus). Speicher und öffentliche Bäder gibt es in großer Anzahl,

„denn Ostia war Matrosen- und Soldatenstadt, für die 'öffentliches Bad' eine euphemistische Umschreibung ist" (Moholy-Nagy). Die bekannten „insulae", deren Gußmörtelrümpfe (Emplekton) noch heute stehen, waren an beiden Enden der Hauptstraße angeordnet und zeigen z.T. „modern" anmutende Wohnblockgruppierungen. Der Trajanshafen mit 350 m Seitenlänge und ein großer Rundhafen (Durchmesser: 1 km) liegen 3 km nördlich der Stadt und wurden erst später angelegt (100-106 n. Chr.).

**75
bis
80** *Pompeji*

Die Beiträge einzelner Kulturbereiche zum römischen Städtebau werden besonders augenfällig an einer Stadt wie Pompeji, in der es zu einer vielfältigen Überlagerung kommt. Die zunächst oskische Siedlung gerät in der Folge unter griechischen und etruskischen, später samnitischen, schließlich römischen Einfluß. Die Etrusker umwallen die im Grundriß ovale Siedlung und legen ein Hauptstraßen-Achsenkreuz an. Unmittelbar am Kreuzungspunkt dieser Straßen entwickelt sich das Forum. Der etruskische Kern wird von den Samniten nach Eroberung der Stadt (421 v. Chr.) beibehalten. Es kommt zu einer ausgedehnten Stadterweiterung nach hippodamischem System. Der nur teilrealisierte, da durch den Vesuvausbruch von 79 n. Chr. jäh beendete Ausbau der Römer, die beispielsweise das Amphitheater angelegt und für Kanalisierung und Straßenpflasterung gesorgt haben, ändert nichts Wesentliches an der Grundstruktur. Wichtig: die Gestaltung der großartigen Villen in ihrer Synthese von altrömischen Atrium- und griechischen Peristylhäusern.

**81
84
bis
86** *Timgad (Tamugadia)*

Timgad ist eine Ausgrabung erst neuerer Zeit. Die Stadt wurde etwa 100 n. Chr. von Trajan an der nordafrikanischen Küste als „castrum" gegründet und von Soldaten erbaut. Sie ist ein Beispiel für den römischen Städtebau in seiner vollen Blüte: eine kleine, einheitliche, rechteckig umgrenzte und in kurzer Bauzeit entstandene Schachbrett-Anlage.
Sie weist die übliche Ausstattung auf: Forum, Theater, Arena, Bäder und öffentliche Toiletten.
Der Decumanus Maximus mit Kolonnaden und dahinter liegenden Läden stellt eine monumentale Prunkachse dar.
Deutlich erkennbar die „canabae", die unregelmäßig und planlos gewachsenen Stadterweiterungen späterer Zeit.

87 *Djemila*

Den topographischen Verhältnissen folgend, ist die Stadt auf einem Plateau in Dreiecksform angelegt (steil stürzen die Hänge ab, zwei Flüsse umziehen das Plateau). Ein älterer Teil mit Cardo und Decumanus lag im Norden der Gesamtanlage. Vor dem Südtor entwickelte sich im 3. Jh. eine Neustadt mit großem Forum, Theater und ausgedehnten Thermen. Auch hier entbehrten die Neustädte der Regelmäßigkeit (die städtische Planordnung war verlorengegangen), zeigten aber auf der anderen Seite, wie sich die Römer jeder Lage anzupassen vermochten.

**91
92** *Xanten mit Castra Vetera I*

Xanten war eine der Garnisonstädte am Rhein, an der Straße nach Britannien gelegen. 14 v. Chr. wurde die Stadt als Doppellegionslager gegründet und 70 n. Chr. im Bataveraufstand zerstört. Von hier aus zog Varus im Jahre 9 n. Chr. zur verhängnisvollen Schlacht in den Teutoburger Wald.
Ein Zwischenakt war Castra Vetera II, ein für eine Legion bestimmtes Lager auf der dortigen Rheininsel, dessen Grundriß sich nicht mehr feststellen läßt. Um 100-106 n. Chr. wurde zur Zeit Kaiser Trajans nördlich von Castra Vetera II eine zivile Veteranenstadt, Colonia Traiana, gegründet. Wegen der Lage am Rheinufer (dort wurde ein Hafen nach-

gewiesen) hatte die Stadt einen trapezförmigen Grundriß. Nach 350 fiel Colonia Traiana den Germanenstürmen zum Opfer.

88 *Diokletianslager (Spalato, Split)*
Dieses Lager des Diokletian zeigt das Beispiel einer römischen Stadtanlage, die sich in eine Palaststadt verwandelte – eine Monumentalisierung des Castrums und seine Verschmelzung mit orientalischen Baugedanken. Ihre Ausmaße betrugen 215 x 175 m; Reste und Bauteile sind in der heutigen Altstadt enthalten.

89 *Pavia*
Dieser Ort verdeutlicht, wie in vielen Städten römisches Erbe trotz der Zerstörungen der Völkerwanderungszeit lebendig geblieben ist.
In der Mitte befindet sich ein römisches Castrum des 3. Jhs. n. Chr., um das sich später die mittelalterliche Stadt ausbreitet. Die Befestigungsanlagen der Neuzeit bilden den dritten Ring.

Mittelalter

Germanischer Bereich, Deutschland

Während der Völkerwanderung verbrannten und zerfielen die meisten römischen Städte völlig; die Germanen besaßen keine städtische Tradition – sie lebten auf Einzelhöfen und in Siedlungen. Das antike Erbe – die Idee der architektonisch geordneten Stadt, die Idee architektonischer Monumentalität – wurde mehr oder weniger verschüttet, und es dauerte lange, bis sich neues städtisches Leben im werdenden Abendland regte. Grundlage einer in den verschiedenen Ländern ähnlich verlaufenden Entwicklung bildeten Christentum und Latinität, die gemeinsame Religion und die Kultur und Wissenschaften verbindende lateinische Sprache. Trotzdem sind zwei europäische Gebiete im Hinblick auf die mittelalterliche Stadtentwicklung zu unterscheiden:

– Gebiete, die römisch waren;
– Gebiete, die nicht von Rom erobert waren und in denen es kein römisches Rechtssystem gab.

„Im romanischen Bereich (Italien, Frankreich) verschwand die alte Lebensweise niemals ganz, sondern geriet nur in Vergessenheit." (Egli, Geschichte ..., Bd. 2) Schon durch die römische Vergangenheit geprägt, entwickelten sich zu Beginn des Mittelalters die meisten Städte in Italien wie in den ehemaligen römischen Provinzen: im Westen Deutschlands, im Süden und Südwesten, dem Bereich römischer Stadttradition bis zum Limes. Bis etwa 1000 n. Chr. durchdringen sich diese beiden Welten; am Ende dieses Prozesses entsteht aus römisch-urbanem Charakter, germanischer Naturverbundenheit und fremden Einwirkungen die Gestalt der mittelalterlichen Stadt als „räumliches Gesamtkunstwerk". In Italien herrschen die hellenistisch-römischen Einflüsse vor, in Spanien kommen islamische Vorbilder stärker zum Ausdruck, in Venedig byzantinische. Besonders die Kreuzzüge brachten Anregungen aus dem Vorderen Orient in die verschiedenen europäischen Länder. Auch die theologische Idealvorstellung des „Himmlischen Jerusalem" (Kosmos = Abbildung der Stadt) prägt das Bild der mittelalterlichen Stadt, deren Blütezeit etwa zwischen 1100 und 1400 liegt; im Laufe dieser 300 Jahre wird Mitteleuropa der Besiedelung erschlossen.

Zeittafel (nach *Der Kleine Ploetz*, Freiburg/Würzburg 1985[34]; Zahlenangaben gerundet)

Das frühe Mittelalter (400-900)

450-750	Völkerwanderung
um 500	Auflösung des weströmischen Reiches. Preisgabe an die germanischen Völker trotz Fortbestehens römischer Einrichtungen; hierdurch zukunftsträchtige Synthese aus den Ordnungen des eindrin-

genden bäuerlich bestimmten Germanentums und denen der spät-
antiken Stadtkultur

500	Ostgoten in Italien (Ravenna)
600	Langobarden in Oberitalien (Pavia)
500	Merowinger (Chlodwig) in Frankreich als führende Großmacht des Westens
800	Kaiserkrönung Karls d. Gr., Zusammenschluß aller germanischen Stämme, des Franken- und Langobardenreiches
um 900	haben fast alle Völker auf dem europäischen Kontinent ihren endgültigen Wohnsitz erreicht. An die Stelle der bisherigen Mittelmeerkulturwelt ist ein kontinentales Europa (das christliche Abendland) getreten, dessen Umrisse und innere Gliederung sich bereits in den Herrschaftsgliederungen abzuzeichnen beginnen.

Das hohe Mittelalter (900-1250)

900-1000	Sächsische Kaiser „Ottonische Renaissance", erste deutsche Kulturblüte Anfänge des romanischen Baustils (Gernrode)
1000-1100	Fränkische (= salische) Kaiser (Deutschland, Italien, Burgund) Kreuzzüge (1100-1300), Ergebnis u. a.: Aufschwung, besonders des Mittelmeerhandels und der italienischen Städte, Steigerung der Lebenshaltung und Förderung des städtischen Lebens und Bürgertums
1100-1200	Hohenstaufen; Kaisertum auf der Höhe seiner Macht (Friedrich I., Barbarossa, 1152-1190) Zähringergründungen (Freiburg 1120) Welfen (Heinrich d. Löwe, Neugründung Lübecks 1158/59) Straßenmärkte

Das späte Mittelalter (1250-1492)

Italien: Seit dem Sinken der deutschen Kaisermacht völlige Zersplitterung in selbständige Fürstentümer und Stadtstaaten (Mailand, Verona, Genua, Florenz, Neapel, Venedig, Rom = Kirchenstaat)

Frankreich: 100jähriger Krieg zwischen Frankreich und England

Französischer Einheitsstaat, Stärkung der Zentralgewalt (Paris) durch Bündnis mit dem Bürgertum

Deutsches Reich: Ausbildung der Landeshoheit (weltlicher und geistlicher Fürstenstand)

Aufblühen der Städte, von denen viele Freie Reichsstädte werden

Kolonisierung der Mark Brandenburg („Kolonialer Osten"), geplante Besiedelung, Stadtgründungen

Deutschordensstaat (Deutschritterorden): nach Unterwerfung der Preußen 1290 planmäßige Anlage von Klöstern, Burgen, Dörfern, Städten

- System der Zentrallage des Marktes,
- allmähliches Eindringen des gotischen Baustils aus Nordfrankreich

Topographie, Standorte deutscher Städte

Je nach dem Kern, aus dem die spätere Stadt sich entwickelt, unterscheidet sich auch der jeweilige Standort. Als Ausgangspunkte für Stadtbildungen können festgestellt werden:

99
100 – Dörfer: Den Kern germanischer Siedlungen bildeten einzelne Bauernhöfe oder das Sippengehöft, für sich allein, mitten in das zu rodende oder zu bearbeitende Land gestellt. Dabei waren die einzelnen Höfe eines Stammes wohl nur so weit voneinander entfernt, daß bei Auftreten einer Gefahr eine Verständigung oder das gemeinsame Aufsuchen einer Fluchtburg möglich waren (Dörfer und Fluchtburgen als Stadt).

101
102 – Klostersiedlungen als Ausgangspunkte einer späteren Stadt (Aufgaben der Mönchsorden u.a.: Roden, Urbarmachen, Besiedeln = Christianisieren).

92
bis
96 – Römerstädte, die insofern, wenn auch mit verringerter Bevölkerung in zu weit gewordenen Mauern, weiterbestehen, als die Bischöfe verpflichtet sind, bei ihren Gemeinden in den römischen Städten zu bleiben (Konzil von Nikäa, 325). Die Römerstädte werden zu Bischofsstädten, z.B.: Trier, Worms, Mainz, Köln,

96
97 Straßburg, Augsburg, Regensburg, Salzburg; wobei Zentralpunkt der Stadt nunmehr die Domimmunität mit davorliegendem Markt darstellt. Auch nehmen fränkische und germanische Fürsten Wohnsitz in den ehemaligen römischen Städten (Xanten: Colonia Traiana). Dagegen zieht der Kaiser von Pfalz zu Pfalz, da es noch keinen festen Regierungssitz gibt:

103 – Pfalzen als Ursprung späterer Städte (Aachen, Ingelheim).

104 – Das „Wik" (lat.: vicus), gallisch-germanisches „oppidum", d.h. Kaufmannssiedlung an Straßenkreuzen, Furten, Flüssen (Transportwege), oft im Anschluß an eine Burg oder römische Stadt (canabae = Verkaufshallen; größere Anzahl bildet eine Siedlung = vicus = suburbium = burgum). Wiks stellen keine Vororte im Sinne von Dörfern dar, sondern kaufmännisch-gewerblich orientierte Handelsniederlassungen mit wechselnder Population von Wander- und Fernkaufleuten; es sind ein- oder beidseitig bebaute Handelsstraßen (= Straßenmärkte), mit Wall, Graben, Palisaden befestigt, in einigen Fällen mit einer eigenen Mauer.

Standorte der „uneinnehmbaren Stadt" des frühen Mittelalters befinden sich also im Schutz einer Burg oder eines Bischofssitzes; die Standortwahl erfolgt unter dem Aspekt der Sicherheit, der leichten Verteidigungsmöglichkeit und günstiger Verkehrs- = Handelslagen – an Flüssen, auf Inseln, auf Hügeln.

Ihre Entstehung beruht auf der Verbindung eines festen Platzes (Burg, Verwaltungsmittelpunkt, Bischofsresidenz, Pfalz) mit einer Kaufmannssiedlung (Wik), einem Markt und Handwerkssiedlungen. In ottonischer und salischer Zeit bereits füllt sich der Raum zwischen Rhein und Elbe mit solchen Plätzen, denen meist Münz-, Markt- und Zollrecht eigen sind, aus denen vielfältige Formen „bürgerlicher" (bis 1200 Burg = Stadt) Gemeinwesen hervorgehen. Das Wachstum der Städte nach Zahl und Bedeutung ist eines der charakteristischen Kennzeichen in Deutschland seit 1200 und ein Spiegel der Intensivierung des Fernhandels. Alte Handelswege nach Osten über Haithabu (Wikinger-Lager, später Schleswig), Magdeburg, Erfurt, Prag, werden ausgebaut; nach Westen Handel über Köln und England, Flandern und Burgund, über die Alpenpässe nach Italien.

Die früheste Entfaltung und Blüte erleben neben den norditalienischen die flandrischen Städte (Gent, Brügge u.a.), nach deren Muster sich auch die selbständig gewordenen deutschen bürgerlichen Städte entwickeln.

Um 900 steigt die Zahl der Befestigungen. Neben Ausbau und Anlage von Burgen, in deren Vorburgen möglicherweise eigene Handwerkersiedlungen bestanden, erhalten Stadtsiedlungen wie Haithabu und später auch Hamburg einen eigenen Schutz.

Das 12. und 13. Jh. (die eigentliche Städtebau-Epoche des Mittelalters) wird von der geplanten, neu gegründeten Bürgerstadt bestimmt.

Zwei Anlässe führen zur Vielzahl von Neugründungen: die für den Stadtherrn gegebene Möglichkeit erhöhter finanzieller Einnahmen in Form von Steuern und Zöllen – bedingt durch den verstärkten Trend zur Geldwirtschaft in den Städten – und die wachsende Funktion dieser Städte im Rahmen der Landsicherung.

Die Stadt ist weiträumig, schließt Freiflächen (Flächen für Landwirtschaft in Zeiten der Belagerung) und Klöster mit ein (Prediger-, Krankenpflege-, Bettelorden).

Im Ostseeraum entsteht ein Interessenverband deutscher Städte zum Schutz ihrer Handelsprivilegien (Bund der Städte von der deutschen Hanse, 1358); es kommt zu Kolonialgründungen in der Mark Brandenburg und den Ostgebieten (Polen).

Allein der Deutschritterorden gründet 93 Städte, 1400 Dörfer. Im mittelalterlichen Deutschen Reich gab es etwa 4000 Städte, deren größte über 20 000 Einwohner hatten (Köln, Lübeck, Magdeburg, Nürnberg, Metz, Straßburg, Augsburg, Prag, Wien, später auch Danzig), 16 weitere hatten über 10 000 Einwohner; etwa 50 waren Mittelstädte (2000-10 000 Einwohner), die Mehrzahl Kleinstädte (unter 2000 Einwohner).

Gesellschaftsstruktur

Die Struktur der mittelalterlichen städtischen Gesellschaft basiert einerseits auf dem Erbe der germanischen Zeit, der einheitlichen Gliederung in Familie, Stamm, Sippe und Volk unter der Führung von Häuptlingen (Königen), ihren traditionellen genossenschaftlichen Vereinigungen, andererseits auf den Erfahrungen bürgerlicher Selbstverwaltung, wie sie in den römischen Städten lange praktiziert wurde.

In den größer und selbständig gewordenen politischen Einheiten geht die Regierungsgewalt zunächst auf königliche Beamte, Grafen und Bischöfe über. Die Bevölkerung ist streng in drei Klassen geteilt: Bauern und Handwerker, Adelige, Kleriker, wobei insbesondere der höhere Klerus bis ins 13. Jh. allein vom Adel gestellt wird. Das Kulturgefälle zwischen Ober- und Unterschicht ist stark; die Macht der „Landesherren" im Sinne des Wortes (Lehenssystem, königlicher Grund- und Bodenbesitz) drängt die bäuerliche Bevölkerung in Abhängigkeit, Leibeigenschaft und Frondienste.

Einen Anfang bürgerlicher Selbständigkeit bringt erst die Herausbildung einer Kleingewerbestruktur (Herstellung und Handel in einer Hand; die Entstehung von Handwerker- und Kaufmannsständen als Gegenpol zum Feudalsystem). Das wirtschaftliche Privileg, einmal wöchentlich Markt zu halten, hängt von der äußeren Sicherheit und gesetzlichen Zusicherungen ab (Verleihung von Markt-, später

Stadtrechten, vom 11. Jh. an). Diese Rechte müssen oft gegen den Widerstand der Stadtherren erkämpft werden, bis hin zur vollen Selbstverwaltung der Städte. Stadtrechte sind u.a.:

- Marktrecht,
- Recht auf Selbstverwaltung (Ratsverfassung), Rathaus,
- niedere Gerichtsbarkeit,
- Zunftwesen als Quelle der Gewerbekraft,
- Recht auf Selbstverteidigung (Mauern) und damit das
- Recht, Waffen zu tragen.

Grundsätzlich obliegt es dem König oder Kaiser, die Stadtrechte zu vergeben. 1220 wird dieses Recht auch auf die geistlichen Fürsten übertragen (Kaiser Friedrich II.).

Das Marktrecht ist also Ausgangspunkt einer inneren Stadtentwicklung (Produktion und Verkauf von Lebensmitteln und Gütern des täglichen Bedarfs; die Produzenten stellen etwa vier Fünftel der Stadtbevölkerung; enge Verflechtung von Haushalt und Arbeit), nicht etwa Instrument des internationalen Handels. Erst die Wiederherstellung geschützter Städte trägt dazu bei, die regionalen und internationalen Handelswege neu zu erschließen.

Pionierarbeit in der wirtschaftlichen Erschließung leisten auch die Mönchsorden beim Vordringen der Städte seit der Karolingerzeit. Klöster, u.a. Tours, St. Germain-des-Prés, Lorsch, Fulda, Reichenau, St. Gallen, Salzburg, werden zu Zentren für Landwirtschaft, Handwerk, Kunst und Wissenschaft.

Eine Tatsache von grundlegender Bedeutung ist ihr Beitrag zur enormen Ausweitung des Kulturlandes in ganz Europa (Rodung) und die Anwendung wirtschaftlicher Methoden in der Landwirtschaft (Düngung, Dreifelderwirtschaft).

101 *Der Klosterplan von St. Gallen*

102 Idealplan (Bauschema) einer frühmittelalterlichen, karolingischen, benediktinischen Klosteranlage, um 820 auf der Insel Reichenau auf Pergament gezeichnet (?), heute in der Stiftsbibliothek St. Gallen (Schweiz) aufbewahrt. Stark plastische Baugruppe, zugleich funktionelle Anordnung der verschiedenen Bautypen und sinnvolle Disposition der Flächennutzung. Ihr komplexes Schema gilt als Ideenmuster eines ebenfalls Autarkie erstrebenden städtischen Gemeinwesens, wobei römischer Einfluß spürbar bleibt. Bestand die römische Stadtplanung jedoch aus einer Folge axialer äußerer Räume (Kaiserforen), so zeigt sich hier, daß an die Stelle des Freiraumes (Platzes) das Bauwerk als plastische Mitte tritt.

Für die Lehensherren lag mit Aufkommen der Geldwirtschaft ein besonderer Anreiz darin, ihre ländlichen in städtische Siedlungen umzuwandeln, da die wachsende Wirtschaftskraft auch höhere Abgaben bzw. Mietzinsen eintrug. So entstanden Städte, deren Siedler von den Fürsten geradezu herbeigerufen wurden; Folge ist die zunehmende „Seßhaftigkeit" in ganz Europa.

98 Der wirtschaftliche Erfolg der Städte läßt auch die politische Bedeutung des Bürgers als „autonome Gestalt" wachsen. Um 1150 ist fast alles Land im deutschen Reichsgebiet gerodet. Wirtschaftswachstum bieten nur noch Handwerk und Handel in den Städten; der aktive Städtebau sichert außerdem (neben dem Bergbau) das erschlossene Land. Der Mönch als Kulturträger tritt in den Hintergrund, der Bürger prägt das städtische und kulturelle Leben. Der Handwerker des späten

Mittelalters ist „ratsfähig"; die Zünfte kommen in den Besitz von Grundeigentum, Städte profitieren aus der Rivalität zwischen Papst und Kaiser und werden – nachdem sie sich ihrer klerikalen Herrschaft entledigt haben – zu Freien Reichsstädten (Reichsunmittelbarkeit), die Stadtbewohner freie Bürger – „Stadtluft macht frei". Neben den bischöflichen tritt der bürgerliche Markt mit Rathaus.

In dieser Blüte der Stadtkultur (13. Jh.) entstehen vorbildliche soziale Einrichtungen wie allgemeine Schulen, Waisenhäuser, Altersheime, Bade- und Krankenhäuser.

Das Bevölkerungswachstum wird bewältigt, indem neue Gemeinwesen gegründet werden (Bürgerstädte).

„Der Städtebau ist eines der größten gewerblichen Unternehmen des Mittelalters. (...) Überfüllung und zu dichte Bebauung nebst zunehmendem Mietwucher und immer beengtere Wohnverhältnisse – dazu auch Wachstum und Ausdehnung der Vorstädte – wird erst aktuell, als die Fähigkeit, neue Städte zu bauen, erheblich abgenommen hat." (Mumford, Bd. 1)

Diesen Rückgang städtischer Lebenskraft bewirken auch – gefördert durch die hygienischen Mißstände der angewachsenen Städte – die Pestepidemien des 14. Jhs., die nach vorsichtigen Schätzungen ein Drittel der Bevölkerung ausrotten. Trotzdem kommt es – wenn auch nicht im bisherigen Ausmaß – zu Stadterweiterungen, so unter Kaiser Ludwig d.B. (z.B. 1333 Frankfurt a.M.).

Das 15. Jh. ist gekennzeichnet durch den auf die jeweilige Stadt rückwirkenden Ausbau von Residenzen (Burgen) durch Landesfürsten und andere Territorialherren.

Stadtstrukturen, Bauformen

Die äußere Gestalt der Gesamtanlage mittelalterlicher Städte kann sehr unterschiedlich und veränderlich sein. Die Umgrenzung ist weitgehend von der Topographie bestimmt. Es gibt geometrische Figuren (runde, rechteckige, ovale), polygonale und geomorphische Formen, ohne daß ihnen eine symbolische Bedeutung zukommt. Bewußte Übertragung geomantischer Beziehungen oder Berücksichtigung der Himmelsrichtungen kann – bis auf die Ostung der Kirchen – nicht festgestellt werden.

Weitaus die größte Zahl der Städte hat einen zunächst abgerundeten, der Topographie angepaßten Grundriß. Seit dem Beginn des 13. Jhs. läßt sich eine Hinwendung zur geradlinig abknickenden Mauerführung beobachten, wohingegen streng regelmäßige Formen vergleichsweise selten sind, zumal wenn ihnen das Gelände und der Wunsch nach Wirtschaftlichkeit und möglichst wirksamer Verteidigung entgegenstehen.

Quadratische und rechteckige Form:
Städte, die auf römische Anlagen zurückgehen, zeigen die Castrum-Form (Straßburg)
und
Neugründungen des 12., besonders des 13. Jhs., verwenden wieder diese Form (Friedland).

Ovale bis elliptische Umrisse:
Städte die allmählich aus einem Dorf oder einer Gruppe von Dörfern entstehen,
passen sich mehr der Landschaft an (meist Hügelstädte). Hinter diesen städtischen
Formen liegen noch ältere dörfliche Strukturen, denen wir im Straßendorf, Kreu-
zungsdorf, Allmende- und Runddorf begegnen (Kalkar).

Rundstädte:
Kreisrunde Siedlungen waren bei den Germanen üblich; ihre Fluchtburgen hatten
häufig diese Form (Trelleborg). Historische Bedeutung erhält die regelmäßige
Kreisform wieder in den Kolonialgründungen des 13. Jhs.
An Flußufern tritt auch die Halbkreis-Stadt auf, oder sie entwickelt sich langsam
zu dieser Form (Köln).

Innerer Aufbau der Städte

Die aus römischer Zeit stammenden Städte behalten gewöhnlich in der alten
Stadtmitte das System rechtwinkliger Häuserblocks bei; Veränderungen sind möglich, vor allem durch unregelmäßige Platzbildungen vor den Bischofskirchen,
schräge und gekrümmte Straßen, die neuen Beziehungen zwischen den Örtlich-
keiten folgen (= Trampelpfade, kürzester Weg zwischen Dom und Außenklöstern).

93 *Regensburg*
Legionslager mit westlich anschließendem Vicus; die mittelalterliche Stadt wächst über
die alten Castrum-Grenzen hinaus. Die Bebauung erfolgt entlang der früheren Wegeführung (Straßengabelung) vor den Stadttoren des Castrums.

Gewachsene Städte und Hügelstädte: Die Straßenführungen sind von den topographischen Verhältnissen vorgegeben. Sie verlaufen entlang den Höhenlinien
105 oder im Sinne von Fallinien als verbindende Treppenstraßen (Böblingen, Her-
106 renberg), oder sie nähern sich dem radial-konzentrischen Plan, mit Kern und
nach allen Seiten verlaufenden Ausfallstraßen wie in:

107 *Nördlingen*
Radialstadt-Typ in der Ebene. Der älteste Kern wird um 1300 von ursprünglich 430 m
Durchmesser ringförmig auf 900 m erweitert und neu ummauert. Obwohl eine geome-
trisch-starre Straßenführung fehlt, ist eine planmäßige Entwicklung in mehreren Phasen
zu erkennen.

Die Ringstraßen mancher Städte zeugen wie Jahresringe von einer Folge von
Wachstumsperioden; zum anderen erklären sich die organischen Krümmungen
mittelalterlicher Straßen daraus, daß der Stadtkern betont werden soll. In der
Regel ist der mittelalterliche Stadtplan eher zwanglos als regelmäßig. Er ist vielfältig, oft gebietsgebunden oder von älteren Besiedlungen abhängig. Modisches,
zeitlich nacheinander Zugefügtes bleibt im ganzen organisch. Gegenüber dem
römischen Castrum zeigt der mittelalterliche Plan Ideenfülle; eine organische Erweiterung ist möglich.

In den neu gegründeten Städten des 12. und 13. Jhs. wird eine regelmäßigere
Struktur wieder aufgenommen. Auch erfolgt ihre Anlage häufig nach einem stren-
gen Gitternetzplan, wobei in der Mitte ein quadratischer oder rechteckiger Platz
für den Markt freigehalten wird (die Kirche rückt auf die Seite). Das System der

Zentrallage des Marktes ist ein Kennzeichen bürgerlicher Neugründungen oder Stadterweiterungen. Es ersetzt das bisher übliche traditionelle Vicus-Muster des Straßenmarkts. Die Straßenplanung differenziert häufig zwischen Verkehrs- und Nebenstraßen.

Typisch für die mittelalterliche Stadt ist auch die Aufteilung in Quartiere oder Viertel, jedes mit öffentlichen Gebäuden, Kirche (Pfarrkirche) und Markt ausgestattet (Spezialmärkte, je nach Art des Gewerbes) – keine Zusammenfassung also aller wichtigen Bauwerke und öffentlichen Einrichtungen zu einem Hauptzentrum der wachsenden Stadt. Die Lokalisation von Gewerbebetrieben ist rechtlich geregelt, meist gewerbetechnischen Ursprungs: Fischer, Färber, Gerber, Wollwäscher, Walker an Wasserläufen bzw. an Stadtbächen; Handelsviertel entwickeln sich ganz ohne besondere Ansiedlungsvorschriften in der Nähe der Stadttore. Mittelpunkt

98 der stadtbürgerlichen Tätigkeit ist das Rathaus mit Gerichtsplatz, das manchmal auch als Markthalle dient und sich mehr oder weniger aus der Reihe der Bürgerhäuser heraushebt. Die übliche Ausstattung der Straßen mit Arkadenreihen schützt Läden und Passanten vor Witterungseinflüssen und Fahrverkehr. Bei nachträglicher Anlage solcher „Laubengänge" werden einfach neue Fassaden den alten vorgesetzt, so daß auf diese Weise völlig geschlossene Platzwände entstehen können (s. Platzgestaltung: S. 67/68).

Stadterweiterung

Die mittelalterliche Befestigung ist relativ einfach; die Stadtmauer kann noch ohne bedeutende Kosten unter Wiederverwendung des Baumaterials hinausgeschoben oder neu angelegt werden. Zu Beginn des Mittelalters fehlt sie oft ganz; Wall und Graben werden erst allmählich durch Mauern ergänzt, zumal die jeweiligen stadtbildenden Elemente (Burg, Kloster, Markt) für sich selbständig befestigt waren. Mehrere Ortsteile können eine gemeinsame neue Mauer erhalten, Klöster am Stadtrand mit einbezogen werden. Bemerkenswert ist die Reihenfolge: Erst nach Ausbau der Stadt oder des Neustadt-Teiles wird die Mauer und damit die Umrißlinie angelegt – eine Erklärung für die Unregelmäßigkeit der gewachsenen Stadt im Vergleich zu den „in einem Guß" entstandenen neuen (gegründeten) Städten vom 12. Jh. an.

121 *Brandenburg*
Bischofssitz (auch die frühen Gründungen der Karolinger und der sächsischen Fürsten waren Bischofsstädte – neben den traditionellen Bischofsstädten römischen Ursprungs –, so Hamburg, Magdeburg, Meißen, Merseburg, Bamberg – sie dienten dem Schutz der Ostgrenze). Die erste Anlage bestand aus der Domburg – zusätzliche natürliche Sicherung durch die Insellage – und der Altstadt.
Die Neustadt von 1192 zeigt noch die alte Form des Straßenmarktes, doch wird dieser an den Kopf eines Straßen-T herangeschoben und stellt mit dieser Anbindung eine gewisse Sonderform dar. Ist Brandenburg ein Beispiel für die durch eine Neustadt häufig entstandene Form der Doppelstadt, so zeigt Hildesheim, wie eine „Großstadt" durch Zusammenfassen mehrerer, in sich geschlossener Kerne entstehen kann.

111 *Hildesheim*
Ursprung sind die Domburg des 9. Jhs., eine sächsische Rundburg und die älteste bischöfliche Marktsiedlung (um 1000) als Wik (beidseitig bebauter Straßenmarkt).

1125 werden die „Altstadt", eine ovale gewerbliche Niederlassung, und mehrere Kloster-
bezirke mit eingeschlossen. Die später angegliederte Neustadt (1220) zeigt bereits die
charakteristische Regelmäßigkeit und den rechteckigen Zentralmarkt mit hineingestellter
Pfarrkirche und Marktbuden. Im 14. Jh. werden alle Stadtteile durch eine gemeinsame
Ummauerung zusammengeschlossen.

Erscheinungsbild der Stadt

112 Trotz unterschiedlicher Entstehungsarten findet die mittelalterliche Stadt zu einem
113 einheitlichen Erscheinungsbild, einem typischen plastischen dreidimensionalen
Aufbau. Bestimmend und beherrschend in der Silhouette sind Dom oder Münster,
Kloster, Pfarrkirche (das geistliche Element) und Burg, Rathaus, Markt, Bürgerhäuser, Mauern (das bürgerliche Element). Für die Ausgewogenheit der Baumassen gibt es keine formulierten ästhetischen Regeln, doch „hat es zu allen Zeiten
gewisse Beamte gegeben, die pflichtgemäß dafür zu sorgen hatten, daß private
Bauten zur öffentlichen Zier gereichten" (Mumford, Bd. 1). Die Bauaufsicht lag
in den Händen des städtischen Rates bzw. der Dombaumeister bei sakralen Bauaufgaben.

Der „Baumeister" als selbständiger Beruf tritt erst im 14. Jh. auf. Typisch ist eine
deutliche Betonung der „Stadtkrone": Höhe und Dichte der Bebauung und Kirchen
nehmen zu den Stadtgrenzen hin ab.

114 Das Idealbild einer Bischofsstadt (nach Gruber) zeigt die Dominanz der klerikalen
Herrschaft (Domburg), die angegliederte frühmittelalterliche Stadt mit ihren Straßenmärkten und eine spätere Erweiterung auf dem gegenüberliegenden Flußufer.

Weitere Beispiele mittelalterlicher Städte

94 *Köln*
Zwischen Römerstadt und Rhein bildet sich im 10. Jh. zunächst eine quergelagerte Stra-
ßenmarktsiedlung; die Differenzierung in Einzelmärkte (Heumarkt, Alter Markt) ist späteren Datums. Hielt die ursprünglich römische Stadt noch einen gewissen Sicherheitsab-
stand vom Rhein, so nimmt man in der Handelssiedlung offenbar der kürzeren Transportwege halber die hochwassergefährdete Unterlage in Kauf. Später erweitert sich die
Stadt und erreicht schließlich eine halbkreisförmige Gestalt.

95 *Straßburg*
96 Römer- und Bischofsstadt. Seitlich angeschlossen der bischöfliche Markt des frühen Mittelalters und der bürgerliche Markt nach errungener Stadtfreiheit Ende des 13. Jhs.

97 *Speyer*
Hier ist die römische Struktur völlig verlorengegangen; der Markt zieht sich axial zum
Dom durch die ganze Stadt. Um 1000 liegen die drei geistlichen Stifte noch außerhalb
der unbefestigten Stadt. Eine erste Erweiterung erfolgt in Verlängerung des Marktes.
Heinrich III. baut den Kaufmannswik zur breiten Prunkstraße zum Kaiserdom hin aus.
Mauern erhält die Stadt erst im 13. Jh.

108 *Münster, Soest*
109 Bischofsstädte ohne römische Vergangenheit. In den sächsischen Bischofsstädten entstanden die Domburgen im Bezirk der karolingischen, mit Wall und Graben befestigten recht-

eckigen Königshöfe entlang dem Hellweg (Handelsstraße). Die ursprünglich einreihigen Kaufmannssiedlungen schlossen sich unmittelbar an die Befestigungen an. Der Prinzipalmarkt in Münster legt sich um die „Domfreiheit" herum, das Rathaus steht in der Reihe der Bürgerhäuser – nur durch seine Höhe und reichere Gestaltung herausgehoben – genau gegenüber der Michaelspforte. Der Plan von Soest zeigt den befestigten Pfalzbereich im Zentrum, die Erweiterungsphasen und den endgültigen Ausbau als Rundstadt im 12. Jh.

110 *Halberstadt*
Dieser Ort bildet konzentrisch um einen ovalen Kern gruppierte Altstadterweiterungen
111 und – ähnlich Hildesheim – eine eingegliederte Neustadt mit gewerblichem Markt des 12. Jhs. im Osten der Stadt.

115 *Friedberg*
Ausgangspunkt ist ein römisches Kastell mit senkrecht anschließendem Vicus. Diese Grundkonzeption bleibt bestimmend, selbst als im 13. Jh. (Stauferzeit) die Pfalz als Reichsburg mit anschließender Stadt ausgebaut wird.
Auch im 13. Jh. werden noch zahlreiche Burgen gebaut; Burg und Stadt entstehen gleichzeitig (Ordensburgen des Deutschritterordens).

„Gegründete" Städte des 12. und 13. Jahrhunderts

In der älteren Forschung hat man den angeblich planmäßig angelegten Städten der Herzöge von Zähringen, die über weite Gebiete des heutigen Baden-Württemberg und der Schweiz herrschten, eine wesentliche Impulswirkung für die Neustrukturierung der Städte des 12. Jhs. zugeschrieben.

116 Als frühestes Beispiel einer „gegründeten" Stadt wird im allgemeinen Freiburg i.Br. genannt, das Konrad von Zähringen wohl 1120 mit finanzieller Hilfe von 24 Überlandkaufleuten anlegt und dem weitere bürgerliche Marktstädte ähnlichen
117 Musters zur Festigung des herzoglichen Territoriums folgen: u.a. Villingen (ca.
bis 1130), Rottweil (vor 1150), Murten (ca. 1180/90), Bern (1190/91). Als besonderes
120 Erkennungszeichen einer „Zähringerstadt" glaubte man die Herausbildung eines Kreuzes sich rechtwinklig schneidender breiterer Marktstraßen wie in Villingen ansehen zu können, doch haben die Rekonstruktionsversuche zähringischer Gründungen gezeigt, daß sich das „zähringische" Straßenkreuz erst im Laufe des 12. Jhs. aus praktischen Gründen ebenso durchsetzt wie eine geradlinigere Straßenführung und rechtwinkligere Erschließung, es dagegen in den frühen Gründungen wie Offenburg und Freiburg i.Br. noch nicht existiert. Dabei wird deutlich, daß die „Zähringerstadt" nicht die als Schema anwendbare Idee eines Stadtgründers gewesen sein kann, sondern sich erst im Laufe der Zeit – unter Berücksichtigung regionaler, topographischer und funktionaler Gegebenheiten – entwickelt hat, wobei der sich von Tor zu Tor ausdehnende Straßenmarkt, der im Süden des mittelalterlichen deutschen Reiches verbreiteter als im Norden ist, Ausgangspunkt der Erstbesiedlung gewesen sein dürfte. Das in Murten und Bern anzutreffende Parallelstraßensystem ist charakteristisch für die deutsch-französische Schweiz und topographiebedingt.

Ähnlichkeiten mit den von den Zähringern gegründeten Straßenmärkten und deren Differenzierung, z.B. in Rinder-, Haupt- und Fischmarkt, weisen allerdings
115 auch Städte und Stadterweiterungen in nördlichen Landschaften auf (u.a. Fried-

121 berg, Brandenburg-Neustadt, Freiburg i.S.), obgleich hier allgemein der Marktplatz
122 eine größere Verbreitung als der Straßenmarkt gefunden hat.

Die problematische Beziehung zwischen Transport und Verkehr wird in den zähringischen Städten erkannt und gelöst; der Markt ist nicht länger eine eingeschlossene Fläche mit engen Zugängen, sondern ein „Bewegungsraum" (Moholy-Nagy). Breite und Länge werden durch Größe und Wendekreis von Fuhrwerken bestimmt. Der Markt hat gleichzeitig Verteilerfunktion; die interne Versorgung und Erschließung erfolgt über ein oft rechtwinkliges Parallelstraßensystem, die z.T. planmäßige Parzellierung schafft ein- oder zweireihig aufgeschlossene Baublöcke. Die Häuser sind traufständig angeordnet; die folglich bei großen Gebäudetiefen entstehenden riesigen Dachflächen werden durch schmale Zwerchhäuser mit Winden zum Aufziehen der Vorräte gegliedert (die Traufstellung vermindert die Gefahr des Brandüberschlags durch die seitlich hochgezogenen steinernen Brandgiebel – unter Fortfall der Traufgassen).

Auch hinsichtlich anderer Kriterien (ovaler Umriß, Nachbarschaft zu Handelswegekreuzungen, Randlage von Kirchen und Klöstern, Entwässerungs- und Brauchwassersysteme in Form von Stadtbächen) stellen die zähringischen Städte keine Besonderheit ihrer Region dar. Um 1200 sehen im Elsaß Weißenburg, Hagenau, Schlettstadt und Colmar ähnlich aus. Als in gotischer Zeit der Warenaustausch zunimmt, fallen die auf Überlandhandel abgestellten Städte hinter die See- und Inlandhafenstädte zurück; Bern wird von Zürich überflügelt, im norddeutschen Raum übernehmen die Städte der deutschen Hanse die Führung.

123 *Lübeck (Hansestadt)*
bis Eine Marktneugründung Heinrichs d. Löwen (Schwiegersohn Konrads v. Zähringen) Mit-
126 te des 12. Jhs. Die Stadt erstreckt sich in Nord-Süd-Lage auf einem Hügel, der von Trave und Wakenitz umflossen wird. Die Burg des Grafen von Holstein sichert die nördliche Landenge. Eine breite Hauptstraße, parallel zu der alten Nord-Süd-Handelsstraße, bildet die Längsachse der Stadt. Daran angegliedert werden die Freiflächen für Kirche und Rathaus; dieser Bezirk ist allseitig von tangentialen Straßen umschlossen und mit „Krambuden" umbaut, so daß ein geschlossener Marktplatz gebildet wird. Von hier führen fünf Parallelstraßen in westlicher Richtung zum Anlegeplatz der Schiffe, dem wirtschaftlichen Zentrum der Stadt.
Kurien- und Domstadtteile werden im Süden angeschlossen, nachdem die Stadt auch Bischofssitz geworden ist.

127 *Stralsund (Hansestadt)*
Isometrie des Zentrums, Kirche und Rathaus.
Wirkungsvolle, das Stadtbild gliedernde Zusammenfassung mächtiger Baumassen. Kontrast zwischen den Sakralbauten und den Bauten der Stadtregierung einerseits und der Masse der Bürgerbauten andererseits, durch maßstäbliche Wirkung noch hervorgehoben.

„Im Mittelalter sorgte das Zunftwesen mit seinen Bauhütten, Gilden, Innungen, Bruderschaften und Ämtern für eine saubere Gesinnung im Handwerk und setzte sich für die Pflege und Überlieferung handwerklichen Könnens ein. Mit der regen
128 städtischen Bautätigkeit erlangte das Bauhandwerk einen hohen Stand der Aus-
129 bildung, dem vornehmlich die schöne Wirkung des alten Stadtbildes zu verdanken ist. Der Erfolg wurde nicht durch die Zwangsjacke der Gleichheit und Gleichförmigkeit, sondern trotz aller Verschiedenheit durch die innere Verwandtschaft und Ähnlichkeit der Bauten mit einem sicheren Feingefühl für den städtebaulichen

Maßstab erreicht. Das Mittelalter ließ dem einzelnen im Rahmen der Gemeinschaft seine Freiheit und gewährte ihm einen großen Spielraum für die Gestaltung seines Hauses. So entstanden jene lebendigen und abwechslungsreichen Stadtbilder, bei denen ein unsichtbares Band allen Formenreichtum zu einer Einheit verknüpfte." (Kabel)

130 *Elbing*
Gründung des Ritterordens (1237). Reinste Form einer Stadt vom „Typ Lübeck" (die Ordensstädte, u.a. Elbing, Thorn, Königsberg, waren Mitglieder der Hanse).
Grundriß von Alt- und Neustadt nähern sich dem regelmäßigen Rechteck. In der Altstadt wieder die breite Marktstraße von Nord nach Süd mit angegliedertem Marktplatz und Rippenstraßen zum Schiffsgelände.
Es werden regelmäßig parzellierte Baublöcke gebildet, die Hafenstraßen jeweils durch Stadttore abgeschlossen. Rathaus und Pfarrkirche stehen sich gleichberechtigt gegenüber. Ordensburg und Neustadt sind klar voneinander abgegrenzt und zusätzlich durch Wasserläufe gesichert.

131 *Thorn*
Gründung des Ritterordens (1231). Auf dem quadratischen Marktplatz in der Stadtmitte steht das einzigartige und monumentale Rathaus als Ausdruck profanen Bürgerstolzes. Die Kirchen sind ohne städtebaulichen Bezug abseits angelegt.
Als nach wenigen Jahren die stark befestigte Stadt mit Bürgerhäusern angefüllt ist, wird eine „Neustadt", auch mit Kirche, Rathaus und Marktplatz, angebaut (im Plan nicht dargestellt, s. Elbing).

Kennzeichen der Ordensstädte:

- Ordensburg, Hospital;
- regelmäßige rechteckige Anlage und Parzellierung;
- zentraler quadratischer oder rechteckiger Marktplatz;
- freistehendes Rathaus auf der Mitte des Platzes, umgeben von Krambuden, die das Rathaus allerdings oft völlig einbauen und in vielen ostpreußischen Städten später zu Wohnhäusern werden;
- Erweiterung zur Doppelstadt.

132 Auch in den östlichen Kolonialstädten ist der Stadtplan, wie die Beispiele Strehlau, Neubrandenburg, Reichenbach, Gleiwitz und Guhrau zeigen, regelmäßig und rechteckig angelegt. Ihr Umfang nähert sich der Kreisform (geringster Umfang bei gleicher Fläche); Zentrallage des Marktplatzes und Ausbildung als „Ring" um das freistehende Rathaus.

Dieses klare System (Kolonialtypenplan) ist im Zusammenhang mit dem vorgeplanten und einheitlichen, zeitlich kurzen Aufbau der Städte zu sehen (1240-1250). Im Straßenbild fehlen die im Westen üblichen Schrägblicke, die Vor- und Rücksprünge der Straßenfluchten und sonstige Unregelmäßigkeiten.

Wie bei den meisten deutschen Neugründungen steht die organische innere Ordnung im Vordergrund, nicht ein ästhetisch-malerisches Gestaltungsprinzip, das oft allein unsere Vorstellung von der mittelalterlichen Stadt bestimmt.

Anhang

Joseph Stübben: Alte Stadtanlagen, Köln 1894
in: Deutsche Bauzeitung, Berlin 1894 (der Autor bezieht sich auf eine Untersuchung von *Joh. Fritz:* Deutsche Stadtanlagen, Straßburg 1894).

„In den alten Reichs- und Bischofsstädten des südlichen und westlichen Deutschland hat (sich) irgend ein System oder Prinzip in der Anlage des Straßennetzes nicht gefunden; es sei denn, daß man die Unregelmäßigkeit und Krummheit an sich als ein System bezeichnen will (...).

Die Freiheit, unmittelbar auf die Straßengrenze zu bauen oder beliebig hinter derselben zurückzubleiben, zugleich die Freiheit, mit den oberen Geschossen über die Straßengrenze hinauszugehen, brachte jene charakteristische Unregelmäßigkeit hervor. Nur das Vortreten der Erdgeschosse in die Allmende (die Straßen- oder Platzfläche) hinein wurde oft streng geahndet (...).

Ausnahmen bilden diejenigen Städte, welche durch Wiederbesiedelung römischer Kulturstätten sich gebildet haben, so Konstanz, Straßburg, Köln. Hier hat sich die gradlinige Regelmäßigkeit der römischen Stadtanlage trotz des willkürlichen Bauwesens vieler späterer Jahrhunderte noch erkennbar erhalten und geht erst außerhalb der Römergrenze in das gewohnte Gassengewirr über, welches den Mangel eines bewußten Systems sich vollziehender städtischer Ansiedelung deutlich vorführt. Kirchliche Baugruppen haben Teile der römischen Stadtanlage oft vollständig zerstört.

Während wir so im Süden und Westen Deutschlands die krumme Linie herrschen sehen, verändert sich der allgemeine Eindruck, sobald wir die ehemaligen deutschen Kolonisationsgebiete jenseits der Saale und Elbe betreten (...). Normalplan ist die Figur eines Kreises oder einer Ellipse, welche durch mehrere sich rechtwinklig kreuzende geradlinige Straßen unter Aussparung eines oder einiger regelmäßiger Plätze in Bebauungsfelder zerlegt ist. Die Straßen laufen fast ausnahmslos ziemlich genau in westöstlicher und südnördlicher Richtung.

Der Durchmesser des Kreises pflegt 500-600 m, die kleine Achse der Ellipse 300-500, die große Achse 400-600 m zu betragen (...).

Der Mittelplatz diente als Markt. Auf demselben erhebt sich oder erhob sich ursprünglich frei das Rathaus, das zugleich als Kaufhaus mit Waage und Verkaufshallen ausgestattet war. Die Haupt-Pfarrkirche fand entweder seitwärts auf demselben Platze oder auf einem zweiten gleich regelmäßigen, von dem ersteren nur durch einen ganzen oder halben Häuserblock getrennten Platze Aufstellung (...).

Dabei weist die Übereinstimmung des Planschemas auf die Wahrscheinlichkeit hin, daß die Gründer und die Gründungszeiten für alle diese Orte annähernd dieselben gewesen sind. Die Deutschen taten dasselbe, was ein Jahrtausend früher die Römer und anderthalb Jahrtausende früher die Griechen taten und was heute die Amerikaner tun. Sie gründeten in den zu besiedelnden Kolonialländern neue, ganze Städte als Sammelpunkte des Verkehrs, des Handels, der Kriegsmacht; sie übertrugen das links der Elbe in größter Blüte stehende deutsche Städtewesen ins Wendenland und verliehen den neu gegründeten Orten unmittelbar oder mittelbar Magdeburger oder Lübecker Stadtrechte.

Wurde eine Stadterweiterung vorgenommen, so vollzog sie sich nicht wie heute durch strahlenförmige Fortsetzung des ursprünglichen Grundplanes, sondern durch Wiederholung des nämlichen in sich abgeschlossenen Systems, und so wurde oft eine Stadt aus zwei, drei, ja sieben selbständigen Gemeinwesen zusammengesetzt: eine der heutigen Städteerweiterung, den heutigen Bedürfnissen gerade entgegengesetzte Art des Vorgehens.

Das Vorbild des ostdeutschen Stadtschemas erkennt J. Fritz in den etwa im XII. Jahrhundert auch in den deutschen Städten Niedersachsens, so in Braunschweig, Hildesheim und Hamburg angelegten regelmäßigen Stadtteilen, deren Form vermutlich ebenso wie die gleichzeitigen oder früheren regelmäßigen Anlagen im südlichen Deutschland auf römische Städte am Rhein und in Italien zurückzuführen ist.

Diese Regelmäßigkeit der Anlage beschränkt sich übrigens nicht auf Deutschland; sie zeigt sich in gleicher Weise bei allen Stadtgründungen im Orient zur Zeit der Kreuzzüge (Giblet, Cäsarea), sie zeigt sich in den Niederlanden (Nieuwpoort, Veurne) und in Frankreich (Aigues-Mortes, Rennes). Alle planmäßig neu angelegten Städte zeigen, wie Essenwein (*Essenwein, A. v.; Stiehl, O.: Der Wohnbau des Mittelalters, Leipzig 1908*) sagt, „eine Regelmäßigkeit der Anlage, die jeden überrascht, der keine anderen mittelalterlichen Städte gesehen hat als nach und nach entstandene, die meist noch durch Bodeneigentümlichkeiten in der Entwicklung behindert, jene unregelmäßige Erscheinung im Innern und Äußeren erhielten, die uns sooft romantisch anmutet, die aber nur eine Folge des Zwanges der Umstände ist, den man nur trug, weil er eben sein mußte". Mit der letzten Wendung dürfte Essenwein doch zu weit gegangen sein. Die Leute des kunstentwickelten Mittelalters hatten die ungeregelten Grundrisse ihrer Städte aus einer früheren Zeit geerbt, aber, obwohl sie bei Neuanlagen des Zirkels Maß und Gerechtigkeit walten ließen, fühlten sie schwerlich die krummlinige Unregelmäßigkeit ihrer Straßen und Plätze als lästigen Zwang. Sie suchten zwar später den persönlichen Willkürlichkeiten beim Einbau in die Allmende Einhalt zu tun, aber sie freuten sich, wie Sitte sagt, in kindlicher Heiterkeit des Bestehenden und folgten unbewußt mit ihren Neubauten der künstlerischen Tradition ihrer Zeit, welche eine so sichere war, daß zuletzt alles zum besten einschlug. Noch klarer sagt der Bürgermeister von Brüssel, Ch. Buls, in seiner schönen Schrift über Ästhetik der Städte: Auch wenn die alten Straßen nicht schön sind, gefallen sie durch jene zwanglose Unordnung, die nicht als einheitliches Ergebnis künstlerischer Erwägungen, sondern entstanden ist durch die natürliche Zunahme und jahrhundertelange Umgestaltung der Baulichkeiten entlang eines krummen Weges, der allmählich in den Rang einer städtischen Straße hineinwuchs.

133 Die Straßenlinien und Platzbilder unserer schönen alten Städte sind keineswegs
140 Schöpfungen aus einem Guß, sondern hervorgegangen aus wiederholten Änderungen im Laufe der Jahrhunderte; Baumeister und Bauherren von ausgeprägtem Kunstsinn und natürlichem Kunstgefühl haben abgebrochen und wieder aufgebaut, sind vorgerückt und wieder zurückgetreten, haben angebaut, vergrößert, verschönert, freigelegt, erweitert, geschmückt, ganz wie es ihrem jeweiligen Bedürfnisse und ihrem Geschmacke entsprach.

Die mittelalterlichen Städtebaumeister waren an sich Schematiker, sie haben bei ihren Neuanlagen künstlerische Ziele kaum verfolgt. Erst die Renaissance, be-

sonders die Spätrenaissance, schuf wieder künstlerische Stadtanlagen. Dennoch aber können wir aus den reizvollen Straßen- und Platzbildern mittelalterlicher Städte, die den Niederschlag jahrhundertelanger Kunsttätigkeit bilden, sehr vieles für unsere modernen Aufgaben lernen. Nicht als ob wir auf einen geordneten Stadtplan verzichten sollten, weil viele alte Städte unter anderen Existenzbedingungen ohne einen solchen groß und schön geworden sind; nicht als ob wir die vom modernen Stadtverkehr geforderten großen Züge, die sich unter anderem in Diagonal- und Ringstraßen, in offenen Verkehrsplätzen und freien Durchsichten ausprägen, verwerfen sollten, weil sie der Anschauung des Mittelalters nicht entsprechen; denn die Erfüllung des Bedürfnisses ist die Grundlage aller Baukunst! Auch läßt sich eine moderne Stadt nicht entwerfen durch Nachbildung und Zusammenfügung frühmittelalterlicher oder vormittelalterlicher Ortsgrundrisse. Mit dem Wesen muß sich die Form ändern; denn die Übereinstimmung zwischen Wesen und Form ist eine zweite Grundbedingung der Baukunst. Landhausviertel, Fabrikviertel, Pflanzenschmuck auf Straßen und Plätzen, Parkanlagen, Promenaden, Eisenbahnen, Straßenbahnen, Droschken und viele andere Dinge waren dem Mittelalter ganz oder fast unbekannt; für uns sind das Lebensbedürfnisse. Unser Schaffen wird deshalb grundverschieden sein sowohl von den schematischen Neuanlagen des Mittelalters, als von dem damals zwanglos Gewordenen.

Aber lernen sollen wir von den Alten, daß wir, wie sie, unsere Entwürfe den Bedürfnissen der Zeit aufs engste anpassen sollen, daß wir krumme Linien und Unregelmäßigkeiten nicht zu scheuen brauchen; daß es ein Fehler ist, geradlinige Straßen, rechtwinklige Blöcke und geometrische Platzfiguren vorzuschlagen, wenn man zu diesem Zwecke dem welligen oder unregelmäßigen Gelände Zwang antun muß, daß wir umgekehrt keine Unregelmäßigkeiten willkürlich erfinden sollen, wo kein Anlaß dazu vorliegt, weil auch die gerade Linie und der rechte Winkel in der Architektur berechtigte Elemente sind; daß die krumme Straßenlinie die malerische Wirkung von Bauwerken wesentlich steigern kann, daß aber auch geradlinige Anordnungen der malerischen Wirkung nicht zu entbehren brauchen; daß die Geschlossenheit der Plätze und die Gruppierung von Monumentalbauten das Stadtbild in hervorragender Weise verschönern und veredeln.

Geben uns für die grundlegende Anordnung der Hauptzüge moderner Stadtpläne weder die geradlinigen noch die unregelmäßigen Städte des Mittelalters brauchbare Vorbilder in nennenswertem Maße an die Hand, so sind diese Städte doch in hervorragender Weise geeignet, bei der Planung und Ausführung im einzelnen unsere Gestaltungskraft lehrend und helfend zu beeinflussen".

Romanischer Bereich, Italien

Zeittafel

395	Teilung des Römischen Reiches in Ost- und Westrom. Bedrohung des Westreiches durch die Westgoten (die Truppen von der Rheingrenze werden für die Verteidigung Italiens zurückgezogen – als Folge dieser Maßnahme: Einbruch germanischer Stämme)
410	Westgoten in Rom
455	Plünderung Roms durch die Hunnen (Attila, Auslöschung des Westreiches)
500	Theoderich begründet das Ostgotenreich (500-550, Hauptstadt Ravenna).
600	Langobarden in Oberitalien; Hauptstadt Pavia; Langobardische Siedlungen dehnen sich über die Toskana und Umbrien aus.
773/74	Eroberung des Langobardenreiches durch Karl d.Gr. und seine Vereinigung mit dem fränkischen
800	Kaiserkrönung Karls d. Gr. in Rom (Karl tritt das Erbe des weströmischen Imperiums an, wird Schirmherr der Kirche) In der Folge vergrößern die Päpste ihren weltlichen Herrschaftsbereich. Italien liegt in einem Kraftfeld zwischen Papst und Kaiser, Ostrom, Islam und den von Süden einströmenden Normannen; daneben eine Reihe kleinerer Herzogtümer.

(Weitere Daten s. S. 48/49: allgemeine Zeittafel zum Mittelalter)

Topographie, Standorte italienischer Städte

In Italien stehen die alten Römerstädte im Vordergrund (insbesondere bei orthogonalem Rasterplan in Ebenenlage); daneben entstehen die frühmittelalterlichen Ansiedlungen um feudale klerikale oder landesherrliche Machtzentren wie Klöster und Burgen, die Sicherheit versprechen (radial-konzentrische Anlagen geomorphischer Struktur) und später bürgerliche, selbständige Neugründungen entsprechender Struktur (orthogonal-linearer Plan in Ebenen-, Hang- und Hügellage).

Gesellschaftliche und wirtschaftliche Struktur

„Rom wurde nicht plötzlich vom Tod ereilt, und die Städte der Reichen zerfielen nicht auf einmal oder wurden jählings unbewohnbar", schreibt Mumford (Bd. 1); die Einfälle der Barbaren hatten schon im 3. Jh. begonnen und dauerten in gewisser Beziehung ein Jahrtausend lang.

Die Bevölkerung schrumpfte zusammen, ihre Tätigkeit wurde eingeengt, ihr Leben war mehr und mehr Überfällen ausgesetzt, gegen die sie sich selbst nicht schützen

konnte. Die Landstraßen, die ihr Sicherheit und Reichtum verschafft hatten, erleichterten jetzt nur dem Eroberungszug das Vordringen. Kam eine Invasionsarmee, zerfiel ein Viadukt oder gab es nacheinander ein paar schlechte Ernten, so zog sich der Rest der Bewohner in die Berge zurück. Das alles bedeutete das Ende der römischen Stadtkultur.

Während der ersten 500 Jahre waren die Wandlungen von Lebensgewohnheiten, Brauchtum und Rechtsordnung auffälliger als bauliche Veränderungen; diese bestanden weniger in neuen Gebäuden als darin, daß Gras und Sträucher vordrangen, Gestein zerbröckelte, Schutthaufen entstanden und Pflaster zerfiel. Fraglos trat dies auf dem Lande noch früher in Erscheinung als in den Städten. Im 11. Jh. entstand bereits das Problem, wie man das Land wieder urbar machen sollte. Die Entwässerung von Mooren, das Roden von Wäldern und der Bau von Brücken erforderten eine neue Generation von Pionieren. Hier wie überall sonst übernahmen die Mönchsorden die Führung. Bereits im 3. Jh., als der Rückzug aus den Städten zu einer allgemeinen Bewegung geworden war, hatten sich Gruppen von Einsiedlern zusammengeschlossen – erst am Rande der großen Stadt Alexandria, in der Wüste, dann auf abgelegenen Bergen wie Monte Cassino oder dem Berg Athos (Griechenland) oder noch später auf dem Monte Senario bei Florenz.

Das Kloster war im Grunde eine neue Art von Polis; die Klostersiedlung wurde zur neuen Zitadelle.

Enthielt das Palatium (eine Kaiserpfalz etwa) Anregungen für konkrete Bauaufgaben einer Stadt, so wurden im Kloster ihre idealen Ziele herausgestellt, am Leben erhalten und schließlich erneuert. Das stärkste Bindeglied zwischen antiker und mittelalterlicher Stadt waren also nicht überkommene Gebäude und Gebräuche, sondern es war das Kloster. Hier wurden die Werke der klassischen Literatur von zerfallendem Papyrus auf haltbares Pergament übertragen, fortschrittliche Errungenschaften römischer Landwirtschaft und griechischer Medizin weiterhin angewendet, was zu entsprechend höheren Erträgen und besserer Gesundheit führte. Und die Klöster hielten das Bild der Stadt lebendig. Als die neuen Stadtgemeinden seit dem 10. Jh. Gestalt annahmen, übte das Kloster zuerst noch tiefere Wirkung aus als der Marktplatz. Von dieser Zeit an entwickeln sich die Städte zunehmend. Dazu kommt als Ergebnis der Kreuzzüge ein wirtschaftlicher Aufschwung besonders des Mittelmeerhandels und – eben – der italienischen Städte, die Steigerung der Lebenshaltung und Förderung des städtischen Lebens und Bürgertums. Bürgeraufstände in Rom – und anderen italienischen Städten: Kämpfe der Ghibellinen (Anhänger des Kaisers) gegen die Guelfen (Anhänger der Päpste). Der lombardische Städtebund entsteht, und Italien zersplittert seit dem Sinken der deutschen Kaisermacht in selbständige Fürstentümer und Stadtstaaten, die unter sich ein politisches Gleichgewicht erzeugen. Die wichtigsten (im 13., 14., 15. Jh.) sind: Mailand, Verona, Florenz, Ferrara und der Kirchenstaat; diesen binnenländischen Stadtstaaten stehen die mächtigen Seestädte Venedig, Genua, Pisa und Lucca gegenüber.

In Italien blieb unter allen Ländern trotz der Zerstörungen während der Völkerwanderungszeit die Verbindung zur römischen Kultur am lebendigsten, zumal die römische Bevölkerung naturgemäß hier weiterlebte. Die klaren Rechtsvorstellungen der römischen Bürgerschaft (civitas) bildeten gegenüber der Papstkirche und den Kaisern eine dritte Kraft.

Stadtstrukturen, Bauformen

Trotz der angedeuteten untergründigen Überlieferung des urbanen Denkens und Fühlens zeichnen sich auch in Italien die charakteristischen Merkmale des Mittelalters ab, die mit dem Einbruch fremder Völker, mit der Entwicklung der Kirche, mit dem feudalen Gesellschaftsaufbau und mit dem wiederbelebten Freiheitsstreben der entmachteten Schichten zusammenhängen. – Der Einbruch der in Italien eingedrungenen Völker war in keiner Weise städtefördernd. Die Herrschaft der Westgoten und nach ihnen der Ostgoten richtete sich in den Resten des antiken Italien ein, ohne irgendwelche Spuren eines eigenen Städtebaus zu hinterlassen.

Die Langobarden waren zunächst auf ihre Sicherheit und auf ihre stufenweise Machtentfaltung bedacht. Sie schützten die Grenzen ihres Machtbereichs durch limesartige Anordnung von festen Plätzen, Zitadellen, Burgen und Kastellen, wobei sie auch die von früher her bestehenden Teile mitverwendeten. Bis zur Zerstörung ihres Königreichs durch Karl d. Gr. folgten sie dem typisch germanischen Vasallensystem, lebten bevorzugt in befestigten Bergnestern und errichteten keine eigenen Städte. Wenn sie solche nicht völlig zerstörten, sondern vielmehr übernahmen (z.B. um 600 die römischen Städte Pisa, Savona, Piacenza, Parma, Mantua, Padua und Pavia), ließen sie diese weitgehend unverändert.

89 *Pavia*
Pavia wird die Hauptstadt der Langobarden und zeigt den fast unveränderten römischen Kern mit einigen späteren Erweiterungen. Die Kreuzung der Cardo- und Decumanus-Achsen bleibt das organisatorische Prinzip. Damit stehen die lombardischen Städte im Gegensatz zu den meisten mittelalterlichen Städten Italiens. Alle Elemente der römischen Planung mit kleinen quadratischen Blöcken sind heute noch in Pavia sichtbar. Die Hauptbrücke über den Ticino (Tessin) steht an derselben Stelle wie die alte Römerbrücke und führt zur Hauptstraße, und die heutige Einwohnerzahl von 50 000 erreicht die oberste Grenze der alten Kolonialstädte. – Die große Piazza anstelle des Forums ist teilweise bebaut worden.

Wenn, wie am Beispiel Pavia, die alten römischen Castrum-Städte weitergeführt werden, erfahren sie allerdings meistens dieselben Veränderungen – Zerstörungen, Schrumpfungen, Neuauffüllungen und Vorstadtbildungen („Borgos" heißen die „Canabae" oder „Burgum"-Bildungen hier in Italien) wie die Römerstädte Deutschlands oder Frankreichs (S. 54, 56, 71/72). In diesen Verschmelzungen verlieren sich oft die regelmäßigen Züge der antiken Stadt. Meist behielten die Straßen oder Wege ihre Zufallsrichtungen vor den Stadttoren bei und bildeten jene unregelmäßigen „Borgos" wie (bereits in spätrömischer Zeit in Timgad oder Ostia) z.B. in Bologna.

134 *Bologna*
Bologna in seiner Ausdehnung Mitte des 18. Jhs. Der Plan läßt deutlich den antiken Kern erkennen und seine späteren Erweiterungen vor den Toren, von denen die Borgos strahlenförmig nach Osten und Westen, den früheren Ausfallstraßen folgend, verlaufen. Der Umriß der mittelalterlichen Stadtmauer läßt sich am Stadtplan leicht verfolgen. Das späte Mittelalter baut den Ring aus, der sich zwischen das alte Castrum und die mittelalterliche Befestigung legt.

Die Franken fügten nach 800 diesem römischen Siedlungselement die feudalen
Machtzentren der Grafen hinzu. Es ist die Hauptzeit des Burgenbaues in Italien.
Die Kaiser fördern den Landburgenbau, denn Städte sind für sie gleichbedeutend
mit Rebellion. Ähnlich verhält es sich mit den Normannen; hier soll es genügen,
darauf hinzuweisen, daß sie, wie alle Germanen, selbst nach ihrer Romanisierung
in erster Linie Burgen und Kirchen bauten, nicht aber Städte. „So blieb es den
Italikern allein vorbehalten, aus ihrer eigenen Überlieferung heraus die Stadtidee
zu bewahren, zu fördern und an ihr weiterzubauen." (Egli, Geschichte ..., Bd. 2)

135 *Aversa*
Aversa bei Neapel ist die erste normannische Plananlage städtischen Charakters in Unteritalien, entstanden zwischen 1000 und 1050 aus einem Dorf am Rande der Grafenburg –
um das neue Domstift herum. Eine Hügelstadt, radial-konzentrisch angelegt, 1030 ummauert. Radial-konzentrisch, wenn auch unregelmäßig, ebenso unregelmäßig die Aufteilung der Viertel durch winklige Gassen. Es sind eventuell orientalische Vorbilder, die hier
durchschlagen – der Stadtplan von Bagdad etwa, den die Normannen auf ihren Erobe-
rungszügen im 9. und 10. Jh. (vor den Kreuzzügen also) kennengelernt haben mußten.
Um 1100 ist die Stadt bereits mit mehrgeschossigen Häusern dicht bebaut und entfaltet
einen lebhaften Marktbetrieb. Die Stadterweiterung des 17. Jhs. verläßt die ursprüngliche
Struktur und folgt einem Orthogonalstraßensystem.

135 *Palombara Sabina*
Palombara Sabina, Rundstadt, Hügelstadt; in der Mitte das Kastell – konzentrische Stra-
ßenführung: das typische Bild einer mittelalterlichen italienischen Hügelrundstadt.
Auf Hügeln gibt es nicht nur Rundstädte, sondern auch – gemäß der entsprechenden
Topographie des Hügels – longitudinale Stadttypen wie:

136 *Dozza*
Die Stadt zieht sich über den Höhenrücken mit zwei Längsstraßen über 2 km hin. Am
Westende das Kastell, in der Mitte Kirche und Platz.

136 *Rivolta d'Adda*
Wiederum eine Radialstadt um einen Zentralplatz mit Kirche und Campanile. Nicht konzentrisch, denn die Radialstraßen überlagern ein ursprüngliches Orthogonalsystem.

142 *Udine*
Eine Radialstadt um einen Berghügel mit „Castello". Piazza Contareno: der langgestreckte, arkadengefaßte Marktraum und der quadratische „Mercato Nuovo" des 14. Jhs.

Wohnturm, Palazzo

Auf die Bauformen und die sich entwickelnden Bautypen soll hier nur kurz hingewiesen werden (ausführlicher in: Materialien zur Baugeschichte, Bd. 2: Die
Architektur des Mittelalters).

Wie zu allen Zeiten pflegte Italien auch im Mittelalter das aus Stein oder Backstein
gebaute Wohnhaus. Typus und Aufwand wechseln je nach Gebiet; gemeinsam
ist jedoch immer der wehrhafte Charakter. Die Gebäude haben meist im Erdgeschoß keine Öffnungen oder nur sehr selten kleine Luftschlitze. Sie werden vom
Hof her belichtet. Mit zunehmendem städtischem Handel werden die Erdgeschosse durch Laubengänge, d.h. Kaufstände, ersetzt. Die Obergeschosse bleiben flä-
chig-geschlossen. Das Haus als Burg entwickelt verschiedene Gebäudetypen, so

den Wohnturm, dann den Palazzotto, d.h. den kleinen Wohnpalast, der selbst in der Renaissance noch Festungscharakter aufweisen kann.

Wohl den auffälligsten Gebäudetyp stellen die Wohntürme dar. Sie waren große Mode beim Adel, der lieber in der Stadt als in den Burgen der Landschaft wohnte. Erst waren sie verteidigungstechnische Notwendigkeiten, als die Gesamtummauerung der Stadt zu unsicher schien – dann Statussymbol der Familien. In manchen Städten standen sie Turm an Turm, ohne Reglementierung, alle nach persönlichen Vorstellungen der Bauherren gebaut, und bestimmten die Stadtsilhouette (Bologna 180 Wohntürme, Florenz 150, Pavia über 100; in San Gimignano blieben 13 bis heute erhalten).

Platzgestaltung

In den mittelalterlichen Städten Italiens bilden sich drei unterschiedliche Platztypen heraus: die Signoria als Sitz der weltlichen Macht, der Domplatz mit der Stadtkirche und der eigentliche Marktplatz (mercato). Signoria und Marktplatz können auch, wie z.B. in Siena, zusammenfallen.

137 *Siena*

bis Eine Hügelstadt, deren Ausfallstraßen sich fingerartig über die Hügel erstrecken; im Um
139 riß dementsprechend unregelmäßig, also den topographischen Geländeformen angepaßt. Von Bedeutung ist diese Stadt vor allem wegen ihres Stadtkerns, ihres Marktplatzes – neben Brügge einer der schönsten Architekturplätze des Mittelalters. Im Zentrum die Piazza del Campo, auf den ersten Blick geschlossen wirkend, regelmäßig – aber doch asymmetrisch im Detail: eine freie Raumbildung. Neu: Der Platz ist nicht horizontal angelegt, sondern steigt wie eine Muschel vom Rathaus zum Häuserring an. Dieser Eindruck wird noch unterstrichen durch die Radialeinteilung des Pflasters – nur unterbrochen durch die Fonte Gaia, den Brunnen zum oberen Rand des Platzes hin. Dieser Brunnen fixiert die Höhenstaffelung des Platzes, ohne ihn als Monument für sich zu beanspruchen und erfüllt gleichzeitig praktische Funktionen (wie die meisten mittelalterlichen Einrichtungen), indem er das Wasser für die Platzreinigung liefert; der einzige Abfluß befindet sich dort, wo auch die Radialstruktur des Pflasters zusammenläuft. Die Basis des Platzes nimmt der Palazzo Pubblico ein, ein gotischer Palast aus der Zeit um 1300. Auf der Rückseite die Piazza del Mercato, ein zusätzlicher Marktplatz, der hinter dem Rathaus eingeschnitten wird, um den Hauptplatz zu entlasten, der wegen seiner Attraktivität gleichzeitig als Festraum und Theater genutzt wird. Abseits der Dom (bürgerliche, gotische Zeit) mit der kleineren Piazza del Duomo.
Auf der Piazza del Campo werden noch heute Pferderennen inszeniert. Die Rennbahn verläuft rings um den Platz, auf dem Zuschauer-Tribünen aufgestellt werden (eigentlich nur Sitzreihen – Tribüne ist der Platz selbst); die Rathausfassade mit dem Turm bildet die Kulisse. Dieser Turm – die Torre della Mangia an der rechten Seite des Rathauses – gibt dem Platz Richtung. Er ist Zielpunkt und zieht den Blick auf sich.
Die Loggia an seinem Fuß zeigt schon Renaissanceformen und akzentuiert nochmals die Platzsituation. Das ansteigende, in der Linienführung jedoch unregelmäßig verlaufende Halbrund des Platzes wird von Bürgerhäusern gesäumt, dazwischen Durchgänge zu einer dem Halbrund folgenden Ringstraße. Durchgehend ist der geschlossene Eindruck, der auch dadurch verstärkt wird, daß die ohnehin engen Zufahrtsstraßen abknicken oder versetzt werden.

Geleitet werden solche städtebaulichen Kompositionen von den Dombaumeistern, die als die herausgehobenen Architekten des Mittelalters eben auch die Städte planen, zumindest aber auf die Gestaltung großen Einfluß nehmen (in Italien tritt der Baumeister viel früher als bei uns aus der Anonymität; eine ganze Reihe von Namen ist überliefert, u.a. Giotto in Florenz, Giovanni Pisano in Siena und Pisa, Meister Venturi). Ihre Hauptaufgabe war die Gestaltung der Dome als Höhepunkte und Symbole der Städte; aber durch Verträge waren sie verpflichtet, sich auch um Tore, Mauern, Brunnen, Entwässerungen etc. zu kümmern. Dies war von großem Vorteil für die italienischen Städte, die so von einem einheitlichen Plan getragen und geformt wurden. „Wie nirgendwo in Europa", schreibt Egli (Geschichte ..., Bd. 2), „verstanden es die italienischen Baumeister, Unechtes und Langweiliges aus dem Stadtbild fernzuhalten." Bei der Piazza della Signoria in Florenz wird die einseitige Bewegung der Fassade des Palazzo Vecchio durch den vor dessen Ecke gestellten Brunnen ausgeglichen. Weiter trennt hier das Reiterstandbild den kleineren Platzteil noch deutlicher vom Hauptplatz ab (ähnliche Situation: Stellung des Campanile auf dem ebenfalls winkelförmigen Markusplatz in Venedig). „Die Piazza delle Erbe in Verona dagegen wird durch die Aufreihung verschiedener Brunnen und Standbilder in der Längsachse nach der in der Renaissance üblichen Art zusammengefaßt und zugleich in der Querrichtung in einzelne Räume unterteilt, so daß seine Tiefe leicht abgelesen werden kann. Auch hier wird durch diese Brunnen zwanglos eine Verkehrslenkung erreicht. Der Platz ist noch durch Arkaden erweitert und seine Silhouette durch hochragende Türme bereichert." (Hess) Die städtebauliche Bedeutung dieser Platzanlagen geht eigentlich schon über das hinaus, was wir unter „mittelalterlich" verstehen. Die hochmittelalterliche italienische Stadt ist beinahe schon eine Vorwegnahme der Renaissance – vor allem durch eine überraschende Plastizität und gesamtkünstlerische Raumausstattung bei Straßen und Plätzen um einen Marktplatz. Gleichzeitig zeigt sich hier die Fähigkeit und die Phantasie der Italiener, Außenräume zu erfassen und plastisch durchzuformen. Auffallend ist, daß es dabei kaum Wiederholungen gibt. Jeder Platz, jede Straße zeigt ein eigenes, charakteristisches Gesicht. Die Straßen schlängeln sich dahin, um immer wieder einen neuen Ausblick freizugeben. Unerwartete Überraschungen erhöhen den Eindruck des reichen Formenvorrats oder, anders ausgedrückt (nach Bacon, Stadtplanung ...):

– die mittelalterliche Gestaltung wirkt wie intuitiv entstanden;
– sie scheint ein einheitliches Umweltbewußtsein widerzuspiegeln;
– die Darstellung erfaßt gleichzeitig mehrere Gegenstände von verschiedenen Gesichtspunkten;
– die Ausführung bzw. die Konstruktion ist eng in ihre Umgebung integriert.

Beispiele bürgerlicher Neugründungen

Gleichzeitig mit diesen bürgerlich-reichen Ausbauprogrammen vorhandener Städte entstehen Bürgerstädte linearen Systems, die natürlich auch ihre formale Tradition in Italien finden. Angefangen bei „Castel Franco Veneto" etwa, einer (wie der Name schon zeigt) fränkischen Siedlung aus dem Anfang des 12. Jhs. Die Siedlung hat sich bis heute in ihrer ursprünglichen Anlage erhalten; die äußere

Form ist sicher vom römischen Castrum inspiriert, der innere Aufbau zeigt das bekannte Muster:

Hauptstraßenkreuz, dominierendes Zentrum um einen Hauptplatz und ein orthogonales Straßensystem: Ausgangspunkt aller neu angelegten, vorgeplanten Städte nach dem „schema preordinato".

142 *Pietrasanta*

Eine Neugründung von 1255 in leichter Hanglage unterhalb eines Kastells (vgl. Abb. 55, Priene). Auf die Ähnlichkeit mit der griechischen Kolonialstadt wird in der Literatur immer wieder hingewiesen, „doch ist es ganz ausgeschlossen, daß die Begründer von Pietra Santa – Leute aus Lucca – Priene überhaupt gekannt haben" (Egli, Geschichte ..., Bd. 2). Auch hier Längsstraßen, eine davon deutlich als Hauptstraße ausgebildet, im Zentrum verbunden durch einen Quermarkt, an dem die wichtigsten Gebäude angeordnet werden. Der Mauerzug führt spangenartig den Berg hinauf und stellt die Verbindung mit dem Kastell her.

Es folgen weitere neugegründete Handwerker- und Händlerstädte (= Bürgerstädte), teilweise bewohnt von Aussiedlern anderer, zu klein gewordener Städte: Tochterstädte, die eine gewisse Eigenständigkeit aus ihrer marktwirtschaftlichen Orientierung beziehen und aus der Tatsache, daß das Recht, Mauern zu bauen, das bezeichnenderweise ein königliches Privileg blieb, im Frieden von Konstanz (1200) doch an die freien Städte Italiens abgetreten wurde.

Jan Despo, der die ideologische Struktur mittelalterlicher Städte untersuchte, bezeichnet den Plan Pietrasantas als den einer „christlichen Stadt", in der sich unter dem Schutz der Kirche die Anfänge der kapitalistischen und frühbürgerlichen Gesellschaft entwickelten, denn die Kirche brauchte eher Städte als Burgen – und die Feudalherren Italiens haben das Land längst verlassen und sich an die Stadtschaft angeschlossen (Castelli, Palazzi, Geschlechtertürme).

143 *Manfredonia*

1256 von König Manfred gegründet, in ebener Lage am Meer; ein Schachbrettplan ohne bestimmte Achse mit Zentralplatz und regelmäßiger Ummauerung als Rechteck – außer auf der Meerseite, wo die Befestigung der Strandlinie folgt.

144 *Cittaducale*

1309 in Hügellage gegründet; daher folgt die Ummauerung den topographischen Gegebenheiten, nicht dem Raster; eine Neugründung linearen Systems. Drei Parallelstraßen werden durch einen Quermarkt verbunden; daran die öffentlichen Gebäude. Die Kirchen verteilen sich über die verschiedenen Stadtviertel.

144 *Nizza Monferrato*

In der Provinz Asti, wo man sich veranlaßt sah, die Gitterstruktur aufgrund der Hügelform in ein Dreieck einzupassen.

Sogar die schematischen Stadtpläne verlieren ihre Eintönigkeit infolge der plastischen Durcharbeitung von Plätzen, Straßen und Gebäuden, wechselnder Höhen und Trauflinien, perspektivischer Durchblicke und vor allem durch das Fehlen einer absoluten Geradlinigkeit bzw. Rechtwinkligkeit. Selbst in relativ regelmäßigen Plätzen stehen die Blickpunkte nicht axial oder die Monumente und Brunnen nicht in der geometrischen Platzmitte (vgl. bei C. Sitte das Prinzip des „Freihaltens der Mitte").

Romanischer Bereich, Frankreich

145 Auch hier gibt es keine so starke Zäsur zwischen Antike und Mittelalter wie in Deutschland; wie in Italien ist der Übergang fließender.

Das Frankenreich (Gallier = Kelten) konsolidiert sich recht schnell, nachdem der Merowinger Chlodwig (ca. 500) die Römer besiegt und vertrieben hatte, ebenso die Alemannen und salischen Mitkönige. Die Germanen und die ansässige romanische Bevölkerung vermischen sich rasch; diese Tatsache läßt die Merowinger auch leichter die städtische Tradition übernehmen (Romanisierung der Lebensweise).

Nach Chlodwigs Tod (511 in Paris) wird das Reich unter seine vier Söhne aufgeteilt; es bleibt aber verbunden durch eine gemeinsame Außenpolitik, die gemeinsame Religion und die Latinität (d.h. die einheitliche lateinische Hochsprache).

Die vorhandenen gallisch-römischen Städte werden Sitz der Könige und Bischöfe. Das Übernommene wird instandgehalten, weiterbewohnt – aber das germanische Gefolgschaftssystem steht der Ausbreitung einer römischen Zivilisation sehr entgegen. Kirche und Adel bestimmen zunächst die Stadt und wirken sich auf ihr äußeres Erscheinungsbild aus (500-1000). Danach beginnt der bürgerliche Kampf um mehr Rechte, Stadtrechte; eine neue Welle von Stadtgründungen vom 11. bis zum 14. Jh. leitet den eigentlichen mittelalterlichen Städtebau in Frankreich ein. Die innere Struktur verändert sich allmählich durch die Herausbildung von „Stadtrechten" (die Kolonisten z.B. waren mit besonderen Rechten ausgestattet; eine logische innere Gliederung zeigt sich in der Anlage von städtischen Bauformen [vgl.: St. Gallener Klosterplan, Abb. 101, 102]).

Durch die Delegierung von Rechten an die Bürger gewinnen diese eine relative Selbständigkeit (in Abwesenheit des Königs) – oft bitter erkämpft oder „bezahlt" durch Unterstützung der Kreuzzüge.

1125 erhält die erste „ville neuve" Stadtrecht; 1220 sichert eine „Charta" dieses Recht allen Städten.

Zusammenfassung der Entstehungsprinzipien

- Vorhandene gallisch-römische Städte und „Burgstädte" und Klöster als Ursprung einer autonomen Ansiedlung (ca. 500-1000);
- Neugründungen durch Willens- bzw. Gnadenakt eines Fürsten (ab 11. Jh.);
- Kombination und Ergänzungen: Kerne an besonders geeigneten topographischen Lagen: Häfen, Märkte (Handelsstraßenkreuze), Badeorte, Wallfahrtsorte (Stadtbildungen ohne feudalen Kern).

Stadtstrukturen, Bauformen

Für die vorhandenen gallisch-römischen Städte gibt es (nach Egli, Geschichte ...,
Bd. 2) drei Möglichkeiten, weiter zu existieren:

- la ville repliée, die antike größere Stadt, die sich im Mittelalter in dieser größeren
  Stadt in verkleinerter Form wiederfindet: u.a. Chartres, Rouen, Orléans, Straßburg (in Deutschland z.B.: Köln, Trier);
- la ville multipliée: außerhalb der antiken Stadt setzen sich Vorstädte an (Faux-
  bourg = falsche Stadt; die Neubürger – Pfahlbürger – im Schutz der alten Stadt
  sind mehr geduldet als erwünscht);
- la ville unifiée: hier füllt die mittelalterliche Stadt wieder den ganzen antiken
  Mauerring.

Städte anderen Ursprungs oder Neugründungen zeigen sich in ihrer Struktur
der Topographie angepaßt, d.h.: Raster, Schachbrett oder Radialform in der Ebene;
auf einem Hügel eher ein verzweigtes Straßensystem, allenfalls ein radial-kon-
zentrisches oder zu den Höhenlinien parallel verlaufendes System (Cordes). Sonst
kommt es kaum zu einer nennenswerten organischen Weiterentwicklung der Städ-
tebaupraxis über die antike Ordnung hinaus, bis auf eine weitere Untergruppe
von Städten, die meist als die eigentlich echten französischen Schöpfungen genannt werden: Es sind jene Städte, die um einen ursprünglich kleinen, beschüt-
zenden Kern durch Ummantelungen mit neuen Ringen entstanden. Ein paar Baublöcke, die sich um einen Bischofssitz, eine Burg, eine Abtei legten (Schutz für
ihren Kern), bildeten den Anfang. Dieses Gebilde, rund im Umriß, vieleckig oder
quadratisch, behielt in seinen späteren Erweiterungen die nach allen Seiten laufenden Feldwege als Straßen bei und bewahrte so die Tendenz zu radialen und
peripherischen Straßen. Die radialkonzentrische Rundstadt ist das natürliche Ergebnis. Die Beliebtheit dieses Typs entspringt keineswegs einer oft behaupteten
französischen Neigung zu formal-geometrischen Plänen, sondern ist vorrangig
konsequente wie wirtschaftliche Nutzung jeweiliger örtlicher Gegebenheiten, insbesondere der topographischen, die sich bereits in der Straßenführung wider-
spiegeln können:

146 *„Ville enveloppée" (ummantelter Kern)*
Montjoie, der einfachste ummantelte Kern einer „ville enveloppée" mit rechteckigem
Grundriß.
Saint-Césert entspricht dem ersten Plan, ist jedoch um einiges erweitert. Martres-Tolosane
zeigt die Auswirkung ummantelter Kerne auf die Bildung radialkonzentrischer Planfor-
men.
Sarrant und Vailhourles sind weitere Beispiele für die Vielfalt der Kernbildungen; gerafft
mit stark verschlossenem Inneren in Sarrant und mit zerteiltem „zertrümmertem" Gürtel
in Vailhourles.

147 *Eguisheim (Elsaß)*
Beispiel einer regelmäßig geplanten Rundstadt. Im Zentrum befindet sich eine Burg
(Schloß), deutlich wird die erste Ummantelung im Sinne der oben beschriebenen Art
durchgeführt. Bemerkenswert ist die Erweiterung zur Rundstadt durch zwei „einkreisen-
de" Parallelstraßen mit dazwischenliegender Bauzeile, die durch die Traufstellung ihrer
Häuser (somit durch die umlaufende Firstlinie) die Form deutlich hervorhebt.

148 *Paris*

Paris als Beispiel für Städte, die zwar römischen Ursprungs sind, deren antiker Kern aber nicht mehr erkennbar ist (auch in Poitiers, Vannes, Chartres, Carcassonne u.a.). Die Inseln machten die Überwindung des Flußhindernisses leichter, daher die Anlage einer Siedlung an dieser Stelle schon in keltischer Zeit (Handelsweg, Furt): Kreuzung zwischen Nord-Süd-Handelsstraße und Ost-West-Wasserweg. Von der Insel aus (geschützte Lage) entwikkelt sich die Stadt (Ile de la Cité). Um 500 beseitigen die Merowinger die Herrschaft der Römer und machen unter Chlodwig Paris zu ihrer Residenz. Bis zu den Karolingern besteht eine rege Bautätigkeit bei wachsender Bevölkerung. Die Normanneneinfälle bringen im 9. und 10. Jh. Rückschläge in der Stadtentwicklung. Danach, zwischen 1000 und 1500, formt sich unter den Capetingern die Stadt, so wie sie hier dargestellt ist (Stadtwachstum). Die erste Stadtmauer, die über die Ile de la Cité hinausgeht, wird 1190 um ein Areal von mehr als 250 ha, die zweite 1364 mit einer Binnenfläche von fast 440 ha und Schwerpunkt auf dem rechten Ufer begonnen. Um 1300 scheint Paris mit nahezu 80 000 Einwohnern neben Mailand und Venedig die am dichtesten bevölkerte Stadt Europas gewesen zu sein.

Das römische Straßenraster vor allem im Süden der „Ile" bildete zusammen mit der Seine das Gerüst auch der mittelalterlichen Stadtentwicklung. Brücken führen über die „Ile". Der große Markt – gleichzeitig Richtstätte, Pranger und Versammlungsplatz – befindet sich am rechten Ufer. Das linke Ufer behält lange den Charakter einer landwirtschaftlichen Vorstadt (Weinberge), bis um 1350 die Universität Sorbonne gegründet wird, das „Quartier Latin" im Süden. Auf der Ile de la Cité stehen der ursprüngliche Königspalast (Justizpalast) und die Kathedrale (Notre-Dame). Eine städteplanerische Absicht ist allenfalls darin zu sehen, daß die Hauptstraßen senkrecht zum Fluß verlaufen; auch Ansätze von radialen Ausfallstraßen sind erkennbar, die quartierweise folgende Erschließung scheint jedoch nicht vorgeplant; die römische Stadtstruktur wird nicht mehr fortgeführt.

Um die Mitte und während des späteren 13. Jhs. kommt es in Südfrankreich zu einer umfassenden Städtegründungsaktivität. Dieses Gebiet war Jahrhunderte hindurch der Gegenstand zahlreicher Konflikte, an denen sich vor allem die capetingische Königsfamilie, die Herzöge von Toulouse und die englischen Könige beteiligt haben. Traditionell ist man der Auffassung gewesen, daß vor allem fortifikatorische Zwecke die vielen Städtegründungen bedingt haben, die gewöhnlich mit dem mittelalterlichen Wort „Bastides" bezeichnet wurden. Auch die Tatsache, daß manche „Bastides" nie, andere erst lange Zeit nach der Gründung befestigt wurden, deutet darauf hin, daß die fiskalischen und hierarchisch kontrollierten Gemeinden nicht als selbständige Städte einer freien Bürgerschaft entstanden.

148 *Carcassonne*

Als römische Militärstation wahrscheinlich im 1. Jh. v. Chr. auf dem linken Ufer der Aude gegründet und anschließend Colonia, wird der Ort im 5. Jh. unter den Westgoten zur wichtigen Grenzbefestigung gegen die von Norden vordringenden Franken ausgebaut. Das ursprünglich auf der Ostseite der Stadt gelegene mittelalterliche Schloß der hier residierenden Vizegrafen erhält um 1130 einen neuen Standort im Westen, desgleichen eine eigene Befestigung. Die rund 20 Jahre später begonnene Kathedrale im Süden legt sich mit ihrem Kreuzgang über das Gelände des ehemaligen römischen Theaters. Als wichtige Basis in den Albingenserkriegen zunächst 1209 von der französischen Krone eingenommen, wird Carcassonne-Cité nach mißglücktem Rückeroberungsversuch des letzten Vizegrafen 1240 in seinen Befestigungen als Bollwerk gegen das erstarkte Aragon systematisch ausgebaut.

Die nach ihrer Erhebung aus der hochgelegenen Cité vertriebene Stadtbevölkerung, die sich vorerst unterhalb des Schlosses festgesetzt hatte, wurde von Ludwig dem Heiligen in einer 1247 auf dem rechten Flußufer neu angelegten eigenen Stadt, in Carcassonne-Ville Basse, angesiedelt.

Diese Stadt gruppiert sich in regelmäßiger, schachbrettartiger Straßenstruktur um einen zentralen Platz; ihre im Grundriß sechseckige Umgrenzung ist trotz der rechtwinkligen Häuserblöcke unregelmäßig: also noch keine Stadt vom Reißbrett; eher läßt sich die Stadt Aigues Mortes als Vorplanungskonzept ansprechen (im Sinne einer mittelalterlichen Neugründung).

148 *Aigues Mortes*

Westlich der Rhônemündung gelegen (in der Nähe von Arles) – einzige neue Hafenstadt dieser Zeit; auch im 13. Jh. von Ludwig IX. gegründet. Eine rein erhaltene mittelalterliche Festungsstadt von geradezu römischer Rechtwinkligkeit, angelegt als Vorbereitungs- und Etappenplatz für Kreuzzüge. Das unter Philippe le Hardi erbaute Rechteck mit 15 Türmen und 10 Toren hat Abmessungen von etwa 300 x 500 m. Das Vorbild für die halbrunden und polygonalen Türme der 1270 errichteten Stadtmauer war die berühmte Landmauer von Konstantinopel.

Längs ist eine Mittelachse durch die Stadt gelegt, ergänzt von je zwei Parallelstraßen, die nicht ganz durchgeführt sind. Mehrere Querstraßen teilen das Stadtgebiet in ungleiche Quartiere. Die Burg befindet sich in der Nordostecke; dort steht auch – außerhalb der Mauer – die gewaltige Tour Constance. Der Turm bestand schon vor der Stadtmauer und übernahm während des Mauerbaues als Fluchtburg Schutzfunktion für die Stadt.

Zum Programm der Stadt schreibt Braunfels (Abendländische Stadtbaukunst):

„Ein kennzeichnendes Beispiel für eine Stadt, die für einen vorübergehenden Anlaß errichtet wurde und später verfiel, ist Aigues Mortes gewesen. König Ludwig der Heilige (1226-1271) begann 1240 Verhandlungen über den Erwerb eines Geländes mit einem Kanal und einem Hafen, auf dem er eine befestigte Stadt errichten wollte, die zur Sammlung und Verschiffung seiner Heere zu den Kreuzzügen dienen sollte. Bekanntlich mißglückte sowohl eine erste Expedition 1248 als auch jene weit kühnere von 1270. Der König starb, ehe die Befestigungswerke auch nur begonnen worden waren. Seine Nachfolger, Philipp der Kühne seit 1272 und Philipp der Schöne seit 1289, griffen den Gedanken auf, und letzterem gelang es endlich, die rechteckige Mauer mit ihren fünf Toren zu vier Ecktürmen und der Folge von Verstärkungstürmen zu vollenden. Im Inneren füllten sich die rechtwinklig gezogenen Straßenachsen mit Wohnhäusern. Es fehlte weder ein Markt noch die Kirche. Doch neben dem Ertrag der Landwirtschaft ernährten diese Stadt allein die Bauarbeiten. Sobald die königlichen Subventionen für sie ausblieben, mußte das Gemeinwesen verfallen. Sein Anlaß, die Kreuzzüge, hatte sich überholt. Aus fast allen Jahrhunderten und den meisten europäischen Nationen hat sich eine überraschend große Zahl von Städten erhalten, die für eine bestimmte politische, militärische, wirtschaftliche, selbst pädagogische Aufgabe geplant und erbaut worden waren, jedoch ihren Daseinsgrund verloren, sobald sich eben diese Aufgabe nicht mehr stellte. Sie waren nicht auf Fortentwicklung angelegt. Man hatte mit dem Fortgang der Geschichte nicht gerechnet. Sie sollten in ihrer Planung abgeschlossen sein, ehe mit ihrem Bau begonnen worden war. Und so erstarrten sie, verkamen oder verfielen, wenn ihnen die Jahrhunderte keine neuen Aufgaben stellten. Viele hatten den Daseinsgrund verloren, ehe sie vollendet waren."

149 *Monpazier*

Ein langgestrecktes regelmäßiges Rechteck. Der Planer war Jean de Grailly, der die Stadt 1284 für den englischen König anlegte.

Umfang: 400 x 200 m, längs drei, quer vier Hauptstraßen – so entstehen 20 rechteckige Baublöcke, die längs jeweils noch einmal durch schmale Gassen getrennt werden. Im

Zentrum entfällt ein Baublock: der Marktplatz (mit umlaufenden Kolonnaden), eine ausgewogene Komposition mit dem Platz der Kirche (ein halber Baublock). So hatten beide Pole der Stadt eigene, aber doch miteinander in Verbindung stehende Bereiche: „Eine geplante christliche Stadtbildung; die hellenistisch-römische Struktur ist deutlich ablesbar. Die Agora, der Marktplatz, ist mit dem Rathaus als weltliches Zentrum angelegt. An diesem ist das ideologische Zentrum mit dem Dom (dem Marktgott) angeschlossen. Das private Leben ist um diesen wirtschaftlichen und ideologischen Kern in ordnendem 'Synoikismos' und in klarer hierarchischer Ordnung gruppiert." (Despo) Der Parzellenplan zeigt das Prinzip des „Königsbodens", also nur eine Verpachtung der Grundstücke. Monpazier kann als das extremste Beispiel der mittelalterlichen Städteplanung angesehen werden.

149 *Mirande*
dagegen, etwa um dieselbe Zeit gegründet, erscheint als ein typisches Beispiel einer anderen Linie, nämlich der einer schematischen Wiederholung eines oder mehrerer Formate der Viertel ohne jeglichen Versuch einer Gesamtdisposition. Die Stadt besteht demnach aus einer großen Anzahl quadratischer Viertel, von denen eines als Marktplatz ausgespart blieb. Es gibt keine bestimmte äußere Gesamtform. Auch in Deutschland begegneten wir derartigen Stadtgrundrissen, obwohl sie nicht so konsequent durchgeführt worden sind (so z.B. die Kolonialstädte).
Mirande besaß einen vollkommenen Schachbrettplan, ohne jede Bevorzugung eines Straßenzuges: rein geometrisches Denken!

149 *Sainte-Foy-la-Grande*
Die Hafenstadt Sainte-Foy-la-Grande zeigt einen quadratischen Stadtplan von 300 x 300 m mit neun zum Fluß parallelen und fünf hierzu senkrecht laufenden Straßen, deren Abstände voneinander nicht überall gleich sind; auch wechseln ihre Breiten. Eine in West-Ost-Richtung verlaufende Hauptstraße verlief von Tor zu Tor. An ihr oder in ihrer Nähe lagen ausgesparte Plätze. Eine andere Hauptstraße verlief, Fluß und Landtor miteinander verbindend, senkrecht zu ihr.
Bemerkenswert ist das fünfte Tor an der Südostecke, das einen diagonalen Einlaß in die Stadt ermöglicht, ohne daß dieser sich jedoch bis zur Stadtmitte fortsetzen würde. Der Plan vermeidet das Schematische des Schachbretts und läßt Überlegungen erkennen, die einer beabsichtigten Differenzierung der Funktionen zu entsprechen scheinen.

150 *Weitere „Bastides"*
Sauveterre, eine Inselstadt; Vianne und Montréal, mehr oder weniger regelmäßig umgrenzte Neugründungen von rechtwinkliger innerer Struktur, meist um einen zentralen arkadengefaßten Marktplatz; Saint-Clair, eine „ville neuve" im Anschluß an einen älteren ummantelten Kern.

Die Gründungen haben zum Ziel, ein Bürgertum zur politischen Unterstützung des jeweiligen Landesherrn zu bilden. Sie stellen also eine Kreuzung dar aus den gallisch-römischen Patrizierstädten und den gekennzeichneten Feudalstädten, an letztere erinnernd durch Gründungsakt und ihre Verpflichtungen. Mit politisch-militärischen Absichten vereinigen sich wirtschaftliche: Eine Stadt bedeutet mit ihren Abgaben und Leistungen, für die der Gründer seinen Schutz zusagt, eine geschickte Kapitalanlage. So gibt es noch zahlreiche weitere „villes neuves" bzw. „Bastides".

Neuzeit

Renaissance, Barock und Klassizismus in Europa

Die „Neuere Geschichte" wird eingeleitet durch eine Reihe tiefgreifender geistiger, politischer und wirtschaftlicher Umwälzungen, deren Keime vielfach bereits im späten Mittelalter liegen. „Das allgemeine Kennzeichen der Entwicklung ist die Lösung des Individuums aus der kirchlichen und sozialen Bindung. Die alten Ordnungen zersetzen sich mehr und mehr, und neue Kräfte werden entbunden durch die freie, auf die Vernunft bauende menschliche Persönlichkeit." *(Der Kleine Ploetz*, Hauptdaten der Weltgeschichte, Freiburg/Würzburg 1985[34]) Als weitere Stichworte müssen erwähnt werden: die Entdeckungen der Portugiesen und Spanier, der Humanismus (italienische Literatur) sowie die zweite Spaltung der europäischen Christenheit infolge der Reformationsbewegung, die, in Verbindung mit politischen und sozialen Fragen, Glaubenskämpfe hervorruft.

Die Bezeichnung „Renaissance" (rinascita = Wiedergeburt) wird bereits von zeitgenössischen Gelehrten benutzt, um auf das Wiederaufleben der römischen Antike hinzuweisen. Heute bezeichnet man mit Renaissance eine ca. 1350 in Italien beginnende neue Kulturepoche, aber auch die von ihr abhängige Entwicklung in anderen europäischen Ländern. Neue Leitbilder erscheinen, so das Suchen nach Wahrheit, Regelmäßigkeit, Geometrie, Perspektive; Kontrast und Harmonie beherrschen die Planungsvorstellungen. Im Städtebau kommt es zu einer Wiederbelebung antiker Idealstadtkonzepte (Vitruv, 88-26 v. Chr.), die u.a. dazu beitragen, die Vorstellungen des Mittelalters abzustreifen.

Das sich in Wissenschaft und Philosophie wesentlich auf christliche Wahrheiten (Dogmen) berufende Mittelalter weicht zunehmend einer systematischen Grundlagenforschung und einer auf Denkprozessen aufbauenden Planung. Die Stadt der Theoretiker soll damit auch formal als einheitliches Gesamtkunstwerk erstehen. Zeitlich sind die Idealstadtpläne zwischen 1430 und 1570 einzuordnen; weniges wird realisiert. Der praktische Städtebau der Frührenaissance erschöpft sich in einer Verschönerung, Erweiterung, formalen Änderung, Rehabilitierung alter Stadtkerne; teils bleibt er mittelalterlichen Gepflogenheiten verpflichtet, teils werden neue Gedanken verwandt, „die sich jedoch meist im rein Architektonischen bewegen" (Egli, Geschichte ..., Bd. 3).

Stärker wirkt sich auf den Städtebau die neue Waffentechnik aus (nach Erfindung des Schießpulvers), indem kostspielige, komplizierte und große Flächen beanspruchende bastionäre Befestigungssysteme die mittelalterliche Ummauerung ersetzen müssen. „L'urbanistica militare", die Abspaltung vom zivilen Städtebau, erfordert es, geometrische Zentralanlagen zu verwirklichen. So sind die meisten der vom 16. bis zum 18. Jh. gebauten Idealstädte Festungsstädte, in der Regel Zitadellen, aus denen sich schließlich die barocke Stadt entwickelt.

Das Wissen um neue Möglichkeiten und der Wille zu durchgreifenden Veränderungen der Stadtstrukturen erfuhren breitere Umsetzung vor allem in der Zeit des Absolutismus mit seinen zusammengefaßten Machtmitteln.

Zeitlicher Überblick

1420-1560	Renaissance in Italien (in Literatur und Philosophie ab Mitte 14. Jh.) Alberti, Filarete, Leonardo da Vinci, Michelangelo Buonarotti (Kapitolsplatz, ab ca. 1539) Heftige innere Kämpfe der „Stadtstaaten" untereinander Machiavelli: „Il Principe"
1492	Entdeckung Amerikas
1512	Deutschland: Reichstag zu Köln (3 Kollegien: Kurfürsten, Fürsten, Reichsstädte): Einteilung des Reiches in 10 Landfriedenskreise
1516	Augsburg: Fuggerei (1516-1525)
1517	Beginn der Reformation (Martin Luther)
1525	Bauernkriege
1553	Heidelberg: Ottheinrichsbau, 1553-1563 (Renaissance in Deutschland)
1583	Daniel Speckle: „Architectura von Vestungen"
1562	Frankreich: Hugenottenkriege (1562-1598)
1589	Heinrich IV., 1589-1610 (Place Royale, ab 1605)
1610	Ludwig XIII., 1610-1643 (Kardinal Richelieu, ab 1624 leitender Minister, setzt den Absolutismus gegen Hochadel und Hugenotten durch)
1600-1770	Barock (Entwicklung in Italien), barocke Umgestaltung Roms (Bernini: Petersplatz 1656)
1618-1648	Deutschland: Dreißigjähriger Krieg
1643	Ludwig XIV., 1643-1715 (Versailles); Vauban: Festungsbau
1770-1830	Klassizismus (Ledoux, Weinbrenner, Schinkel)
1789	Französische Revolution

Topographie, Standorte, Befestigungen

Wie alle Idealstädte, am Reißbrett vorgeplante Anlagen, sind die Entwürfe der Renaissance – bis auf wenige theoretische Vorschläge – Ebenenanlagen, aus Verkehrs- und Handelsgründen oft an einem Flußlauf oder Seehafen gelegen. Hinzu kamen die Erfordernisse militärischer Art, die eine Berg- oder Hanglage ausschlossen. Die mittelalterliche Fluchtburg und Umwallung hatten sich überholt, als im 15. Jh. der Angriff der Abwehr überlegen wurde. Bisher war eine gut befestigte Stadt praktisch uneinnehmbar; noch Machiavelli (Il Principe, 1532) schrieb: „Die deutschen Städte (...) sind dergestalt befestigt, daß (...) es zeitraubend und schwierig wäre, sie einzunehmen, haben doch alle die erforderlichen Gräben und Bastionen, genügend Artillerie und in den Lagerhäusern stets Vorräte genug, um ein Jahr essen, trinken und heizen zu können."

„Die neue Artillerie ließ die Städte vom 15. Jh. an verwundbar werden, und ihre alte Verteidigungsstellung auf einem Berg oder Felsvorsprung ließ sie erst recht zu Zielscheiben werden. (...) Sie mußten Söldner anwerben, die Ausfälle unternehmen und den Feind in offener Feldschlacht angreifen konnten." (Mumford, Bd. 1)

Die neuen Befestigungsanlagen waren viel komplizierter als die alten Mauern. Sie hatten weiträumige Außenwerke, Vorsprünge und Bastionen in Form von Speerspitzen, die es ermöglichten, Angreifer von der Seite her unter Feuer zu nehmen (Flankierungssysteme). Diese neue, von italienischen Pionieren entwickelte Befestigungsmethode (Mailand 1521) wurde, wo es die Topographie erlaubte, von vielen Städten übernommen. Bei Neuplanungen auf ebenem Gelände reduzierte sich die eigentliche Idealstadt auf den „unbenutzten Raum", der im Zentrum der militärischen Anlage übrigblieb. Im Gegensatz zur mittelalterlichen Stadtmauer, die bei Bedarf erweitert werden oder eine Vorstadt miteinbeziehen konnte, „waren diese schon mühsam zu errichtenden Befestigungen noch mühsamer zu verändern und belasteten die so geschützte Bevölkerung mit einer furchtbaren sozialen Bürde und wurden schließlich in vielen Städten für die schlimme Überbevölkerung verantwortlich, die man gerade der mittelalterlichen Stadt so oft vorgeworfen hat" (Mumford, Bd. 1).

Die Städte waren „eingeschnürt" und gezwungen, bei Anwachsen der Bevölkerung die im Mittelalter üblichen Freiflächen (Hausgärten, Klosterhöfe) nach und nach zuzubauen und in die Höhe zu wachsen. In Straßburg wurde (nach Eberstadt) zwischen 1200 und 1450 die Stadtmauer viermal erweitert; als zwischen 1580 und 1870 die Bevölkerung sich verdreifachte, konnte der Stadtumriß jedoch nicht mehr angepaßt werden. Steinhäuser wurden durch Fachwerkhäuser ersetzt, um Raum zu gewinnen; das Ansteigen der Bodenpreise war in den Hauptstädten eine zwangsläufige Folge.

Gesellschaftliche und wirtschaftliche Struktur

Das Ende der mittelalterlichen Stadtblüte zeichnete sich ab, als die Verstärkung des Territorialgedankens und das Scheitern der Reichsreform in Deutschland, besonders aber Wirtschaft, Handel und Wissenschaft eine neue Epoche einleiteten. Diese brachte die Konsolidierung landesherrlicher Macht, die „obrigkeitliche Einführung der alten Lebensform in die Stadt" (Weber) und erreichte ihren Höhepunkt im Absolutismus mit seiner höfisch orientierten Gesellschaft und seiner merkantilistischen Wirtschaftsstruktur.

Dies soll in diesem Zusammenhang nur kurz in Stichworten erläutert werden (nach A. Hauser):

Gesellschaftliche Entwicklung:

- Organisation des Staates nach rein unternehmerischen Prinzipien;
- Schaffung einer einheitlichen Bürokratie und Unterhaltung stehender Heere;
- Umwandlung des Feudaladels in einen Hof- und Beamtenadel;
- die Grundlagen hierfür sind bereits im späten Mittelalter gegeben: Die Grundherren verpachten ihre Güter, statt sie selbst zu bewirtschaften; als Folge verringert sich ihre Anhängerschaft, und die Zentralgewalt gewinnt an Übermacht.

Wirtschaftliche Entwicklung:

- Blockade des östlichen Mittelmeeres durch die Türken;
- die neuen Seewege stärken die Wirtschaftsmacht der ozeanischen Nationen;
- das Zentrum des Welthandels verlagert sich vom Mittelmeer nach Westen;

- Edelmetallzufuhr von Amerika nach Spanien = Vermehrung der verfügbaren
  Geldmittel = Preissteigerung;
- Herausbildung eines „Frühkapitalismus" seit etwa 1500;
- Lösung des Geldgeschäftes vom Warenhandel;
- die unteren und mittleren Schichten verlieren ihren Einfluß in den Zünften;
- systematischer Einzug von Steuern durch eine zentralisierte Verwaltung;
- Förderung der gewerblichen zu Lasten der landwirtschaftlichen Produktion;
- „den Höhepunkt erreicht die soziale Unzufriedenheit dort, wo vorübergehend
  die größte Akkumulation des Kapitals stattfindet – in Deutschland, und ent-
  zündet sich bei der am meisten zurückgesetzten Klasse – dem Bauerntum. Sie
  kommt im unmittelbaren Zusammenhang mit der religiösen Massenbewegung
  zum Ausdruck." (Hauser)

Auswirkungen auf den Städtebau

„Die Vermehrung der Städte hörte auf oder blieb doch vom 16. bis 19. Jh. weitgehend der Neuen Welt überlassen. Der Städtebau bedeutete nicht mehr für eine
aufsteigende Schicht von kleinen Handwerkern und Kaufleuten ein Mittel, um
Freiheit und Sicherheit zu erlangen. Er war jetzt vielmehr ein Mittel, um unmittelbar unter den Augen des Königs die politische Macht in einer nationalen Hauptstadt zu festigen und zu verhindern, daß die Zentralgewalt anderswo in Frage
gestellt würde (Anm. d. Hrsgs.: Diese Aussage gilt nicht für Deutschland mit
seinen nach dem Dreißigjährigen Krieg etwa 300 Territorien). Das Zeitalter der
freien Städte mit ihrer weit gestreuten Kultur und ihren verhältnismäßig demo-
kratischen Gemeinschaftsformen wich dem Zeitalter der absoluten Städte." (Mumford, Bd. 1)

Stadtstrukturen, Bauformen

Kennzeichen der neuen Städte sind eine dauernde Beamtenschaft, ständige Ge-
richtshöfe, die Einrichtung von Archiven und Aktensammlungen und daher
dauerhafte Amtsgebäude, um die neuen bürokratischen Funktionen unterzubringen. Weitere neue Bautypen sind für das Berufsheer erforderlich, für den Stand
der Offiziere und Soldaten: Kaserne, Zeughaus, Stallungen, Magazine und Exer-
zierplätze. Die Verteidigung ist nicht mehr Sache einer freien Bürgerschaft, sondern eine der Berufsheere. Die Landesverteidigung findet an den Grenzen statt,
die Stadt ist in ein strategisches Netz von Städten eingefügt.

Nicht nur der Söldner spaltet sich aus dem Verband der mittelalterlichen Bürgerschaft ab, „auch die drei Funktionen des Herstellens, Verkaufens und Ver-
brauchens werden jetzt auf drei verschiedene Institutionen, drei verschiedene
Arten von Gebäuden und drei verschiedene Teile der Stadt verlegt. (...) Damit
erblickt das 'Privathaus' das Licht der Welt – abgeschieden vom Geschäft und
räumlich getrennt von allen sichtbaren Unterhaltsquellen. Alle Bereiche des Lebens
wurden in wachsendem Maße von dieser Abtrennung erfaßt. (...) Nachdem man
nun die breite Avenue entwickelt hatte, nahm die Trennung von Oberschicht und
Unterschicht in der Stadt selber Gestalt an. Die Reichen rollen über die Achse
der prächtigen Avenue, die Armen stehen abseits in der Gosse. Schließlich wird
für den gewöhnlichen Fußgänger ein besonderer Streifen reserviert, der Bürger-
steig." (Mumford, Bd. 1)

Renaissance

Baute man im Mittelalter zunächst eine Stadt und legte später einen Mauerring an, so fixieren die Idealstadt-Theoretiker der Renaissance zunächst eine geometrische Umrißfigur. Im Vordergrund steht der Entwurf einer Festungsanlage, in die eine Stadtstruktur eingepaßt wird – ausgehend von einem zentralen Platz, entweder als Strahlenschema oder als Schachbrettsystem mit rechtwinkligen Baublöcken. Charakteristisch ist weiterhin die Anlage gleichförmiger, symmetrischer öffentlicher Plätze, die zentral (statt tangential) erschlossen werden und streng einheitlich umbaut sind (Vergabe von Baugenehmigungen nur nach Vorplanung, Satzung, fester Kanon der Gestaltung).

Galt das mittelalterliche Baubemühen weniger Bürgerhäusern als öffentlichen Gebäuden (Kirche, Rathaus, städtische Kaufhäuser – Reste mittelalterlichen „Kollektivempfindens"), stehen im Zeichen der aufkommenden Individualisierung Paläste, Villen, Privatkapellen und repräsentative Plätze an erster Stelle der Umgestaltung italienischer Städte, denn neben den Idealstadtentwürfen gibt es eigentlich keine geschlossene „Renaissancestadt". Es gibt jedoch stellenweise eine Ordnung der Renaissance. Die Symbole dieser neuen Bewegung sind die gerade Straße, die ununterbrochene waagerechte Dachlinie, der Rundbogen (über Säulen- und Pilastergliederung) und die Wiederholung einheitlicher Elemente an der Fassade.

Insgesamt bietet der europäische Städtebau des 16. Jhs. das Bild einer Art „Übergangsphase", in der die Theorie überwiegt, selten aber umfassende Eingriffe oder Neuanlagen festzustellen sind. „Noch begnügt man sich zumeist damit, die alten Städte nach Bedarf zu erweitern, mit einigen neuen Bauten (Palästen) und Plätzen zu schmücken oder durch zeitgenössische Befestigungen zu sichern." (Hennebo in: Geschichte des Stadtgrüns, Bd. 1)

Die „Ausstattung der Straßen mit Stein- oder Ziegelpflaster, Steintreppen und Brunnen, mit Bildwerken und Denkmälern (war) keineswegs der geringste Beitrag der Renaissance" (Mumford, Bd. 1).

Barock

Erst im Barock entdeckt der Städtebau, meist durch politische Ansprüche gefördert, „die Ganzheit gewissermaßen neu über den Umweg der städtischen Perspektive, wenn nicht als lebenden Organismus einer echten Stadt, so doch als Komposition" (Egli, Geschichte ..., Bd. 3). Nun wandelt sich das Gesicht mancher Stadt infolge großer Straßendurchbrüche, durch die Anlage „grüner Achsen", Promenaden und Platzfolgen oder gewaltiger Bauten und Gärten. Es entstehen neue, dem Zeitgeist entsprechende Siedlungen. Im 17. und 18. Jh. dringt die Gartenkunst in das Gefüge des Städtebaus ein. Die herrschaftlichen Gärten innerhalb der Städte, die neuen Promenaden und Baumpflanzungen dienen zwar auch der Erholung der Bürger, doch vor allem politischem Repräsentationsanspruch. Im barocken Städte- und Gartenbau dominiert „die gesetzliche, bis ins Künstliche und geometrisch gestaltete Ordnung nach Maßgabe herrscherlichen Willens, der dem Bürger Lebensraum und Lebensform zwingend vorschreibt" (*Löhneysen, W. von:* Bildende Kunst um 1700; in: Aus der Welt des Barock, Stuttgart 1957). Die Voraussetzungen bilden sich in beiden Bereichen etwa gleichzeitig.

Es finden sich seit dem späten 16. Jh. in Italien, Frankreich und Holland Ansätze
für die

- axiale Verbindung von Palast und Garten,
- Herrschaft eines Bauwerks über seine städtische Umgebung,
- Ordnung von einem Punkt aus.

Der in der Literatur dargestellte Zusammenhang von Gartenkunst und Städtebau
im Barock muß (nach Hennebo in: Geschichte des Stadtgrüns, Bd. 1) differenziert
werden nach

- Verwendung gärtnerischer Elemente *im* Städtebau und dem
- Einfluß der Gartenbaukunst *auf* den Städtebau durch Übertragung gartenkünst-
  lerischer Strukturformen.

Tatsächlich tauchen in den Idealstadtentwürfen und in den Stadtanlagen seit dem
17. Jh. Achsenzüge, Platzfolgen und Sternanlagen, Gliederungs- und Raumformen
auf, die auch in den zeitgenössischen Gartenanlagen wiederkehren.

Die Ansicht, daß die Gartenkunst hier den Städtebau beeinflußt, stützt sich auf
Laugier, der 1753 schreibt: „Man muß die Stadt als einen Wald ansehen, die
Straßen hier sind die Wege dort und müssen ebenso durchbrochen werden."
Oder: „Wer einen Park gut einzurichten weiß, wird auch ohne Mühe den Plan
für eine Stadt angeben."

Rechteckig unterteilte Wegenetze werden nun im Sinne räumlicher Darstellung,
d.h. der Weiterentwicklung von Gliederung und Ordnung, mit Sternanlagen kom-
biniert. (Diagonalerschließungen erleichtern nicht nur Jagdgesellschaften in Wäldern und Jagdgehegen französischer Schlösser die Orientierung!)

Ebenso erscheinen sie als radiale Straßenzüge, ausgehend von einem runden oder
polygonalen Platz im Stadtzentrum. Hier hat der sternförmige Plan jedoch noch
einen anderen, verwandten Ursprung: „Bei den frühen sternförmigen Befestigungsanlagen wurde die eigentliche Stadt, die innerhalb lag, als regelmäßiges
Vieleck, gewöhnlich als Achteck, gestaltet. Die Hauptstraßen wurden entweder
kreuzförmig angelegt oder liefen von allen acht Ecken in der Mitte zusammen.
Als diese Art von Befestigung (im Rahmen der Landesverteidigung) wertlos wurde, war die wichtigste Wirkung der neuen Anlage, daß die Stadt selber oder ein
Stadtviertel ein Sektor des alten Spinnennetzes wurde, während die anderen Avenuen in einen Park oder das offene Land ausliefen." (Mumford, Bd. 1)

„Brinckmann bestreitet trotz deutlicher Parallelen eine unmittelbare Abhängigkeit
des barocken und nachbarocken Städtebaus von der zeitgenössischen Gartenkunst: die gleichen Quellen architektonischen Empfindens konnten im Gartenbau
nur einfacher und schneller verwirklicht werden; in beiden Fällen ging es um
die Darstellung 'einer höheren Ordnung, die in Schloßanlagen und Gärten, in
Stadtplan und Platzanlage ihre sichtbare Form findet' – als Abbild der Gesellschaftsstruktur, der absoluten Herrschaft über Raum, Natur und Mensch." (Hennebo in: Geschichte des Stadtgrüns, Bd. 1)

„Der Drang nach Gestaltung sieht die Stadt als eine Gesamtform des Lebens, die
durch Regelmäßigkeit, Geometrie, durch Perspektive, Dekoration, Kontrast und
Harmonie zum Ausdruck der Zeit erhoben werden soll. Die kulturelle Entwicklung ist einheitlich – Zeitstil und Kunststil sind identisch. Selbst die Natur muß

sich dem menschlichen Willen unterordnen: Sie wird durch barocke Schematisierung und Übersteigerung zur Übernatur." (Gassner)

„Im Sinne der Stadtgeschichte sind die Renaissanceformen die Mutanten, die Barockformen die Dominanten und die klassizistischen Formen die Ausdauernden in diesem komplexen kulturellen Wandlungsprozeß." (Mumford, Bd. 1)

Italien

Wie sehr hinter dem Städtebau der Neuzeit das methodisch-wissenschaftliche Denken stand, zeigt die Tatsache, daß die Städteplaner der Renaissance i.a. reine Theoretiker waren. Sie stützen sich auf das einzige aus der römischen Antike erhaltene Werk über das gesamte Bauwesen, Vitruvs „De Architectura". In zehn Büchern faßt Vitruv (88-26 v. Chr.) die Grundlagen des Bauens und der Städteplanung seiner Zeit zusammen (s. S. 42/43).

151 bis 155 Bis ins 18. Jh. verbreiten sich Übersetzungen und Interpretationen seiner Vorstellungen in allen europäischen Ländern, liefern seine Hinweise die Grundlage für zahlreiche „Idealstadtentwürfe" in allen nur denkbaren Variationen. Runde, quadratische, sternförmige Umrisse, meist ebene Anlagen, aber auch Hügelformen, Hafen- und Flußstädte, immer regelmäßig aufgebaut, von einem Zentralplatz ausgehend und geometrisch umschlossen von einer Mauer, die sich im Laufe der Zeit den neuen verteidigungstechnischen Erfordernissen anpaßt. Die Idealpläne sind allerdings oft so formalistisch, daß in den Ecken der Stadtgrundrisse ungelöste Reste bleiben.

151 *Vitruvs Idealstadt* liegt in der Nähe eines Fluß- oder Seehafens und wird von einer mit runden Türmen verstärkten Mauer kreisförmig umschlossen. Das Zentrum bildet der Marktplatz; von hier aus teilen acht Radialstraßen (aus hygienischen Gründen nach den Hauptwindrichtungen orientiert) die Stadt in acht Sektoren (die Zahl Acht hatte mythologische und astrologische Tradition: Auch der „Turm der Winde" in Athen war in dieser Weise angelegt).

Leon Battista Alberti (1404-1472). Übersetzer Vitruvs; in seinem Hauptwerk „De re aedificatoria libri X (decem)", 1452, beschreibt er bereits die Bastionen der Folgezeit. Den größten Teil widmet er der Ornamentik und dem klassischen Kanon der Säulenordnungen. Für die Architektur fordert er die „harmonische Proportion", die Gliederung der Stadt sieht er weniger formal als funktionell.

Antonio Averlino, genannt Filarete (1400-1469). Sein „Trattato d'architettura" geht auf Alberti zurück und zeichnet sich durch Entwürfe von Idealbauten als Bestandteil eines sorgfältig ausgearbeiteten Plans der Idealstadt „Sforzinda" aus.

152 Form und Proportion beschreibt er „als Ganzes quadratisch zuerst und dann jedes Gebäude auf seinem Platz. (...) Die Urform werden zwei Quadrate sein, eines auf das andere gelegt, ohne die Winkel zusammenzulegen." (Egli, Geschichte ..., Bd. 3)
So entsteht ein Sternplan mit der doppelten Anzahl radialer Straßen innerhalb des vitruvianischen Kreises. Im Zentrum liegt der (ausnahmsweise rechteckige) Marktplatz mit Lebensmittelständen und Kaufmannshäusern an den Längsseiten, Dom und Schloß an den Schmalseiten. Mittelalterlich in seinem Respekt vor Funktionen ist auch der Umstand, daß jede der 16 Radialstraßen durch einen kleinen untergeordneten Platz unterbrochen wird. Acht Plätze an den zu den Stadttürmen führenden Straßen für die einzelnen Pfarrkirchen, acht andere an den Straßen zu den Hafenanlagen für spezielle Märkte (Holz,

Stroh, Getreide, Wein). Alle Plätze sind untereinander durch eine Ringstraße verbunden, die wie die übrigen Straßen neben der Fahrbahn einen Kanal aufweist, so daß der Gütertransport auch mit Lastkähnen erfolgen kann. Die erwähnten Hafenanlagen vor der Stadt werden ebenfalls durch einen Kanalring verbunden. Die öffentlichen Gebäude (Regierung, Verwaltung) sind um das Zentrum angeordnet, Theater und Hospital liegen exzentrisch. Die Stadtmitte macht deutlich, wie sehr Städtebau nicht nur in der Grundrißidee verwurzelt, sondern dreidimensional, raumbildend zu sehen ist. Im Mittelalter waren die Bautypen der Stadt Teile des Ganzen; hier werden die Teile deutlich zum Ganzen verbunden. Das Rationale, methodisch-rechnerisch Faßbare, Lineare und Geometrische ist das Entscheidende in der aufkommenden Renaissance.

Für die Entwicklung der Bastionen wird allgemein die Zeit zwischen 1460 und 1480 angegeben. Filarete, der sein Traktat 1464 veröffentlichte, versuchte sowohl Vitruv als auch den Anforderungen der modernen Technik gerecht zu werden, indem er eine Form für seine Stadtbefestigung wählte, die ebenso ein wirksames Bestreichen der Mauer zuließ, wie sie die von Vitruv aufgestellte Forderung nach Rundtürmen erfüllte, die hier an die vorspringenden Ecken gesetzt werden. In der Folgezeit entwickelte sich die Konstruktion von bastionären Festungsgürteln in Verbindung mit Idealstadtentwürfen zu einer eigenen Wissenschaft. Weitere italienische Baumeister, die sich in Theorie und Praxis mit dem Städtebau befaßten, sind:

Francesco di Giorgio Martini aus Siena (1439-1502). Über 100 Städte soll er befestigt haben. Seine Idealstadtpläne können in drei Gruppen eingeteilt werden: Radialstädte, Bergstädte und Anlagen nach dem Rechteckschema. Bei den Radialstädten mag er durch das Werk Filaretes angeregt worden sein; die innere Aufteilung der Stadt durch rechteckige Baublöcke zeigt, daß die beiden wichtigsten Aufteilungsarten zu Beginn der „neuzeitlichen Stadtbaukunst" schon nebeneinander üblich waren.

Leonardo da Vinci (1452-1519) plant – seiner Zeit weit voraus – Städte in bis zu drei Verkehrsebenen und unterscheidet zwischen Haupt-, Erschließungs- und Nebenstraßen (schon von den Römern praktiziert).

Fra Giocondo (1433-1515). Interessant ist seine Idealrundstadt mit doppeltem Mauerring und Tempel, den er – Fra Giocondo ist Mönch – ins Zentrum der Stadt setzt.

Francesco de Marchi aus Bologna (1504-1577). Festungsbauer und Autor mehrerer Schriften. Bei ihm sind die Basteien bereits vollständig ausgebildet (innerer und äußerer Bastionengürtel und Gräben). Er verläßt die radialkonzentrische Idealform und entwirft auch achteckig-längliche oder einem gebogenen Flußlauf angepaßte Anlagen mit Parallelstraßensystemen.

151 *Pietro Cataneo.* Einer der letzten Theoretiker, der unmittelbar mit der bisher geschilderten
154 Entwicklung der Idealstadt zusammenhängt. Sein Werk erscheint 1554.
Die Stadtform, von der er zunächst ausgeht, ist das Quadrat, das er durch ein System rechtwinklig sich kreuzender Straßen aufteilt. Dieses Aufteilungsschema wiederholt sich in allen seinen Idealstädten, deren Umrisse fünf- bis zwölfeckig werden und Sonderbefestigungen oder eine Hafenanlage einbeziehen.
Auch für Cataneo gibt es eine bindende Form für Stadtanlagen nicht mehr.

154 *La Valletta* (Hauptstadt von Malta)
Von Bedeutung als Beispiel einer ausgeführten Idealstadt, 1566 durch den Großmeister

des Johanniterordens, Jean de la Valette, nach einem Plan des toskanischen Festungsbaumeisters Francesco Laparelli di Cortona gegründet.

155 *Palma Nuova (Palmanova)*
Venezianische Festungsstadt, 1593-1595 nach den Plänen von Vincenzo Scamozzi (1552-1616) errichtet. Befestigte Idealstadt in Strahlengrundform mit sternförmigen Vorwerken; eine der wenigen Barockstädte, die in die grüne Wiese geplant und gebaut wurden, allerdings nach typisch renaissanceartig-abstraktem Schema. Unter dem großen sechseckigen Zentralplatz befindet sich eine Zisterne.
100 Jahre nach dieser Stadtgründung wird eine andere vollkommen neue Stadt gebaut:

155 *Grammichele*
1693 vom Fürsten Carlo Caraffa auf Sizilien gegründet (Planer unbekannt). Die geometrische Auffassung von Palmanova ist auch hier beibehalten worden: sechseckiger Zentralplatz, Ring- und Radialstraßen mit Einzelplätzen. Dem Barock folgend, hat die Stadt jedoch keine eigene Befestigungsanlage.
Palmanova und Grammichele sind in ihrer Grundstruktur bis heute erhalten geblieben.

Parallel zur Entwicklung der Idealstadt wurde die Ordnung der Renaissance in den vorhandenen großen Städten realisiert (s. S. 79/80) und fand in Florenz zuerst ihren vollendeten Ausdruck. Verwiesen sei hier nur auf folgende Daten der Baugeschichte:
– Bau der Domkuppel (1420-1436) durch Filippo Brunelleschi (1377-1446);
– Ausbau der Piazza della SS. Annunziata (i.w. 1422-1525);
– Bau der Uffizien (ab 1560) durch Giorgio Vasari (1511-1574) mit einem langen, sich bis zum Arno erstreckenden engen Hof (abgeschlossen durch einen Verbindungstrakt), dessen offene Loggia im Erdgeschoß vom „Palladio-Motiv" bestimmt ist.

156 Der hier abgebildete „Plan" von Florenz „deutet auf den Beginn einer Stadtplanungskonzeption neuer Größenordnung hin, einer Konzeption, die in der späteren Entwicklung Roms eine große Rolle spielt" (Bacon, Stadtplanung ...). Die wichtigsten Werke des italienischen Städtebaus der neueren Zeit sind in Rom: der Ausbau des Kapitols, die städtebauliche Umformung unter Papst Sixtus V. und die städtebauliche Einbeziehung von St. Peter.

157 *Rom, Kapitolsplatz (Campidoglio)*
Das Gelände des Platzes war ungestaltet und maßstabslos. Die Neuordnung wurde Michelangelo Buonarotti (1475-1564), der zuvor in Florenz gearbeitet hatte, übertragen. Die 1539 in Angriff genommene Aufgabe bestand darin, einen angemessenen Rahmen für das antike Reiterstandbild des Kaisers Marc Aurel und einen imposanten Platz für Zeremonien im Freien zu schaffen. Michelangelo machte aus dem Platz ein Meisterwerk, indem er geschickt den vom Konservatorenpalast (rechte Seite) vorgegebenen Winkel für den Neubau der linken Platzwand aufnahm. Er schrieb dem Platz ein Oval ein, eine am Ende der Renaissance hier erstmals angewandte Grundform, und entwarf neue Fassaden für den Konservatoren- und Senatorenpalast (neu: die zweigeschossige Kolossalordnung).
1546 wurde Michelangelo beauftragt, den von Sangallo begonnenen Palazzo Farnese zu vollenden. Er plante die Fassade neu, darüber hinaus einen großen Garten, der die Verbindung zwischen dem Palast und der Villa Farnesina am gegenüberliegenden Tiberufer herstellen sollte (nicht ausgeführt). „Mit dem Plan dieser großartigen 'Sichtachse' und seinem Entwurf für die Porta Pia (1561-1565) am Ende einer vom Quirinal kommenden neuen Straße nahm er die Prinzipien barocker Stadtplanung vorweg" (Pevsner) – die

Umsetzung hierarchischer Ordnungen in Stadtgestalt. Mächtige Päpste verfolgten seit dem 16. Jh. dieses Ziel; sie konnten es, weil ihnen erhebliche Mittel von außen zuflossen: „Einnahmequelle war die einzige Form des Massentourismus, die dieses Jahrhundert kannte, das Wallfahrtswesen. Deshalb besaßen die meisten Nationen in Rom Nationalkirchen." (Braunfels, Abendländische Stadtbaukunst)

158 *Rom, Piazza del Popolo*
Schon Papst Leo X. beabsichtigte 1515, die Stadt durch einen Dreistrahl von der Piazza del Popolo aus fächerförmig zu erschließen (Sammelpunkt der von Norden kommenden Pilger), aber erst Sixtus V. (1585-1590) verwirklichte dieses Projekt – erweitert durch die Idee, die sieben Hauptkirchen Roms geradlinig zu verknüpfen (Prozessionsstraßensystem, charakteristisches Projekt der Gegenreformation). Damit beginnt die barocke Umgestaltung Roms. Durch seinen Architekten Domenico Fontana ließ Sixtus V. u.a. die drei von der Piazza ausgehenden Straßen durchbrechen, „die wie ein Strahlenbündel in den Stadtkörper hineinschießen" (Brinckmann, Platz und Monument ...). „Mit den drei Achsen, in der Mitte die heutige Strada del Corso, erscheint eine 'Raumfigur', die wir ebenfalls in der zeitgenössischen Gartenstruktur finden und die Schule macht." (Hennebo in: Geschichte des Stadtgrüns, Bd. 1) Der Dreistrahl wird noch durch eine „Querspange" verbunden: Damit ergibt sich eine Gesamtfigur, die jener entspricht, die später das zentrale Stadtgebiet von Versailles gliedert.
Der Corso verläuft in Verlängerung der Via Flaminia bis zum Kapitol; er wird auf der Piazza del Popolo durch die beiden flankierenden spiegelbildlichen Kirchen (1607) besonders herausgehoben (Verbindung von Straße, Platz und Obelisk zu einer räumlichen Einheit).
Fontana hat den Platz selbst nicht endgültig geformt; der Platz erhält erst im 19. Jh. seine quer-ovale Form mit der Treppenanlage zum Pincio (1813, Guiseppe Valadier).

159 *Rom, Petersplatz*
160 Architekten: Carlo Maderno (1556-1629; Bau der Fassade von St. Peter: 1607-1615) und Giovanni Lorenzo Bernini (1598-1680; Anlage der Kolonnaden und der Platzanlage ab 1656).
Schon Maderna hatte geplant, vor die Fassade der Peterskirche einen Vorhof zu legen. Dieser wäre seitlich von zwei Flügeln eingefaßt gewesen und hätte im Verhältnis zur Breite und Höhe der Kirchenfassade eine geringe Tiefe besessen. Bernini greift viel weiter vor die Fassade. Seine Vorbereitung zur Kirche besteht aus vier Abschnitten (nach Egli, Geschichte ..., Bd. 3):
– vorbereitende Straße vom Tiber-Brückenkopf geradeaus auf die Hauptfassade der Kirche gerichtet (1937 ausgeführt);
– Vorplatz am Ende dieser Straße (die dann nicht ausgebaute Piazza Rusticucci);
– von Kolonnaden umfaßte elliptische Piazza obliqua (196 x 142 m);
– unmittelbar vor der Kirchenfassade gelegene Piazza retta, seitlich von Kolonnaden begrenzt.
Die Trapezform der Piazza retta, offensichtlich Michelangelos Kapitolsplatz nachempfunden, hebt die perspektivische Verkürzung weitgehend auf und läßt die Fassade noch gewaltiger erscheinen.
„Der Peterplatz ist das großartigste Beispiel für den Ausspruch Berninis, daß jedes Gebäude, gleich wie es aus seiner Umgebung heraus entstand, sich dieser Umgebung bemächtigt und sie verändert." (Egli, Geschichte ..., Bd. 3)

162 *Turin*
Turin wächst im Mittelalter über die Grenzen der antiken Stadt hinaus und setzt auch bei den Erweiterungen der Neuzeit beharrlich den Schachbrettplan des Castrums fort.

Hauptachse der ersten Ausdehnung nach Süden Anfang des 17. Jhs. ist die von gleichmäßigen Arkaden gefaßte Via Nuova (heute Via Roma). Die Piazza San Carlo (168 x 76 m) gilt als eines der vollkommensten Beispiele barocker Planung. „Die mathematische Ordnung des Entwurfs, die keine Unterbrechung der Dachlinie, keinen Wechsel der wiederkehrenden Elemente und keine Änderung der Abmessungen kennt, schafft Vollkommenheit um den Preis der Lebendigkeit. (...) Der Gipfel des barocken Formalismus wird hier wie auf der Piazza del Popolo in Rom dadurch erreicht, daß man lediglich der Symmetrie halber beiderseits der Achse zwei gleiche Kirchen errichtet." (Mumford, Bd. 2)
Ende des 17. Jhs. erfolgt eine zweite Ausdehnung der Stadt nach Osten. Auch hier wird das vorgegebene Straßenraster fortgesetzt, unterbrochen allerdings durch eine Diagonale, die ebenfalls arkadengesäumte Via Po, als repräsentative Sichtachse zwischen neuem Stadttor (Po-Brücke) und dem Schloß auf der Piazza di Castello (in dem Reste eines römischen Stadttores enthalten sind).

Die Renaissance setzte auf Geometrie, der Barock auf Perspektive in einem Netz von Achsen. Im Städtebau muß sich barocker Gestaltungswille notwendigerweise auf die Lösung von Teilaufgaben beschränken. Städtebau wird mehr und mehr architektonisches Gestalten, die Stadt Theaterkulisse für die Herrschenden.

Egli faßt die italienische Barockbaukunst in drei Punkte zusammen:

1. Entdeckung von Ausstrahlungen der Monumentalbauwerke in die Umwelt;
2. Erlebnis der Raumsteigerung vom Tor (Auftakt) zur Straße (Vorbereitung), zum Platz (Sammlung), zum Zielbau (Schloß, Kirche);
3. Entdeckung der Natur als Element der Stadtbaukunst: Park, Gärten, Alleen im Wechsel von Licht und Schatten.

Frankreich

1453 endete der 100jährige französisch-englische Krieg mit der Niederlage Englands. Gestärkt ging die französische Königsmacht aus dem Kampf hervor. Die Grundlage der späteren Machtentfaltung des Landes war somit gegeben.

Um 1515 hatte Frankreich den Übergang vom Mittelalter zur Renaissance vollzogen. Italienische Baumeister begannen für die französischen Könige zu arbeiten, so Fra Giocondo (1495-1506), Leonardo da Vinci (1519) und andere. Franzosen wie der gotische Baumeister Viart gingen nach Italien. Ab 1530 wird in Italien das Studium der Renaissance von Franzosen systematisch betrieben. Die Regierungszeit Franz' I. (1515-1547) kann als der Beginn der Renaissance in Frankreich angesehen werden, jedoch bezog sich das Bauen im neuen Stil mehr auf Einzelobjekte (Schloßbau) als auf den Gesamtstädtebau. Den einzigen Entwurf einer **163** Stadt bildete 1545 der Plan des Girolamo Marini aus Bologna für die Stadt Vitry-le-François in der Champagne. Die zivile Stadt ist quadratisch (620 x 620 m), besitzt einen dem Quadrat angepaßten Basteiengürtel und im Norden ein fünfeckiges Kastell (nicht eingezeichnet). Drei Hauptstraßen in Nord-Süd-Richtung teilen die Stadt; der Hauptplatz liegt im Zentrum. In diesem Beispiel ist der Auftakt zum französischen Städtebau der Neuzeit zu sehen (Typ: Festungs- und Marktstadt).

163 *Idealstädte*
Mit theoretischen Idealstadtplänen beschäftigen sich die Franzosen kaum. Einer der wenigen war Jacques du Cerceau (1515-1584), der mehrfach nach Italien reiste. Er fertigte

eine Nachzeichnung (1615 publiziert) von einer Idealstadtskizze des Fra Giocondo mit ausgeprägten Bastionen, die zeigen, daß sich, wie in Italien, auch in der französischen Renaissance der Festungsbau mit der geometrisch geordneten Stadt verbindet. 1601 erscheint Jacques-François Perrets Schrift „Des fortifications et artifices d'architecture et perspective" mit Stichen und Berechnungen über Festungsstädte, wie sie in der Zeit zwischen 1540 und 1600 an der Grenze zwischen Frankreich und Deutschland entstehen: alle mit Basteienwall, Mittelplatz und meist radialen Straßensystemen.

163 *Festungsbau*
164 Im 17. Jh. entwickelt Vauban (Sébastien le Prestre, Marquis de Vauban, 1633-1707) den Festungsbau mit besonderem Hinblick auf Flankierungssysteme zur Perfektion (die Festung Longwy wurde noch im Ersten Weltkrieg wirkungsvoll verteidigt). Ab 1678 ist er Generalkommissär aller Festungen; etwa 300 Festungsanlagen werden dem unerschöpflichen, technisch und künstlerisch begabten Vauban zugeschrieben, sein System geht allerdings auf den Deutschen Daniel Speckle (1536-1589) aus Straßburg zurück (s. S. 93). Während bei den Befestigungen der frühen Barockzeit die Entfernung vom Fuß der Böschung bis zur Außenkante des Glacis rund 80 m betrug, maß sie bei Vaubans klassischer
164 Festung Neubreisach (1697-1702) fast 210 m. Die innere Gliederung der Stadtfläche folgte meist dem Schachbrettplan. In Neubreisach haben wir ein extremes Beispiel mit gleichen orthogonalen Straßen und quadratischem Zentralplatz vor uns.

Parallel zu diesen militärischen Umgestaltungen im Städtebau entwickelt sich in Frankreich ein wesentliches Gestaltungselement für die Stadt aus dem Schloßbau. Hier tritt um 1550 eine entscheidende Wendung ein, die wiederum auf Italien ausstrahlt: der Schloßbau, der sich mit der Natur verbindet, diese aber dem Renaissance-Formwillen zu unterwerfen sucht. Neu sind:

– die Beziehung der Architektur zur Natur, zur Landschaft;
– die Einbeziehung der Natur in die Stadt, in den Städtebau (s. S. 81);
– die Übertragung der Kunst architektonisch gestalteter Schloßplätze auf den Städtebau.

Den Anfang nimmt diese Entwicklung unter Heinrich IV. (1589-1610). Er leistet seinen Hauptbeitrag zur Baukunst durch Aufträge für die Anlage von Plätzen in Paris, d.h. er fördert die Städteplanung mehr als den Palastbau. Die Idee Heinrichs IV., Plätze zu Brennpunkten monumentaler Stadtplanung zu machen, wurde von Ludwig XIV. und Ludwig XV. begeistert aufgegriffen und erreicht im Paris Napoleons III. ihren Höhepunkt.

Richelieu (1635)
Regelmäßige Parkanlagen sind den Fürsten der Residenzstädte besonders wichtig. Am leichtesten ließen sich solche Absichten bei Neuplanungen verwirklichen. Erste Ansätze finden sich in Richelieu (Stadt des Kardinals Richelieu, „Regierungschef" unter Ludwig XIII., dem Sohn Heinrichs IV.). Noch fehlt die Subordination der Stadt unter die Herrschaft des Schlosses, aber schon treten beide Bereiche in Beziehung zueinander. Was aber vor allem „in Richelieu zum ersten Mal für Frankreich auftaucht und eine Parallele in der Reihung der Hof- und Parkräume seines Schlosses findet, ist die bedachte Abfolge der Plätze, einschließlich der Toraußenplätze" (Brinckmann, Stadtbaukunst).

165 *Versailles*
Als Residenz Ludwigs XIV. (1643-1715) von Jules Hardouin-Mansart ausgebaut. Der Park wurde von André le Nôtre gestaltet. Hier sind sowohl der Park als auch die Stadt eindeutig dem Schloß zugeordnet. „Die axiale Anlage diente dazu, die Aufmerksamkeit auf

den Fürsten zu lenken." (Mumford, Bd. 1) Drei „Strahlenstraßen", die sich gegen den
mittleren Schloßblock richten, durchziehen die ganze sonst im Rechtecknetz erbaute Stadt
und vereinigen sich hier in einem Winkel von 60 Grad zu einem keilartigen Vorplatz. So
deutlich die formale Übereinstimmung mit dem römischen Straßensystem ist (Piazza del
Popolo), der Ursprung war hier ein anderer: In Versailles entstand der Dreistrahl der
Avenuen *vor* der Konzeption der Stadt; er gehört im Grunde zum Alleensystem des königlichen Parks. In Rom erschließen die Strahlenstraßen die Stadt, hier verlaufen sie ins
Unendliche, d.h. die Bewegungsrichtung ist umgekehrt: Sie konzentriert die Stadt auf das
Schloß (L'état c'est moi). Das Schlafzimmer des Königs befindet sich im Zentrum der
Stadt und des Staates, die Kirche ist auf die Seite gerückt. Die formale Einheit des Vor-
platzes wird durch die Anlage zweier spiegelbildlicher Stallungen erreicht.

166 *Paris, Place Royale (Place des Vosges)*
Der Platz wurde bereits 1605 eingeschnitten (Heinrich IV.) und mit einer einheitlichen
Bebauung eingefaßt. Die Häuser haben zwar schon eine annähernd gleiche Gestaltung
und durchlaufende Arkadenreihung, sind aber noch individuell – speziell die Dächer –
und klar nebeneinander gestellt. Die mittelalterliche Einstellung, einen ruhigen, vom Verkehr abgewandten Wohnplatz zu gestalten, ist auch in der tangentialen Anbindung noch
erkennbar: ein Renaissanceplatz, 1639 von Richelieu mit einem Reiterstandbild Ludwigs
XIII. ausgestattet und durch eine einheitliche Gestaltung der Fläche (Rasen, Ziergitter) in
einen Repräsentationsplatz umgestaltet, der am Anfang einer Reihe „königlicher Plätze"
in Paris steht.

167 *Paris, Place Vendôme*
Der Ausbau beginnt 1679 nach Plänen von Hardouin-Mansart (1598-1666). Die Platzwände als äußerer Raum sind hier architektonisch einheitlich durchgeführt und von einem
fortlaufenden „Mansarddach" bedeckt. An den Längsseiten treten zwei Mittelrisalite hervor (wie bei der Place Royale); Einzelhäuser sind äußerlich nicht mehr ablesbar, Einzelbesitz ist somit nicht erkennbar; die Vermietung erfolgt fensterweise. Der Platz ist axial
erschlossen; das Reiterstandbild des Königs stellt mit seinen 17 m Höhe eine maßstäbliche
Verbindung zu den Platzwänden her, definiert einen „Platzraum", der später von der
durch Napoleon aufgestellten Nachbildung einer römischen Säule zerstört wird (unmaß-
stäblich!).

Weitere Platzanlagen folgen, Einzelmaßnahmen des Städtebaus mit dem Wunsch,
das Zentrum der Großstadt durch ein System von Achsen, Straßen und Plätzen
monumental zusammenzufassen. Auch in der Provinz widmet man sich zwischen
1600 und 1750 mit besonderer Liebe der Schaffung von Achsen und Plätzen, ein
Zeichen dafür, daß sich der Städtebau rein architektonisch verstand.
In Paris entstehen unter Ludwig XIV. u.a. die runde Place des Victoires, wie die
Place Vendôme ein unbepflanzter Architekturplatz des Barock, die „Axe de Paris"
– eine Königsachse vom Louvre bis zur Place de l'Etoile – und im Zuge dieser
Maßnahme die Umgestaltung der später so genannten Place de la Concorde, die
bereits das neue Raumgefühl des Klassizismus signalisiert. Eine wichtige städ-
tebauliche Maßnahme ist die Umwandlung der Fortifikation in gerade, die Zoll-
grenze markierende Wallzüge. Die Knickstellen – Gelenke – werden zu großen
Rundplätzen ausgebaut. Die 30 bis 50 m breiten Alleen, öffentliche Promenaden
(Boulevards), hatten überdies unterschiedliche Aufgaben (nach Hennebo in: Geschichte des Stadtgrüns, Bd. 1):

1. Sie sollten der Stadt – anstelle von Mauern – einen einheitlichen, von weitem erkennbaren Rahmen geben, eine deutliche Grenze zwischen urbanem Baugebiet und freizuhaltendem Umland fixieren.
2. Diese erhöhten, von allen Stadtteilen leicht erreichbaren Promenaden sollten als allgemeine Erholungs- und Vergnügungsstätten dienen.

Das erste Ziel wurde zwar nicht erreicht, da die Stadt jetzt erst recht expandierte, die Idee eines „randständigen Grünsystems" war aber „eine für die Zeit neuartige Lösung, bewundert von der damaligen Kulturwelt, (...) ein Vorbild für zahlreiche Gestaltungen in anderen Städten Europas" (Speckter).

168 *Nancy, Place Stanislas*
Eine der größten und schönsten Platzfolgen des Barock, die sowohl die formalen als auch die politischen Gegebenheiten der Zeit widerspiegelt. Nancy bestand aus zwei Städten, die stark befestigt waren, auch untereinander durch Wall, Graben und Bastionen getrennt. Die Altstadt war dicht bebaut, die neue Stadt noch wenig besiedelt, der Grenzbereich fast leer. Im 1752-1760 verwirklichten Plan von Emmanuel Héré verklammert eine Folge von drei durch eine gemeinsame Symmetrieachse geordneten Räumen beide Städte miteinander. Die trennende Befestigung wird aufgelassen; an Stelle des Schlosses tritt der von Arkaden eingefaßte Ovalraum mit dem Regierungsgebäude (Palast). Seine Mitte öffnet sich zur Place de la Carrière, einer langgestreckten Promenade mit vier Reihen geschnittener Linden, deren Abschluß ein annähernd quadratischer Platz bildet. Von hier führt die Achse durch ein Triumphtor (anstelle einer Brücke über den vormaligen Stadtgraben) zum querliegenden Rechteckplatz der „Neustadt". Sechs gleichartige Paläste umschließen den Platz, als siebter bildet das Rathaus das Gegenstück zu dem weit entfernt liegenden Palast für die Landesregierung. Die Querachse mitten durch den neuen Platz (Place Royale, heute Place Stanislas) bestimmt die neuen Ausfallstraßen der Stadt. Die Ecken des Platzes bleiben offen bzw. sind mit transparenten, filigranen Gittern aus vergoldetem Schmiedeeisen und Figurenbrunnen in den Nischen gegen den Stadtgraben versehen; sie sind der zeitgenössischen Gartenkunst entlehnt. In allem wirkt der Einfluß von Le Nôtre nach, des größten Gartenarchitekten seiner Zeit.

Längst vor der Französischen Revolution war der Höhenflug des Barock beendet. Architekten und Planer waren virtuos, aber nicht mehr schöpferisch fruchtbar.

Ab 1793 versuchte eine Kommission in Paris, die Verkehrsverhältnisse zu verbessern. Über 100 Projekte wurden in Angriff genommen. Napoleon griff viele dieser Anregungen auf und führte sie zu einem formalen imperialen „römischen" Städtebau. Er ließ Märkte, Speicher, Brücken, Straßen und Häfen bauen; dabei standen soziale, aber auch militärische Motive im Vordergrund. Der Städtebau nimmt in Frankreich den Inhalt des „urbanisme" an, d.h. er strebt nach großräumiger urbaner Ordnung. Mit der Ausschaltung Napoleons gewann durch Besitzbürgertum geprägtes Gründerzeitgeschehen die Oberhand. Der Ansatz eines gesünderen, besseren Wohnbaues in schöner Umwelt geriet in Vergessenheit. Claude-Nicolas Ledoux (1736-1806) sucht nach einem entwicklungsfähigen Klassizismus, der auch weltlichen Bauaufgaben den Ausdruck von Erhabenheit gibt, ohne historisierend zu sein. Er erkennt die vereinheitlichende Kraft der Stereometrie und die Notwendigkeit, die Struktur des Ganzen in seinen Details zu reflektieren.

Für Kunst und Architektur bedeutet Klassizismus (ab ca. 1750/1760):
Rückkehr zu „edler Einfalt und stiller Größe", wie Winckelmann die griechische Kultur einseitig interpretiert. Der Hang zum Ursprünglichen (Rousseau) und die

Reduzierung der Architektur auf rein geometrische Formen führen zu Entwürfen, in denen Kubus, Pyramide, Zylinder und Kugel dominieren.

Parallel dazu verläuft die Entwicklung der „Romantik", die besonders durch die Form des englischen Landschaftsgartens und seiner Staffagebauten zum Ausdruck kommt; die ungezwungene Gestalt des Gartens betont die Einfachheit und geometrische Form des Bauwerks.

169 *Chaux (Arc-et-Senans)*

170 1773/74 plant Ledoux eine königliche Saline zunächst auf quadratischem, später halbkreisförmigem Grundriß. Während der erste relativ unökonomische Entwurf eine monumentale, symmetrische, in der Gesamtkonzeption geschlossene Anlage (unter Einbeziehung von Wohnräumen für Beamte) darstellt, setzt sich der zweite aus autonomen Teilen zu einem visuell kontrollierbaren Ganzen zusammen und spiegelt neben dem Produktionsprozeß die Macht der Herrschenden und die beherrschte Gemeinschaft der Arbeitenden. Ledoux, der in königlichem Auftrag auch die Pariser Zollhäuser aufführt (ihre Errichtung hat Anteil am Ausbruch der Französischen Revolution), wird 1794/95 inhaftiert. Erst jetzt bekennt er sich zu den Interessen des Volkes, erweitert planerisch seine Saline zur „Arbeiterstadt". Die 1804 erfolgende Veröffentlichung des ersten Bandes seiner Werke soll ihn rehabilitieren. Über den ausgeführten Salinenentwurf schreibt Kaufmann: „Ledoux befriedigte die Verbindung der Elemente nicht, und so hat der zweite Plan durchaus anderen Charakter. Nun stehen die verschiedenen Gebäude auf elliptischem Grundriß unverbunden nebeneinander: das Haus des Direktors und die Sudhäuser auf dem mittleren Durchmesser, die Angestelltenhäuser an der Peripherie. Eine so geringfügige Änderung die Trennung der Teile zu sein scheint, so spiegelt sich in dem Übergang von dem einen Projekt zum anderen einer der bedeutungsvollsten Prozesse der Architekturgeschichte: 'die Zertrümmerung des barocken Verbandes'. In bemerkenswerter Parallele zur allgemein-geschichtlichen Entwicklung tritt an Stelle des Verbandes das 'Pavillonsystem', das von da an herrschend wurde – die freie Vereinigung selbständiger Existenzen."

England

Hier muß ein kurzer Hinweis genügen. Nur die wenigen englischen Städte auf römischer Grundlage zeigen regelmäßige Züge. Erste neue Ansätze im Städtebau finden sich im England des 17. Jhs. Die Planungen beschränkten sich jedoch auf wenige Städte; im 17., 18. und 19. Jh. entstehen in London (zwischen dem Citybereich und den königlichen Parkanlagen) neue Siedlungszentren, kommt es zur Anlegung neuer Straßen und Plätze. Städte wie Bath und Edinburgh werden im 18. Jh. unter Ausgestaltung großzügiger Raumfolgen ausgebaut und erweitert.

Eine Proklamation von Elizabeth I. im Jahre 1580, die den Erhalt der Stadtgrenze ebenso wie gesunde Wohnverhältnisse zum Ziel hatte, führte 1592 zum Verbot von Mehrfach- und Aftervermietungen von Gebäuden und förderte damit den Einfamilienhausbau und das Wohnen auf dem Lande. Aus dem damals angelegten 4,4 km breiten Grüngürtel um London sind heute noch vorhandene bekannte Parks hervorgegangen.

Einer der großen Baumeister der Neuzeit in England war der von Palladio beeinflußte Inigo Jones (1573-1653). Er verhalf der Renaissance in England zum Durchbruch.

Städtebauliche Aufgaben wuchsen in London nach dem ungeheuren Brand von 1666, der 70 000 Menschen obdachlos machte. Der Arzt, Astronomieprofessor und Leiter der königlichen Bauverwaltung, Sir Christopher Wren (1632-1723), erarbeitete einen Wiederaufbauplan, der sich wegen der vorhandenen Parzellierung nur im Ansatz durchführen ließ.

Der Beitrag Englands zum neuzeitlichen Städtebau läßt sich in folgenden Punkten zusammenfassen:

- Anlegung guter Verkehrswege von der City in das Umland,
- geringe Wohndichte,
- Integrierung der Stadt in die Natur,
- Anlegung regelmäßiger Stadterweiterungen mit ausreichender Infrastruktur und starker Durchgrünung.

171 *London*

Nach dem Brande von 1666 wurden 3 Wiederaufbaupläne vorgelegt:

Plan von Evelyn: Durchgehende Hauptstraße von West nach Ost. Schachbrettplan mit Diagonalstraßen, grundrißlich verschiedene Plätze an den Kreuzungspunkten der Hauptstraßen.

Plan von R. Hooke (Crailling): Spannungsloser Schachbrettplan mit gleichförmig verteilten Plätzen.

Plan von Christopher Wren: Nach Festsetzung der Hauptachsen und Plätze wurde ein Straßennetz über die Fixpunkte gelegt. Wren erhielt zwar den Auftrag, doch zum Schluß wurde sein Plan ebenso wie die beiden anderen beiseitegeschoben; er scheiterte am Bodenrecht der Grundstücksbesitzer. Wren entwickelte seine regelmäßige Neuordnung, deren Hauptachsen vom Platz vor St. Paul ausgehen und in deren Mitte das Oval mit dem Gebäude der Royal Exchange freigehalten werden sollte, nach den Prinzipien der Theoretiker des 16. Jhs. und römischen Vorbildern.

„Wrens London-Plan ist sozusagen die Endsumme der gesamten Planungstradition: ein römisches Schachbrett, hellenistische Prunkstraßen und zehn-, acht-, sechs- und vierzakkige Sternplätze, deren größter nicht die Kathedrale oder das Königliche Schloß, sondern die Börse im Zentrum hat, genau wie Platos Atlantis das Schatzhaus." (Moholy- Nagy)

„Wäre dieser Plan ausgeführt worden, die Stadt hätte schon im 17. Jh. den Charakter einer Stadterweiterung des 19. erhalten, beherrscht von der Eintönigkeit jeder Uniformierung." (Braunfels, Abendländische Stadtbaukunst)

172 *Bath*

Die Stadt ist bereits zur römischen Zeit Thermalbad gewesen. Reste davon haben sich erhalten. 1692 war Bath eine kleine mauerumwehrte Stadt von 14 ha. Nach einem Besuch der Stadt 1702 durch Queen Anne begann Bath sich zu entwickeln. Die Baumeister dieser vorbildlichen Stadt waren – gleichzeitig sowohl Planer als auch Bauunternehmer – Vater und Sohn John Wood.

Obwohl die Bauzeit 70 Jahre währte, entsteht der Eindruck, alles sei aus einem Guß: Die hergebrachten geschlossenen Plätze wurden aufgegeben; jetzt führte eine Raumfolge von Straßen und Plätzen in die freie Natur hinaus. Ausgangspunkt bildet 1728 das grüne Rechteck des „Queen's Square" mit seinen neuen Häusern. (Nach Pevsner war John Wood „der erste, der nach Inigo Jones einen englischen Platz vollständig im Sinne Palladios gestaltet hat".) Von hier führt eine neue Straße zum „Circus" mit seinen drei sich zum Grundrißkreis ergänzenden Bögen von Reihenhäusern, der als Drehpunkt dient, um seitwärts eine andere Erweiterung einzuleiten.

„Die gespannte geschlossene Form des Circus wird auseinandergesprengt, und zwar gegen Westen im Sinne der frei fließenden offenen Kurve des 'Royal Crescent' (...) 'St. James Square' mit seinen diagonalen Straßen in den Ecken öffnet die gestalterische Struktur nach außen und stellt die Verbindung mit dem gewundenen 'Lansdowne Crescent' her. (...) Das Wechselspiel der Stadt mit der Landschaft zeugt von einem Reichtum, der sich nicht aus einer schwachen Mischung zweier entgegengesetzter Kräfte ergibt, sondern in der Betonung der Eigenart einzelner Teile liegt." (Bacon, Stadtplanung ...) Bath liefert damit einen sehr wichtigen Beitrag zum humanen Städtebau der Neuzeit, und dies nicht nur bezogen auf England.

Deutschland

Karl V. (1519-1556 römisch-deutscher Kaiser, König von Spanien) konnte von seinem Reich behaupten, in ihm ginge die Sonne nicht unter, denn die Habsburger herrschten über weite Teile Europas und Amerikas – eine Tatsache, die für die Verbreitung der Renaissance-Ideen in Europa wichtig war. Bis etwa 1550 dauert der Umschichtungsprozeß vom Mittelalter zur Neuzeit; bis 1618 (Beginn des Dreißigjährigen Krieges) galt hier im Städtebau das Interesse dem Idealstadtgedanken. Die Entwürfe der deutschen Theoretiker zeichnen sich besonders durch Betonung der Funktion vor dem Formalen aus. Stadt und Festung entstehen aus einem Guß, das orthogonale Straßensystem wird offensichtlich bevorzugt, die Umrißformen passen sich den gegebenen topographischen Verhältnissen an. Die Realität des deutschen Stadtbildes ist jedoch bis weit in das 17.Jh. hinein vielfältig und oft noch von mittelalterlichen Denk- und Formvorstellungen bestimmt. Nach dem Dreißigjährigen Krieg (1648) verliert Deutschland seinen kulturschöpferischen Einfluß; er geht auf Frankreich über, wo Versailles Vorbild geworden war. Auch in Deutschland wird der Städtebau nun von fürstlicher Machtdemonstration geprägt. Die durch die Kriege auf etwa zwei Drittel gesunkene Bevölkerungszahl wächst nicht zuletzt durch die Aufnahme der wegen ihres Glaubens verfolgten Hugenotten, Mennoniten, Wallonen und Protestanten (insgesamt etwa 2 Millionen) wieder an; auch das Gewerbe nimmt nach 1648 einen großen Aufschwung. So wird neben der Anpassung der Städte des Mittelalters an die Entwicklungen der Wehrtechnik die Unterbringung der Flüchtlinge und neuer Berufsgruppen (Beamte, Offiziere, Richter und andere akademische Berufe) zu einem bedeutenden Impuls für den Städtebau.

173 *Fuggerei*
(Augsburg, 1516-1525)
Die Fuggerei in Augsburg gilt als die erste städtebauliche Anlage der Renaissance in Deutschland. Ihre Vorläufer sind in den mittelalterlichen Sozialeinrichtungen von Zünften und Gilden zu sehen. Die Baugruppe mutet noch mittelalterlich an – Achsen und Raumwirkungen fehlen –, doch ist die Anlage (59 Häuser und Kirche) in sich geschlossen und einheitlich strukturiert, etwa in der Art der niederländischen Beguinagen. Reihenhäuser an inneren ruhigen Wohnstraßen, in jedem Geschoß eine Wohnung mit eigenem Außeneingang: ein Übergangstyp zur Etagenwohnung. Die Fuggerei ist das, was heute als „Nachbarschaft" bezeichnet wird, ein stilles Wohnviertel ohne Durchgangsverkehr.
„Die Originalität des Gedankens und seiner baulichen Gestaltung sollte (jedoch) nicht davon ablenken, daß es sich um einen reinen Wohnbereich für Alte handelte, der abseits

allen geschäftlichen oder politischen Lebens angelegt wurde." (Braunfels, Abendländische Stadtbaukunst)

Theoretiker

174 Albrecht Dürer (1471-1528) hat die Umstellung des Festungsbaus auf Verteidigung durch Geschütze maßgebend beeinflußt. Sein Werk „Etliche Underricht zur Befestigung der Stett, Schloß und Flecken" erschien 1527. Wien, Padua und andere Plätze wurden nach seinen Angaben befestigt.
Nachdem Dürers Schrift alle Einzelheiten des Festungsbaues entwickelt, schildert sie zwei Anlagen, die ein Königsschloß in der Mitte umschließen (Stadt des Königs): Quadrate, die mit den Ecken nach den Himmelsrichtungen orientiert sind. Die der quadratischen Form entsprechenden Umwallungen und Befestigungen sind zwar schon weiträumig (Sperrfort), das Prinzip der Flankierung ist jedoch noch nicht entwickelt.
Zwei Komponenten des neuen Städtebaus werden in Dürers Plan sichtbar:
– Absolutismus (Schloß des Königs im Mittelpunkt),
– Umwälzungen im Verteidigungsbau.

174 Ein anderer wichtiger Theoretiker war Daniel Speckle (oder Specklin, 1536-1589) aus Wien, der sich beruflich in Straßburg niederläßt. Auf ihn geht die Entwicklung von Bastions- und Flankierungssystemen zurück. Sein Werk „Architectura von Vestungen" (1589) bildet – unter Weiterentwicklung durch Vauban – in Frankreich und darüber hinaus die Grundlage für den Festungsbau des 17. Jhs.

175 Joseph Furttenbach d.J. (1591-1667), Architekt und Architekturtheoretiker. Er lebte zehn Jahre als Kaufmann in Italien, wo er sich seine architekturtheoretischen Kenntnisse erwarb. 1631 wurde er Stadtbaumeister in Ulm. In den „Traktaten über Baukunst", die er ab 1649 herausgab, veröffentlichte er u.a. den Entwurf zu einer neuen Stadt – der „Gewerb-Statt". Der Grundriß auf ebenem Gelände ist gestreckt-rechteckig, auf beiden Seiten mit halben Zehnecken abgeschlossen und von bastionären Befestigungen umgeben. In Stadtmitte steht das Zeughaus, daneben die Kirche, flankiert von Rathaus und Lateinschule. „Mit seiner einheitlichen Wallbepflanzung (Speckle warnt davor) und seinen innerstädtischen Baumplätzen und Erholungseinrichtungen, mit Wald und Bootsteich, geht der Plan ohne Zweifel über das hinaus, was die 'städtebauliche Praxis' bis dahin vorzuweisen hat." (Hennebo in: Geschichte des Stadtgrüns, Bd. 1)

174 *Freudenstadt*
Ab 1599 von Herzog Friedrich I. von Württemberg für Protestanten aus Kärnten und der Steiermark erbaut. Schickhardt (1558-1634) liefert dazu zwei Entwürfe: quadratische Umrisse, Mittelplatz (4,5 ha), Achsenkreuz als Hauptstraßensystem und (im Ausführungsplan) übereck gestellte Zitadelle im Zentrum.
Sämtliche Wohnstraßen laufen von einem Hauptstraßen-Ast übereck zum anderen Ast und bedienen so die sehr schmalen Winkelbänder der Reihenhäuser. Der Markt ist von Laubengängen umgeben, die Hauptgebäude sind, ein neuer städtebaulicher Gedanke, in die Platzecken gerückt, so daß auch sie eine Winkelform annehmen müssen. Die Ausführung blieb Torso; das Schloß bzw. die Zitadelle wurden nie gebaut.

176 *Mülheim am Rhein*
Entwurf für die Neuanlage der Stadt Mülheim am Rhein (bei Köln) nach einem in Amsterdam 1612 gedruckten Plan. Typisch die dezentrale Ordnung der Funktionen in der Stadt (wie schon in Furttenbachs Plan); neben dem großen Markt mit Stadthaus (Rathaus) und Waage symmetrisch angeordnet die Kirchplätze, Holz- und Viehmarkt, Schule und Zuchthaus (!), Hospitäler und Magazine an den Rändern der Stadt – und als holländisches „Mitbringsel" Windmühlen in den Spitzen der Zitadelle.

Der Plan zeigt, daß die Vorliebe für die quadratische Stadt, die mit Dürer begann und auch für Schickhardt gilt (Freudenstadt), weiterhin wirksam bleibt.

Übrige Kennzeichen sind die Verbindung von Stadt und Festung (Zitadelle) wie die Gleichsetzung von Stadt und Festung (die alte Rheinschanze wird zu einer eigenen befestigten Anlage ausgebaut).

177 *Mannheim*

Die Stadt besaß schon als Hugenottengründung (1606) eine Befestigung; Speckles Bastionen und Geschütztürme wurden hier vollständig entwickelt. Das Straßennetz verlief orthogonal; die öffentlichen Gebäude waren, wie beim hippodamischen System, in die Baublöcke eingeordnet („geschlossener" Baublock [Abb. 173] wie bei allen Hugenottenstädten). Im Gegensatz zur Stadt zeigte die Zitadelle Radialstraßen.

Im Jahre 1700 verlegten die Pfälzer Kurfürsten ihre Residenz von Heidelberg nach Mannheim. Die Eigenbefestigung der Zitadelle entfällt, das Stadtraster wird weitergeführt, und an die Stelle der Festung tritt das gewaltige Residenzschloß. Es wird in den Blickpunkt der mittleren Straße gestellt, „aber eine wirksame Achse ließ sich in dem Netz gleichbreiter Straßen nicht mehr erreichen – zu einer axial gegliederten Raumfolge konnte es nicht mehr kommen" (Gruber).

178 *Bruchsal*

Im Jahre 1720 wurde das mittelalterliche Städtchen durch eine völlig neu angelegte Residenz erweitert. Hier war es möglich, die Achse durch die ganze Anlage hindurchzuführen und wirklich eine Raumfolge zu schaffen, die sich organisch bis ins Innere des Gebäudes fortsetzt. Den Kernbau der ganzen Anlage bildet die kreisrunde Treppenhalle, von der man die nach der Gartenseite und nach der Seite des Ehrenhofes gelegenen Hauptrepräsentationsräume betritt. In den festlichen Raum des Ehrenhofes mündet ein Balkon, auf dem der Fürst die Auffahrten des Adels, die Huldigungen seiner Untertanen entgegennahm. So sehr ist dieser Balkon der eigentliche und wichtigste Blickpunkt der ganzen Anlage, daß ihm zuliebe in dieser bischöflichen Schloßanlage die Kirche als Bautyp völlig unterdrückt wird. Sie wird nur als Raumwand der Cour d'honneur behandelt, dem ihr gegenüberliegenden Kammereigebäude völlig spiegelbildlich angeglichen, so daß sie, ihres sakralen Charakters im Äußeren entkleidet, als dreigeschossiger Profanbau durchgebildet wird. Damit der sakrale Charakter des Kirchturms die räumliche Geschlossenheit des Ehrenhofes nicht störe, ist der Turm weg von der Kirche an das Ende eines Stalles gerückt.

178 *Karlsruhe*
179 „Als letzte Phase und im Sinne dieser Zeitepoche vollendetstes Beispiel einer Fürstenstadt muß Karlsruhe gelten. Es ist die monumentalste Auswirkung des Zentralstadtgedankens in Deutschland (...) und die reinste Verkörperung des Absolutismus." (Gruber) Im Gegensatz zu Mannheim, wo sich zwei verschiedene Baugedanken überlagern, braucht man sich hier, in der Gründungsstadt des Markgrafen Karl-Wilhelm von Baden, mit keiner vorhandenen Bausubstanz auseinanderzusetzen. Mittelpunkt der Anlage ist der Schloßturm, davor das Schloß mit weitausgreifenden Flügeln in Richtung des Kreissegments, das die Bürgerstadt umfaßt. Vom Turm gehen 32 Radialstraßen aus (Sonnensymbol), gleichermaßen die Stadt und den Wildpark des Hardtwaldes gliedernd. Die Häuser der Hofbeamten stehen am inneren Zirkel der Stadt, gleichsam mit Sichtverbindung zum Fürsten; die niederen Stände bewohnen den Stadtteil südlich der breiten Ost-West-Achse (Basis der Stadt) im sogenannten „Dörfle", das sich ohne die strenge Ordnung entwickeln durfte. Dort stand als Gegenstück zum Mittelrisalit und in der Hauptachse des Schlosses die Stadtkirche (heute Marktplatz). Erst als die Bevölkerung und damit die städtischen Funktionen und Bedürfnisse zunehmen, werden Marktplatz, Rathaus, Kaufhallen und mehrere

Schulen angelegt. „Ganz im Sinne spätbarocker Kunst verlängert Friedrich Weinbrenner (1766-1826) die Mittelachse zu einer der folgerichtigsten axialen Raumfolgen, die wir in Deutschland besitzen." (Gruber) Den südlichen Eingang zur Stadt bildet ein „dorischer" Propyläenbau, es folgt ein Rundplatz, in dessen Mitte als Ausdruck der Zeit der Obelisk des Verfassungsdenkmals steht. In der rechtwinkligen Marktplatzfolge stehen sich Rathaus und neue Stadtkirche gegenüber, beide mit säulengeschmückten Giebelfronten. Der Kirchturm rechts entspricht dem Rathausturm links. In der Mitte des Platzes ist eine Pyramide an die Stelle der alten Stadtkirche getreten, die Sichtachse wird bis zum Schloßturm freigegeben. Man führt Weinbrenners Plan häufig als Beispiel für die Erstarrung des Städtebaus im Absolutismus an (Klassizismus), aber der Plan zeigt auch, wie sehr Weinbrenner – bei aller Reverenz an den Landesfürsten bemüht war, der bürgerlichen Stadt mit Marktplatz, Rathaus und Stadtkirche ihre selbständige Gestalt zu geben.

„Weinbrenner steht am Ende einer Epoche; er gehört als Städtebauer noch in das 18. Jh., trotz der klassizistischen Architektur. Er baut noch ganz räumlich und führt in seinem Karlsruher Plan die barocke Entwicklung zu ihrem Abschluß. (...) Von Weinbrenner besteht ein nicht zur Ausführung gekommener Entwurf, die Hauptstraße von Karlsruhe mit drei Geschosse überschneidenden Arkaden zu gliedern, hinter denen das einzelne Haus völlig verschwindet. Also auch hier, am Ende des Barock, dasselbe Zusammenfassen des Straßenraums, wie wir es bereits in den Säulenstraßen der spätrömischen Städte (und dann wieder bei der Place Vendôme in Paris) kennengelernt hatten. Damit war die Baukunst am Abschluß ihres zweiten Ablaufs angelangt." (Gruber)

Amerikanische Kolonisation

Zeitlicher Überblick

Noch lange nach der Entdeckung Amerikas durch Kolumbus wurden dort nur bescheidene Siedlungen angelegt; Städte in unserem Sinne existierten nicht. Papst Alexander VI. hatte 1493 und 1494 in der Bulle „Inter Coetera" die Linie von Tordesillas festgelegt, welche die Einflußbereiche von Spanien und Portugal abgrenzte.

Die ersten Stadtgründungen – diese im Bereich der spanischen neuen Welt – fallen in die Zeit von 1560 bis 1700. Erst ab 1600 traten in Amerika auch Franzosen, Engländer und Niederländer als Kolonisatoren auf. Die Franzosen besetzten ab 1600 Kanada, in einer Umfassungsbewegung ab 1700 die Mississippimündung und schließlich Florida (Quebec, 1613; Montreal, 1630; Detroit, 1703; New Orleans, 1719). Die Holländer verloren ihre Besitzungen schon bald an England, dem auch 1763 die Franzosen Kanada abtraten. Im Jahre 1776 erklärten sich die 13 Vereinigten Staaten für unabhängig, bis 1860 vergrößerte sich die Zahl der Staaten durch territoriale Gewinne auf 33. Eine große Einwanderungswelle setzte ab 1840 ein.

Topographie, Standorte

Wie bereits die früheren Beispiele in der Geschichte des Städtebaus zeigen, wird bei einer relativ raschen „Inbesitznahme" eines Landes bei städtischen Neugründungen die ebene Lage bevorzugt. Verwiesen sei auf den sogenannten hippodamischen Plan: die Rasterung der Stadt Milet, die für alle kleinasiatischen Kolonialgründungen der Griechen Maßstäbe setzte. Dieselben „Vorteile" zeigt der römische Castrum-Plan im sich ausdehnenden Imperium. Erinnert sei weiter an die Kolonisierung Ostpreußens durch den Ritterorden und die Unterwerfung Italiens durch die Hohenstaufen. So entstehen auch in Amerika die neuen Städte auf ebenem (gerodetem) Gelände – verbunden mit der Praktikabilität und Wirtschaftlichkeit der rasterförmigen Aufteilung (s. S. 97/98). Ausnahmen bilden die frühesten, vorspekulativen Planungskonzepte mit anderen und originelleren Formen: Quebec (Kanada) z.B., dessen Gründer ihre Mission in der Bekehrung der Indianer sahen und ihre Hoffnungen nicht auf die Ausnützung eines ausgezeichneten Hafens setzten, sondern auf die Einrichtung eines Bischofsitzes durch den Papst: „Das Ergebnis dieses aggressiven Glaubens war eine geomorphisch-konzentrische Stadtgründung, die die Angleichung an eine von steilen Klippen gekennzeichnete Landschaft mit der architektonischen Gestaltung der Kathedrale als religiöser Stadtkrone verbindet." (Moholy-Nagy)

Gesellschaftliche und wirtschaftliche Struktur

Zwischen Nord- und Südamerika entwickelte sich – durch fundamentale Unterschiede ihrer Kolonisatoren bedingt – eine unterschiedliche Stadtbaugeschichte: Franzosen, Holländer, Engländer, die in Nordamerika eine neue Heimat suchten, machten das Land urbar und gründeten Städte. Spanier und Portugiesen beuteten in Südamerika – getrieben von Gold- und Silbergier, Abenteurer-, Macht- und Ruhmessucht – das Land aus.

Selbstverständlich brachten die Europäer ihre abendländischen Städtebau-Kenntnisse mit und wendeten sie hier an. Die Ausführungen waren jedoch, begründet durch Materialengpässe, primitiver als in Europa.

Bestimmend für die Neue Welt wurde, daß die ersten Siedlungsgründungen in das frühe 16. Jh. fallen. Vorrangiges Ziel war zunächst die Schaffung fester Stützpunkte, wobei die Standorte nach verkehrstechnisch-militärischen Gesichtspunkten ausgewählt wurden. Erst nach Ausbau dieser Plätze begann eine planmäßige Besiedlung des Landesinnern durch weitere Ortsgründungen. Daß bei Anlegung und Ausbau sehr rational vorgegangen werden mußte und diese Siedlungen schon aus praktischen Gründen oft ein strenges Raster aufweisen, ist wegen der Sachzwänge (verhältnismäßig geringe Zahl von Siedlern gegenüber einer zunächst erdrückenden Vielzahl von Einheimischen) nahezu selbstverständlich und erklärt ihre ihrem Wesen nach große Ähnlichkeit etwa mit römischen Kolonialgründungen. Eingeborene waren zunächst von jeder aktiven Beteiligung am Fortschritt einer Stadt ausgeschlossen. So ging es z.B. den Einwanderern im spanischen Bereich häufig um materiellen Besitz, insbesondere um Gold und Macht, im englischen mehr um den Aufbau einer eigenen Existenz meist auf landwirtschaftlicher Basis und in puritanischen Glaubensgemeinschaften. Die großen Erneuerer des Quattrocento hatten zwar Ideale der Persönlichkeit und der weltbejahenden Gesellschaft postuliert, „aber weder die spanischen noch die portugiesischen Eroberer gaben ihren Conquistadoren und Missionaren Humanisten im menschlichen Sinn des Wortes bei, die die brutalen Instinkte der Ausbeutung und Ausrottung durch Renaissance-Kultur verfeinert hätten" (Moholy-Nagy); andererseits schützte die jahrhundertelang während Kontrolle durch eine hochkultivierte traditionsbewußte Herrscherklasse ein künstlerisches Niveau in den südamerikanischen Städten, das sich mit den besten Beispielen spanischer und portugiesischer Renaissance- und Barockarchitektur messen kann.

Stadtstrukturen, Bauformen

Der Kanon der Stadtentwicklung ist eine kontinuierliche Komposition. So gelangen klassische Traditionen ebenso in die „Neue Welt", wie auch die jeweiligen „modernen" Plankonzepte der Renaissance und des Barock exportiert werden. Trotz der dadurch gegebenen, aber in Anbetracht des Zwanges zur Selbstbehauptung einer Minderheit sicher begrenzten Vielfalt von Strukturen fällt negativ auf, daß in Amerika nahezu keinerlei Anregungen von den Einwanderern vorgefundener Siedlungen übernommen worden zu sein scheinen.

Der Einfluß auf die Stadtgründungen des 16. Jhs. in Amerika kam von dem gerade übersetzten Traktat des Polybios, das Anweisungen zur Landzenturisation (rechtwinklig-geometrische Aufteilung nach römischem Muster) gab, und der Po-

pularität mehrerer Vitruv-Übersetzungen, die leicht übertragbare Grundregeln für einheitliche Stadtgründungen enthielten. Zwischen 1523 und 1573 erließ die spanische Krone Stadtplanungsdirektiven, die berühmten „Gesetze für Indien" (wie der amerikanische Kontinent in Unkenntnis seiner geographischen Lage bezeichnet wurde).

Zum Schema sowohl der Land- als auch der Stadtaufteilung wird der Rasterplan. Er vereinigt eine starre, vorbestimmte und abgegrenzte Stadtbildung mit der orthogonalen Ausdehnbarkeit durch lineare Verbindungsstraßen. Im Gegensatz zu allen anderen Stadtplanungen ist der Rasterplan jedoch eine Schablone, die einem Stück Erdoberfläche ungeachtet der besonderen natürlichen Voraussetzungen aufgezwungen wird.

Die ideologische Rechtfertigung der Planungspolitik liefert wieder Vitruv. Vitruv wurde immer berühmter, doch baute man ja zu dieser Zeit fast keine neuen Städte in Europa; so kamen seine architektonischen Ideen erst im 17. und 18. Jh. in den amerikanischen Kolonien zur vollen Entfaltung. Ein Plan aus dem Buch „L'architettura" von Pietro di Cataneo (Städtebautheoretiker der italienischen Renaissance), das zuerst in Venedig im Jahr 1567 erschien, kann zwar nicht unmittelbar auf eine Planzeichnung Vitruvs zurückgeführt werden – man muß diesen Plan eher als zeitgenössischen Vorschlag für eine ideale Stadt gelten lassen –, enthält allerdings den Kern der beiden bedeutendsten amerikanischen Stadtpläne zu jener Zeit, den von Savannah und Philadelphia (vgl. Abb. 151, 182 und 183).

„Ob Thomas Holme, als er Philadelphia 1683 plante, oder ob James Oglethorpe, als er Savannah 1733 plante, diesen Entwurf kannten, wissen wir nicht. Doch waren die Grundideen beider Pläne gewiß in Cataneos Buch enthalten. So erhielt schließlich die Wechselbeziehung des klassischen Rationalismus des Vitruv mit den intellektuellen Spekulationen der Renaissance-Wissenschaftler in vielen modernen Städten Amerikas ihren formalen Ausdruck." (Bacon, Stadtplanung ...)

Beispiele amerikanischer Neugründungen

Spanischer, französischer Bereich

Lima (spanischer Bereich)

180 1535 am linken Ufer des Rimac gegründet, zeigt die Stadt vom Aufbau her die typische spanische Kolonialstadt: Der erste Kern wird von einem quadratischen Schachbrett von 7 x 7 Baublöcken (8 x 8 Straßen) gebildet. Der Zentralplatz wird gegen den Fluß (zur Brücke hin) verschoben. Das System ist genau nach den Himmelsrichtungen orientiert, nimmt also nicht die Flußrichtung auf. Bei der Vergrößerung wird das Straßennetz des Kerns übernommen und weitergeführt. Die so vergrößerte Stadt erhält Stadtmauern mit Basteien – der Zwischenraum zwischen diesen und dem Stadtrand erscheint in der Darstellung mit Gärten ausgefüllt (nach Egli, Geschichte ..., Bd. 3). Am Hauptplatz liegen das Regierungsgebäude des Vizekönigs, Kathedrale und Munizipalgebäude.
In einer 1599 erstmals in Madrid publizierten Schrift von D.B. de Vargas Machuca wird als Ausgangspunkt einer neuen Stadt ein quadratischer Zentralplatz gefordert, der während der Bautätigkeit als Aufstellungsort provisorischer Siedlerunterkünfte um die in seiner Mitte unterzubringenden Gefangenen mit ihrer Wachmannschaft diene; nicht nur acht gerade Erschließungsstraßen hätten von diesem auszugehen, das gesamte künftige Gefüge – unter Berücksichtigung der örtlichen Verhältnisse – sei von ihm abhängig zu machen.

Kennzeichen einer geplanten Typenstadt des spanischen Bereichs sind:
– orthogonales System,
– Mittelplatz (plaza major),
– Hauptgebäude (ausnahmslos an diesem Platz),
– Erweiterbarkeit.

181 *Detroit (französischer Bereich)*
Die bei den spanischen Stadtgründungen übliche Regelmäßigkeit fehlt hier; die erste Anlage von 1701 scheint auch in bezug auf Haupt- und Nebenstraßen differenzierter angelegt. Interessant ist der Plan von Woodward (1807); er ist auf dem Sechseck aufgebaut.
„Das Sechseck erlaubt nicht nur die Ausbildung aufeinander senkrechter Hauptverkehrsstraßen, sondern auch die Zellenbildung von Quartieren, die sich vielfach mit den Nachbarquartieren verbinden ließen. Auch erleichtert dieser Plan den Weg von irgendeinem
Punkt der Stadt zu irgendeinem anderen (im Gegensatz zum Rechteck- oder Quadrat-
Raster). Einen Nachteil bilden die vielen spitz zulaufenden Baublöcke an den Zentren
der Sechsecke." (Egli, Geschichte ..., Bd. 3) Nur ein kleiner Teil der Stadt wird im Sinne
dieses Plans ausgeführt und auch dort durch unregelmäßiges Bauen am Ende verwischt.

Anglo-amerikanischer Bereich

1585 gründen die Engländer die ersten Siedlungen. Die klassische englische Kolonialpolitik begann jedoch erst nach dem Seesieg 1588 über die spanische Armada.
Die idealistisch gesinnten Puritaner und Quäker waren die Träger der angloamerikanischen Gesellschaft (Mayflower, 1620). Der Städtebau bildet sich im 17.
und 18. Jh. weniger aufgrund mitgebrachter Vorstellungen als vielmehr durch
Anpassung an den neuen Kontinent und durch seine Zweckmäßigkeit aus. Egli
stellt sieben Merkmale fest:
– übersichtliches Schachbrettsystem ohne geometrische Spielereien;
– gute Erweiterbarkeit des Schachbrettsystems;
– kein würdiger, repräsentativer Hauptplatz und keine Rangordnung;
– kein Stadtleitbild, keine Steigerung der äußeren Räume;
– das orthogonale System bedeutete lange Wegstrecken (Umgehen der Baublöcke
  statt Benutzung der Diagonalen);
– die Städte waren einförmig, es existierten keine Unterschiede in der Straßenzuordnung;
– um 1700 spürte man das Bedürfnis, die Nachteile durch Planungsmaßnahmen
  zu mildern: Achsen wurden betont, Grünflächen und Diagonalen vorgesehen,
  neue Plansysteme versucht (vgl. Plan über einem Sechseck in Detroit).

182 *Savannah*
Eine Synthese des streng modularen Schemas mit einem auf lineare Bewegung abgestellten Verkehrsnetz versuchte James E. Oglethorpe im Staate Georgia mit der Stadt Savannah. Nachdem er lange Dienst unter Prinz Eugen von Savoyen geleistet hatte, verpflanzte
er 1733 die Einrichtungen eines barocken Armeelagers in die amerikanische Wildnis.
Der Plan Savannahs bestand ursprünglich aus sechs um einen Marktplatz gruppierten
Häuserblöcken. Die Hauptparzellen waren lang und schmal (18 x 29 m) und voneinander
durch 8 m breite Fußwege getrennt. Die Hauptstraßen waren 24 m breit. Die große Dichte
der Stadt wurde durch Garten- und Feldgrundstücke ausgeglichen, auf die jeder Haushalt
ein Anrecht hatte, und jeder Bürger konnte mit Hilfe der Stadtverwaltung eine 16 ha
umfassende Landwirtschaft in der Provinz Savannah erwerben. Der Schachbrettplan zeigt

aber auch Neuerungen: unterschiedliche Straßen, d.h. Haupt- und Nebenstraßen, verbunden durch ein Achsenkreuz. Schließlich wurden an jeder Kreuzung „Squares" (Plätze) mit Parks angelegt; die Hauptachse, die vom Fluß aus tief in den Wald hineinführt, bildet das Rückgrat für die folgenden Erweiterungen. Es ist der früheste Plan der USA mit besonderen Überlegungen über Verkehrsbedürfnisse und Grünflächen.

Dabei handelt es sich um ein System von solcher Ordnung und Klarheit, daß es sich für die folgenden Jahrzehnte als gliederndes Element für das Wachstum der Stadt auswies. Schließlich entstand eine größere gestalterische Struktur, welche die Stadt von einem Ende zum anderen umfaßte. Das Positive an diesem Plan ist, daß trotz aller Schematisierung individuelle Einheiten ablesbar und erlebbar bleiben: So wurden breite, mit Bäumen versehene Boulevards anstatt gewöhnlicher Straßen gebaut; sie markieren Wachstumsstreifen parallel zum Fluß. Das ergibt den Eindruck eines großmaßstäblichen Straßennetzes über dem kleinteiligen Einzelquartier und einen progressiven Rhythmus vom Fluß weg. Die einzelnen Quadranten um den jeweiligen Park werden als Zonen relativer Ruhe empfunden; der Durchgangsverkehr umschließt diese „Nachbarschaften", die bis heute vom Verkehr freigehalten werden konnten (nach Bacon, Stadtplanung ...).

183 *Philadelphia*

William Penn gründete Philadelphia im Jahre 1682 als Hauptstadt einer Landschenkung der britischen Krone. Jede Parzelle maß 140 x 170 m, „zu klein, um vom Anbau darauf leben zu können und zu groß, um ihren Besitzer nicht dazu zu verführen, fünf oder acht Streifen für die berühmten Philadelphia-Reihenhäuser zu verkaufen" (Mumford, Bd. 1), die schließlich nur durch Hinterhöfe und Passagen zugänglich waren: ursprünglich also ein reiner Schachbrettplan mit zwei Hauptstraßen als Achsenkreuz (Hauptplatz und vier Quartierplätze, wie im Cataneo-Schema).

Im Mittelpunkt der Hauptachse, dem Penn-Square, die City Hall (bekannt durch die Unabhängigkeitserklärung am 4. Juli 1776), jetzt Independence Hall (Bundeshauptstadt 1790-1810).

Mit dem Wachstum der Stadt erwiesen sich schließlich Diagonalstraßen und Verkehrsdurchbrüche als sinnvoll. Dazu wurden in der Zeit von 1923 bis 1927 etwa 4000 Gebäude im Kern der Stadt beseitigt.

180 *Washington*

100 Jahre liegen zwischen dem Entwurf für Versailles und dem Plan für Washington. Inzwischen hatten drei Revolutionen in England, Amerika und Frankreich das ganze System der zentralen Macht beseitigt. Wenn irgend etwas, dann hätte wohl diese totale Umgestaltung der politischen Verhältnisse zu einer Wandlung der barocken Ordnung führen müssen. Hier aber plant um 1790 der französische Ingenieur Pierre Charles l'Enfant mit den gesammelten Planungsideen barocken Städtebaues. Wiederzuerkennen sind das

158 Prozessionsstraßensystem Roms unter Papst Sixtus V., die Sternplatzanlagen des Schloß-
165 parks in Versailles von Le Nôtre und schließlich Ähnlichkeiten mit dem Plan Sir Chri-
171 stopher Wrens für den Wiederaufbau Londons nach dem großen Brand von 1666; der Plan war eine mustergültige Anpassung der feststehenden barocken Grundsätze an eine neue Lage. Als einziges Element fehlten die Befestigungen aus der Zeit des 17. Jhs.

„L'Enfant besaß den Blick des wahren Planers und begann daher nicht mit dem Straßennetz, sondern mit den wichtigsten Gebäuden und Plätzen. Zwischen diesen Hauptpunkten entwarf er 'direkte Verbindungslinien oder Avenuen', die nicht nur den Verkehr fördern, sondern 'im ganzen gleichzeitig die gegenseitige Sicht erhalten' sollten." (Mumford, Bd. 1) Sichtachsen also – Gebäude, Verkehrsflächen, Parks – werden geradlinig verbunden und damit das Hauptsystem der Verkehrsadern festgelegt. „Es scheint, daß dann erst das Schachbrett über dieses System gelegt wurde." (Egli, Geschichte ..., Bd. 3) Bacon stellt besonders die Qualität heraus, mit der (ähnlich wie in Venedig, Florenz oder

St. Petersburg) Stadt und Landschaft zusammengeführt sind: Vom Weißen Haus aus geht der Blick geradlinig den Fluß hinunter – vom Kapitolshügel über die Wasserflächen zu den Hügeln Virginias. Die Vernachlässigung der Geometrie am Kreuzungspunkt (Obelisk) dieser beiden Sichtachsen bzw. Alleen zeige, wie Land und Wasser hier als eine Einheit gewertet worden seien.

Der Plan für Washington ist mißglückt, weil er maßlos überzogen war. Die breiten Avenuen verliefen ohne Bebauung in den Urwald hinaus. Der Rahmen war gegeben, aber es gab niemanden, der die Macht hatte, den Plan durch Bauten zu verwirklichen. Bei großzügiger Berechnung verlangte das Straßennetz, sollte es gerechtfertigt sein, mindestens eine halbe Million Einwohner; vorhanden waren kaum 100 000.

Die Stärke der barocken Planung lag darin, daß Flächenplan und dreidimensionaler Aufbau der Stadt oder doch wenigstens der Fassaden im Zusammenhang erfolgten. L'Enfant übersah, daß die politischen Führer seiner Generation diese Macht nicht besaßen. So wurde der Plan im Grunde mit gesichtsloser Architektur und Spekulationsobjekten „zersiedelt". Zwei Umstände bewahrten L'Enfants Plan davor, völlig ausgelöscht zu werden: einmal die Tätigkeit des späteren Baukommissars Shepherd, der endlich die breiten Avenuen mit Bäumen bepflanzen ließ, wie L'Enfant es vorgesehen hatte. Die Bäume verliehen dem Flächenplan eine stabilisierende dritte Dimension. „Der zweite Umstand, der L'Enfants Plan gerettet, wenngleich nicht verschönt hat, war der wachsende Verkehr, der die übermäßig breiten Straßen anfüllte und dadurch ihr Dasein rechtfertigte." (Mumford, Bd. 1)

181 *Indianapolis*

Auch die Stadtgründungen des frühen 19. Jhs. bleiben völlig in der traditionellen Planungsvorstellung: Indianapolis z.B., der Hauptstadt Indianas (1821 gegründet), liegt der quadratische Schachbrettplan zugrunde. Ein Achsenkreuz betont den Mittelpunkt, der gleichzeitig Ausgangspunkt von vier Diagonalstraßen ist. In diesem Plan überwiegt wieder die starre Geometrie früher Renaissance-Vorschläge – auch ein „sich über die Fläche der Stadt dahinschlängelnder Bach erreicht keine Milderung dieser starren Ordnung" (Egli, Geschichte ..., Bd. 3).

Planer war Relston, ein Schüler von L'Enfant. Von der Freiheit und barocken Großzügigkeit des Washington-Plans ist allerdings wenig in diesen Grundriß eingeflossen.

184 *San Francisco*

Eine 1776 als Niederlassung spanischer Franziskaner auf einer Landzunge am Stillen Ozean gegründete Siedlung nimmt – bedingt durch Goldfunde um die Mitte des 19. Jhs. – einen rapiden Aufschwung.

Der bereits 1835 entwickelte Schachbrettplan wird – der Logik eines geordneten Wachstums entsprechend – modifiziert und mit großzügigen Parkanlagen durchgrünt (u.a. Golden-Gate-Park mit 421 ha Fläche), wobei sich aufgrund der sehr hügeligen und nur z.T. durch Auffüllung angeglichenen Topographie Probleme der Verkehrsführung ergaben (vgl. die dort eingesetzten Kabelwagen).

185 Am Ende dieses Amerika-Exkurses soll die neue brasilianische Hauptstadt stehen, und am Ende der barocken Planungsstrategie (!?) – die Hauptstadt Brasilia, die Präsident Kubitschek etwa 1000 km von der Küste des Atlantik entfernt in einem bis dahin unbesiedelten Gebiet gründete. Brasilia liegt auf einer hügeligen Hochebene, zur Hälfte umgeben von einem riesigen künstlichen See. Die für 600 000 Einwohner geplante Stadt wurde 1960 offiziell zum neuen Sitz der Regierung erklärt, nur drei Jahre nachdem eine internationale Jury Costas scheinbar einfachen Entwurf ausgewählt hatte. „Der Plan geht von der Idee eines Achsenkreuzes aus,

das durch die Einpassung an die Baustelle wohl zufällig die Form eines Flugzeuges annahm, denn Costa verfolgte den Gedanken, sein Achsenkreuz möglichst in die Uferlinie der künstlichen Seen anzuschmiegen." (Egli, Geschichte ..., Bd. 3) Die gekrümmte Achse nimmt die Verkehrswege für Expreßverkehr in die Mitte, seitlich die Straßen des Nahverkehrs, begleitet von den Baublöcken der Wohnbebauung. Anschließend das Wohnviertel der Universität und weitere „quadras". Die senkrechte Achse fällt von dem kleinen Dreieck oben (der Fernsehstation) zu dem großen Trapezplatz unten, dem Platz der drei Gewalten: Volksvertretung, Regierung, Rechtswesen (Arch.: O. Niemeyer). Diese Achse enthält darüber hinaus alles, was die Öffentlichkeit angeht: Ministerien, Kathedrale mit Kulturzentrum, Vergnügungszentrum, Banken, Bürohäuser, Kaufhäuser, Hotels und Sportanlagen. Außerhalb befinden sich der Bahnhof, Markthallen, Druckereien, andere Industriebetriebe und der Flughafen; am See: der Palast des Präsidenten, das Haupthotel und die Anlagen für den Wassersport. Am gegenüberliegenden Seeufer vervollständigen Zonen mit individueller Wohnbebauung den Gesamtplan. Zentrum der Stadt – im Schnittpunkt der Achsen – bildet die monumentale Autobahnplattform in mehreren Verkehrsebenen.

Zu Brasilia drei Meinungen:

1. Sybil Moholy-Nagy, die in dem Plan einen der letzten Nachzügler der römischen „via triumphalis" sieht: „Die Identifizierung des Kolonialreiches mit dem römischen Machtsymbol nimmt geradezu schizophrene Züge an, wenn man ihr in Lucio Costas und Oscar Niemeyers Hauptstadt Brasiliens wiederbegegnet. Wie Rennläufer, die unfähig sind, einen Richtungswechsel vorzunehmen, sieht man sie ihre 400 Meter breite via triumphalis hinunterrennen, atemlos beteuernd, daß es nicht der Triumph der Herrscher, sondern der Triumph des Volkes ist, den sie zelebrieren. Eine enorme Terrasse trägt Niemeyer-Kubitscheks drei Symbole der Regierungsmacht: Senat, Unterhaus und Administration, nicht anders wie seit dem Beginn der städtischen Entwicklung Palast, Kathedrale und Gericht die drei Machtinstrumente der Herrschenden über die Beherrschten symbolisiert hatten."

2. Edmund Bacon, der zwar nicht behauptet, die Grundgliederung Brasilias sei schlecht, aber bemängelt, daß das Grundproblem der Gestaltung von offenen Räumen im Sinne von Proportion weder vom Planer Costa noch vom Architekten Niemeyer bewältigt wurde. Für ihn sind die Flächen viel zu groß, der Raumkörper zwischen den Architekturen nicht genau genug bestimmt. „Ein Architekt des Barock hätte den Entwurf der Kapitolsgebäude am Ende der Achse und den Platz davor als ein zusammengehöriges Planungsproblem behandelt", schreibt er, und da er die Komposition Brasilias im Grunde genommen auf barocke Ideen zurückführt, wertet er das Resultat auch anhand barocker Maßstäbe. Er vermißt die Definition eines „Raumes" zwischen den Körpern; „statt dessen fließt der Raum unbekümmert vorbei, mit kaum einem Hindernis, wo er einen Höhepunkt erreichen könnte" (barocke Raumsteigerung: Auftakt – Vorbereitung – Sammlung – Ziel und Abschluß).

3. Ebenfalls Bacon, nachdem er Brasilia an Ort und Stelle erlebt hatte und Costas Satz bestätigt fand, „daß man Brasilia nur in bezug auf die Wolken verstehen könne, die ständig über die Stadt ziehen und ständig Licht und Schatten über die architektonischen Formen werfen":

Ein dynamischer Raum, der „die ganze Fläche innerhalb der schalenförmigen Hügel, welche die Stadt umgeben, einnimmt; die gesamte Baumasse ist eine gehauene Form, was die ganze Raumplanung in einem bisher unbekannten Ausmaß betont". Der Raum fließt nicht aus ins Unendliche, sondern wird von der natürlichen Horizontlinie der Berge und der Wolkendecke gefaßt (Definition der Raumhöhe eines geschlossenen Renaissance-Platzes durch die Trauflinie der Platzwände und den Kopf des Reiterstandbildes in Platzmitte). Die Ausdehnung dieses Prinzips ins gerade noch Faßbare unterstreiche die einzigartige Funktion Brasilias, Symbol des brasilianischen Landes und Volkes zu sein.

Neunzehntes Jahrhundert

Folgten die Planer der Renaissance und des Barock noch dem Anliegen, einen in seiner geometrischen Regelmäßigkeit überschaubaren und in seinen Zuordnungen ausgewogenen Stadtgrundriß zu finden, so leiten die rasch zunehmende Stadtbevölkerung und die beginnende Industrialisierung eine städtebauliche Entwicklung ein, auf die man weder in rechtlicher noch in technischer und künstlerischer Hinsicht vorbereitet war.

186 Das rapide Wachstum der Städte war das größte Problem. London vergrößerte sich in 150 Jahren um das Achtfache, Mannheim und Düsseldorf z.B. in 40 Jahren um das Vierfache. 1862 hat London bereits 3 250 000 Einwohner; „man muß mehrere Tage hintereinander einen Wagen nehmen und den ganzen Vormittag über nach Süden, Norden, Osten und Westen bis zu den unbestimmten Grenzen hinausfahren, wo die Häuser lichter werden und das Land beginnt", schreibt Hippolyte Taine 1872.

„Mit der Erfindung der billigen Postkutschen – der Eisenbahn und schließlich der Straßenbahn – tauchen zum ersten Mal in der Geschichte Massenverkehrsmittel auf. Fußgängerentfernungen setzen dem Wachstum der Städte keine Grenzen mehr, und die städtische Expansion ging immer schneller vonstatten. (...) Was für die horizontale Expansion der Handelsstadt im 19. Jh. gilt, trifft ebenso auf ihre vertikale Expansion mit Hilfe des Aufzugs zu (1853: erster Aufzug in New York). Die Verbindung dieser beiden Methoden horizontaler Expansion und vertikaler Anhäufung schuf ein Höchstmaß an gewinnbringenden Gelegenheiten." (Mumford, Bd. 1)

Es ist ein Zeitabschnitt regster spekulativer Betätigung im Städtebau – entsprechend der Napoleonischen Maxime (Napoleon III., Haussmann), die dahin ging, „eine dünne soziale Oberschicht, die man reichlich und freigiebig verdienen ließ, mit ihren Interessen an die Regierung zu ketten, durch Förderung der kapitalistischen Unternehmung aber der arbeitenden Klasse Gelegenheit zu Arbeit und Geldverdienst zu schaffen" (Eberstadt).

Im Städtebau zeichnen sich zwei unterschiedliche Richtungen ab: einmal gekennzeichnet durch Begriffe wie Industrialisierung, Stadtwachstum, Organisation des Verkehrs, der hygienischen und sozialen Mißstände – die konventionelle Stadtentwicklung des 19. Jhs. Aber es gibt auch eine zweite Entwicklungslinie, die während des 19. Jhs. einige experimentelle Realisierungsformen zeigt, aber erst gegen Ende des Jahrhunderts allgemeine Verbreitung und (teilweise zu beobachtende) Anwendung findet, weil die Unzufriedenheit ganz allgemein sich vergrößert: der Gegenangriff auf die negativen Erscheinungsformen der Industriegesellschaft durch „Romantiker und Sozialutopisten", aber, wie in England, vereinzelt auch durch Unternehmer, die in durchaus paternalistischer Fürsorge menschenwürdigere Produktions- und Arbeitsbedingungen schaffen.

Maßgebliche Ereignisse, Bauvorhaben, Planungen und Schriften der Zeit:

Zeitlicher Überblick

1812	John Nash: Regent Street und Regent's Park (1827)
1813	Robert Owen: „A New View of Society"
1814/15	Wiener Kongreß: territoriale Neuordnung in Europa
1829	Charles Fourier: „Le nouveau monde industriel et sociétaire"
1830	Erste Eisenbahnlinie zwischen Liverpool und Manchester
1836	Robert Owen: „The Book of the New Moral World"
1836	Gründung von Adelaide, Australien
1842	Edwin Chadwick: „Report on the Sanitary Condition of the Labouring People of Great Britain"
1847	Gründung von Salt Lake City, Utah
1847/48	„Kommunistisches Manifest" von Karl Marx und Friedrich Engels
1848	Revolutionen (ihr Scheitern leitet eine Epoche realistischer Machtpolitik ein)
1851	Joseph Paxton: Kristallpalast (Weltausstellung London)
1851-1863	Titus Salt: Saltaire (Yorkshire)
1853-1870	Georges-Eugène Haussmann: Neuplanung für Paris
1857	Ludwig Förster: Planung für die Wiener Ringstraße
1859 ff.	J.B.A. Godin: Familistère in Guise
1863	Erste Untergrundbahn in London
1870/71	Deutsch-Französischer Krieg
1875	Public Health Act, England
1879 ff.	George Cadbury: Bournville, England
1882	Soria y Mata: La Ciudad Lineal (Bandstadt)
1886-1889	Lord Leverhulme: Port Sunlight, England
1889	Camillo Sitte: „Der Städtebau nach seinen künstlerischen Grundsätzen", Wien
1893 ff.	Essen, Rentnerkolonie Altenhof der Firma Krupp
1897	Theodor Fritsch: „Die Stadt der Zukunft"
1898	Ebenezer Howard: „Tomorrow: A Peaceful Path to Social Reform" (Gartenstadtprogramm)
1902	Gründung der Deutschen Gartenstadtgesellschaft
1903 ff.	Letchworth (erste englische Gartenstadt)
1904	Tony Garnier: Ausstellung des Entwurfs der Cité Industrielle
1905-1907	Hampstead Garden Suburb
1909 ff.	Hellerau bei Dresden (erste deutsche Gartenstadt, Planung ab 1906)

Gesellschaftsstruktur, Bauformen

Das starke Anwachsen der Bevölkerung zwischen 1800 und 1900 (in Deutschland von 25 auf 65 Millionen Einwohner) hat u.a. ein großes Wohnungsdefizit in den sprunghaft angewachsenen Großstädten zur Folge. Neben Liberalismus und Nationalismus (vorwiegend vom Bürgertum getragen) stehen ein Sozialismus marxistischer Prägung und die Entstehung eines vierten Standes (Industriearbeiter), der um politischen Einfluß ringt.

Die industrielle und soziale Revolution bestätigte den Niedergang der alten Welt, brachte aber zunächst keine neue Ordnung hervor, die das Verlangen der Menschen nach einem existenziellen Halt befriedigen konnte. Drei Symptome sind charakteristisch für die neue Situation:

- die Integration oder Nichtintegration von neuen in bestehende Siedlungen, Zerfall der funktionalen und formalen Einheitlichkeit;
- die Erzeugung zahlreicher neuer Bauaufgaben;
- die Verwendung architektonischer Formen, die den Stilen der Vergangenheit entlehnt waren (Neoklassizismus, Historismus).

Die Aufmerksamkeit der Architekten galt monumentalen Bauaufgaben, für die neuen Anforderungen wurden jedoch meist die von anderen Bauaufgaben vertrauten Lösungen herangezogen; für Fabriken, Schlachthöfe, Kraftwerke, Markthallen und Wassertürme konnten die Akademien ja keine Vorbilder bereithalten.

Die sozialen Unterschiede dokumentieren sich deutlich in den Wohnquartieren: neben den Bauten des Bürgertums – mit den die Ausnahme bildenden Villen für dessen oberste Schicht – die elenden Quartiere der Arbeitermassen. Den Bestimmungen der ersten Bauvorschriften über Höhen, Abstände usw. kamen die Bauunternehmer hier buchstabengetreu nach, um die höchste erlaubte Bebauungsdichte zu erreichen. Diese Stadtrandviertel sind darum von beklemmender Eintönigkeit.

Typische Anlage eines Arbeiterviertels des 19. Jhs. in England nach den Vorschriften der „Public Health Act" von 1875.
12 m breite Frontstraßen, rückwärtige „Entsorgungsstraßen" von 6 m Breite; dazwischen die Wohnhäuser (4 Zimmer), ein kleines Höfchen und das Hinterhaus mit einem Abort. Städtebauliche oder gar baukünstlerische Regeln bzw. Vorschriften gibt es nicht: Die mindesten hygienischen Anforderungen stehen im Vordergrund des Interesses (Public Health Act) – denn die Epidemien, die Landseuchen sind es gewesen, die zuerst öffentliches Interesse für das Wohnungswesen geweckt haben.

„Die neue Hygiene des Städtebaus wurde geschaffen mit ihrer bekannten Dreizahl: Straßenpflasterung, Trinkwasserversorgung, Kanalisation – alles Dinge, die die vorausgehende Zeit bei der Anhäufung von Volksmassen in städtischer Besiedelung nicht oder nur wenig gekannt hatte.
Schritt für Schritt wurde aber dann die Wohnungsgesetzgebung ausgebildet, die sich von Anfang an mit der Kleinwohnung und der Arbeiterwohnung als einem selbständigen Gebiet des Städtebaues beschäftigte". (Eberstadt) Die großstädtische Planung befaßte sich in erster Linie mit Straßenbau; dann entstanden unter Aufwendung gewaltiger öffentlicher und privater Geldmittel große Geschäftshäuser, Kaufläden, Gasthöfe, Theater und teure herrschaftliche Wohnungen. Die wohnungspolitische Folge dieses Systems war u.a. der Mangel an Kleinwohnungen in altstädtischen Bezirken. Die überlieferte Form des Kleinhauses ist verschwunden, in der Mehrzahl der Städte unter dem Einfluß der allgemeinen Einrichtungen des Städtebaus dem vielgeschossigen Haustypus gewichen. Die alten Stadtkasernen hatten Wohnfunktion für die Unterprivilegierten zu übernehmen – ebenso landwirtschaftliche Großgebäude – Speicher, Silos – in Gegenden, wo sich ein von der Industrie bedingter Arbeitskräftebedarf außerhalb traditioneller Städte

entwickelte. Diese ursprüngliche Herkunft wird noch in den heutigen Bezeichnungen „Mietskaserne" und „Wohnsilo" offensichtlich.

In Deutschland setzt in den sechziger Jahren und namentlich seit 1870 ein starker industrieller und wirtschaftlicher Aufschwung ein. Die Ausbildung der Mietskaserne zum allgemeinen Typus der Berliner Bebauung fällt in die Zeit nach 1860. „Diese allgemeine Einführung der Mietskaserne beruhte auf Absicht und Vorsatz; man erblickte in ihr nach dem von maßgebender Stelle vertretenen Programm die dem Arbeiterstande angemessene Bebauungsform, die dem Arbeiter noch keine Selbständigkeit zuerkannte. Diese städtebauliche Praxis ändert sich erst, als politische Momente hinzukommen: die Arbeiterschaft hatte sich organisiert und trat als Stand, als gesonderte Klasse auf, die ihrerseits Forderungen und Vorstellungen artikulierte." (Eberstadt)

Stadterweiterung, Stadtumbau

188 Bei dem großen Wachstum der Stadt Berlin hielt man nach den großen, rasterförmig durchgeführten Erweiterungen der Dorotheen- und Friedrichstadt im 17. und 18. Jh. für das weite, noch gänzlich unerschlossene Gebiet neuer Stadterweiterung die Aufstellung eines allgemeinen Bebauungsplanes für nötig (Plan von Hobrecht, 1858-1861). Zur Grundlage des Planes wurde das System der kostspieligen, imposanten Straßen, das seine gleichartigen, am Reißbrett entworfenen Linien von Straßen und Baublockfiguren in endloser Wiederholung über das Gesamtgelände einer Millionenstadt zog. 1875 wird das preußische Fluchtliniengesetz erlassen, dessen Ausführungsbestimmungen hauptsächlich dem Vermessungsingenieur, weniger dem Architekten die Aufgabe der Planung zuwiesen. Falsch verstandener Liberalismus und Baupolizeiverordnungen, die eine äußerste Grundrißausnutzung gestatteten, prägten so wesentlich die Stadtgestalt im 19. Jh. Die baupolizeilichen Bestimmungen beschränkten sich auf ein Minimum: Die Berliner Bauordnung erlaubte eine beliebige Bauhöhe an Straßen über 15 m Breite. Hinterhöfe von 5,30 m im Quadrat waren noch zulässig. Die abnorm tiefen Grundstücke eigneten sich, wie erwartet, unter den gegebenen Umständen und bei Einzelbesitz zu nichts anderem als zur spekulativen Errichtung von Mietskasernen mit Hofwohnungen.

„Die gleichmäßig breiten, kostspielig ausgestatteten Straßen – 25 bis 30 m breit – sind so angelegt, daß sie ganz allgemein, unabhängig von der Lage des Grundstücks, das Recht der fünffachen Überbauung schaffen [GFZ 5,0]. Hierdurch entsteht die allgemeine, künstliche Steigerung des Bodenpreises, die Bodenspekulation in ihrer heutigen Form (...)." (Eberstadt)

In ländlich strukturierten Regionen stoßen diese Massenmiethäuser bei der Bevölkerung auf Ablehnung, denn in den Gebieten mit altüberlieferter Industrie war der eigene Hausbesitz allgemein verbreitet und beliebt.

So erwiesen sich hier Programme beim Bau von Arbeitervierteln, Werkswohnungen der Industrie oder von gemeinnützigen Baugesellschaften als „erfolgreicher", wenn sie sich am Einzelhaus orientierten:

189 *Ludwigshafen, Hemshof*

Stadterweiterung von Ludwigshafen für die Arbeiterfamilien der chemischen Industrie
ab 1872 durch zunächst 384 Arbeiter- und 36 Aufseherwohnungen durch den Werksar-
chitekten der BASF, Eugen Haueisen; Arbeiter-Vierfamilienhäuser auf dem geviertelten
quadratischen Grundstück nach Muster der seit 1853 errichteten und für vorbildhaft an-
gesehenen Arbeitersiedlungen der Mühlhausener Textilindustrie; jedes Hausviertel mit
eigenem Eingang und kleinem Garten.

Dies nur als Beispiel für die vielen Industrie- und Arbeiterquartiere, die sich seit
Mitte des Jahrhunderts am Rande der Städte bilden. Mit der Verbesserung der
Verkehrsverbindungen (Eisenbahnen) kommt es auch außerhalb der Städte zu
Industrieansiedlungen. Die Auswirkungen sind insofern günstig, als sie einer
von der Industrie hervorgerufenen einseitigen Bevölkerungsentwicklung entge-
genwirken, aber „die Verknüpfung der neuen Hauptverkehrsadern mit dem lo-
kalen Verkehr wird eine der Hauptaufgaben der modernen Städtebildung (...)“.
(Orth, A.: Städtebau. In: Hegemann, W.: Der Städtebau ...) Rigorose Eingriffe in
ein bestehendes Stadtgefüge wie die Breschen, die Baron Georges-Eugène Haussmann unter Napoleon III. durch das Pariser Stadtchaos schlug, gehören zu den
seltenen durchgreifenden Lösungen.

190 *Paris, Straßendurchbrüche*

Paris stellte um die Mitte des 19. Jhs. mit seinen zum Teil sehr eng bebauten Vierteln des
Altstadtzentrums dem anwachsenden Verkehr eine Fülle ungelöster Probleme. Die in ab-
solutistischer Zeit angelegten „königlichen Plätze“ waren reine Repräsentationsplätze, eine Verflechtung untereinander (im Sinne eines leistungsfähigen Verkehrsnetzes) fand
nicht statt. Auch der von Napoleon I. begonnene Durchbruch der Rue de Rivoli (im Zusammenhang mit der Gestaltung der Place de la Concorde) „hatte an der entscheidenden
Stelle vor der Durchstoßung des hindernden Kerns haltgemacht“ (Speckter). Zahlreiche
Ausstellungen hatten ein enormes Anwachsen des Fremdenverkehrs gebracht; für 1855
und 1867 waren zwei Weltausstellungen geplant – die geeigneten Verkehrsverbindungen
aber fehlten.
Als Präfekt des Departements Seine unter Napoleon III. führt Haussmann städtebauliche
Maßnahmen durch, die das Gesicht der Stadt veränderten und von da an bestimmten:
Brückenbauten, Errichtung von Repräsentationsbauten, Straßendurchbrüche und weite
Boulevardsysteme (nicht zu verwechseln mit der Anlage des ersten Boulevardsystems
unter Ludwig XIV. anstelle der ehemaligen Befestigungswall-Anlagen). Außer verkehrs-
technischen Aspekten waren die Maßnahmen des 19. Jhs. bestimmt von repräsentativen,
hygienischen und – wie im Falle der Pariser Straßendurchbrüche durch Haussmann –
militärischen Gründen, denn „Ziel war u.a. die Steigerung der Bodenpreise und damit
der Steuerabgaben, aber auch die Unterdrückung von Volksaufständen in den alten Quartieren, deren Bevölkerung seit 1789 auf Barrikaden gekämpft hatte“ (Moholy-Nagy).
Der militärische Aspekt wird deutlich, wenn man sieht, daß an den Angelpunkten des
Straßensystems (den Sternplätzen) die Kasernen angelegt werden – so ermöglichen die
Straßendurchbrüche bei Aufständen schnelle Truppenbewegungen, geben ein freies
Schußfeld und umfassen zangenartig die jeweiligen Quartiere; der Wohnungsanteil wird
allerdings durch die Maßnahmen zwischen 1853 und 1871 reduziert. Von dem ursprünglich 384 km langen Straßennetz läßt Haussmann 50 km verschwinden, baut dafür aber
95 km neu, die meisten mehr als 24 m breit. Paris sollte ja auch den Glanz des Kaiser-
reiches repräsentieren. Diese Maßnahmen waren die umfangreichsten, die je in dieser Art
durchgeführt wurden. Ihre Vorteile: eine gewisse Entflechtung der Quartiere. Und neben
der Entlastung des Straßenverkehrs gab es auch für den Fußgänger mehr Platz, denn mit

der Anzahl der Straßen vermehrte sich gleichfalls die der Bürgersteige. Die Boulevards
erhielten Grünanlagen und Baumanpflanzungen; zusätzlich wurden 60 ha Parkanlagen
geschaffen. Und – Paris bekam (bzw. behielt) ein ästhetisches Stadtbild, denn die Straßendurchbrüche werden sofort wieder „eingefaßt" durch eine einheitliche Bebauung
„großbürgerlichen" Musters.
Als Haussmann im Januar 1871 zurücktreten mußte, war er schon seit Jahren das Ziel
heftiger Angriffe gewesen. Man hielt ihm die Verschwendung ungeheurer öffentlicher
Summen entgegen und warf ihm die Vernichtung der Schönheiten des alten Paris vor.
Dem steht gegenüber, was Haussmann in der erstaunlich kurzen Zeitspanne seit 1853
bewirkte. Seinem zähen Eifer gelang endlich die Erweiterung der Stadt von bisher 3400
ha auf 7800 ha. Damit konnte er nicht nur die Kosten seiner Maßnahmen auf ein größeres
Gebiet verteilen, sondern die von ihm nachhaltig angestrebte Dezentralisierung der viel
zu eng bebauten Stadt verwirklichen. Den baulichen Maßnahmen unter Haussmann mußten nahezu 20 000 Häuser im alten Stadtbezirk und 8000 im Erweiterungsgebiet weichen,
wovon rund ein Drittel der damaligen Bevölkerung und zahlreiche gewerbliche Betriebe
betroffen wurden. Nach seiner Zeit wäre eine derartige Umwälzung in einer so kurzen
Zeitspanne angesichts der gesteigerten Grundstückswerte wohl kaum mehr möglich gewesen (Speckter). Neben der Schaffung eines neuzeitlichen Verkehrsnetzes, der Errichtung
der Markthallen, der Ausführung großartiger Grünpromenaden und Parks war eine wesentliche Verbesserung die Neugestaltung der Kanalisation – jetzt werden zum ersten Mal
die sanitären Erfindungen, die zuerst in den Palästen der Sumerer und Kreter Anwendung
fanden und später den Familien der römischen Patrizier zugute kamen, der Bevölkerung
zur Verfügung gestellt (Wasserhauptleitungen, Wasserspeicher, Wasserfernleitungen,
Pumpstationen, Abwasserkanäle, Kläranlagen und Rieselfelder; Hygiene). „Das bedeutete
einen Triumph demokratischer Grundsätze" (Mumford, Bd. 1); Haussmann habe damit
der Stadt einen viel wichtigeren Dienst erwiesen als mit irgendeiner Maßnahme seiner
eigentlichen Stadtplanung (Ironie der Geschichte: Die folgenden Stadtbaumeister führten
bis nach dem Ersten Weltkrieg die von dem in Ungnade gefallenen Haussmann eingelei-
teten Maßnahmen weiter).

Ein vergleichbares Unternehmen, nicht was die Form, aber die Größenordnung
angeht, ist in der 2. Hälfte des 19. Jhs. Ludwig Försters Planung für die Wiener
Ringstraße (ab 1857), „eine an sich großzügig bemessene Planung (...) – das Höchstmaß an Raumluxus, das sich der Städtebau dieses ökonomischen Jahrhunderts
leistet – reiht Freiflächen und Baugruppen aneinander" (*Pehnt, W.:* Einleitung in:
Knaurs Lexikon ...).

191 *Wien, Ringstraße*
Wien um 1800: der mittelalterliche Stadtkern – von einem Grüngürtel umgeben: Das war
die Zone der bastionären Befestigungsanlage der Neuzeit. Wir finden wieder das bekannte
Schema: Niedergelegte Wallanlagen ersetzen Promenadenstraßen. An diesen werden Repräsentationsbauten aufgereiht. Die Freiräume dazwischen sind „axial auf den jeweiligen
Abschnitt der polygonalen 'Ringstraße' orientiert, aber weder aufeinander bezogen noch
gegeneinander abgesetzt. Undefinierbarer Raum umgibt die Bauwerke, die wie Ausstel-
lungsstücke arrangiert sind.
Der leere Raum wird nicht mehr als positive Form – als Raumkörper – empfunden, der
sich seine Begrenzungen selbst schafft. Raum ist jetzt ein aus unbestimmter Ferne drin-
gendes Element, das durch Architektur kaum noch gestaltet wird." (*Pehnt, W.:* Einleitung
in: Knaurs Lexikon ...) Der Übergang zu solchen städtebaulichen Auffassungen vollzog
sich früh: Paris, Place de la Concorde, 1753: Der Platz ist nicht mehr von seiner architektonischen Fassung bestimmt, sondern öffnet sich nach mehreren Seiten. Diese Offenheit

wird Ende des 19. Jhs. wieder als Mangel empfunden. Stärkste Kritik an klassizistischen Planungsvorstellungen formuliert Camillo Sitte in seinem Buch „Der Städtebau nach seinen künstlerischen Grundsätzen", 1889 in Wien erschienen. Es enthält u.a. Vorschläge zur städtebaulichen Verdichtung, die darauf abzielen, eine geschlossene Raumwirkung wiederherzustellen, indem Bauwerke, Monumente, Plätze nachträglich so eingefügt werden, daß ablesbare kleinteilige Zonen entstehen.

Seine Forderung, zur ästhetischen Qualität mittelalterlichen Städtebaues zurückzukehren, beeinflußt mehr als zwei Jahrzehnte lang nachhaltig die Diskussion um die Grundsätze städtebaulicher Gestaltung.

Reformbestrebungen und Auswirkungen

In den großen Epochen der Vergangenheit waren bestimmte Formen stets bestimmten Aufgaben vorbehalten gewesen. Als die gleichen Formen im 19. Jh. auf neue Gebäude übertragen wurden, ergab sich daraus ihre Entwertung. Die wahrhaft schöpferischen Werke dieser Periode sind die großen Zweckkonstruktionen aus Eisen und Glas, in denen die barocke Vorstellung vom offenen und dynamischen Raum eine neue Auslegung erfährt. (Auf die Bedeutung der Raumkonzepte des Barock für die Entwicklung der modernen Architektur hat als erster S. Giedion in „Space, Time and Architecture", Cambridge, Mass., 1941, hingewiesen.)

Die wichtigsten städtebaulichen Projekte beruhen auf der allgemeinen Vorstellung eines offenen Raumes (= Umwandlung der zielorientierten Ausdehnung barocker Anlagen in eine allgemeine Offenheit), während sie gleichzeitig eine Lösung der sozialen Probleme suchen, die durch die Verwahrlosung und Wucherung der Städte entstanden waren. Der spanische Ingenieur Soria y Mata plante eine lineare Stadt rings um Madrid (1882), die auf der Idee eines offenen, aber geordneten linearen Wachstums und einer neuen aktiven wechselseitigen Beziehung zwischen Siedlung und Natur beruhte. Er meint, „die mittelalterliche Vorstellung von der ummauerten Stadt sollte durch die Idee der offenen und ländlichen Stadt ersetzt werden". (Egli, Geschichte ..., Bd. 3)

Theodor Fritsch plant 1897 in seiner „Stadt der Zukunft" das geordnete Wachstum einer sich in vier Ringen entwickelnden Halbkreisstadt an einem Fluß: Vorwegnahme des Kreismotivs des Gartenstadtdiagramms von Howard, doch gegliedert nach Gesellschaftsschichten und schon deswegen politisch kaum durchsetzbar.

Das langfristig wirksame Konzept einer Gartenstadt kam zur Reife bei Ebenezer Howard, der seine Vorstellungen 1898 unter dem Titel „Tomorrow: A Peaceful Path to Social Reform" veröffentlichte. Howard ging das Problem, der offenen Stadt Identität und Struktur zu verleihen, ohne Umschweife an, indem er Zonen, differenzierte Straßensysteme und ein Stadtzentrum einführte. Um die gleiche Zeit verwirklichte Tony Garnier in seinem architektonisch reichen und streng gegliederten Entwurf für eine Cité Industrielle (1904 zunächst abgeschlossen) ähnliche Vorstellungen.

Das Grundproblem bei Siedlungen im Industriezeitalter bestand darin, daß Offenheit und Flexibilität mit einer sinnträchtigen Raumordnung verbunden werden sollten. Um dies zu erreichen, strebten die Pioniere der modernen Stadtplanung eine neue Interpretation der grundlegenden Begriffe des Platzes (Zentrum), des Weges (lineare Kontinuität) und des Bereichs (Zoneneinteilung) an. Die allgemeine

Vorstellung von einer Gartenstadt stammt aus dem Traum von einer Rückkehr zur Natur und einem naturgemäßen Leben, wie sie ursprünglich der Landschaftsgarten zu verwirklichen beabsichtigte.

Eine Reihe sozialreformerischer Projekte strebt eine Harmonisierung des Verhältnisses Stadt-Land an, weil sie Grundlage auch gesellschaftlicher Harmonie bildet. Andere suchen bewußt die Stadtferne als einzige für realistisch gehaltene Möglichkeit gesellschaftlicher Regeneration in einer engen Gemeinschaft, die gleichsam als Muster für einen Gesamtstaat dienen kann. Stadtflucht ist aber auch Konsequenz der Einsicht, daß der stärker in der Stadt isolierte Einzelne weit weniger gegen sein Schicksal als eine durch die ländliche Umgebung geforderte Gemeinschaft unternimmt, auf dem Lande der Boden billiger und das Leben gesünder sind, sich hier überdies ein organischeres Siedlungswachstum planen läßt.

Bei einigen Planungen werden Elemente barocker Herrschaftsarchitektur (z.B. bei dem für 1600 Siedler geplanten Phalanstère von Charles Fourier, erstmalig 1829 in Zeichnungen der Öffentlichkeit vorgestellt, doch bereits 1808 vorgeschlagen) verwendet, um durch sie dem Anspruch der bisher unterprivilegierten Bevölkerungsgruppen (so die schloßartige Dreiflügelanlage als „Arbeiterpalast") sichtbaren Ausdruck im Sinne eines neuen Selbstverständnisses zu verleihen. Sie spiegeln eine durchaus verständliche theatralische Grundstimmung, sind aber auch erzieherisches Mittel, entstanden in der Überzeugung, durch Milieuverbesserung zu einer Verbesserung des Sozialverhaltens der Nutzer beizutragen. Eine architektonisch-städtebauliche Orientierung erfolgt jedoch auch am Mittelalter – speziell der Gotik, mit der man gerade in England glaubte, sich wegen ihrer für intakt gehaltenen Sozialbindungen, ihrer handwerklichen Produktion (im Gegensatz zur industriellen) und Überschaubarkeit identifizieren zu können –, desgleichen an der als aufgeklärt und rational planend geltenden Renaissance (insbesondere ihren in Idealstadtplänen als zentraler Figur verwendeten, die Gemeinschaft repräsentierenden Rechteckplätzen) und – in versöhnlicher sowie zusätzliche Attraktivität schaffender Absicht – an großstädtischen Vorbildern (so das im nordfranzösischen Guise für 465 Familien ab 1859 errichtete Familistère von Godin). Die Sozialutopisten dieses Jahrhunderts sind nicht nur schriftstellerisch tätig, sondern arbeiten vor allem an der Verwirklichung ihrer Ideen, weil sie dies für notwendig und durchaus durchführbar halten.

„Owenite villages" (1817)

193 Eine erste dieser Verwirklichungen ist, zu Beginn des 19. Jhs., das Arbeiterdorf „New Lanark" des Unternehmers Robert Owen.
„Diese Gründung (...) wäre wahrscheinlich längst vergessen, hätte nicht Owen daraus allgemeine Folgerungen abgeleitet: 1817 legt er der Regierung einen Bericht vor, in dem er vorschlug, die beängstigend anwachsenden Industriestädte durch Industriesiedlungen von etwa 1200 Einwohnern zu ersetzen, die überall im Lande verstreut sein sollten." (Vorwort von J. Posener in: Ebenezer Howard ...)
Owenite village: von Landwirtschaft umgeben – Einheit von Fabrik, Wohnungen, Kirche, Schule, Verteilungsstelle der Lebensnotwendigkeiten wie Essen, Kleidung usw.; eine Sozialutopie ersten Ranges; interessant die Forderung, die Kinder von ihren Eltern zu trennen, „damit sie nicht die schlechten Gewohnheiten ihrer Eltern erben können".
Owens Industriedörfer scheiterten schließlich, denn es fehlten zwei wichtige Voraussetzungen: nämlich

– daß diese Gemeinden von gemeinsamen Idealen getragen werden und
– daß Mittel der Kommunikation die kleinen Gemeinden am Leben der Zeit teilnehmen
lassen.

Andere mehr oder weniger streng gegliederte Projekte – Städte auf landwirtschaftlichem, also billigem Boden – folgen; auch sollte der Boden Eigentum der
Stadtverwaltung bleiben (James Silk Buckingham, Victoria, 1849).

194 *Saltaire (1851-1863)*
Ab 1851 aus Mitteln des englischen Unternehmers Titus Salt gebaut; ein Beispiel für ein
realistischeres Konzept mit durchaus pädagogischen Idealen. Der Textilfabrikant hatte
sein Geld mit Alpaca-Wolle gemacht, als er den Entschluß faßte, seine Fabrik einschließlich ihrer Belegschaft auf das Land zu verlegen. Titus Salt schreibt dazu: „Ich werde alles
tun, was ich kann, um so große Übel wie verschmutzte Luft und verschmutztes Wasser
zu vermeiden, und ich hoffe, um mich wohlgenährte, zufriedene, glückliche Arbeiter zu
versammeln."
Als Neuerung zeigte sich, daß die Straßen kurz waren, das Ganze überschaubar und ins
Grüne eingebettet; auch die Hausgärten für jede Familie fehlten nicht. Saltaire ist eine
Stadt mit den Häusern der Arbeiterstadt, wie man sie damals verstand, ohne Slum selbstverständlich, mit Plätzen, Anlagen und öffentlichen Gebäuden von städtischem Anspruch.
Speziell die Fabrik wurde sehr bewundert. Salt beabsichtigte, den Kristall-Palast in London zu kaufen und als Teil seiner Fabrik aufrichten zu lassen.

195 *Bournville (1879 begonnen)*
Die vom Schokoladenfabrikanten George Cadbury errichtete Siedlung, in der jeder Arbeiter ein eigenes Haus mit Nutzgarten besitzt, zeichnet sich durch geringe Überbauung
(nur 25 Prozent), geschwungene Straßen und lockere Bebauung aus. Die Fabrik verbindet
sich in idyllischer Weise mit der umgebenden Landschaft.

196 *Happy Colony (1854)*
Als Kuriosum sei R. Pembertons „Happy Colony" erwähnt, 1854 in Neuseeland realisiert:
eine Idealstadt, deren Zentrum von einem Glashausring umgeben ist (kein Wunder, wenn
wir bedenken, daß 1851 Paxtons Kristallpalast – ein Wendepunkt in der Geschichte der
Eisenarchitektur – auf der Weltausstellung in London Furore machte): eine Idee, die sogar
im Gartenstadtdiagramm von Howard wiederkehrt.
Der Universalismus der französischen Rationalutopisten begeisterte englische Reformer,
die gegen die schlimmsten Mißstände der Fabrikstädte ankämpfen wollten. Es gibt viele
Vorschläge für solche „Planetendörfer".
Pemberton plant „zehn konzentrische Dörfer um eine Idealfarm im Zentrum, die von
himmlischen Sphären und vier Schulgebäuden, in Glas und Eisen erbaut, umgeben sind.
Hundert Jahre später fehlen die himmlischen Sphären, aber die Modellsiedlung für 10 000
Bauarbeiter in Urubupunga am Paraná-Fluß in Brasilien [1962 errichtet] hat ein gleiches
Konzept mit acht Modellgemeinden um ein Zentrum, das die Musterfarm, eine Universität und Schulen enthält". (Moholy-Nagy)

Im letzten Jahrzehnt des 19. Jhs. entsteht aus der Bewegung der Sozialreformer
in England und Deutschland das „Gartenstadtkonzept" mit der Vorstellung, eine
„dezentralisierte Stadterweiterung" zu schaffen. Die Gartenstadt soll eine unabhängige Stadt und nicht – das ist von entscheidender Bedeutung – ein Vorort
sein. Sie liegt mitten im Grünen und soll sowohl ländliche Wohnsiedlungen als
auch Fabriken und alle kulturellen Einrichtungen enthalten – eine neu geschaffene,
durch Grünflächen aufgelockerte Stadt von begrenzter Größe mit einer Industrie

von möglichst geringer Umweltbelastung sowie mit Arbeits- und Einkaufsmöglichkeiten. Verwirklicht wurde die Idee Howards von den Architekten Unwin und Parker ab 1903 in Letchworth. Howards Konzept war jedoch kein reines Städtebau-Konzept, sondern auch schwerpunktmäßig ein politischer Vorschlag: Howard sah die Gemeinde als ökonomischen Organismus und baute darauf eine Art Erbpachtsystem auf; er forderte die Verteilung von Bauland zu Wohn- und Gewerbeflächen auf genossenschaftlicher Basis.

Gartenstadtkonzept

197 Gliederung der Ringstädte um eine Zentralstadt: Zentrum, runder „Garten" (2 ha), um den Theater, Hospital, Museen, Konzertsaal und Rathaus ringförmig gruppiert sind. Nach außen schließt sich ein 50 ha (!) großer Park an, der durch sechs radiale Boulevards in Sektoren unterteilt und am Außenrand vom wiederum ringförmigen „Kristallpalast" begrenzt wird, in dem sich die Mehrzahl der Geschäfte des „nicht täglichen Bedarfs" befindet. Außerhalb dessen beginnen in einem von Strahlen und Kreisen gebildeten regelmäßigen Straßennetz die Wohnviertel, die bis zum Industriegürtel am von einer Ringbahn begrenzten Stadtrand reichen und ihrerseits in einen inneren und einen äußeren Bereich geteilt sind – durch eine ebenfalls ringförmige, 130 m breite Grünzone, die „Grande Avenue", auf der sich Kirchen, Spielplätze, Gärten und die sechs Schulen der Stadt befinden.

„In seinem Buch 'Garden Cities of Tomorrow' führte Howard wieder die Vorstellung der alten Griechen, daß dem Wachstum jedes Organismus' und jeder Organisation natürliche Grenzen gezogen seien, in die Stadtplanung ein und verlieh damit dem neuen Leitbild der Stadt menschliches Maß. Um das zu erreichen, griff er auch auf die griechische Praxis zurück, die von Robert Owen und Edward Wakefield neu formuliert worden war: nämlich auf die Kolonisierung durch ganze Gemeinwesen, die von Anfang an voll dafür ausgerüstet sind, alle wesentlichen städtischen Funktionen auszuüben." (Mumford, Bd. 1) Howards Vorschlag fand in England einen schon etwas vorbereiteten Boden durch die Experimente meh-

195 rerer Großindustrieller, so des Kakaofabrikanten Cadbury in Bournville und des Besitzers der Seifenfabrik Port Sunlight, in der Anlage von Fabrikdörfern, in denen die eigenen Arbeiter sowie Fremde unter günstigen Bedingungen angesiedelt wurden. Besonders Bournville wirft, infolge der günstigen Gründungsbedingungen, Überschüsse ab und ist in hygienischer, wirtschaftlicher und ästhetischer Hinsicht vorbildlich.

„Howard war durchaus Kind seiner Zeit und nahm die damals gängigen Elemente des Städtebaus ebenso auf wie mehr oder weniger modische Akzente: Cadburys Bournville hat die gegenüber z.B. London geringere Bevölkerungsdichte und die privaten (Nutz-)Gärten bereits 24 Jahre vor Letchworth, nämlich 1879, gezeigt. Der Trend zur Durchgrünung von Städten hatte bereits eingesetzt. Paxtons 'Crystal-Palace' war noch modern, er trat auch in anderen Idealstadtentwürfen jener Zeit auf (Pembertons 'Happy Colony' wies ihn als Glashausring auf); Howard hat auch ihn übernommen. Sein Verdienst ist hierbei, daß er die vielfältigen Ideen seiner Zeit sortierte und zu einem funktionsfähigen Konzept synthetisierte. Dabei hat er z.B. das Bedürfnis nach Grün eher noch unter- als überschätzt.

198 Letchworth, die erste Gartenstadt, die 1903 gegründet wurde, wurde schließlich viel 'grüner', als er vorgesehen hatte. In oder wegen Letchworth ist wohl auch das Vorurteil oder Mißverständnis von der Schrebergartenstadt entstanden: Die zentrale Zone trat in der Stadtgeometrie nicht wesentlich hervor, die Begrünung war fast überall gleich intensiv, die Wohndichte lag im Mittel unter den von Howard vorgesehenen Werten." (*Preusser, J.:* Die Einbindung des Gartenstadt-konzeptes in den künftigen Städtebau, Dipl.-Arb., Kaiserslautern 1979)

199 Welwyn dagegen, die zweite Gartenstadt, 1918, läßt das Ideal Howards besser erkennen – und es „war ein sichtbarerer Erfolg, als Letchworth gewesen war. Sein Plan, in welchem Unwins freie Gruppen mit einer Verwirklichung von Howards anspruchsvoller Parkavenue – wenigstens mit dem Anlauf zu einer solchen Verwirklichung verbunden war, seine einheitliche Architektur, beides das Werk von Louis de Soissons, seine erfolgreiche Industrie, sogar die Tatsache, daß man die Väter der Bewegung, besonders Howard selbst, in Welwyn finden konnte: all das hat zu dem Erfolg der zweiten Gründung beigetragen." (Vorwort von J. Posener in: Ebenezer Howard ...)

Welwyn entstand nach dem Ersten Weltkrieg aus der Forderung nach Verlagerung der Industrie aus der Großstadt. Sie kann in mancher Beziehung als Vorbild des neueren Städtebaus gesehen werden, so durch die Umführung des Durchgangsverkehrs nach Norden, durch die Konzentration der Industrie im Nordteil mit Bahnanschluß, vor allem aber durch die geschickte Erschließung der Wohnbaugebiete unter weitgehender Berücksichtigung der landschaftlichen Gegebenheiten und durch die Freihaltung großer Grünflächen. Sieht man Howards Vorschlag heute „unter geschichtlichem Blickwinkel, so erweist er sich als realistischer – und als weitaus fruchtbarer – als Soria y Matas lineare Stadt oder als irgendeine der späteren 'Straßenstädte', die den ganzen Stadtplan allein vom Verkehr her bestimmen". (Mumford, Bd. 1)

201 *Ciudad Lineal (Bandstadt, 1882)*
Matas Vorschlag einer linearen Stadt, 1882, 1894 als „Ring" um Madrid geplant. Als Verkehrstechniker unterbreitet Mata den Vorschlag, die neue Stadt zur Funktion eines zentralen Schnellverkehrsweges zu machen. Dabei sah er vor, daß ein zusammenhängender Stadtgürtel, der parallel zu den Verkehrslinien verlief, die älteren Stadtteile miteinander verbinden sollte. Der motorisierte Verkehr beherrschte alles.
Mata geht davon aus, daß ehemalige Punktbesiedlungen ohnehin dazu neigen, sich entlang der Verkehrsstraßen zwischen den Knoten der Besiedlung zu entwickeln: Besiedlungsbänder, Siedlungsstreifen. Er erfaßt damit „die wichtige Rolle des Verkehrs für die Stadtentwicklung und meint, diese natürliche Neigung zur Entwicklung eines Stadtbandes sollte planmäßig gefördert werden, um das Zwischenland als Landschaft zu erhalten" (Egli, Geschichte ..., Bd. 3).

203 *Hellerau (1909 begonnen)*
Nach englischem Vorbild wurde die „Deutsche Gartenstadt-Gesellschaft" in Berlin gegründet (DGG). Ein Satz aus der Gründungsschrift: „Eine Gartenstadt ist eine planmäßig erstellte Siedlung auf wohlfeilem Gelände, das dauernd im Obereigentum der Gemeinschaft erhalten wird, derart, daß jede Spekulation mit dem Grund und Boden dauernd unmöglich ist (...)."
Als erste deutsche Gartenstadt entsteht Hellerau bei Dresden. Der Bebauungsplan von Richard Riemerschmid enthält „hochaktuelle Elemente: Anpassung an die Topographie,

Unterscheidung zwischen Verkehrs- und beruhigten Anliegerstraßen. Dafür waren eigene Bauvorschriften nötig, die erlassen und von der Stadt Dresden genehmigt werden mußten. Schmidt, Finanzier und Vater des funktionalen Konzeptes, integrierte folgendes in den Plan: Eisenbahn, elektrische Straßenbahn, Telefonversorgung, kräftigen Automobilverkehr – und das, noch bevor die Gartenstadt Hellerau GmbH 1909 gegründet wurde. (...) Dieser an sich vielversprechende Anfang war jedoch für die Verfechter der 'echten' Gartenstadt nur ein Strohfeuer. Denn schon bald danach wurde der Name 'Gartenstadt', der offenbar ein sehr positives Image hatte, von rein profitorientierten Bodengesellschaften übernommen und vorwiegend auf Vorstadtsiedlungen angewandt, die mit dem Howardschen Konzept nun gar nichts mehr zu tun hatten." *(Preusser, J.; s. S. 114)*
Positive Auswirkungen zeigten diese Ideen bei der Neuanlage von Arbeitersiedlungen, die jetzt sorgfältiger und freundlicher gestaltet wurden als fünfzig Jahre zuvor.

Arbeitersiedlungen

204
205 Die Siedlung „Dahlhauser Heide", eine der Krupp-Stiftungen, von Robert Schmohl 1907-1911 geplant. Auch die ab 1909 von Georg Metzendorf als barockisierende „Kleinstadt" begonnene Margarethenhöhe in Essen oder die 1917 entstandene Planung für Kiel-Gaarden sind das Ergebnis einer Kruppschen Initiative. Die Zeilenlänge der Blockbebauung richtet sich nach den Bedürfnissen des Querverkehrs. Der gestreckte Block erweist sich als brauchbar, was den Zuschnitt der Gärten angeht – der quadratische, wenn etwa eine Freifläche geschaffen werden soll oder ein Spielplatz. Die Grünfläche wird zu einem Schlagwort im Städtebau; die Ausstattung mit Freiflächen ist reichlich; die Vorzüge der Planung werden indes bei einer Verminderung der hier angewandten Weiträumigkeit nicht verringert. „Die von der Kruppschen Bauleitung errichteten Siedlungen sind von bedeutendem Einfluß für die Entwicklung unseres Städtebaues geworden, sowohl hinsichtlich der Gebäudebehandlung wie auch namentlich in den Formen der Geländeerschließung, der Straßenführung und der wohnbaumäßigen Aufteilung." (Muthesius, Kleinhaus ...)

202 *Cité Industrielle (1904)*
Tony Garnier (1869-1948) gewinnt 1899 den Rompreis, verbringt seine Zeit in Rom, aber nur z.T. mit dem Studium antiker Bauten, sondern arbeitet vielmehr an Entwürfen für eine „Cité Industrielle". Diese Pläne werden 1904 ausgestellt. Sie sind ein vollkommen neuer Versuch der Stadtplanung, verkörpern einen Stadt-Sozialismus ohne Privateigentum und Zaun, eingebettet in eine Parklandschaft, der körperlichen wie geistigen Arbeit als dem „Gesetz des Menschen" verpflichtet. Garniers Stadt hat 35 000 Einwohner, Lokalindustrie, einen Bahnhof, ein Stadtzentrum und eine Wohnsiedlung. Die Bauten sind zweckmäßig zugeordnet und erschlossen. Er entwirft kleine Häuser von neuartiger kubischer Einfachheit und setzt sie zwischen Baumgruppen, aber auch größere Häuser mit weit ausladenden Vordächern aus dem gerade aufkommenden Stahlbeton, und Glas- bzw. Betondächer über Innenhöfen usw. Teile seiner erst 1917 veröffentlichten Planung werden in Lyon realisiert. Auch seine Grundidee ist „in fortschrittlichen Architektenkreisen bekannt; so ist ihr Anteil an der Formung von Le Corbusiers städtebaulichem Denken nicht unwesentlich" (Knaurs Lexikon der modernen Architektur).

200 *Siedlungspunkte (um 1920)*
Erich Gloeden ging von anderen Voraussetzungen aus: von der historisch gewachsenen Punktbesiedlung der bäuerlichen Siedlungsordnung, wobei die Anordnung der Kerne wohl ein Sechsecksystem darstellt, das jedoch der jeweiligen Besonderheit des Terrains gerecht werden kann. Seine Siedlungskerne sind in einer gegenseitigen Entfernung von 3 bis 5 km angenommen, den Dorfdistanzen entsprechend. Gloeden will die Bildung von Großformen der Stadt dadurch vermeiden, daß er jedem Siedlungskern die Chance gibt,

bis zu einer Maximalgröße anzuwachsen. Diese maximale Größe ist dabei so gewählt, daß kein ausgebauter Siedlungskern einen anderen berührt, sondern vielmehr zwischen den ausgebauten Siedlungskernen ein Teil der ursprünglichen Natur verbleibt. Damit würden sich Stadteinheiten von 314 bis 1260 ha, d.h. von etwa 10 000 bis 30 000 Einwohnern ergeben. Die Abbildung zeigt die Verknüpfung dieser radial-konzentrischen Ortschaften.

Die gezielte Anwendung der stadtplanerischen Konzepte des ausgehenden 19. Jhs. wird in vielen Beispielen sichtbar. Howards Programm z.B. findet sich wieder in Patric Abercrombies Kernstadt mit Satelliten (Regionalstadt), in Kombination **200** mit Soria y Matas Bandstadt in Debarres Plan für Sidney (hoch verdichtete Infrastrukturachsen) oder im Plan Canberras, der neuen Hauptstadt Australiens von Griffin (Baubeginn 1913).

Klare städtebauliche Leitideen und qualitätvolle architektonische Gestaltung können zu durchaus befriedigenden Ergebnissen führen; die beklagte „Unwirtlichkeit" unserer Städte darf nicht als zwangsläufige Folge ihres vorgeplanten Charakters angesehen werden. Noch immer wird häufig „das chaotische Bild unserer Städte, die strafbare Häßlichkeit unserer täglichen Umgebung mit dem Hinweis entschuldigt, die Städte, in denen man sich noch wohl fühlen könne, etwa aus dem Mittelalter, aber auch viele heutige Weltstädte mit großer Vergangenheit, seien eben im Laufe der Zeit organisch gewachsen und nicht, wie heute, bewußt geplant. In Wahrheit jedoch ist fast das Umgekehrte der Fall, zumindest hinsichtlich der Stadtgestalt. Auch die Entstehung mittelalterlicher Städte ist nicht planloses Erbauen einzelner Monumentalbaukomplexe, sondern bewußte Realisierung geistiger und künstlerischer Leitideen. Diese bewußte Stadtgestaltung des Mittelalters wurde in der Renaissance und im Barock weiterentwickelt. Stadtentwicklungen wie Bath oder die englischen Gartenstädte setzen die Reihe bewußter stadtgestalterischer Konzipierung und Weiterentwicklung städtebaulicher Strukturen in die Gegenwart fort ... Schon oberflächliche Einblicke in Planungsabsichten vergangener Jahrhunderte zeigen nicht nur Parallelen zwischen neuesten wissenschaftlichen Forschungsergebnissen und Planungsprinzipien, etwa aus der Renaissance, sondern beweisen auch z.B. hinsichtlich der Abstimmung des Straßenraumes auf optische Gesetzmäßigkeiten oder der bewußten Dimensionierung von Plätzen eine eindeutige Kenntnis ihrer Wirkung auf die Stadtbewohner, die in der Stadtplanung heute weder gekannt noch angewendet wird. So stellt der geschichtliche Aspekt der Stadtgestaltung in vieler Hinsicht die Grundlage des Arbeitsfeldes dar, das mit Stadtgestaltung umschrieben ist. Aber erst wenn Sinn und Notwendigkeit der Stadtgestaltung im Bewußtsein der Gegenwart wieder verankert sind, wird es wieder möglich werden, die Erfahrung vergangener Jahrhunderte bei der Planung und Umgestaltung der urbanen Umwelt für die Gegenwart fruchtbar zu machen." (Trieb)

Zwanzigstes Jahrhundert

Zeitlicher Überblick

1902-1917	Planungen von H.P. Berlage für Amsterdam-Süd (nach dem holländischen Wohnbaugesetz von 1901)
1905	Gründung des Deutschen Städtetages in Berlin
1907	Gründung des Deutschen Werkbundes
1910	Städtebauausstellung in Berlin
1910	Erste internationale Stadtplanungskonferenz in London
1911	Wettbewerb für Groß-Berlin
1911	Otto Wagners Studie „Die Großstadt"
1914	Antonio Sant 'Elia: „Città Nuova"
1914-1918	Erster Weltkrieg
1917	Russische Oktoberrevolution
1919	Begründung der Weimarer Republik (nach Abdankung von Kaiser Wilhelm II.)
1919	Bruno Taut: „Die Stadtkrone"
1919-1934	Anfänge und Blütezeit des Wiener Gemeindebaus
1920-1922	Heuberg-Siedlung in Wien von Adolf Loos u.a.
1922	Gründung der UdSSR
1923	Höhepunkt der Inflation in Deutschland (Vernichtung insbesondere des Wohlstandes der ehemaligen Mittelschicht)
1925	Le Corbusier: „Plan Voisin" für Paris
1925-1930	Ernst May und das „Neue Frankfurt"
1927	Ludwig Hilberseimer: „Großstadtarchitektur"
1927	Werkbundausstellung auf dem Stuttgarter Weißenhof
1928	CIAM I (Congrès Internationaux d'Architecture Moderne), Beginn der „akademischen" Phase in der modernen Architektur
1929-1932	Weltwirtschaftskrise
1933	Adolf Hitler Reichskanzler, Ermächtigungsgesetz, Auflösung aller Parteien in Deutschland und Alleinherrschaft der NSDAP
1933	Ausstellung „Deutsches Holz für Hausbau und Wohnung" auf dem Stuttgarter Kochenhof als „Anti-Weißenhof-Ausstellung"
1933	CIAM IV (Charta von Athen), Thema: Die funktionelle Stadt
1937	„Gesetz über die Neugestaltung deutscher Städte"; Albert Speer „Generalbauinspektor für die Neugestaltung der Reichshauptstadt"
1939-1945	Zweiter Weltkrieg
1944	„Greater London Plan" von P. Abercrombie (New Towns im „Äußeren Ring" vorgesehen)
1949	Gründung der Bundesrepublik Deutschland und Proklamation der Deutschen Demokratischen Republik

1952	Gesamtplan für den Großraum Stockholm
1957	Internationale Bauausstellung in Berlin
1959	Wettbewerb Nordweststadt Frankfurt
1963 ff.	Märkisches Viertel in Berlin

Neue städtebauliche Leitbilder

Die Hochindustrialisierungsphase, in Deutschland vor allem nach dem Deutsch-Französischen Krieg von 1870/71, fördert Zentralisation und Stadtgründung, ein Prozeß, der durch Rückwirkung des Bürgersinns auf das Land die auch kulturelle Bedeutung der Stadt für die Gesellschaft verdeutlicht. In Deutschland steigt die Anzahl der Stadtbewohner 1870-1900 von 15 auf 30 Millionen, die Anzahl der Großstädte von 8 auf 41. Eine fortschrittliche Sozialgesetzgebung (1883 Krankenversicherung, 1884 gesetzliche Unfallversicherung, 1889 Alters- und Invalidenversicherung) und freiwillige unternehmerische Leistungen (u.a. Werkswohnungsbau) entspringen wenigstens teilweise der Angst vor dem Sozialismus. 1889 sorgt eine neue Regelung, die Genossenschaften mit beschränkter Haftung zuläßt und ihre Bauvorhaben finanziell unterstützt, für einen weiteren Aufschwung des sozialen Wohnungsbaus.

Auch beginnt man sich wissenschaftlich mit übergreifenden Fragen des Siedlungs- und Städtebaus zu befassen und aus den Erkenntnissen Konsequenzen zu ziehen: Hatten sich noch Camillo Sitte 1889 mit stadtgestalterischen Fragen und Joseph Stübben 1890 deskriptiv mit dem Thema befaßt, ähnlich auch Raymond Unwin 1909 (sein Werk erschien 1910 in deutscher Übersetzung), und mehr das Interesse am beispielhaften oder auch typischen Erscheinungsbild einer Stadt geweckt, so liefert – ebenfalls 1909 – Rudolf Eberstadt mit seinem „Handbuch des Wohnungswesens und der Wohnungsfrage" eine kritische Wertung der aktuellen städtebaulichen Situation. 1904 wird die erste monatlich erscheinende Städtebauzeitschrift in Wien und Berlin herausgegeben: „Der Städtebau", heute eine wertvolle, mit zahlreichen Abbildungen versehene Quelle. Bereits ein Jahr zuvor findet in Dresden eine 82 Städte in Planungen und Bauordnungen repräsentierende Ausstellung, die „Deutsche Städteausstellung", statt. Auch Kongresse zum Thema beginnen sich als regelmäßige Einrichtung zu etablieren. Stellvertretend seien die RIBA-Kongresse (RIBA = Royal Institute of British Architects) 1906 und 1910 in London über städtebauliche Entwicklungsperspektiven genannt. 1909 findet eine vielbeachtete internationale Städtebauausstellung in Boston statt, die – wie erwartet – auch in Berlin und Düsseldorf gezeigt wird, wobei einen besonderen Schwerpunkt der Erweiterung der 1911 durchgeführte Wettbewerb für Groß-Berlin darstellt. Dieser Wettbewerb provoziert eine Auseinandersetzung über den „Bebauungsplan", der, als Entwicklungsplan begriffen, eine Koordination der unterschiedlichen Bauordnungen, ein Verkehrskonzept und eine Freiraum- und Grünflächenplanung beinhaltet, infolge des Ersten Weltkrieges aber nicht zur Ausführung gelangt. Besondere Erwähnung verdient auch die Gründung des Deutschen Städtetages 1905 als des wichtigsten kommunalen Spitzenverbandes, der seine Anliegen oft wirksam gegenüber Politikern, Behörden und der Presse artikulieren kann.

Das Interesse beschränkt sich vorrangig auf den städtischen Raum, wobei das

Stadtwachstum im allgemeinen als unbegrenzt und lediglich eine ausreichende Verkehrsplanung als notwendig angesehen werden. Eingriffe der öffentlichen Hand erfolgen höchstens zur Erreichung zwingender Minimalforderungen. Vor diesem Hintergrund ist auch die nur teilweise erfolgende Übernahme der Gartenstadtidee oder gar ihre Ablehnung zu verstehen. So publiziert 1911 Otto Wagner in Wien seine Studie „Die Großstadt", in der er ein Konzept für das Gegenteil, die unbegrenzte Großstadt, entwirft, ein Konzept, mit dem die üblichen Auswüchse planerisch und gestalterisch verhindert und ein Beibehalten der City im Schwerpunkt ermöglicht werden sollen. Sein sich spinnennetzförmig erweiterndes und durch Radialstraßen erschlossenes System, das durch Zonenstraßen querverbunden werden soll und ein leistungsfähiges Massenverkehrsmittel voraussetzt, gliedert sich in Bezirke von 500 bis 1000 ha für jeweils 100 000 bis 150 000 Einwohner. Wagners als Umsetzungsbeispiel gedachte Bebauungsstudie für den XXII. Wiener Gemeindebezirk läßt eine klassizistisch geprägte Monumentalität erkennen, weist Miethäuser von sieben bis acht Geschossen auf (als die für ihn billigste, bequemste, gesündeste und schönste Wohnform), repräsentative „Luftzonen" anstelle eines Grüngürtels (in Verbindung mit einem eigenen Zentrum) und überdies „Kunst im Stadtbild" sowie bei der „Verteilung von Kunstwerken", da er die Großstadt als Kulturzentrum und damit auch als „Kunstspeicher" begreift.

Der Bodenspekulation sollte seitens der Stadt durch Geländeaufkauf im Außenbereich und Weiterverkauf (nach Umwandlung zum Innenbereich und unter Berücksichtigung des Mehrwerts) vorgebeugt werden.

Eine weitaus geringere Aussicht auf Realisierung hatten die Planungen der italienischen Futuristen, die eine dynamische Architektur forderten und unter denen vor allem Antonio Sant 'Elia 1914 mit seiner „Città Nuova" für Aufsehen sorgte, einer pathetischen Vision einer von Technik und Verkehr dominierten Stadtmaschinerie, einer Apotheose der Moderne, die nicht ohne Einfluß auf die russischen Konstruktivisten blieb (die ihren auch gesellschaftserneuernden Beitrag bei der Umwandlung Rußlands von einem Agrar- zu einem Industriestaat leisten wollten).

Als beispielhaft zu bezeichnen ist das drei Planstufen vorschreibende holländische Wohnbaugesetz von 1901, das von jeder Stadt über 10 000 Einwohnern einen Rahmenplan, einen detaillierten Plan und einen Bauplan fordert, den Wohnungsbau für die unteren Bevölkerungsschichten fördert und die Bildung eigener Schönheitskommissionen vorschreibt – einer Institution, mit deren Hilfe es gelingt, maßgebenden Einfluß mindestens auf die Gestaltung der Fassaden wie die des Außenraumes auszuüben. Der erste, nach diesem Gesetz aufgestellte Plan war derjenige von H.P. Berlage für Amsterdam-Süd, 1902 begonnen, 1917 revidiert und damit ausführungsreif. Seine Verwirklichung begann nach dem Ersten Weltkrieg durch Michael de Klerk, Piet Kramer und andere, die unter Einfluß des deutschen Expressionismus standen und sich für eine stärkere Auflösung der meist ziegelsteinsichtigen Baukörper und ihre bewegtere wie individuellere Gestaltung einsetzten („Schule von Amsterdam"), jedoch das ursprüngliche Konzept einer geordneten wie großzügigen und durchgrünten Stadterweiterung mit differenziertem Straßensystem und Blockbebauung (Blöcke von 100 x 200 m mit gemeinsamem großen Gartenhof) beibehielten. Zusammen mit den Planungen für Rotterdam markiert das Konzept für Amsterdam-Süd überdies den Beginn

des gemeinnützigen Siedlungsbaus in Holland. Unter dem Stadtarchitekten Cor van Eesteren wird der Berlage-Plan für Amsterdam abgewandelt. Der neue Bebauungsplan von 1934 sieht Sektoren für jeweils 10 000 Einwohner und offenen Zeilenbau vor. Auch die Architektursprache ist eine andere und wird zunächst bestimmt durch den Neoplastizismus, der – ausgehend von der abstrakten Malerei eines Piet Mondrian, der die Farbe als raumbildendes Element betrachtet und sie als Fläche mit dem Ziel eines Gleichgewichts der durch sie erzeugten Spannungen verwendet – die Wand als Scheibe gezielt zur Verdeutlichung räumlicher Strukturen verwendet (wobei sich diese Strukturen wiederum als Teile eines Kontinuums begreifen).

Hauptträger dieser Bewegung, die der Moderne wesentliche Impulse gab, war die holländische Gruppe „De Stijl", der Cor van Eesteren ebenso angehörte wie J.J.P. Oud, 1918-1933 Stadtbaumeister von Rotterdam. Oud, dessen Architektur von einer rhythmischen Spannung zwischen Fläche und Volumen bestimmt wird, plädiert für die Serienfertigung, für extrem wirtschaftliche, doch funktionale Grundrisse, für ein durchdachtes Detail, eine Belebung durch Farbe und nicht zuletzt für eine auch architektonisch betonte Einbeziehung des Außenraumes. Seine 1925 geplante und drei Jahre später in Rotterdam begonnene Siedlung „De Kiefhoek" für kinderreiche Familien gilt als die Fortführung seiner beim Strandboulevardprojekt in Scheveningen 1916/17, bei der Spangen-Siedlung (ab 1918) und bei der Oud-Mathenesse-Siedlung (1922 geplant) entwickelten Ideen und als Lehrbeispiel des sozialen Wohnungsbaus.

207 In Deutschland wird 1919 Bruno Tauts „Stadtkrone" veröffentlicht: der durch den Ersten Weltkrieg mitgeformte Traum von einer kreisförmigen Stadt von sieben Kilometern Durchmesser und einem großen Rechteckkern, der ein Gefüge von Kulturbauten enthält und Ausdruck sozialistischer Bausehnsucht ebenso wie der gesellschaftlichen Bedeutung der Stadt ist. Die „Stadtkrone" als Gemeinschaftswerk und als beherrschende Idee, angefüllt mit nunmehr allen Stadtbewohnern zugute kommenden städtischen Errungenschaften, Vorschlag einer Neuorientierung, die sich bei Taut – und bedingt durch den dringlicheren Bedarf – dann auf das Thema 'sozialer Wohnungsbau' verlagert (vgl. insbesondere seine zusammen mit Martin Wagner errichtete Hufeisensiedlung „Britz" in Berlin-Neukölln (s.u.)).

Der Expressionismus wird weitgehend vom architektonischen Rationalismus abgelöst, in dem der Städtebau eine überaus wichtige Rolle spielt. Mit Tagungen, Grundsatzerklärungen, Aufrufen und Studien wird der Versuch unternommen, für die anstehenden Probleme neue methodische Denkansätze und praktische Lösungsvorschläge anzubieten. Typisch hierfür ist die 1928 im Anschluß an die Stuttgarter Ausstellung auf dem Weißenhof erfolgende Gründung der CIAM (Congrès Internationaux d'Architecture Moderne), die aus der hier international gezeigten Gemeinsamkeit eine auch zukünftig gemeinsame Standortbestimmung und Entwicklung von Architektur und Städtebau festlegen wollten. CIAM bezeichnen den Beginn der „akademischen Phase" der Moderne. Nach dem „Gründungskongreß" in La Sarraz befaßte sich der zweite Kongreß 1929 in Frankfurt a.M. unter Leitung von Ernst May mit der „Wohnung für das Existenzminimum", der dritte in Brüssel mit der Grundstücksbeschaffung und einer Publikation über „Rationale Bebauungsweisen".

„CIAM IV mit dem Thema „Die funktionale Stadt" fand im Juli und August 1933 an Bord der Patris zwischen Athen und Marseille statt. Dieser erste der „romantischen" Kongresse wurde von Le Corbusier und den Franzosen und nicht mehr von den deutschen Realisten beherrscht. Die Kreuzfahrt auf dem Mittelmeer, fern von der gespannten politischen Situation wie von der Realität des industriellen Europa, hatte ein höchst olympisches und rhetorisches Dokument zum Ergebnis: die „Charta von Athen". Die Paragraphen der Charta enthalten Feststellungen über die Verhältnisse in den Städten und gleichzeitig Vorschläge zur Verbesserung der Situation; die fünf Hauptgruppen umfassen Wohnung, Erholung, Arbeit, Verkehr und historisches Erbe.

Die Formulierungen bleiben zwar dogmatisch, doch sind sie allgemeiner gehalten und befassen sich weniger mit aktuellen praktischen Fragen, als es die Berichte von Frankfurt und Brüssel taten. Die Verallgemeinerung hatte da ihre Vorteile, wo sie die Probleme auf breiterer Basis behandelte und zum Beispiel davon ausging, daß man Städte nur im größeren regionalen Zusammenhang betrachten sollte. Der generalisierende Ton der Charta von Athen verleiht ihr den Anstrich universeller Anwendbarkeit, birgt jedoch auch eine sehr eng begrenzte Konzeption von Architektur und Städtebau. So legten sich die CIAM fest auf

a) streng funktionelle Zoneneinteilung der Stadtpläne, mit Grüngürteln zwischen den verschiedenen Funktionsgebieten, und

b) einen einzigen Typ des städtischen Wohnbaus, nämlich eine Bebauung mit hohen, weit auseinanderliegenden Appartementhäusern in Gebieten mit großer Wohndichte.

Diese Forderungen lassen sich heute unschwer als Ausdruck eines ästhetischen Vorurteils erkennen.

Nach Kriegsende wurden die Vorschläge der Charta auf der ganzen Welt zum anerkannten Dogma fortschrittlicher Städteplanung. Während das System CIAM in den Architekturschulen und Planungsbüros obligatorisch wurde, waren bereits seine Schwächen deutlich geworden. Bezeichnend ist die Einführung eines Abschnittes in „Can Our Cities Survive?", der nicht in der Charta berücksichtigt war: das Gemeinschaftszentrum. Zu Beginn schien das Gemeinschaftszentrum nicht mehr zu sein als ein Ort, an dem der Bürger dem kartesianischen Gefängnis Wohnen – Arbeit – Erholung – Verkehr entfliehen konnte. Das Studium der Gemeinschaftszentren machte mehr und mehr klar, daß die funktionelle Stadt der CIAM in Unkenntnis der spezifischen Aufgaben einer Stadt geplant worden war. So definiert die Charta Wohnen als erste Funktion der Stadt; es ist aber auch die erste Funktion des Dorfes. Arbeit und Verkehr sind sogar bei den Nomaden in der Wüste Funktionen, und auch Erholung ist kein Charakteristikum der Städte. Nach dem Kriege war es deshalb die wichtigste Aufgabe der CIAM, die typisch urbanen Funktionen der Stadt klarzulegen". (Aus: Knaurs Lexikon der modernen Architektur, Stichwort „CIAM")

Die CIAM markieren einen internationalen Gedankenaustausch fortschrittlicher Architekten, der jedoch in der Regel allzu formalistisch betrieben wurde und letztlich zum Scheitern führte.

Einer der Promotoren der CIAM war Le Corbusier, der Ideen der Cité Industrielle von Tony Garnier, visionäre Vorstellungen der Città Nuova von Antonio Sant 'Elia und Architekturanregungen von Adolf Loos (s.u.) verarbeitete. 1922 entwickelte

er seinen Plan einer „Metropole mit vielfältigen Funktionen", einer „Ville Contemporaine" für rund 3 Millionen Bewohner. Dieser Plan, der eine Trennung der Funktionen wie ein rechtwinkliges Straßenraster vorsieht, großzügige Grünanlagen, getrennte Verkehrssysteme und Hochhäuser, wird von ihm 1925 anläßlich der Kunstgewerbeausstellung in Paris zu einer Studie für sein Zentrum umgearbeitet: Es entsteht der „Plan Voisin" für das rechte Seineufer, bei dem zwar einige historische Monumente – in baulicher Isolation (u.a. die Madeleine) – erhalten bleiben, die gesamte sonstige gewachsene Struktur jedoch zugunsten von 18 rund 200 Meter hohen Wolkenkratzern aufgegeben wird: eine logische Folgerung rein mechanistischer Ordnungsprinzipien, mit dem Ziel der Heilung der Stadt durch die Trennung ihrer Funktionen und bei Dominanz von Verkehrs- und Wohnungsfragen. Die Konsequenz: Der städtische Raum würde sich völlig verändern, die Innenstadt verödete, es ergäbe sich ein rationales Gefüge von Wohn-, Arbeits- und großzügigen Regenerationsflächen, deren Qualität sich – unabhängig betrachtet – verbessern würde, dies jedoch unter Preisgabe von Geschichte, Stadtgeschichte und Urbanität im Sinne von Vielfalt und Lebendigkeit.

In seiner „Großstadtarchitektur" stellt Ludwig Hilberseimer 1927 sein mit noch größerer Konsequenz rationalisiertes Konzept einer Hochhausstadt, an deren Entwicklung er seit 1919 gearbeitet hat, der Öffentlichkeit vor. Er löst die Großstadt in Wohn- und Arbeitsstätten auf, die er auf große, stereotype Hochhausscheiben so verteilt, daß die unteren fünf Geschosse Geschäfts- und Arbeitsflächen aufnehmen, die oberen 15 ausschließlich dem Wohnen dienen. Ganz unten verlaufen Fern- und Stadtbahn, der übrige Verkehr ist – entflochten nach dem Vorbild des um die Mitte des 19. Jhs. angelegten New Yorker Central Park von F.L. Olmsted mit seinen insgesamt vier Ebenen – im Bereich der sogenannten Geschäftsstadt angesiedelt. Hilberseimer geht davon aus, daß die Zukunft, bedingt durch Radio und Fernsehen, den Menschen mehr ans Haus binden und zu einer deutlichen Verkehrsabnahme führen werde. Bei seinem Konzept, bei dem die Blocklänge von 600 m dem Abstand von zwei Schnellbahnstationen entsprochen hätte und die Wohnungen komplett möbliert werden sollten, wäre eine erhebliche Verdichtung im städtischen Raum zu erreichen gewesen (nach Hilberseimer hätte die Einwohnerzahl Berlins, die bei 6600 ha zwei Millionen betrug, auf das Doppelte bei nur 5600 ha anwachsen können). Einige der Anregungen Hilberseimers wurden um 1930 beim „Kollektivhaus", einem 10 bis 12 Geschosse umfassenden Hochhaus wiederbelebt, das größere Dichte und damit kürzere Wege garantierte, wirtschaftlich war und den Gemeinschaftsgeist fördern sollte, sich jedoch für Familien mit Kindern ebenso wie für die persönliche Unabhängigkeit der Mieter als nachteilig erwies.

Sozialer Wohnungsbau in den zwanziger Jahren

Die Zeit nach dem Ersten Weltkrieg ist gekennzeichnet durch eine partielle Stagnation des Stadtwachstums infolge eines Rückgangs an Mobilität.

Eines der in dieser Zeit frühesten modernen Siedlungsvorhaben war die Mustersiedlung auf dem Wiener Heuberg (XVII. Bezirk), ab 1920 von Adolf Loos, Hugo Mayer u.a. geplant und zwei Jahre darauf begonnen. Diese Siedlung war zur Sicherung einer begrenzten Selbstversorgung mit Hausgärten und an die Gebäude

angelehnten Treibhäusern ausgestattet und gilt als eine der fortschrittlichsten des sozialen Wohnungsbaus, zumal hier Loos – bekannt durch seine 1908 gegen den Jugendstil und dessen ornamentalen Schwulst gerichtete Kampfschrift „Ornament und Verbrechen" und durch seine Vorwegnahme des Internationalen Stils – seinen „Raumplan" im Sinne der Schaffung von Raumerlebnissen bei differenzierten Höhen auf den Massenwohnungsbau übertragen hatte. 1920-1922 Leiter des Wiener Siedlungsamtes, erwies er sich leider als unfähig, seine Entwurfsideen und -methoden überzeugend zu vermitteln.

Der Siedlungsbau der zwanziger Jahre berücksichtigt jedoch nicht nur die Wohnung, sondern auch die Stadt, dies mit dem Ziel einer Selbstdarstellung des Bürgers wie unter Betonung des Gemeinschaftsgedankens. Ideale und eigenständige Entfaltungsmöglichkeiten ergeben sich häufig in Städten, in denen die Sozialdemokraten die Regierungsverantwortung tragen. Insbesondere der Siedlungsbau in Frankfurt a.M., der sich zwischen 1925 und 1930 mit dem Namen Ernst May (des Leiters des Siedlungsamtes als baulicher Oberbehörde) verbindet, gilt hinsichtlich Menge, Geschlossenheit und der Einbeziehung von Grün ins Wohnumfeld und nicht zuletzt des hohen Wohnungsstandards als mustergültig. Hat man auch an der Betonung des Kollektiven und am Versuch der Erziehung der Massen zu schmuckloser, sauber proportionierter und klarer Architektur, die eine regelrechte Schockwirkung nicht nur auf die Bewohner ausübte, Kritik geäußert, so schmälert diese kaum die Gesamtleistung, innerhalb derer Neuschöpfungen wie die „Frankfurter Küche" von Margarete Schütte-Lihotzky, eine Küchenzeile auf kleinstem Raum zur Entlastung von der Hausarbeit, hervorzuheben sind. Gravierender ist demgegenüber die Kritik an den zu hohen Mieten, die dazu führten, daß mehr als 40 Prozent der Bewohner Beamte und Angestellte waren.

In einer eigenen Zeitschrift, „Das Neue Frankfurt", sollen Ziele und Methoden des neuen städtebaulichen Konzepts der Öffentlichkeit nahegebracht werden. Es geht May und seinen Mitarbeitern neben der sozialen Verantwortung für den Wohnungsbau zunächst um eine Arrondierung des vorhandenen Stadtgebietes, später auch um die Anlage von Trabanten. Eine zunächst romantisierende Grundhaltung (wie bei der Siedlung Bruchfeldstraße in Niederrad oder bei der „Römerstadt") weicht einer immer rationaler werdenden, bei der das städtebauliche Entwerfen zu einem technischen Optimierungsvorgang wird (z.B. Westhausen) und die Vorfertigung an Bedeutung gewinnt. Einzig mit Goldstein bei Höchst (für 35 000 Einwohner) befand sich ein wirklicher Trabant in Planung.

209 *Frankfurt a.M., „Römerstadt"*
Die von May, Rudloff und anderen geplante und 1927/28 entstandene Siedlung mit 1220 Wohneinheiten bildet, an einem leicht abfallenden Hang gelegen, zwei durch eine S-förmig geschwungene Straße getrennte Zonen mit gegeneinander versetzten Erschließungsstraßen.
Die Bebauung, meist in Ost-West-Richtung orientierte Zeilen, hat bandartigen Charakter. Zur Nidda schließt die „Römerstadt" in einem drei Meter hohen Mauerring mit sie platzartig erweiternden geländeüberragenden Rundbastionen ab: einem Identifikationsmerkmal, das den ehedem hier verlaufenden römischen Limes in eine zeitverständlichere Formsprache übersetzt. Für die zum Teil zentrifugale Struktur der Siedlung und den „Basteienkranz" griffen May und seine Mitarbeiter auf Planungen von Walter Gropius für Dessau-Törten (1926-1928) zurück, ein Projekt der Reichsforschungsgesellschaft.

Walter Gropius, der Leiter des Bauhauses in Weimar und Dessau, der 1928 sein Amt niederlegt, um sich ganz Architektur und Städtebau zu widmen, unternimmt bei seiner Siedlung in Dessau-Törten einen Versuch zur Vorfertigung, der ihn 1931 zu einer selbsttragenden Sandwichplatte mit Holzplattenkern führen wird: eine Entwicklung, die von der inzwischen eingetretenen Wirtschaftskrise ebenso abrupt abgebrochen wird wie sein Konzept für ein Hochhaus. In Karlsruhe errichtet er nach Gewinn eines Wettbewerbs zusammen mit acht anderen Architekten ab 1927 die Siedlung Dammerstock für 3200 Einwohner, eine Siedlung, die der Öffentlichkeit im Rahmen der Ausstellung „Die Gebrauchswohnung" 1929 gezeigt wird. Die Siedlung verabsolutiert zugegebenermaßen den Zeilenbau, indem sie von der optimierten Wohnung (auch im Hinblick auf Sonnenlage, Durchgrünung und Herstellungskosten) ausgeht, versucht aber, das architektonische Bild durch unterschiedlich hohe Baublocks zu beleben. Neben May und Gropius, der unter anderem ebenso im Berliner Siedlungsbau tätig war, sind hervorzuheben: der vor allem in Celle tätige Otto Haesler, Fritz Schumacher in Hamburg, Martin Wagner und Bruno Taut in Berlin. Martin Wagner (der sich intensiv mit dem Thema „Stadtgrün" als sozialem Grün zur Durchlüftung des Stadtraumes wie als preiswerter Wohnungsergänzung befaßt hatte) und Bruno Taut errichten 1925 bis 1930 die berühmte „Hufeisensiedlung" in Berlin-Britz mit einem im Grundriß hufeisenförmigen Kernbau um eine bestehende Wasserfläche: Zeichen der Gemeinschaft wie optisches Zentrum der Siedlung, an das sich mit abknickender Mittelachse eine spindelförmige, jedoch nachgeordnete Raumform anlegt. Auffälliges Kennzeichen für Britz wie generell für seinen Planer Taut ist die Farbe, die er im Siedlungsbau erstmals ab 1913 bei seiner Gartenstadt Falkenberg bei Grünau (im Südosten Berlins), seiner „Tuschkastensiedlung", gewissermaßen als Kompromiß zwischen dem ökonomischen Zwang zur Typisierung einerseits und dem Streben der Bewohner nach Individualität andererseits anwendet. Die Farbe ist aber auch Zeichen der Zugehörigkeit aller Bewohner zu ihrer (sich von den anderen unterscheidenden) Siedlung, schließlich unentbehrliches „Baumaterial", das in einem Abhängigkeitsverhältnis zum Licht und zur Umgebung, vor allem der Natur steht, Abstände verkleinern oder vergrößern kann usw.

Werden in Frankfurt a.M. 1925-1931 rund 15 000 Sozialwohnungen gebaut, so beträgt unter sozialdemokratischer Verwaltung ihre Zahl in Wien 1919-1934 mehr als 72 000. Zwar ist in Wien wie in Frankfurt der Versuch, die Wohnungsnot zu beheben, nicht geglückt, doch sind zwei hier erreichte Ziele hervorzuheben: Zum einen zeichnen sich die Wohnungen des Wiener Gemeindebaus durch extrem niedrige, kostendeckende Mieten aus und sind damit echte Sozialwohnungen, zum anderen erweist sich die Architektursprache in Wien als für die Bewohner verständlich und fördert damit ihr Solidaritätsgefühl. Die geringen Mieten werden ermöglicht durch Einführung einer Wohnbausteuer für alle, durch eine nach Einkommen gestaffelte Luxussteuer und durch eine Gewinnzuwachssteuer bei Grundstücksverkäufen, die der öffentlichen Hand Vorteile verschafft. Das 1926 auf dem internationalen Wohnungs- und Städtebaukongreß in Wien vorgestellte „Wiener Modell", dessen Wirksamkeit sich insbesondere auf sein neuartiges Finanzierungsverfahren stützt, stößt auf damals erstaunlicherweise geringes Interesse. Hauptbautyp des Wiener Gemeindebaus ist die Wohnhofanlage, die den aufgelockerten Siedlungen etwa der Gartenstadtbewegung vorgezogen wird, weil

sie den Gemeinschaftsgeist fördert und eine bessere Nutzung öffentlicher Einrichtungen ermöglicht.

Mutet noch die erste Wohnhofanlage, der 1919 am Margarethengürtel errichtete Metzleinstalerhof mit rund 250 Wohneinheiten, fast kleinstädtisch an, so ändert sich dies recht bald zugunsten einer großen Vielfalt und zugunsten von Anlagen, die eine auch außenräumliche Gliederung zeigen und nicht selten, wie der Reumannhof (errichtet 1924 durch Hubert Gessner) mit seiner siebengeschossigen Mitte, Elemente des Schloßbaus, vor allem den Ehrenhof (als Zitat des „Arbeiterpalastes"), übernehmen.

„Flaggschiff" des Wiener Gemeindebaus ist der Karl-Marx-Hof.

209 *Wien, Karl-Marx-Hof*
Der von Karl Ehn 1927 mit etwa 1325 Wohneinheiten errichtete Bau ist expressionistisch bis rationalistisch, von außerordentlicher Plastizität und Monumentalität. Er ist mehr als ein Kilometer lang, unterstreicht mit seiner Staffelung die vorhandene Straßenführung und mit seinen Rücksprüngen die ihn als Querspangen durchlaufenden Straßen. Optische Mitte bildet ein auch gestalterisch hervorgehobener Ehrenhof. Name und rote Farbgebung (als Sockelfarbe gegenüber dem Gelb der zweiten Ebene) trugen ihm Bezeichnungen wie „rote Hochburg" und „Festung des Mieterschutzes" ein, aber auch von „Kasernierung" der Arbeiterschaft wurde gesprochen: Eine unverwechselbare Architektur im Sinne eines gebauten, kontrovers diskutierten politischen Bekenntnisses war entstanden.

Etwa zeitgleich, 1927, findet auf dem Stuttgarter Weißenhof die zweite große Ausstellung des Deutschen Werkbundes statt, der sich 1907 vor allem mit dem Ziel einer besseren Formgebung von Gebrauchsgegenständen gegründet hatte und zusammen mit dem seit 1919 bestehenden Bauhaus von wesentlichem Einfluß auf die Entwicklung der Moderne wurde.

210 *Stuttgart, Weißenhof-Siedlung*
Die Ausstellung einer Siedlung auf dem Weißenhof geht zurück auf einen Vorschlag des Deutschen Werkbundes von 1925 und steht unter der koordinierenden Leitung seines Vizepräsidenten, Ludwig Mies van der Rohe. Ziel war die beispielhafte Präsentation des Themas Wohnbau, auch unter den Aspekten der Billigkeit und der Vorfertigung, desgleichen der umgesetzten Idee, daß Architektur geformte Funktion sei.
Die Schauseite der von international bekannten Architekten errichteten Siedlung, bei der das Flachdach aus Gründen städtebaulicher Geschlossenheit vorgeschrieben war, präsentiert sich zur Stadt und steht in wirkungsvollem Gegensatz zur vorhandenen Hangsituation, auf die sie allerdings schon durch die Anordnung der Gebäude und durch Einfriedungs- und Stützmauern Bezug nimmt. Die markantesten Grundstücke werden an die bedeutendsten Architekten vergeben, so an Le Corbusier, Mies von der Rohe und Peter Behrens. Trotz großer Detailverschiedenheit spiegelt die Siedlung einen Grundkonsens architektonischer und städtebaulicher Denkweise, desgleichen eine städtebauliche Geschlossenheit, die den Kritikern des Internationalen Bauens von vornherein den Wind aus den Segeln nehmen sollte.
Der Bund für Heimatschutz meldete energischen Protest gegen die Beeinträchtigung des Landschaftsbildes an (aus heutiger Sicht eine durchaus wieder verständliche Haltung!). 1941 erschien eine Fotomontage im Schwäbischen Heimatbuch, die die Weißenhofsiedlung als Araberdorf verächtlich zu machen suchte.
Die errichteten Gebäude berücksichtigen nur teilweise die Möglichkeit der industriellen Vorfertigung, so die Häuser von Poelzig, Gropius und Mies van der Rohe (der sogar flexible Innenwände verwendet, um die Wohnungen einer sich verändernden Familien-

größe anpassen zu können), einige von ihnen bestehen überwiegend aus Stahlbeton, so die beiden Bauten von Le Corbusier und die Fünfergruppe von J.J.P. Oud, der ihn wegen der minimalen Kosten verwendet und als einziger das Raumangebot der Wohnungen sowohl durch Balkone als auch straßenseitig vorgeschaltete Höfe erweitert.
Der zweite sich an der Ausstellung beteiligende Holländer, Mart Stam, wird zusammen mit Karl Blattner ab 1929 die Neue Hellerhof-Siedlung am damaligen Innenstadt-Westrand von Frankfurt a.M. in drei- bis viergeschossigen Zeilen und mit 800 Wohneinheiten errichten.

In engem Zusammenhang mit der Weißenhof-Siedlung steht insbesondere die Ausstellung des Österreichischen Werkbundes 1932 in Wien, einer Siedlung, die unter Leitung des auch in Stuttgart beteiligten Josef Frank Bauten von 32 Architekten an der Stadtperipherie umfaßt, allerdings eine geringere Geschlossenheit aufweist und vorrangig architektonische Anregungen vermittelt.

Siedlungs- und Städtebau in der Zeit des „Dritten Reiches"

Die dreißiger Jahre markieren in Deutschland den nahezu vollständigen Zusammenbruch der bürgerlichen Selbstverwaltung, nicht zuletzt hervorgerufen durch eine sich ausbreitende Aufgabenüberlastung. Hinzu kommt, daß die Sozialisierungsabsichten gerade von Großstädten trotz der erbrachten Leistungen auch für das Umland als staatsschädigend betrachtet werden.

Zahlreiche Entwicklungen aus der Zeit des „Dritten Reiches" erklären sich als Folge der vorherigen, andere als Ausdruck ihrer bewußten, von Menschenverachtung und Größenwahn gekennzeichneten Umlenkung.

Der Nationalsozialistischen Deutschen Arbeiterpartei (NSDAP) kam, nach dem gescheiterten Putschversuch vom November 1923, die sich seit 1930 ausbreitende Arbeitslosigkeit (mit 1932 etwa 5,6 Millionen Arbeitslosen) zur Bildung eines Einparteienstaates und einer uniformen Volksgemeinschaft besonders zustatten. Für das „Tausendjährige Reich" glaubwürdig repräsentierende Staatsbauten orientierten sich Hitler und seine Architekten an einer „ewigen" Kunst, die Vorläufer in der Antike und hier besonders dem römischen Imperium als einzig möglichem historischem Vorbild hatte (vgl. den Münchener Königsplatz von Leo von Klenze, der ab 1933 durch Paul Ludwig Troost in Vollendung des klassizistischen Grundkonzepts um den Bau für die Reichsleitung der NSDAP sowie die Ehrentempel für die 16 „Gefallenen" des Putschversuches von 1923 ergänzt wurde). Eine besondere Rolle fällt der Architektur im Hinblick auf das politische Massenerlebnis zu, dem z.B. das Nürnberger Reichsparteitagsgelände mit dem ab 1934 durch Albert Speer gestalteten Zeppelinfeld für 250 000 bis 300 000 Personen (sechs bis acht km in die Höhe strahlende Scheinwerfer sollten die hier Versammelten zu einer „über sich selbst hinauswachsenden" Volksgemeinschaft zusammenschließen) und das 1937 begonnene Kongreßhaus von Ludwig und Franz Ruff mit einer Länge von 275 m Rechnung trugen.

1931 wurde der Entwurf eines Reichsstädtebaugesetzes vorgelegt, das den Kleinwohnungsbau fördern und die Mieten begrenzen sollte, zudem auch die Respektierung des Orts- und Landschaftsbildes und eine Baugestaltung im Sinne des Heimatstils forderte. Da der Gesetzesentwurf noch zwischen Privateigentum und entschädigungspflichtiger Enteignung unterschied, traten 1933 und 1934 an seine Stelle ein „Gesetz über die Aufschließung von Wohnsiedlungsgebieten" und eine

dazu gehörende Durchführungsverordnung: Der Staat konnte als Obereigentümer zum Wohle der Allgemeinheit enteignen, denn ein Interessengegensatz zwischen einer Privatperson und dem Staat war mit dem Wohl des Volksganzen unvereinbar.

Schon die Kritik an der Stuttgarter Weißenhof-Siedlung hatte ein breites Unverständnis aus Kreisen der Architektenschaft für deren von regionalen und traditionellen Bindungen freie Architektur zum Ausdruck gebracht. Vor allem wurde diese Kritik aber seitens der Vertreter der „Stuttgarter Schule" vorgetragen, der Heimatstil-Anhänger, wie Paul Schmitthenner und Paul Bonatz, die die Gelegenheit einer von der Deutschen Forstwirtschaft angeregten und 1933 durchgeführten Ausstellung „Deutsches Holz für Hausbau und Wohnung" auf dem Stuttgarter Kochenhof, unweit des Weißenhofes, zu einer Art „Anti-Weißenhof-Ausstellung" nutzten. Es ging ihnen darum, Lösungen für grundlegende Wohnanforderungen in „einfachster und bestmöglicher Form" anzubieten. Es entsteht eine eher idyllische Siedlung mit steilen Dächern und betontem Einzelhauscharakter. Topographische Rücksichten sind im Gegensatz zur Weißenhof-Siedlung nur bedingt erkennbar.

Zahlreiche Siedlungen aus der Zeit des „Dritten Reiches" weisen Übereinstimmungen mit dem Kochenhof auf, z.B. die vorstädtische Selbsthilfe-Kleinsiedlung „Am Sommerwald" (1932-1935) im Nordosten von Pirmasens – mit 368 anderthalbgeschossigen Häusern aus tragenden Holzgerüsten und einer Vormauerung – oder die Kolonie „Auf der Brücke" bei Rottweil.

Die Förderung des Einfamilienwohnbaus diente unterschiedlichen Zwecken: Neben den hier besonders schnell wirksamen Arbeitsbeschaffungsmaßnahmen zur Dämpfung der Arbeitslosigkeit wie zur Ankurbelung der Wirtschaft ging es um die „Entproletarisierung" der angeblich durch den Bolschewismus gefährdeten Arbeiter, um ihre Bindung an Scholle und Heimat, um eine weitgehende Selbstversorgung und die damit planerisch zu verknüpfende Auflockerung städtischer Ballungsräume. In nahezu idealer Weise schien das freistehende Einfamilienhaus mit einem Grundstück von etwa 1000 qm/Familie diesen Zielsetzungen zu entsprechen. Der Mietwohnungsbau konzentriert sich auf das kostengünstige Reihen- und Doppelhaus.

Die Wohnbauförderung erfolgt in engem ideologischen Zusammenhang: ab 1931 vorrangig für Arbeitslose, ab 1934 für kinderreiche Stammarbeiter der Industrie, ab 1939 nur noch bei kriegswichtigen Unternehmen (die übrige Bautätigkeit wird gedrosselt bzw. eingestellt), ab 1942 ausschließlich in Form der Behelfsbauweise für Bombengeschädigte. 1943 schließlich bringt ein Verbot jeglichen friedensmäßigen Wohnungsbaues.

Obgleich das „Dritte Reich" ideologisch stadtfeindlich ist, die sittliche Aufwertung der Landarbeit anstrebt und von einer „Unkultur" der Großstadt spricht (so unter anderen der Parteiideologe Alfred Rosenberg), wird die Stadt doch als Zentrum des nationalen Lebens für wichtig erachtet, ihr Aus- und Umbau zu einem wichtigen Teil der Politik. So kommt es 1937 zum Erlaß eines Gesetzes „über die Neugestaltung deutscher Städte" mit dem Ziel, bereits durch Hitler festgelegte Städte (die „Führerstädte") durch umfassenden Umbau zu bleibenden Zeichen des Nationalsozialismus zu machen. Zu diesen Städten, deren Verwirklichung ab 1940 Priorität erhalten soll, gehören Berlin, Hamburg, München und Nürnberg. Jede der etwa insgesamt 50 Großstädte sollte schließlich wenigstens einen Platz

mit „Gauforum" und Versammlungshalle für etwa 50 000 bis 100 000 Personen, eine imposante Bahnhofsgestaltung und entsprechend ausgebaute Hauptstraßenachsen erhalten.

Hitler, der sich als eigentlicher Architekt des „Dritten Reiches" ansah, strebte zudem eine Ausführung aller Staatsbauten in Granit und mit einer Lebenserwartung von 4000 Jahren an. 1937 ernannte er Albert Speer, der 1942 auch Rüstungsminister wird, zum „Generalinspektor für die Neugestaltung der Reichshauptstadt". Berlin sollte zur 10-Millionen-Stadt anwachsen und nach dem „Endsieg", dessen Feier für 1950 geplant war, zur Welthauptstadt mit dem Namen „Germania" werden.

212 *Berlin, Speer-Planung*

Beim städtebaulichen Rahmen für die „Ordnung der Volksgemeinschaft" orientierten sich Hitler, Speer und seine Mitarbeiter vor allem an römischen Vorbildern und den Straßendurchbrüchen von Haussmann für Paris (1853-1870), wobei sich ihre Ordnung von neuer Dimension und neuem Anspruch in imponierenden Achsen (vor allem dem Hauptachsenkreuz als Verbindung der Innenstadt mit dem die Stadt umfassenden Autobahnring) widerspiegelt, in monumentalen Bauten und Plätzen (Planungszeitraum: 1937-1943). Das Ehrenmal an der ersten Querspange der Nord-Süd-Achse, das sich am Arc de Triomphe in Paris orientiert, mißt in der Breite 170 m. Zielpunkt jedoch ist die von diesem fünf Kilometer entfernte überkuppelte Versammlungshalle, der „Bau des Deutschen Volkes", der mit seinen 250 m Durchmesser 180 000 Menschen Platz bieten und von einer Weltkugel in den Fängen eines Adlers bekrönt werden sollte.

Berlin wurde zum Vorbild für die Planungen anderer Städte, z.B. für München als der „Hauptstadt der Bewegung", in der ab 1938 (in Konkurrenz zum in Berlin tätigen Albert Speer) Hermann Giesler als „Generalbaurat" einen gewaltigen Bahnhof mit Stahlbetonkuppel in der Mitte einer insgesamt sechs Kilometer langen Straßenachse plante: ein Szenarium, dessen Auftakt ein 215 m hohes „Denkmal der Bewegung" bilden sollte. 1938 war aber auch das Jahr der Grundsteinlegung des VW-Werkes, dessen zugehörige Stadt (damals offiziell „Stadt des KdF-Wagens" genannt) nach dem Willen Hitlers ein „Musterbeispiel deutschen Städtebaues" werden sollte und mit Salzgitter, Annaberg in Sachsen, Elbing-Kupferhammer und anderen zu den neuen Industrieansiedlungen dieser Zeit gehörte.

Wolfsburg („Stadt des KdF-Wagens")

Wolfsburg hatte einen idealen Standort, lag in verkehrlicher Mitte des Landes und an der Bahnstrecke Essen-Berlin, der West-Ost-Autobahn und dem Mittellandkanal. Der Gedanke der sich mit diesem Platz verbindenden Volksmotorisierung leitet sich von Amerika, genauer dem Vorbild Henry Fords, ab und wurde von Hitler bereits 1933 anläßlich der Berliner Automobilausstellung ins Gespräch gebracht. Tatsächlich hängt die verhältnismäßig späte Gründung der KdF-Stadt mit dem Ausbau kriegswichtiger Industrie zusammen, weshalb auch die Kritik Speers an der seiner Meinung nach allzu starken Berücksichtigung der Topographie bei der Planung durch Peter Koller weitgehend durch Sachzwänge ausgeschaltet wurde, da man sich mit den Arbeiterquartieren im Verhältnis zum Werk bereits im Baurückstand befand. Die 1937 für insgesamt 90 000 Einwohner vorgesehene Stadt, die sich durch eine enge Verbindung zum Werk, durch eine sorgfältige Verkehrsplanung, durch Raumbildungen, viel Grün und für die Zeit qualitätvolle Wohnungsgrundrisse auszeichnete, hatte 1945 etwa 25 000 Einwohner. Besondere Erwähnung verdienen die Siedlung auf dem Steimkerberg (für qualifizierte Facharbeiter) in Formen des Heimatstils und etwa 700 1940 im Stadtkern bezugsfertige Wohnungen mit meist eher kleinstädtisch geprägten Wohnhöfen.

Wiederaufbau und Neuorientierung

Die Folgen des Zweiten Weltkrieges führten überwiegend zu einer nur scheinbaren Überprüfung bisheriger Leitbilder, oft lediglich zu ihrer Umbenennung, seltener zu wirklichen Experimenten. In Deutschland ging es zunächst um die Beseitigung der Kriegsschäden, vor allem aber – ähnlich wie in Frankreich – um die Schaffung von Wohnraum. Die größeren Städte waren in der Regel zu mehr als 50 Prozent zerstört, etwa ein Viertel des Wohnungsbestandes war vernichtet. Hinzu kam eine Zahl von 10 Millionen Ostflüchtlingen, die in Westdeutschland aufzunehmen war.

Bis zur Währungsreform 1948 hält sich hier jedoch jegliche Bautätigkeit in sehr engen Grenzen. 1949/50 tragen die Amerikaner durch massive Hilfe zur Errichtung von 100 000 Wohneinheiten bei. Der entscheidende Durchbruch wird 1950 durch ein neues Wohnungsbaugesetz erreicht, das die Fertigstellung von 1,8 Millionen Wohnungen in den darauffolgenden sechs Jahren vorsieht.

Nicht selten werden bei der nun einsetzenden schnellen Entwicklung noch vorhandene Spuren von Geschichte im Zuge von Flächensanierungen im innerstädtischen Bereich zur Verbesserung der Infrastrukturen allzu leichtfertig ausgelöscht oder bei der Neuplanung unberücksichtigt gelassen, wie dies die für den Spätrationalismus typische Nachkriegsgestaltung des Berliner Hansaviertels anläßlich der Interbau 1957 veranschaulicht.

213 *Berlin, Hansaviertel*
Das aus der Gründerzeit stammende Hansaviertel war im Krieg nahezu zerstört worden, so daß durch Senatsbeschluß 1953 sein moderner Wiederaufbau für sinnvoll erachtet, dessen Einbeziehung in eine internationale Bauausstellung beschlossen und ein städtebaulicher Wettbewerb ausgeschrieben wird. Das Ergebnis läßt die Tendenzen der damaligen Architekturmoderne sichtbar werden, doch auch einen Verlust an Einheitlichkeit zugunsten einer „rhythmisch freien Anordnung" der Gebäude, die in Kooperation der mehr als 50 Entwerfer mit einem Bauausschuß unter Leitung von Otto Bartning zur Ausführungsreife gebracht werden. Die für 5000 Bewohner konzipierte Siedlung, die anläßlich des dreißigjährigen Jubiläums der Weißenhof-Ausstellung der Öffentlichkeit präsentiert wird, kann zwar in vieler Hinsicht nicht mit ihr wetteifern, signalisiert jedoch – mit starker Ausrichtung auf den Typ des von Grün umgebenen Hochhauses (vgl. auch die aus zwölf Hochhausscheiben bestehende, 1946 begonnene Baugruppe am Grindelberg in Hamburg-Eimsbüttel) – das Bestreben, wieder am internationalen Wettbewerb teilzunehmen und an „die gute Tradition" internationalen Planens der zwanziger Jahre anzuschließen.
Das Hansaviertel ist ein Experiment, bei dem vorrangig gute architektonische Einzelleistungen präsentiert werden, dies allerdings ohne den Versuch, mit der gebauten Umgebung in Beziehung zu treten (lediglich das Grün des angrenzenden Tiergartens wird optisch weitergeführt).

Bei den Wettbewerben zum Wiederaufbau mancher stark zerstörter Städte, wie Kassel, Kiel und Nürnberg, werden oft verkehrstechnische und wirtschaftliche Forderungen überdeutlich herausgearbeitet, glücklicherweise aber nicht immer und in häufig moderaterer Form in die Wirklichkeit übersetzt. An anderen Plätzen, so in Wolfsburg, werden vorher begonnene Planungen in modifizierter Form weitergeführt. In Wolfsburg, das vor und während des Krieges mehr eine Folge von Werkssiedlungen als eine richtige Stadt gewesen war, bildet sich erst in den

fünfziger Jahren mit Rathaus und 1962 vollendetem Kulturzentrum eine wirklich als solche anzusprechende Stadtmitte heraus.

Städte wie Freudenstadt und Münster versuchen den Rückgewinn ihres historischen Gesichts: Freudenstadt in den fünfziger Jahren unter Leitung seines Planers Ludwig Schweizer und unter Orientierung am Heimatstil der dreißiger Jahre **214** sowie mit großer Einheitlichkeit der Gestaltungsmittel, Münster, das als katholisches Widerstandszentrum gegen das „Dritte Reich" Position bezogen hatte, bereits mit Ende der vierziger Jahre unter Vereinfachung wie unter teilweiser Veränderung des vor dem Kriege Vorhandenen. Nicht selten ist dabei die visuelle Identität der Ähnlichkeit gewichen.

Im Zuge der Herausbildung neuer oder der Erweiterung bestehender Zentren und einer sich nach den unerwarteten Anfangserfolgen einstellenden generellen Fortschrittsgläubigkeit gewinnen Ideen wie die der Trabantenstadt oder der „autogerechten Stadt" an Bedeutung. Eines der in diesem Zusammenhang interessantesten Projekte, das beispielhaftes Anschauungsmaterial zum Thema „organischer Städtebau" liefert, wird nach Ausschreibung eines beschränkten Wettbewerbs im Jahre 1954 in Bielefeld-Sennestadt durch Hans-Bernhard Reichow, vormals Stadtplaner in Stettin, realisiert.

215 *Bielefeld, Sennestadt*
Hans-Bernhard Reichow, der u.a. 1948 zusammen mit Fritz Eggeling einen Teilbebauungsplan für 35 000 Einwohner in Wolfsburg erstellt, veröffentlicht noch im selben Jahr ein Buch mit dem Titel „Organische Stadtbaukunst" als ersten Band einer geplanten Trilogie „Organische Gestaltung". Hierin erklärt er ein Verästelungsnetz nach dem Vorbild organischer Strukturen als die wirtschaftlichste Lösung der Verkehrsprobleme und die zellengegliederte Nachbarschaft mit maximaler Berührung von gebauter und natürlicher Stadtlandschaft als ideal im Sinne eines notwendigen Stoffwechsels. Die Sennestadt, deren Wohneinheiten 1956 auf 6 000 aufgestockt werden, ist trotz der Kritik an Bebauungsdichte und Architektur Musterbeispiel der Durchdringung von Landschafts- und Stadtgestaltung, der Verkehrsführung in drei sich überlagernden Systemen, der Funktionalität wie auch der planerischen Aufwertung von Gemeinschaftsbauten in und an einer durch einen aufgeweiteten kleinen See aus dem Landschaftsbestand entwickelten Stadtinsel im doppelten Wortsinn.

Im wesentlichen gab es beim neuen Städtebau der fünfziger und beginnenden sechziger Jahre in der Bundesrepublik zwei beherrschende Vorbilder: das englische hinsichtlich der Planungsmethodik, das skandinavische, aber vor allem das schwedische, mit Bezug auf das architektonische Gefüge, wobei den seit 1952 laufenden Planungen für den Großraum Stockholm von Sven Markelius mit überörtlichen Zentren wie Vällingby eine Schrittmacherfunktion zuzusprechen ist. Doch auch andere Vorbilder wurden aufgegriffen, und dies nicht nur in Deutschland, so z.B. das des mit einer Fußgängerstraße ausgestatteten Wohn- und Geschäftszentrums Lijnbaan in Rotterdam von J.H. van den Broek und J.B. Bakema, dessen Plan 1946 genehmigt worden war, oder zahlreiche Entwurfsideen von Le Corbusier, darunter die seiner „Unité d'habitation" oder seiner „Cité-jardin verticale" (vgl. die Planungen von Kenzo Tange für die Bucht von Tokio). Die Originalität Le Corbusierscher Planungen wird erst im Vergleich deutlich, im Vergleich zum Wiederaufbau französischer Städte wie Le Havre und Amiens seit den vierziger Jahren unter Anwendung des modernisierten Klassizismus eines Auguste Perret

und im Vergleich zu deutschen Trabantenstädten wie der Neuen Vahr in Bremen oder der Frankfurter Nordweststadt: dies trotz der Tatsache, daß sich die Neue Vahr wie die Nordweststadt am Vorbild der Charta von Athen, an deren Zustandekommen Le Corbusier maßgeblichen Anteil hatte, orientieren, so, indem sie die städtischen Funktionen entflechten und die Natur ins unmittelbare Wohnumfeld einbeziehen.

Bremen, Neue Vahr
1956-1962 mit etwa 10 000 Wohneinheiten in fünf Bereichen durch Ernst May, Hans-Bernhard Reichow u.a. entworfen und realisiert, stellt die Neue Vahr mit ihren überwiegenden fünf- bis achtgeschossigen Zeilenbauten einen der ersten Trabanten in der Bundesrepublik dar. Aufwendige Verkehrserschließungen und überdimensionierte Freiflächen isolieren die einzelnen, teilweise vielfältig gestalteten Siedlungsbereiche. Auch das inzwischen nachträglich baulich verdichtete, durch ein Wohnhochhaus von Alvar Aalto markierte Ladenzentrum kann diesem Mangel nicht entscheidend abhelfen.

Frankfurt, Nordweststadt
1959 aus einem Wettbewerb hervorgegangen, wird hier 1962-1968 durch Walter Schwagenscheidt und Tassilo Sittmann die Idee der „autogerechten Stadt" für rund 25 000 Einwohner verwirklicht.
Ein 1965-1968 errichtetes Zentrum mit einem komprimierten Angebot an Urbanität (Geschäfte, Warenhäuser, Schulen und Sozialeinrichtungen, Parkstände, Anbindung an die Innenstadt durch die erste Frankfurter U-Bahn-Linie) liegt wie eine Insel inmitten einer ausgedehnten und mit ihr durch Brücken verbundenen Wohnlandschaft. Fahr- und Fußwege sind wie in Bielefeld-Sennestadt sorgfältig getrennt. Trotz eines abwechslungsreichen Raumgefüges, einer modellierten Grünlandschaft und der Mischung unterschiedlicher Haustypen, zeigt sich auch hier ein durch Weitläufigkeit und Funktionsentmischung verursachter Verlust an Urbanität.

Die sechziger und beginnenden siebziger Jahre sind städtebaulich gerade in der Bundesrepublik gekennzeichnet durch große Quantität. Diese geht allerdings oft zu Lasten der Qualität und der historischen Bausubstanz im innerstädtischen Bereich. Vor allem wird der Bau von Großsiedlungen gefördert. Abschreckendes Beispiel hierfür ist das sich bis zur Gigantomanie auswachsende Märkische Viertel in Berlin-Reinickendorf, das ab 1963 für 60 000 Einwohner, vorrangig für aus dem Zentrum verdrängte Sanierungsgeschädigte, errichtet wird (Planer: Werner Düttmann, Georg Heinrichs, Hans C. Müller u.a.). Nachdem der Zeilenbau sich als überstrapaziert erwiesen hatte, wird hier – bei völlig überzogener Wohnungskonzentration – mit Hilfe vielgeschossiger Großbauten die Bildung offener und aufgelockerter Räume angestrebt.

In der Umgebung von Großstädten und in Anlehnung an kleinere ältere, teilweise ländlich geprägte Strukturen entstehen wesentlich größere neue, die sich zu Trabanten auswachsen oder unmittelbar als solche geplant werden (Wulfen bei Düsseldorf, Hochdahl, Meckenheim-Merl und Marl mit einer Reihe interessanter Einzelbauten): Geringe Geschlossenheit und architektonisches Mittelmaß sind nahezu die Regel.

Aus einem erweiterten Wettbewerb von 1961 entsteht 1969-1976 das von H.-P.B. Burmester, G. Candilis u.a. in Verbindung mit der Hamburger Baubehörde entworfene, schließlich für 24 000 Einwohner ausgelegte Wohngebiet Steilshoop: Die sich beidseits einer großzügigen Fußgängerzone mit einbezogenen Spielplätzen

aufreihenden U-förmigen Wohnhöfe modifizieren ihre Grundform. Als Experiment verdient die hier anzutreffende Vielseitigkeit des Wohnungsangebots von der Groß- bis zur Altenwohnung besonderes Interesse. Zudem macht die Siedlung anhand ihrer vergleichsweise langen Bauzeit und des sich durch unterschiedliche Nutzerakzeptanz weiterentwickelnden Architekturstandards deutlich, daß nicht nur optimierte Funktionen von Wichtigkeit sind, sondern ebenso das Bemühen um Solidität und differenzierteren wie phantasiereicheren Umgang mit dem Detail. In Frankreich, in dem eine fast vergleichbare Wohnungskrise in der Nähe von Ballungsräumen bestand, führt eine staatliche Interventionspolitik 1948 bis 1964 zur Errichtung vor allem von Großquartieren in Großstadtnähe. Bei vielen dieser Quartiere handelt es sich nahezu ausschließlich um Schlafstädte, die gekennzeichnet sind durch akute soziale Mängel und nervös wirkende Gestaltungssucht (vgl. Pariser Vororte in Marne-la-Vallée, Ivry usw.), wohingegen mit dem Pariser Quartier „La Défense" ab 1961, einer Ansammlung von Hochhäusern über einer Verkehrszone, einer zur umgebenden Bebauung keinerlei Beziehung suchenden Büronutzung Rechnung getragen wird.

In England, in dem sich die Gartenstadtbewegung als nicht sonderlich praktikabel erwiesen hatte – sie löste zwar im wesentlichen die bestehenden Wohnprobleme, führte jedoch nicht annähernd zur gewünschten Selbständigkeit der Trabanten –, gelingt es in einigen Fällen trotz Festhaltens an der Idee des Reihenhauses, zu glaubwürdigen und verdichteten städtischen Quartierbildungen zu kommen. Beispiele hierfür sind: Lillington Gardens in London (Wettbewerb von 1961, John Darbourne), unter geschickter Einbeziehung gärtnerischer Anlagen und einer drei- bis achtgeschossigen Bebauung, oder das Projekt „New Byker" in Newcastle upon Tyne von Ralph Erskine (nach einem Entwurf von 1968), eine Sanierungsmaßnahme, in der die alte Straßenführung in die Neuplanung zum Erhalt der Identität ebenso übernommen wird wie die Idee des Stadtwalls in Form einer „Hausschlange", die diese Absicht durch eine starke Öffnung ihrer Baukörper zum Stadtinneren unterstreicht.

Problematische Realitäten führen zu Utopien: In Frankreich z.B. sorgt Yona Friedman mit seinem Projekt „Paris Spatial", ausgearbeitet 1957-1960, für Aufsehen, handelt es sich doch hierbei um ein Raumtragwerk mit gewaltigen Betonpfeilern und eingehängten Wohnzellen, das die alte Stadt überragen soll. In Japan treten ab 1960 (dem Jahr, in dem Kenzo Tange sein Projekt für die Bucht von Tokio vorstellt) die Metabolisten auf den Plan. Sie entwickeln städtische Großstrukturen, innerhalb derer – als Auswirkungen der modernen Konsumgesellschaft – die eingesetzten oder eingehängten Elemente auswechselbar werden. Ähnliche Konzepte entwickelt die englische Gruppe Archigram, die sich 1961 gründet. Als beispielhafte Utopien dieser Gruppe, die sich gerade durch die technischen Neuerungen ihrer Zeit inspirieren ließ, sind die 1964 von Dennis Crompton entworfene Computer City und die aus dem gleichen Jahr stammende Plug-in-City von Peter Cook zu nennen: ein Baukastensystem mit Steckverbindungen, veränderbar, ergänzbar, den optischen Reiz der Technik nutzend, aber auch – und vorprogrammiert – austausch- und wegwerfbar.

Nur wenige gemäßigtere Projekte dieser Richtung, darunter die Wohntextur „Habitat" von Moshe Safdie auf der Weltausstellung 1967 in Montreal, wurden realisiert.

Ausblick

Die siebziger Jahre werden durch teilweise sehr widersprüchliche Auffassungen von Städtebau gekennzeichnet. Einerseits werden Ideen des Wohnbaus der sechziger Jahre – in Form von Großsiedlungen und nun häufig bewegterem Grundriß – zur regelrechten Mode und können im Modell mehr als in Realität überzeugen –, andererseits führt eine durch wirtschaftliche Stockung und politische Spannungen gefährdete Bilanz des Erreichten zum Überdenken von Zukunftsperspektiven. Nicht nur werden alte Leitbilder, so etwa die Blockbebauung der zwanziger Jahre, wiederentdeckt und modifiziert, sondern man besinnt sich auch langsam wieder auf die Stadt als auf einen gewachsenen und bewohnten Organismus, der unter Erhalt seiner Identität weiter zu entwickeln ist.

Schlagworte wie „Ensembleschutz", „erhaltende Erneuerung" und „Wohnumfeldverbesserung" treten – bei uns vor allem seit dem Denkmalschutzjahr 1975 – an die Stelle der bisher propagierten „Flächensanierung", deren Auslöser vorrangig der Verkehr und eine wirtschaftlichere Nutzungsabsicht gewesen waren.

In Holland besteht ein gesetzlicher Schutz historischer Ensembles bereits seit 1961, Polen und Frankreich (Lex Malraux) schließen sich ein Jahr später an.

Für Aufsehen sorgt ein seit längerem theoretisch vorbereiteter, 1969 erarbeiteter Plan für die Stadtkernsanierung von Bologna, der den Erhalt und Schutz des Zentrums als die wichtigste Aufgabe erachtet, die Zumutbarkeit neuer Nutzungen für die vorhandene historische Bausubstanz zu klären versucht und hier eine in weiten Bereichen gültige Verkehrsberuhigung vorsieht.

Mit der Frage der historischen Kontinuität im Stadtraum hat sich der wie Aldo Rossi in Italien dem Rationalismus verpflichtete Rob Krier in einer Reihe von detaillierten historischen Bestandsuntersuchungen und aus diesen abgeleiteten Entwürfen auseinandergesetzt. Ihm geht es insbesondere um Stadtreparatur und um Sichtbarmachung wesentlicher historischer Bindungen, so um eine aus dem Vorbestand abzuleitende räumliche Ergänzung eines Platzes, der nur noch als Fragment erhalten ist, oder, wie am Beispiel der Innenstadt von Stuttgart durch ihn 1973 demonstriert, um die Schaffung einer Folge von erlebbaren monumentalen Stadträumen, die sich an nachweisbaren historischen Vorgaben und an zu erhaltender stadtbildprägender Architektur orientieren, dies jedoch mit dem Ziel einer zeitgemäßen und möglichst unpathetischen Weiterentwicklung. Ihm geht es um die Betrachtung der Stadt als eines gewachsenen, lebensfähig zu erhaltenden Ganzen, eine Auffassung, die im Gegensatz steht zur kurzzeitorientierten von der Stadt als einer Summe von Individualbauten.

Auch die Berliner IBA (1984) verfolgte auf ähnlicher Linie liegende Ziele, die sie mit der seit 1979 betriebenen Neugestaltung des Bereichs zwischen Tiergarten und Kreuzberg demonstrieren wollte, dies unter Wiederverwendung von Gebäuden und Fassaden, unter Schließung von Baulücken und der gestalterischen Einbeziehung des öffentlichen Raumes.

Daß Versuche wie diese angesprochenen mit Sicherheit mühsamer sind als das Planen auf der grünen Wiese, ist einleuchtend, daß sie die Phantasie einschränken, ein Irrtum, denn das Bewußtmachen und Bewußterhalten vielfältiger Bindungen und ihrer Bedeutung ist ein Prozeß, ohne den dauerhafte Innovationen nicht möglich sein dürften.

Literaturverzeichnis

Abercrombie, P.: Greater London Plan 1944, London 1945.

Albers, G.: Entwicklungslinien im Städtebau. Ideen, Thesen, Aussagen 1875-1945 (= Bauwelt Fundamente 46), Düsseldorf 1975.

Albers, G.; Papageorgiou-Venetas, A.: Stadtplanung. Entwicklungslinien 1945-1980, Bde. 1 u. 2, Tübingen 1984.

Albert Speer. Architektur. Arbeiten 1933-1942, Frankfurt a.M./Berlin/Wien 1978.

Alberti, L.B.: De re aedificatoria libri X, Florenz 1485 (dt. Übers. von M. Theurer, Wien/Leipzig 1912).

The American City. From the Civil War to the New Deal, London/New York 1980.

Andreae, B.: Römische Kunst, Freiburg/Basel/Wien 1973.

Auzelle, R.: Encyclopédie de l'urbanisme, Paris 1950 ff.

Bacon, E.: Versunkene Kulturen, Zürich 1963.

Bacon, E.: Stadtplanung von Athen bis Brasilia, Zürich 1968.

Badawy, A.: Architecture in Ancient Egypt and the Near East, Cambridge/London 1966.

Benevolo, L.: Die sozialen Ursprünge des modernen Städtebaus (= Bauwelt Fundamente 29), Gütersloh 1971.

Benevolo, L.: Geschichte der Architektur des 19. und 20. Jahrhunderts, Bde. 1-3, München 1988[4].

Benevolo, L.: Die Geschichte der Stadt, Frankfurt a.M. 1990[5].

Bernatzky, A.: Von der mittelalterlichen Stadtbefestigung zu den Wallgrünflächen von heute, Berlin/Hannover 1960.

Berndt, H.; Lorenzer, A.; Horn, K.: Architektur als Ideologie, Frankfurt a.M. 1968.

Bernoulli, H.: Die Stadt und ihr Boden, Zürich 1946.

Beyme, Kl. v.: Der Wiederaufbau. Architektur und Städtebaupolitik in beiden deutschen Staaten, München/Zürich 1987.

Bianchi-Bandinelli, R.: Rom, das Zentrum der Macht (= Universum der Kunst), München 1970.

Bianchi-Bandinelli, R.: Etrusker und Italiker vor der römischen Herrschaft (= Universum der Kunst), München 1971.

Blum, O.: Städtebau (= Handbibliothek für Bauingenieurwesen, Tl. 2, Bd. 1), Berlin 1937.

Böcking, W.: Die Römer am Niederrhein und in Norddeutschland, Frankfurt a.M. 1970.

Boethius, W.; Ward-Perkins, J.B.: Etruscan and Roman Architecture, Middlesex 1974.

Bollerey, Fr.: Architekturkonzeption der utopischen Sozialisten, München 1977.

Bongers, A.: Pompeji, das Leben in den versunkenen Städten, Recklinghausen 1973.

Boockmann, H.: Die Stadt im späten Mittelalter, München 1986.

Bramhas, E.: Der Wiener Gemeindebau: Vom Karl-Marx-Hof zum Hundertwasserhaus, Basel/Bonn/Stuttgart 1987.

Braunfels, W.: Mittelalterliche Stadtbaukunst in der Toskana, Berlin 1953 (1979[4]).

Braunfels, W.: Abendländische Stadtbaukunst, Köln 1976.

Breitling, P.: Historische Städte – Städte für morgen, Köln 1974.

Brinckmann, A.E.: Platz und Monument. Untersuchung zur Geschichte und Ästhetik der Stadtbaukunst in neuerer Zeit, Berlin 1912.

Brinckmann, A.E.: Stadtbaukunst. Geschichtliche Querschnitte und neuzeitliche Ziele, Berlin 1920.

Brinckmann, A.E.: Stadtkunst in der Vergangenheit, Frankfurt a.M. 1921.

Brion, M.: Pompeji und Herkulaneum, Köln 1961.

Błaszczyk, W.: Die Anfänge der polnischen Städte im Lichte der archäologischen Bodenforschung (Hrsg.: Histor. Museen der Stadt Köln), Köln 1977.

Bücher, K.: Die Großstadt. Vorträge und Aufsätze zur Städtebauausstellung, Dresden 1903.

Büttner, H.; Meißner G.: Bürgerhäuser in Europa, Leipzig 1980.

Burnett, J.: A Social History of Housing 1815-1970, London 1980.

Camesasca, E.: Vom Pfahlbau zur Wohnmaschine, Mailand 1968.

Cenival, J.-L. de: Ägypten (= Weltkulturen und Baukunst), München 1966.

Chapman, S.: The History of Working-Class-Housing. A Symposium, Newton Abbot 1971.

Charbonneaux, J.: Das hellenistische Griechenland (= Die griechische Kunst 4), München 1977.

Choay, F.: The Modern City: Planning in the 19th Century, London 1969.

Ciucci, G.: La Piazza del Popolo, Roma 1974.

Ciucci, G.: The American City, London/Granada 1980.

Civitas Communitas. Studien zum europäischen Städtewesen (= Festschrift Heinz Stoob), Köln 1984.

Coarelli, F.: Rom. Ein archäologischer Führer, Freiburg 1975.

Collingwood, R.G.: The Architecture of Roman Britain, Methuen 1930.

Coubier, H.: Europäische Stadt-Plätze. Genius und Geschichte, Köln 1985.

Czok, K.: Die Stadt, Berlin 1969.

Despo, J.: Die ideologische Struktur der Städte, Berlin 1973.

Die deutsche Stadt im 19. Jahrhundert. Stadtplanung und Baugestaltung im industriellen Zeitalter (Hrsg.: L. Grote; = Studien zur Kunst des 19. Jahrhunderts, Bd. 24), München 1974.

Deutscher Städtebau 1968. Die städtebauliche Entwicklung von 70 deutschen Städten (Hrsg.: Deutsche Akademie für Städtebau und Landesplanung), Essen 1970.

Dollinger, P.: Die Hanse, Stuttgart 1966.

Doxiades, K.A.: Architectural Space in Ancient Greece, Cambridge (Mass.) 1972.

Durth, W.; Gutschow, N.: Träume in Trümmern: Planungen zum Wiederaufbau zerstörter Städte im Westen Deutschlands 1940-1950 (= Schriften des Deutschen Architekturmuseums zur Architekturgeschichte und Architekturtheorie), Bde. 1 u. 2, Braunschweig/Wiesbaden 1988.

Ebenezer Howard. Gartenstädte von morgen. Das Buch und seine Geschichte, hrsgg. von J. Posener (= Bauwelt Fundamente 21), Berlin/Frankfurt a.M./Wien 1968.

Eberstadt, R.: Handbuch des Wohnungswesens und der Wohnungsfrage, Jena 1920[4].

Edey, M.A.: Die verlorene Welt der Ägäis. Die Frühzeit des Menschen, Reinbek b. Hamburg 1978.

Egli, Emil: Flugbild Europas, Zürich 1958.

Egli, Ernst: Geschichte des Städtebaus, Bde. 1-3, Erlenbach-Zürich/Stuttgart 1959-1967.

Egorov, J.A.: The Planning of St. Petersburg, Athen/Ohio 1969.

Ennen, E.: Die Stadt in der europäischen Geschichte, Bonn 1972.

Ennen, E.: Die europäische Stadt des Mittelalters, Göttingen 1972 (1979[3]).

Ernst May und das Neue Frankfurt 1925-1930 (Hrsg.: Deutsches Architekturmuseum Frankfurt a.M.), Berlin 1986.

Le Familistère de Guise ou les equivalents de la richesse (= Architecture Moderne), Bruxelles 1977.

Faure, P.: Kreta. Das Leben im Reich des Minos, Stuttgart 1976.

Favole, P.: Piazze d'Italia. Architettura e urbanistica della piazza in Italia, Milano 1972.

Fraser, D.; Sutcliffe, A. (Hrsg.): The Pursuit of Urban History, London 1983.

Freisitzer, K.; Glück, H.: Sozialer Wohnungsbau, Wien/München/Zürich 1980.

Friedell, E.: Kulturgeschichte der Neuzeit, München 1969.

Furttenbach, J. d.J.: Gewerbe und Stadtgebau, Augsburg 1650.

Gantner, J.: Grundformen der europäischen Stadt, Wien 1908.

Gassner, E.: Zur Geschichte des Städtebaus, Tl. 1 u. 2, Bonn 1972.

Gebhard, H.: System, Element und Struktur in Kernbereichen alter Städte, Stuttgart 1969.

Gerkan, A. von: Griechische Stadtanlagen, Berlin 1924.

Geschichte des Stadtgrüns (Hrsg.: D. Hennebo), Bde. 1-3, Hannover/Berlin 1970 u. 1977 (Textzitate nach Bd. 1, Hannover/Berlin 1979[2]).

Giedion, S.: Raum, Zeit, Architektur, Ravensburg 1965.

Girouard, M.: Die Stadt, Hamburg 1987.

Gloeden, E.: Die Inflation der Großstädte und ihre Heilungsmöglichkeit, Berlin 1923.

Glossarium artis, Bd. 9. Städte: Stadtpläne, Plätze, Straßen, Brücken. Systemat. Fachwörterbuch, München u.a. 1987.

Glotz, G.: The Greek City and its Institutions, London 1974 (= Repr. d. Ausg. Paris 1938).

Göricke, J.: Bauten in Karlsruhe. Ein Architekturführer, Karlsruhe 1971.

Gruber, K.: Die Gestalt der deutschen Stadt, München 1952 (1976[2]).

Grundlagen des Stadtgestalterischen Entwerfens (Hrsg.: Städtebauliches Institut der Universität Stuttgart, Arbeitsbericht 25), Stuttgart 1977.

Günter, R.; Reinink, W; Günter, J.: Rom. Spanische Treppe (Architektur – Erfahrungen – Lebensformen), Hamburg 1978.

Guidoni, E.: Die Europäische Stadt. Eine baugeschichtliche Studie über ihre Entstehung im Mittelalter, Stuttgart 1980.

Gutkind, E.A.: Urban Development in Central Europe (= International History of City Development), New York/London 1964.

Hall, Th.: Mittelalterliche Stadtgrundrisse. Versuch einer Übersicht der Entwicklung in Deutschland und Frankreich, Stockholm 1978.

Hall, Th.: Planung europäischer Hauptstädte – zur Entwicklung des Städtebaus im 19. Jahrhundert, Stockholm 1986.

Hamm, E.: Die Städtegründungen der Herzöge von Zähringen, Freiburg i.Br. 1932.

Hamm, E.: Die deutsche Stadt im Mittelalter, Stuttgart 1935.

Hammel, P.: Unsere Zukunft – die Stadt, Frankfurt a.M. 1972.

Hammond, M.: The City in the Ancient World, Cambridge 1972.

Haseloff, O.W.: Die Stadt als Lebensform, Berlin 1970.

Hatje-Lexikon der Architektur des 20. Jahrhunderts (Hrsg.: V.M. Lampugnani), Stuttgart 1983.

Hauser, A.: Sozialgeschichte der Kunst und Literatur, München 1973.

Hegemann, W.: Der Städtebau nach seinen Ergebnissen der allgemeinen Städtebau-Ausstellung in Berlin, Berlin 1911.

Hegemann, W.: Das steinerne Berlin (= Bauwelt Fundamente 3), Braunschweig 1976.

Heiligenthal, R.: Deutscher Städtebau, Heidelberg 1921.

Herzog, E.: Die Ottonische Stadt, Berlin 1964.

Hess, F.: Städtebau (= Erg. Bd. zu „Konstruktion und Form im Bauen"), Stuttgart 1944.

Heyne, M.: Das Deutsche Wohnungswesen. Von den ältesten geschichtlichen Zeiten bis zum 16. Jahrhundert, Leipzig 1899.

Hilberseimer, L.: Großstadtarchitektur (= Die Baubücher, Bd. 3), Stuttgart 1927.

Hilberseimer, L.: Entfaltung einer Planungsidee (= Bauwelt Fundamente 6), Frankfurt a.M. 1963.

Hillebrecht, R.: Städtebau heute? Von E. Howard bis J. Jakobs, in: Stadtbauwelt 8, Berlin 1965.

Hilpert, Th.: Die Funktionelle Stadt. Le Corbusiers Stadtvision – Bedingungen, Motive, Hintergründe (= Bauwelt Fundamente 48), Braunschweig 1978.

Himly, F.J.: Atlas des villes médiévales d'Alsace, Nancy 1970.

Hiorns, F.R.: Town-Building in History, London 1956.

Hitlers Städte: Baupolitik im Dritten Reich. Eine Dokumentation (Hrsg.: J. Dülffer; J. Thies; J. Henke), Köln/Wien 1978[2].

Hoepfner, W.; Schwandner, E.-L.: Haus und Stadt im klassischen Griechenland, Wohnen in der klassischen Polis I, München 1986.

Hofmeister, B.: Stadtgeographie, Braunschweig 1976.

Hurd, R.M.: Principles of City Land Values, New York 1924.

Huse, N.: „Neues Bauen" 1918 bis 1933. Moderne Architektur in der Weimarer Republik, München 1975.

In Opposition zur Moderne. Aktuelle Positionen in der Architektur. Ein Textbuch, hrsgg. von G.B. Blomeyer und B. Tietze (= Bauwelt Fundamente 52), Braunschweig 1980.

Jacobs, J.: Tod und Leben großer amerikanischer Städte, Gütersloh 1969.

Jankuhn, H.: Vor- und Frühformen der europäischen Stadt im Mittelalter, Göttingen 1973.

Jaspert, F.: Vom Städtebau der Welt, Berlin 1961.

Kabel, E.: Baufreiheit und Raumordnung, Ravensburg 1949.

Kähler, G.: Wohnung und Stadt, Braunschweig/Wiesbaden 1985.

Kammerer, P.; Krippendorff, E.: Reisebuch Italien. Über das Lesen von Landschaften und Städten, Berlin 1979.

Kaufmann, E.: Von Ledoux bis Corbusier, Wien 1933.

Kaufmann, E.: Architecture in the Age of Reason, Cambridge 1955.

Keller, H.: Die ostdeutsche Kolonialstadt des 13. Jahrhunderts und ihre südländischen Vorbilder (= Sitzungsberichte der Wiss. Ges. an der Johann Wolfgang Goethe-Universität Frankfurt a.M., Bd. XVI, Nr. 3), Wiesbaden 1979.

Keller, R.: Bauen als Umweltzerstörung. Alarmbilder aus einer Un-Architektur der Gegenwart, Zürich 1973.

Kirsten, E.: Nordafrikanische Städtebilder, Heidelberg 1966.

Klaiber, C.: Die Grundrißbildung der deutschen Stadt im Mittelalter, in: Beiträge zur Bauwissenschaft, H. 20, Berlin 1912.

„Klar und lichtvoll wie eine Regel". Planstädte der Neuzeit vom 16. bis zum 18. Jahrhundert. Katalog der Ausstellung des Badischen Landesmuseums Karlsruhe vom 15.06. bis 14.10.1990.

Knaurs Lexikon der modernen Architektur (Hrsg.: G. Hatje), München/Zürich 1963.

Kneile, H.: Stadterweiterung und Stadtplanung im 19. Jahrhundert – Auswirkungen des ökonomischen und sozialen Strukturwandels auf die Stadtphysiognomie im Großherzogtum Baden, Freiburg i.Br. 1978.

Knell, H.: Grundzüge der griechischen Architektur, Darmstadt 1980.

Koebel, M.: Friedrich Weinbrenner, Berlin o.J.

Koepf, H.: Baukunst in 5 Jahrtausenden, Stuttgart 1967.

Koepf, H.: Bilderwörterbuch der Architektur, Stuttgart 1968.

Koepf, H.: Struktur und Form, Stuttgart 1979.

Kohl, J.G.: Der Verkehr und die Ansiedelung der Menschen in ihrer Abhängigkeit von der Gestaltung der Erdoberfläche, Leipzig 1850.

Kolb, Fr.: Die Stadt im Altertum, München 1984.

Krier, R.: Stadtraum in Theorie und Praxis an Beispielen der Innenstadt Stuttgarts (= Schriftenreihe des Institutes Zeichnen und Modellieren Universität Stuttgart, Bd. 1), Stuttgart 1975.

Kropotkin, P.: Mutual Aid. A Factor of Evolution, London 1939.

Lässig, K.; Linke, R.; Rietdorf, W.; Wessel, G.: Straßen und Plätze. Beispiele zur Gestaltung städtebaulicher Räume, Berlin(Ost)/München 1968.

Lampugnani, M.V.: Architektur und Städtebau des 20. Jahrhunderts, Stuttgart 1980.

Lange, K.; Hirmer, M.: Ägypten, München 1967.

Langlotz, E.: Die Kunst der Westgriechen in Sizilien und Unteritalien, München 1963.

Larsson, L.O.: Die Neugestaltung der Reichshauptstadt. Albert Speers Generalbebauungsplan für Berlin, Stuttgart 1978.

Laugier, M.A.: Versuch über die Baukunst, Frankfurt/Leipzig 1756.

Lavedan, P.: Histoire de l'urbanisme, Paris 1952.

Ledoux: L'oeuvre et les rêves de Claude-Nicolas Ledoux (Hrsg.: I. Schein), Paris 1971.

Lehmann, J.: Die Hethiter, München 1975.

Lenz-Romeiss, F.: Die Stadt. Heimat oder Durchgangsstation. München 1970.

Lieser, K.: Straße, Platz und Hauptbau. Ihre gegenseitigen ästhetischen Beziehungen, Heidelberg 1929.

Lorenz, P.: Das neue Bauen im Wohnungs- und Siedlungsbau, dargestellt am Beispiel des neuen Frankfurt 1925-33, Hamburg 1933.

Lorenz, Th.: Römische Städte, Darmstadt 1987.

Lübke, H.: Straßen und Plätze im Stadtkörper, Bde. 1 u. 2, Halle 1931 u. 1932.

Lynch, K.: Das Bild der Stadt, Berlin 1965.

Martin, R.: L'urbanisme dans la Grèce antique, Paris 1956.

Massa, A.: Pompeji, München/Berlin 1972.

Matz, F.: Das archaische Griechenland (= Kunst der Welt), Baden-Baden 1962.

Matz, F.: Kreta und frühes Griechenland (= Kunst der Welt), Baden-Baden 1962.

Matz, F.: Kreta – Mykene – Troja, Stuttgart 1956.

Meckseper, C.: Kleine Kunstgeschichte der deutschen Stadt im Mittelalter, Darmstadt 1982.

Meurer, H.: Der mittelalterliche Stadtgrundriß im nördlichen Deutschland, Berlin 1914.

Michalowski, K.: Ägypten (= Kunst und Kultur), Freiburg i.Br. 1969.

Moholy-Nagy, S.: Die Stadt als Schicksal. Geschichte der urbanen Welt, München 1968.

Moortgat, A.: Die Kunst des Alten Mesopotamien: Die klassische Kunst Vorderasiens I: Sumer und Akkad, Köln 1982.

Moortgat, A.: Die Kunst des Alten Mesopotamien: Die klassische Kunst Vorderasiens II: Babylon und Assur, Köln 1985[2].

Morini, M.: Atlante di Storia dell'Urbanistica, Milano 1963.

Mrusek, H.J.: Gestalt und Entwicklung der feudalen Eigenbefestigung im Mittelalter, Berlin 1973.

Müfid, A.: Stockwerkbau der Griechen und Römer (= Istanbuler Forschungen, H. 1), Berlin/Leipzig 1932.

Müller, W.: Die heilige Stadt, Stuttgart 1961.

Mumford, L.: Die Stadt, Bde. 1 u. 2, München 1979.

Muthesius, H.: Das englische Haus, Bde. 1-3, Berlin 1904 u. 1905.

Muthesius, H.: Kleinhaus und Kleinsiedlung, München 1920.

Naumann, R.: Architektur Kleinasiens, Tübingen 1955.

Niederlande und Nordwestdeutschland. Studien zur Regional- und Stadtgeschichte Nordwestkontinentaleuropas im Mittelalter und in der Neuzeit (Franz Petri zum 80. Geburtstag; Hrsg.: W.E. Schilling), Köln 1983.

Norberg-Schulz, C.: Vom Sinn des Bauens. Die Architektur des Abendlandes von der Antike bis zur Gegenwart, Stuttgart 1979.

Oberhummer, E.: Der Stadtplan. Seine Entwicklung und geographische Bedeutung, Berlin 1907.

Olsen, D.J.: Town Planning in London. The eighteenth & nineteenth centuries, New Haven 1982[2].

Osborn, F.J.; Whittik, A.: The New Towns: The answer to Megalopolis, London 1969[2].

Paetel, W.: Zur Entwicklung des bepflanzten Stadtplatzes in Deutschland. Diss., Hannover 1976.

Pahl, J.: Die Stadt im Aufbruch der perspektivischen Welt (= Bauwelt Fundamente 9), Frankfurt a.M./Wien 1963.

Papaioannou, K.: Griechische Kunst, Freiburg i.Br. 1972.

Pehnt, W.: Die Architektur des Expressionismus, Stuttgart 1973.

Perret, J.: Des fortifications et artifices, Frankfurt a.M. 1602.

Petz, U. von: Stadtsanierung im Dritten Reich (= Dortmunder Beiträge zur Raumplanung, Bd. 45), Dortmund 1987.

Pevsner, N.; Fleming, J.; Honour, H.: Lexikon der Weltarchitektur, München 1987[2].

Picard, G.; Butler, Y.: Imperium Romanum (= Weltkulturen und Baukunst), München 1964.

Pironne, H.: Wirtschafts- und Sozialgeschichte Europas im Mittelalter, Frankfurt a.M. 1976[4].

Planitz, H.: Die deutsche Stadt im Mittelalter. Von der Römerzeit bis zu den Zunftkämpfen, Graz/Köln 1954.

The Plans and Topography of Medieval Towns in England and Wales (= Council for British Archaeology. Research Report No. 14; Hrsg.: M.W. Barley), London 1976.

Ragon, M.: Histoire mondiale de l'architecture et de l'urbanisme modernes, Bde. 1 u. 2, Paris 1972.

Rauda, W.: Städtebauliche Raumbildung, Berlin 1957.

Reichow, H.B.: Organische Stadtbaukunst. Von der Großstadt zur Stadtlandschaft, Braunschweig/Berlin/Hamburg 1948.

Reulecke, J.: Geschichte der Urbanisierung in Deutschland, Frankfurt a.M. 1985.

Reuther, H.: Die große Zerstörung Berlins: Zweihundert Jahre Stadtbaugeschichte, Frankfurt a.M./Berlin 1985.

Reuther, O.: Die Innenstadt von Babylon, Osnabrück 1968.

Risse, H.: Frühe Moderne in Frankfurt am Main 1920-1933. Architektur der zwanziger Jahre in Frankfurt a.M. Traditionalismus – Expressionismus – Neue Sachlichkeit, Frankfurt a.M. 1984.

Rönnebeck, Th.: Stadterweiterung und Verkehr im 19. Jahrhundert, Stuttgart 1971.

Röthel, H.K.: Die Hansestädte (Hamburg, Lübeck, Bremen), München 1955.

Rosenau, H.: The Ideal City, London 1974.

Rosinski, R.: Der Umgang mit der Geschichte beim Wiederaufbau des Prinzipalmarktes in Münster/Westf. nach dem 2. Weltkrieg (= Denkmalpflege und Forschung in Westfalen, Bd. 12), Bonn 1987.

Saalmann, H.: Haussmann: Paris Transformed, New York 1971.

Saunders, P.: Soziologie der Stadt, Frankfurt a.M./New York 1978.

Scarpa, L.: Martin Wagner und Berlin. Architektur und Städtebau in der Weimarer Republik (= Schriften des Deutschen Architekturmuseums zur Architekturgeschichte und Architekturtheorie), Braunschweig/Wiesbaden 1986.

Scheuerbrand, A.: Südwestdeutsche Städtetypen und Städtegruppen bis zum frühen 19. Jahrhundert (= Heidelberger geographische Arbeiten, H. 32), Heidelberg 1972.

Schliemann, H.: Mykenae. Bericht über meine Forschungen und Entdeckungen in Mykenae und Tiryns, Darmstadt 1973 (= Repr. d. Ausg. Leipzig 1878).

Schneider, Chr.: Stadtgründung im Dritten Reich, Wolfsburg und Salzgitter: Ideologie, Ressortpolitik, Repräsentation, München 1978.

Schultze-Naumburg, P.: Kulturarbeiten, Bde. I-VI, München 1904-1910.

Schumacher, F.: Lesebuch für Baumeister. Äußerungen über Architektur und Städtebau (= Bauwelt Fundamente 49), Braunschweig 1977.

Schwarz, G.: Allgemeine Siedlungsgeographie (= Lehrbuch der allgem. Geographie, Bd. 6), Berlin 1959.

Siedlungen der zwanziger Jahre – heute. Vier Berliner Großsiedlungen 1924-1984. Ausst. Kat. (Hrsg.: N. Huse), Berlin 1984.

Simon, H.: Das Herz unserer Städte, Bde. 1-3, Essen 1963-1967.

Simson, J. v.: Kanalisation und Städtehygiene im 19. Jahrhundert, Düsseldorf 1983.

Sinos, S.: Die vorklassischen Hausformen der Ägäis, Mainz 1972.

Sitte, C.: Der Städtebau nach seinen künstlerischen Grundsätzen, Wien 1889 (Braunschweig/Wiesbaden 1983 = Repr. d. 4. Aufl. von 1909).

Söhner, W.: Die Arbeiterkolonien und ihre Wohlfahrtseinrichtungen in Mannheim-Ludwigshafen, in: DBZ, Bd. 41.1, S. 170 ff., Berlin 1907.

Speckter, H.: Paris. Städtebau von der Renaissance bis zur Neuzeit, München 1964.

Die Stadt. Gestalt und Wandel bis zum industriellen Zeitalter (Hrsg.: H. Stoob), Köln/Wien 1979.

Die Stadt des Mittelalters (Hrsg.: C. Haase), Bde. 1-3, Darmstadt 1969, 1972, 1973.

Stadt im Wandel. Kunst und Kultur des Bürgertums in Norddeutschland 1150-1650 (Hrsg.: C. Meckseper), Bde. 1-4, Ausst. Kat., Braunschweig 1985.

Die Stadt in der europäischen Geschichte (= Festschrift für Edith Ennen), Bonn 1972.

Die Stadt in der Literatur (Hrsg.: C. Meckseper; E. Schraut), Göttingen 1983.

Stadterweiterungen 1800-1975. Von den Anfängen des modernen Städtebaues in Deutschland (Hrsg.: G. Fehl; J. Rodriguez-Lores), Hamburg 1983.

Stadtgestalt und Heimatgefühl. Der Wiederaufbau von Freudenstadt 1945-1954. Analysen, Vergleiche und Dokumente (Hrsg.: H.-G. Burkhardt u.a.), Hamburg 1988.

Städtebaureform 1865-1900 (Hrsg.: G. Fehl; J. Rodriguez-Lores), Bde. 1 u. 2, Hamburg 1985.

Stoloff, B.: Die Affäre Ledoux, Autopsie eines Mythos (= Bauwelt Fundamente 60), Braunschweig/Wiesbaden 1983.

Strobel, R.; Buch, F.: Ortsanalyse. Zur Erfassung und Bewertung historischer Bereiche (= Arbeitshefte des Landesdenkmalamtes Baden-Württemberg, 1), Stuttgart 1986.

Strommenger, E.: Fünf Jahrtausende Mesopotamien, München 1962.

Stübben, J.: Alte Stadtanlagen, in: DBZ, Bd. 28, H. 98, S. 608-611, Berlin 1894.

Stübben, J.: Der Städtebau, Braunschweig/Wiesbaden 1980 (= Repr. d. 1. Ausg. 1890).

Stützer, H.A.: Das alte Rom, Stuttgart 1971.

Stützer, H.A.: Die Etrusker und ihre Welt, Köln 1975.

Sturm, H.: Fabrikarchitektur, Villa, Arbeitersiedlung, München 1977.

Taut, Br.: Die Stadtkrone, Jena 1919.

Tempel und Stätten der Götter Griechenlands (Hrsg.: E. Melas), Köln 1970.

Temporini, H.: Von den Anfängen Roms bis zum Ausgang der Republik (= Aufstieg und Niedergang der römischen Welt, Bd. 1), Berlin 1973.

Teut, A.: Architektur im Dritten Reich 1933-1945 (= Bauwelt Fundamente 19), Berlin/Frankfurt a.M./ Wien 1967.

Tony Garnier. Die ideale Industriestadt, Tübingen 1988.

Trieb, M.: Stadtgestaltung. Theorie und Praxis (= Bauwelt Fundamente 43), Braunschweig 1977[2].

Unger, E.: Babylon, Berlin 1970.

Unwin, R.: Grundlagen des Städtebaues. Eine Anleitung zum Entwerfen städtebaulicher Anlagen, Berlin 1910.

Veltheim-Lottum, L.: Kleine Weltgeschichte des städtischen Wohnhauses, Heidelberg 1952.

Völckers, O.: Dorf und Stadt, Bamberg 1956.

Vries, J. de: European Urbanization 1500-1800, London 1984.

Wagner, M.: Wirtschaftlicher Städtebau, Stuttgart 1911.

Wagner, O.: Die Großstadt. Eine Studie über diese, Wien 1911.

Walter Schwagenscheidt: Die Raumstadt und was daraus wurde. 'Mein letztes Buch' (Hrsg.: E. Hopmann; T. Sittmann), Stuttgart/Bern 1971.

Ward-Perkins, J.B.: Cities of Ancient Greece and Italy: Planning in Classical Antiquity, New York 1974.

Ward-Perkins, J.B.: Architektur der Römer (= Weltgeschichte der Architektur), Stuttgart 1975.

Wasmuth, E.: Lexikon der Baukunst, Bde. 1-4 u. Erg. Bd., Berlin 1929-1937.

Weber, A.: Kulturgeschichte als Kultursoziologie, München 1960.

Welt der Antike. Kulturgeschichte Griechenlands und Roms (Hrsg.: M. Grant), London/München/Zürich 1964.

Wiebenson, D.: Tony Garnier. The cité industrielle (= Planning and Cities), London (1969).

Wilhelmy, H.: Südamerika im Spiegel der Städte, Hamburg 1952.

Wolfsburg 1938-1988. Ausst. Kat. hrsgg. vom Institut für Städtebau, Wohnungswesen und Landschaftsplanung der TU Braunschweig im Auftrag der Stadt Wolfsburg, Wolfsburg 1988.

Wohnen im Wandel (Hrsg.: L. Niethammer), Wuppertal 1979.

Wohnungsbau im Altertum (= Diskussionen zur Archäologischen Bauforschung 3). Bericht über ein Kolloquium veranstaltet vom Architektur-Referat des DAI vom 21.11. bis 23.11.1978, Berlin o.J.

Zucker, P.: Entwicklung des Stadtbildes. Die Stadt als Form, München/Berlin 1929.

Zucker, P.: Town and Square. From the Agora to the Village Green, London/New York 1959.

Glossar

Absolutismus	Regierungsform mit theoretisch unumschränkter Macht des Herrschers (Souveränität und Staatsraison) gegenüber den „selbstsüchtigen" Interessen des einzelnen und einer zentralisierten Verwaltung, jedoch nicht ohne Bindung der Staatsgewalt an Religion, Vernunft und Sittengesetz mit dem Ziel der Bewältigung großer zentraler Aufgaben der inneren Ordnung und außenpolitischen Sicherung. Auch „aufgeklärter Absolutismus" mit Wohlfahrts- und rechtsstaatlichen Grundsätzen; → Merkantilismus
Adel	Nach H. v. Treitschke (1899) Stand des erblichen Vorrechts in der politischen Leitung des Staates und mit dem → Absolutismus endgültig seinen Einfluß verlierend; gründet sich zunächst auf besondere kriegerische Leistungen und die Überzeugung von der Vererbung herausragender Eigenschaften. Sein elitärer Anspruch stützt sich vorrangig auf Grundbesitz, Bewaffnung und militärische Übung, einen eigenen Lebensstil und Familientradition. Zunächst vom König abhängig, löst er sich von ihm zugunsten einer engeren Bindung an Staat und Gesellschaft. Aus seiner Spitze bildet sich in einer emanzipatorischen Phase Ende des 12. Jhs. der Reichsfürstenstand, ebenso steigen verstärkt Unfreie als Ministerialen in den niederen Adel auf.
Adelsburg	Wehrhafter Wohn- und häufig auch Verwaltungssitz zur Sicherung eines Herrschaftsanspruchs über Besitztum und Einkünfte; Ausdrucksform und Bedeutungsträger einer bestimmten Gesellschaftsschicht (→ Adel, → Burg)
„Agglutinierende" Bauweise	(neulat.) „Anklebende", „anreihende" Bauweise, bei der ein unregelmäßiger Grund- und Aufriß entsteht, überdies – wie im mesopotamischen Städtebau – der Außenraum eine unregelmäßige Form annimmt
Agora	Marktplatz und Zentrum politischen Lebens in der antiken griechischen Stadt
Akkad	Stadt von unbekannter Lage von Sargon I. wohl im Norden von Babylon gegründet, gab dem Norden des semitisch absorbierten → Sumer seinen Namen
Akropolis	(griech.) Hochgelegene befestigte Siedlung oder → Burg in der griechischen Antike

Allmende	Bezeichnung für unverteilte Gemeindegründe (vor allem Wald, Weide, Ödungen)
Altis	Heiliger Hain (insbesondere des Zeus in Olympia)
Amphitheater	(griech.) „Rundschauplatz", Theater in elliptischer Form für Fechtaufführungen und Tierkämpfe, auch Bezeichnung für Theater, in denen Schaustellungen zu Lande und zu Wasser geboten wurden
Äolier (Äoler)	(griech. „Aioleis") Griechischer Stamm, meist jedoch Sammelname für alle nichtdorischen und -ionischen Stämme (im Norden des Ägäischen Meers und an der Nordwestküste Kleinasiens)
Apsis	(griech. „Wölbung", „Segment") Im Grundriß halbrunder oder polygonaler Abschluß eines Raumes oder Raumabschnittes (bei Kirchen meist am Chorende im Osten, seltener im Westen z.B. des Langhauses angeordnet)
Aquädukt	(lat. „aquaeductus" = Wasserleitung) (Römische) Fernwasserleitung, Wasserleitungsbrücke
Archaisch	(griech. „altertümlich") In der griechischen Antike der Zeitraum etwa des 7. und 6. vorchristlichen Jahrhunderts
Arkade	(lat. „arcus" = Bogen) Bogengang, -stellung über Stützen
Artillerie	(franz. „Geschütz") Mit Geschützen ausgestattete Truppe oder Truppengattung, in der Antike die Bedienungsmannschaft der Kriegsmaschinen
Atrium	(lat. „Hauptraum" [des Wohnhauses]) Zentraler Raum des altitalischen Hauses mit Dachöffnung und Auffangbecken für das Regenwasser; Vorhof bei frühchristlichen Kirchen (auch Paradies genannt)
Atriumhaus	Altitalische Hausform → Atrium
Attika	Niedrige Mauerzone über dem Kranzgesims eines Bauwerks
Aufklärung	Geistesbewegung, die um 1690 in England entstehend und sich im 18. Jh. insbesondere in Frankreich und Deutschland verbreitend, die Vernunft zum Maßstab des Denkens und Handelns macht und von großem Einfluß auf Kultur und Gesellschaft ist
Aula	(lat.) Hauptsaal eines Palastes (→ Palas) der römischen Kaiserzeit, einer → Pfalz usw.; Festsaal einer Schule oder Universität
Auslucht	Ein- bzw. mehrgeschossiger erkerartiger Vorbau, manchmal beidseits der Zugangstür, auf dem Boden ansetzend und nicht die Dach- bzw. Giebelhöhe erreichend
Babylonien	Geschichtliche Landschaft am Unterlauf von Euphrat und Tigris (Zweistromland), in der sich sumerische und babylonisch-semitische Kulturen verbanden; Hauptstadt Babylon

| **Bandstadt** | Sich weitgehend linear entlang einer Verkehrsader entwickelnde Stadt (die Grundrißform von Fluß, Straße, Eisenbahntrasse etc. bestimmt auch die Grundform der in Querrichtung erweiterbaren Stadtanlage selbst) |

Bankgrab — Ägyptischer Grabbau → Mastaba

Barock — (portugies. „barocco" = schiefe Perle) Aus dem Juwelierhandwerk entlehnter Stilbegriff besonders für Kunst und Architektur des 17. und beginnenden 18. Jhs., auch Bezeichnung für die Spätform von Kunstentwicklungen allgemein (J. Burckhardt). Ziel ist sowohl die Schaffung eines dynamischen, illusionistischen Raumeindrucks, des kosmischen Raumes, mit Hilfe von Malerei, Plastik, Lichtführung und sich durchdringender Raumabschnitte (u.a. Ellipsoide), als auch die streng axiale Ordnung von Natur und Stadtgrundriß.

Basilika — (griech./lat.) Langgestreckte Markt- oder Gerichtshalle; seit frühchristlicher Zeit aus drei, fünf oder mehr Schiffen bestehender Bau, bei dem das Mittelschiff in der Regel gegenüber den Seitenschiffen überhöht ist und über Obergadenfenster direkt belichtet wird

Bastei/Bastion — (franz.) Vorspringendes und mit Geschützen bestücktes Bollwerk einer → Festung, über das ein gegenseitiges flankierendes Bestreichen möglich ist; Entwicklung vom runden über den winkligen zum pfeilspitzförmigen Bau (spitz zulaufende Frontlinien, einbezogene Flanken); hiervon abgeleitet „bastionierter/bastionisierter Grundriß"

Bastide — (franz.) Stadt über meist regelmäßigem Grundriß, in Höhenlage und mit Befestigung zur Sicherung eines errungenen Herrschaftsgebietes (Verbreitung: Südfrankreich, teilweise auch England und die Niederlande)

Bauhaus — 1919 in Weimar aus dem Zusammenschluß der Bildenden Künste und des Handwerks unter Leitung von W. Gropius entstanden, zielt es auf das Schaffen des Gesamtkunstwerkes. Der Einfluß der „rationalen Ästhetik" von De Stijl ab 1921 öffnet den Weg zu industrieller Formgebung und Funktionalismus; ab 1925 in Dessau, 1932 geschlossen.

Bauhütte — Organisation der an einem Kirchenbau Tätigen, verschiedene Handwerke; Ordnung der Steinmetzen, die die Fragen der Ausbildung, Lehrzeit, Aufgabenbereiche, religiösen Vorschriften u.a. regelt (1459 Regensburger Ordnung); auch Werkstatt dicht neben dem zu errichtenden Bau

Befestigung — Zu Verteidigungszwecken erfolgende Geländeverstärkung und Gebäudeausrüstung zur Kampfführung und zur Versorgung der Kämpfer (bis ins Mittelalter besonders: Wallanlagen [→ Wall] in Trockenmauer- oder Holztechnik, auf Bergspornen oder Kuppen gelegen, Höhenrücken und Berge umgebend; Langwälle, im Flachland auch Rundwälle (Heinrichsburgen) aus Plaggen und

Holz, Landwehren als Erdwälle mit Gebücken [→ Gebück] sowie Gräben [→ Graben] und Burganlagen [→ Burg])

Beg(h)inen Angehörige einer von Nordwest-Europa ausgehenden Bewegung frommer Frauen, die ohne Gelübde in klosterartigen Gemeinschaften (Beginenhöfe) ein geistiges Leben führten. Ihr Ziel war die religiöse Unabhängigkeit auf der Grundlage wirtschaftlicher Selbstversorgung (vgl. auch Zisterzienser), was sie in Konkurrenz zu den Zünften (→ Zunft) bringen konnte. Auch Erteilen von Unterricht und karitativer Tätigkeit

Beguinage → Beg(h)inen

Beischlag Terrassenförmiger Vorbau mit Treppe als Zwischenzone zwischen Haus und Straße; im Ostseeraum verbreitet, doch auch in Holland, England und im Nordosten der USA anzutreffen

Berufsheer Berufskriegertum von in den jeweils neuesten Waffengattungen geschulten Söldnern (→ Söldner), das sich auf strenge klare Befehlsstrukturen und die ethischen Werte Ehre und Treue beruft und im Gegensatz zum „feudalen Aufgebot" das Kriegshandwerk als Mittel des Lebensunterhaltes betrachtet

Bettelorden (Mendikantenorden) Entstehung im 13. Jh. vor dem Hintergrund des sozialen und ökonomischen Wandels der Gesellschaftsstruktur. Wesentliche Bestandteile des Ordenslebens sind Armut der klösterlichen Gemeinschaft (Franziskus v. Assisi, Bettelordenskirchen), Seelsorge und Studium. Die Gründung von theologischen Seminaren, eigenen Universitäten und Ordensschulen bedingte die Orientierung des Ordens (besonders der Dominikaner und Franziskaner) auf die Stadt.

Bischofsstadt Stadt mit Bischofssitz (der Bischof ist in der Regel der Stadtherr und übt als solcher die Amtsgewalt aus), einer oder mehreren Kathedrale(n), deutlichem Sakralgepräge und der Konzentration geistlicher und weltlicher Verwaltungsfunktionen

Blockbau In waldreichen Gegenden anzutreffende Holzbauweise, bei der die Wände aus meist horizontal übereinanderliegenden, häufig nur grob zugerichteten und an den Hausecken überkämmten Baumstämmen, Halbhölzern u.ä. gebildet werden

Blockbebauung Geschlossene Bebauung eines von Straßen gerahmten Grundstücks

Borgo (ital.) Burg, Burgflecken; auch außerhalb des alten Mauerrings gelegene Vorstadt oder Neusiedlung (z.B. Weiler) mit meist minderem Recht

Börse Gebäude bzw. Halle für den Handel mit Waren oder Wertpapieren; Bezeichnung „Börse" höchstwahrscheinlich abzuleiten vom Namen der niederländischen Familie „van der Buerse", vor deren Anwesen in Brügge sich zu festgesetzten Zeiten Kaufleute zum Abschluß von Handelsgeschäften trafen und in dessen Nachbarschaft seit Ende des 14. Jhs. Konsulatsbauten mehrerer

italienischer Städte entstanden; das vermutlich älteste eigenständige Börsengebäude ein Holzbau des 14. Jhs. in Antwerpen

Boulevard(system)

(franz.) Breite und großzügig gestaltete Straße, auf einem vormaligen Festungswall (→ Festung, → Wall) oder seiner Trasse angelegt, häufig von ringförmigem Grundrißverlauf

Brandgiebel

Nicht von Öffnungen durchbrochene, häufig über die Dachhaut hochgezogene und im Falle eines Brandes dessen Übergreifen verhindern sollende Giebelmauer eines Gebäudes, in die keine Holzteile einbinden dürfen

Bronzezeit

Begriff für den Zeitraum zwischen → Neolithikum und → Eisenzeit, in der das vorherrschende Metall Bronze war (in der Ägäis der Zeitraum von etwa 3000-1100 v. Chr.)

Bruderschaft

Nahezu alle religiösen und sozialen Faktoren des mittelalterlichen Lebens betreffende Personenvereinigungen mit kulturellen, sozial-karitativen, religiösen und wirtschaftlichen Zielsetzungen (Baubruderschaften → Bauhütte)

Bude

In den nord- und mitteldeutschen Städten des Spätmittelalters und der frühen Neuzeit gebräuchliche Bezeichnung für eine Kleinwohnung und/oder – schon zeitlich früher – ein Geschäft mit oder ohne Produktion (→ Krambude, → Marktbude), häufig aus Holz, z.T. freistehend, z.T. in Reihenhausform; in Hansestädten oft in Verbindung mit „Gängen" (→ „Gang"); im Falle einer Wohnstiftung derartiger Gebäude und deren mietfreier Überlassung an Arme spricht man von „Gottesbuden", „Armenhäusern" u.a.

Buleuterion

(griech.) Gebäude für die Vollversammlung des Rats, „Rathaus", mit im Inneren U- oder halbkreisförmig ansteigenden Sitzreihen

Burg

(lat. „burgus" = meist befestigter Zufluchtsort einer Siedlungsgemeinschaft und Herrschaftszentrum, in römischer Kaiserzeit auch Wach- und Wohnturm an Handelsrouten in unsicheren Gebieten; ahd. „burg" = → Flucht- bzw. Fliehburg als befestigte größere Siedlung und gleichbedeutend mit dem heutigen Begriff „Stadt" [mhd. „stat"], der sich seit Ende des 11. Jhs. anstelle von „burc" durchzusetzen beginnt und diesen schließlich im 13. Jh. verdrängt) Ein bewohnbarer Wehrbau, der zunächst als Mittel für Kampf und Krieg, schließlich überwiegend zur Sicherung und Darstellung eines Herrschaftsanspruchs dient. Im Mittelalter allgemein gegen Ende des 9. Jhs. beginnend, erreicht der Burgenbau mit Übernahme des Steinbaus und seiner monumentalen Gestaltungsmöglichkeiten, wie gerade dem Turm, im 12. und 13. Jh. einen Höhepunkt, um mit größerer Wohnlichkeit und dem „Vorverlegen" der Verteidigung schließlich seit dem 15. Jh. unter dem Einfluß der Feuerwaffen in ein Nebeneinander von Schloß- und Festungsbau (→ Festung) zu münden.

Bürgerhaus	Wohn- und Geschäftshaus (Werkstatt, Handelsgeschäft) eines Bürgers, seit dem 12. Jh. zum einen hervorgegangen aus dem Bauernhaus, zum anderen beeinflußt von der Adelsarchitektur
Caldarium	(lat.) Warmbad
Campanile	(ital.) Freistehender Glockenturm von Kirchen
Canabae	(lat. „canaba" = Krämerbude, Vorratsgebäude, Weinausschank) Einem römischen Militärlager oder Kastell angelagerte Zivilsiedlung ohne Stadtrecht
Cardo	(lat.) Querachse des römischen Wegenetzes
Castrum (pl. castra)	(lat.) sgl. Fester Platz, pl. (Feld-)Lager
Cella	(lat.) Innerster Raum antiker Kultbauten; Standort des Kultbildes
„Charta von Athen"	Von Le Corbusier überarbeitete und 1943 veröffentlichte Richtlinien für den progressiven Städtebau, basierend auf den Resolutionen von → CIAM IV, einem 1933 auf einer Kreuzfahrt von Marseille nach Athen durchgeführten Kongreß über „Die funktionelle Stadt". In 95 Thesen befaßt sich Le Corbusier mit dem Zustand der Stadt und mit seiner Meinung nach für sie sinnvollen Verbesserungsvorschlägen (weiträumige und hohe Bebauung, Nutzung der Erdoberfläche als unter den auf Stützen gestellten Gebäuden durchfließende Verkehrsfläche, Nutzung der Dächer als Gartenflächen, Trennung von Fußgänger- und Fahrverkehr [auf eigenen Ebenen], Entflechtung der Funktionen von Wohnen, Arbeiten und Erholen zwecks ihrer Optimierung und Einbindung in ein rationales Plansystem)
CIAM	(franz.) Congrès Internationaux d'Architecture Moderne, insgesamt zehn ab 1928 erst- und 1956 letztmalig durchgeführte Internationale Kongresse zur modernen Architektur und zum modernen Städtebau, initiiert aufgrund der positiven Kooperation anläßlich der Werkbund-Ausstellung auf dem Stuttgarter Weißenhof 1927 und z.T. wegen seines Akademismus getadelt. CIAM I fand als Gründungskongreß in La Sarraz (Schweiz) statt, CIAM II unter der Leitung von Ernst May in Frankfurt a.M. (Ergebnis: Bericht über „Die Wohnung für das Existenzminimum"), CIAM III in Brüssel mit dem Thema „Grundstücksbeschaffung" (Bericht über „Rationelle Bebauungsweisen"), CIAM IV 1933 auf einer Kreuzfahrt an Bord der Patris von Marseille nach Athen unter der Leitung von Le Corbusier und unter dem Thema „Die funktionelle Stadt". Die Ergebnisse dieses Kongresses sind in überarbeiteter Form bekannt geworden als → „Charta von Athen".
Circus	(lat.) Rennbahn für Wagenrennen, → Hippodrom; auch Bezeichnung für formal ähnliche Platz- und Architektursituationen (vgl. Circus in Bath)
City Hall	→ Rathaus, auch Stadthalle (im Mittelalter Tanzhaus u.a.)

Civitas	(lat. „civis" = Haus- bzw. Gemeindegenosse) Stadt oder Stadt als Inbegriff aller Bürger, bedeutendere Stadt (rechtlich Rom gleichgestellt); später auch → Bischofsstadt
Colonia	(lat. „colonus" = Bauer, Siedler) Niederlassung auf erobertem Staatsland, später Land zur Versorgung der Veteranen, → Kolonialstadt mit römischem Stadtrecht
Cour d'honneur	→ Ehrenhof
Crescent	(engl.) Sichel- bzw. halbmondförmiger Straßenzug
Decumanus	Längsachse (eines römischen Wegenetzes; Terminus römischer Wegemesser, die Zahl „zehn" einbeziehend)
Deutscher Städtetag	Spitzenverband der kreisfreien und eines Teils der kreisangehörigen Städte in der Bundesrepublik Deutschland, 1905 in Berlin gegründet und die Interessen der Mitglieder bei Bundes- und Landesregierungen vertretend sowie Beratungsfunktionen bei Behörden übernehmend
Deutscher Werkbund	1907 gegründete Vereinigung von Künstlern (unter Leitung von H. Muthesius), die vor dem Hintergrund der Arts-and-Crafts-Bewegung (Kunsthandwerk-Bewegung) in erzieherischer Absicht gestalterische Qualität, aber auch aus sozialen Gründen gerade diejenige von industriell hergestellten Objekten und Gebrauchsgegenständen forderte und förderte
Diadochen	(griech. „Diadoche" = Nachfolger) Die Alexander d. Gr. in der Herrschaft nachfolgenden Feldherrn, die sein Reich unter sich aufteilten
Domburg	Befestigte Bischofskirche (meist unter Einschluß des Bischofspalastes)
Domus	(lat.) Wohnsitz (Haus, aber auch Palast [→ Palas])
Doppelstadt	Stadt, die aus zwei ehemals selbständigen Siedlungskernen durch Zusammenwachsen entstanden ist; in neuerer Zeit auch Nachbarstädte, die sich aus wirtschaftlichen Gründen zusammengeschlossen haben
Dorer (Dorier)	Einer der griechischen Hauptstämme, im 12. Jh. v. Chr. von Norden her nach Griechenland eingewandert
Dreifelderwirtschaft	Landwirtschaftliche Nutzungsform im Gebiet vorwiegenden Getreideanbaus. Hierbei blieb jeweils das „dritte" Feld für eine Vegetationsperiode Brache
Dreistrahl	Meist Straßen- oder Wegedreistrahl mit Orientierung auf eine z.B. städtebauliche Dominante, wie ein Gebäude oder einen Platz (charakteristisches Element barocker Planung)
Ehrenhof	(franz. „Cour d'honneur") Von Hauptbau und angrenzenden Nebenflügeln eines Schlosses gerahmter, frontseitig meist offener Hof für Aufmärsche und Empfänge

„Eigenbefestigung"   Von Hans-Joachim Mrusek geprägter Begriff, der kleine fortifi-katorisch gesicherte und typologisch nicht immer eindeutig zu differenzierende Wohnsitze wie → Feste Häuser, → Wohntürme und Feste Höfe von Adligen (→ Adel) und Ministerialen, später auch Patriziern (→ Patrizier) innerhalb der Stadt bezeichnet; sie dienten als Kontrolle und Schutz, aber ebenso als symbolische Zeichen der Stadtherrschaft, verfügten über burgähnliche Wehreinrichtungen und waren in der Regel in ein strategisches Konzept eingebunden; ihre entscheidende Bedeutung hatten sie vom Ende des 11. bis zum Beginn des 13. Jhs.

Einraumhaus   Haus mit nur einem einzigen Wohn- und/oder Arbeitsraum

Eisenzeit   Begriff in Benutzung für den Zeitraum, als Eisen wenigstens ebenso bedeutend wird wie Bronze (in der Ägäis der Zeitraum ab etwa 1050 v. Chr.)

Elam/Elamiter   Land bzw. Bewohner des Landes im Nordosten der Tigrismündung in den Persischen Golf (Hauptstadt Susa)

Emplekton   (griech.) Laut Vitruv durch die Römer von den Griechen übernommene Mauerwerksart mit zwei äußeren Quaderschalen und dazwischen liegender Füllung aus Gesteinsbrocken und Kalkmörtel

Exedra   (griech.) Halbrunder, nach einer Seite offener Raum mit Sitzreihen in einem griechischen → Gymnasion; Unterhaltungsraum im griechisch-römischen Wohnhaus; halbkreisförmige oder rechteckige Erweiterung an Säulengängen usw.; bei mittelalterlichen Bauten gleichbedeutend mit → Apsis

Exerzierplatz   (lat.) Übungsplatz, Platz, auf dem u.a. die Ausbildung der Soldaten stattfindet

Expressionismus   (nlat.) Vor 1910 einsetzende Kunstrichtung, die eine Loslösung von der Naturnachbildung oder des sinnlichen Eindrucks zugunsten eigener als elementar empfundener Ideen und Eindrücke anstrebt; gerade in Deutschland besonders ausgeprägt und sich in einer betonten Farbigkeit und einem besonderen Verhältnis zum Licht äußernd

Fachwerkbau   Holzskelettbau aus Ständern (→ Ständer), horizontalen und schrägen Hölzern, ausgefacht mit unterschiedlichen Baustoffen (u.a. Stein, Ziegel, Lehm)

Festes Haus   Wehrhafter Wohnbau, z.T. mit zusätzlicher Ummauerung, als Sitz insbesondere von Dienstmannen und Vögten, zum Schutz und zur Kontrolle von Grundbesitz auch in Siedlungen und Städten

Festung   Ausschließlich militärischen Zwecken dienender, ständig von Truppen besetzter Wehrbau zur Sicherung strategisch wichtiger Plätze, der durch ein System von Werken (Wehranlagen mit → Wall und → Graben) gegen Feuerwaffen verteidigungsfähig ist

Feudalsystem	Seit karolingischer Zeit übliche Form des Lehenssystems, bei dem ein zum persönlichen Nießbrauch bestimmtes Lehen den Lehensnehmer zu Treue und daraus resultierenden (Kriegs)Diensten in kausaler Verbindung zum „Geliehenen" in Form einer gegenseitigen Rechtsnorm verpflichtete, bei welcher der Lehensherr seinem Vasallen (lat.-kelt. „vas(s)allus" = Lehensmann) Schutz seiner Rechte gewährte
Flankierungssystem	Sich kreuzend überlagernder seitlicher Beschuß bzw. Feuerschutz, der alle Abschnitte einer Hauptkampflinie bzw. Festung erfaßt
Flucht-/Flieh-/ Volksburg	Mit Stein-Holz-Erde-Wällen (→ Wall), auch Palisaden, Gräben (→ Graben) und → Gebück befestigte Plätze, die als Zufluchtsorte dienten und überdies zum Teil kultische und andere Funktionen hatten
Forum	(lat. „forus" = Planke; d.h. forum = abgeplankter Bereich) Mittelpunkt des öffentlichen und geschäftlichen Lebens, auch Marktplatz (→ Markt)
Frankfurter Küche	Von der Architektin Grete Schütte-Lihotzky ab 1925 im Unterschied zu Kochnische, Wohnküche und Eßküche entwickelte „Nur-Arbeitsküche", die unter Perfektion von Schritt- und Griffersparnis die Hausarbeit zu rationalisieren sucht, zu einem Idealgrundriß von 1,90 x 3,44 m führt und eine wesentliche Rolle im Kampf um die gesellschaftliche Gleichstellung der Frau durch (Frei)Zeitgewinn spielen soll
Frigidarium	(lat.) Kaltbad, Abkühlungsraum im römischen Bad
Futurismus	(ital. „futura" = Zukunft) Italienische Kunstrichtung zwischen 1909 und 1914, die – zukunftsorientiert – in ihren Manifesten die Vernichtung der Tradition fordert und vor allem in Dichtung und Malerei an der Darstellung von Bewegungsabläufen interessiert ist, in den Planungen von Architektur und Städtebau sich – romantisierend übersteigert – an der nordamerikanischen Großstadt ausrichtet, neue Materialien, Konstruktionen und Energien verherrlicht und Prinzipien der Maschine wie ihre Dynamik gestalterisch ausdrucksstark umsetzt
„Gang"/Ganghaus	Im Städtebau schmaler Verbindungsweg ohne Fahrverkehr; in den deutschen Hansestädten Bezeichnung für die rückwärtige Grundstücksüberbauung mit Erschließungsweg und häufig ein- oder zweiseitiger Budenreihe (→ Bude)
Gartenkunst	Anlegen von Gärten oder Parks unter architektonisch-künstlerischen und/oder landschaftskünstlerischen Aspekten
Gartenstadt	Wirtschaftlich selbständige → Trabantenstadt mittlerer Größe, die durch intensives Grün, Gemeinschaftseinrichtungen, soziale Wohnverhältnisse, ausreichende Arbeitsplätze, gemeinschaftlichen Grundbesitz geprägt und von einer zentralen Großstadt durch einen auch landwirtschaftlich genutzten größeren „Grüngürtel" getrennt ist

Gauforum	Wesentlicher Bestandteil von Politik und Stadtgestaltung im Nationalsozialismus (insbesondere bei den sogenannten Führerstädten), bestehend aus einer breiten Aufmarschstraße, großer Versammlungshalle, Appellplatz, Glockenturm und Parteibauten
Gebück	Als Hindernis gegenüber einem Angreifer errichtete dichte Bepflanzung mit Sträuchern bzw. Hecken
Gegenreformation	Begriff für die etwa von 1550 bis 1650 durchgeführten Initiativen der katholischen Kirche, die durch die Reformation geschaffene Situation rückgängig zu machen (führende Kraft hierbei der Jesuitenorden)
Geometrische Periode	Auf Linienornamente von Tongefäßen zurückgehende Bezeichnung der nachmykenischen griechischen Frühkunst (ca. 1050-700 v. Chr.)
Geomorphische Stadtanlage	(griech.) Der Erdoberfläche angepaßte Stadtanlage
Geschlechterturm	→ Wohnturm in der Stadt lebender Adliger (→ Adel)
Geschoßbau	Fachwerkbauweise aus von Schwelle bis Traufe durchgehenden Ständern (→ Ständer) mit „eingeschossenen Etagen"
Gesims	Vorspringendes horizontales und meist profiliertes Gliederungselement einer Wand bzw. Wandöffnung, häufig Abschluß eines Sockels, eines Geschosses, eines Giebels usw.
Gewölbe	Gekrümmter oberer Raumabschluß, in der Regel aus zwischen Widerlagern verspannten Steinen gemauert
Gilde	Zusammenschluß von Kaufleuten, bisweilen Handwerkern zur gegenseitigen Hilfeleistung bei Handelsfahrten und gemeinsamen, vorrangig berufsständischen Interessen. Oft bilden ihre Organe Vorstufen städtischer Institutionen.
Glacis	Vorgelände; umlaufende Erdaufschüttung vor einem Festungsgraben (→ Festung, → Graben)
Gottheiten, animistische/ anthropomorphe	Bei animistischen Gottheiten äußert sich göttliches Wesen in der Beseeltheit von Gegenständen und in der Fähigkeit der Seele, den jeweils besetzten Gegenstand nach Bedarf bzw. Notwendigkeit wieder verlassen zu können (lat. „anima" = Seele), während bei einer anthropomorphen (griech. „menschengestaltigen") Gottheit eine erkennbare äußerliche Entsprechung gesucht wird.
Graben	Künstliche Geländevertiefung von größerer Länge, angelegt als der Verteidigung dienendes Hindernis, als Schützen-, Verbindungsgraben usw.
Groma	(lat.) Meßinstrument römischer Geometer (abgeleitet vom Zeiger der griechischen Sonnenuhr, Begriff wohl vermittelt durch die Etrusker)

Gymnasion	(griech.) Bei den Griechen Ort der körperlichen Erziehung, später auch der geistigen Bildung
Hanse	Genossenschaft von Kaufleuten zur gegenseitigen Unterstützung bei weiträumigen Handelsreisen (→ Gilde); die Deutsche Hanse, die sich seit dem 13. Jh. aus am Ostseehandel interessierten Kaufleuten gebildet hatte, entwickelte sich Mitte des 14. Jhs. zu einem Städtebund von ca. 90 Städten unter Führung der Stadt Lübeck
Harappakultur	Eines der Hauptzentren der → Induskultur (neben Mohenjo-Daro) am Ravifluß im heutigen Pakistan
Heimatstil/ Traditionalismus	Regional bezogener Stil, der versucht, den natürlichen und den tradierten Gegebenheiten einer Kulturlandschaft gerecht zu werden
Helladisch	Bezeichnung für die → Bronzezeit des griechischen Festlandes (ca. 3000-1050 v. Chr.). Ihre letzte Phase, die späthelladische, ist mit der mykenischen gleichzusetzen.
Hellenismus	Bezeichnung für die Spätphase griechischer Kunst und Kultur vom Tode Alexanders d. Gr. (323 v. Chr.) bis zur Schlacht von Actium (31 v. Chr.)
Hethiter	Indoeuropäisches Nachbarvolk der Achäer, im 14. Jh. v. Chr. das Innere Kleinasiens weitgehend bis zum Euphrat beherrschend
Hieroglyphen	(griech. „heilige Einkerbungen") Ägyptische Bilderschrift, allgemein auch Bilderschrift anderer Kulturen
Hippodamisches System	Nach Hippodamos von Milet (ca. 475-400 v. Chr.) benanntes Stadtbausystem mit sich rechtwinklig kreuzenden Straßen, das jedoch älteren Datums ist
Hippodrom	(griech.) „Pferdelauf", Anlage für Pferderennen und Wettfahrten
Historismus	Rückgriff auf vorausgeganene Stilrichtungen – vor allem im 19. Jh. und im Anschluß an den Klassizismus (die jeweiligen Stilrichtungen können einzeln, aber auch kombiniert angewendet werden)
Hochsiedeln	Hügelförmiges Hochwachsen eines Siedlungsniveaus infolge Verwendung nicht dauerhaften Baumaterials wie des Lehmziegels und des in Perioden notwendigen Neuaufbaus nach vorheriger Einebnung des Altmaterials
Hofhaus	Haus, das einen auf mehreren, häufig auf vier Seiten umbauten Hof aufweist
Horreum (pl. Horrea)	(lat.) Speicher (insbesondere für Wein oder Korn), Magazin, Scheune, Vorratskammer
Hospital	(lat. „hospes" = Gast) Krankenhaus bzw. Altersheim in Klöstern und Städten, bisweilen auch Herberge, Hospiz

Hyksos	(ägypt. „Hyksos" = Herrscher der Fremdvölker) Asiatisches Eroberervolk, das nach dem Höhepunkt des Mittleren Reiches in Ägypten einfiel und es von ca. 1670-1570 v. Chr. (Zweite Zwischenzeit) beherrschte
Hypokaustenheizung	(griech.) „Unterboden"heizung. Römische Heizanlage unter einem (meist auf Ziegeln) aufgeständerten Fußboden. Zur Erwärmung der Wände verwendete man Kanäle aus Hohlziegel.
Idealstadt	Stadtentwurf mit regelmäßigem Umriß und regelmäßiger Binnenstruktur, nicht selten auch auf neuen und utopischen Gesellschaftsmodellen basierend
Illyrer	Indogermanische Völkergruppe, die im Altertum die nordwestliche Balkanhalbinsel und die Adriaküste besiedelte
Indus(tal)kultur	Hochentwickelte und um 2300 v. Chr. eine Blütezeit durchlaufende antike Kultur mit den Zentren → Harappa und Mohenjo-Daro
Innung	(mhd.) „Verbindung", freiwillige Vereinigung selbständiger Handwerker mit den Zünften (→ Zunft) vergleichbaren Zielsetzungen, ab 1953 in der Bundesrepublik Deutschland als öffentlich-rechtliche Körperschaft bestehend
Insula	(lat.) „Im Meer gelegen", großes römisches Haus ohne Nebenbauten, freistehendes → Mietshaus, Häuserblock
Internationaler Stil	Titel eines 1932 von Henry-Russell Hitchcock und Philip Johnson verfaßten Buches, das die moderne Architektur des vorausgegangenen Jahrzehnts behandelt, eine Architektur, die maßgeblich in Westeuropa geprägt wurde und bestimmt ist durch Volumina, Ordnung und Klarheit sowie Verzicht auf jeglichen Dekor; der für die neuen Strömungen der zwanziger und z.T. auch dreißiger Jahre geprägte Begriff ist jedoch auch auf andere und entgegengesetzte Strömungen übertragbar und wird heute meist durch den des → Rationalismus ersetzt.
Ionier (Ioner)	Altgriechischer Hauptstamm, vor allem an der Westküste Kleinasiens siedelnd
Jungsteinzeit	→ Neolithikum
Kammerei/Kämmerei	Finanzverwaltung
Kapelle	Kleinerer kirchlicher Raum mit Sonderfunktion, z.B. Taufe; auch Nebenraum von Kirchen
Kapitalismus	(mittellat.) Liberale Wirtschaftsordnung, die das Privateigentum anerkennt und bei der die meisten Arbeitenden keine Kapitalbesitzer sind; Zeitalter, in dem sich das Kapital als Wirtschaftskraft auf wenige Personen mit sozialer Belastung für andere konzentriert; allgemein sich seit der → Renaissance entwickelndes und auf Handel, Bankwesen und Manufaktur aufbauendes Wirtschaftssystem, das seit der Jahrhundertwende durch Unter

nehmenszusammenschlüsse wie durch staatliche Lenkung geprägt ist

Kapitell

Ausladendes Kopfstück eines → Pilasters, eines Pfeilers oder einer Säule, bestehend aus Halsring, Körper und Deckplatte (Abakus), der Körper bisweilen dekoriert

Kapitelsaal

Versammlungsraum einer Klosterklausur (zur Aufnahme der Konventsmitglieder; → Klaustrum)

Kasematte

Überwölbter Schutzraum einer Befestigung zur Unterbringung der Besatzung, als Munitionslager etc.

Kathedrale

Im eigentlichen Bedeutungssinn nur Bischofskirche, später in verschiedenen Ländern Begriff für jede größere Kirche

Kaufhalle/Kaufhaus

Städtischer Bau zur Lagerung und zum Verkauf von (manchmal bestimmten) Waren, daher mit Halle(n) und häufig gewölbten Speicherräumen versehen

Keilschrift

Name einer in → Mesopotamien entwickelten und vom 3. bis 1. Jt. v. Chr. gebräuchlichen Schriftform, deren Zeichen mit einem gespalteten Rohr in feuchten Ton gedrückt wurden

Kelten

Indogermanische Bevölkerungsgruppe, die von den Germanen aus Süd- und Südwestdeutschland nach Frankreich (Gallien) gedrängt wird, sich in England, Spanien, Italien, auf dem Balkan und in Anatolien ansiedelt

Kemenate

(lat. „caminata" = heizbares Gemach) Beheizbarer Wohnraum, auch ganzer, diesen enthaltender Bau

Klassizismus

(lat.) Zwischen ca. 1750 und 1830 angewendeter Stil, der sich an den klaren Formen der Antike orientiert, historische Bildung, archäologisches und architekturtheoretisches Interesse voraussetzt

Klaustrum oder Klausur

(lat. „claustrum" = Verschluß, Sperre, später Zugang) Nur den Mönchen oder Nonnen vorbehaltener Teil eines Klosters

Klostersiedlung

Aus Klosteranlagen hervorgegangene Siedlung mit zentralörtlicher Funktion (in Ergänzung oder Übernahme kirchlicher und sozialer Aufgaben, als Wirtschafts- und Handelszentrum etc.); vgl. auch die entsprechenden Auswirkungen des Deutschen Ordens in Ostpreußen und im Deutschen Reich

Kolonialstadt

Von einem Land, einer Mutterstadt oder von einem Kolonialherrn gegründete oder ausgebaute überseeische Stadtanlage

Kolonnade

(franz.) Säulenstellung mit Architrav anstelle von Bögen

Kolossalordnung

(griech. „riesig") Ordnung von Säulen bzw. Pilastern (→ Pilaster), die – durchgehend – wenigstens einundeinhalb Geschosse einer Fassade zusammenfassen

Konstruktivismus

(lat.-neulat.) Bezeichnung zunächst für eine sich seit etwa 1913 in Rußland verbreitende Bildgestaltung mit Hilfe reiner geome-

trischer Formen, nach dem Ersten Weltkrieg und im Zuge des
Aufbaus der UdSSR stärker architektonisch orientierte Bewegung, bei der die Funktionalität und Ästhetik der Maschine, die
betonte Darstellung der Konstruktion im Raum, aber auch deren
Bewegung wie die vierte Dimension, die Zeit (so veranschaulicht durch die unterschiedliche Drehgeschwindigkeit von drei
Raumkristallen beim Entwurf des Moskauer Palastes der Dritten
Internationalen 1920), wesentliche Leitbilder ebenso für eine
neue sich herausbildende Industriegesellschaft darstellen (trotz
der 1921 in Berlin erfolgenden Gründung einer Konstruktivisti-
schen Internationalen und des hohen Anspruchs der Bewegung
wurden die meisten Planungen nicht realisiert)

Konzentrische Stadtanlage	(mittellat.) Auf den gleichen Mittelpunkt ausgerichtete Stadtan-lage; vgl. → Rundstadt oder angenäherte Rundstadt
Kornhaus	Meist in städtischem Eigentum befindlicher Speicherbau für Ge-treide
Krambude	In Mittelalter und Neuzeit dem Kleinhandel dienender, auf Märkten (→ Markt) oder in ihrer Nähe gelegener ortsfester, ur-sprünglich einräumiger Holzbau, z.T. einschließlich Produktion, zunächst eingeschossig, später gelegentlich unterkellert und/oder um ein weiteres Geschoß (u.a. für Wohnnutzung) aufge-stockt und nicht selten als Steinbau ausgeführt
Kreuzgang	Umgang um den Klosterhof von → Klaustrum/Klausur eines abendländischen Klosters
Kreuzungsdorf	Dorf, das sich an einer Straßen- bzw. Wegekreuzung entlang eben dieser Verkehrswege entwickelt hat
Krypta	(griech./lat.) In der Antike überwölbter Gang; Raum im Unter-geschoß von Kultbauten, insbesondere bei christlichen Kirchen zur Aufbewahrung von Reliquien oder als Grab für verehrte Personen wie Heilige und Stifter
Kuppel	Gewölbe- und Dachform, deren Mantelfläche in der Regel ein Kugelsegment ist
Kurtine	Verbindung zweier Bastionen (→ Bastei), häufig durch ein Au-ßen- bzw. Vorwerk (niedrige Geschützterrasse) gedeckt; allge-mein auch Mauerabschnitt zwischen zwei Türmen
Labyrinth	(vorgriech.-griech. „Labrys" = Doppelaxt?) Möglicherweise ab-geleitet vom Haus der Doppelaxt im bronzezeitlichen Palast von Knossos; Gebäude bzw. Anlage mit unübersichtlichem Grund-riß, z.B. Irrgang eines Formalgartens (in gotischen Kathedralen [→ Kathedrale] auch im Fußboden verlegtes Motiv aus ver-schlungenen Linien)
Landrecht	Im Mittelalter gültiges allgemeines Recht (im Unterschied zum Sonderrecht)
Landzenturisation	(lat. „centuria" = Feld- bzw. Flurbezirk von ursprünglich 100, schließlich 200 iugera [„iugum" = Gespann; Morgen = einviertel

154

Hektar]) Bei den Römern übliches Verfahren der Landvermessung bzw. -einteilung in Form quadratischer bzw. rechteckiger Lose

Langobarden

Germanisches Volk, das in geschichtlicher Zeit links der Unterelbe siedelte, später nach Süden wanderte, u.a. in die Lombardei und nach Süditalien. Im 8. Jh. fränkisch beherrscht, wurde es unter Otto d. Gr. mit der deutschen Königskrone verbunden.

Latinität

(lat.) Allgemeiner Begriff für eine einzelne, lateinischen Schriftstellern bzw. Literaturphasen charakteristische Ausdrucksform, im angesprochenen Zusammenhang vorrangig verwendet für die lateinische, d.h. römische Tradition des Denkens und Handelns, wie sie z.B. durch die lateinische Verwaltungssprache in Spätantike und einem Großteil des Mittelalters und in der Literatur noch weitaus länger lebendig blieb

Laube(ngang)

Meist ein dem Erdgeschoß eines Gebäudes vorgelagerter oder einen Teil desselben bildender, häufig gewölbter offener Bogen bzw. Bogengang

Laubenganghaus

Oft mehrgeschossiges Haus, bei dem die Wohnungen nur über einen → Laubengang erschlossen werden

Leiterstraßensystem

System von zwei im Grundriß parallel-laufenden Hauptstraßen mit schmaleren (sprossenartigen) Querverbindungen

Limes

(lat. „limes" = Quergang, künstlich geschaffene Trennung) Grenze, Reichsgrenze, in der Regel durch → Wall und → Graben befestigt und durch Türme und Kastelle gesichert

Lineare Stadt

→ Bandstadt

Lisene

Einer Wand flach aufliegendes vertikales Gliederungsband ohne Basis und → Kapitell

Luxussteuer

(lat. „luxus") Steuer zur Beschränkung des Luxus, Teil sozialer Maßnahmen, sich in Luxusbesitz- und Luxusumsatzsteuer gliedernd

Manierismus

Spätphase verschiedener Stile, insbesondere der → Renaissance

Mansarddach

Geknicktes Dach, das im unteren steiler als im oberen Teil ist (benannt nach dem französischen Baumeister Jules Hardouin-Mansart), meist zu Wohnzwecken ausgebaut (Mansarde)

Markt

(lat. „mercatus" = Handel, Markt) Festgesetzter Ort, an dem seit dem frühen Mittelalter zu bestimmten Zeiten unter besonderem Rechts- und Friedensschutz stehende Handelsgeschäfte zwischen Warenherstellern bzw. Händlern und Käufern bzw. Verbrauchern abgewickelt wurden (diese mit unterschiedlichen Warenangeboten bei überörtlich bedeutsamen und vor allem dem Großhandel dienenden Messen, bei Jahr- und Wochenmärkten); das Marktrechtsprivileg war ursprünglich weitgehend Königsrecht; für die Abwicklung von Geschäften, für Transport etc. gal-

ten besondere Marktrechte; der Marktherr war zur Erhebung von Marktzöllen, Wegegeld etc. berechtigt

Marktbude

Im Mittelalter auf oder unmittelbar am → Markt gelegene, zunächst in der Regel hölzerne → Bude mit ursprünglich ausschließlicher Gewerbenutzung → Krambude

Maßwerk

Geometrisch ornamentale Unterteilung vor allem gotischer Fenster

Mastaba

(arab.) „Bank"grab, geböschter ägyptischer Grabbau mit Schacht in eine unterirdische Grabkammer und im Verlauf des Alten Reichs zunehmender Zahl von Räumen

Mausoleum

(griech.) Im eigentlichen Sinne nur der Grabbau des Königs Mausolos von Halikarnassos, doch allgemein Bezeichnung für ein monumentales Grabmal

Meder

Den Persern verwandtes, die indogermanische Sprache benutzendes Volk, das im 8.- 6. Jh. v. Chr. eine große Rolle spielte und z.B. Assyrien eroberte

Megaron

(griech. „Megaron" = großer Raum) Rechteckhaus mit auf der Schmalseite vorgelagerter offener Vorhalle, die seitliche Zungenmauern hat und deren Dach auf einer, meist jedoch zwei Säulen ruht

Mennonit

Angehöriger einer seit dem 16. Jh. bestehenden, auf ihren Führer Menno Simons zurückgehenden Religionsgemeinschaft, die z.B. Kindtaufe und Wehrdienst ablehnt, weil der Bergpredigt verpflichtet (in vielen Ländern verfolgt)

Merkantilismus

(franz. „mercantile" = kaufmännisch) Wirtschaftspolitisches System des → Absolutismus, das – wie in Frankreich unter Colbert, dem Finanzminister Ludwigs XIV. –, zu einer staatlich gelenkten Nationalwirtschaft führt, um dem durch Ausbau des stehenden Heeres und des Berufsbeamtentums wachsenden staatlichen Geldbedarf zu entsprechen; dies geschieht durch die Erhebung direkter wie indirekter Steuern, durch Einfuhr von Rohstoffen nach Möglichkeit aus den eigenen Kolonien, durch Importzölle und Ausfuhr hochwertiger Fertigprodukte, durch Beseitigung der Binnenzölle, die Förderung von Gewerbe (u.a. Errichtung von Manufakturen als handwerklichen Großbetrieben), Handel und Verkehr (Ausbau von Straßen und Kanälen, einer Handels- und sie schützenden Kriegsflotte); so positiv sich die getroffenen Maßnahmen für das Bürgertum auswirken, so negativ aber in der Regel auch für die Landbevölkerung.

Mesopotamien

(griech.) „Land zwischen den Flüssen", Gebiet zwischen Euphrat und Tigris

Metabolismus

(griech.) „Stoffwechsel"; Auffassung von Architektur und Städtebau, die in Analogie zu chemischen Prozessen in einer Zelle als dem Grundbaustein eines Organismus aus fixen und variablen Bauteilen eine offene Form zu entwickeln sucht; den Na-

men „Metabolisten" gab sich eine japanische Architektengruppe um Kenzo Tange, die zwischen 1960 und ca. 1970 wirksam war.

Miet(s)haus (german. „Miete" = Lohn) Gebäude, das insgesamt oder in Teilen einem oder mehreren anderen gegen Entschädigung für einen bestimmten Zeitraum und für eine bestimmte Nutzung überlassen wird; auch Zinshaus

Mietskaserne Besonders in Berlin und hier sich vor allem seit dem Bebauungsplan von 1861-63 als Spekulationsobjekt durchsetzender, häufig fünf-, vorher sechsgeschossiger traufständiger und in Grundstückstiefe in mehrfacher Parallellage und um Zwischenbauten erweiterter, an Höfen angeordneter Mietkleinwohnungsbau vor allem zur Unterbringung von Arbeiterfamilien; neben der Tatsache, daß die meisten Wohnungen derartiger Bauten Hoflage hatten, sind die Wohnungsdichte, die zu geringe Wohnfläche, die geringe Hoffläche (als Zugang für die Hinterhäuser, Feuerwehrzufahrt, für die Belichtung und Belüftung der Wohnungen), die unzureichende Belichtung, das weitgehende Fehlen einer Querlüftung, das Nichtvorhandensein von Grün- und Erholungsflächen, die unwirtschaftliche Verkehrsfläche und die mangelnde Feuersicherheit als wesentliche Nachteile der Mietskaserne zu nennen.

Minoer Bevölkerung des bronzezeitlichen Kreta und einiger Nachbarinseln, wahrscheinlich entstanden durch Verschmelzung einheimischer Bevölkerung mit Zuwanderern (aus Anatolien?). Die Bezeichnung Minoer wurde vom Archäologen Evans aufgrund ihres legendären Herrschers Minos, Sohn des Zeus und der Europa, benutzt (möglicherweise handelt es sich hierbei um einen Herrschertitel)

Minotauros (griech.) Menschen fressendes Ungeheuer – halb Mensch, halb Stier – im Labyrinth von Knossos durch König Minos eingesperrt und von Theseus – mit Orientierungshilfe des Fadens der Ariadne – getötet

Modularer Plan (lat. „modus" = Maß) Seltener: in einem bestimmten Verhältnis von Grundeinheiten zum Ganzen stehender Plan; häufiger: Plan aus in bestimmtem Verhältnis dimensionierten, oft gleichen Grundeinheiten, meist Rasterplan

Mönchsorden (griech./lat. „monachus" = einsam lebend; lat. „ordo" = Ordnung, Stand) Klostergemeinschaften, deren Angehörige sich im Abendland durch feierliche Gelübde zum Leben in einem selbständigen Kloster mit eigenen Vorstehern und zum unbedingten Dienste Gottes verpflichten und in der Regel aus Kloster- (Patres, Kleriker) und Laienbrüdern (Fratres) bestehen (im Abendland insbesondere Benediktiner, Kluniazenser, Zisterzienser, Kartäuser, Dominikaner, Franziskaner und ab der Gegenreformation Jesuiten)

Monumentalordnung (lat.) Bei römischen Großbauten wie Theatern bzw. Amphitheatern (→ Amphitheater) und z.B. den auf sie Bezug nehmenden

Palazzi (→ Palas) der → Renaissance vorkommende dreige-
schossige fassadengliedernde Ordnung, bei der unten die dori-
sche bzw. tuskische, in der Mitte die ionische, oben die korinthische Säulen- oder Pilasterordnung (→ Pilaster) oder deren
Variationen zur Anwendung gelangen

Municipium

(lat.) Landstadt mit eigener Verwaltung und römischem Bürger-
recht

Münze/Münzstätte

Raum oder Gebäude, in dem unter Leitung eines durch den
Münzherrn eingesetzten Münzmeisters oder in Regie eigener
Genossenschaften Metallgeld geprägt wurde

Museion

(griech.) „Das unter dem Schutz der Musen Stehende", Forschungsinstitut, im Hellenismus Entwicklung von Skulpturen-
museen in großen Heiligtümern, dgl. in Palästen etc. von Ge-
mälde- und anderen Sammlungen

Mykener

Eigentlich nur der/die Bewohner des bronzezeitlichen Mykene
in der Peleponnes, doch allgemein Bezeichnung für den Bewohner dieses und angrenzender Gebiete mit gleicher Kultur und
Sprache (von Homer im 8. Jh. v. Chr. als „Achäer" bezeichnet)

Nekropolis

(griech.) Totenstadt, größerer Gräberbezirk mit Straßenzügen
und Umfriedung

Neoklassizismus

In mehreren europäischen Staaten in den dreißiger und vierziger
Jahren des 20. Jhs. vorrangig zur Repräsentation und Festigung
totalitärer Herrschaftsformen bei offiziellen Bauaufgaben bevorzugter Stil, der, obgleich nationale Interessen vor andere stel-
lend, internationale Entsprechung hat, zeitlos sein möchte, in
sehr akademischer Weise idealisiert, heroisierende historische
Formen aufgreift und Monumentalität zur Gleichschaltung des
Individuums und zur Förderung der Volkseinigung anstrebt

Neolithikum

Gräzistische Bezeichnung für die Jungsteinzeit (ca. 7000-3000 v.
Chr.), einen wichtigen Abschnitt menschlicher Vorgeschichte; ein
in ihr stattfindender Entwicklungssprung, der den Übergang
vom Nomadentum zur seßhaften Lebensweise ermöglicht, auch
als Neolithische Revolution bezeichnet

Normanne/Wikinger

Angehöriger einer ursprünglich in Skandinavien (insbesondere
in Dänemark) ansässigen nordgermanischen Bevölkerung, die
infolge ihrer Zunahme im 8.-11. Jh. meist auf dem Seewege die
europäischen Küsten besetzte (u.a. Normandie und von dort aus
ab 1066 England, Sizilien, Byzanz etc.) und um 1000 Nordamerika entdeckte

Obelisk

Längliche ägyptische Steinsymbole mit Rechteckgrundriß und
sich nach oben verjüngend, an der Spitze mit einer → Pyramide
versehen

Odeion

(griech. „Odeion" = Singraum) Meist rechteckiger Saalbau für
musikalische Darbietungen, gelegentlich auch überdachtes kleines Theater

Oppidum	(lat.) Kleinere Landstadt; „Stadtsiedlung"; in keltischem Gebiet befestigte größere Siedlung, meist auf einem Hügel oder Berg gelegen
Opus Caementicium	(lat. „caementa" = Steinsplitter) Römisches Gußmauerwerk
Ordnung	Architektursystem aus aufeinander abgestimmten Elementen, wie Säule, → Kapitell und Gebälk, die eine feste Ordnung bilden (bei den Griechen die dorische, ionische, korinthische Ordnung; bei den Römern zudem die tuskische und die komposite)
„Organischer Städtebau"	Von Hans-Bernhard Reichow und anderen verwendeter Begriff, der nach biologischem Vorbild (z.B. von der Lunge und den Kappilaren als Typus einer organischen Struktur) eine harmonische Symbiose des Menschen mit der Natur (Stoffwechselprinzip) sowie die gleichem Prinzip folgende „Ordnung und Gestaltung des Großstadtlebens und seines Gehäuses" anstrebt
Orthogonal-linearer Stadtplan	(griech.-neulat./lat.) Stadtplan auf gelängtem, gerastertem Grundriß
Ostgoten	Gotischer Stamm, der nach einer Reichsgründung im Norden des Schwarzen Meers und seiner Verdrängung über Pannonien nach Italien gelangte und dort unter Theoderich d.Gr. ein später von den Byzantinern zerstörtes neues Reich unter Einschluß der Provence und Dalmatiens gründete
Ottonen	Angehörige des altsächsischen Adelsgeschlechtes der L(i)udolfinger, das 919-1024 mit Heinrich I., Otto I.-IV. und Heinrich II. deutsche Könige und römische Kaiser stellte
„Owenite Village"	Von dem englischen Unternehmer, Sozialisten und Sozialutopisten Robert Owen ab 1817 konzipierte und als Gesellschaftsmodell gedachte Sozialsiedlung für jeweils etwa 1000 (max. 1500) Personen und ca. 400-600 ha Land, ein sogenanntes Industriedorf, auf quadratischem, randbebautem Grundriß und mit außerhalb gelegenen Produktionsstätten und landwirtschaftlichen Bauten, in denen die Arbeiter und ihre Familien nicht nur Nutznießer ihrer eigenen Arbeit werden sollen, sondern durch den positiven Einfluß von Milieu und Gemeinschaft gebildetere und bessere, dem Ganzen dienende Menschen
Palaestra	Ringplatz, doch Begriff auch für größere Sportanlagen üblich, oft mit → Gymnasion gleichgesetzt
Palas/Palast/Palazzo	(lat. „palatium" = Palast) Herrschaftlicher Wohn- und Festsaalbau einer mittelalterlichen → Burg oder → Pfalz; das italienische Wort „Palazzo" bezeichnet ein repräsentatives öffentliches Gebäude bzw. privates Wohngebäude oder → Bürgerhaus, später auch einen schloßähnlichen Bau
Panathenäen	(griech. „Panathenaia") Alle vier Jahre stattfindendes Hauptfest der Athener zu Ehren der Stadtgöttin Athena mit Prozession, bei der ihr im Erechtheion ein neues Kleid gebracht wurde

Parallelstraßensystem	System von mehreren gleichlaufenden Hauptstraßen und nachgeordneten Querverbindungen (→ Leiterstraßensystem)
Patrizier	(lat. „patricius" = adlig) Ursprünglich dem römischen Geburtsadel (→ Adel) Angehöriger; ab dem 16. Jh. sich in Anlehnung an die römische Antike durchsetzende Bezeichnung für eine privilegierte Schicht von die städtische Verwaltung beherrschenden „Ratsbürgern", die sich aus Kaufleuten kapitalintensiver Geschäfte, seltener Handwerkern, aber auch aus ehemaligen bischöflichen Ministerialen rekrutierten und ein besonderes Standesbewußtsein entwickelten und pflegten (nicht selten auch Aufgabe der kaufmännischen Tätigkeit und Erwerb umfangreicher Landgüter, um auf diese Weise Adelsqualität zu erlangen)
Peristyl	(griech. „Peristyl" = säulenumstanden) Den Hof eines antiken Gebäudes bzw. den Vorhof einer frühchristlichen → Basilika umgebende Säulenhalle
Pfahlbürger	Person, die den Bürgerstatus (unter Teilhabe an städtischen Privilegien) erlangt hat, doch ihren Wohnsitz auf dem Lande beibehält
Pfalz	Frühmittelalterliche und mittelalterliche Residenz von Kaisern, Königen und Bischöfen
Phönizier	(griech. „Phoinikes" = die Rotbraunen) Semitisches Volk in Syrien, das ca. 1200-900 v. Chr. eine Blüte erlebt. Als Seefahrer und Kaufleute lösen die Phönizier die Kreter ab und vermitteln dem Westen orientalische Kultur (z.B. Kolonie in Karthago, Handelsniederlassungen in Italien und Spanien)
Piano nobile	(ital.) Hauptgeschoß eines Hauses, meist das erste Obergeschoß (franz. „Beletage")
Pilaster	(lat. „pila" = Pfeiler) Relativ flacher Wandpfeiler mit Basis und → Kapitell
Pithos	(griech. „Pithos" = großes Vorratsgefäß; pl. Pithoi) Große, oft mannshohe, z.T. in den Boden eingelassene, aus Ton gebrannte Vorratsgefäße
Plaza major	(span.) Mittelplatz spanischer Typenstadt in Amerika; Hauptplatz
Plebs	(lat.) Volksmenge, Bürgerstand (im Gegensatz zu den Patriziern [→ Patrizier])
Podiumtempel	(lat. „podium" = Unterbau) Auf einem Unterbau stehender und durch eine Zugangstreppe einseitig ausgerichteter, insbesondere bei den Etruskern und Römern vorkommender, Tempeltyp
Polis	Selbstverwalteter griechischer „Stadtstaat"
Portikus	(lat.) Säulen- oder Pfeilerhalle, auch Gehsteigüberdachung
Praetorium	(lat.) Kommandantur eines römischen Militärlagers

Präharappa-Zeit	Der → Induskultur der Harappa-Zeit vorausgehender Zeitraum, aus dem inzwischen mehrere Siedlungen, die eine kontinuierliche Stadtentwicklung nahelegen, ergraben sind (so Kot Diji um 3000 v. Chr. oder Amrium 3500 v. Chr.)
Priesterkönig	Herrscher, der sowohl geistliches als auch weltliches Oberhaupt seines Staates ist (vgl. insbesondere Mesopotamien und Kreta)
Promenade	(franz.) Gärtnerisch gestalteter, großzügiger Spazierweg oder von Fußwegen begleitete Fahrstraße
Propylon	(griech. „Propylon" = Vortor) Eingangsbau griechischer Heiligtümer
Prytaneion	(griech.) In der griechischen Antike Gebäude, in dem der geschäftsführende Ausschuß des Rates der 500 während seiner kurzen Amtszeit ständig anwesend zu sein hatte und wo auch Staats- und Ehrengäste bewirtet wurden (Standort des heiligen Herdes)
Ptolemäer	Griechische, seit dem Tode Alexanders d. Gr. 323-30 v. Chr. in Ägypten herrschende Dynastie
Pultdach	Halbes Satteldach bzw. Dachform, die nur aus einer einzigen schräg-liegenden Fläche besteht
Pylon	(griech.) „Portal", Torturm vor einem ägyptischen Tempel; Tragepfeiler z.B. einer Hängebrücke
Pyramide	(griech. „pyramis" = Pyramide) Grabform des alten Ägypten, entwickelt aus der → Mastaba über die Stufenpyramide, und Zentrum des Totenkults für einen verstorbenen Pharao
Radial-konzentrische Straßenerschließung	→ Konzentrische Anlage mit in der Regel radial verlaufender Stadtanlage
Radialstadt	Stadt, bei der die Hauptstraßenachsen strahlenförmig vom Zentrum ausgehen und meist durch Ringstraßen (→ Ringstraße) untereinander verbunden sind
Rähmbau	→ Stockwerksbau
Rathaus	Neben der Stadtmauer der meist herausragendste Gemeinschaftsbau der Bürgerschaft mit Verkaufsständen und Stadtwaage (→ Waage) im häufig offenen Erd- und mit dem Ratssaal im Obergeschoß, überdies nicht selten einer Schöffenstube, einer Gerichtslaube, einem Gefängnis und manchmal einem Wein- bzw. Bierausschank im Keller
Rationalismus	Internationale Architektur- und Städtebauentwicklung der zwanziger und dreißiger Jahre des 20. Jhs., auch als „Neue Sachlichkeit" bezeichnet, die nicht das Einzelobjekt als wesentlich ansieht, sondern dessen Vervielfältigungsmöglichkeit im Sinne des sozialen Fortschritts; die klare, asketische Form ist die Konsequenz mit Vernunft zu lösender Bauaufgaben, bei denen Minimierung des Grundrisses, Kosteneinsparung, Vorfertigung

und Teamwork wesentliche Aspekte darstellen; die Grundlagen der Entwicklung werden bereits im Frührationalismus zwischen der Jahrhundertwende und dem Ersten Weltkrieg mit der aus konstruktiven, sozialen und künstlerischen Gründen angestrebten Ökonomie des Bauens (vgl. insbesondere Stahl- und Stahlbetonbau) gelegt.

Ratsverfassung
Sie regelt – sich ab dem 13. Jh. durchsetzend – als städtische Grundordnung die politische Willensbildung und die Machtausübung (insbesondere die Ratszusammensetzung, die Festlegung seiner Befugnisse in Rechtsfragen und in der Entscheidung über Krieg und Frieden, den Umfang der städtischen Kreditaufnahmen)

Refektorium
(lat. „refectorius" = erquickend) Speisesaal in Klöstern, Remter in Burgen (→ Burg)

Reil
→ Traufgasse

Renaissance
(franz.) „Wiedergeburt", gemeint ist diejenige des klassischen Altertums, mit dem man sich weitgehend zu identifizieren sucht; Kulturepoche, mit der im Abendland und zuerst in Italien als dem ökonomisch am weitesten entwickelten Land (vgl. Handels- und Finanzwirtschaft, Städtewesen) ab dem 14. Jh. die Neuzeit einsetzt und in der die reale Welt, der Mensch und seine Persönlichkeit wie beider Gesetzmäßigkeiten entdeckt bzw. wiederentdeckt und in wissenschaftlichem Erkenntnisstreben untersucht werden. Diesseitsbezug und Realitätssinn führen zu einem neuen Welt- und Naturbild, das sich z.B. deutlich in den ab etwa 1420 in Florenz und der Toskana entstehenden Werken der Bildenden Künste wiederfindet. Für Architektur und Städtebau von besonderer Bedeutung sind u.a. die Entdeckung des Raums und diejenige der ihn realistisch wiedergebenden Zentralperspektive, desgleichen – neben einer sehr rationalen planerischen Vorgehensweise und daraus resultierender Klarheit der Gesamtform wie der Details – in Auseinandersetzung mit antiken Quellen und erhaltenen baulichen Zeugnissen die Übernahme und Weiterentwicklung antiker Elemente und künstlerischer Prinzipien wie der Proportions- und der Harmonielehre (so in der Erkenntnis, daß der Mensch als Abbild Gottes das Maß aller Dinge sei).

Residenzstadt
Stadtanlage als Herrschaftsmittelpunkt mit repräsentativem Herrschersitz und wesentlichen Funktionen einer Hof- und Landesverwaltung

Ringstraße
Straße, die um einen Stadtteil, aber auch die ganze Stadt herumgeführt ist

Rippenstraße
In mehr oder weniger deutlicher Parallellage angeordnete Verbindungsstraße, die weitgehend orthogonal zwei oder mehr Hauptstraßen – als das Rückgrat eines Systems – und häufig in Mehrzahl verbindet

| **Risalit** | (ital. „Risalit" = Vorsprung) Vor die Flucht eines Gebäudes in voller Höhe flach vorspringender Bauteil |

Ritterorden Während die Angehörigen geistlicher Ritterorden (vor allem Johanniter, Templer und der 1190 zunächst als Spitalbruderschaft sich konstituierende Deutsche Orden) neben den drei Mönchsgelübden (Beständigkeit, klösterliche Lebensführung, Gehorsam gegenüber den Oberen) auch dasjenige ihrer Beteiligung am Kampf gegen die Ungläubigen geloben – gegründet wurden sie seit der 2. Hälfte des 11. Jhs. vor allem mit dem Ziel der Pilgerbetreuung im Heiligen Land –, handelt es sich bei den insbesondere im späten Mittelalter eine Blüte erlebenden weltlichen Ritterorden um Adelsgemeinschaften bzw. -bruderschaften (→ Bruderschaft) mit dem Ziel, der allgemeinen Wohlfahrt, dem Glauben, berufständischen Idealen und konkreten Interessen zu dienen; der Deutsche Orden entfaltet schon recht bald nach seiner Gründung im Heiligen Land seine Hauptaktivitäten im Südosten und Osten Mitteleuropas (sogenannte Ostkolonisation).

Romanik Sich um 1820 zuerst in Frankreich in Anlehnung an den Begriff der „romanischen Sprachen" durchsetzende Bezeichnung für eine römische Bauformen – wie Säule und Pfeiler, Bogen und Gewölbe – aufgreifende und weiterentwickelnde, zwischen dem Ende des 10. bis etwa zur Mitte des 12. Jhs. in Frankreich und etwa zur Mitte des 13. Jhs. in Deutschland vorherrschende Kunstrichtung von großer gestalterischer Geschlossenheit vor allem in der Architektur

Romantik Insbesondere geistes-, aber auch stilgeschichtliche, gegen Ende des 18. Jhs. entstehende Bewegung, die in Deutschland einen Höhepunkt erlebt und betonte Gefühlswerte dem verstandesmäßigen Erfassen entgegensetzt; starke Einbeziehung der Natur und in Deutschland auch der Geschichte

Rotunde (lat.) Zentralbau über kreisförmigem Grundriß

Rundling Dorfform, bei der sich die Höfe in Art eines Fächers um eine mittlere Freifläche (einen Anger) legen

Rundstadt Stadt von kreisförmigem oder präzise kreisrundem Umriß

Rustika (lat. „rusticus" = ländlich, einfach, grob) Mauerwerk aus in der Stirnseite absichtlich rauh belassenen Quadern

Samniter Italischer Volksstamm, der von Norden her Kampanien besiedelt und zum Gegner der Römer wird

Sanktuarium (lat. „sanctus" = heilig, unverbrüchlich) Heiligster Bereich in einem Kultbau, im christlichen Kirchenbau der Chor mit dem Hochaltar

Satteldach Dach mit zwei gegeneinander ansteigenden Dachflächen. Hierbei bilden sich Dreiecksgiebel.

Schatzhaus	Kleiner Bau zur Aufbewahrung von Weihegaben im → Temenos griechischer Kultplätze
Schema preordinato	(ital.) „Vorherbestimmtes Schema", in Italien Bezeichnung für eine auf regelmäßigem Grundriß aufbauende Planstadt
Schrebergarten	Nach dem Arzt und Orthopäden D.G.M. Schreber benannter Kleingarten, der – abseits der Wohnung – als Nutzgarten und/oder zur körperlichen und seelischen Erholung bearbeitet wird
Siedlungspunkte	Ihnen liegt die Absicht zugrunde, die – vor allem sozialen – Probleme des Großstadtwachstums durch Weiterentwicklung des gewohnten und überschaubaren und daher für natürlich gehaltenen dörflichen Lebensraumes durch vernetzende regionalplanerische Maßnahmen zu vermeiden, so z.B. durch Verteilung einzelner „Stadtfunktionen" auf mehrere Kerne; Voraussetzungen sind das Vorhandensein eines geeigneten Verkehrssystems und eine Wachstumsbegrenzung der einzelnen Kerne durch nicht in die Bodenspekulation einbeziehbare Freiflächen in den Zwischenzonen
Söldner	Für Entlohnung (Sold) Kriegsdienst Leistender (das Söldnerwesen erstarkt in dem Maße, wie im Mittelalter das Lehensaufgebot zurückgeht)
Sozialreformer	Person, die sich politisch oder durch Handeln für die grundsätzliche und breitenwirksame Verbesserung sozialer Verhältnisse engagiert
Sozialutopist	Sozialist, der von der rigiden Veränderungsmöglichkeit und -notwendigkeit der bestehenden Gesellschaft ausgeht und seine Ideen in die Tat umzusetzen sucht (er ist meist von den gesellschaftsverändernden Kräften des Milieus überzeugt und entwickelt daher – im Umkehrschluß – neue „bessernde" architektonische und städtebauliche Konzepte)
Spätrationalismus	Bauliche Entwicklung der fünfziger und sechziger Jahre des 20. Jhs., die – unter Unterschätzung der eigenen veränderten wirtschaftlichen, politischen und gesellschaftlichen Rahmenbedingungen – an den → Rationalismus der Vorkriegszeit im Glauben an notwendige Sachlichkeit, an technischen Fortschritt und ökonomisches Wachstum und enttäuscht von den bisherigen Ideologien (insbesondere derjenigen des Nationalsozialismus) anzuknüpfen sucht
Sperrfort	Zur Grenzsicherung, häufig an natürlichen Engpässen angelegte Sperrbefestigung (→ Befestigung)
Spolie	(lat. „spolium" = Raub, Beute) Wiederverwendeter Bauteil eines abgebrochenen oder teilabgebrochenen Gebäudes
Stadion	Griechische Maßeinheit (entspricht etwa 190 m); Rennbahn

Städtebautheoretiker	Personen, die sich theoretisch, systematisch und z.T. mit Realisierungsabsicht auf literarische und/oder zeichnerische Weise mit den Voraussetzungen, Bedingungen und Phänomenen der Stadt, oft auch der Planung von Idealstädten (→ Idealstadt) und in Verbindung mit einem neuen Gesellschaftsmodell auseinandersetzen; Städtebautheoretiker sind seit der klassischen Antike bekannt, doch besonders typisch für die → Renaissance, in der Rationalität, Plangeometrie und Fortifikationskunst, aber auch das Gesamtkunstwerk „Stadt" von vorrangiger Bedeutung werden
Stadtrecht	Recht, das im Mittelalter das → Landrecht den städtischen Rahmenbedingungen angleicht; ursprünglich Königsrecht, das an einen (anderen) Stadtherrn delegierbar war; es setzt sich der Rechtsgrundsatz durch, wonach das Recht einer engeren Gemeinschaft Vorrang vor demjenigen einer weiteren hat, d.h. Stadtrecht bricht Landrecht; mit dem Erstarken des Bürgertums einher geht die Entwicklung von Ratsverfassung und -satzungen; zu den Rechten gehören u.a.: Marktrecht (→ Markt), Recht auf Selbstverwaltung, Recht auf niedere Gerichtsbarkeit, Recht zur Bildung von Zünften (→ Zunft), Recht auf → Befestigung und Bildung einer eigenen Bürgerwehr
Stadtstaat	Stadt, die ein größeres, von ihr abhängiges Territorium besitzt und rechtlich sowie verwaltungsmäßig unabhängig ist
Ständer/Stiel	Senkrechte Holzstütze, die im Skelettbau (→ Fachwerkbau) Teil des tragenden Gerüstes darstellt
Ständerbau	→ Geschoßbau
Stapelrecht	Recht einiger Städte, durchreisende Kaufleute hier ihre Waren stapeln und zum Verkauf feilbieten zu lassen
Staufer	Schwäbisches Adelsgeschlecht, das sich nach seiner Stammburg Hohenstaufen benennt, 1138 mit Konrad III. die Königskrone erlangt und mit dem Tode Konradins 1268 ausstirbt
Stele	(griech.) Pfeiler, (Grab-)Säule
Sternanlage	Stadt über meist rundem bzw. gleichmäßig polygonalem Grundriß mit umgebenden Spitzbastionen (→ Bastei); auch Platz oder Wegeknoten mit sternförmigem Grundriß
Stoa	(griech.) Säulenhalle (im übertragenen Sinn seit dem 3. Jh. v. Chr. auch stoische Philosophenschule, deren Begründer Zenon war)
Stockwerksbau	Fachwerkkonstruktion (→ Fachwerkbau) mit in sich abgezimmerten, selbständigen und geschoßweise übereinandergestellten Gerüsten
Strahlenstraße	Geradlinig verlaufende Straße, die – wie wenigstens zwei andere (→ Dreistrahl) – strahlenförmig von einem Zentrum ausgeht; Straße eines Sternsystems

Straßendorf	Dorfform, bei der sich die Höfe beidseitig entlang einer meist breiteren Straße aufreihen
Straßenmarkt	Markttyp (→ Markt), entstanden durch Verbreiterung einer Straße bzw. eines (längsplatzähnlichen) Straßenabschnitts
Suburb/Suburbium	(lat.) Vorstadt
Sumer	Südmesopotanische, sich zwischen Babylon und Persischem Golf ab ca. 3400 v. Chr. herausbildende Hochkultur
Synoikismos	(griech.) „Zusammensiedeln", im antiken Griechenland politischer Zusammenschluß mehrerer Dörfer, Städte usw., aber auch deren Um- und Übersiedlung
Tablinum	(lat.) Im römischen Haus meist am → Atrium der Eingangsseite gegenüberliegender und sich hierhin öffnender Hauptraum und Speisesaal
Taverne	(lat. „taberna") Hütte, Laden, Kneipe
Temenos	(griech.) „Abgetrenntes", von einer Mauer umgebener heiliger Bezirk, meist Tempelbezirk
Tempelstadt	Stadt mit dominanter Tempelanlage bzw. dominantem Tempelbezirk
Tepidarium	(lat.) Laubad; Warmluftraum, der dem Heißluftraum eines römischen Bades vorgelagert war
Therme	(Röm.) Badeanlage
Trabantenstadt	Selbständige Stadt im Einflußbereich eines Oberzentrums, mit dem sie lediglich verkehrsmäßig und bezüglich zentraler Funktionen in enger Verbindung steht
Traufe	Untere Horizontalbegrenzung eines geneigten Daches
Traufgasse	Schmale Gasse zwischen den Traufen (→ Traufe) benachbarter Häuser, der Ableitung von Regen-, Oberflächen- und Abwasser dienend und im Falle eines Brandes das Überspringen des Feuers erschwerend; meist so bemessen, daß eine problemlose Wartung der angrenzenden Wände und Dächer möglich war
Trauf(en)stellung	Begriff für die straßenparallele Ausrichtung von Gebäudetraufen
Treppengiebel oder Staffelgiebel	Giebel mit abgetreppter Kontur; Konstruktion zunächst technisch bedingt, später dekorativ genutzt
Trikonchos	Gebäude oder Gebäudeeinheit mit Kleeblattgrundriß
Triumphbogen	(lat. „triumphare" = siegen, triumphieren) Von den Römern eingeführter Ehrenbogen zur Erinnerung an einen Kaiser oder eine historische Begebenheit; im Mittelalter auch Bogen zwischen Mittelschiff bzw. Vierung und dem Chor bzw. der → Apsis einer Kirche oder → Kapelle

Tuchhalle/Tuchhaus/ Gewandhaus	Zunfthaus (→ Zunft) der Tuchmacher, häufig repräsentativ gestaltet und mit Lager-, Verkaufs- und Gesellschaftsräumen ausgestattet
Tumulus	(lat.) Erd-, z.T. auch Steinhügel mit meist rundem Grundriß über einem Grab
Vasallensystem	(von lat. „vasallus") → Feudalwesen
Vicus	Größere dorf- oder kleinstadtartige Siedlung; auch Stadtviertel in Großstädten
Villa	(lat.) Landhaus, repräsentativerer Stadthof (villa publica = öffentliches Gebäude)
Villa rustica	(lat.) Römisches Landhaus
„Ville enveloppée"	(franz.) „ummantelte" Stadt, Stadt mit älterem Siedlungskern und einer diesen umschließenden baulichen Erweiterung
„Ville repliée"	(franz.) Nach der Definition von Lavedan eine ehedem größere (antike) Stadt, die sich auf einen verkleinerten Umfang (im Mittelalter z.B. Trier) zurückziehen muß
„Ville unifiée"	(franz.) Befestigte Stadt, die am Ende einer Entwicklung verschiedene – mitunter vordem auch einzeln befestigte – Siedlungskerne zusammenfaßt
Waage	Markt- und Lagerhalle
Wall/Wallanlage	Erdaufschüttung – meist mit Brustwehr (Palisade o.ä.) – oder Aufmauerung einer Verteidigungsanlage, in der Neuzeit zur gedeckten Aufstellung von Feuerwaffen angelegt
Wallone	Romanisierter Kelte im südlichen Belgien und im Norden Frankreichs, der einen französischen Dialekt spricht
Walmdach	Sich vom Satteldach ableitende Dachform, bei der die Giebel durch schräge Dachflächen ersetzt sind
Wandalen	(lat. „Vandali") Germanischer Volksstamm (zur Zeit von Tacitus östlich der Oder, später in Südspanien und Nordafrika beheimatet)
Wandelstadt	Stadtanlage, die sich in ihrem Grundriß und Erscheinungsbild jeweils neuen Situationen so grundlegend angeglichen hat, daß ihre historische(n) Ausgangsstruktur(en) nicht mehr ablesbar ist (sind); kein wirklich eindeutiger Begriff
Wasserschloß	Von Wasser umgebene Schloßanlage; in der römischen Antike Bezeichnung für einen meist im Grundriß runden Wasserverteiler, von dem auf unterschiedlichen Höhen Leitungen zur Versorgung privater Haushalte und öffentlicher Einrichtungen abzweigen
Welfen	Deutsches Herrschergeschlecht, dessen älteres schwäbisches Haus 1055 erlosch und dessen jüngere Linie, die in den Besitz

des Herzogtums Sachsen gelangte, nach dem Sturz Heinrichs des Löwen 1180 auf ihren Hausbesitz beschränkt wurde

Westgoten

Ostgermanischer Stamm, der sich um Christi Geburt an der unteren Weichsel formierte, über die Schwarzmeerküste und den Balkan unter König Alarich in Italien einfiel, 410 Rom plünderte, in Südgallien und in Spanien ein eigenes Reich gründete. Während das Tolosanische Reich (benannt nach der Hauptstadt Toulouse) nur bis Anfang des 6. Jhs. bestand, konnte sich das spanische bis zum arabischen Einfall 711 behaupten.

Wohnhof

Sich in den zwanziger und dreißiger Jahren des 20. Jhs. im sozialen Wohnungsbau, hier insbesondere im Wiener Gemeindebau, durchsetzende Form der geschlossenen oder ein- bzw. mehrseitig offenen, häufig vielgeschossigen Blockrandbebauung, bei welcher der Lichthof der gründerzeitlichen Bebauung zum Gartenhof wird

Wohnturm

Regelmäßig oder zeitweilig bewohnter und daher oft größerer und meist befestigter Turm, oft Teil eines städtischen Adelssitzes

Zähringer

Schwäbisches, sich nach seiner Burg Zähringen in Freiburg i. Br. benennendes Adelsgeschlecht, das zeitweilig in den Besitz des Herzogtums Kärnten und der Mark Verona gelangte, überdies die Reichsvogtei in Zürich und das Rektorat Burgunds erwerben konnte. Während die ältere Linie, die 1092 in Schwaben Herzogsrechte erlangte, 1218 ausstarb, gingen aus der jüngeren die Markgrafen und späteren Großherzöge von Baden hervor.

„Zähringerstadt"

Die vom Architekten Ernst Hamm („Die Städtegründungen der Herzöge von Zähringen in Südwestdeutschland") 1932 geprägte Bezeichnung für eine Reihe von angeblich durch die Herzöge von Zähringen im 12. Jh. planmäßig angelegter Städte mit „zähringertypischen" Merkmalen und Vorbildhaftigkeit für andere Stadtgründungen ist als Gattungsbegriff abzulehnen. Das sogenannte Zähringerkreuz, ein Marktstraßenkreuz (→ Markt), ist außer bei Villingen bei keiner anderen wirklichen Zähringerstadt nachzuweisen. Weitere angeblich zähringertypische Merkmale wie Straßenmarkt, Wirtschafts- und Wohnstraßensystem, Aussparung von Kirchplätzen, Hofstätteneinteilung, → Traufstellung der Häuser, Anlage von Stadtbächen usw. sind auch anderswo und schon früher nachzuweisen, so daß den Zähringern lediglich eine besonders aktive Rolle in der Stadtgründungs- bzw. Städtebaupolitik ihrer Zeit zuzuerkennen ist.

Zeilenbauweise

Bauweise, bei der Häuserreihen meist parallel, zumindest aber symmetrisch zueinander angelegt werden

Zeltdach

Pyramidenförmig zu einer Spitze ansteigendes Dach

Zeughaus/Rüsthaus/ Arsenal

Lagergebäude für Waffen und Kriegsgerät

Zikkurat	Getreppter turmartiger Bau der Sumerer (→ Sumer) und ihrer Nachfolger mit rechteckigem Grundriß zur Aufnahme eines Götterschreins bzw. kleineren Tempels
Zinne	Mit Maueröffnungen abwechselndes, dem Verteidiger Schutz bietendes Mauerstück als oberer Abschluß eines Wehrbaues; auch dekorative Mauerzacke an Brüstung oder → Attika
Zisterne	Ein häufig unterirdisches Sammelbecken zum Auffangen des auf Dächern und gepflasterten Hofflächen anfallenden Regenwassers
Zitadelle	(ital.) Hoch- und meist am Rand einer Stadt oder größeren → Befestigung gelegene → Burg oder → Festung, die Hauptverteidungsanlage darstellt
Zunft	Fachgenossenschaftliche Vereinigung von Handwerkern und anderen Gewerbetreibenden mit dem Ziel hohen Ausbildungsstandes und der Qualitätskontrolle, aber auch sozialer Aufgaben und zur Wahrung eigener Rechte und der Beteiligung an der Stadtherrschaft
Zunfthaus	Gesellschaftshaus einer Handwerkerzunft (→ Zunft), meist mit größerem, der Versammlung dienendem Saal
Zweistreifenhaus	Haustyp, der in Grundstücksbreite in zwei, in die Grundstückstiefe verlaufende Grundrißzonen unterteilt ist
Zwerchhaus	Giebelartiger, geschoßhoher Ausbau einer Gaupe in Fassadenflucht (zwerch = quer [zum First])
Zwinger	Raum zwischen Vor- und Hauptmauer einer → Befestigung
Zyklopenmauerwerk	(griech. „Kyklopen" = mythisches Volk von Riesen) Mauerwerk aus riesenhaften, rauhen, meist unregelmäßigen, z.T. in der Ansicht polygonalen Steinblöcken

CATAL HÜYÜK

REKONSTRUKTION EINES WOHNQUARTIERS, 6500 V.CHR., NACH J. MELLAART

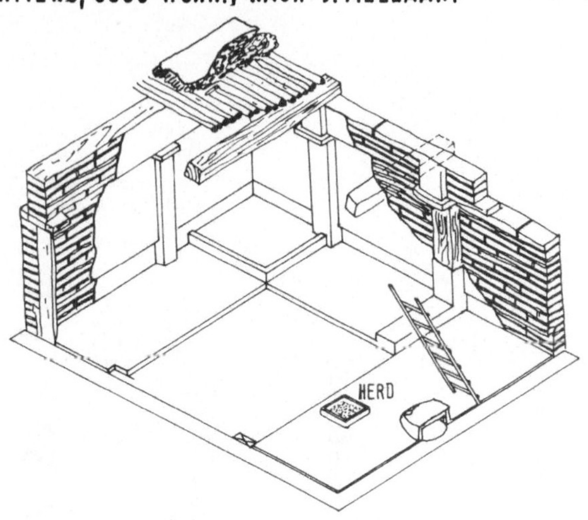

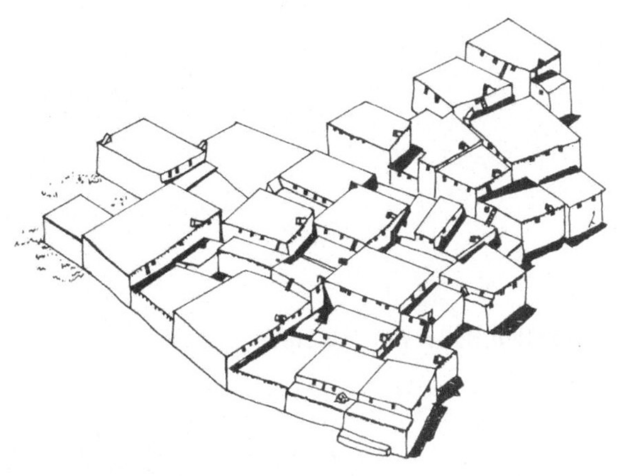

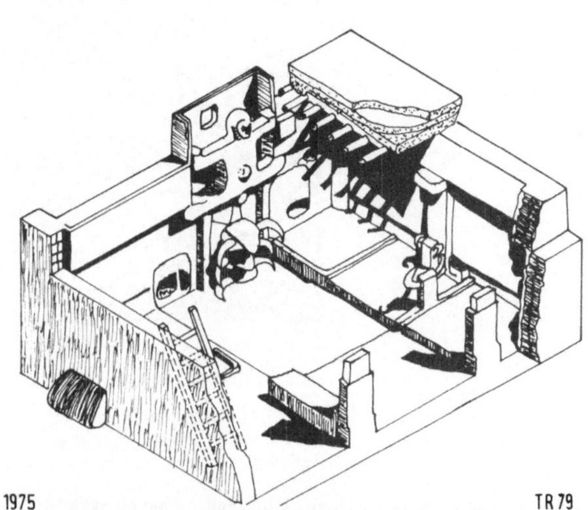

ZINCIRLI

UMWALLUNG UND ZITADELLE DER HETHITERSTADT

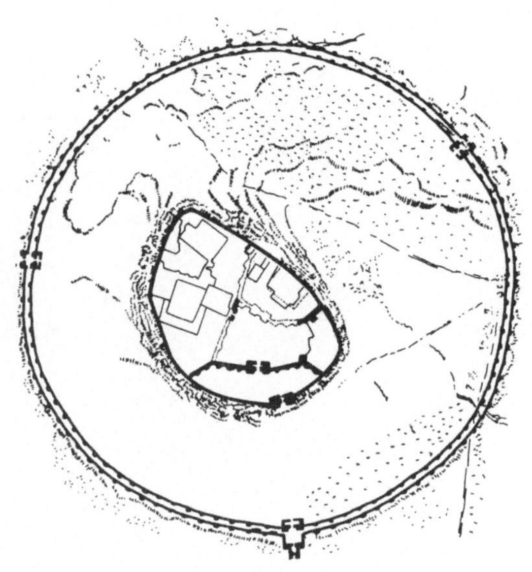

REKONSTRUKTION: VON LUSCHAN

ÄGYPTEN, FRÜHE STADTFRAGMENTE S 3

1. ÄGYPTISCHE HIEROGLYPHE 'STADT'

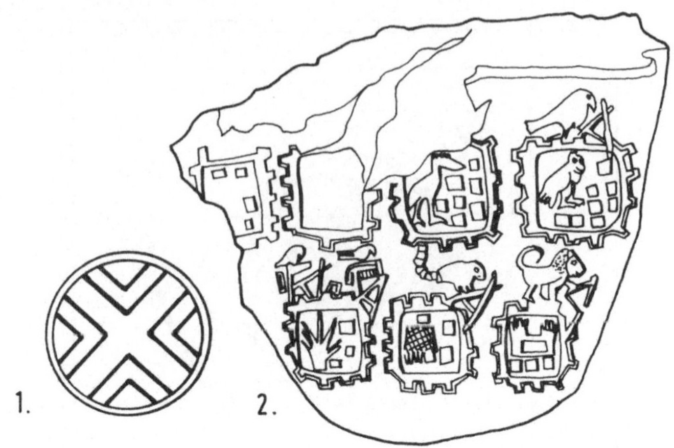

1.

2.

2. VORDYNASTISCHES FRAGMENT MIT KONZENTRISCH UMWALLTEN STÄDTEN

3. PALETTE DES KÖNIGS NAR MER. DER KÖNIG, SYMBOLISIERT DURCH EINEN STIER, ZERSTÖRT EINE STADT IN KREISRUNDER FORM.

4.

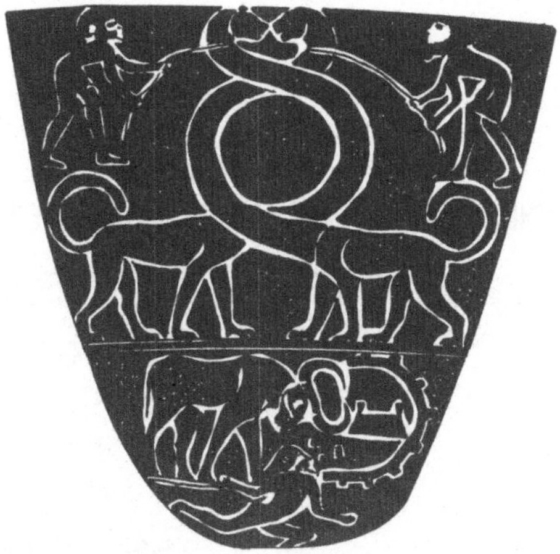

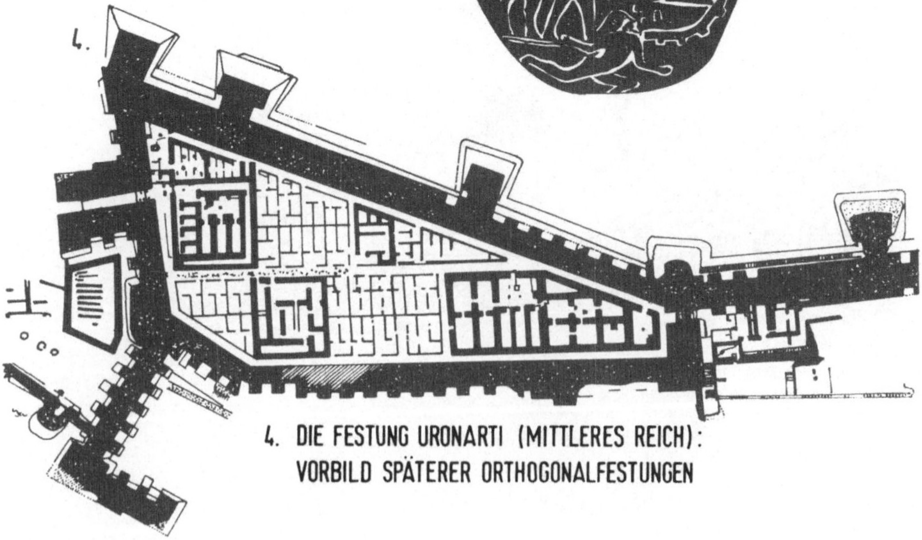

4. DIE FESTUNG URONARTI (MITTLERES REICH): VORBILD SPÄTERER ORTHOGONALFESTUNGEN

NACH: MOHOLY-NAGY S. (ABB. 1,2,4), MUMFORD L., DIE STADT (ABB. 3)

MESOPOTAMIEN

DER STADT-HÜGEL VON AL UBAID

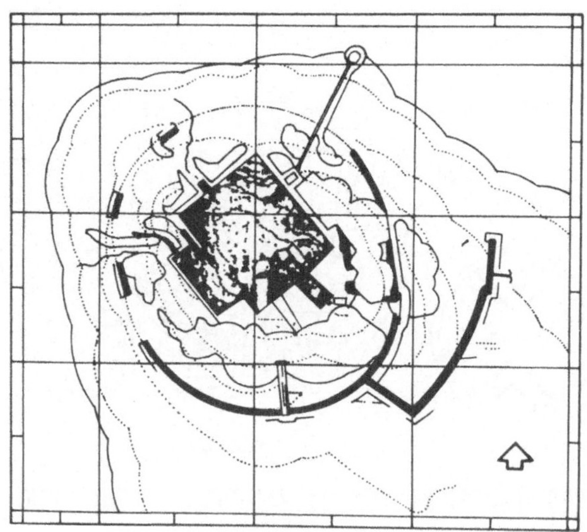

ASSYRISCHES RELIEF, PLAN EINER UMMAUERTEN STADT

NACH: MOHOLY NAGY S., DIE STADT ALS SCHICKSAL, MÜNCHEN 1968
MUMFORD L., DIE STADT, MÜNCHEN 1979

RELIEF, DARSTELLUNG DES KÖNIGS SANHERIB IN DEN MAUERN EINER
EROBERTEN STADT

HARAPPA – KULTUR

ÜBERSICHTS-KARTE

KERAMISCHE STADTMUSTER
DER INDUS-TAL-ZIVILISATION

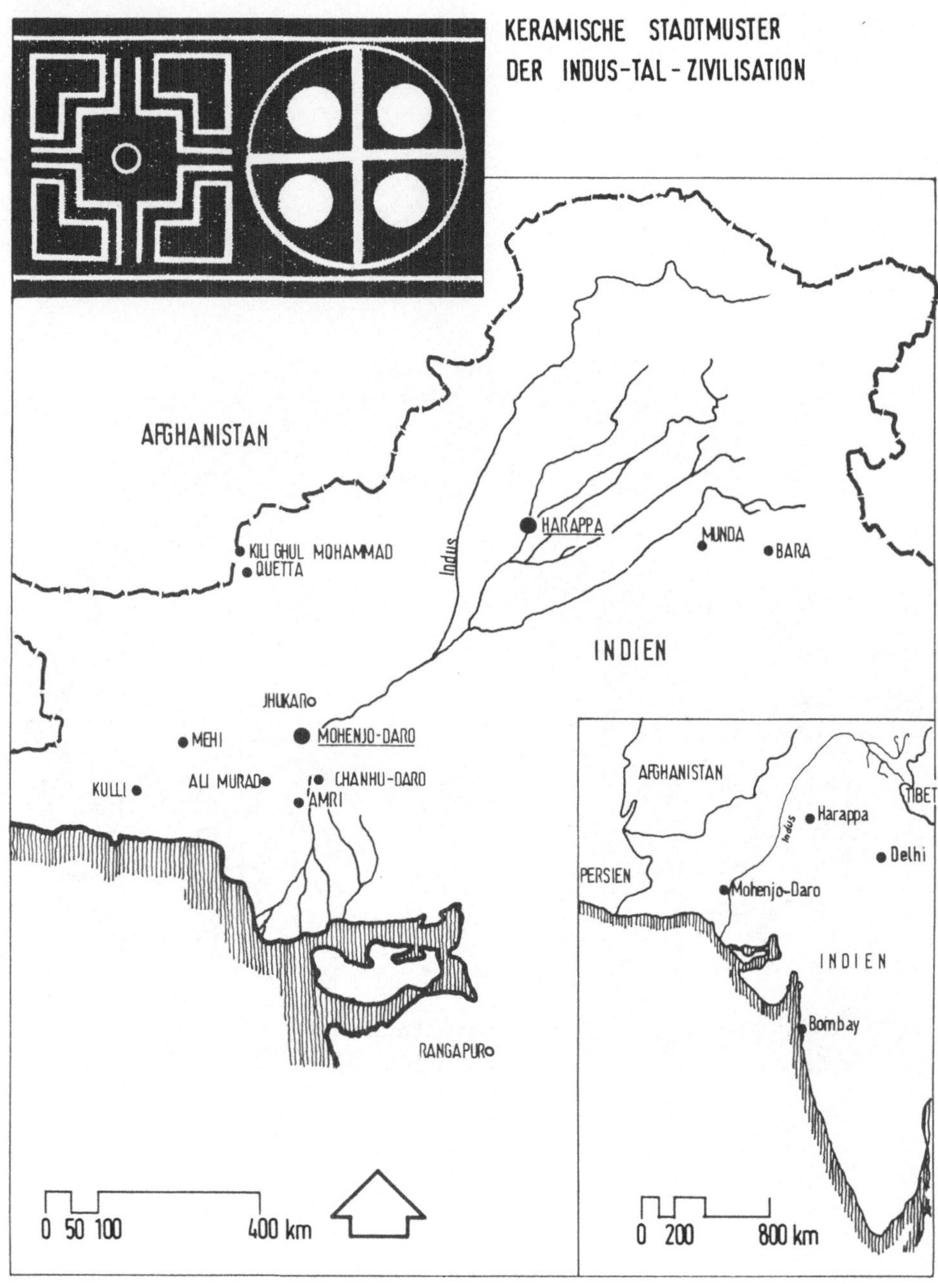

PLAN DER STADTANLAGE

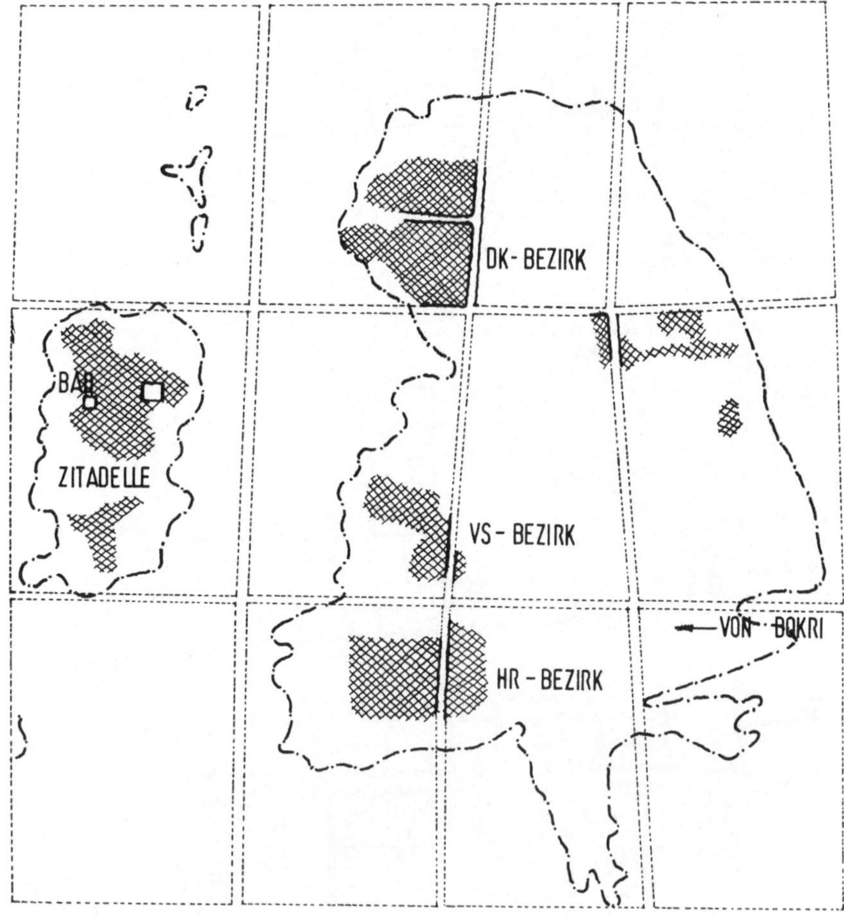

NACH :   EGLI   GESCHICHTE DES STÄDTEBAUES I ZÜRICH 1959

PE/76

NACH :   EGLI · GESCHICHTE DES STÄDTEBAUES I · ZÜRICH 1959   EK 76

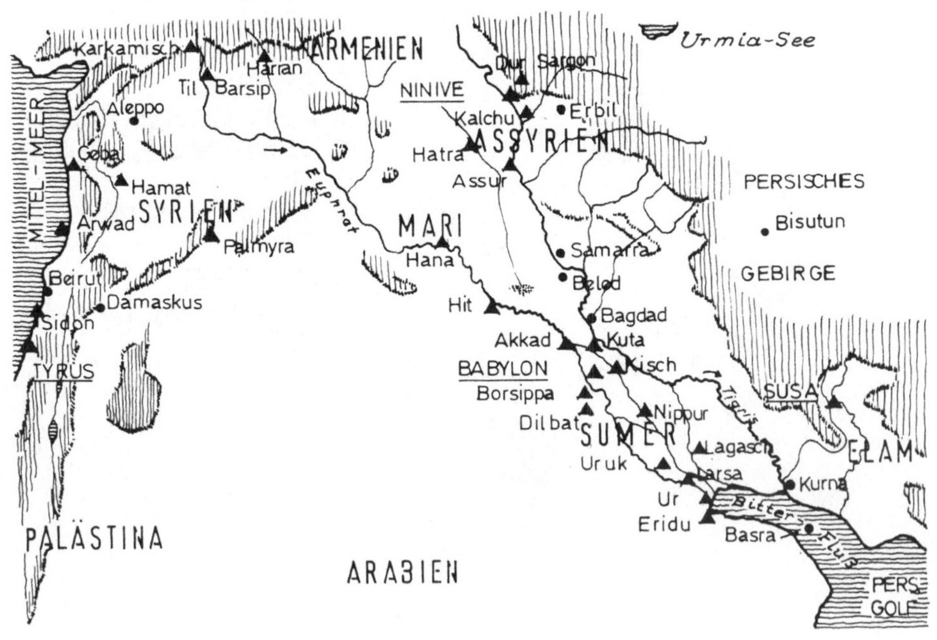
Karkamisch
ARMENIEN
Harran
Til Barsip
Aleppo
NINIVE
Dur Sargon
Urmia-See
Kalchu
Erbil
ASSYRIEN
Hatra
MITEL-MEER
Gebal
Assur
PERSISCHES
Hamat
SYRIEN
Bisutun
Arwad
MARI
GEBIRGE
Palmyra
Samarra
Hana
Beirut
Belad
Damaskus
Hit
Bagdad
Sidon
Akkad
Kuta
TYRUS
BABYLON
Kisch
Borsippa
SUSA
Dilbat
Nippur
SUMER
ELAM
Uruk
Lagasch
Larsa
Kurna
Ur
Eridu
Bitter Fluss
PALÄSTINA
Basra
ARABIEN
PERS.
GOLF
Euphrat
Tigris

▲ ANTIKE STÄDTENAMEN
● MODERNE STÄDTENAMEN
⎍ BERGLAND

UR

SCHEMATISCHER PLAN

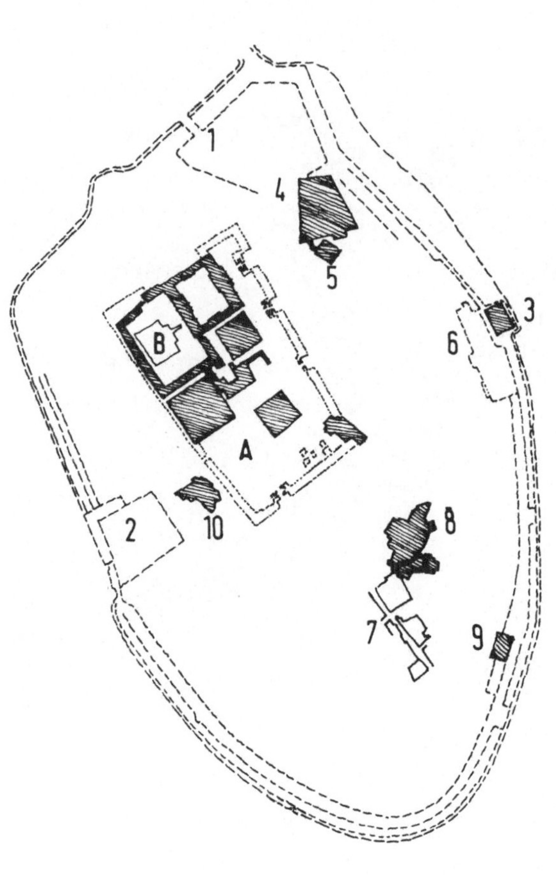

A TEMENOS (HL. BEZIRK)
B ZIKKURAT (TURM)
1 NORDHAFEN
2 WESTHAFEN
3 FESTUNG
4 PALAST
5 HAFENTEMPEL
6 HÄUSER DER LARSA-PERIODE
7 SPÄTBABYLONISCHES WOHNVIER-
   TEL
8 WOHNVIERTEL DER LARSA-PE-
   RIODE
9 ENKI-TEMPEL
10 WOHNVIERTEL DER LARSA-PE-
   RIODE

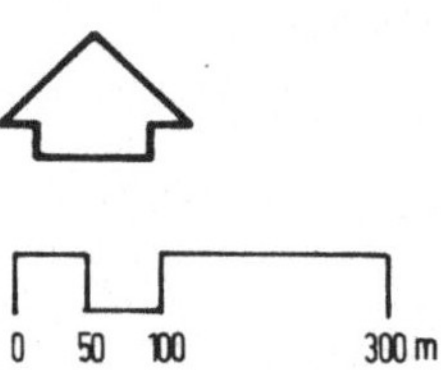

UR

ZIKKURAT DES MONDGOTTES NANA

NACH: STROMMENGER ·FÜNF JAHRTAUSENDE MESOPOTAMIEN· MÜNCHEN 1962

UR

S 12

WOHNQUARTIER [UNREGELMÄSSIGE BAUBLÖCKE, SW.-NO. U. NW.-SO. ORIENTIERT, SUCH- U. SACKGASSEN,]

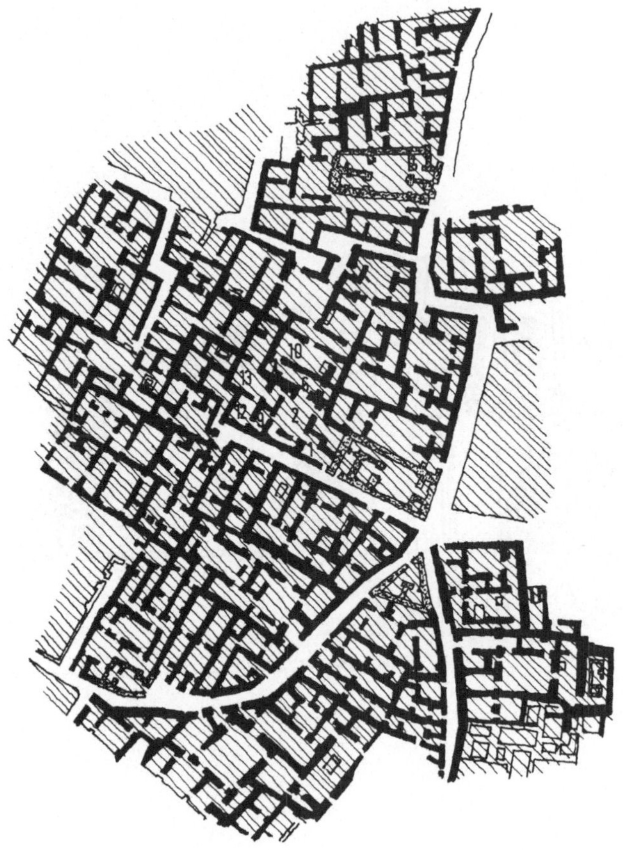

LEGENDE

1 EMPFANGSHALLE
2 HOF
3 WC
6 REZEPTION
7 GAST
10 ALTARRAUM
12 HOF
13 HOF

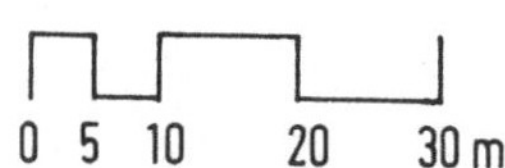

NACH : EGLI ·GESCHICHTE DES STÄDTEBAUS I · ZÜRICH 1959

PE/75

UR
TYPISCHES HOFHAUS

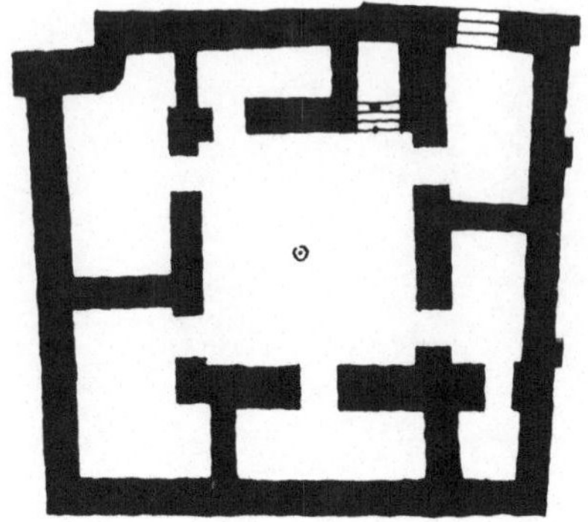

GRUNDRISS

SCHNITT

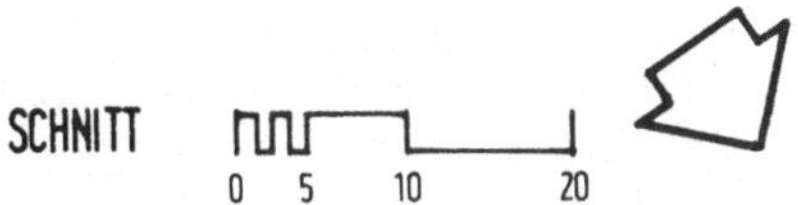

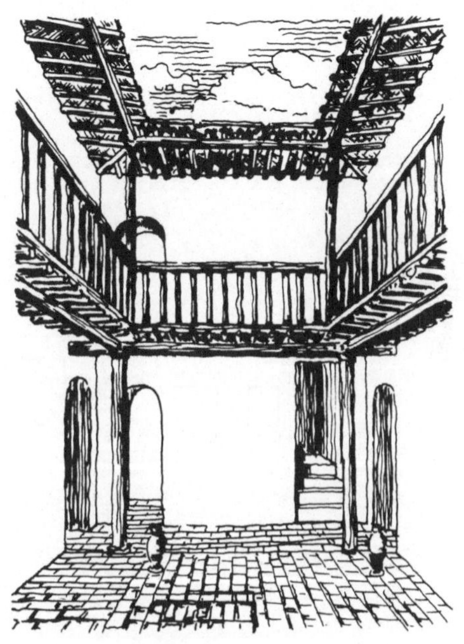

REKONSTRUKTION DES HOFES

NACH : EGLI ·GESCHICHTE DES STÄDTEBAUS· ZÜRICH 1959

PE/75

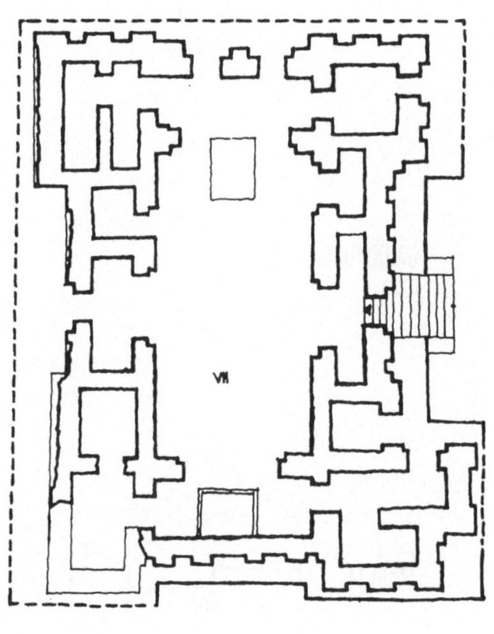

VII

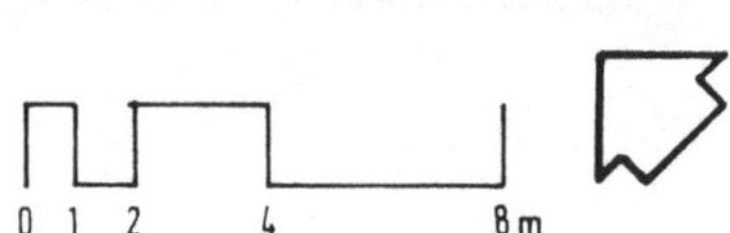

0 1 2   4   8 m

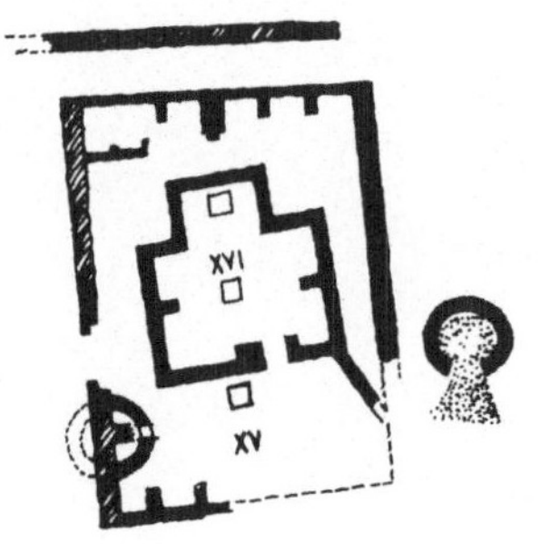

XVI
XV

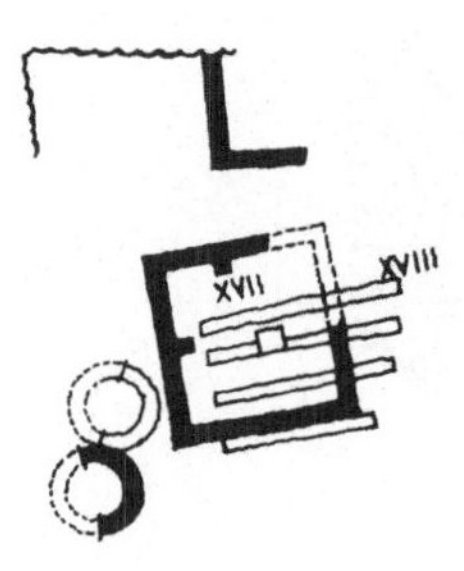

XVII   XVIII

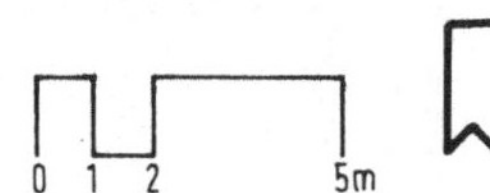

0 1 2   5 m

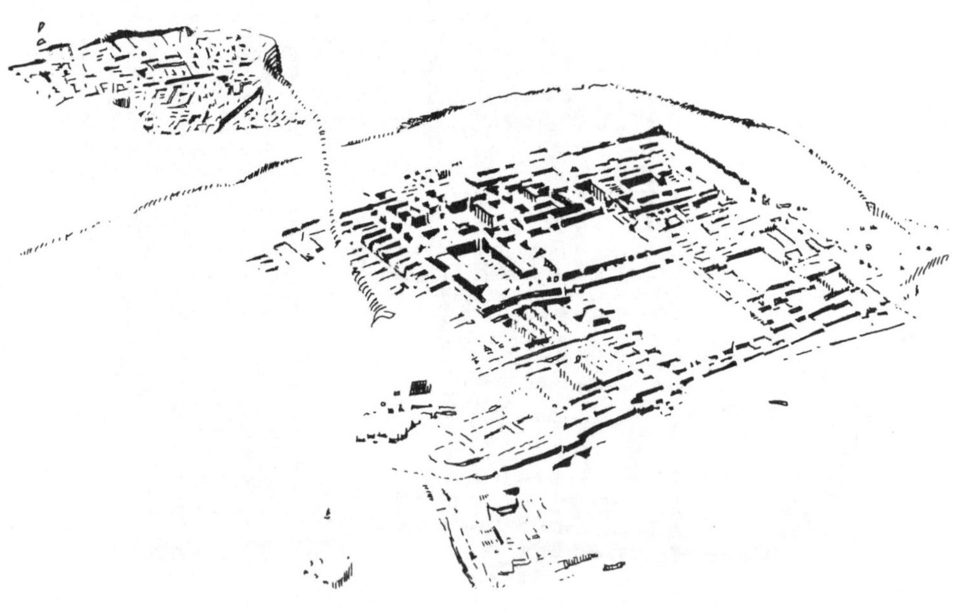

BILDVORDERGRUND : ZIMRILIM-PALAST

MARI

ZIMRILIM – PALAST

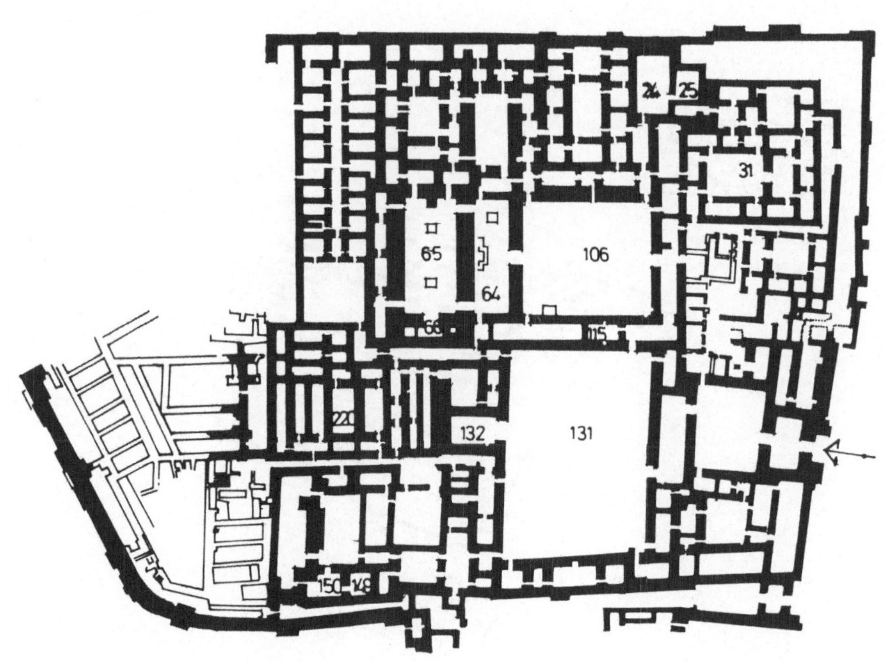

24,25 RÄUME MIT BÄNKEN
31 HAUSHOF
64 BREITRAUM
65 LANGRAUM

66 ALLERHEILIGSTES
106 GROSSER HOF
131 HOF
115 ARCHIV

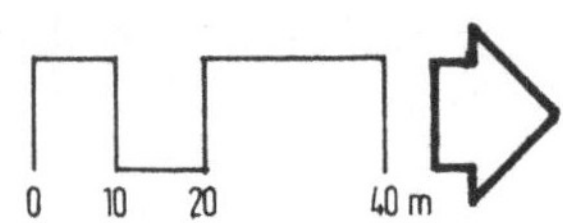

DIE NORDSEITE DER STADT   [REKONSTRUKTION NACH W. ANDRAE 1938]
STADTSILHOUETTE (DREIDIMENSIONALITÄT)

NACH: EGLI E., GESCHICHTE DES STÄDTEBAUS I, ZÜRICH 1959

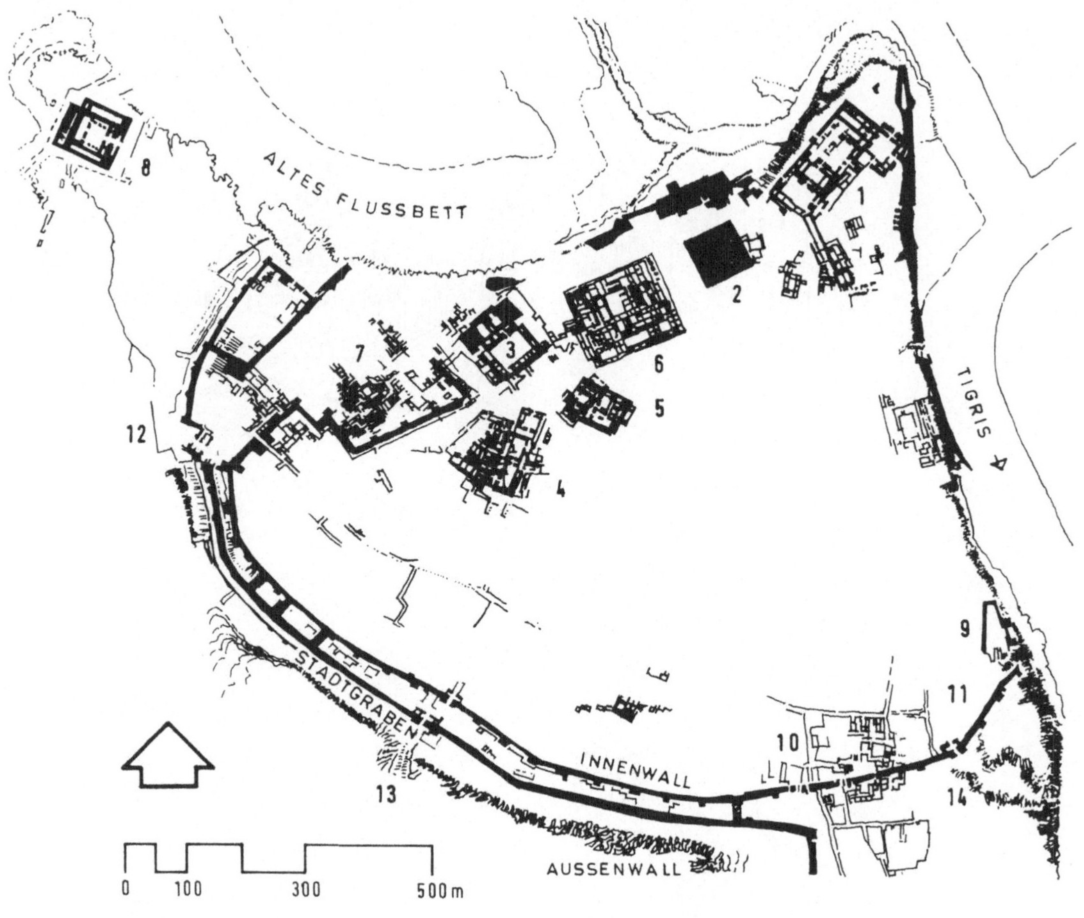

ASSUR
S 18
PLAN DER STADT OHNE SÜDLICHE NEUSTADT

1 ASSUR-TEMPEL
2 ZIKKURAT
3 ANU-ADAD-TEMPEL
4 ISCHTAR-NABU-TEMPEL
5 SIN-SCHAMASCH-TEMPEL
6 ALTER PALAST
7 NEUER PALAST
8 FESTHAUS
9 SANHERIB-BAU
10 PARTH-PALAST
11 ARBEITER-HÄUSER
12 GURGURRI-TOR
13 WESTTOR
14 SÜDTOR

ALTES FLUSSBETT
TIGRIS
STADTGRABEN
INNENWALL
AUSSENWALL
0   100   300   500 m

NACH: STROMMENGER · FÜNF JAHRTAUSENDE MESOPOTAMIEN · MÜNCHEN 1962   EK 75

DUR SCHARRUKIN
STADTANLAGE ZUR ZEIT SARGONS II.

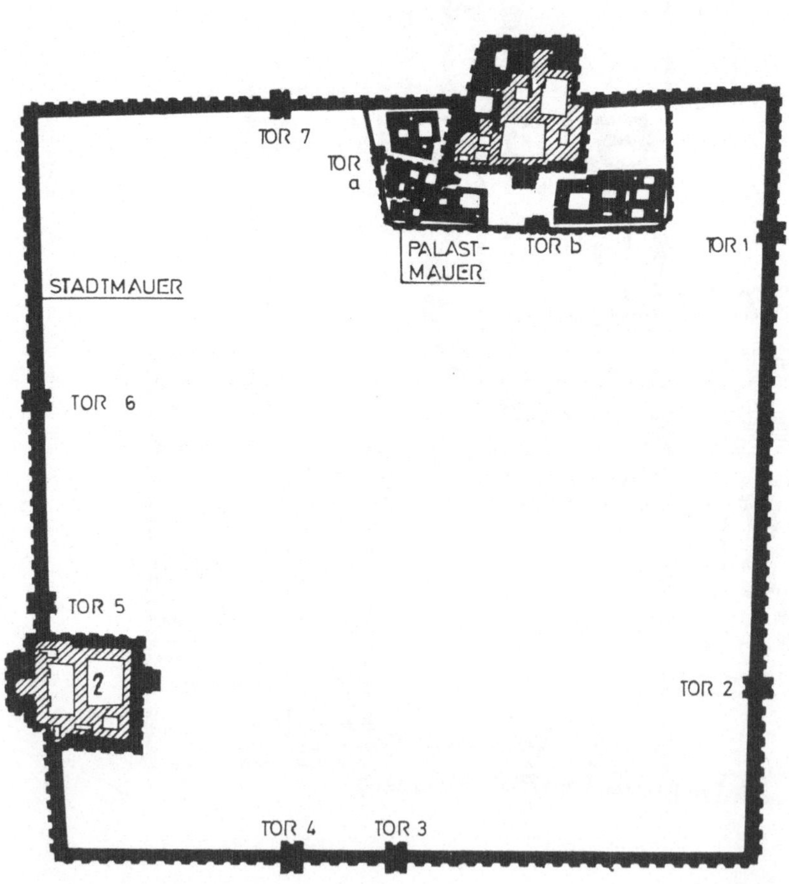

TYPISCHER ASSYRISCHER RECHTECKGRUNDRISS
ABMESSUNGEN : 1800 / 1685 m
FLÄCHE   : 300 HA
ACHSEN   : SÜD-OST / NORD-WEST U. SÜD-WEST / NORD-OST

1 PALAST UND TEMPEL-ANLAGE
2 GEBÄUDEGRUPPE UNBEKANNT

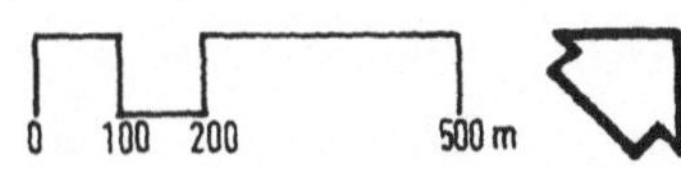

NACH : STROMMENGER ·FÜNF JAHRTAUSENDE MESOPOTAMIEN· MÜNCHEN 1962   PE/75

DUR SCHARRUKIN

PALAST SARGONS II.

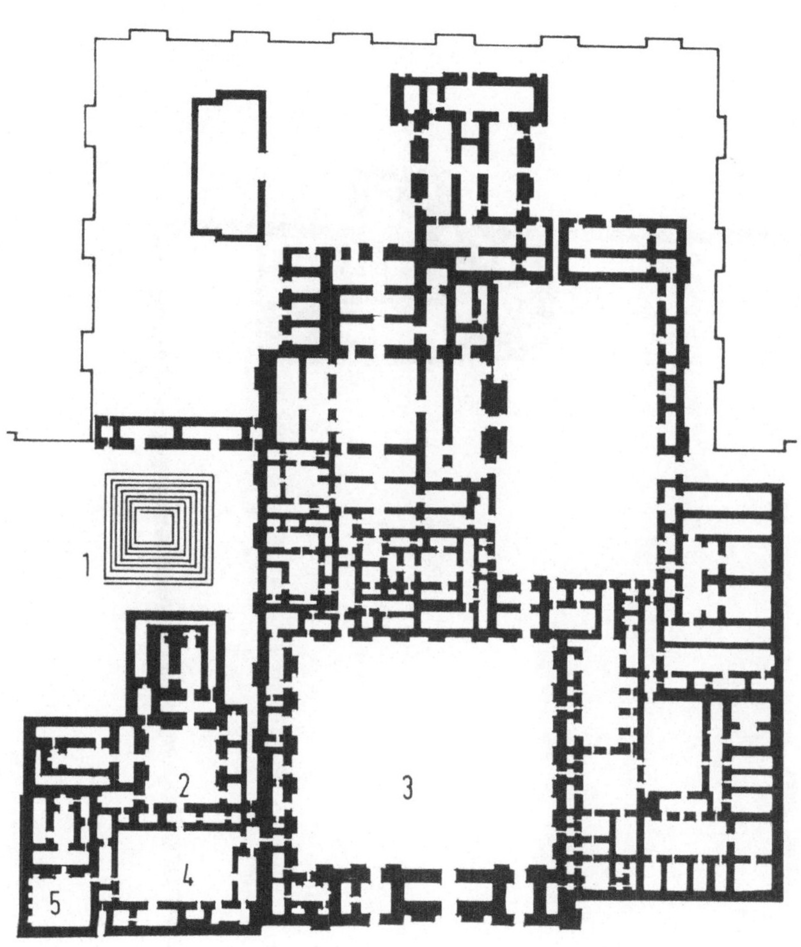

1 ZIKKURAT
2 TEMPEL
3 PALAST
4 TEMPEL
5 TEMPEL

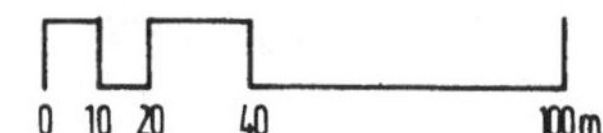

BORSIPPA

PROPORTIONSSCHEMA MIT DEM GRUNDMASS A-176 m

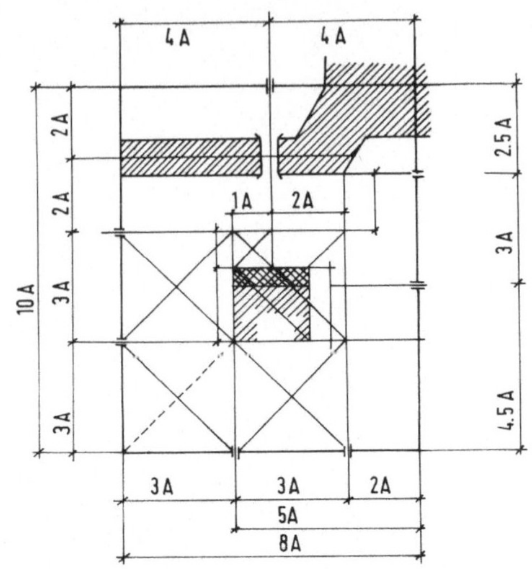

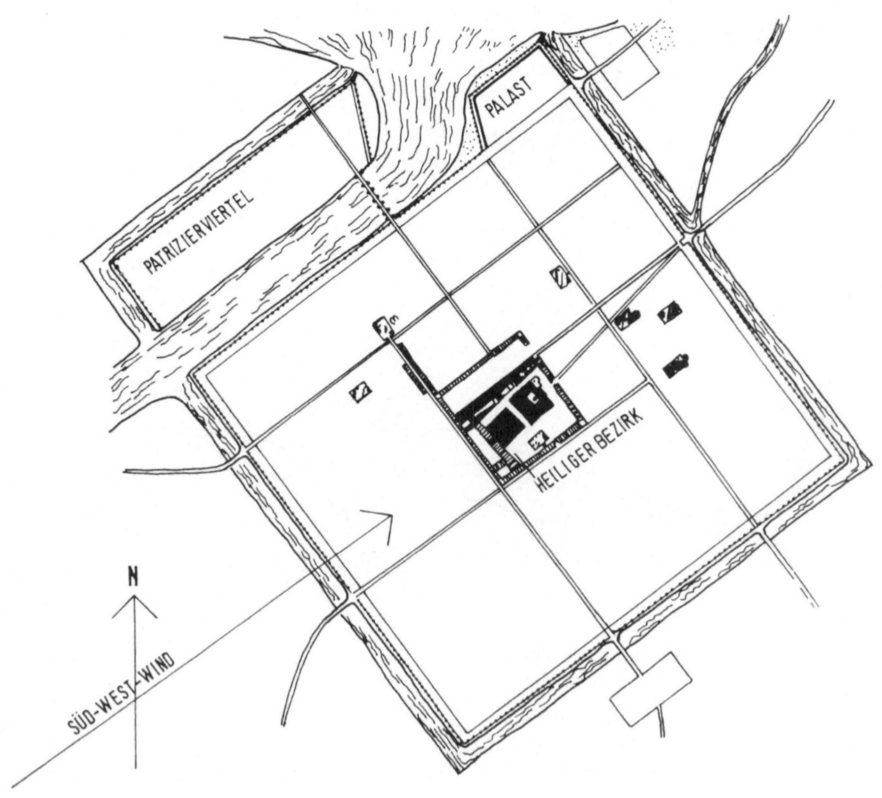

BABYLON

ÜBERSICHTSPLAN AUS SPÄTBABYLONISCHER ZEIT

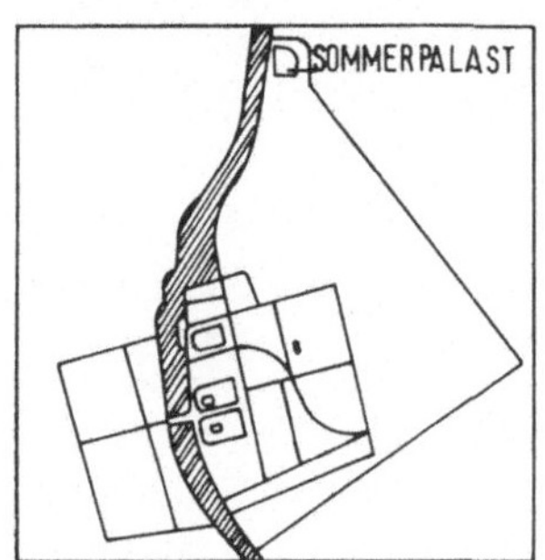

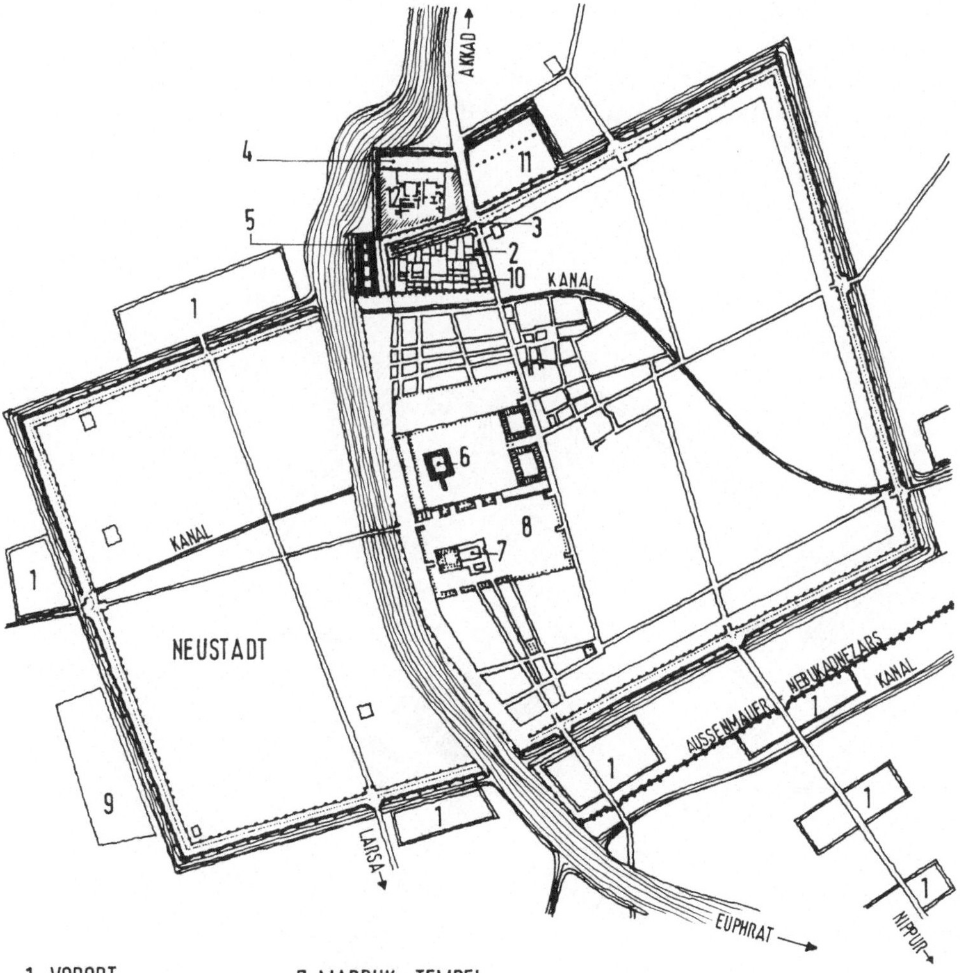

1 VORORT	7 MARDUK-TEMPEL
2 HÄNGENDE GÄRTEN	8 LEBENSHAIN
3 ISCHTAR-TOR	9 BEGRÄBNISPLATZ
4 NORDBURG	10 PROZESSIONSSTRASSE
5 FESTUNG	11 VORWERK
6 ZIKKURAT	12 MUSEUM

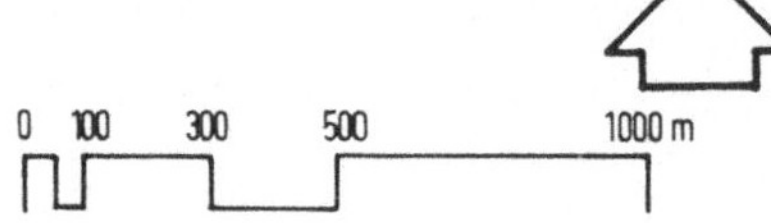

ZIKKURAT

ANSICHT [SÜD-OST]

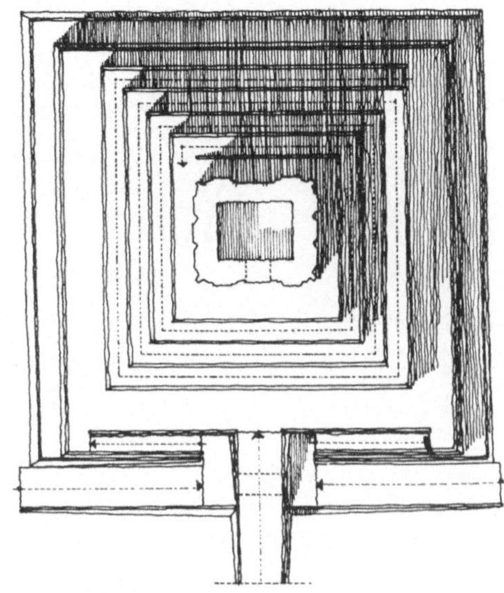

GRUNDRISS

BABYLON

WOHNZENTRUM ["MERKES"]

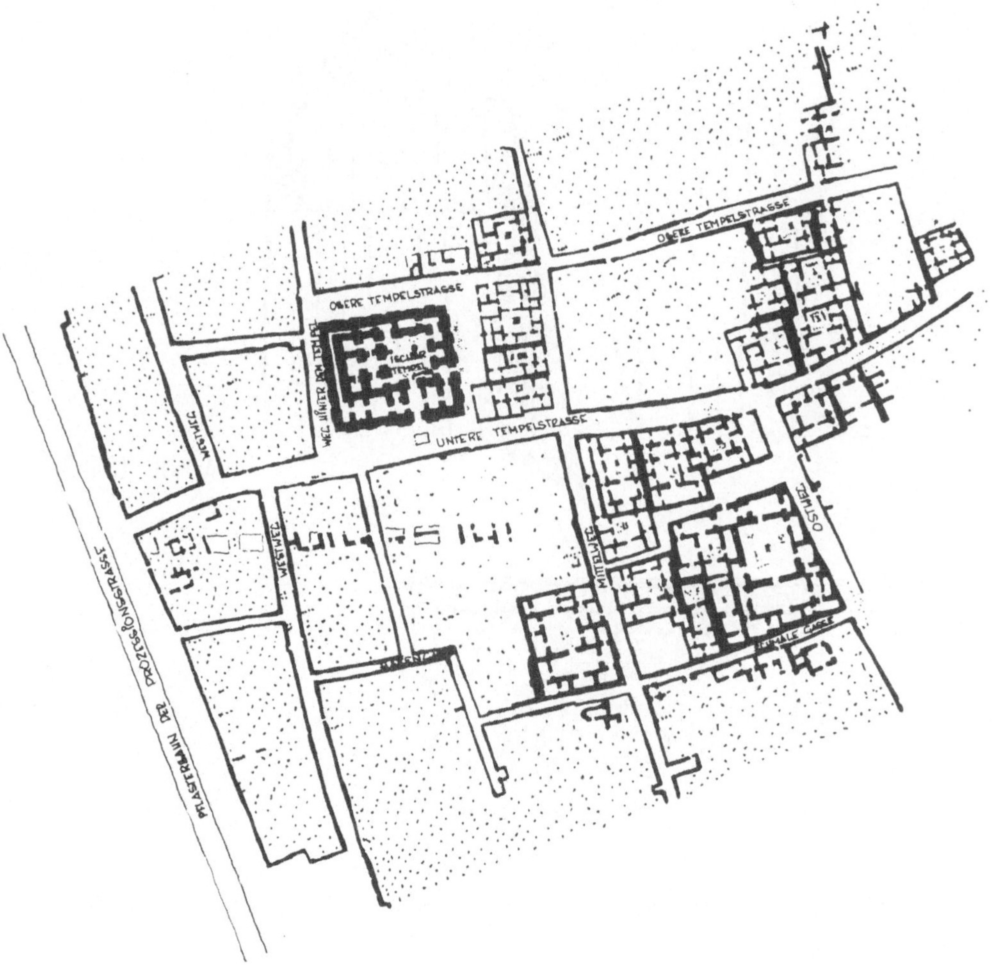

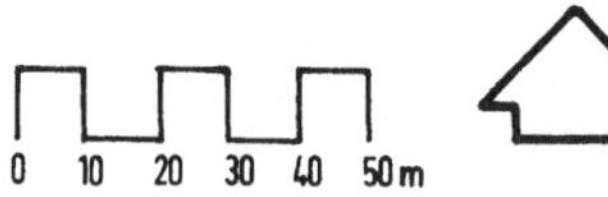

NACH: GASSNER   ·GESCHICHTE DES STÄDTEBAUS·   BONN 1972

PE/75

ÄGYPTEN
ÜBERSICHTSKARTE
S 25
ALEXANDRIA
BUTO
PORT SAID
TANIS
EL ALAMEIN
ISMAILYIA
UNTERÄGYTEN
MERIMDE
GISE
KAIRO
SUEZ
MEMPHIS
SAKKARA
SINAI
KAHUN
FAIJUM
OBERÄGYPTEN
LIBYSCHE
NIL
ARABISCHE
BENI HASAN
TELL EL AMARNA
SIUT
WÜSTE
DENDARA
THEBEN
KARNAK
MEDINET
LUXOR
WÜSTE
EDFU
ASSUAN
ELEPHANTINE
NÖRDL. WENDEKREIS
DENDUR
EL AMADA
NUBIEN
ABU SIMBEL
NIL
0   50   100   200 Km
NACH : LANGE/HIRMER   ÄGYPTEN·   MÜNCHEN 1967
PE/75

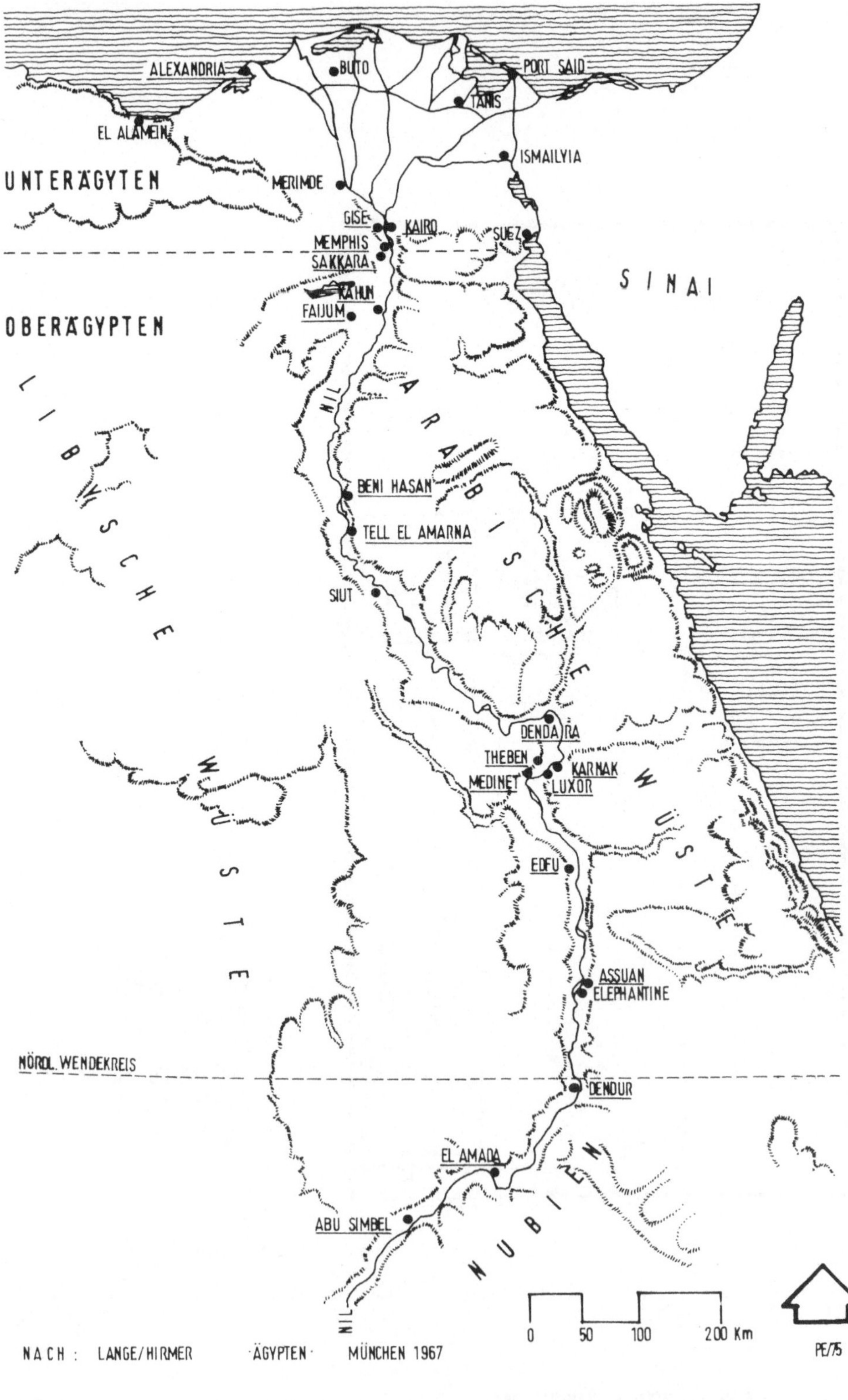

SAKKARA
GRABBEZIRK DES KÖNIGS DJOSER

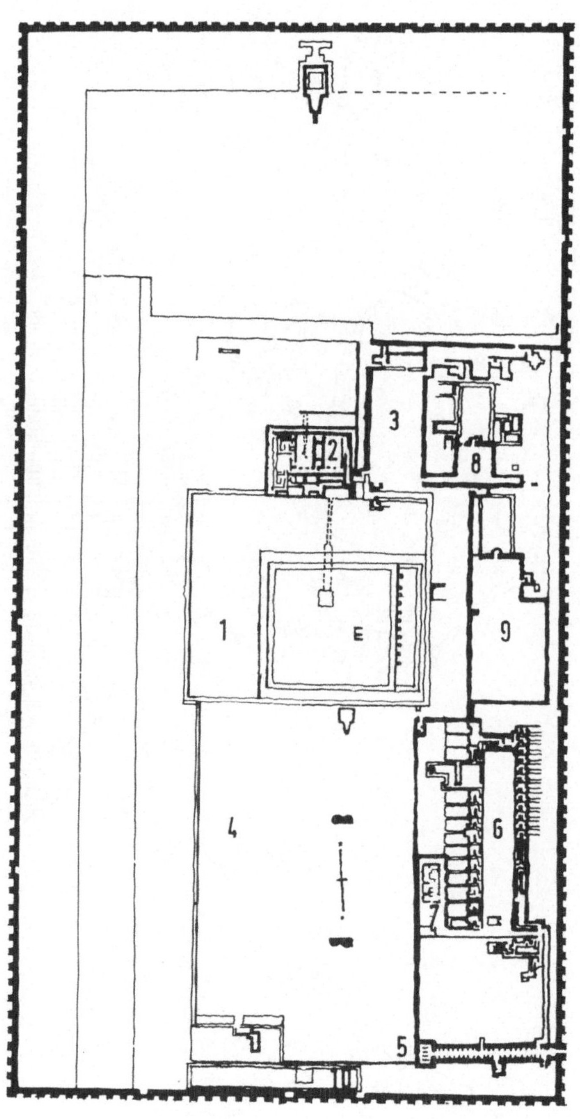

1 STUFENPYRAMIDE
2 TOTENTEMPEL
3 HOF
4 GROSSER HOF MIT ALTAR
5 EINGANGSHALLE
6 HEBSED-HOF
7 KLEINER TEMPEL
8 HOF
9 HOF
10 SÜDGRAB

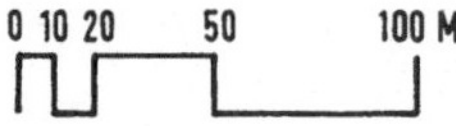

NACH : LANGE/HIRMER · ÄGYPTEN ·   MÜNCHEN 1967

PE/75

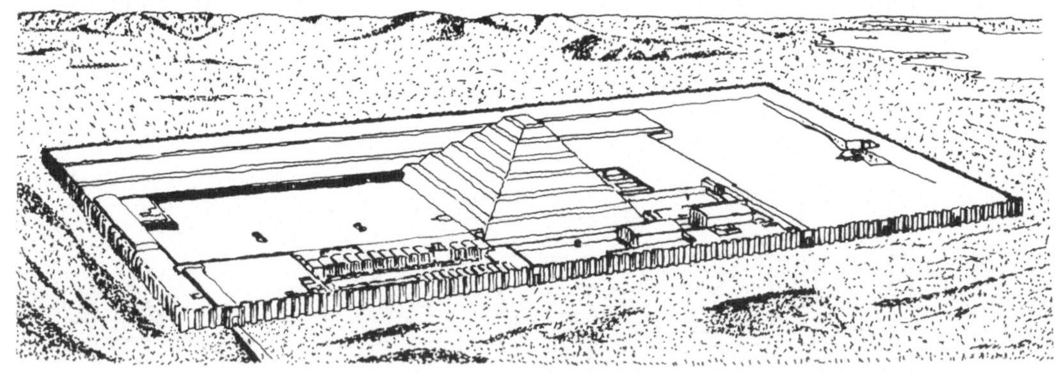

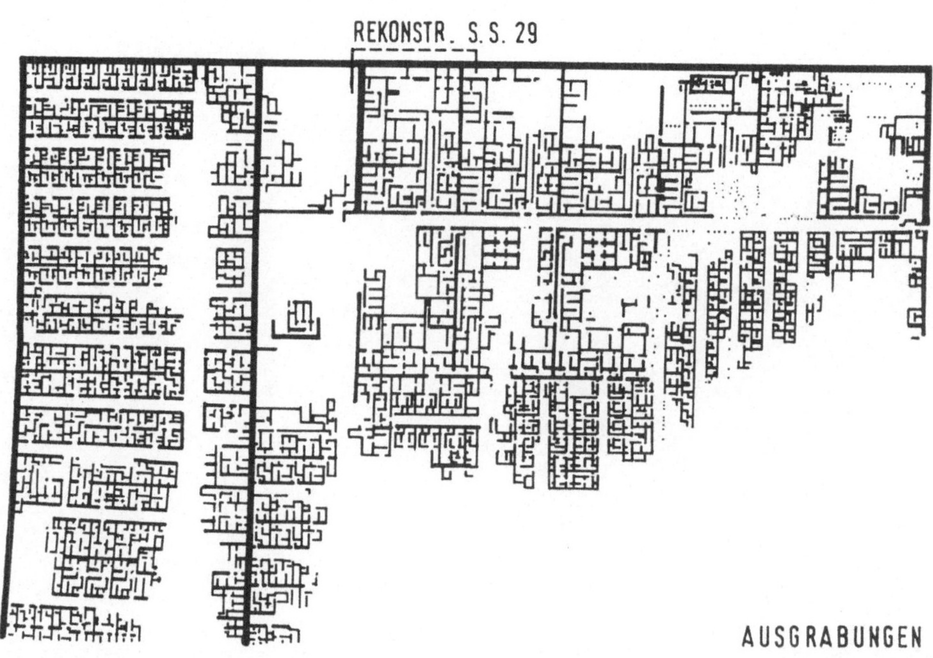

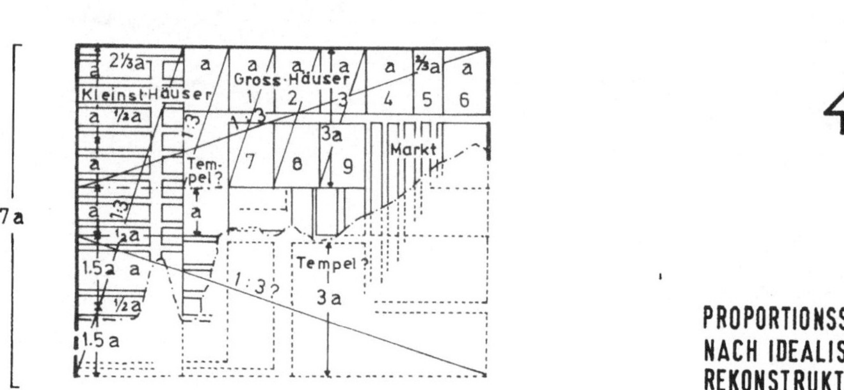

PROPORTIONSSCHEMA
NACH IDEALISIERTER
REKONSTRUKTION

KAHUN
GROSSHÄUSER, REKONSTRUKTION

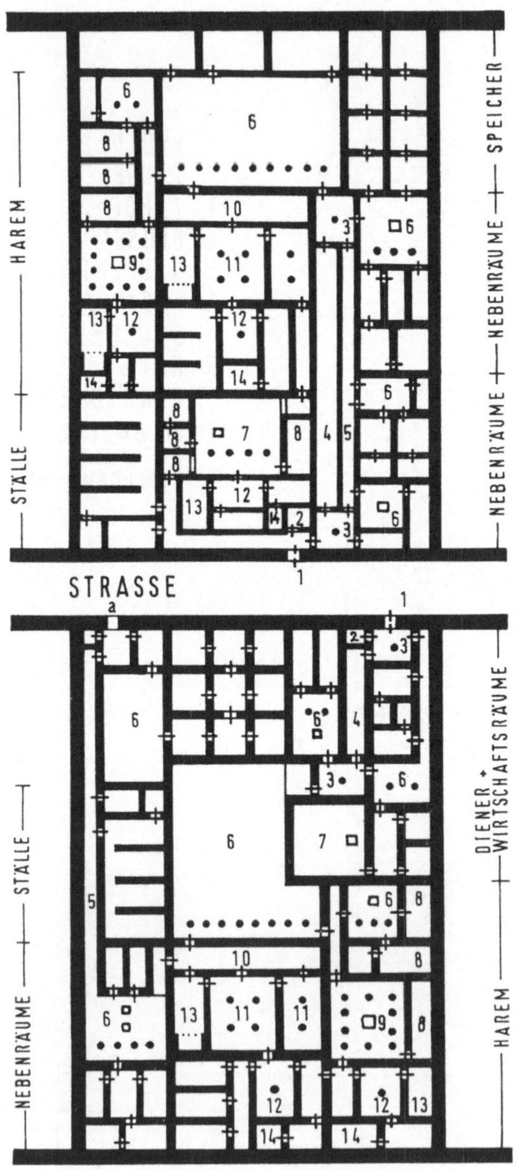

LEGENDE

1 EINGANG a NEBENEINGANG
2 TORHÜTER
3 VORRAUM
4 OFFENER GANG
5 VERBINDUNGSGANG
6 HOF
7 WIRTSCHAFTSHOF
8 DIENER · DIENERINNEN
9 HAREMSHOF
10 EMPFANGSHALLE
11 MITTELHALLE · SEITENH.
12 WOHNRAUM
13 SCHLAFRAUM
14 BAD

THEBEN

RAMESSEUM

S 30

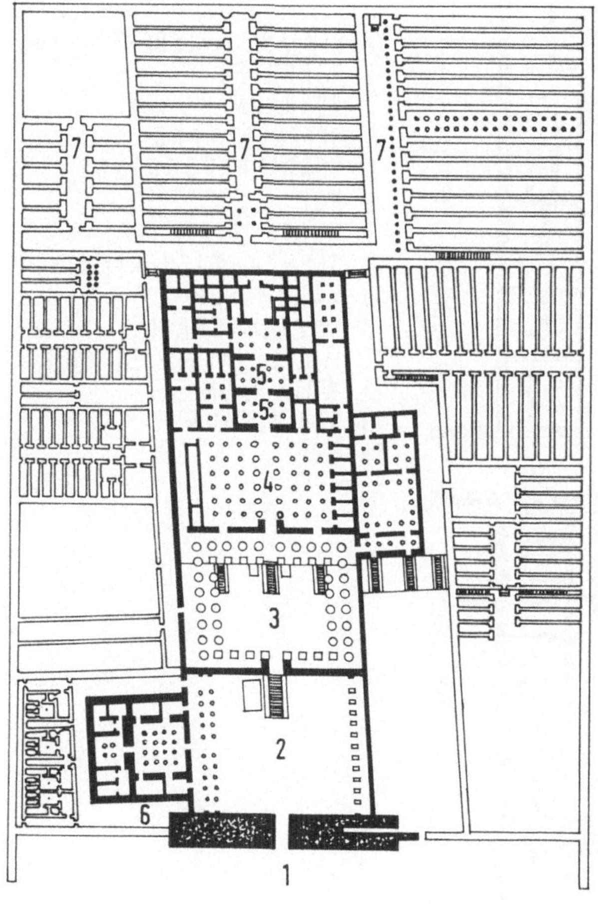

1 PYLONE
2 1. HOF
3 2. HOF
4 GROSSE
  SÄULENHALLE
5 KLEINE
  SÄULENHALLE
6 HAUS DES
  HERRSCHERS
7 MAGAZINE
  MIT ECHTEN BACK-
  STEINGEWÖLBEN

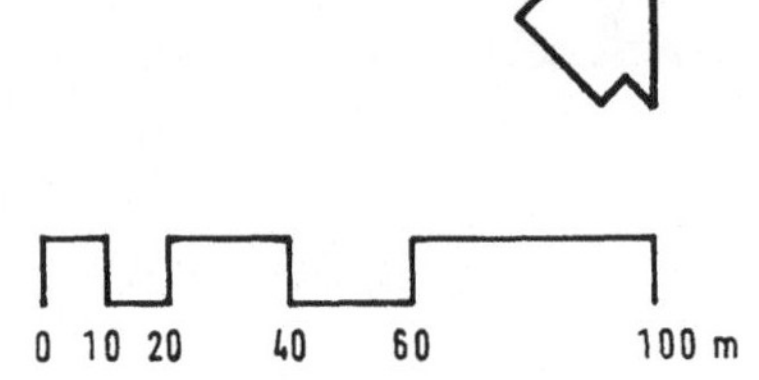

NACH : DE CENIVAL · ÄGYPTEN · MÜNCHEN 1966

EK 75

THEBEN
SIEDLUNG 'DEIR-EL-MEDINE'

EL AMARNA
ARBEITERSIEDLUNG (?) BEI EL AMARNA

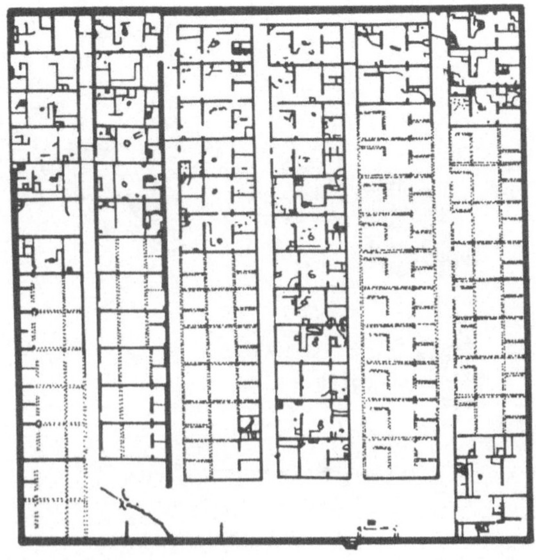

EL AMARNA

LAGEPLAN

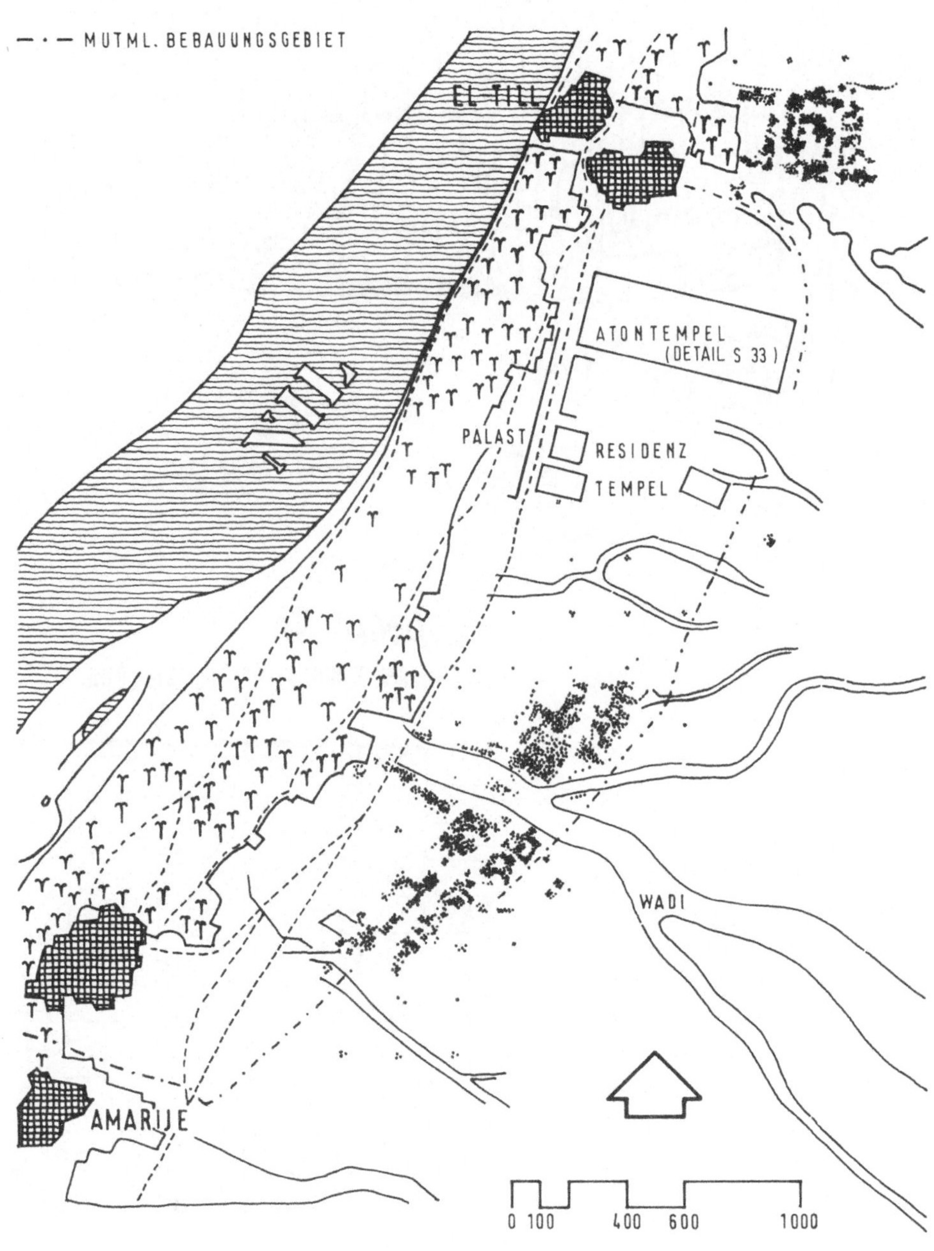

EL AMARNA

PLAN DES STADTZENTRUMS, PALASTBEZIRK

1 KÖNIGSPALAST
2 KÖNIGSSTRASSE
3 RESIDENZ
4 ATONTEMPEL
5 ARCHIVE
6 TEMPEL
7 HEILIGER SEE

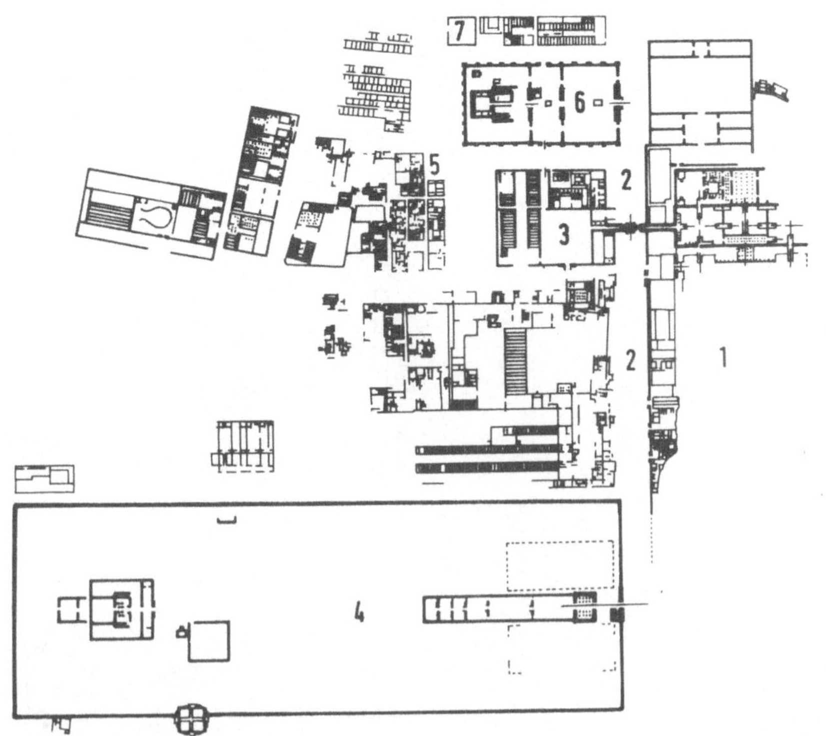

KRETA
ÜBERSICHTSKARTE

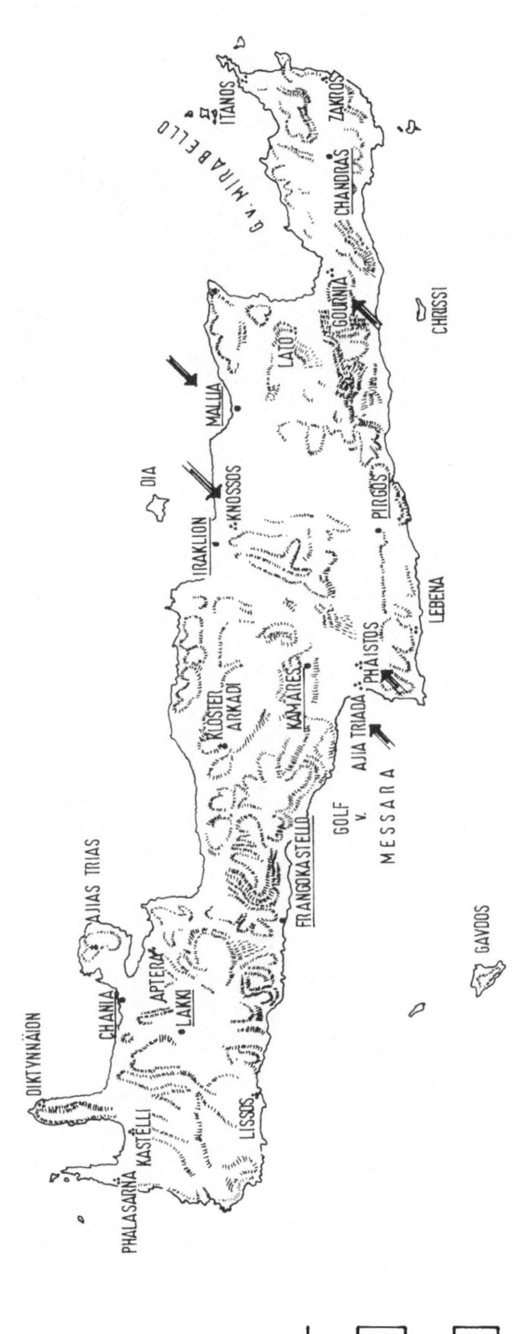

WICHTIGE ORTE
MODERNE STÄDTE
ANTIKE STÄDTE

0   10   40 KM

PE/76

KNOSSOS

PALASTANLAGE DER MM II ZEIT

LEGENDE:

1 ZENTRALHOF
2 MAGAZINRÄUME
3 PROZESSIONSKORRIDOR
4 SÜDPROPYLON
5 KULT- U. REPRÄSENTATIONSRÄUME
6 NÖRDL. ERSCHLIESSUNGSKORRIDOR
7 KÖNIGSWOHNUNG

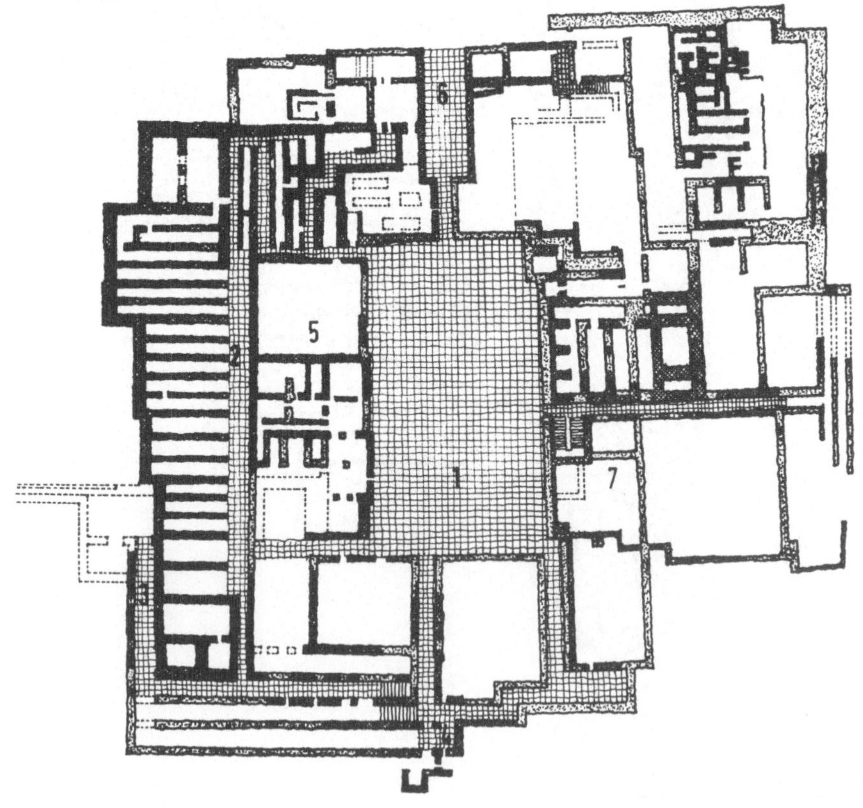

HOF-U. HAUPTFLURFLÄCHEN

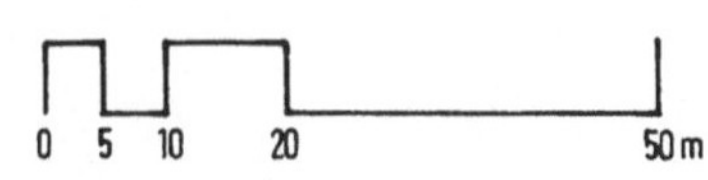

NACH: SINOS DIE VORKLASSISCHEN HAUSFORMEN DER ÄGÄIS   MAINZ 1972   FE/75

GURNIA

STADTANLAGE

S 36

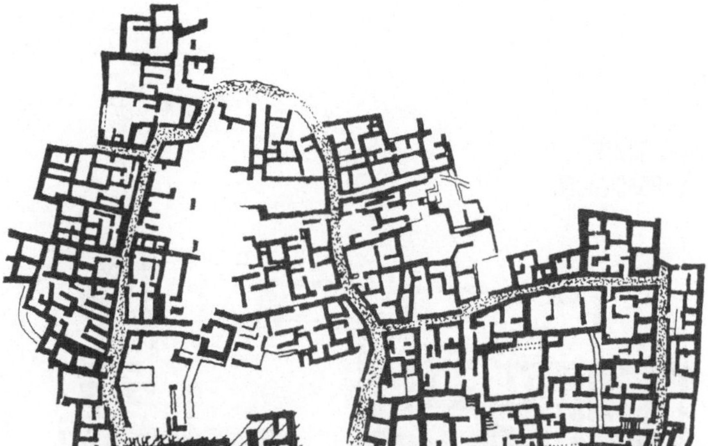

1 PALAST
2 ÖFFENTLICHER PLATZ

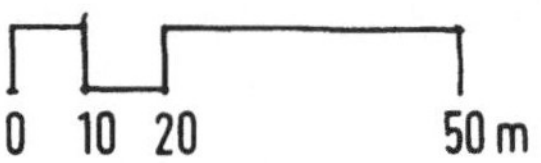

0 10 20   50 m

NACH :   GASSNER , GESCHICHTE DES STÄDTEBAUS ,   BONN 1972 ,   DTV-ATLAS ZUR BAUKUNST , MÜNCHEN 1974 PE/76

PALASTANLAGE

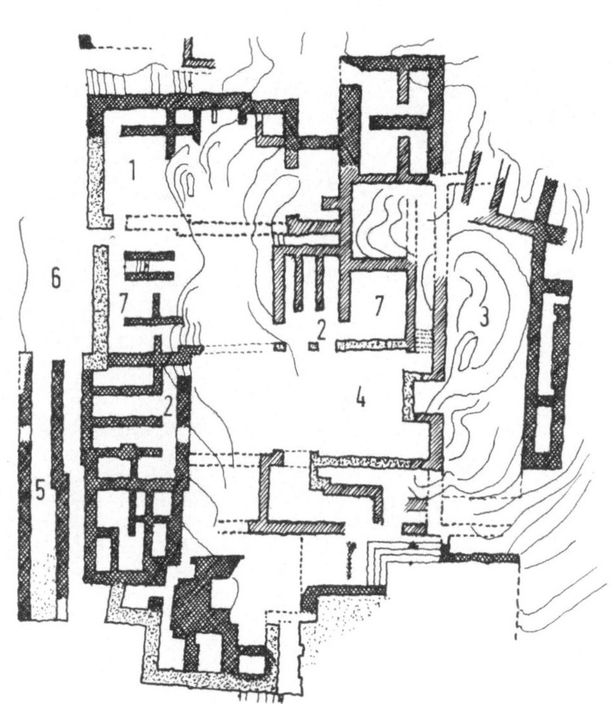

LEGENDE :

1	HERREN-RÄUME
2	MAGAZINE
3	FRAUEN-RÄUME
4	ZENTRAL-HALLE
5	TERRASSE
6	HOF
7	VORRATSRÄUME

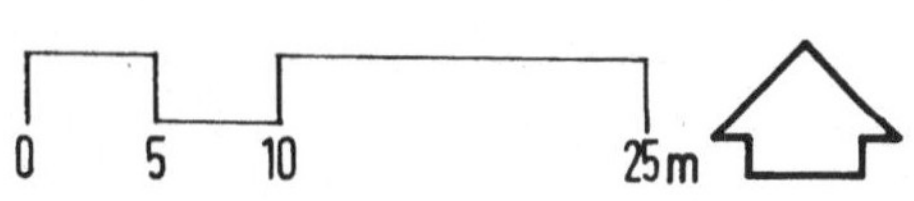

NACH : SINOS· DIE VORKLASSISCHEN HAUSFORMEN DER ÄGÄIS   MAINZ 1972

PE/76

MYKENE

BURGANLAGE

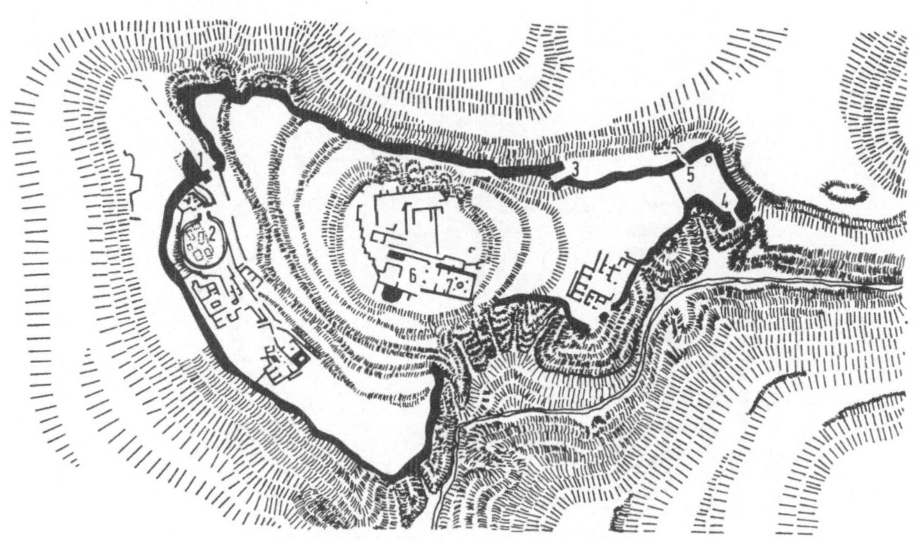

1 LÖWENTOR
2 GRÄBERKREIS
3 NORDTOR
4 AUSFALLTOR
5 GEHEIMGANG ZU EINER
  QUELLE AM NORDHANG
6 PALAST
7 MEGARON

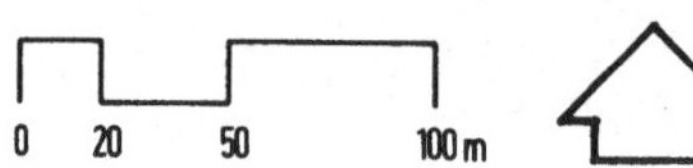

NACH : DIE WELT DER ANTIKE, LONDON MÜNCHEN ZÜRICH 1964

GU 79

BURGANLAGE DER MYKENISCHEN ZEIT

OBER-U. MITTELBURG

GESAMTANLAGE

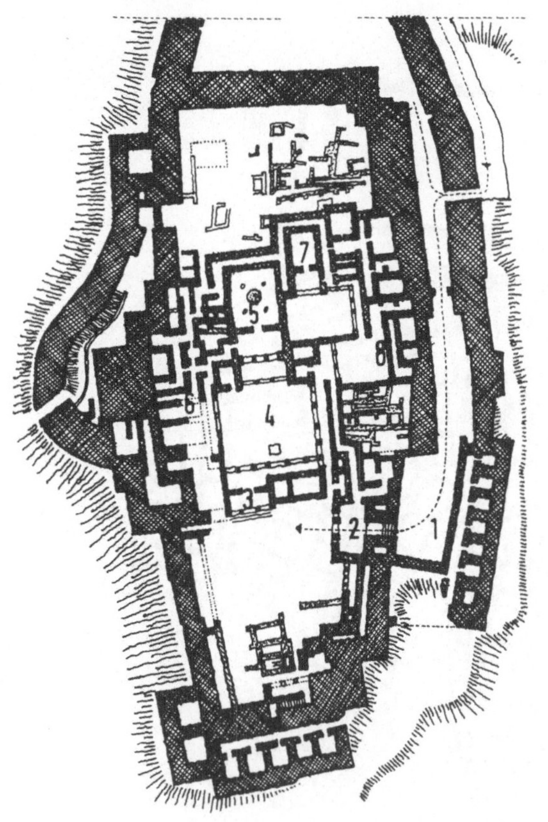

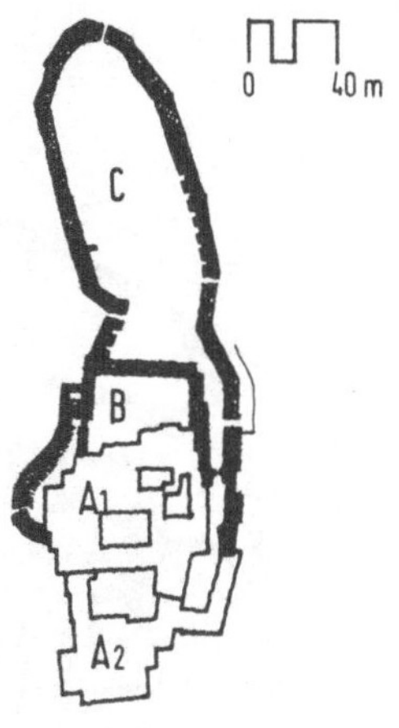

1 KASEMATTENHOF
2 ÄUSSERES PROPYLON
3 INNERES PROPYLON
4 PALASTHOF
5 HAUPTMEGARON
6 WESTL. WOHNGRUPPE
7 ÖSTL. WOHNGRUPPE
8 WIRTSCHAFTSGEBÄUDE
A₁ OBERBURG -PALAST-
A₂ OBERBURG -FESTUNG-
B MITTELBURG
C UNTERBURG

MALTHI

MYKENISCHE KLEINSTADT

1 FLUCHTBURG
2 PALAST

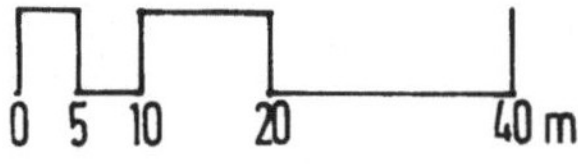

ALTGRIECHENLAND

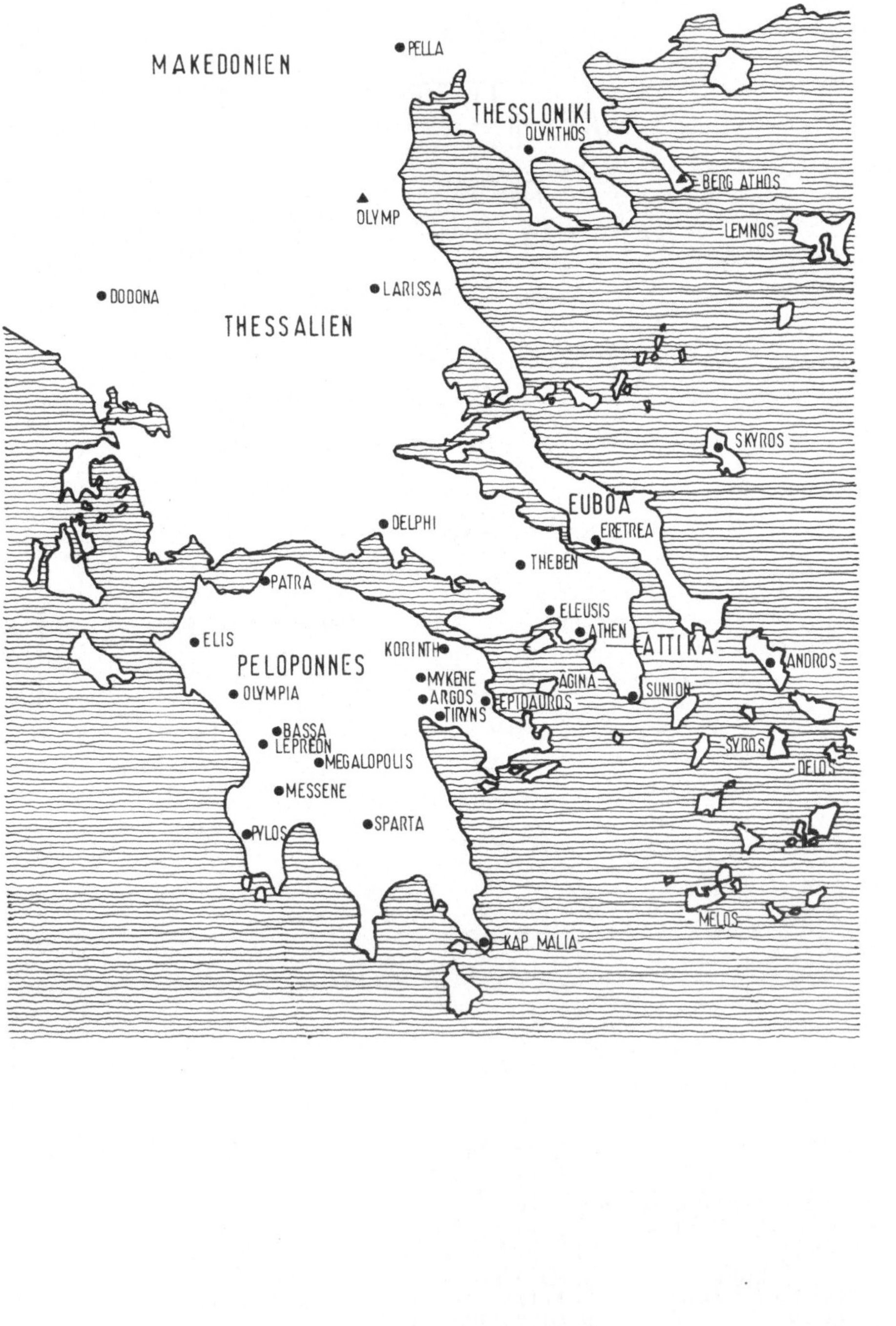

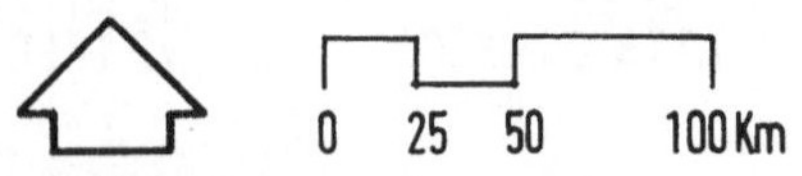

MAKEDONIEN
PELLA
THESSLONIKI
OLYNTHOS
BERG ATHOS
OLYMP
LEMNOS
DODONA
LARISSA
THESSALIEN
SKYROS
EUBOA
DELPHI
ERETREA
THEBEN
PATRA
ELEUSIS
ATHEN
ATTIKA
ELIS
KORINTH
ANDROS
PELOPONNES
MYKENE
ÄGINA
SUNION
OLYMPIA
ARGOS
EPIDAUROS
TIRYNS
BASSA
LEPREON
SYROS
MEGALOPOLIS
DELOS
MESSENE
SPARTA
PYLOS
MELOS
KAP MALIA
0 25 50 100 Km

PE/76

AGORA · 2.JH.N.CHR.

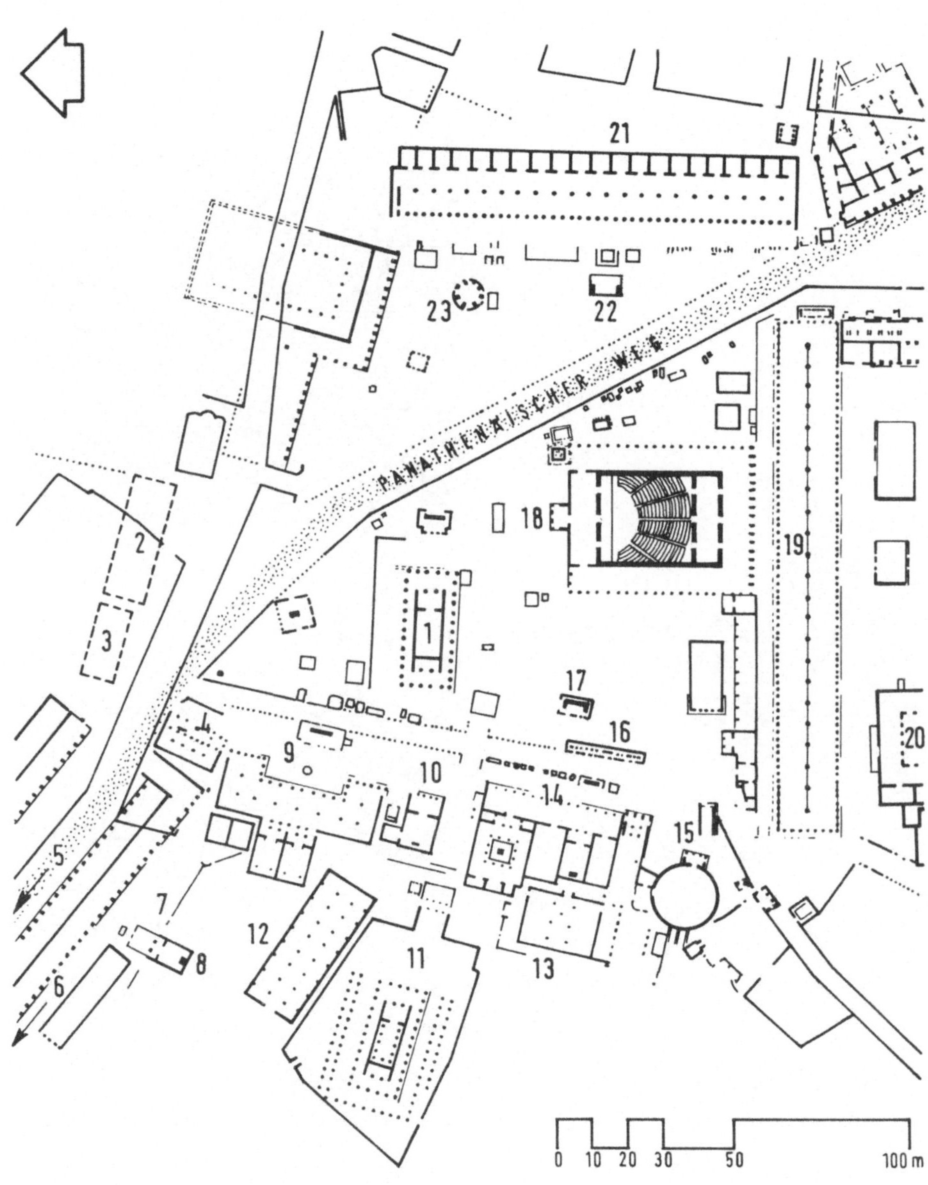

1 ARES-TEMPEL   2 STOA-POIKILE   3 HERMES-PORTIKUS
4 KÖNIGSHALLE   5 DIPYLON-TOR   6 HEILIGES TOR
7 DEMOS- UND CHARITENHEILIGTUM   8 HEILIGTUM DER
APHRODITE URANIA (?) 9 ZEUS-STOA   10 TEMPEL DES APOLLON
PATROOS   11 HEPHAISTEION   12 ARSENAL
13 BULEUTERION   14 METROON   15 THOLOS
16 HEROS-EPONYMOS   17 ALTAR DES ZEUS AGORAIOS (?)
18 ODEION   19 MITTELPORTIKUS   20 HELIAIA
21 ATTALOS-STOA   22 TRIBUNE   23 BRUNNENHAUS

DELPHI

GESAMTANLAGE

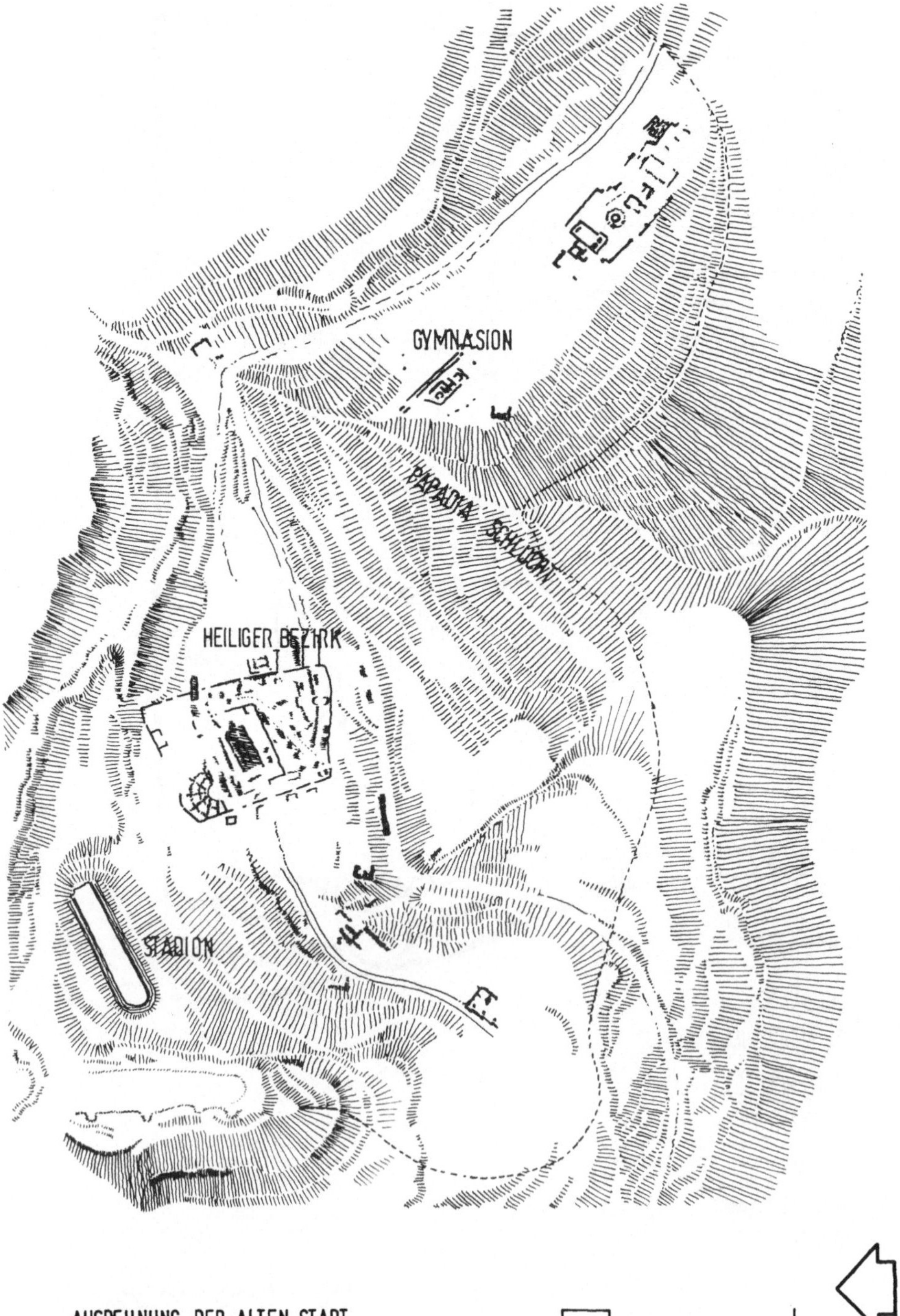

---- AUSDEHNUNG DER ALTEN STADT

NACH: EGLI GESCHICHTE DES STÄDTEBAUS I   ZÜRICH 1959

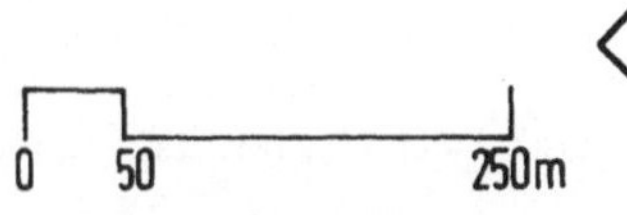

PE/76

DELPHI
APOLLON - HEILIGTUM

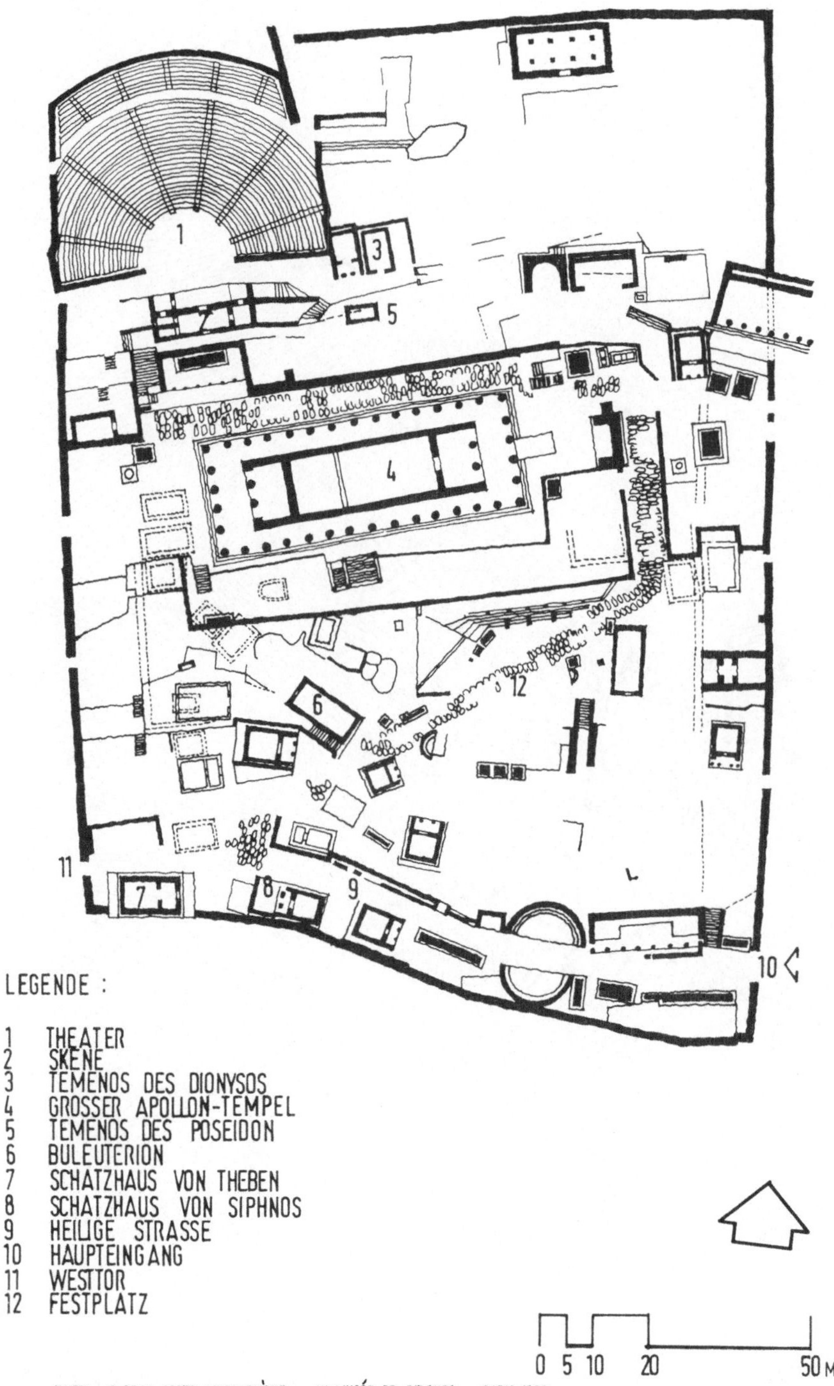

LEGENDE :

1 THEATER
2 SKENE
3 TEMENOS DES DIONYSOS
4 GROSSER APOLLON-TEMPEL
5 TEMENOS DES POSEIDON
6 BULEUTERION
7 SCHATZHAUS VON THEBEN
8 SCHATZHAUS VON SIPHNOS
9 HEILIGE STRASSE
10 HAUPTEINGANG
11 WESTTOR
12 FESTPLATZ

0 5 10 20 50 M

NACH : P. DE LA COSTE / MESSELIÈRE · AU MUSÉE DE DELPHES · PARIS 1970

ÜBERSICHTSPLAN (NACH MALLWITZ 1971)

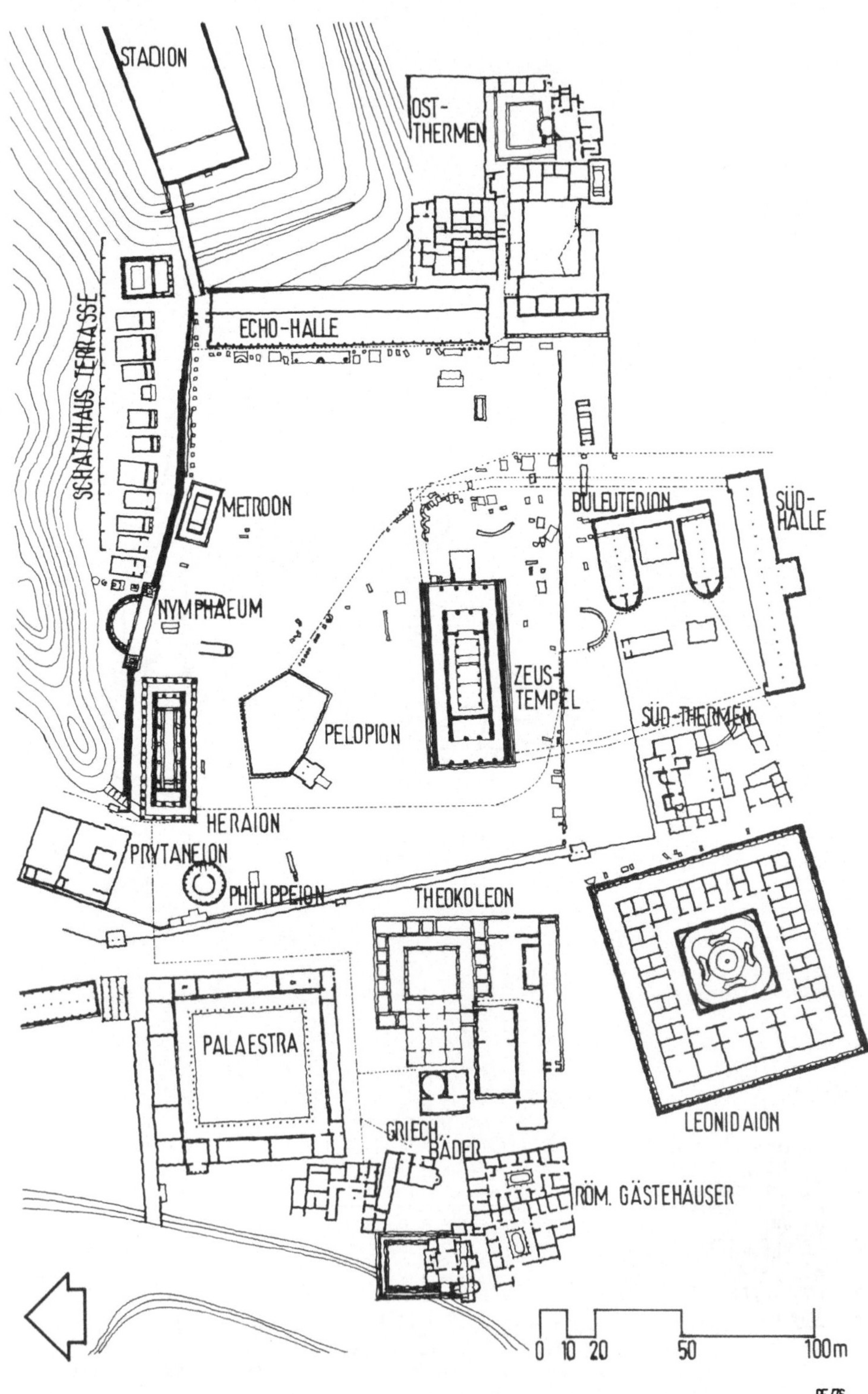

KORINTH

PLAN DER AGORA

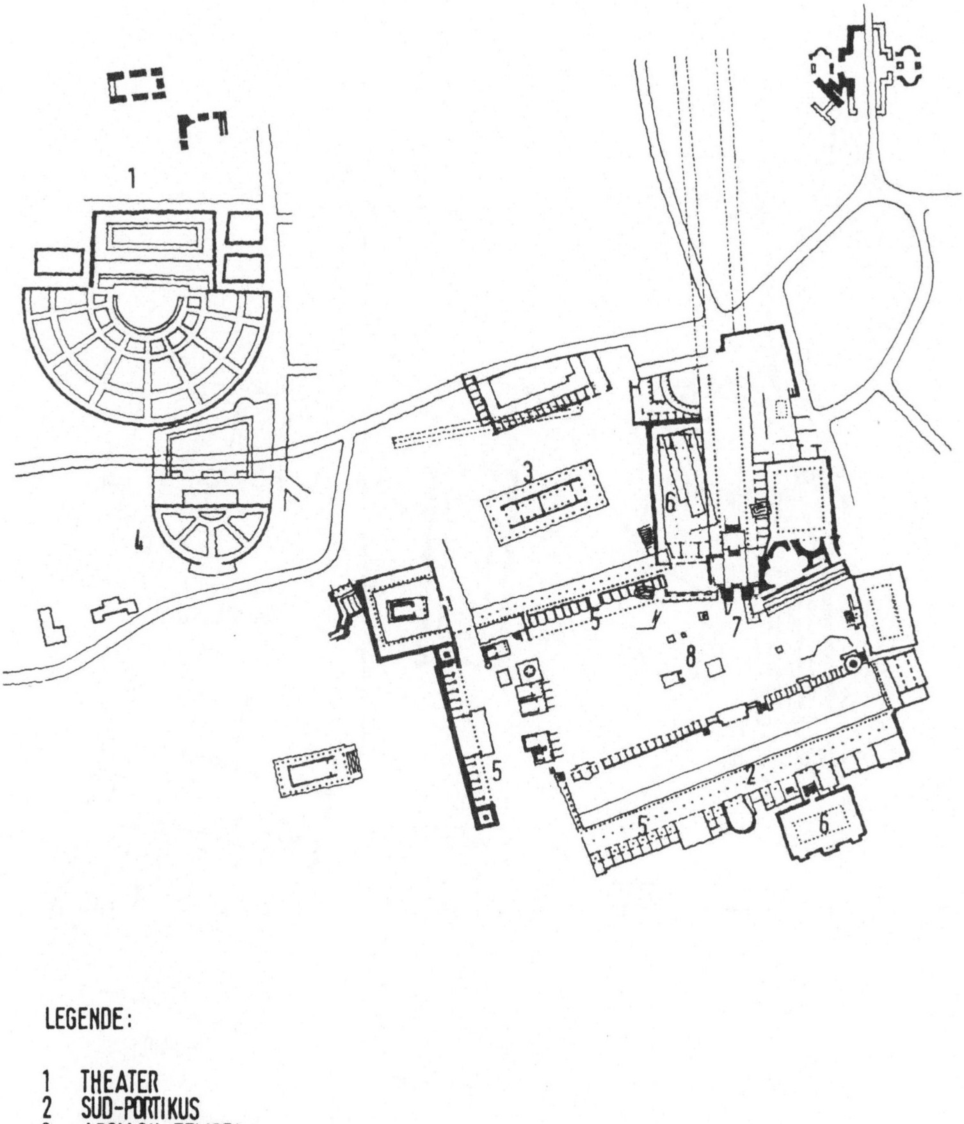

LEGENDE:

1 THEATER
2 SÜD-PORTIKUS
3 APOLLON-TEMPEL
4 ODEION
5 LADENBAUTEN
6 BASILIKEN
7 PROPYLAEN
8 AGORA

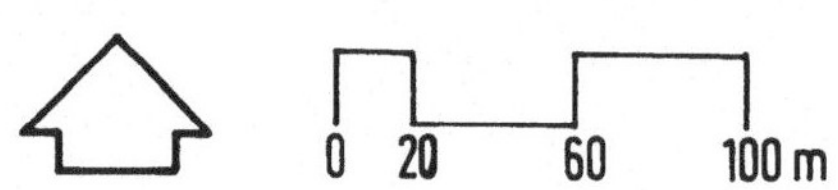

NACH: PAPAIOANNOU · GRIECHISCHE KUNST· FREIBURG 1972

PE/76

GRIECHISCHE KOLONIALSTÄDTE
IN SÜDITALIEN UND SIZILIEN

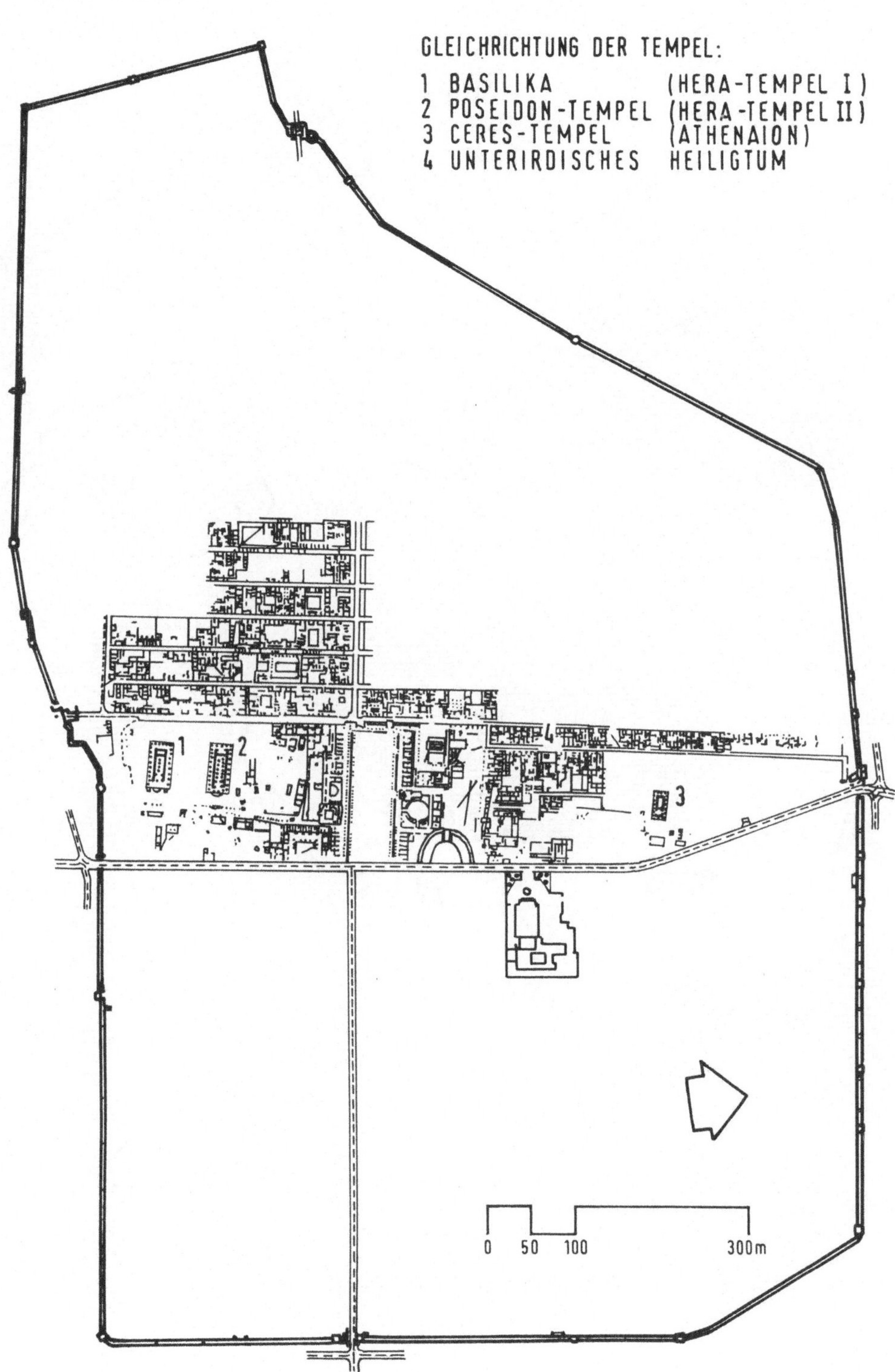

PAESTUM
GESAMTPLAN
S 48
GLEICHRICHTUNG DER TEMPEL:
1 BASILIKA   (HERA-TEMPEL I)
2 POSEIDON-TEMPEL (HERA-TEMPEL II)
3 CERES-TEMPEL   (ATHENAION)
4 UNTERIRDISCHES HEILIGTUM
0   50 100   300m
NACH :   PAPAIOANNOU · GRIECHISCHE KUNST · FREIBURG 1972   EK 77

SELINUNT
AKROPOLIS

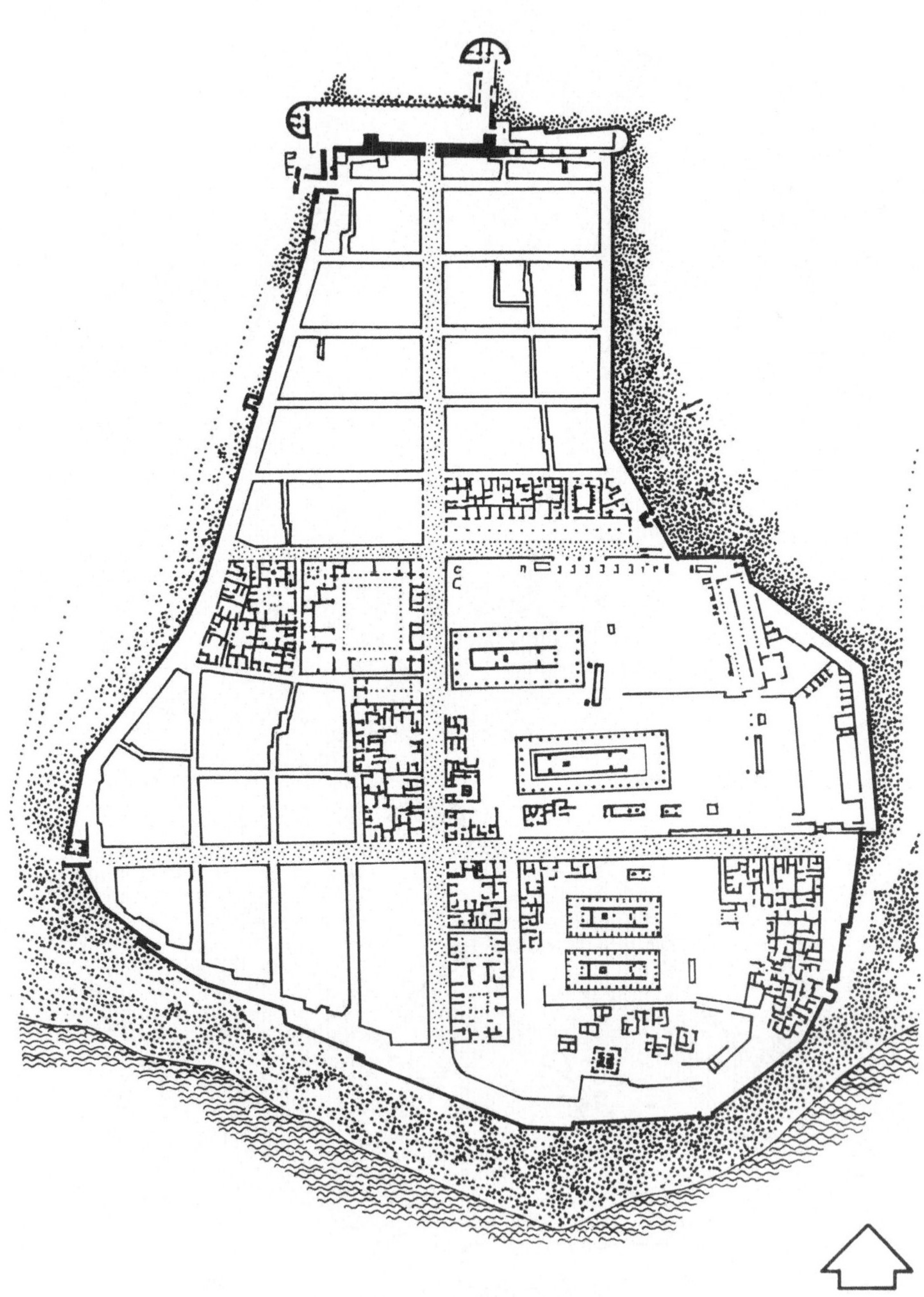

GRIECHENLAND

VERBREITUNG DER HELLENISTISCHEN KUNST

S 50

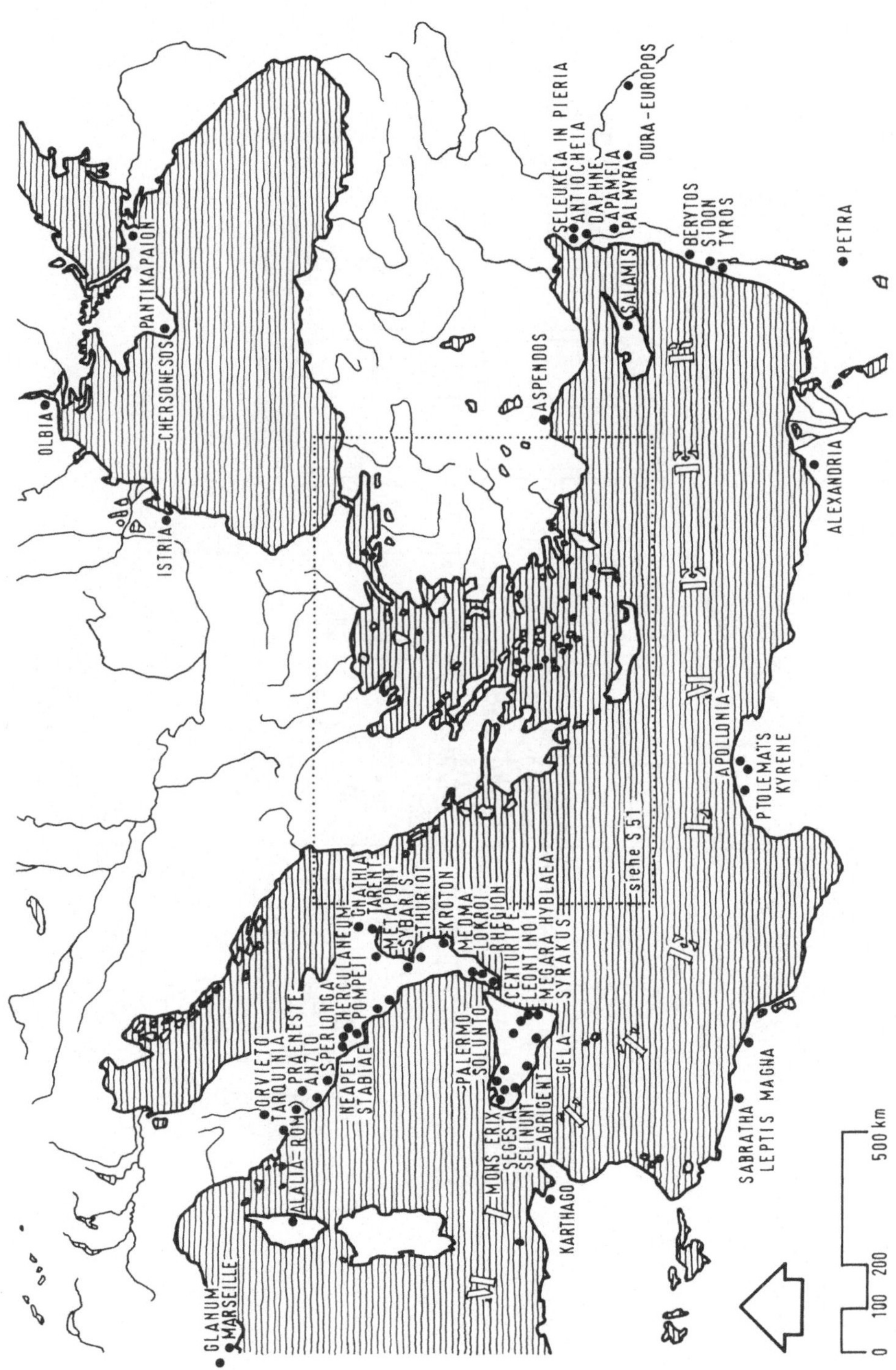

ÜBERSICHTSKARTE ZUR HELLENISTISCHEN ZEIT

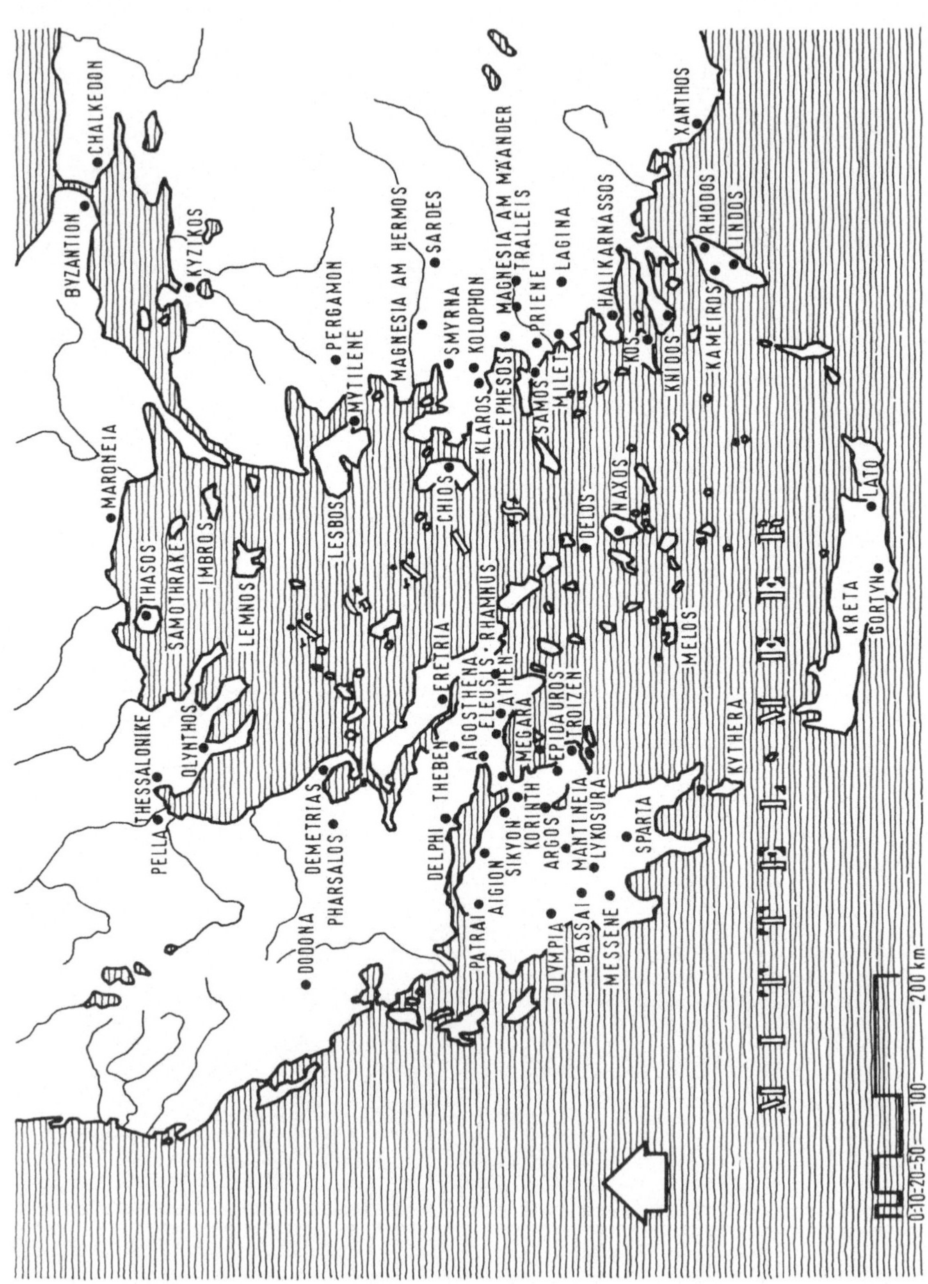

MÜNDUNGSGEBIET DES MÄANDROS

IM ALTERTUM

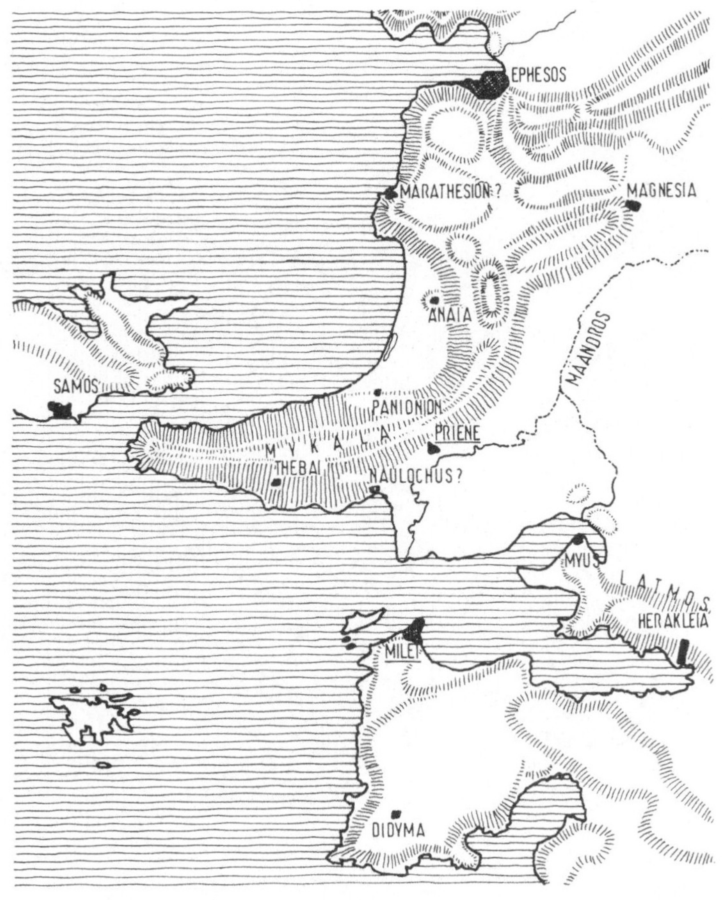

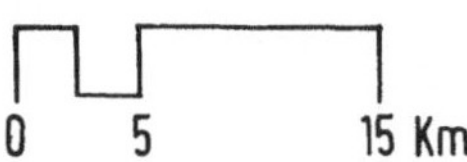

MÜNDUNGSGEBIET DES MÄANDROS (MENDERES)
IN DER GEGENWART

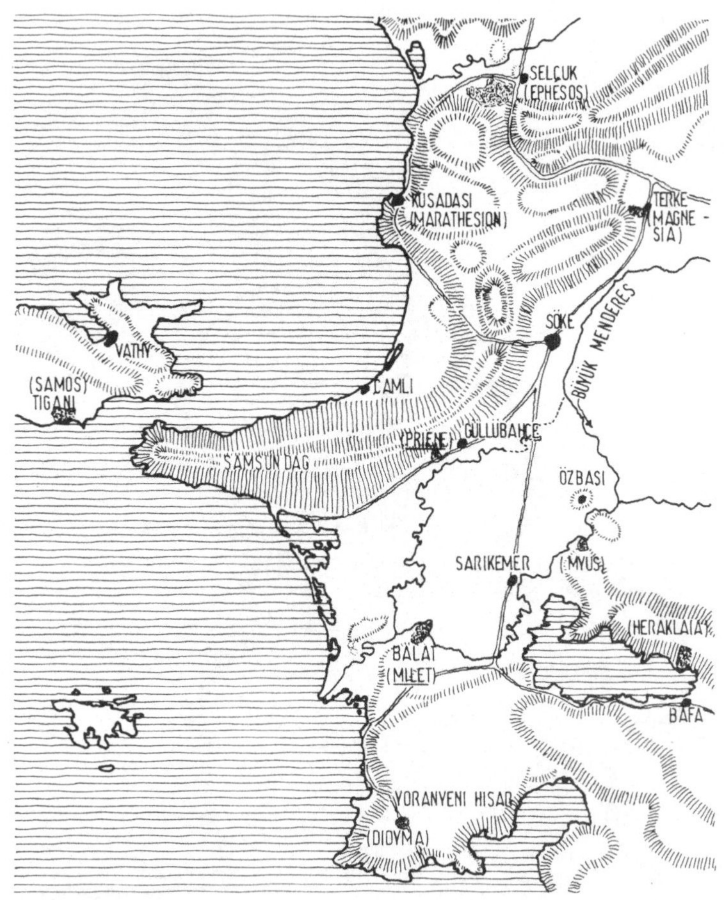

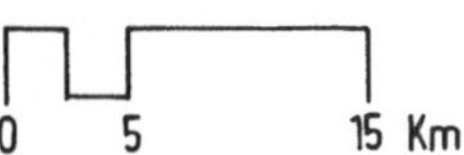

MILET
PLAN DER STADTANLAGE

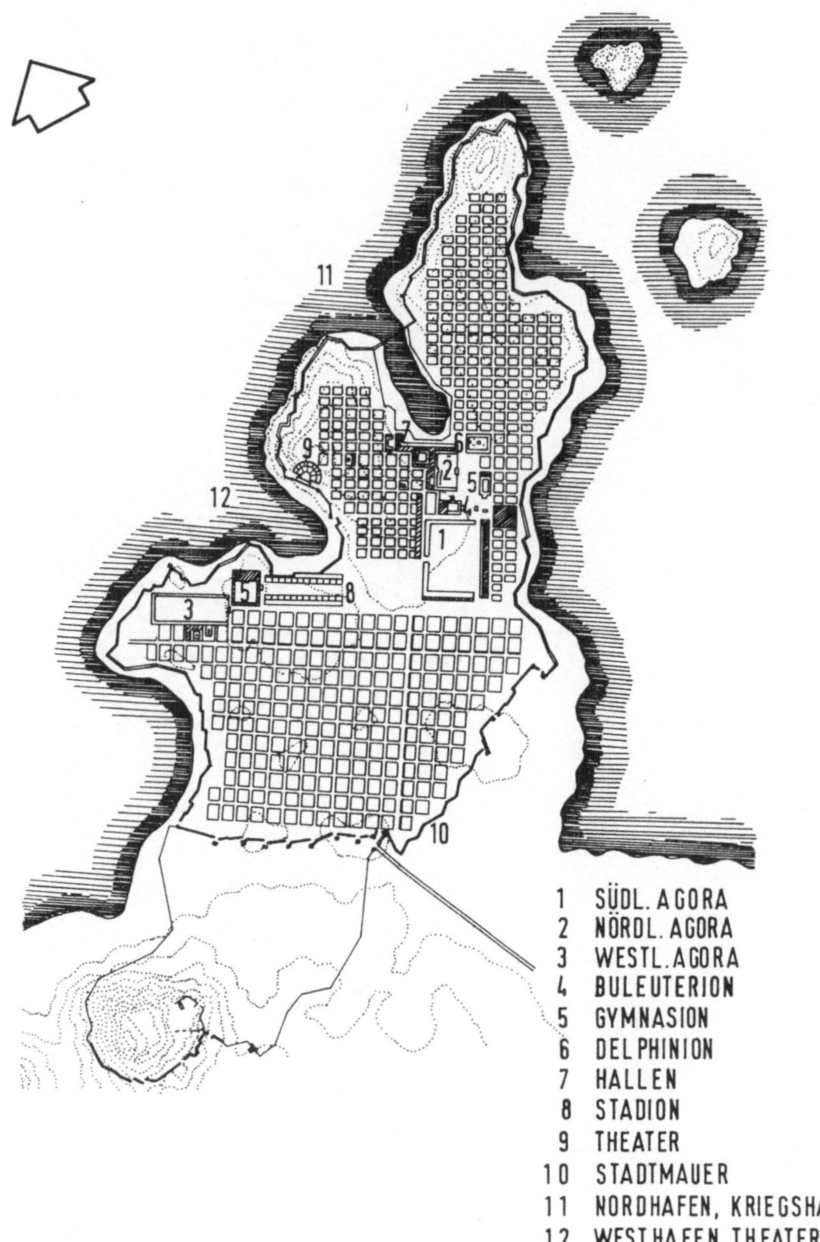

1   SÜDL. AGORA
2   NÖRDL. AGORA
3   WESTL. AGORA
4   BULEUTERION
5   GYMNASION
6   DELPHINION
7   HALLEN
8   STADION
9   THEATER
10 STADTMAUER
11 NORDHAFEN, KRIEGSHAFEN
12 WESTHAFEN, THEATERBUCHT

PRIENE
STADTPLAN

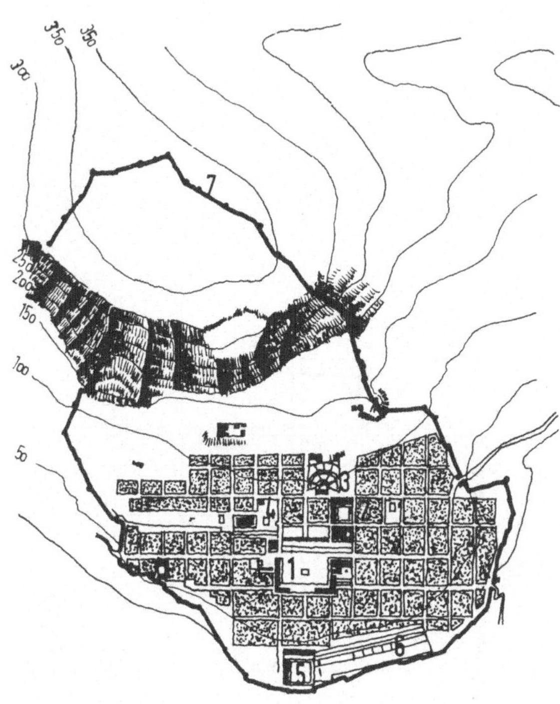

1 AGORA
2 OBERES GYMNASION
3 THEATER
4 ATHENE - TEMPEL
5 UNTERES GYMNASION
6 STADION
7 STADTMAUER

REKONSTRUKTION [NACH GRUBER]

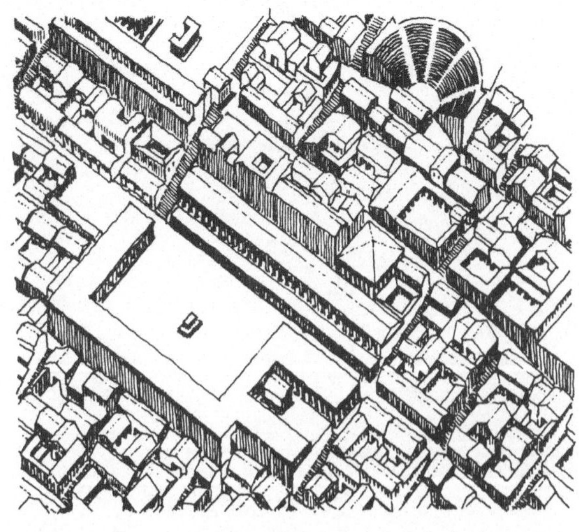

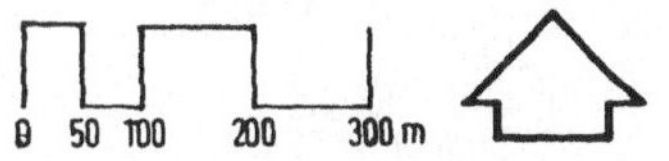

NACH :   GUTKIND · URBAN DEVELOPMENT IN SOUTHERN EUROPE , ITALY AND GREECE   NEW-YORK 1969   PE/75

PRIENE

GESAMTPLAN

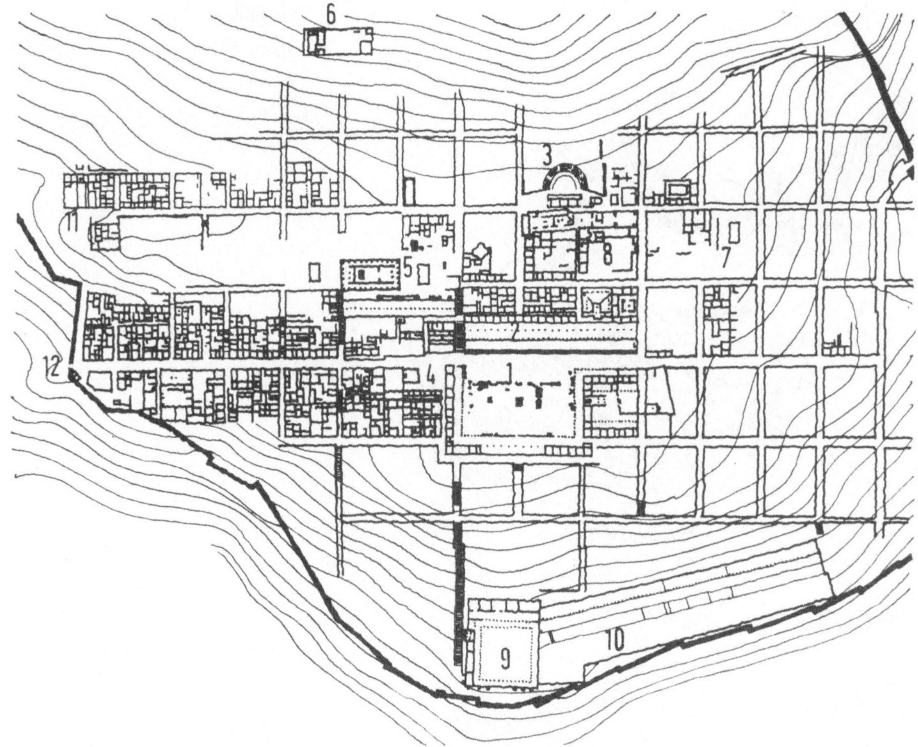

LEGENDE:

1 MARKT
2 STOA
3 THEATER
4 FISCH- UND FLEISCHMART
5 ATHENA-HEILIGTUM
6 DEMETER-HEILIGTUM
7 HEILIGTUM DER ÄGYPTISCHEN GÖTTER
8 OBERES GYMNASION
9 UNTERES GYMNASION
10 STADION
11 THEATERSTRASSE
12 WESTTORSTRASSE

NACH : DOXIADIS ·ARCHITECTURAL SPACE IN ANCIENT GREECE· CAMBRIDGE / MASS. 1972

PE/76

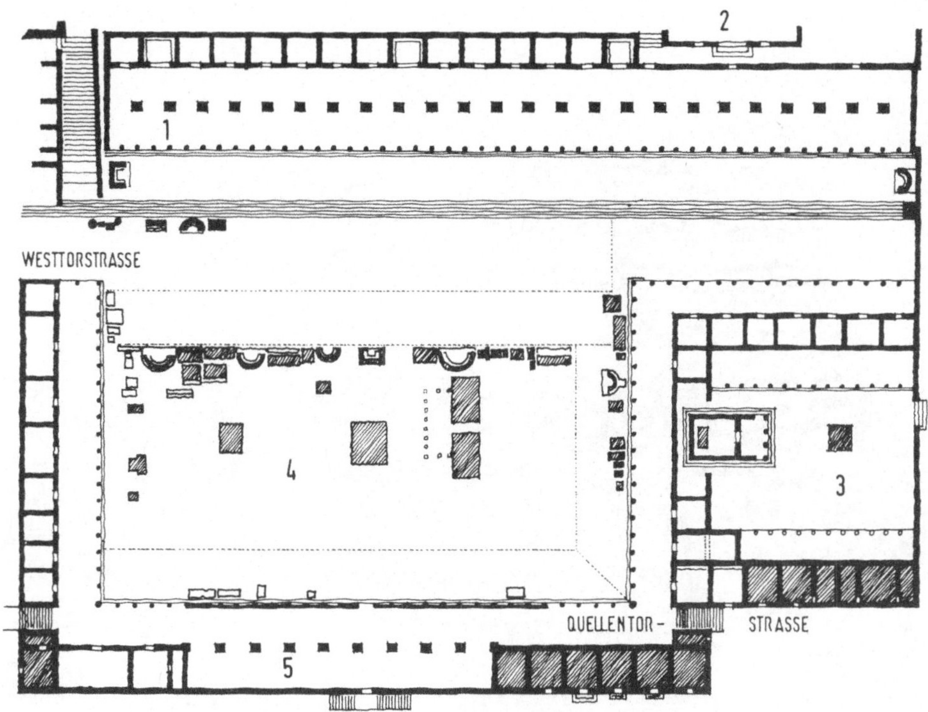

LEGENDE :

1 HEILIGE HALLE
2 BULEUTERION
3 ZEUSTEMPEL
4 AGORA   5 SPÄTERE ERWEITERUNG

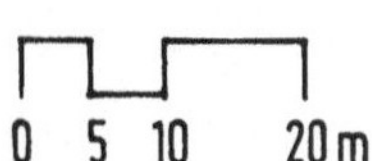

NACH : MARTIN SCHEDE   DIE RUINEN VON PRIENE   BERLIN 1964

PE/77

PRIENE
REKONSTRUKTION DER STADTANLAGE

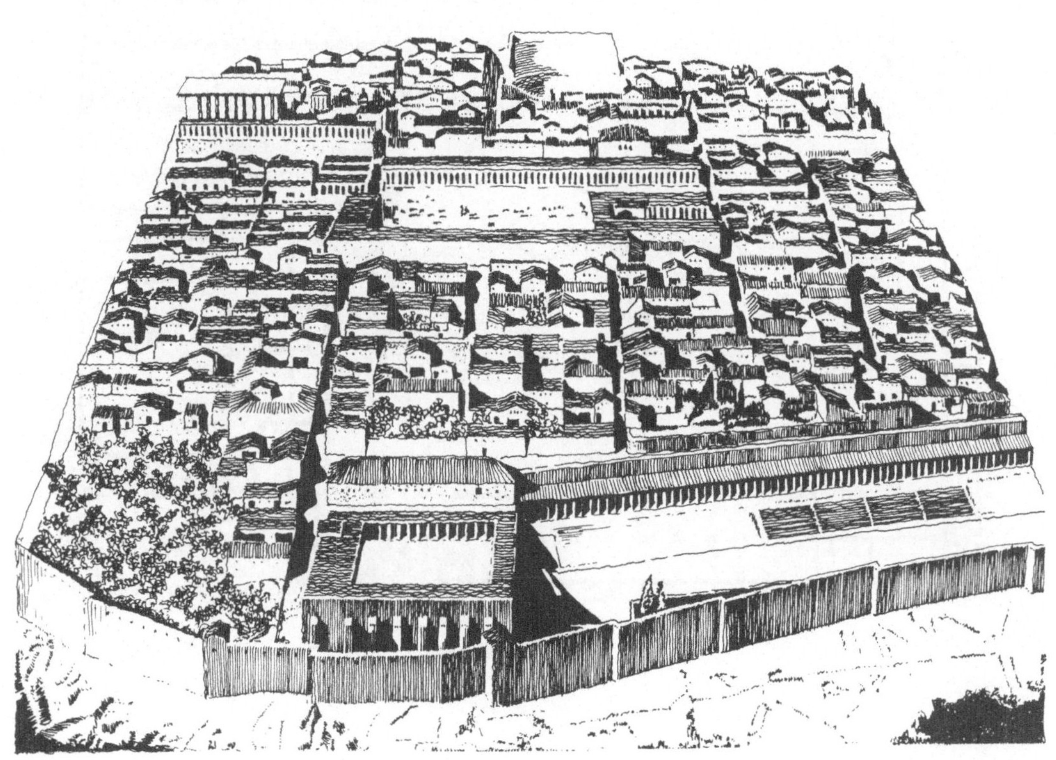

PRIENE

URSPRÜNGLICHE GESTALT VON HAUS XXXIII

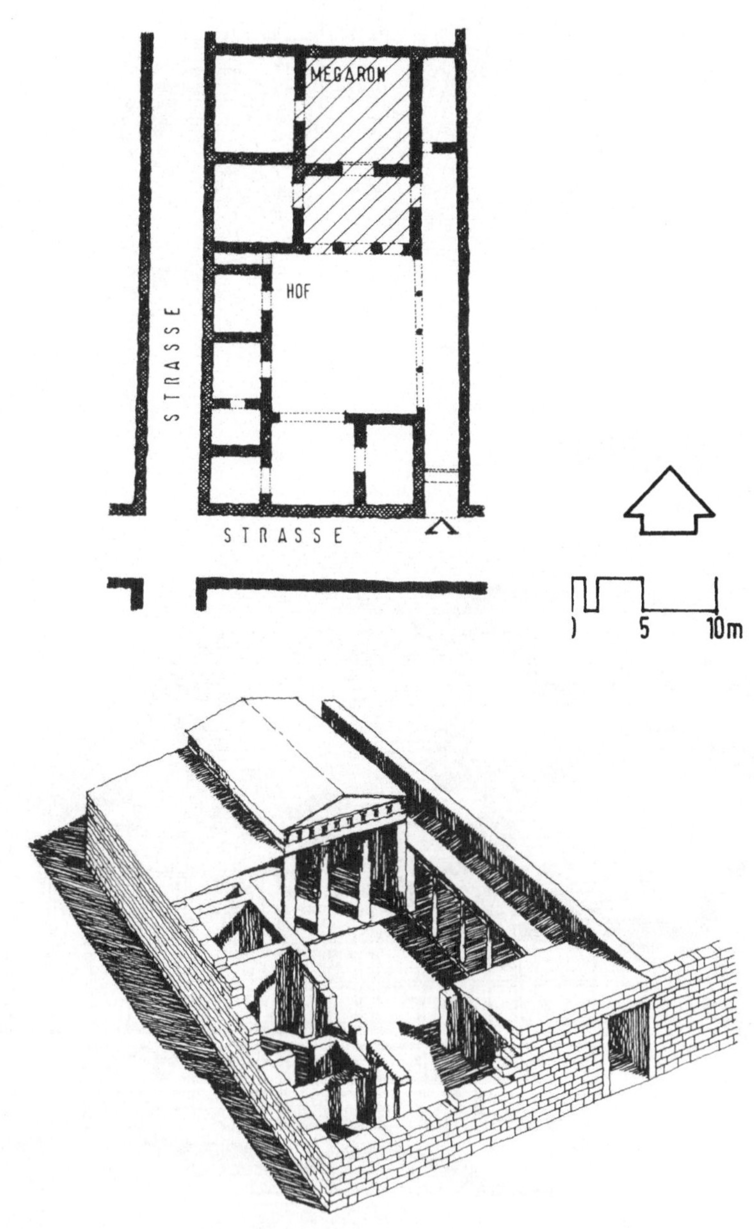

PIRAEUS

NEUPLANUNG DES ATHENER HAFENS

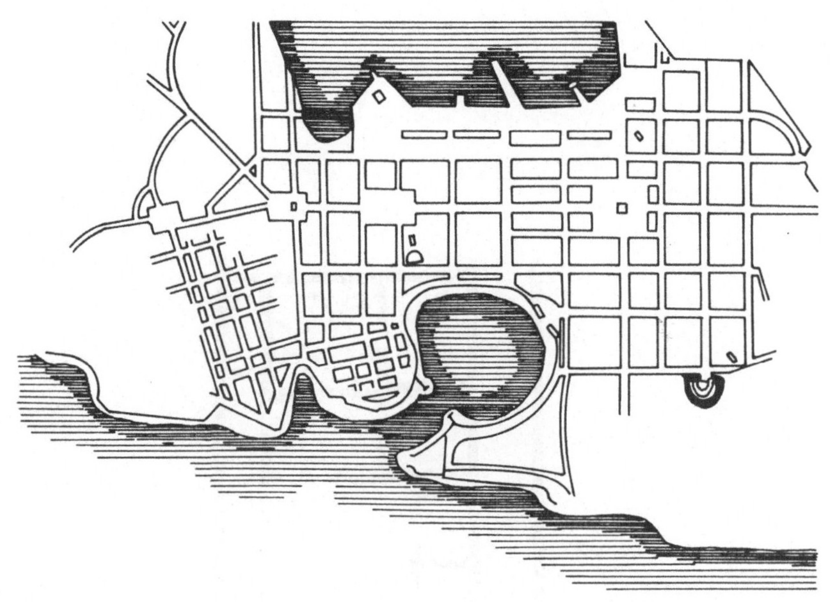

ALEXANDRIA

STADTPLAN

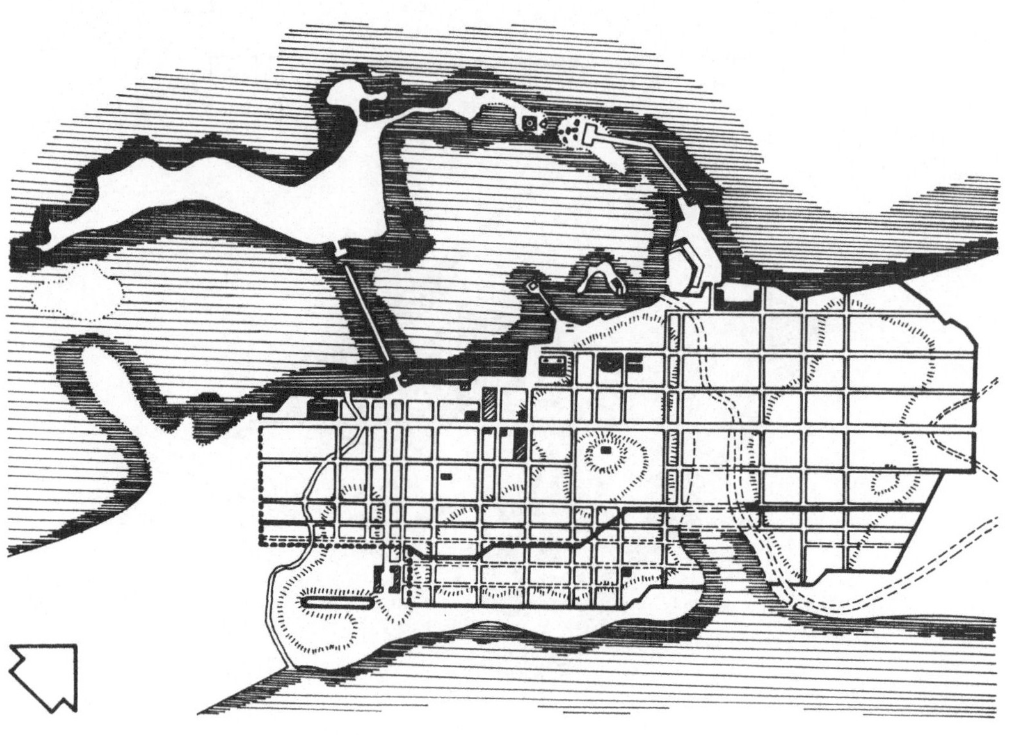

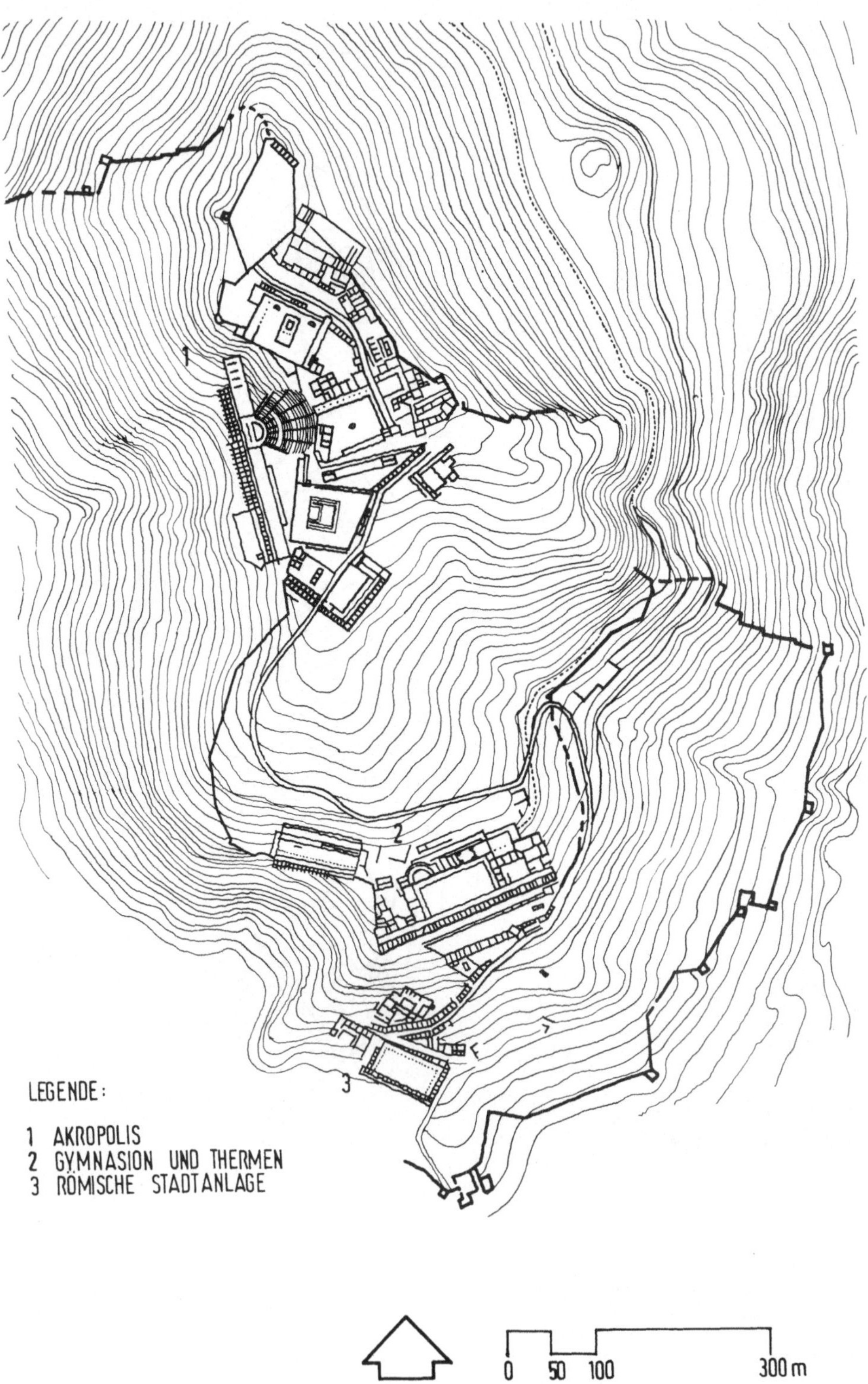

NACH : CHARBONNEAUX U.A.   DAS HELLENISTISCHE GRIECHENLAND   MÜNCHEN 1977   PE/76

PERGAMON
AKROPOLIS

1 MAGAZINE
2 KASERNEN
3 TRAJANEUM
4 PALAST
5 DIONYSOS-TEMPEL
6 THEATER
7 BIBLIOTHEK
8 TEMENOS DER ATHENA
9 ALTAR
10 HEROON
11 ZEUS-TEMPEL
12 AGORA

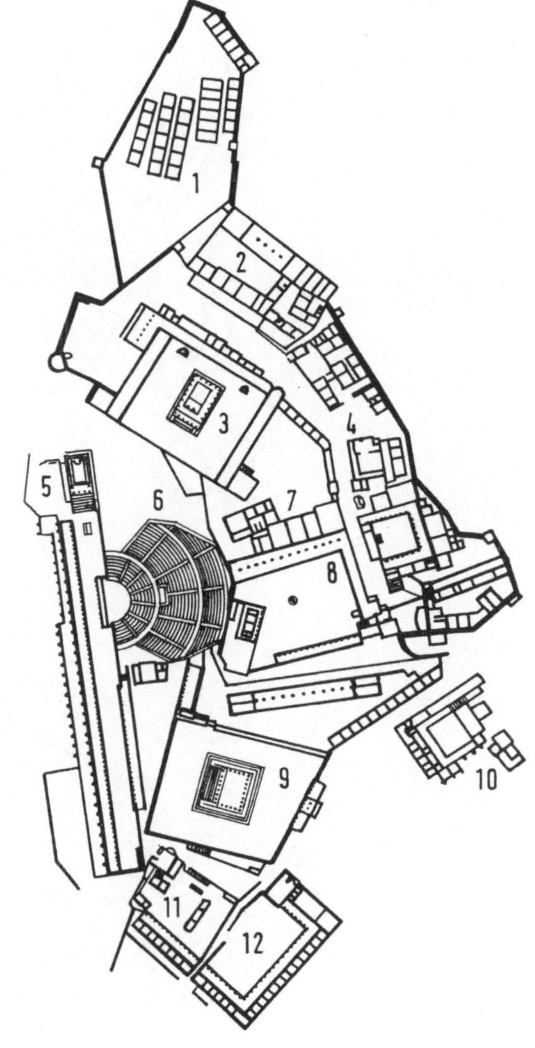

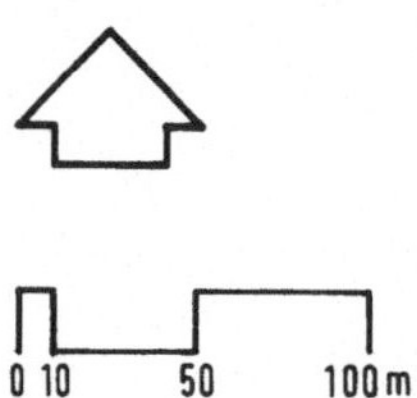

PERGAMON

ASKLEPIOS - HEILIGTUM

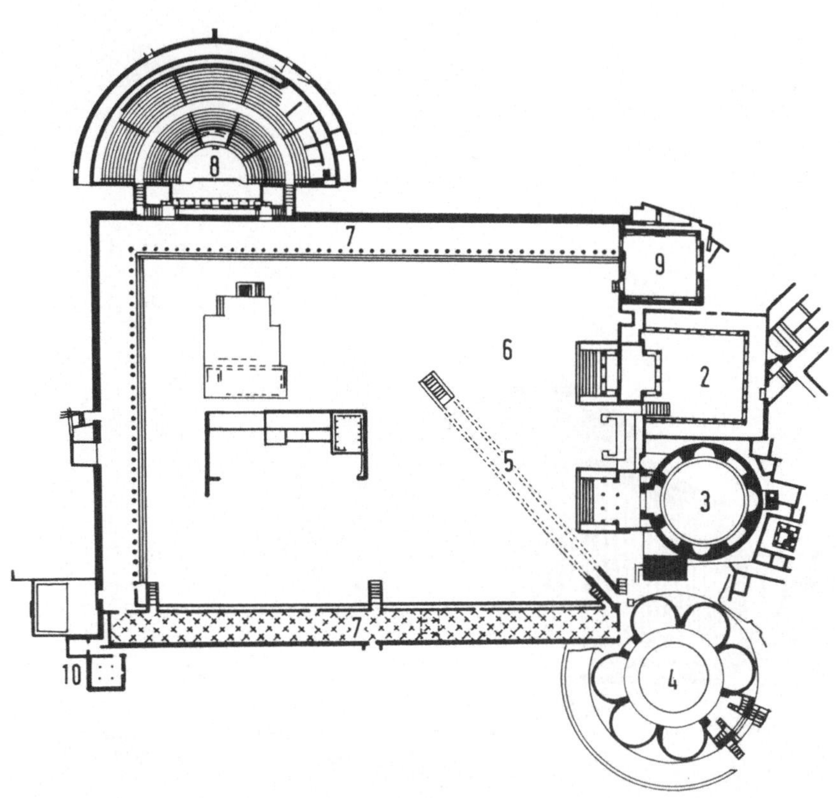

1 VIA TECTA
2 PROPYLON
3 TEMPEL DES ASKLEPIOS ZEUS SOTER
4 RUNDBAU
5 UNTERIRDISCHER KORRIDOR
6 SÄULENHOF
7 SÄULENHALLE
8 THEATER
9 BIBLIOTHEK
10 LATRINEN

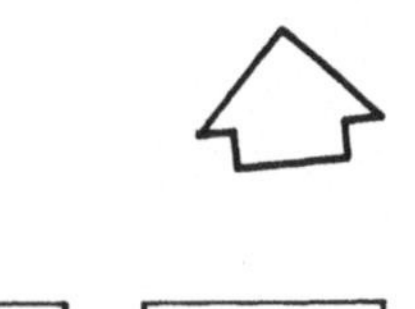

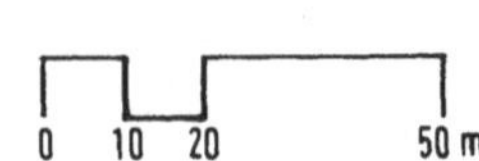

NACH : BOËTHIUS / WARD-PERKINS, ETRUSCAN AND ROMAN ARCHITECTURE   PE 76
MIDDLESEX 1970

ETRUSKISCHE STADTGRÜNDUNGEN S 65

ETRUSKISCHES SIEDLUNGSGEBIET

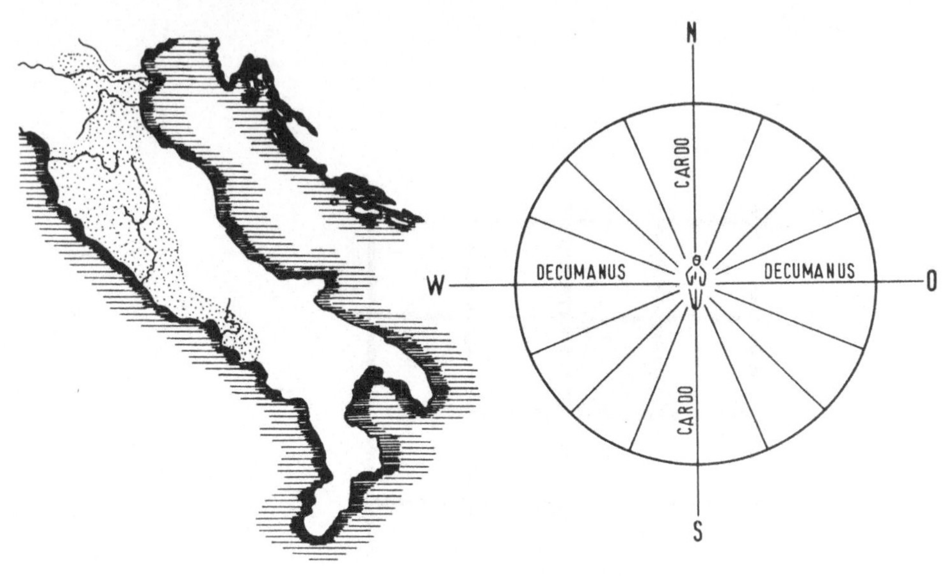

MARZABOTTO (MISA)
STADTPLAN UND GRABUNGSFELD

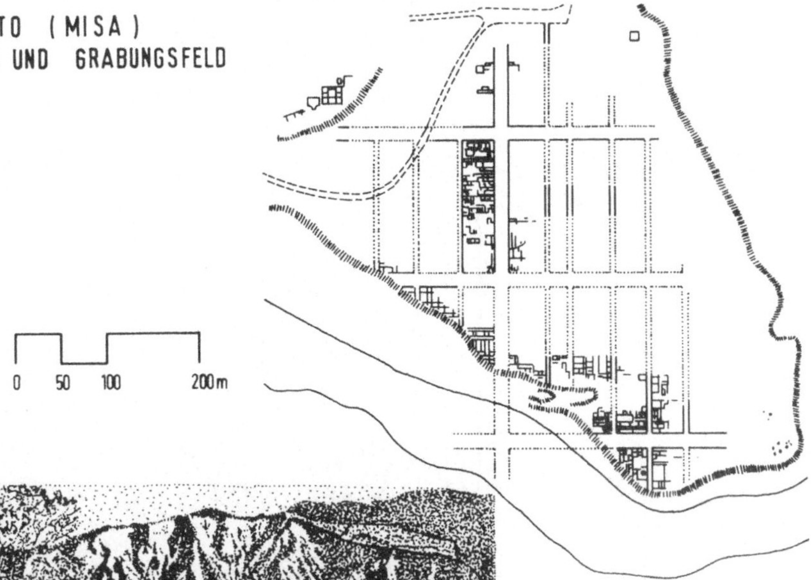

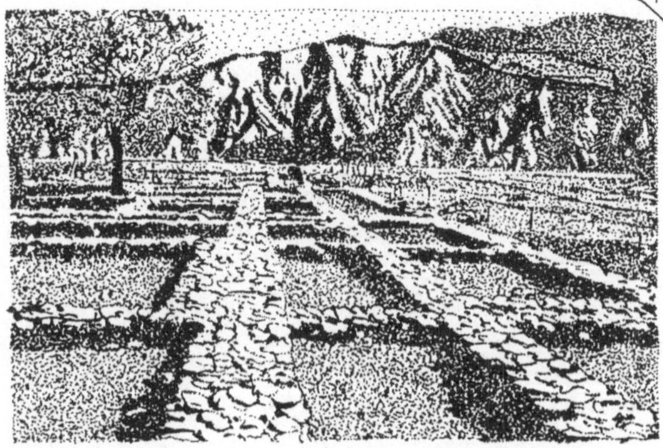

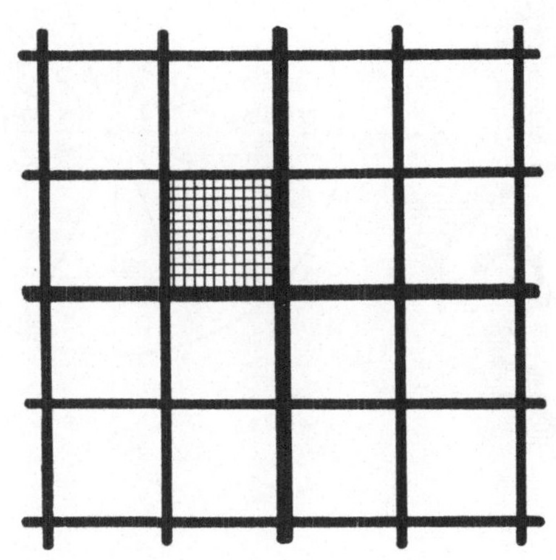

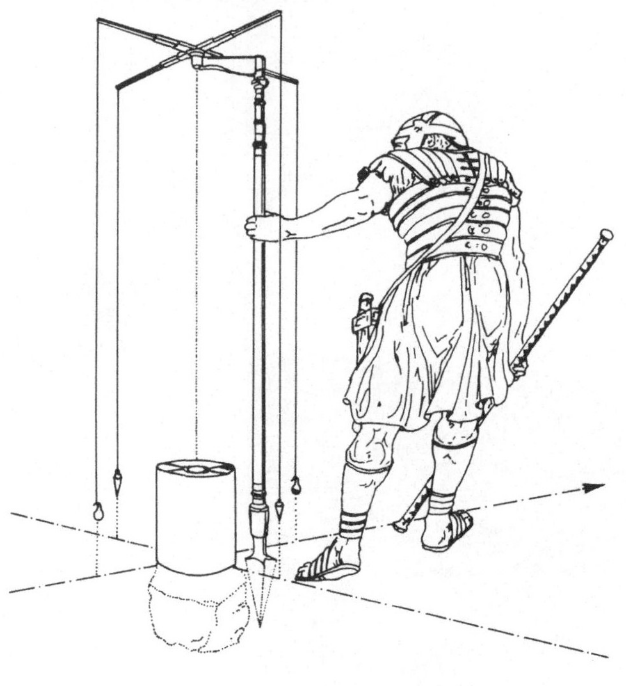

ROM

FRÜHZEIT V.CHR. 10.-9. JH. ERSTE LATINISCHE ANSIEDLUNG
8. JH. SIEDLUNG PALATIN · ESQUILIN · QUIRINAL
UM 600   ROMA QUADRATA · PALATIN
....   CLOACA MAXIMA

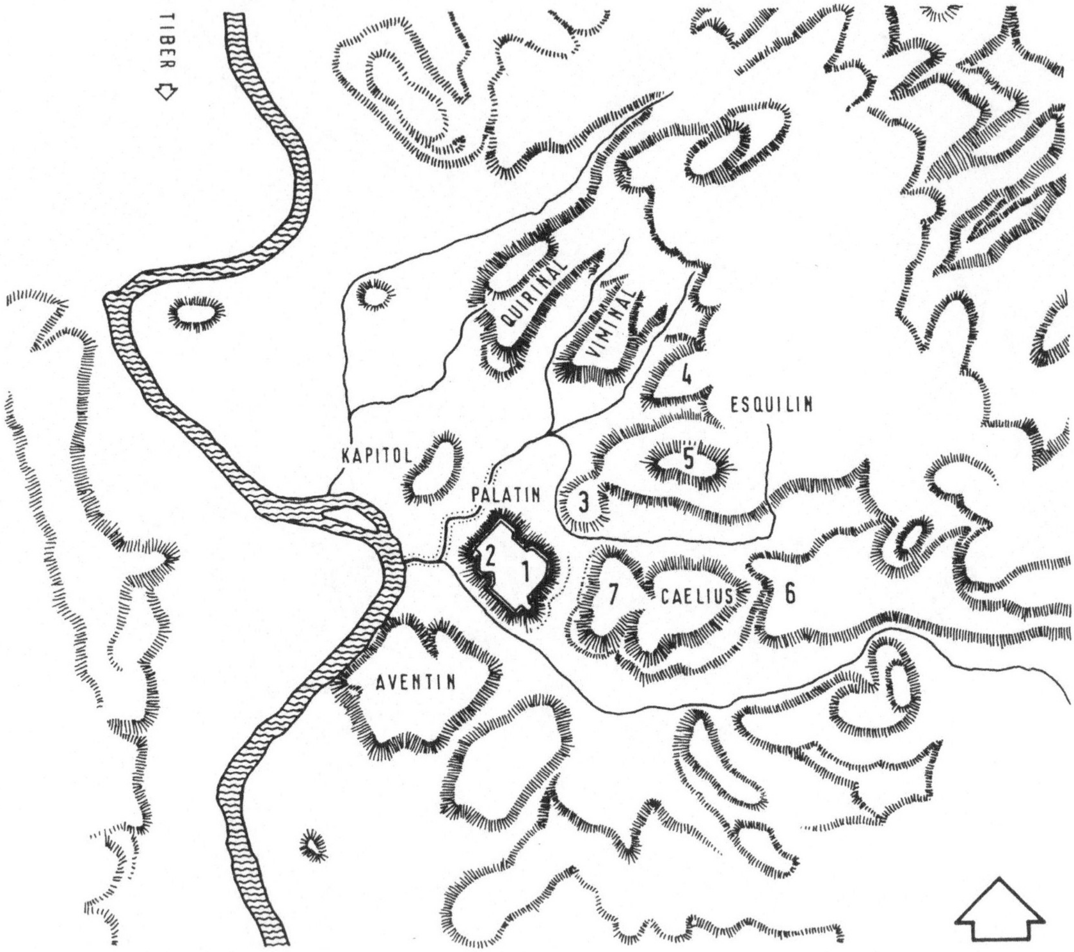

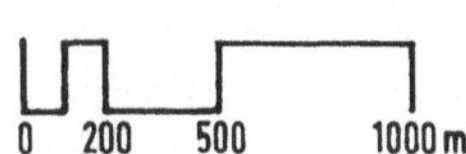

SEPTIMONTIUM

1 PALATIUM
2 GERMALUS
3 VELIA
4 CISPIUS
5 OPPIUS
6 FAGUTAL
7 SUBURA / SUCUSA

MORINI · ATLANTE DI STORIA DELL'URBANISTICA · MAILAND 1963
STÜTZER · DAS ALTE ROM · STUTTGART 1971

ROM
REPUBLIKANISCHE ZEIT

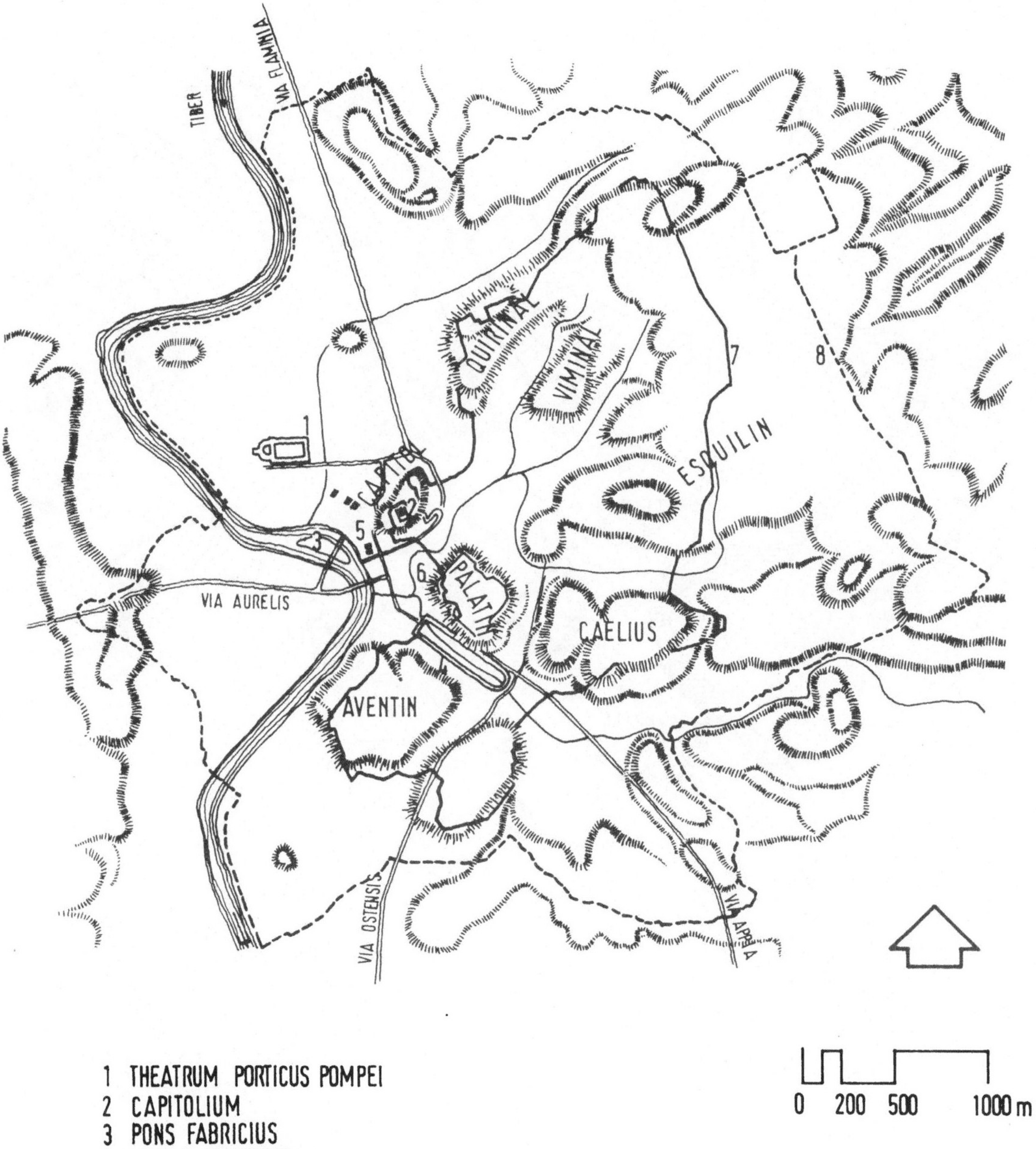

1 THEATRUM PORTICUS POMPEI
2 CAPITOLIUM
3 PONS FABRICIUS
4 CIRCUS MAXIMUS
5 FORUM HOLITORIUM
6 FORUM BOARIUM
7 SERVIANISCHE MAUER
8 AURELIANISCHE MAUER

NACH : MORINI · ATLANTE DI STORIA DELL'URBANISTICA · MAILAND 1963   PE/77

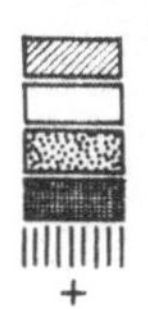
TIBER ▷
VIA FLAMINIA
VIA SALARIA
VIA TIBURTINA VETUS
VIA CORNELIA
VIA AURELIS
VIA OSTIENSIS
VIA LATINA
VIA APPIA
10
9
8
1
5
7
6
4
2
3
0 200 500 1000 m

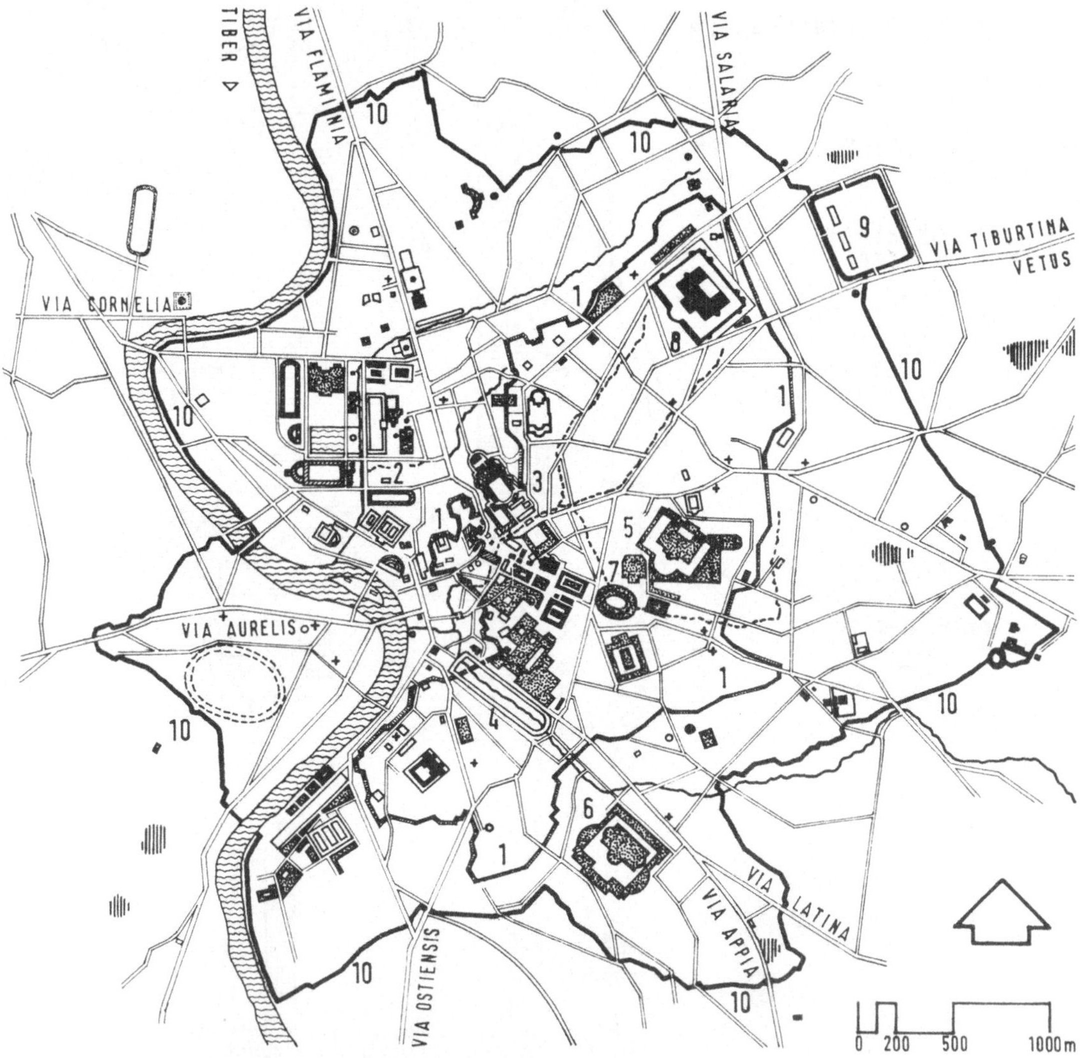

REPUBLIKANISCHE BAUTEN
BAUTEN DES AUGUSTUS
BAUTEN VON 14 – 250 n.CHR.
SPÄTANTIKE BAUTEN
KATAKOMBEN
HAUSKIRCHEN 3.-4. JH.
FEUER- + POLIZEIWACHEN

1 SERVIANISCHE MAUER
2 CIRCUS FLAMINIUS
3 KAISERFORA
4 CIRCUS MAXIMUS
5 TRAJANSTHERMEN
6 CARACALLATHERMEN
7 KOLOSSEUM
8 DIOKLETIANSTHERMEN
9 CASTRA PRAETORIA
10 AURELIANISCHE MAUER

FORUM ROMANUM · KAISER-FORA

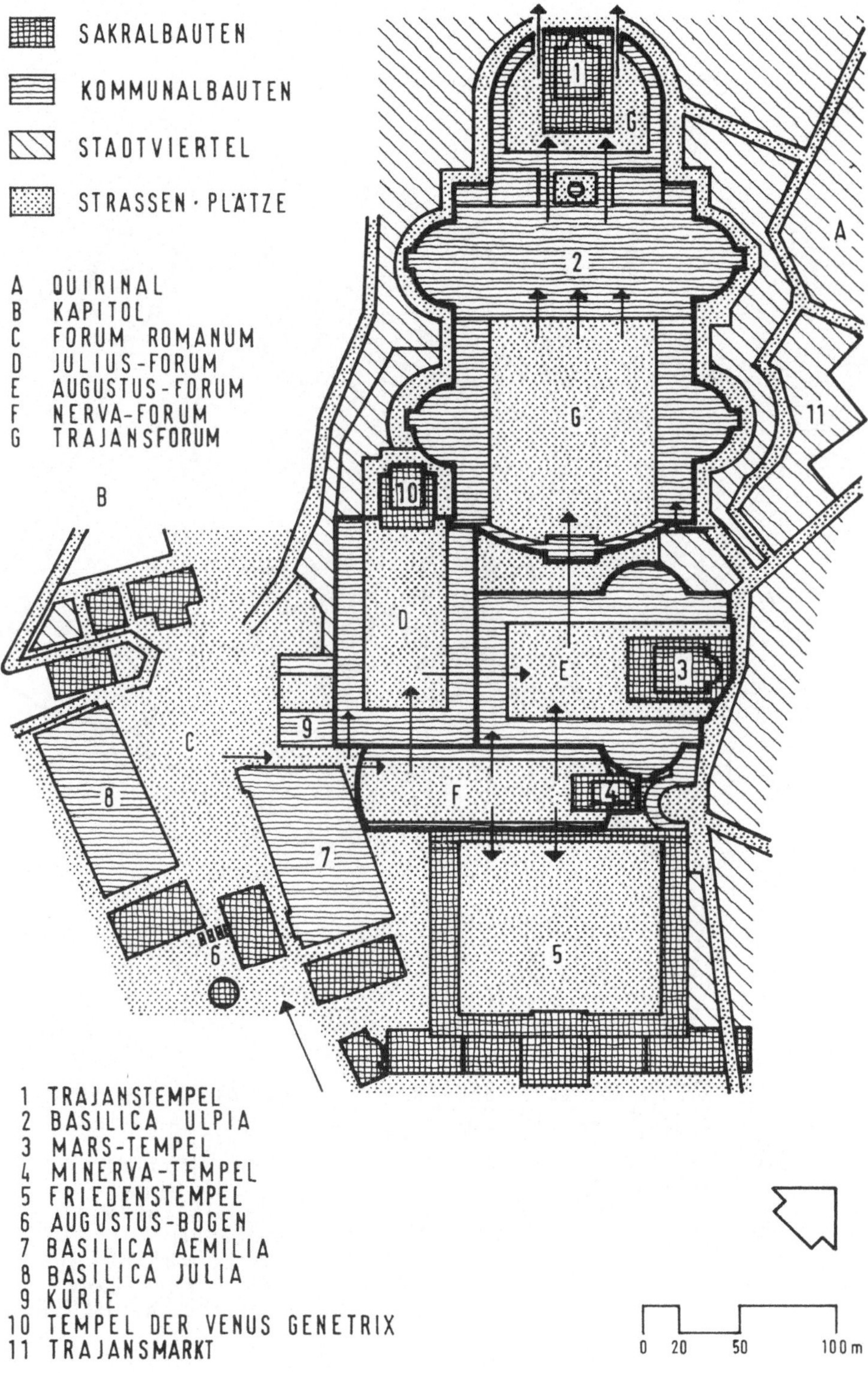

1 TRAJANSTEMPEL
2 BASILICA ULPIA
3 MARS-TEMPEL
4 MINERVA-TEMPEL
5 FRIEDENSTEMPEL
6 AUGUSTUS-BOGEN
7 BASILICA AEMILIA
8 BASILICA JULIA
9 KURIE
10 TEMPEL DER VENUS GENETRIX
11 TRAJANSMARKT

KAISERFORA

1 TEMPEL DES TRAJAN
2 BASILICA ULPIA
3 FORUM DES TRAJAN
4 FORUM DES AUGUSTUS
5 TEMPEL DES MARS ULTOR
6 FORUM DES JULIUS
7 TEMPEL D. VENUS GENETRIX
8 FORUM DER NERVA
9 TEMPEL DER MINERVA
10 TEMPLUM PACIS
11 TRAJANSMARKT

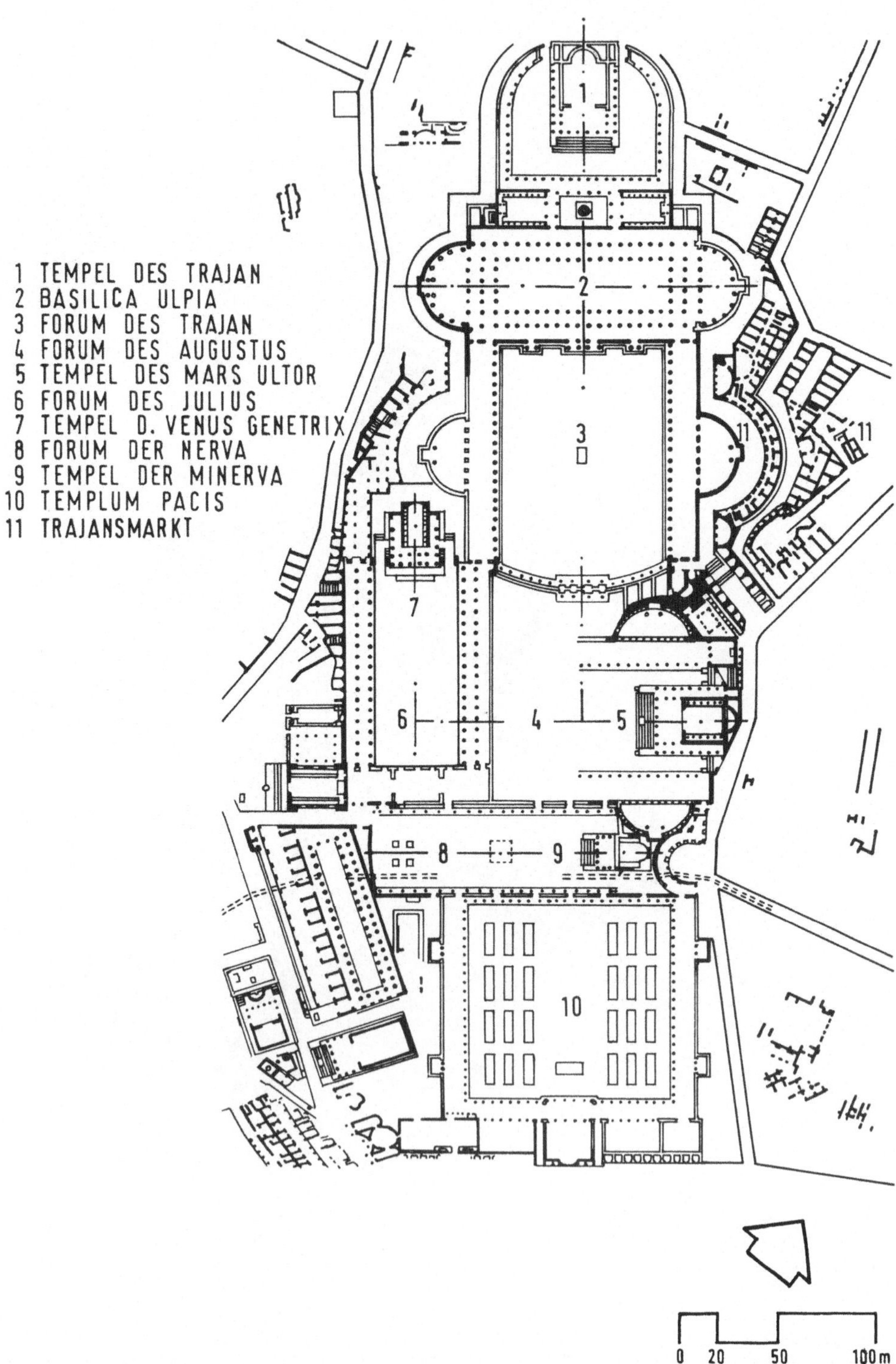

NACH : TEMPORINI · VON DEN ANFÄNGEN ROMS BIS ZUM AUSGANG DER REPUBLIK · BERLIN 1973   EK 77

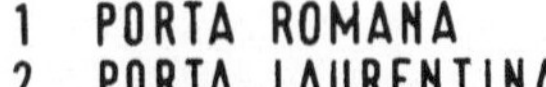

OSTIA
GESAMTPLAN 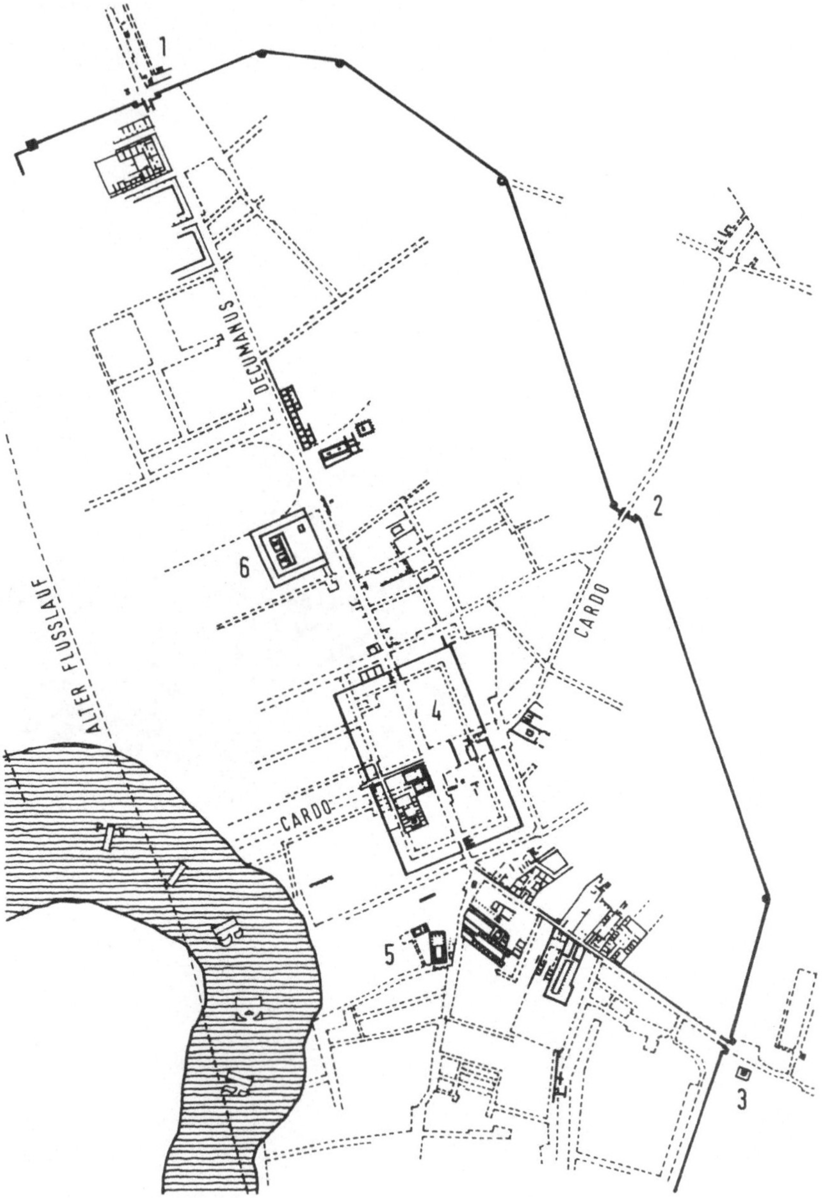
S 73
1
DECUMANUS
ALTER FLUSSLAUF
6
CARDO
2
4
CARDO
5
3
1 PORTA ROMANA
2 PORTA LAURENTINA
3 PORTA MARINA
4 FORUM
5 TEMPEL DES HERKULES
6 SPÄTE REPUBLIKANISCHE TEMPEL 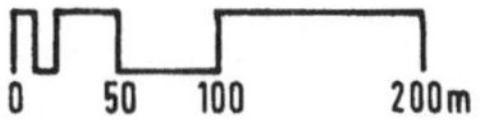
0   50   100   200m
NACH : BOËTHIUS · ETRUSCAN AND ROMAN ARCHITECTURE · MIDDLESEX 1970   EK 77

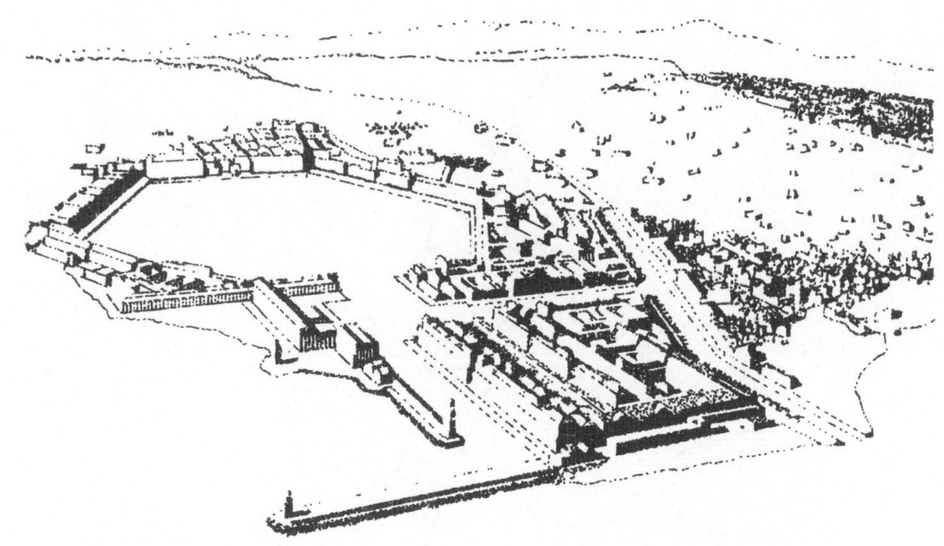

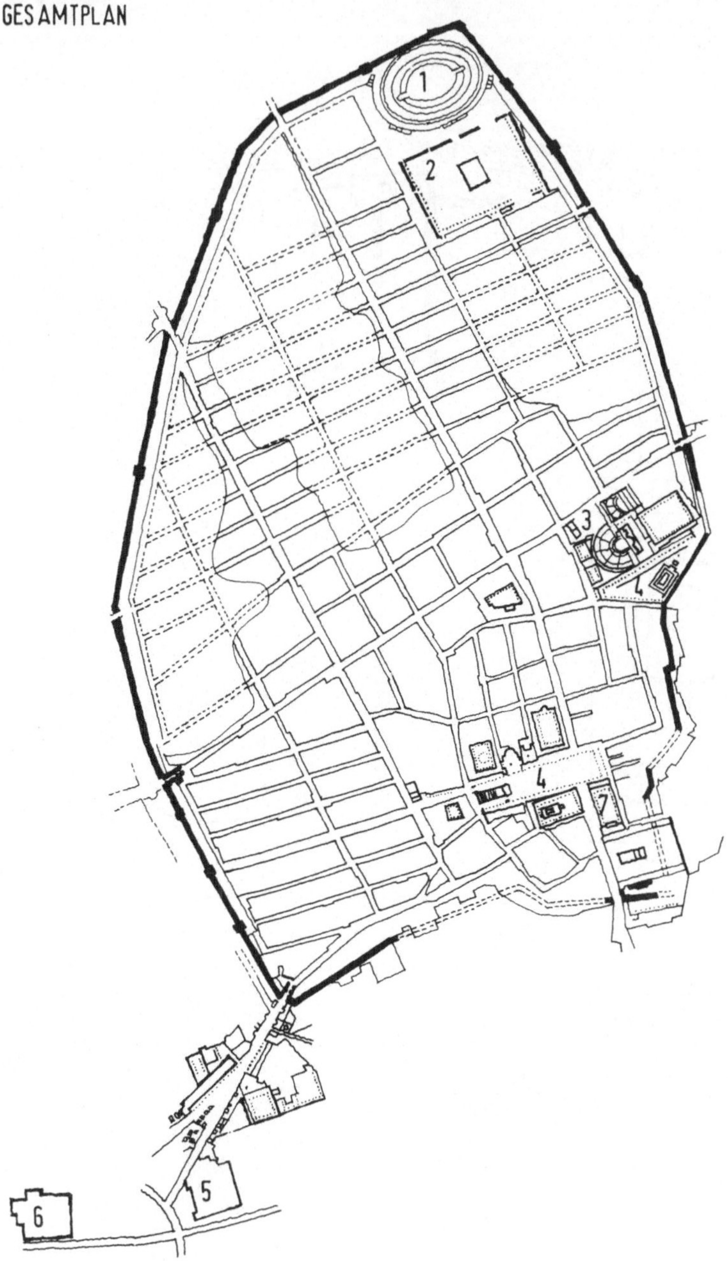

LEGENDE:

1 AMPHITHEATER
2 PALAESTRA
3 THEATER
4 FORUM
5 'DIOMEDES'-VILLA
6 'MYSTERIEN'-VILLA
7 BASILIKA

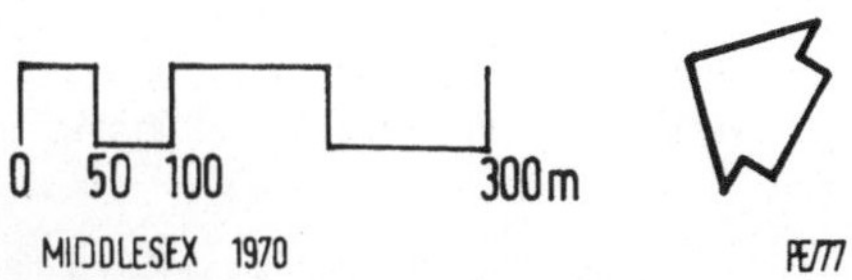

NACH : BOETHIUS ETRUSCAN AND ROMAN ARCHITECTURE   MIDDLESEX 1970

PE/77

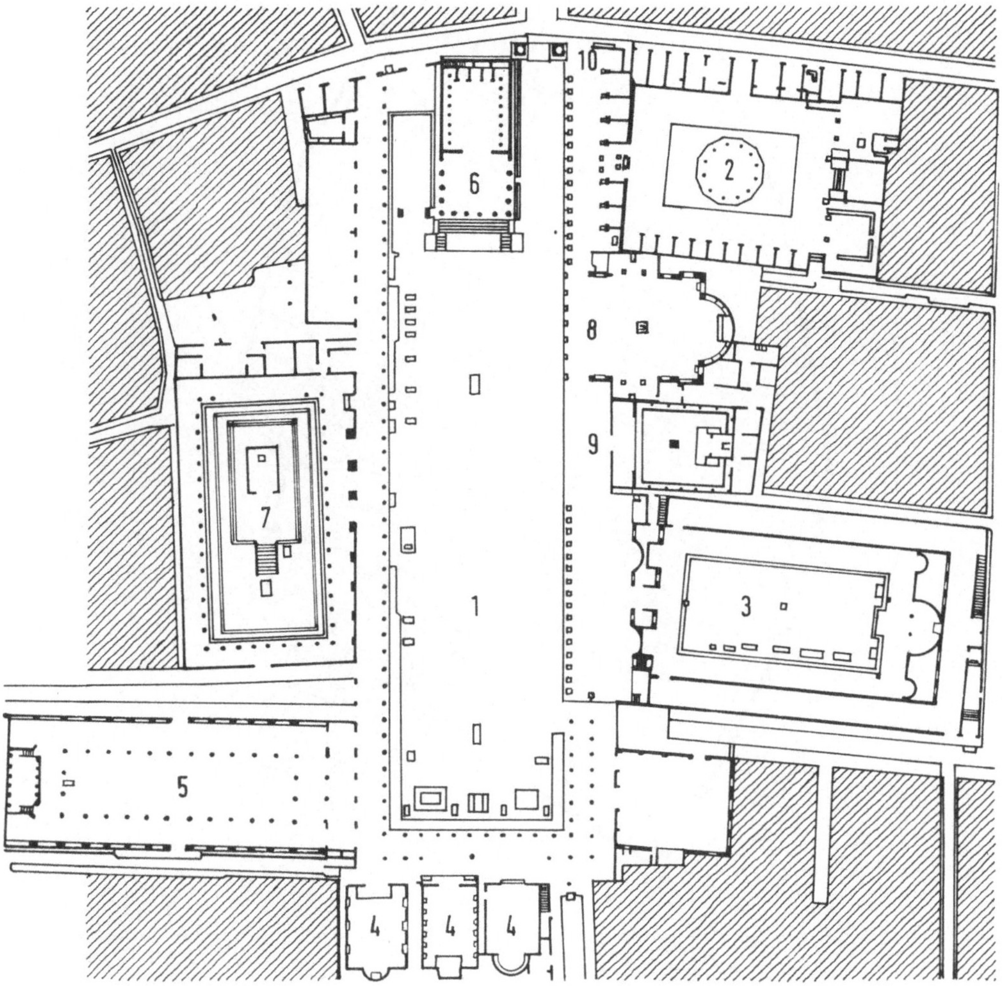

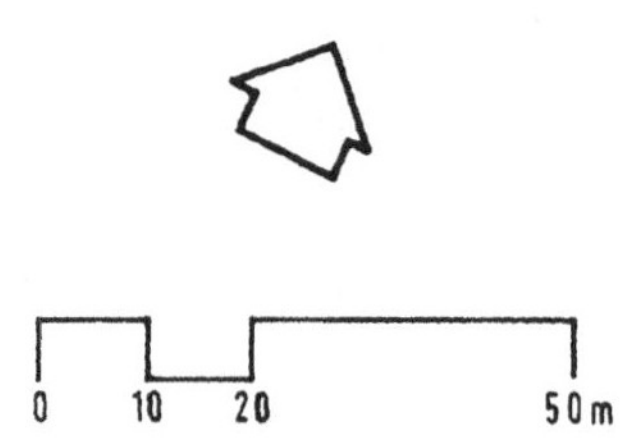

1 FORUM
2 MACELLUM
3 TUCHMARKT
4 KURIEN
5 BASILIKA
6 KAPITOL
7 APOLLON-TEMPEL
8 TEMPEL DER LAREN
9 VESPASIAN-TEMPEL
10 ÖFFENTL. LATRINEN

0 10 20   50 m

POMPEJI

FORUM TRIANGULARE

A FORUM TRIANGULARE
1 PROPYLÄEN
2 KOLONNADEN
3 NIEDRIGE MAUER
4 ALTAR
5 GRIECHISCHER TEMPEL
B GROSSES THEATER
C KLEINES THEATER
D PALAESTRA

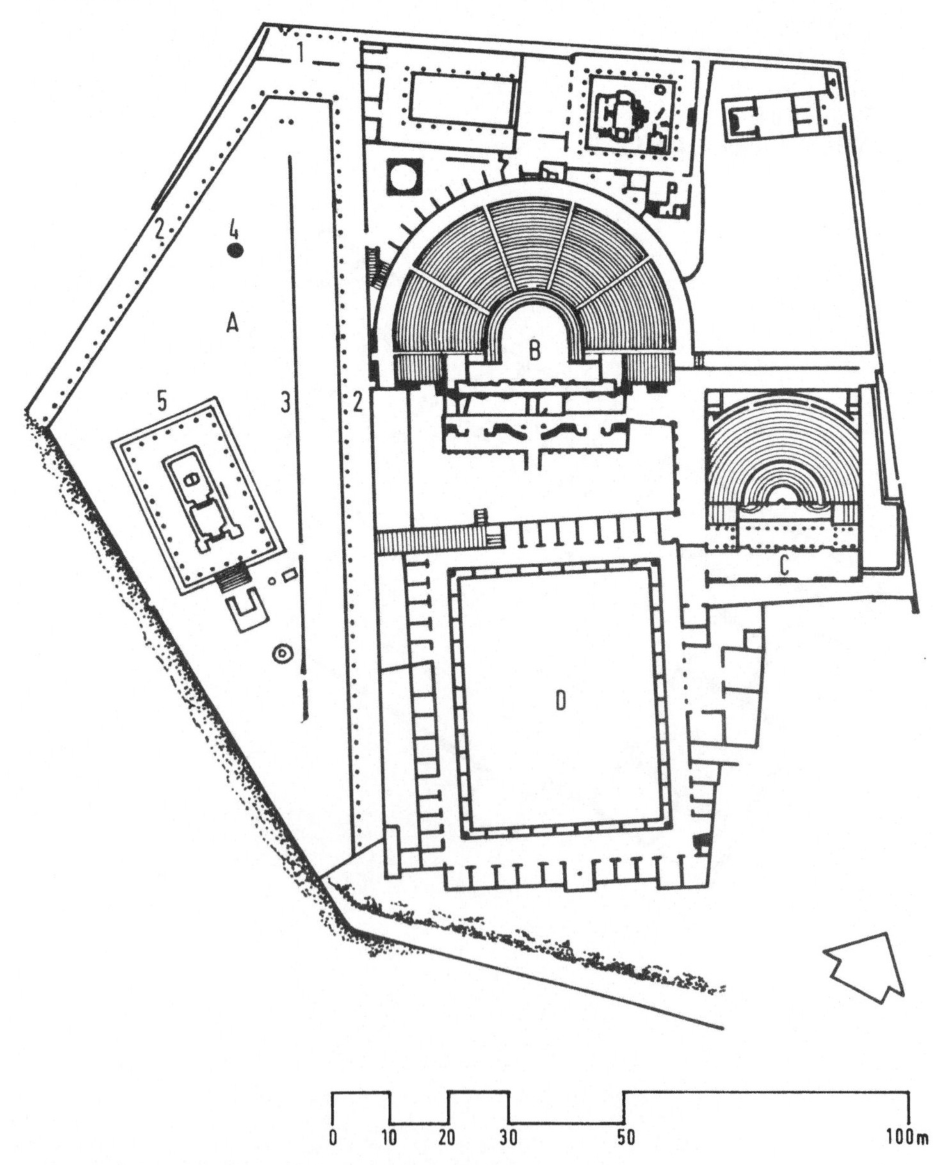

NACH : MORINI · ATLANTE DI STORIA DELL' URBANISTICA · MAILAND 1963   EK 77

HAUS DER AMORETTEN

1 EINGANG
2 ATRIUM
3 OECUS
4 PORTIKUS
5 PERISTYL
6 GARTEN
7 WASSERBECKEN
8 TRICLINIUM
9 TABLINUM
10 AMORETTEN-ZIMMER

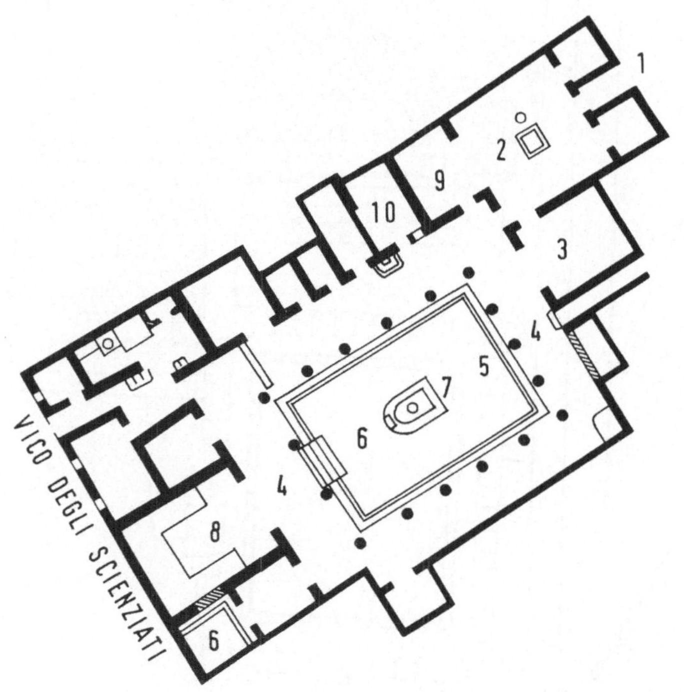

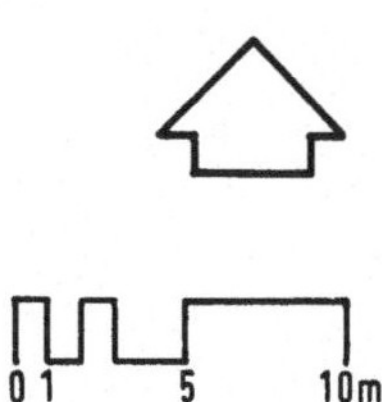

RÖMISCHE HAUSTYPEN S 79

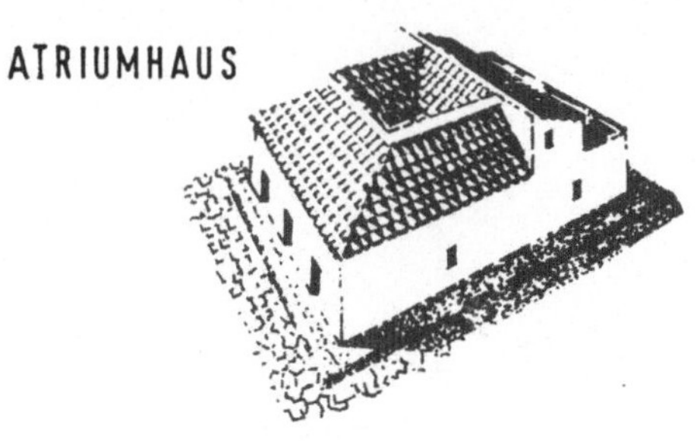

ATRIUMHAUS

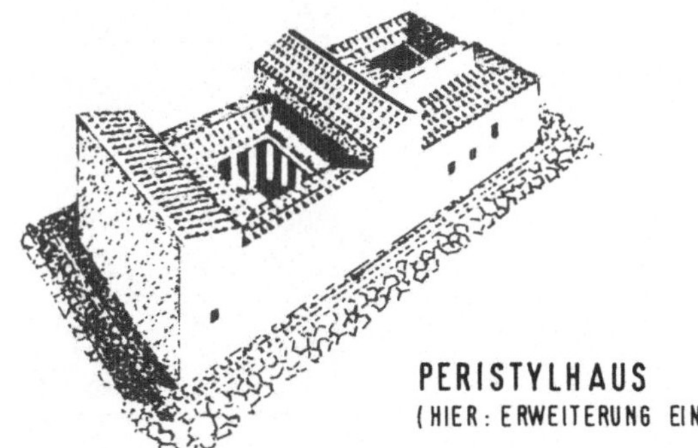

PERISTYLHAUS
(HIER: ERWEITERUNG EINES ATRIUMHAUSES)

VILLA

STRASSENKREUZUNG MIT FUSSGÄNGER-ÜBERWEG

NACH : MASSA · POMPEJI · MÜNCHEN-BERLIN 1972

EK 77

RÖMISCHES REICH
KAISERZEIT

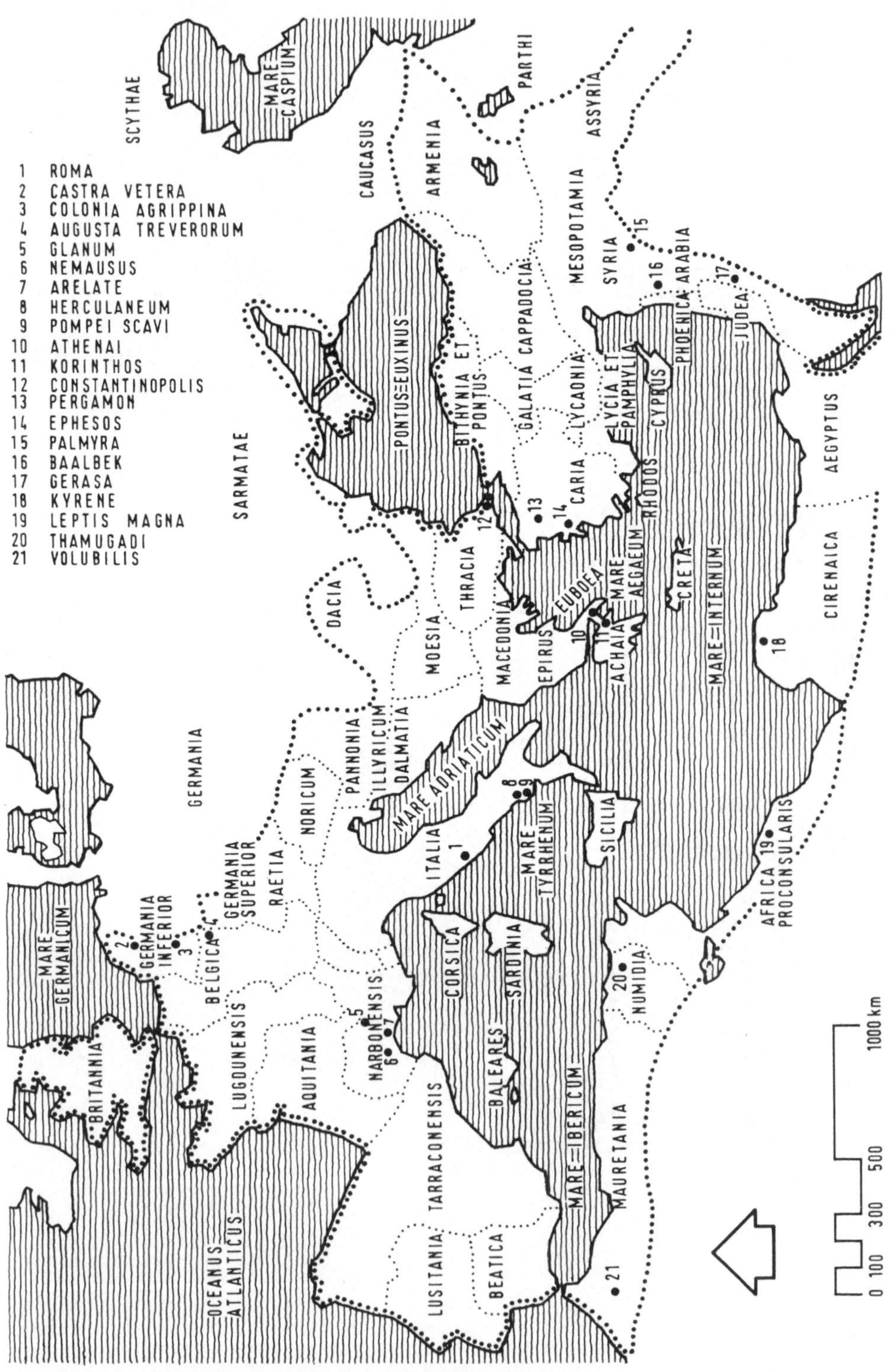

BAALBEK
GESAMTPLAN DER AUSGRABUNGEN

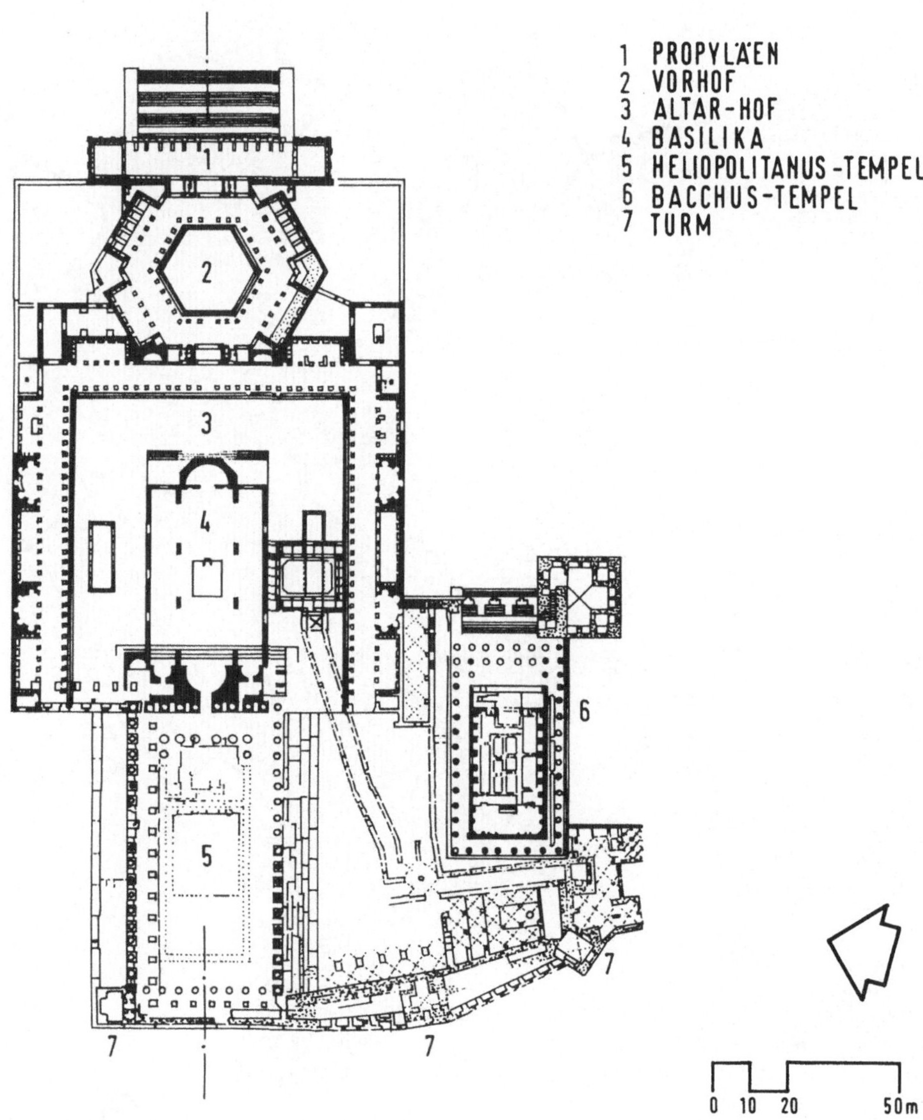

NACH : MORINI · ATLANTE DI STORIA DELL'URBANISTICA · MAILAND 1963

EK 77

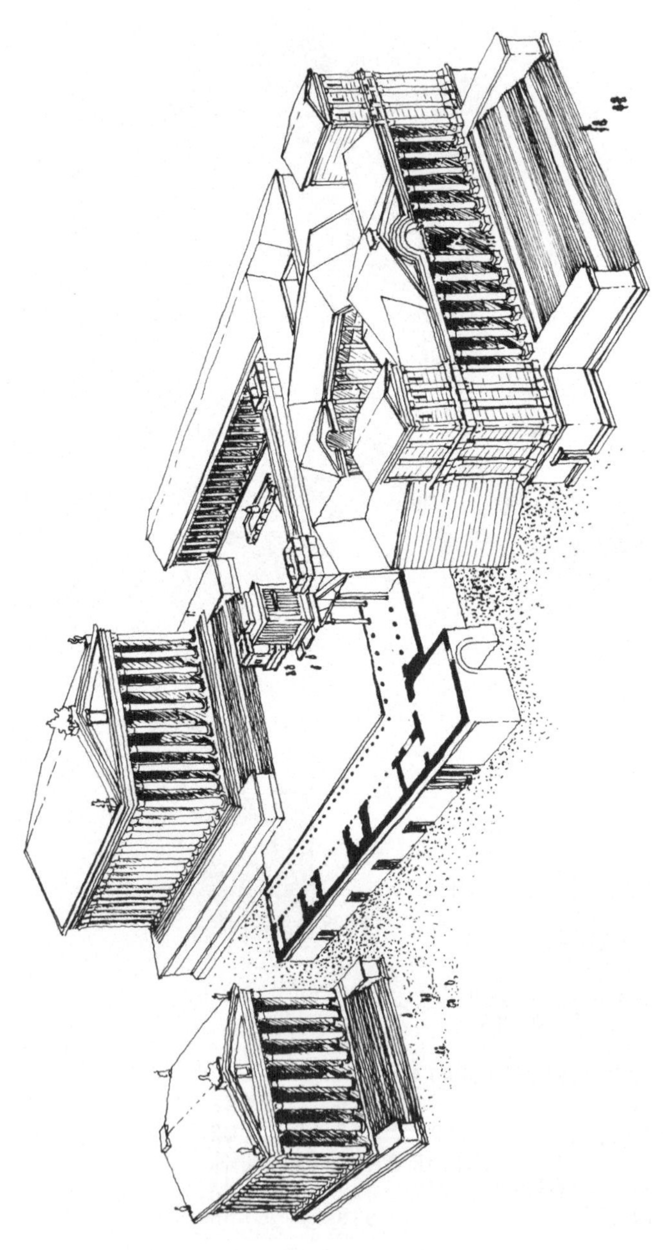

NACH : ·BOETHIUS ·ETRUSCAN AND ROMAN ARCHITECTURE· MIDDLESEX 1970   PE/77

TIMGAD (TAMUGADIA)

RÖMISCHE STADTANLAGE MIT ERWEITERUNGEN

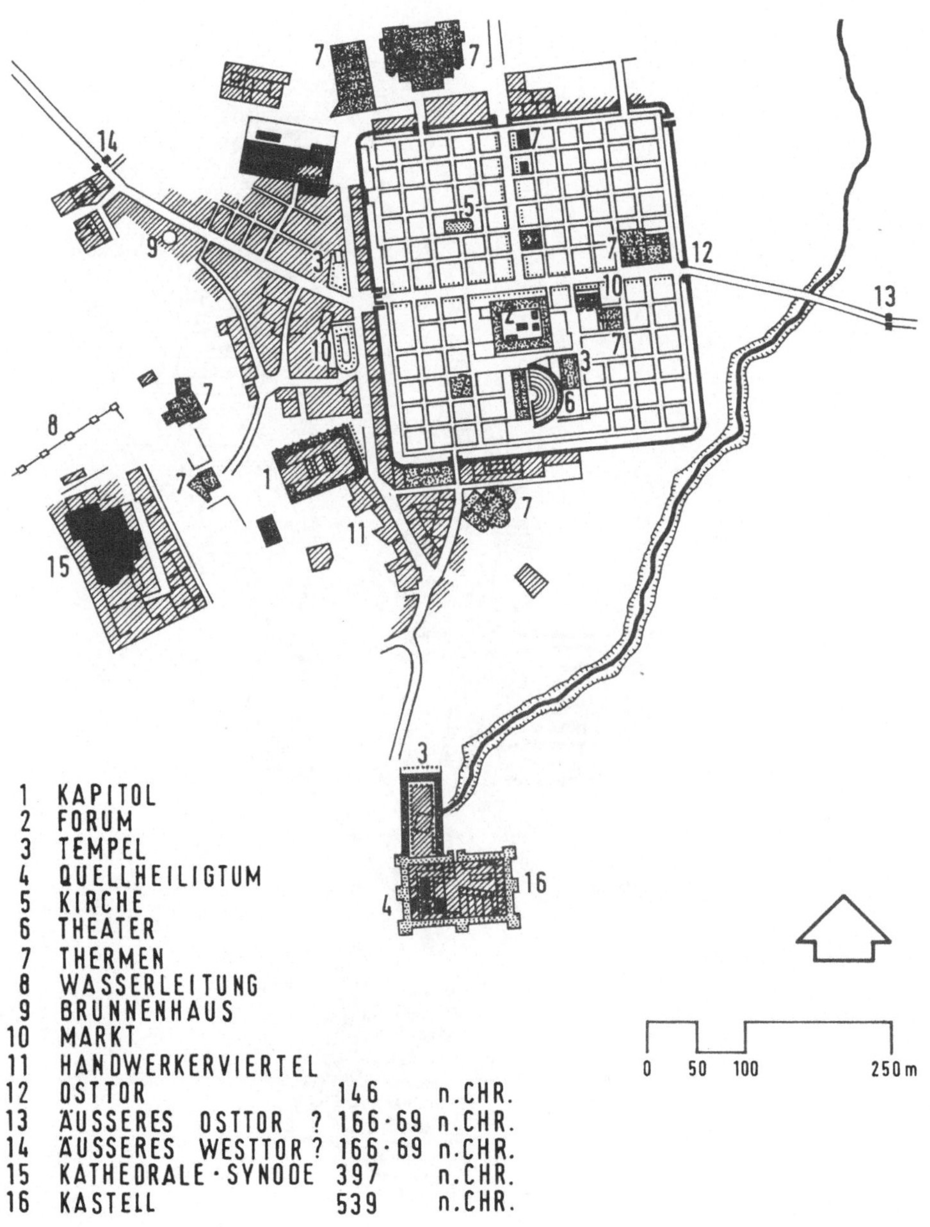

1 KAPITOL
2 FORUM
3 TEMPEL
4 QUELLHEILIGTUM
5 KIRCHE
6 THEATER
7 THERMEN
8 WASSERLEITUNG
9 BRUNNENHAUS
10 MARKT
11 HANDWERKERVIERTEL
12 OSTTOR   146   n.CHR.
13 ÄUSSERES OSTTOR ? 166·69 n.CHR.
14 ÄUSSERES WESTTOR? 166·69 n.CHR.
15 KATHEDRALE·SYNODE 397   n.CHR.
16 KASTELL   539   n.CHR.

NACH : WESTERMANNS GROSSER ATLAS ZUR WELTGESCHICHTE · BRAUNSCWEIG 1969   EK 78

TIMGAD

RÖMISCHER STADTKERN

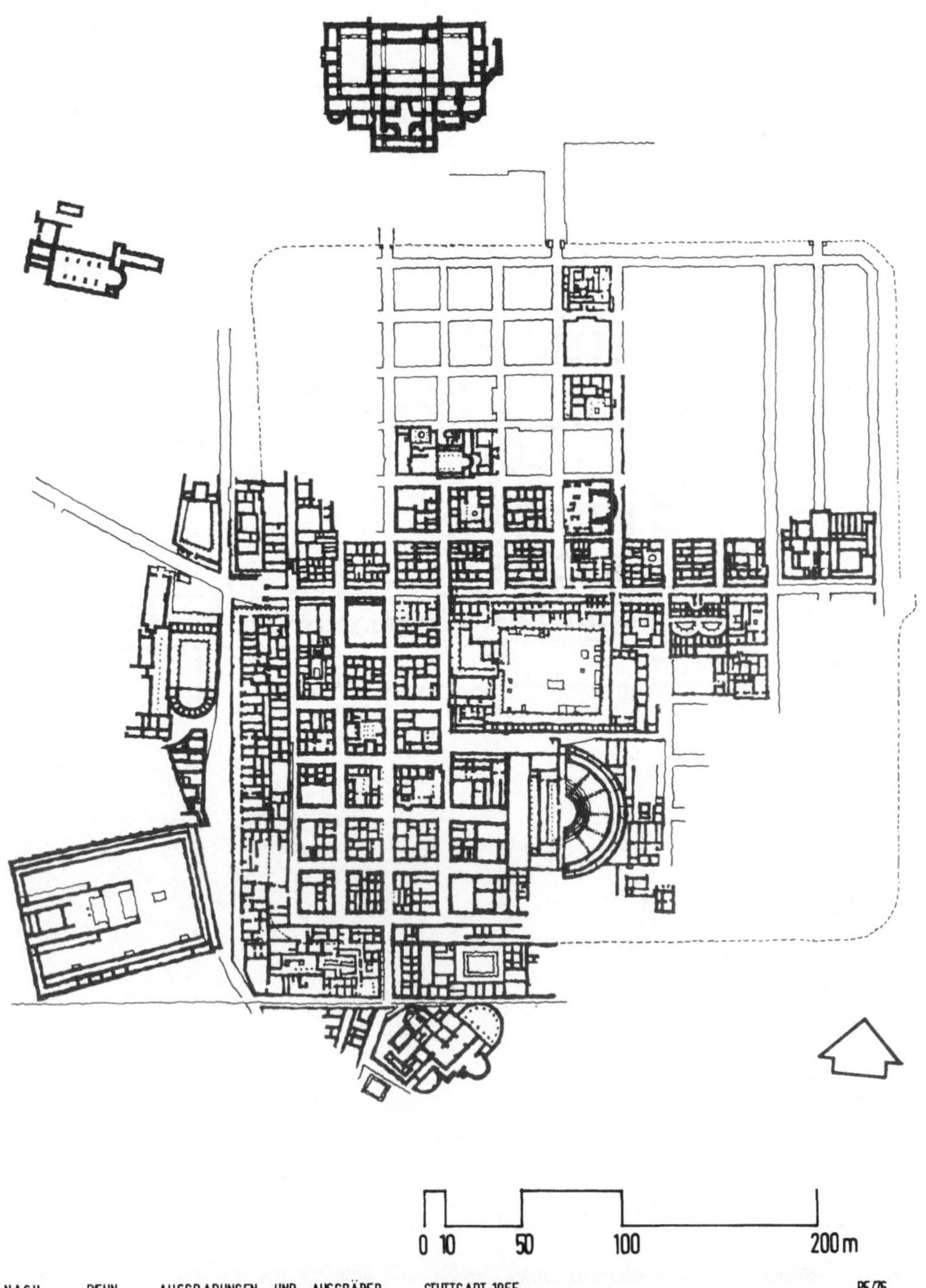

NACH : BEHN ·AUSGRABUNGEN UND AUSGRÄBER·   STUTTGART 1955   PE/76

FORUM

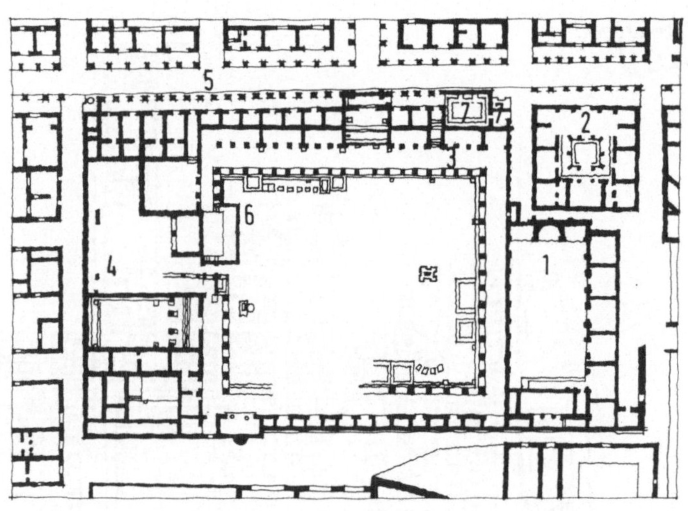

LEGENDE :

1 BASILIKA
2 HAUS
3 WASCHRÄUME
4 TEMPEL
5 HAUPTSTRASSE
6 ROSTRA
7 ÖFFENTL. LATRINEN

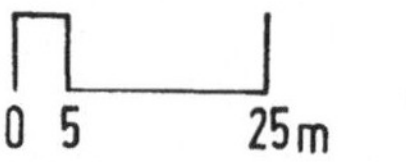

NACH : BOËTHIUS · ETRUSCAN AND ROMAN ARCHITECTURE ·   MIDDLESEX 1970   PE/77

DJEMILA

GESAMTPLAN

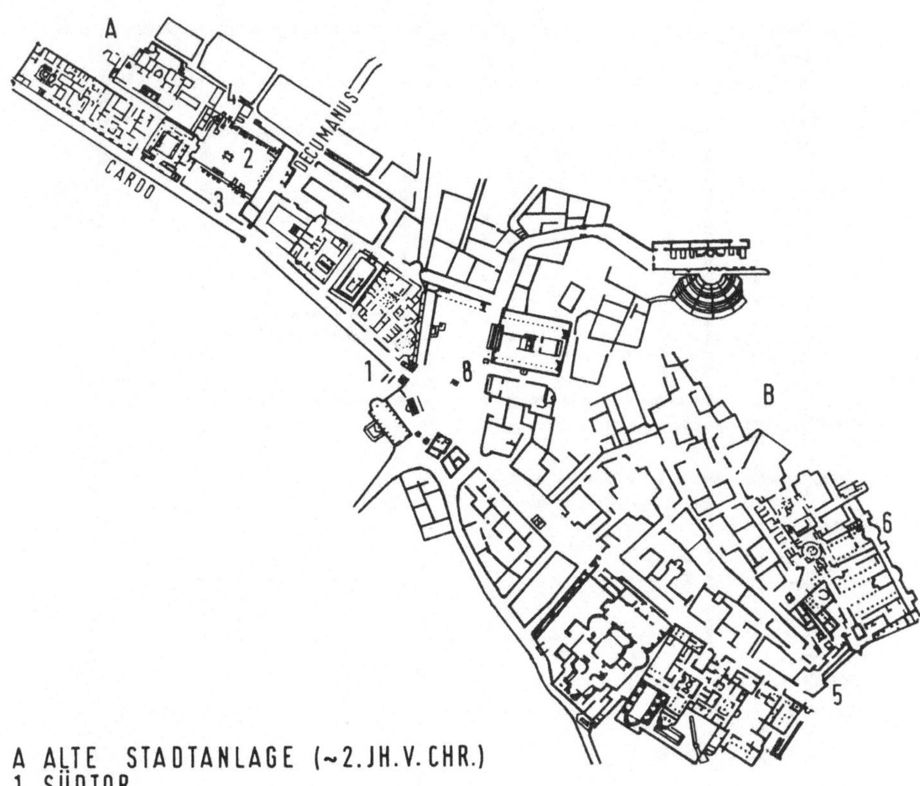

A ALTE STADTANLAGE (~2.JH.V.CHR.)
1 SÜDTOR
2 NORDFORUM
3 MARKTBASILIKA
4 GEMEINDEVERWALTUNG

B NEUE STADTANLAGE (3.+4.JH.N.CHR.)
5 EINGANG ZUM CHRISTENVIERTEL
6 BASILIKA
7 BAPTISTERIUM + THERMEN
8 NEUES FORUM

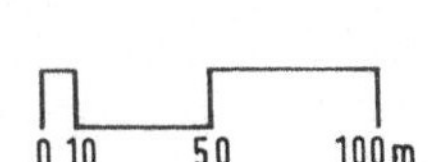

SPALATO

DIOKLETIANSPALAST (NACH ADAM)

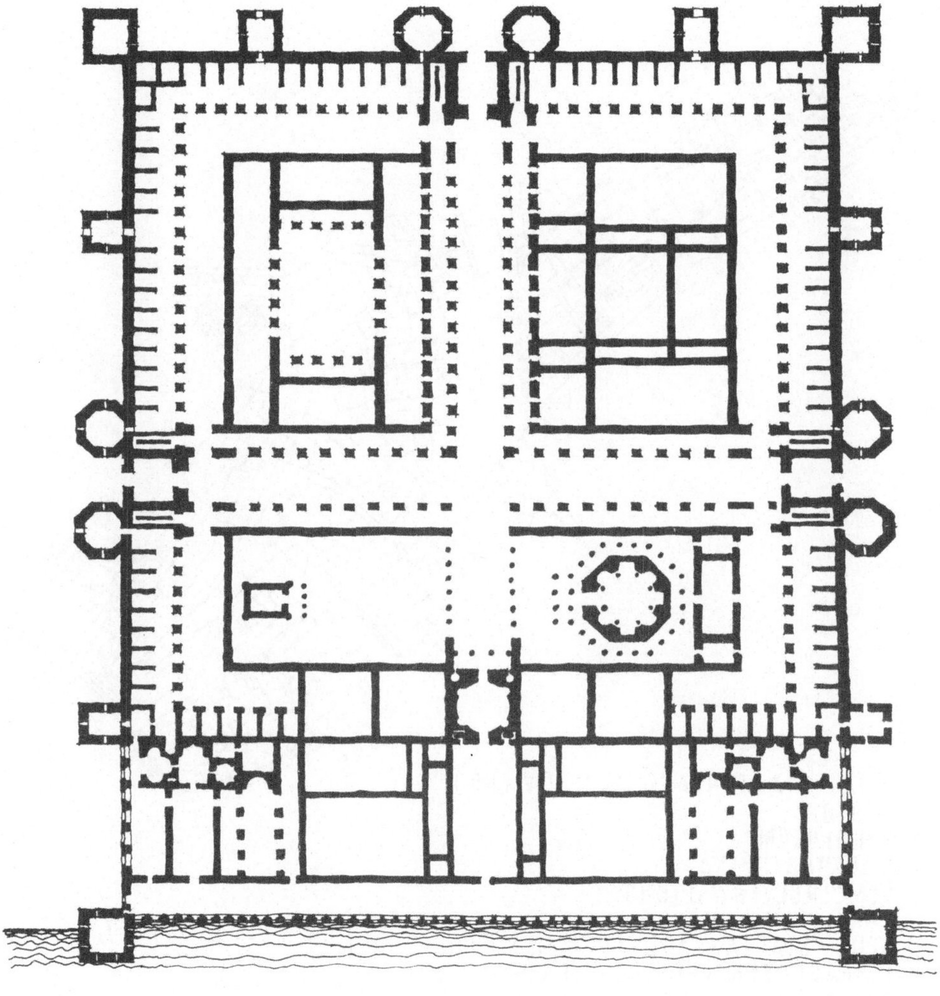

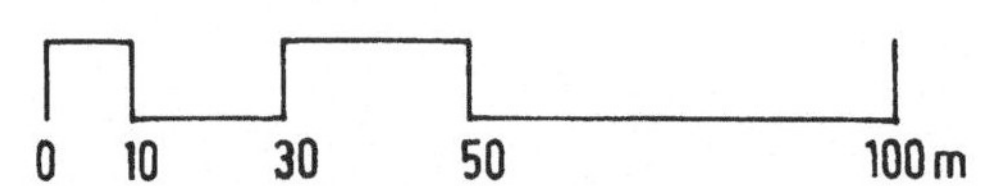

NACH : O. WULFF   ALTCHRISTLICHE UND BYZANTINISCHE KUNST   BERLIN 1918

PE/77

PAVIA

GESAMTPLAN

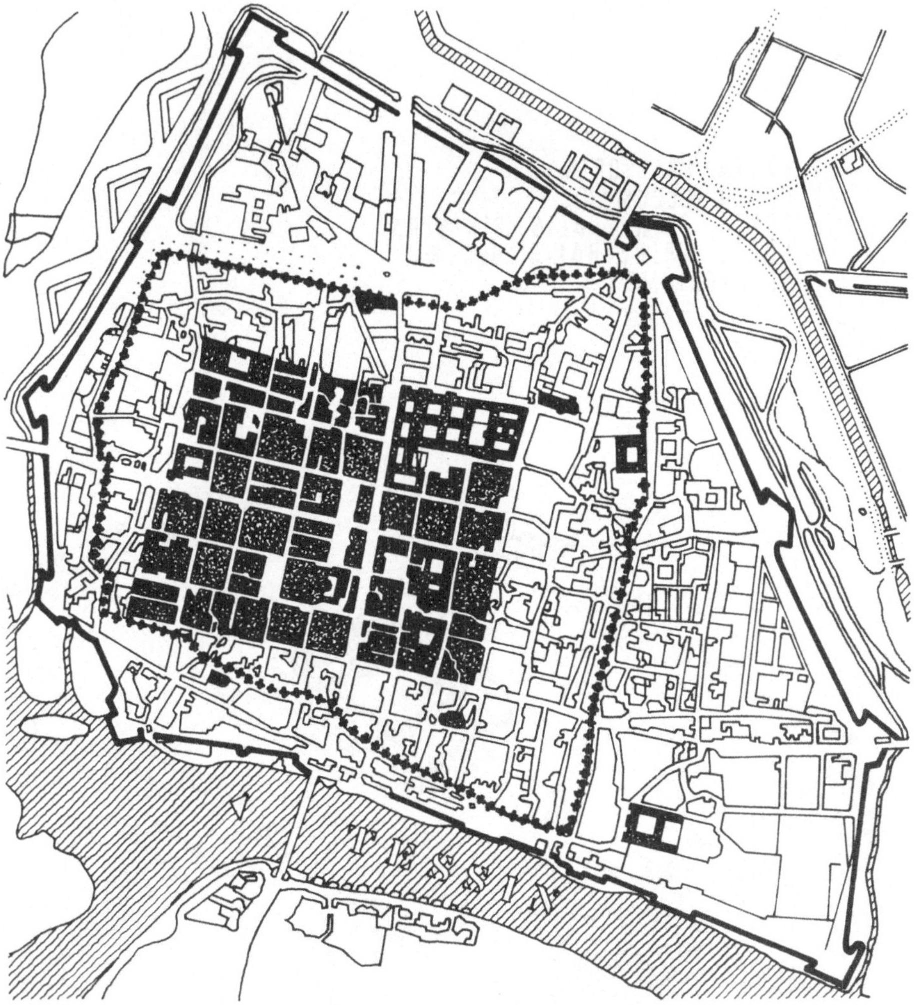

RÖMISCHER KERN
MAUER IM MITTELALTER
MAUER IM 16. JH.

NACH : MORINI · ATLANTE DI STORIA DELL'URBANISTICA · MAILAND 1963

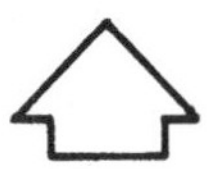

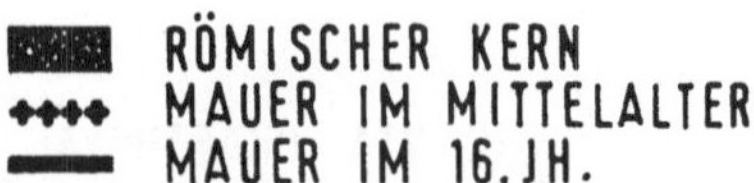

RÖMISCHES CASTRUM

SAALBURG · 1.JH.N.CHR

1 PORTA PRAETORIA
2 PORTA DECUMANA
3 PORTA PRINCIPALIS SINISTRA
4 PORTA PRINCIPALIS DEXTRA
5 PRAETORIUM

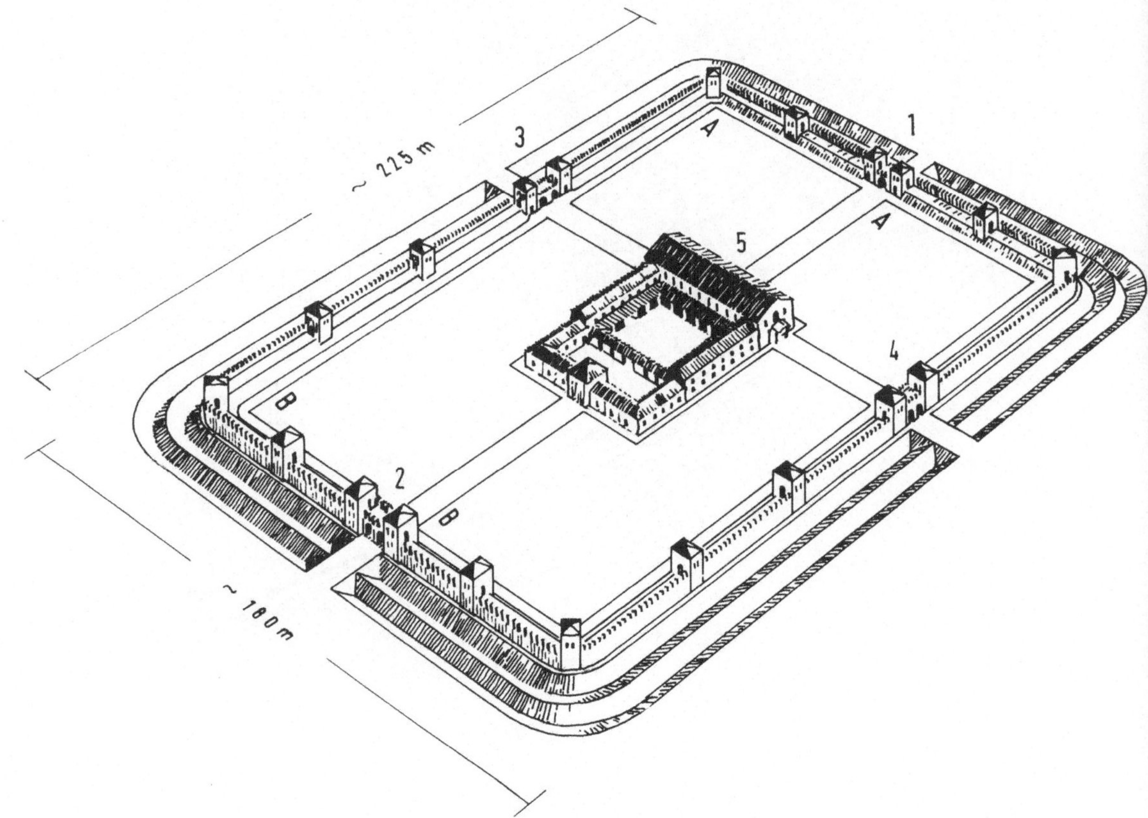

1-2 VIA PRAETORIA   (CARDO)
3-4 VIA PRINCIPALIS (DECUMANUS)
  A PRAETENTURA, LADENBAUTEN U. OFFIZIERSWOHNUNGEN
  B RETENTURA,   LEGIONSSOLDATEN

NACH : ANDREAE · RÖMISCHE KUNST · FREIBURG 1973

CASTRA VETERA I

1 PORTA PRAETORIA
2 PORTA DECUMANA
3 PORTA PRINCIPALIS DEXTRA
4 PORTA PRINCIPALIS SINISTRA
5 PRAETORIUM
6 BASILICA
7 LEGATENPALÄSTE
8 TRIBUNENBAUTEN
9 LAZARETT

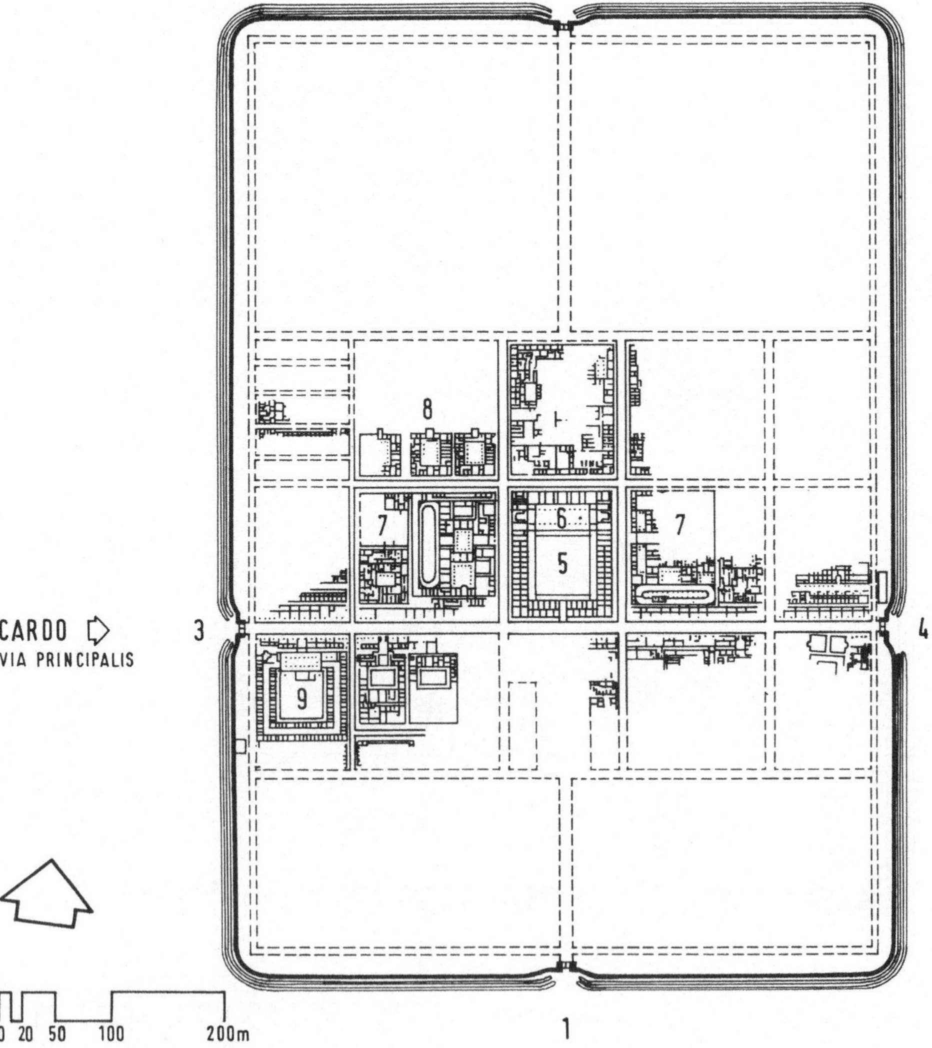

NACH : BÖCKING · DIE RÖMER AM NIEDERRHEIN UND IN NORDDEUTSCHLAND · FFM 1974 · EK 77

XANTEN

COLONIA ULPIA TRAIANA

1 FORUM
2 ÖFFENTLICHE GEBÄUDE
3 ÖFFENTLICHE THERME
4 AMPHITHEATER
5 HANDWERKERHÄUSER
6 HAFENANLAGE

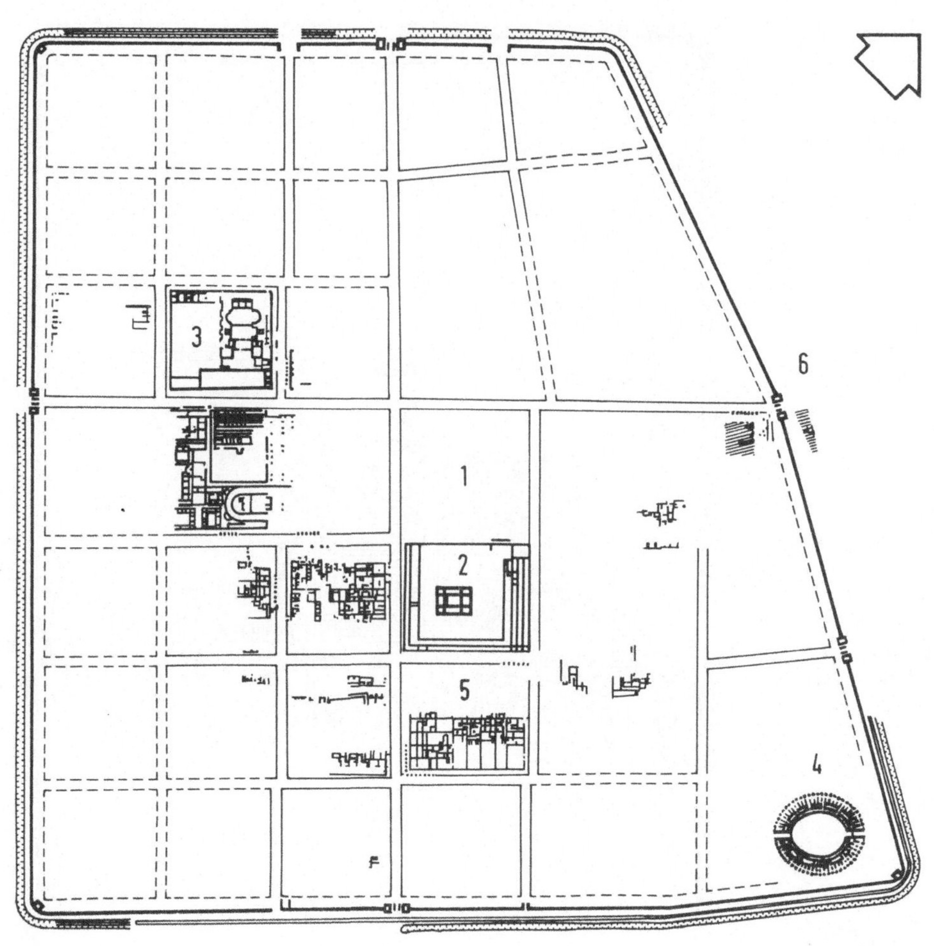

NACH : BÖCKING · DIE RÖMER AM NIEDERRHEIN UND IN NORDDEUTSCHLAND · FFM 1974 · EK 77

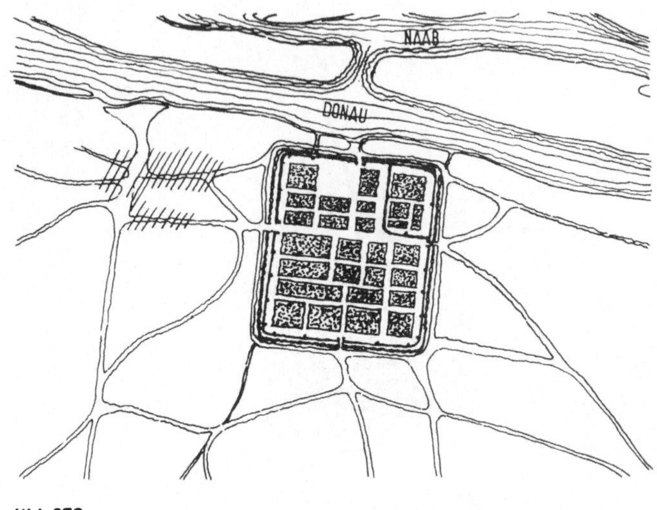

UM 350

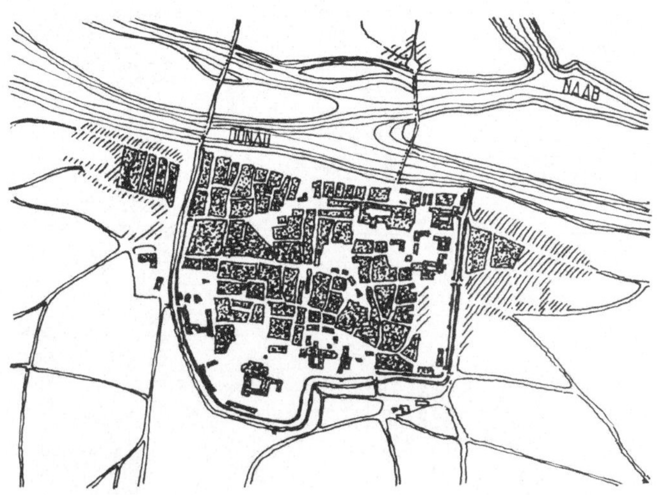

UM 1100

KÖLN
STADTPLAN IM 11. JAHRHUNDERT

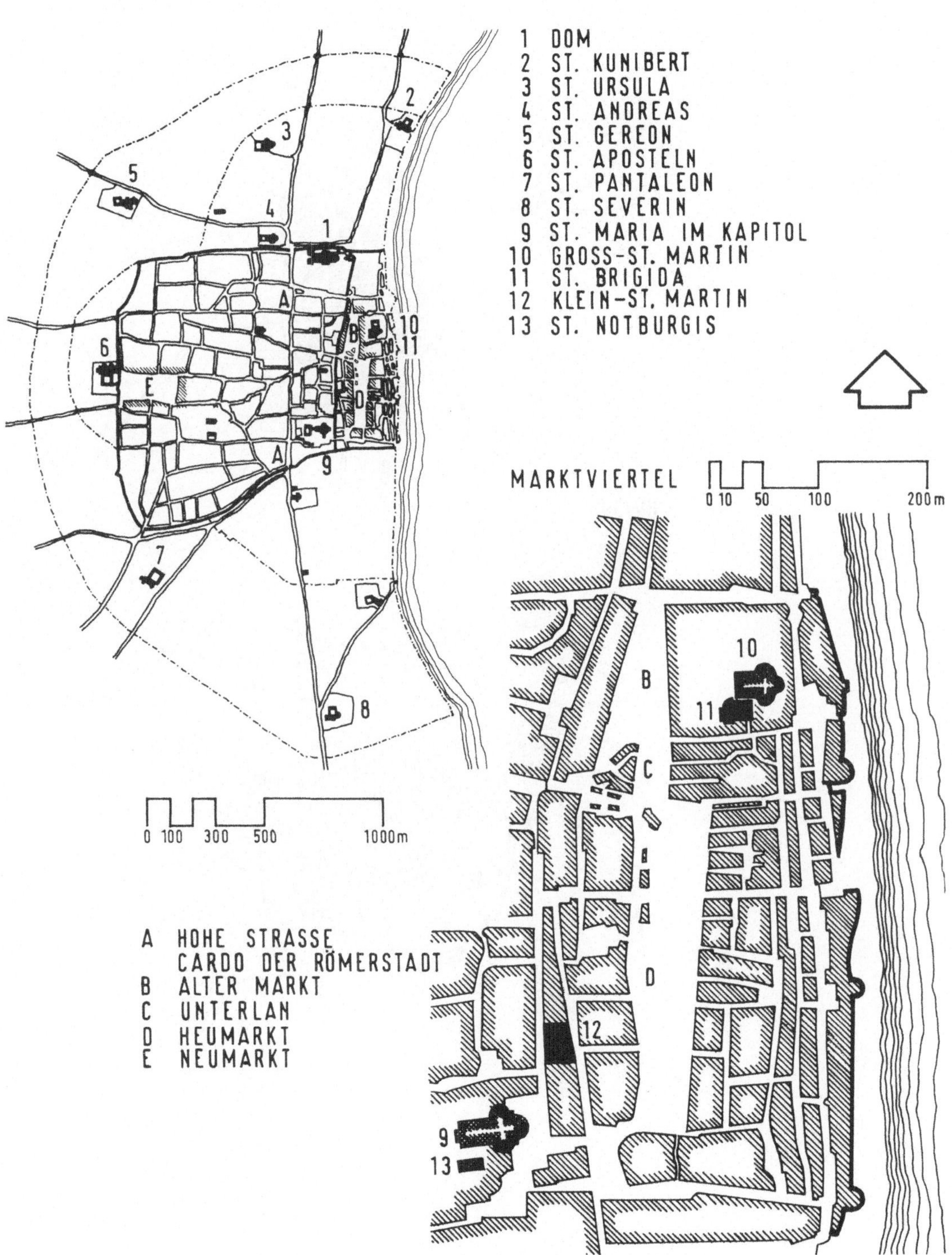

NACH: HERZOG · DIE OTTONISCHE STADT · BERLIN 1964

STRASSBURG
FRÜHMITTELALTERLICHE STADT

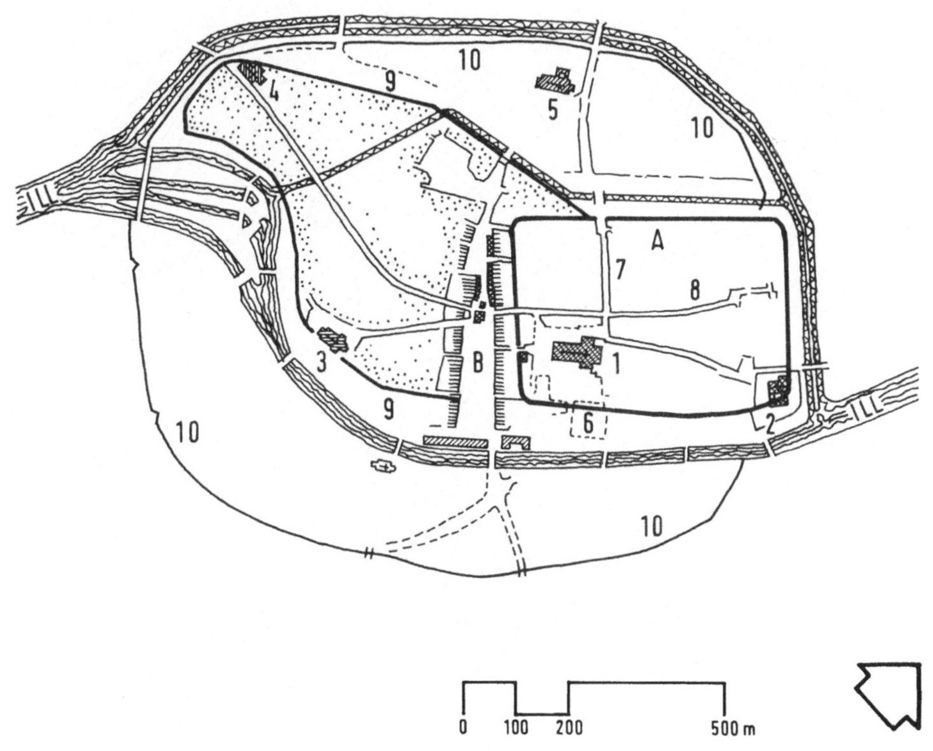

A   RÖMERKASTELL ARGENTORATE
B   BISCHÖFLICHER MARKT

1   MÜNSTER-NEUBAU   1015
2   ST. STEFANSTIFT   8.JH
3   ST. THOMASSTIFT   9.JH
4   ALT-ST.PETERSTIFT   8.JH
5   JUNG-ST.PETERSTIFT   1035
6   BISCHOFSHOF
7   CARDO
8   DECUMANUS
9   STADTMAUER   UM 1000
10   STADTMAUER   UM 1200

STRASSBURG

TYP: BISCHOFSSTADT IN RÖM. STADTANLAGE,
MITTELALTERLICHE ERWEITERUNG, MARKT

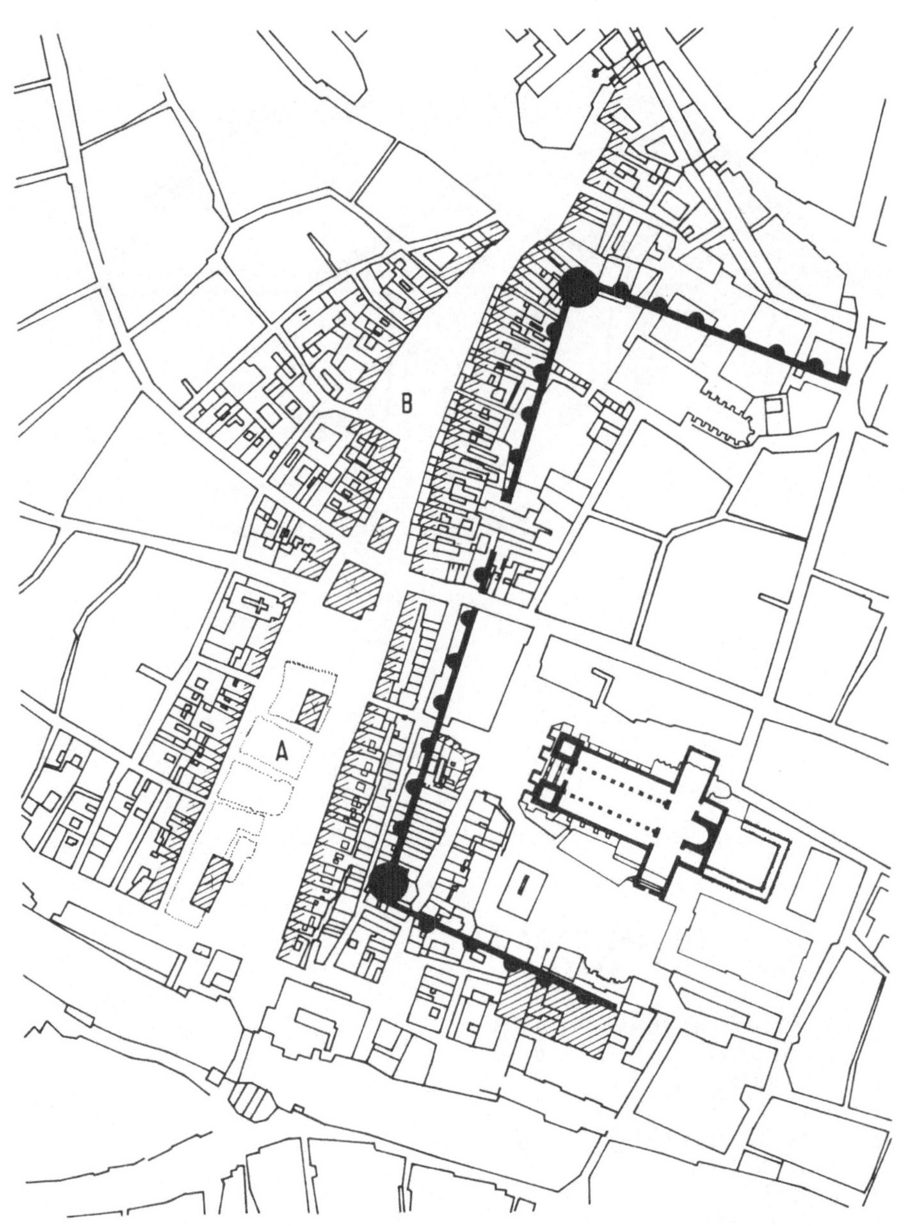

A. DER ALTE BISCHÖFLICHE MARKT, X.-XII. JH.
B. DER BÜRGERLICHE MARKT NACH ERRUNGENER STADTFREIHEIT ENDE XIII. JH.

SPEYER
GRUNDRISS (NACH GRUBER)

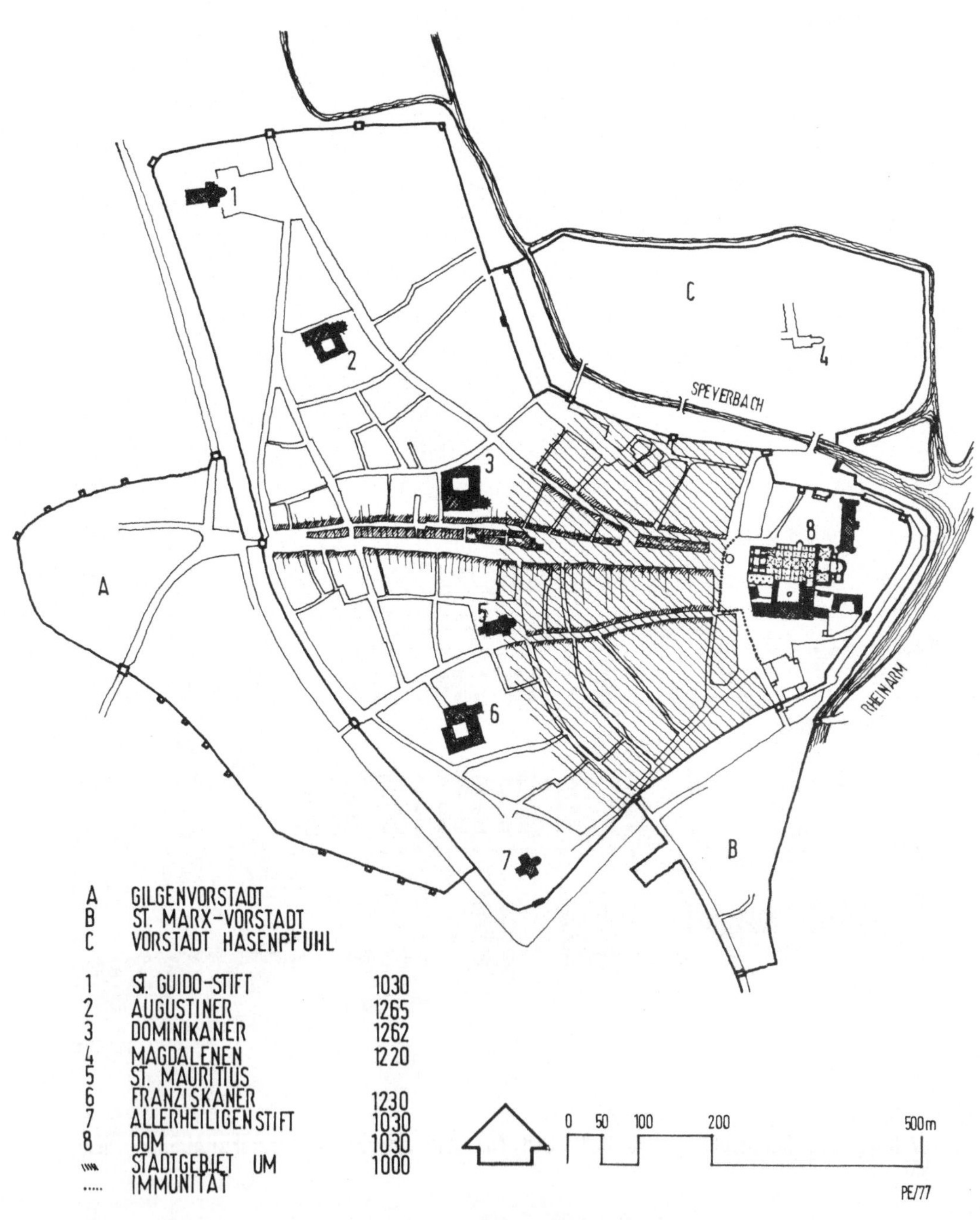

A   GILGENVORSTADT
B   ST. MARX-VORSTADT
C   VORSTADT HASENPFUHL

1	ST. GUIDO-STIFT	1030
2	AUGUSTINER	1265
3	DOMINIKANER	1262
4	MAGDALENEN	1220
5	ST. MAURITIUS	
6	FRANZISKANER	1230
7	ALLERHEILIGENSTIFT	1030
8	DOM	1030
⅏	STADTGEBIET UM	1000
.....	IMMUNITÄT	

0 50 100 200   500m

PE/77

BASEL

RATHAUS   (NACH GRUBER)

RATHAUS ALS BEVORZUGTER BAU HEBT SICH AUS DER REIHUNG DER BÜRGERHÄUSER HER·
VOR.

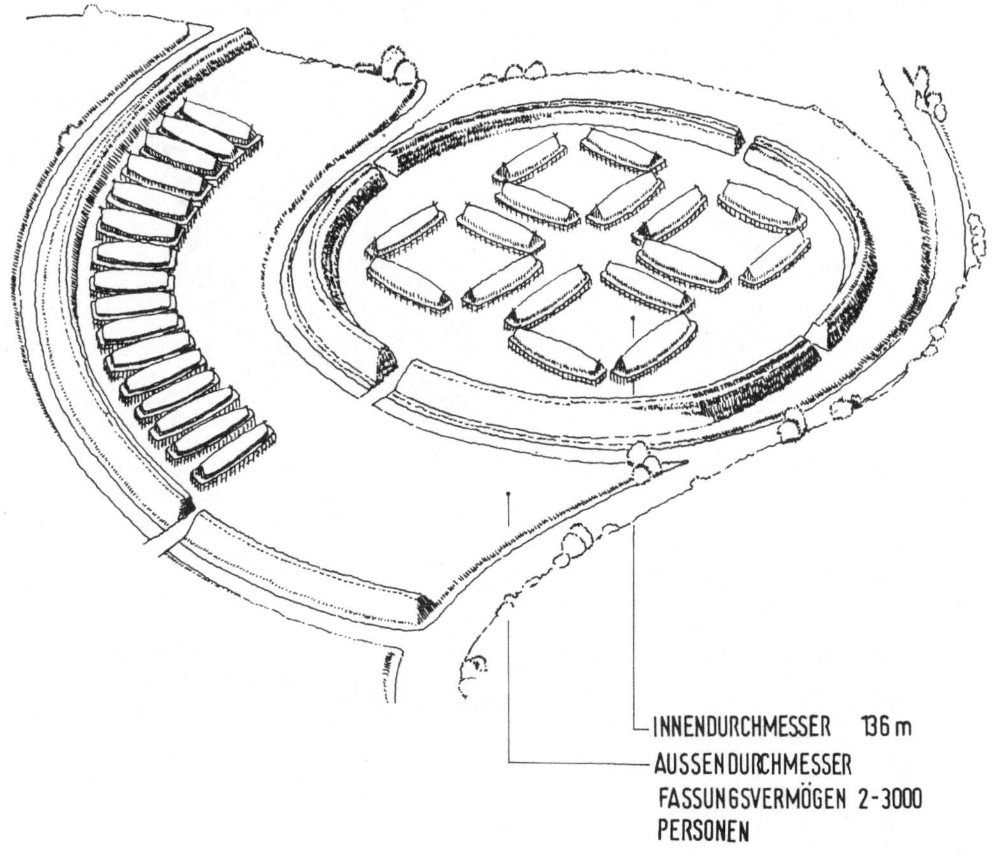
INNENDURCHMESSER   136 m
AUSSENDURCHMESSER
FASSUNGSVERMÖGEN 2-3000
PERSONEN

DORFANLAGEN

1. HAUFENDORF

2. WEILER (RUNDLING)

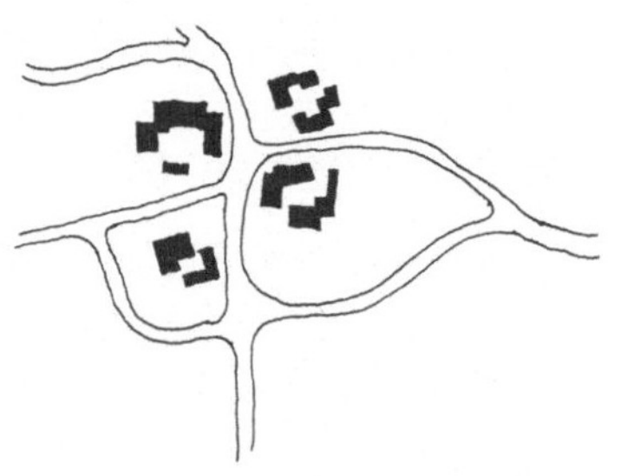

3. RUNDPLATZDORF

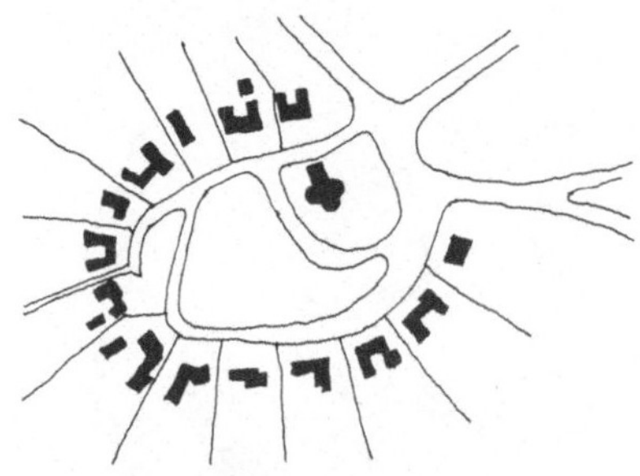

4. STRASSENANGERDORF

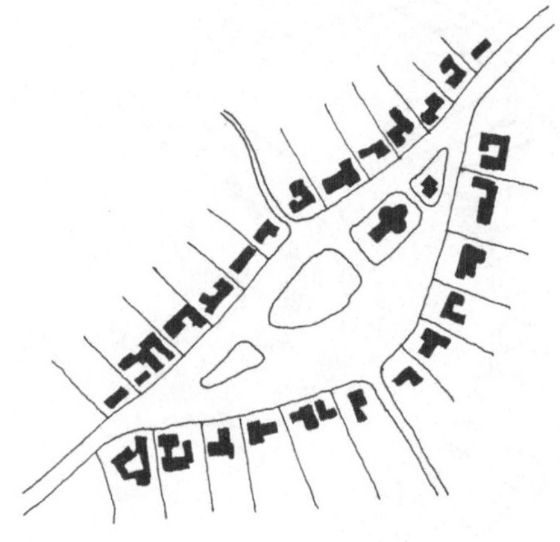

5. WALDHUFENDORF MIT BACHANGER

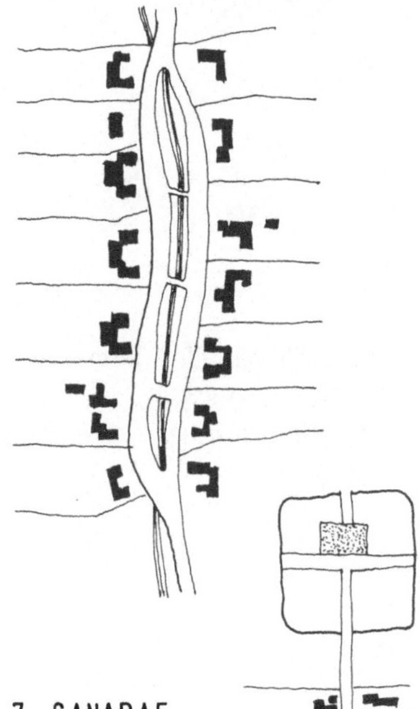

6. EINSEITIGES REIHENDORF

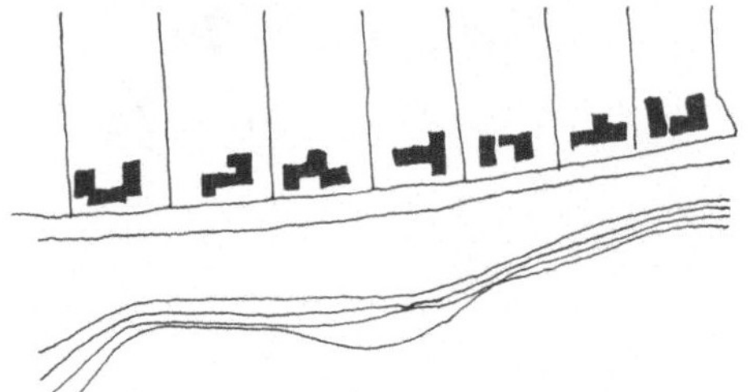

7. CANABAE

8. SIEDLUNG VON BAUERN U. HÖRIGEN AN BURG O. KLOSTER

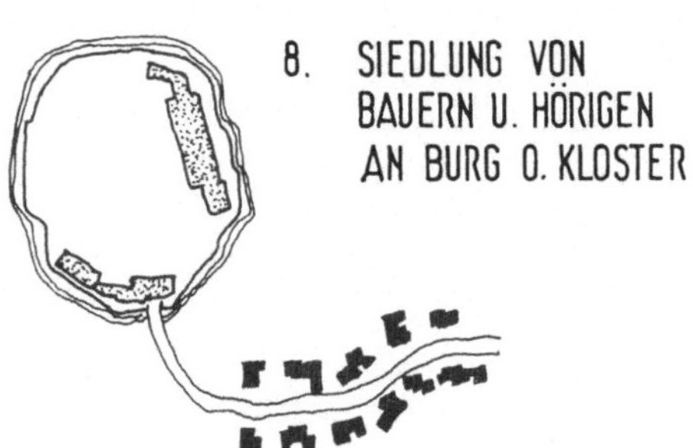

ST. GALLEN

KLOSTERPLAN, UM 820 GEZEICHNETES IDEALSCHEMA

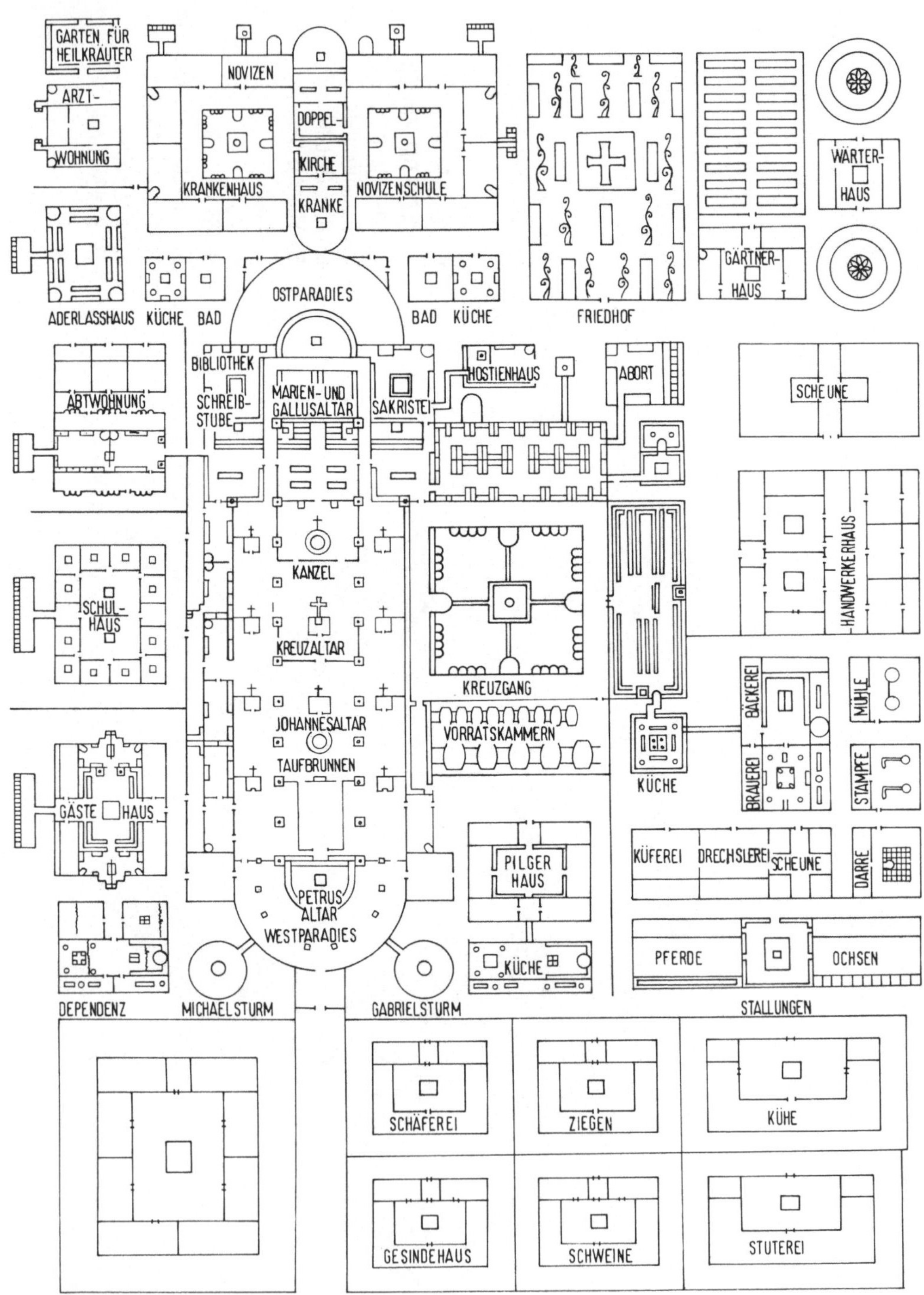

NACH: MESSERER W., KAROLINGISCHE KUNST, KÖLN 1973

HASAK M., D. KIRCHENBAU D. MITTELALTER (= HDB. D. A., TL. 2, BD. 4, H. 3), LEIPZIG 1913 (= 2. AUFL.)

ST. GALLEN

KLOSTERPLAN, ISOMETRISCHE REKONSTRUKTION NACH K. GRUBER

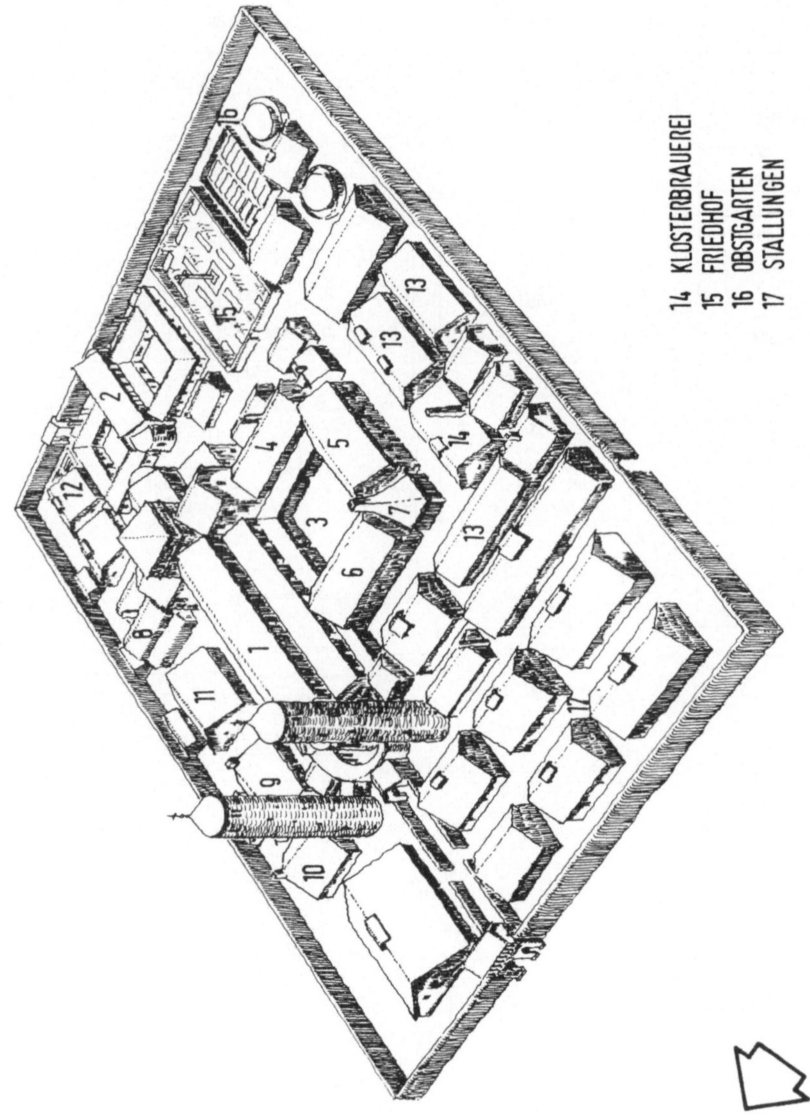

AACHEN

KAISERPFALZ, GRUNDRISSREKONSTRUKTION NACH L. HUGOT

1 PALASTAULA
2 TORGEBÄUDE
3 VERBINDUNGSGANG
4 ANNEXBASILIKA
5 ATRIUM
6 KAPELLE

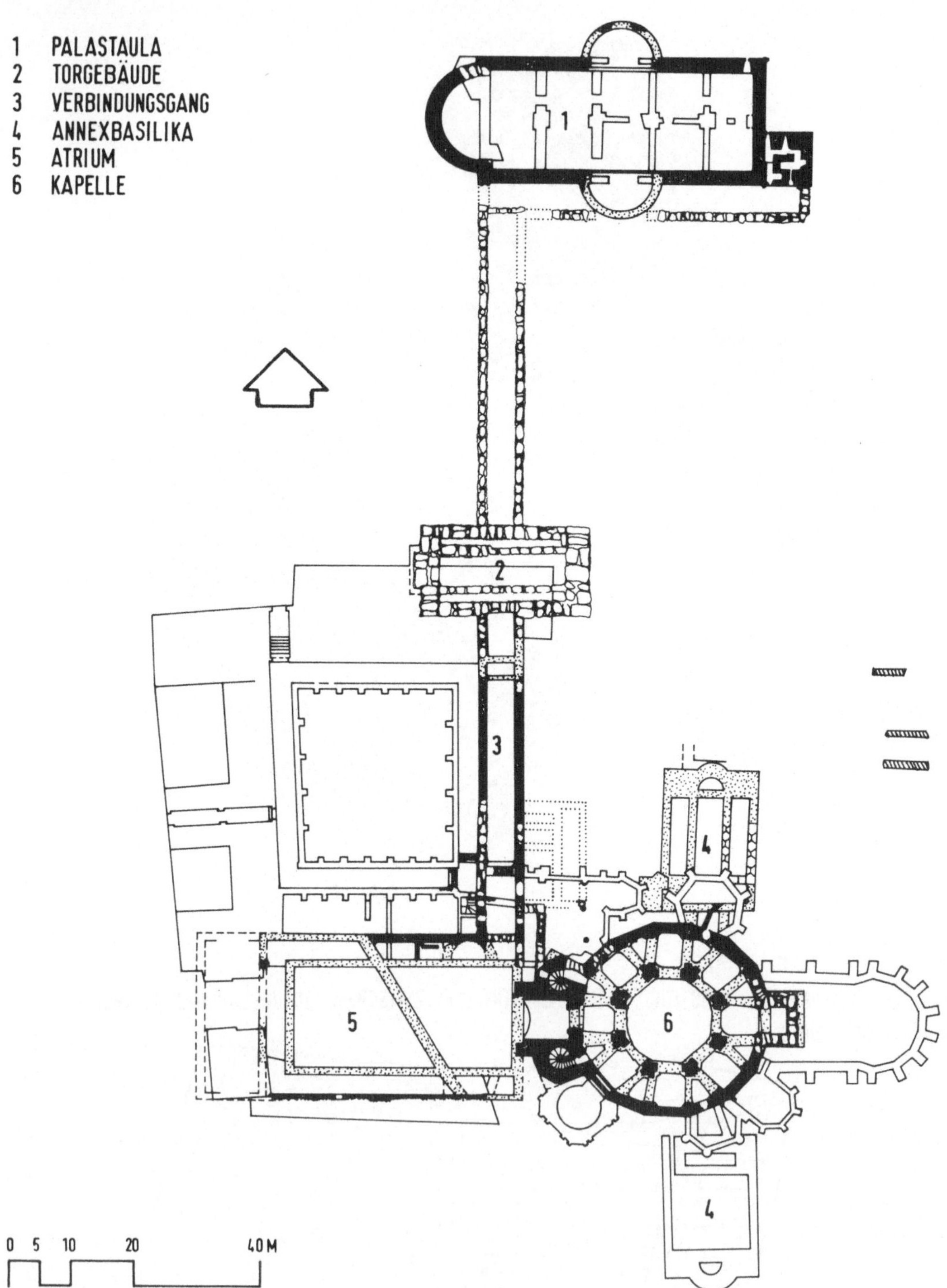

NACH: KUBACH H.E., ARCHITEKTUR DER ROMANIK (=WELTGESCHICHTE DER ARCHITEKTUR), STUTTGART 1974

KUBACH H.E./VERBEEK A., ROMANISCHE BAUKUNST AN RHEIN UND MAAS, BD.1, BERLIN 1976

HO 89

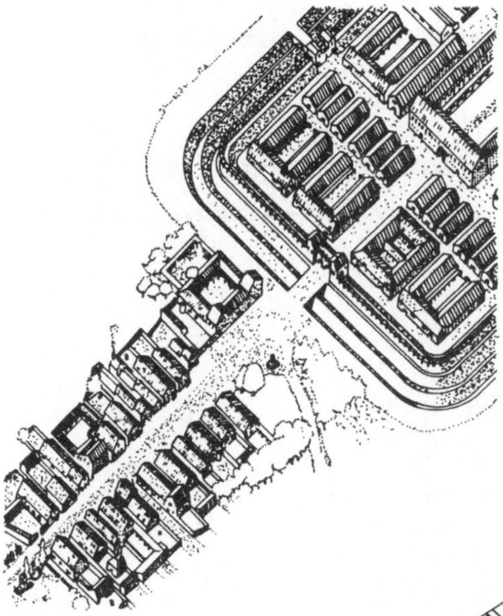

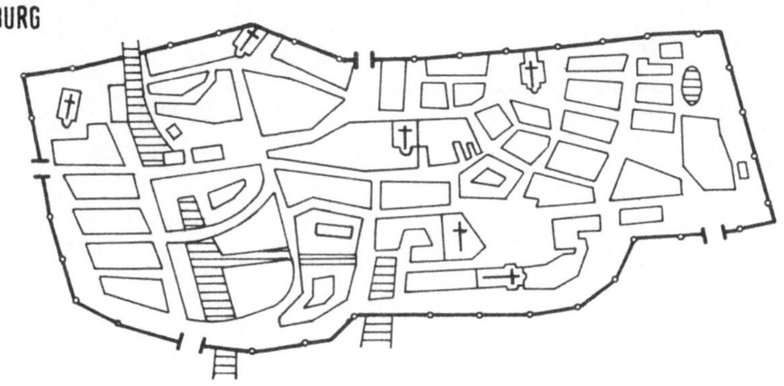

RÖMISCHES MILITÄRLAGER MIT BÜRGERLICHEN ANSIEDLUNGEN: CANABAE (NACH VOLCKERS)

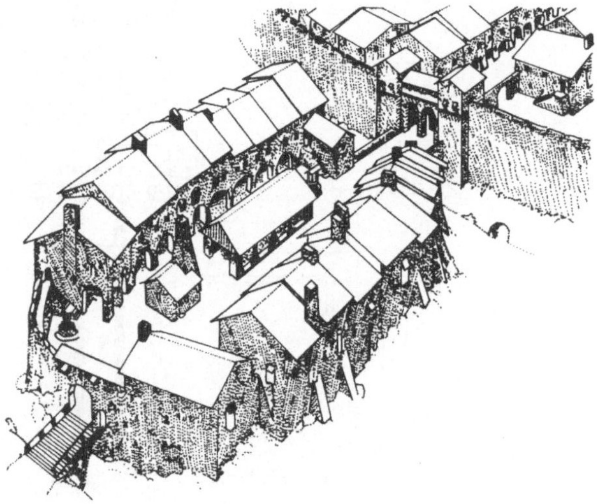

BÜRGERLICHE VORSTADT BURGUM UND CIVITAS (NACH GRUBER)

WIK STATHE (STADE)
URSPRÜNGLICH EINSEITIG BEBAUTE STRASSE ZWISCHEN HANDELSPLATZ (HAFEN) UND BURG

NACH: PLANITZ H. DIE DEUTSCHE STADT IM MA. GRAZ KÖLN 1954

BÖBLINGEN
SÜDDEUTSCHE HÜGELSTADT

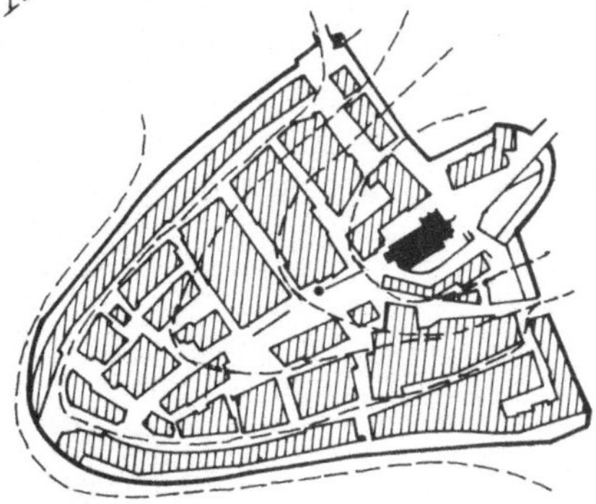

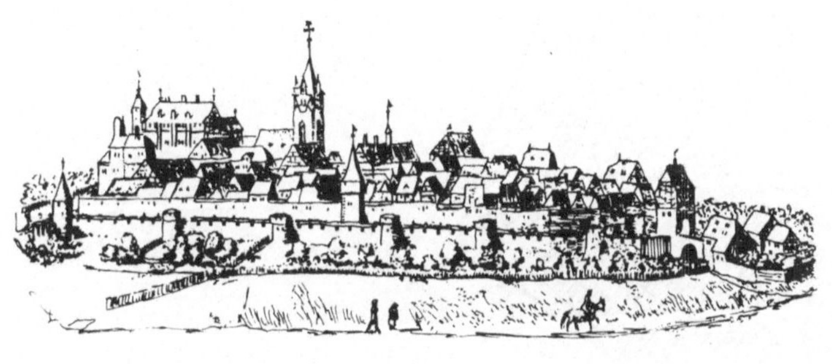

NACH: H. SIMON DAS HERZ UNSERER STÄDTE 3 Bde ESSEN 1963, 65, 67   MERIAN 1643   TR 79

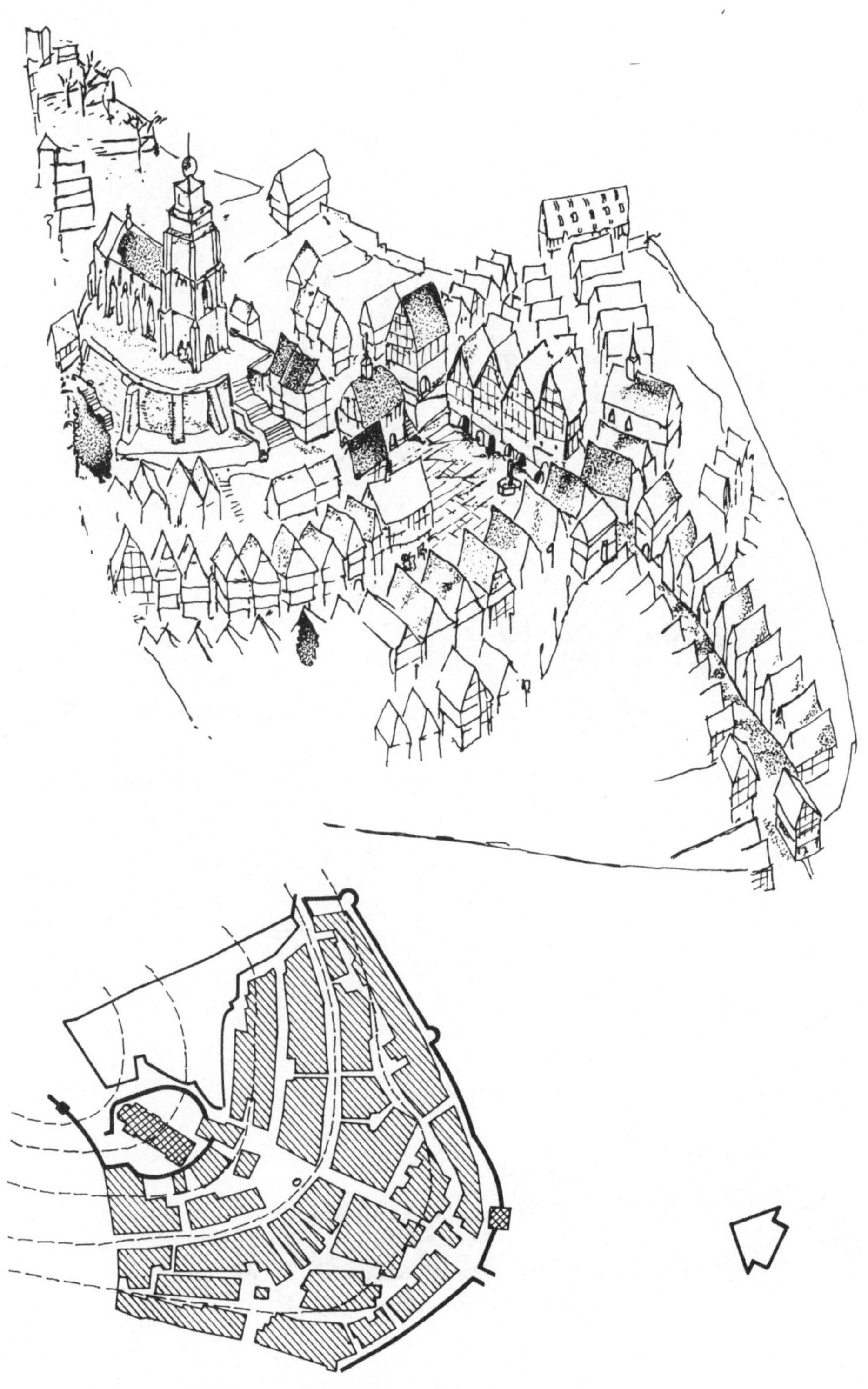

HERRENBERG
SÜDD. HÜGELSTADT, GEOMORPHISCHE ANPASSUNG
S 106

NÖRDLINGEN

RUNDSTADT, RADIAL-KONZENTRISCHE ERWEITERUNG

A BEFESTIGUNG 1
B BEFESTIGUNG 2

0 10 50 100 200 M

1 DEUTSCHHERRENHAUS
2 RATHAUS
3 EHEM. FRANZISKANERKLOSTER
4 BROTHAUS
5 SPITAL
6 ST. GEORG
7 ST. SALVATOR

8 MARKTPLATZ
9 OBSTMARKT
10 RÜBENMARKT
11 SCHÄFFLERSMARKT
12 BRETTERMARKT
13 WEINMARKT
14 FISCHMARKT

NACH: GEBHARD H., SYSTEM, ELEMENT UND STRUKTUR IM KERNBEREICH ALTER STÄDTE
STUTTGART/BERN 1969   PE/77

DOMBEZIRK

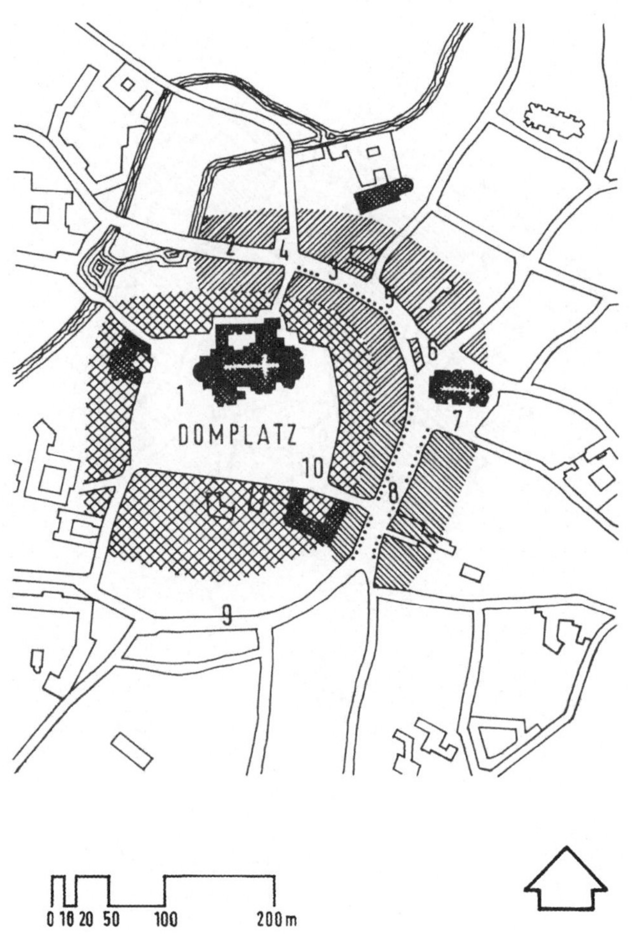

1	DOM	6	DRUBBEL
2	SPIEKERHOF	7	LIEBFRAUENKIRCHE
3	BOGENSTRASSE	8	PRINZIPALMARKT
4	NEUER FISCHMARKT	9	ROTHENBURG
5	ROGGENMARKT	10	MICHAELISKAPELLE

NACH: MEURER · DER MITTELALTERLICHE STADTGRUNDRISS IM NÖRDLICHEN DEUTSCHLAND
BERLIN 1914 EK 77

SOEST

WACHSTUMSPHASEN, 1169–79 : GROSSE RINGMAUER

1 ST. GEORGII 11. JAHRH.
   KAUFMANNSKIRCHE
2 MARIA ZUR HÖHE UM 1200
3 MARIA ZUR WIESE 1314
4 PATROKLI-'MÜNSTER'
5 ST. PETRI UM 1150
6 ST. THOMAE UM 1200

7 PFALZ
8 MARKT
9 RATHAUS
10 HELLWEG
11 SALMÜHLE
12 GROSSER TEICH

BEFESTIGTE BURGANLAGE MIT DOM (1) UND LIEBFRAUEN-STIFT (2), 11. JH.

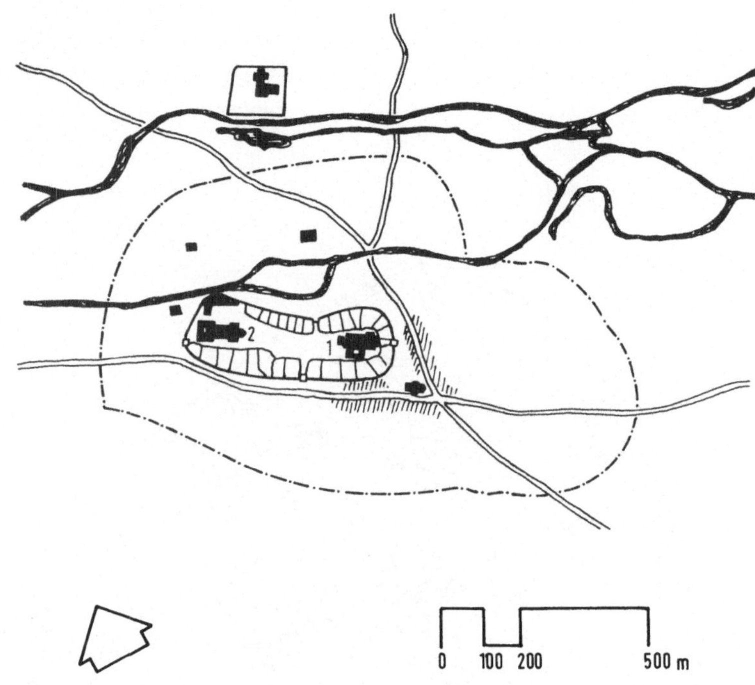

**HOCHMITTELALTERLICHES STADTGEBIET MIT HAUSSTELLENPLAN, 12.,13. JH.
AUFGABE DER SONDERBEFESTIGUNG**

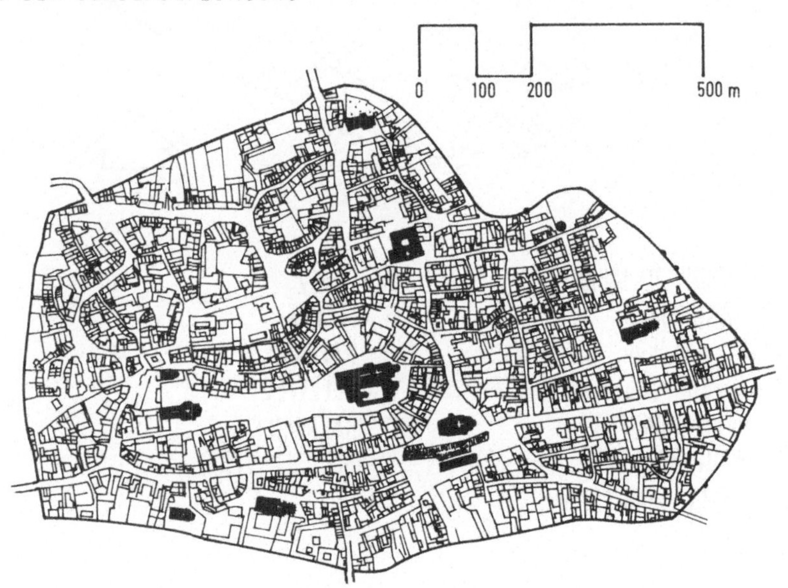

NACH: HERZOG E. DIE OTTONISCHE STADT BERLIN 1964, BRAUNFELS W. ABENDL. STADTBAUKUNST, TR 79

HILDESHEIM
WACHSTUM DER MITTELALTERLICHEN STADT

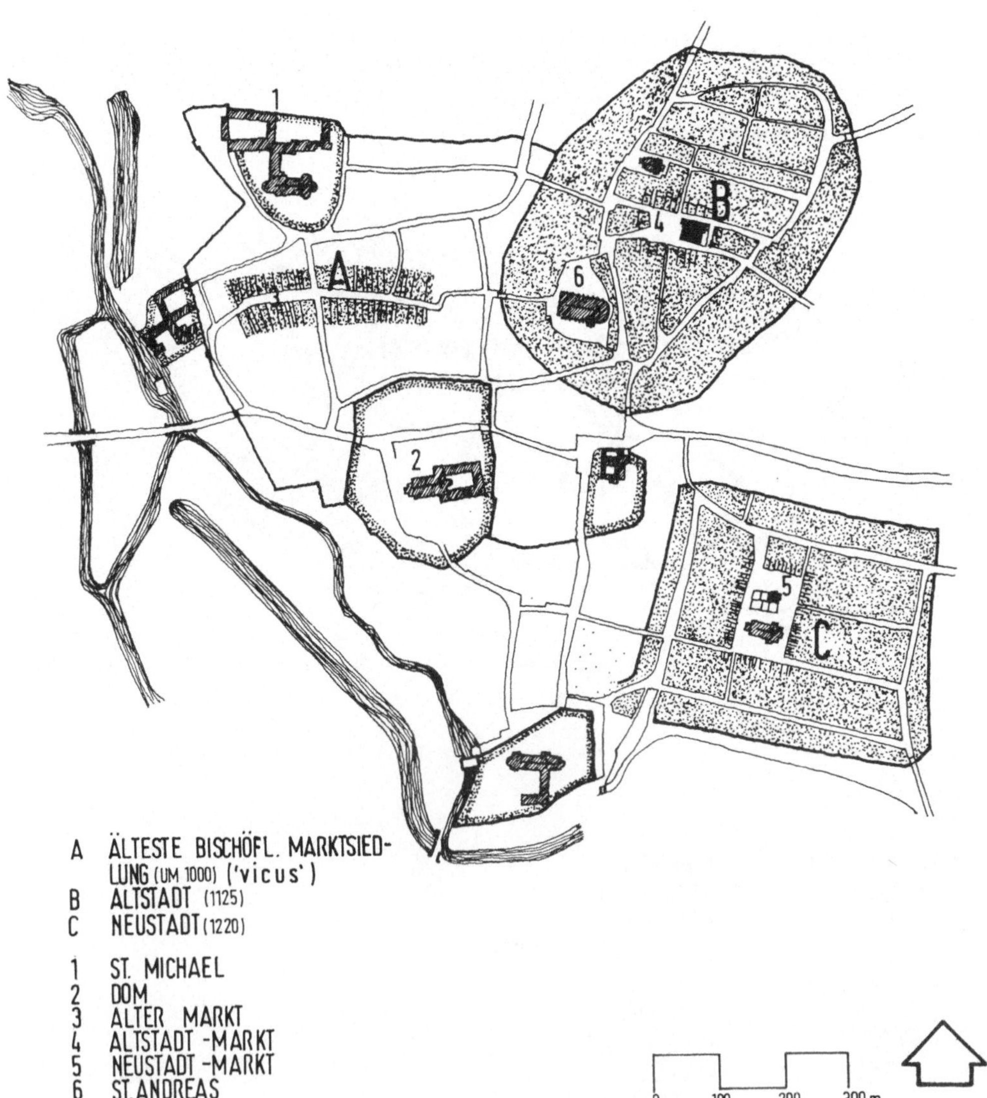

A ÄLTESTE BISCHÖFL. MARKTSIED-
LUNG (UM 1000) ('vicus')
B ALTSTADT (1125)
C NEUSTADT (1220)

1 ST. MICHAEL
2 DOM
3 ALTER MARKT
4 ALTSTADT-MARKT
5 NEUSTADT-MARKT
6 ST. ANDREAS

NACH: K. GRUBER   DIE GESTALT DER DEUTSCHEN STADT   MÜNCHEN 1952   PE/77

IDEALBILD NACH GRUBER

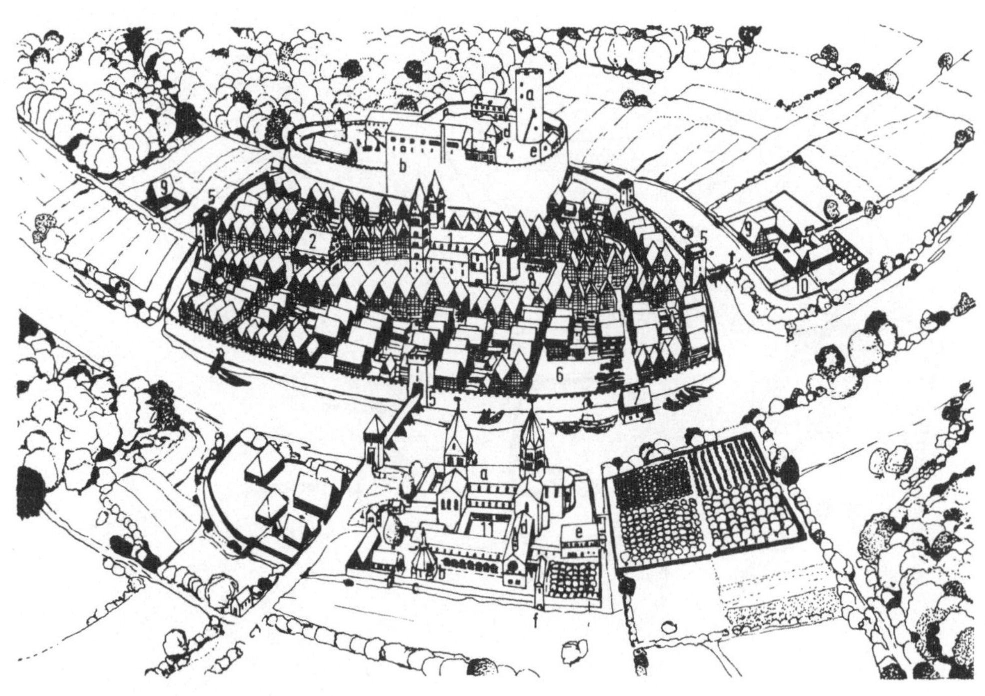

1 PFARRKIRCHE	8 KIRCHHOF
2 RATHAUS	9 HERBERGEN
3 VORBURG	10 HOSPITAL
4 BURG	11 BENEDIKTINERKLOSTER
a BERGFRIED	KREUZGANG
b PALAS	a KIRCHE
c KAPELLE	b REFEKTORIUM
d KÜCHE	c KÜCHE
e WOHNHAUS	d DORMITORIUM
5 TORTÜRME	e HOSPITAL
6 STAPELPLATZ	f LATRINEN
7 MÜHLE	

MITTELALTERLICHE STADT

SILHOUETTE UM 1350 (N. K. GRUBER)

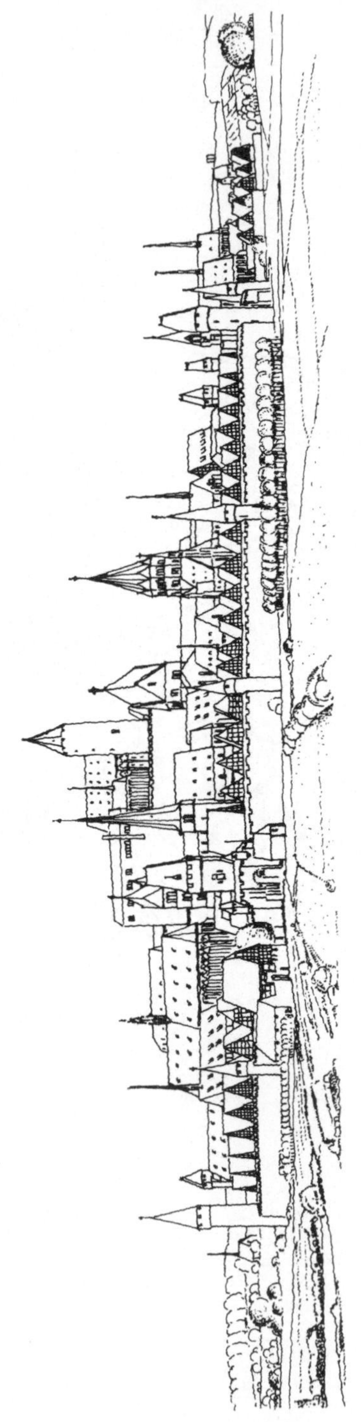

BISCHOFSSTADT

IDEALBILD NACH GRUBER

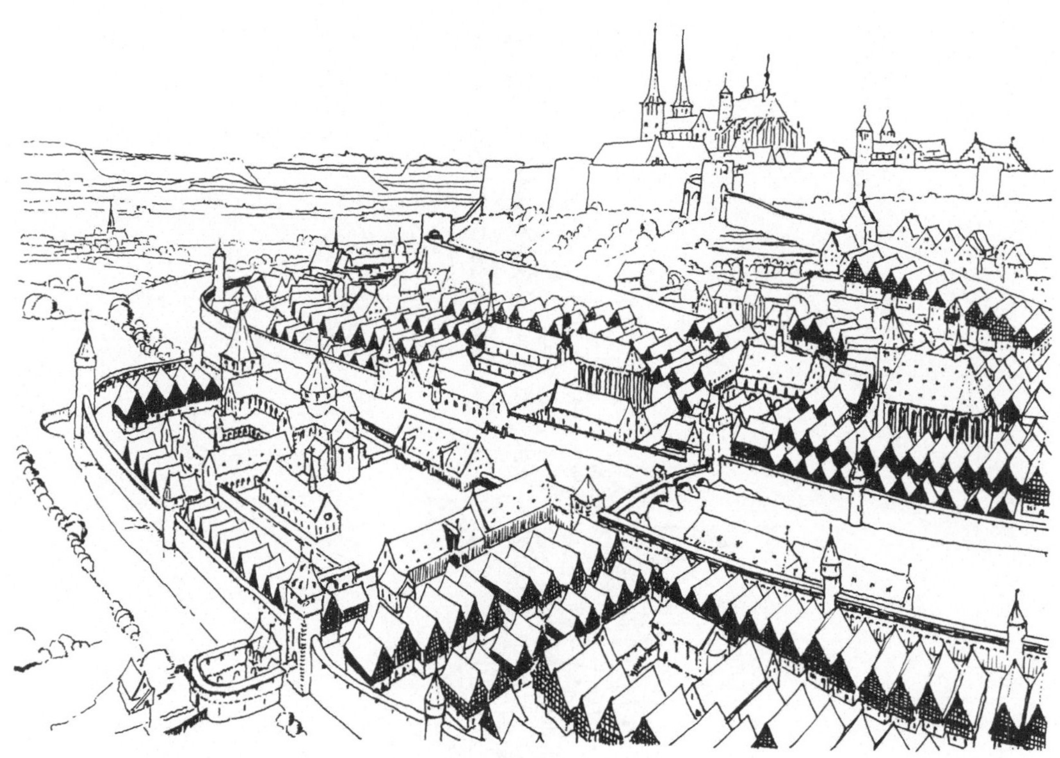

NACH: GRUBER K., DIE GESTALT DER DT. STADT,   MÜNCHEN 1952

FRIEDBERG
GRUNDRISS NACH A. KULHAVY
S 115
BURGANLAGE
0 50 100 200 300 m
1 LIEBFRAUENKIRCHE
2 AUGUSTINERKLOSTER
3 BARFÜSSERKLOSTER
4 KATHARINENKIRCHE
5 LEONARDSKIRCHE
6 HOSPITAL
7 RATHAUS
8 GERICHTSHAUS
9 MÜHLEN
10 BARBARAKIRCHE
PE 77

FREIBURG IM BREISGAU

GRUNDRISS (NACH GRUBER)

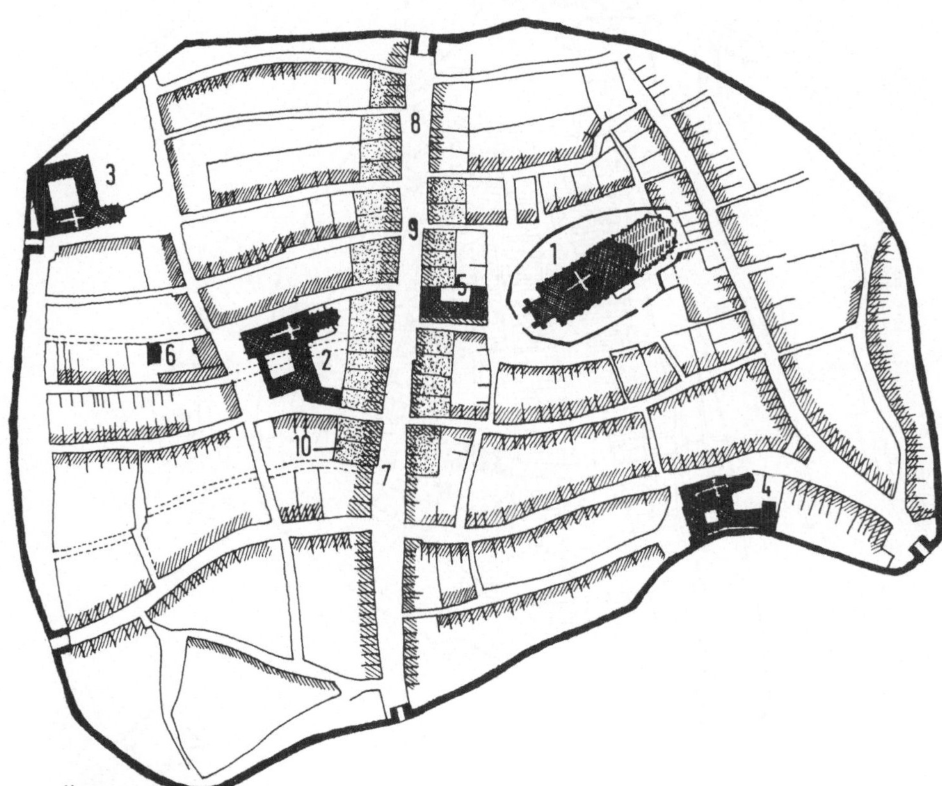

1 MÜNSTER
2 BARFÜSSERKLOSTER
3 PREDIGERKLOSTER
4 AUGUSTINERKLOSTER
5 HEILIG GEIST SPITAL
6 GERICHTSLAUBE
7 FISCHMARKT
8 RINDERMARKT
9 EHEM. METZIG
10 NORMALGRUNDSTÜCK   50/100 FUSS

PE./76

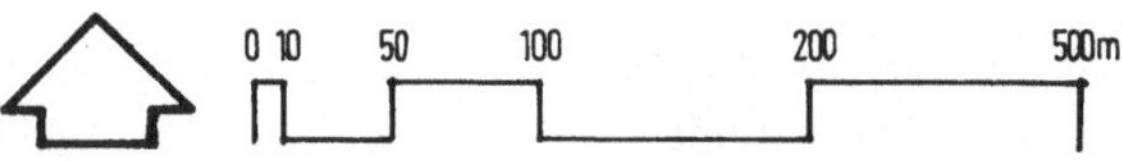

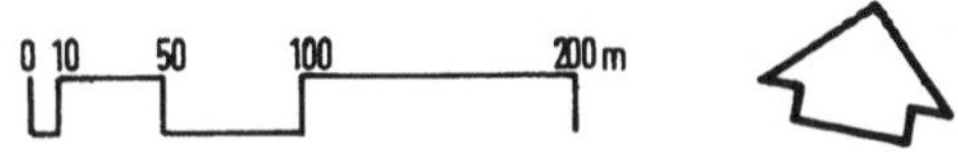

7
8
1
5
6
2
3
1 MÜNSTER
2 FRANZISKANERKLOSTER
3 DEUTSCHORDEN
4 RATHAUS
5 KORNHAUS
6 METZGER
7 ST. GEORGER HOF
8 ST. BLASIUS HOF
0 10 50 100   200 m

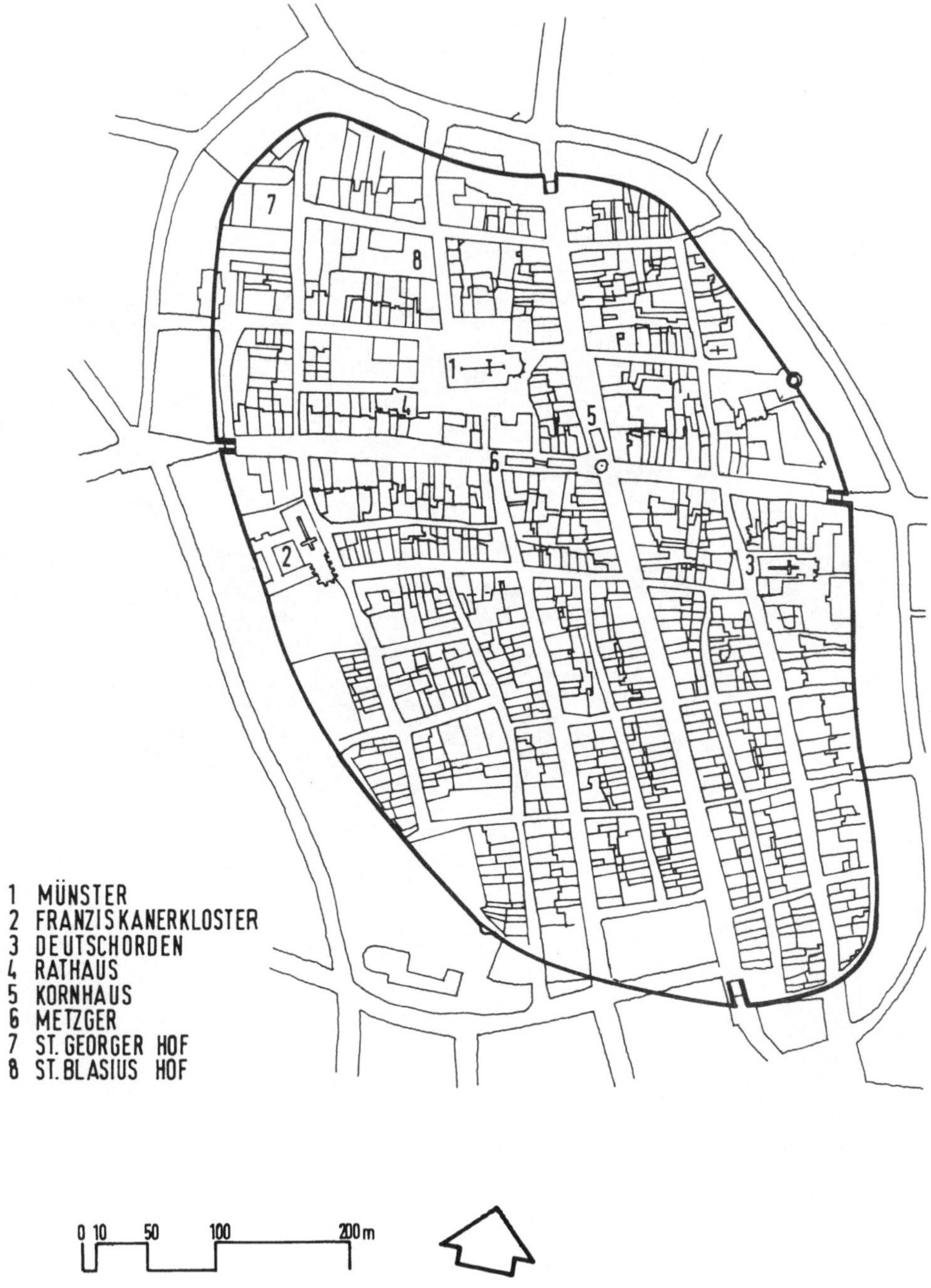

ROTTWEIL NECKAR

GRUNDRISS (NACH GRUBER)

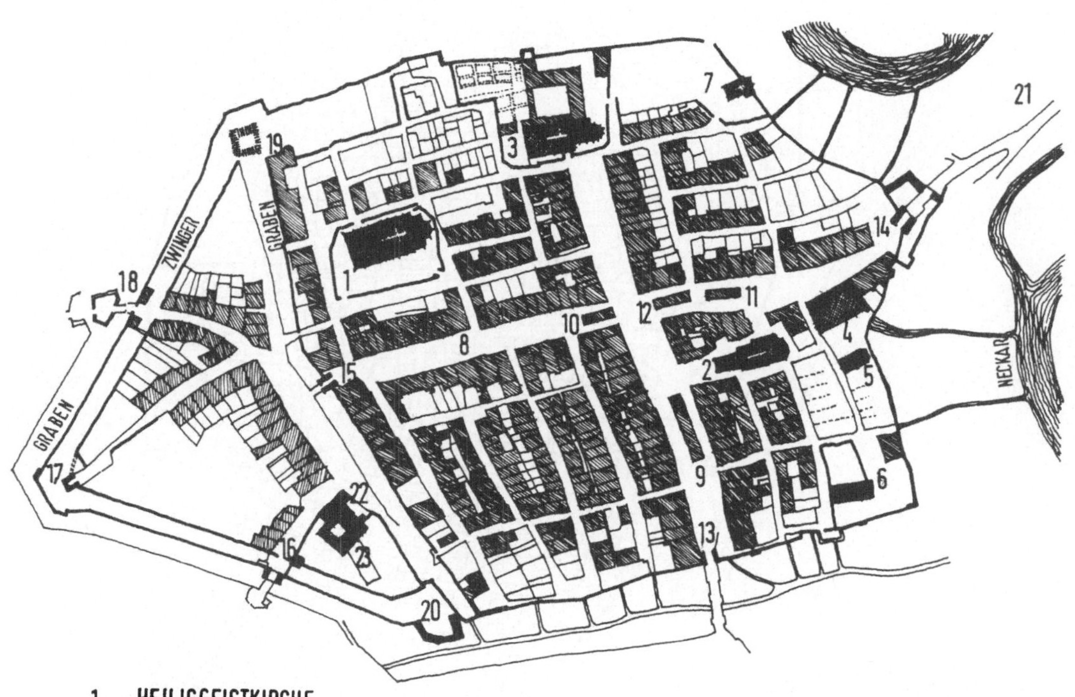

1 HEILIGGEISTKIRCHE
2 KAPELLE
3 PREDIGERKIRCHE
4 HOSPITAL
5 ARMENKAPELLE
6 JOHANNITERKIRCHE
7 LORENZKAPELLE
8 RATHAUS
9 KORNHAUS
10 HERRENSTUBE
11 METZIG
12 KAUFHAUS
13-16 STADTTORE
17 HOCHTURM
18 STADTTOR
19 ALTE SCHANZE
20 ALTE BASTEI
21 ABGEBROCHENE VORSTADT
22 KAPUZINERKLOSTER
23 EHEM. ZEUGHAUS

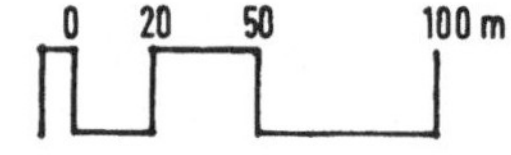

BERN

ZÄHRINGER GRÜNDUNG 1191, GRUNDRISS NACH K. GRUBER

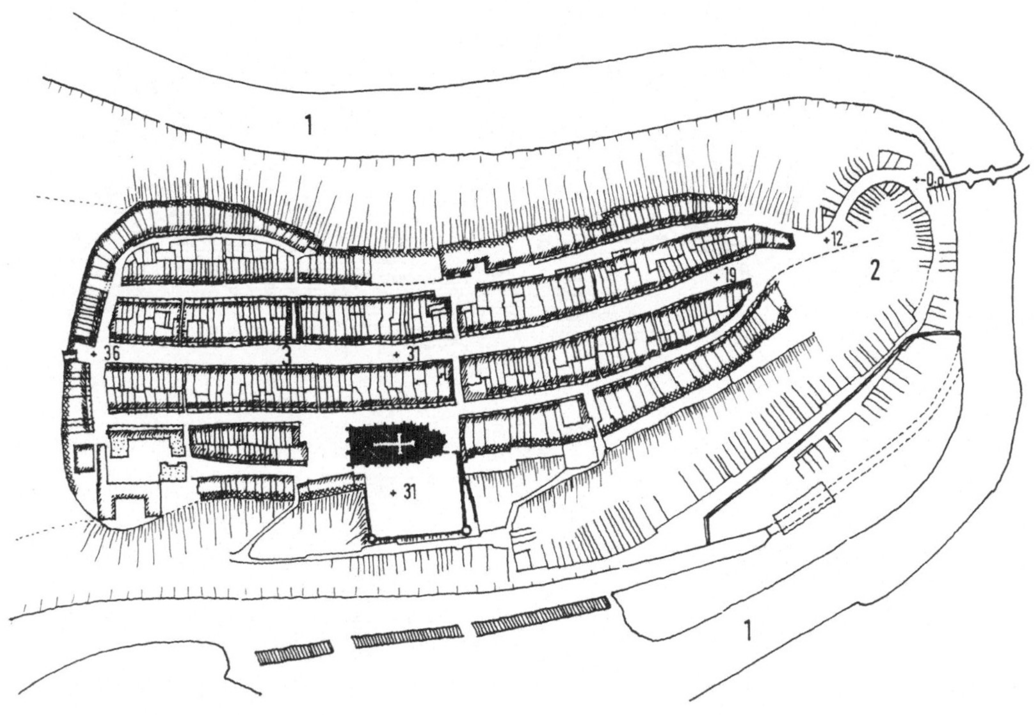

LEGENDE:

1 AARE
2 EHEM. BURG NYDEGG
3 STRASSENMARKT

BERN ALS BEISPIEL FÜR EINEN RECHTECKIGEN STADTUMRISS MIT DURCH DIE TOPOGRAPHIE
BESTIMMTEN ABWEICHUNGEN.

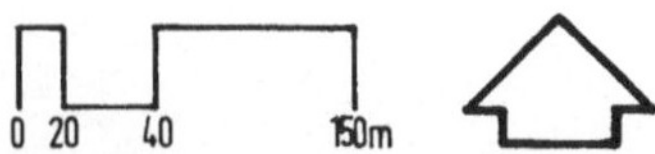

BERN

DIE VIER ENTWICKLUNGSSTADIEN

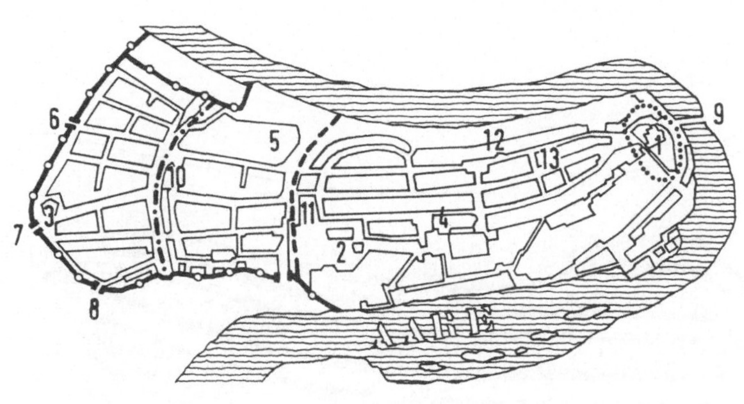

1 BURG NYDEGG
2 BARFÜSSERKLOSTER
3 HEILIGGEISTSPITAL
4 MÜNSTER ST. VINCENZ MIT STIFT
5 PREDIGERKLOSTER
6 GOLETENMATGASSENTOR
7 CHRISTOFFELTOR
8 NEU MARCILLITOR
9 UNTERTOR (FELSENBURG)
10 KÄFIGTURM
11 ZEITGLOCKEN
12 RATHAUS
13 STRASSENMARKT

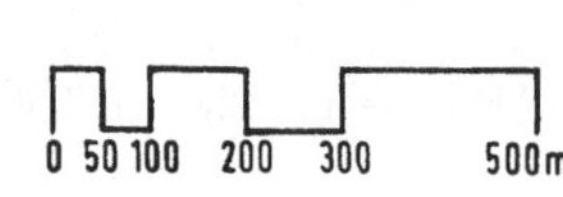

BRANDENBURG

S 121

STADTPLAN

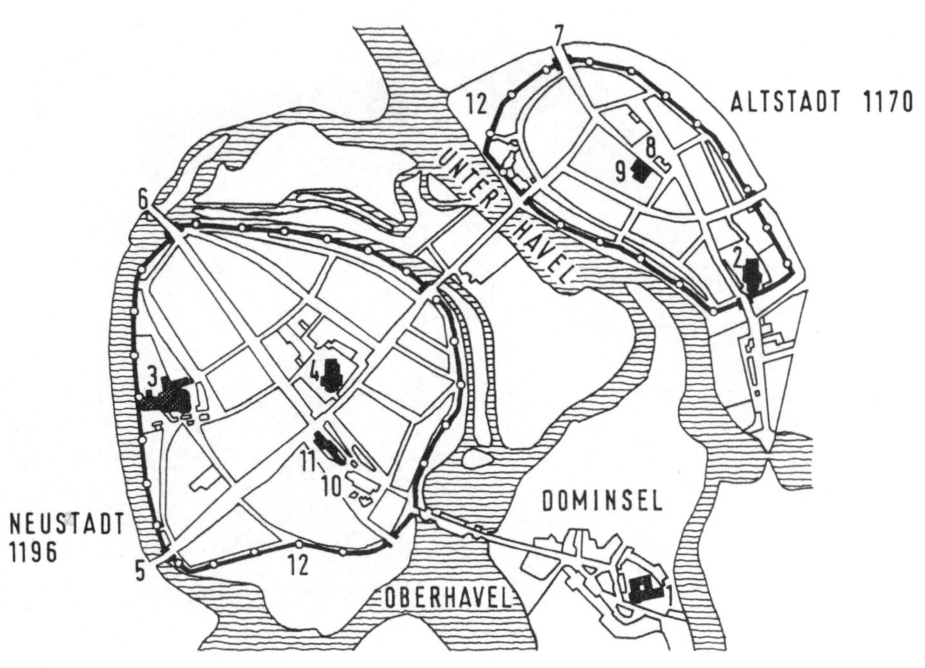

	DEUTSCHER BURGWARD	928
	BISCHOFSSITZ	948
1	DOM ZERSTÖRT	983
	NEUBAU	1165
2	ST. GOTTHARD	UM 1150
3	ST. PAULI	1286
4	ST. KATHARINEN	1395
5	ST. ANNENTOR	
6	PLAUER TOR	
7	STEINTOR	1384
8	ALTSTADT MARKT	
9	RATHAUS	
10	NEUSTADT MARKT	
11	RATHAUS	
12	STADTMAUER	UM 1350

NACH: PLANITZ · DIE DEUTSCHE STADT IM MITTELALTER · KÖLN 1954　　　　EK 78

FREIBERG

S 122

DER MITTELALTERLICHE STADTKERN UND SEINE ENTWICKLUNG

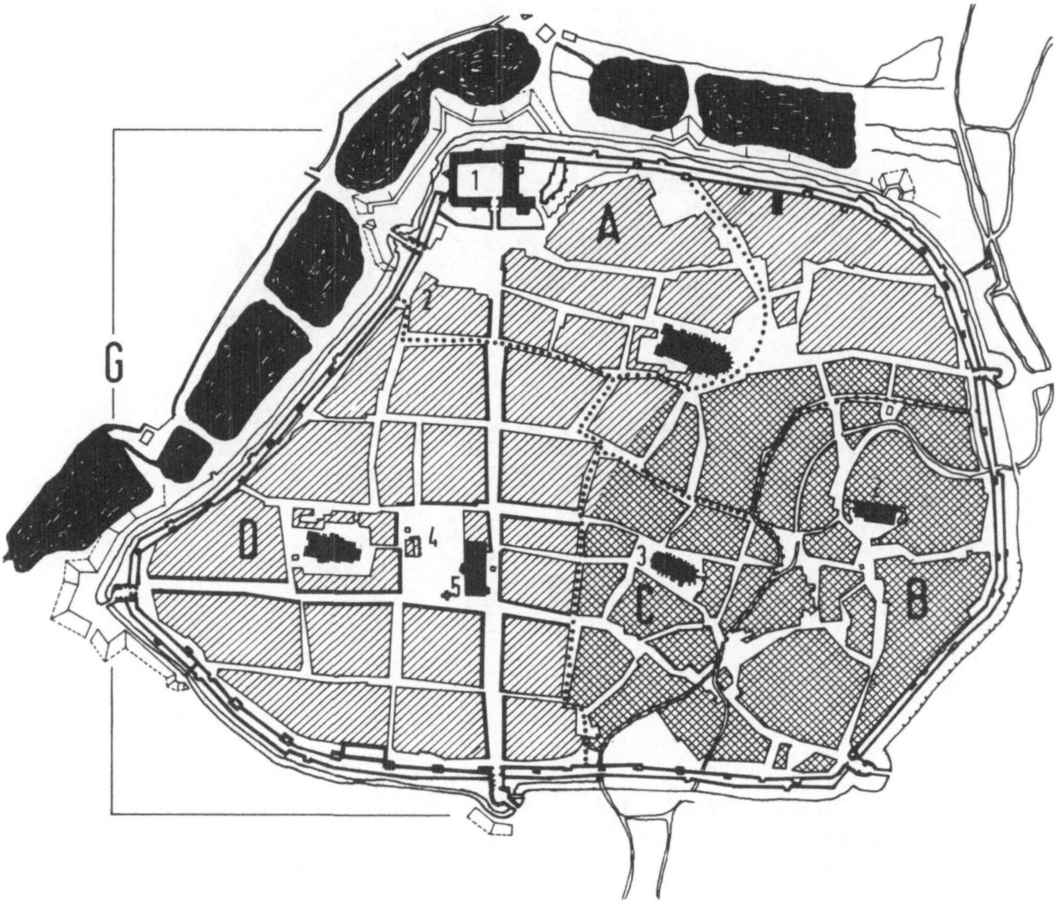

A BURGLEHEN
B SÄCHSSTADT, 1190
C VICUS ST. NIKOLAUS
D OBERSTADT, 1210
G GESAMTSTADT, 13. JH.

1 BURG
2 DOMINIKANERKLOSTER
3 MARKTSIEDLUNG
4 OBERMARKT
5 RATHAUS

NACH: RAUDA W., STÄDTEBAULICHE RAUMBILDUNG, BERLIN 1957

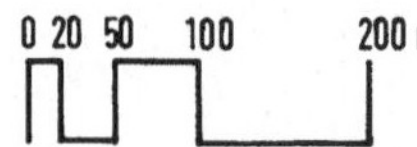

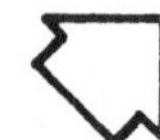

LÜBECK

GRUNDRISS (NACH GRUBER)

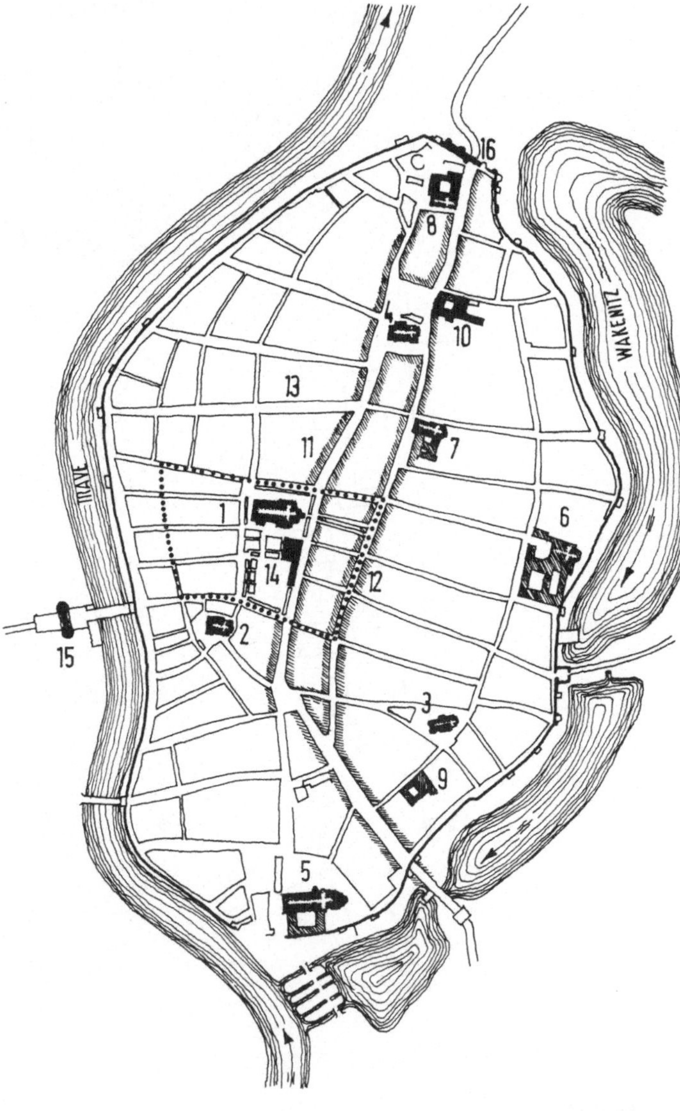

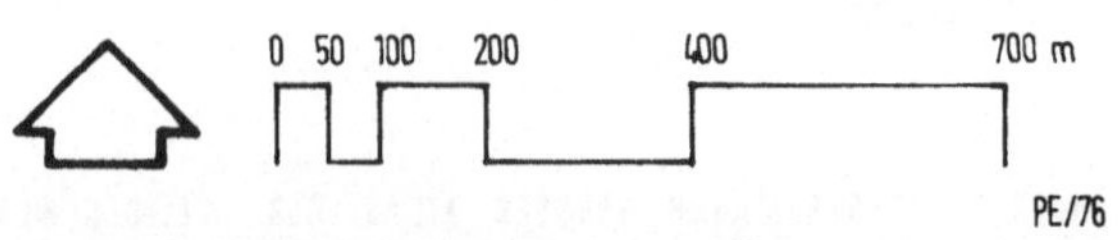

1   ST. MARIEN
2   ST. PETRI
3   ST. AEGIDIEN
4   ST. JACOBI
5   DOM

8   BURG

11   BREITE STRASSE
12   KÖNIGSTRASSE
13   MENGSTRASSE
14   MARKT MIT RATHAUS
15   HOLSTENTOR
16   BURGTOR

0 50 100   200   400   700 m

PE./76

MARKTPLATZ

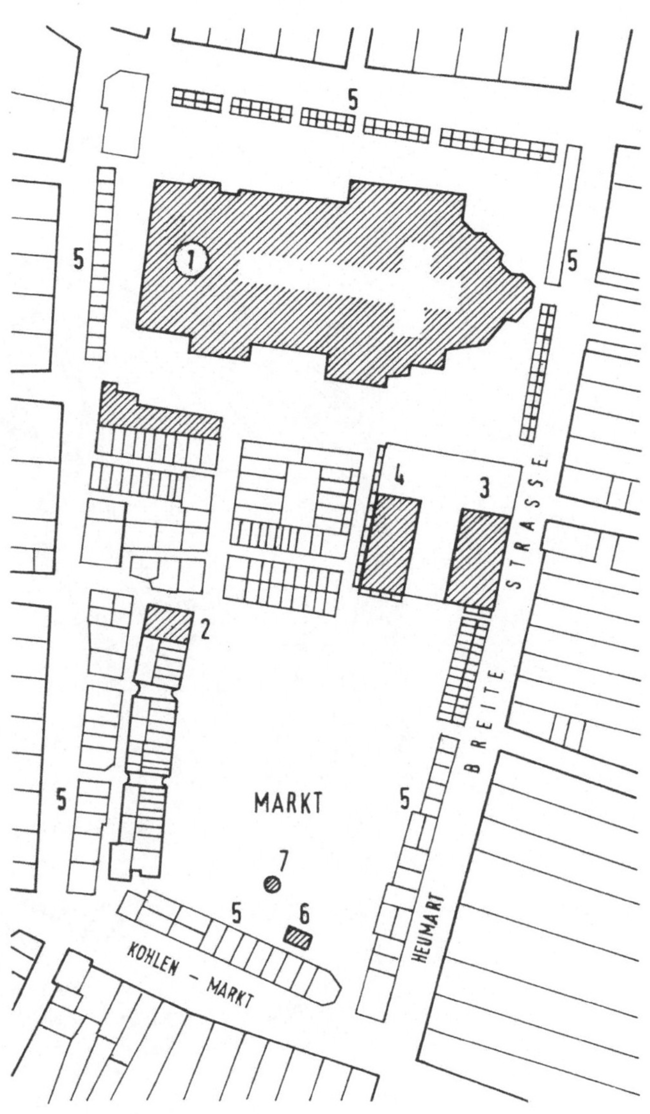

1 MARIENKIRCHE
2 ALTES RATHAUS
3 NEUES RATHAUS
4 GEWANDHAUS
5 VERKAUFSBUDEN (BÄNKE)
6 WAAGE
7 PRANGER

NACH: WESTERMANNS GROSSER ATLAS ZUR WELTGESCHICHTE   BRAUNSCHWEIG 1969   F I 78

LÜBECK

'GANGHÄUSER'

S 125

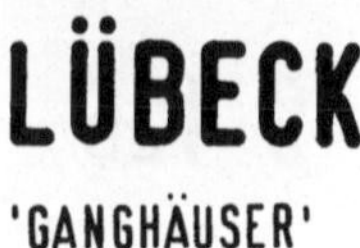

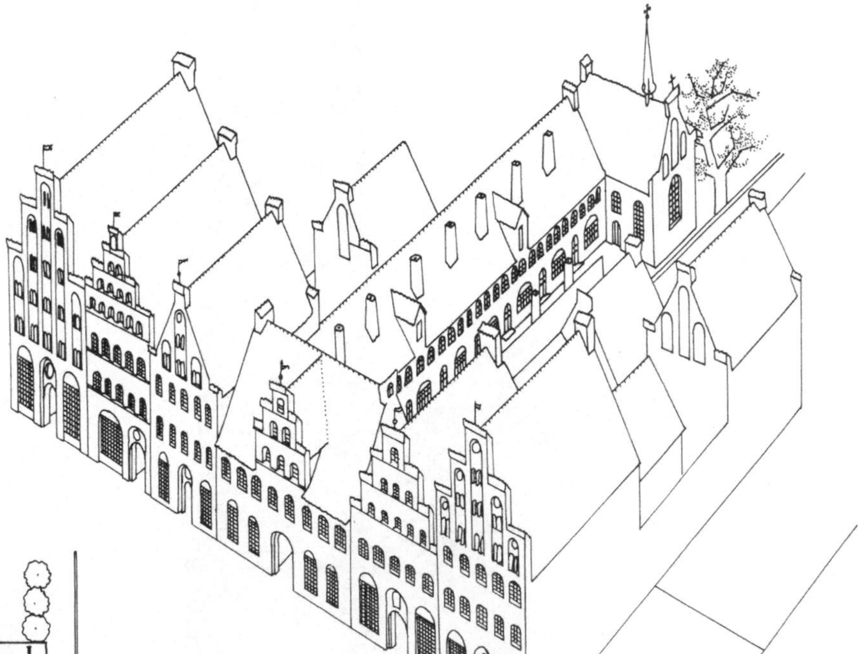

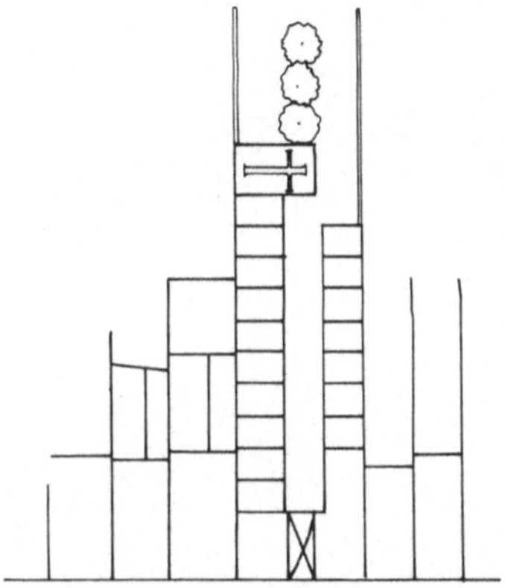

NACH: GRUBER K., DIE GESTALT DER DEUTSCHEN STADT, MÜNCHEN 1952

BB78

LÜBECK

S 126

STADTSILHOUETTE [NACH GRUBER]

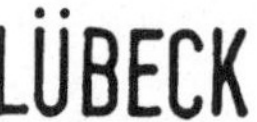

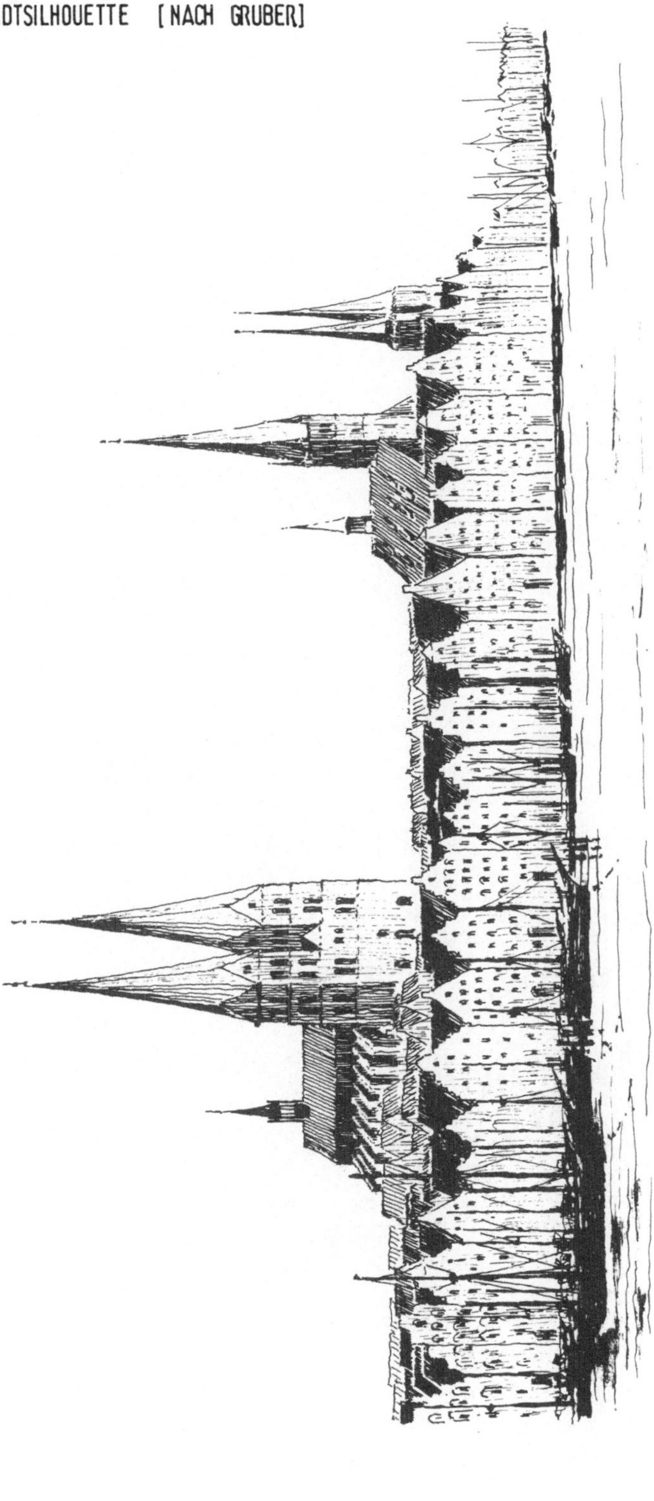

PE/75

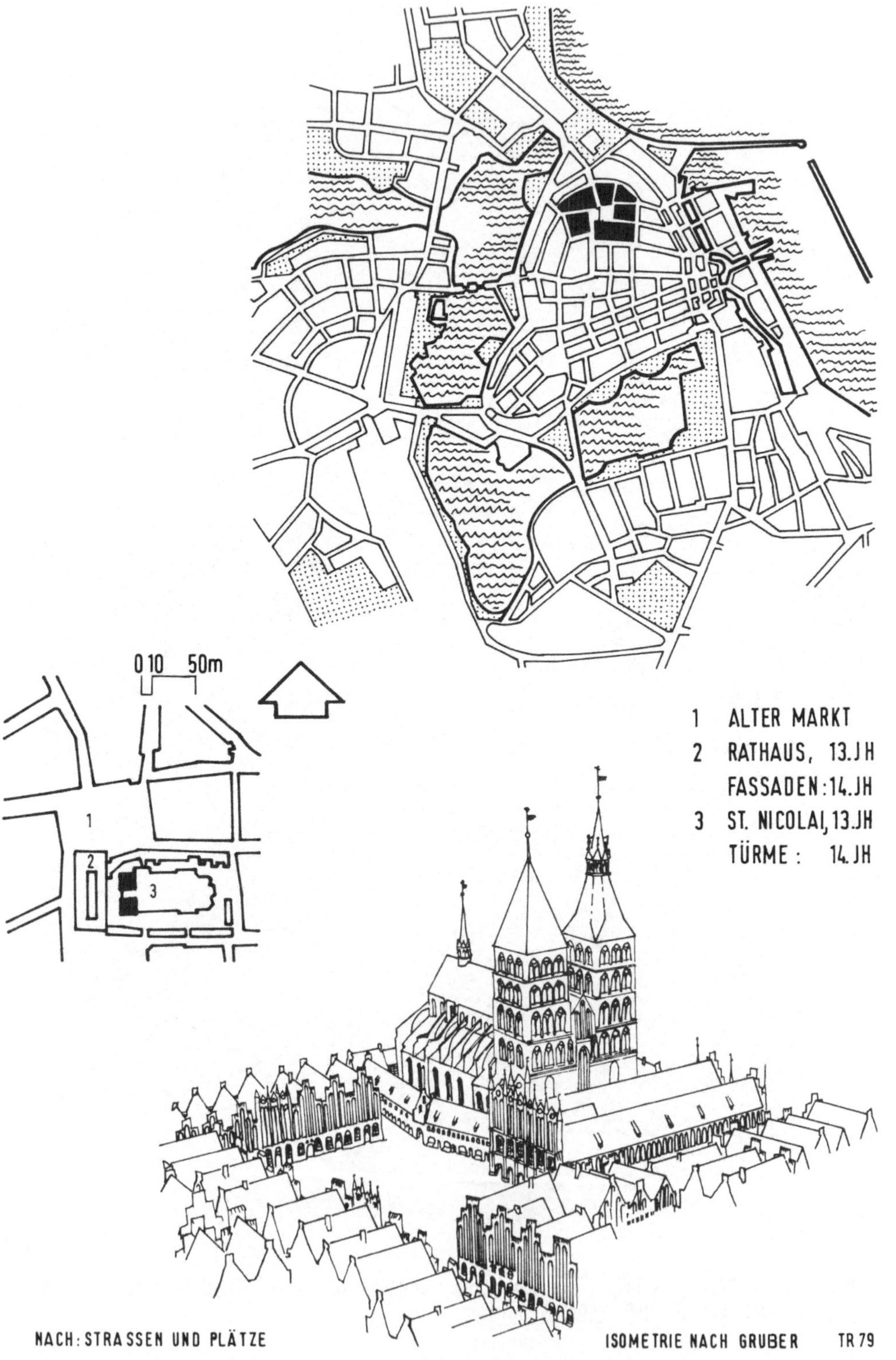
0 10   50m

1   ALTER MARKT
2   RATHAUS, 13.JH
    FASSADEN:14.JH
3   ST. NICOLAI,13.JH
    TÜRME :   14.JH

NACH:STRASSEN UND PLÄTZE
ISOMETRIE NACH GRUBER   TR79

DANZIG
AUS DER VOGELSCHAU (NACH GRUBER)

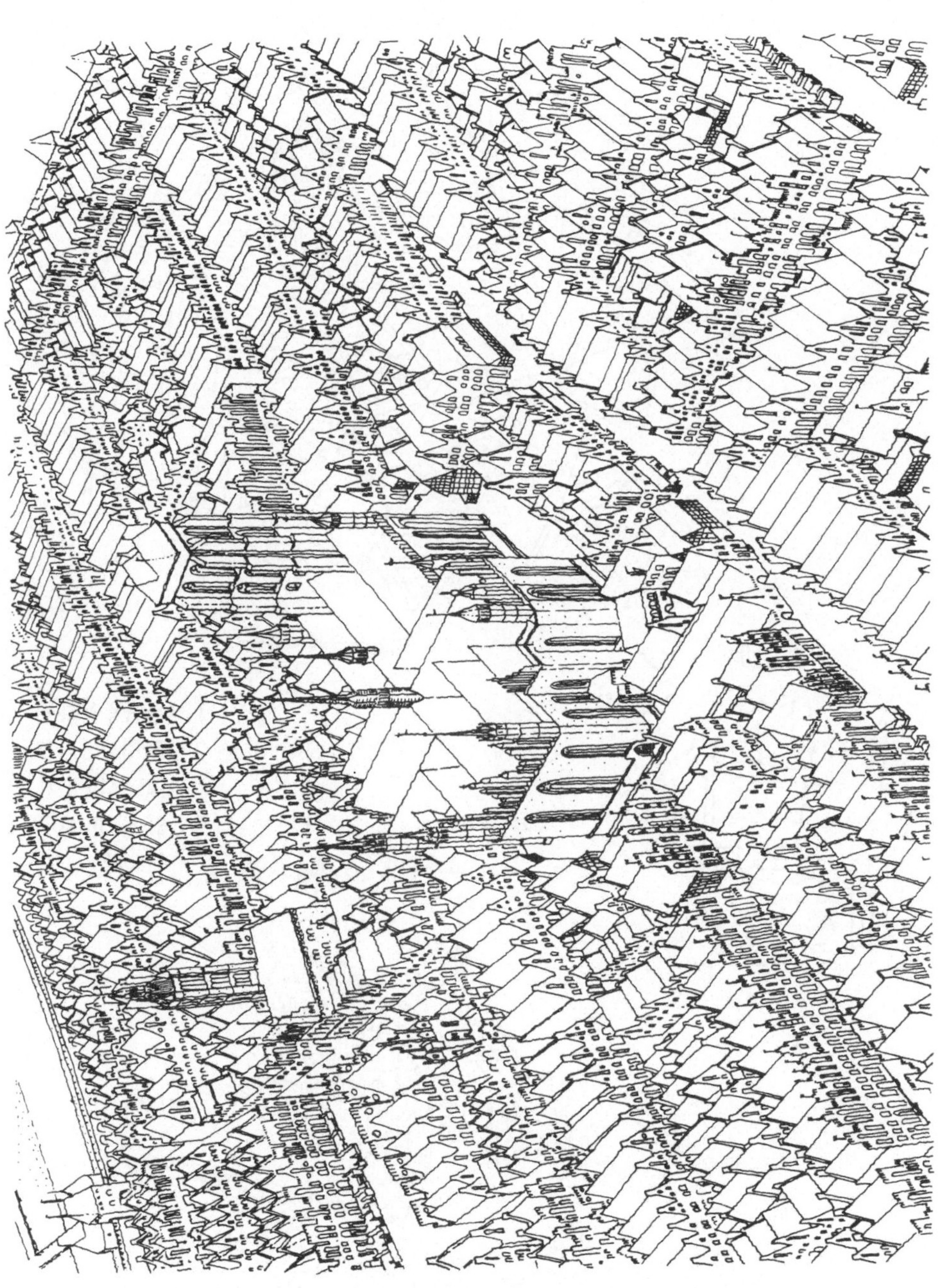

PLASTISCHER, DREIDIMENSIONALER AUFBAU OHNE UNIFORMITÄT. BESTIMMEND FÜR DIE STADTSIL-
HOUETTE SIND KIRCHE UND RATHAUS.

PE.*m*

STADTZENTRUM UND MARKTPLATZ

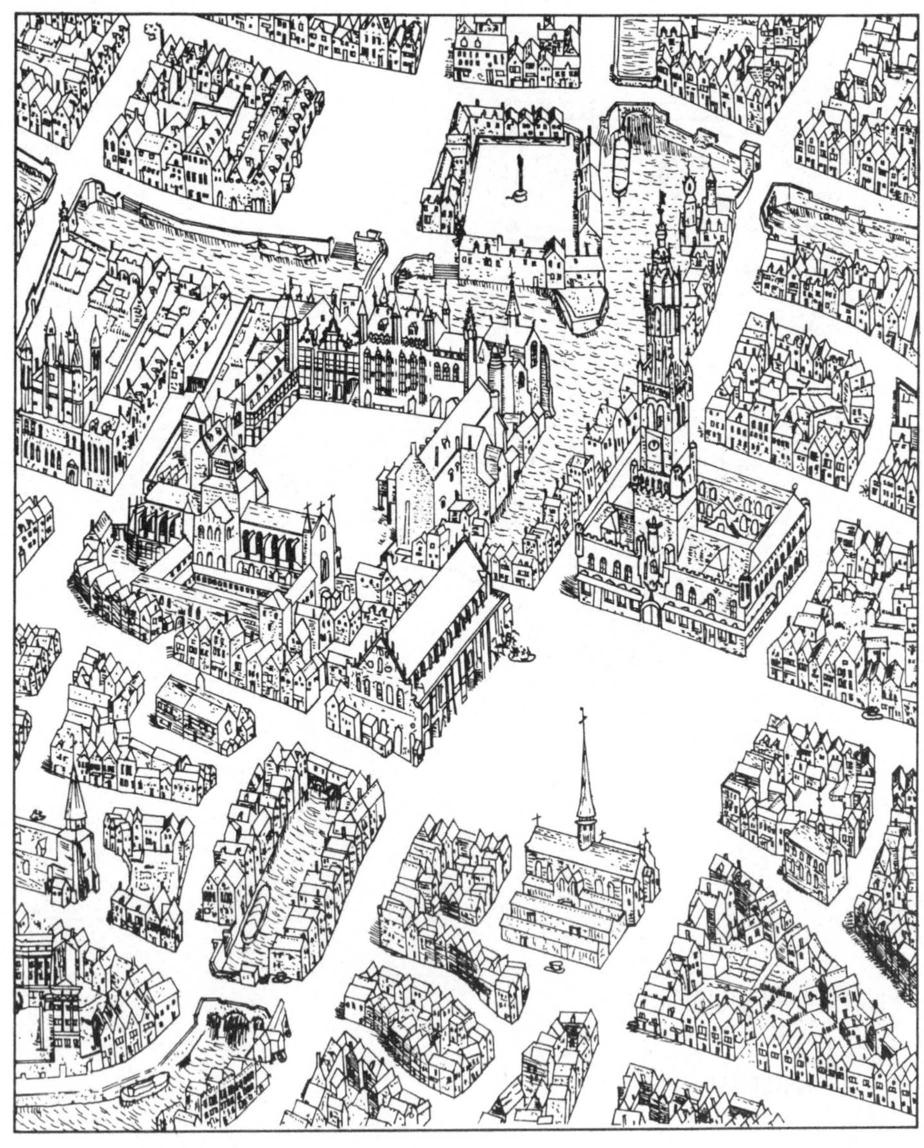

ELBING

ALTSTADT UND NEUSTADT

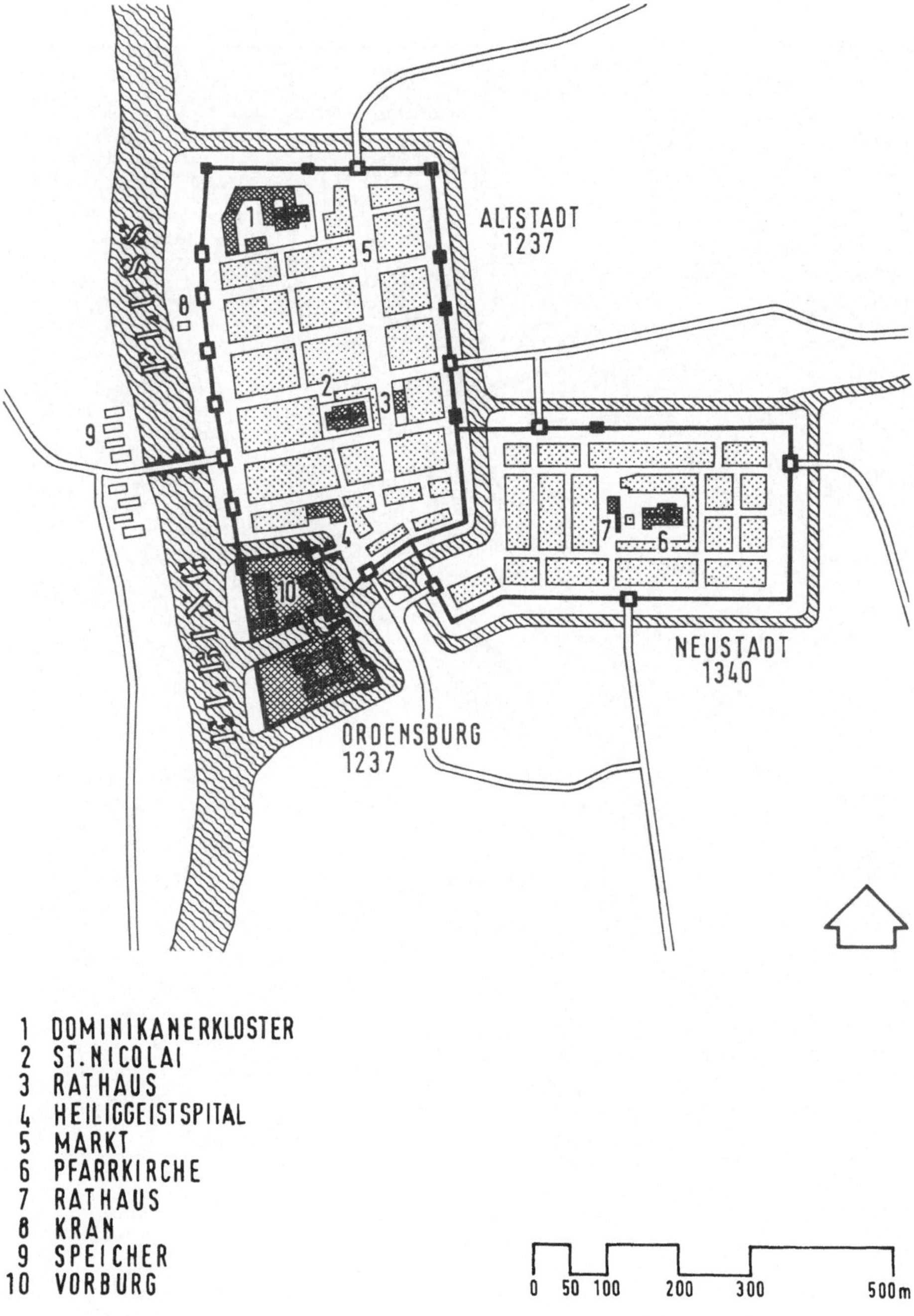

1 DOMINIKANERKLOSTER
2 ST.NICOLAI
3 RATHAUS
4 HEILIGGEISTSPITAL
5 MARKT
6 PFARRKIRCHE
7 RATHAUS
8 KRAN
9 SPEICHER
10 VORBURG

NACH: WESTERMANNS GROSSER ATLAS ZUR WELTGESCHICHTE·BRAUNSCHWEIG 1956·EK 78

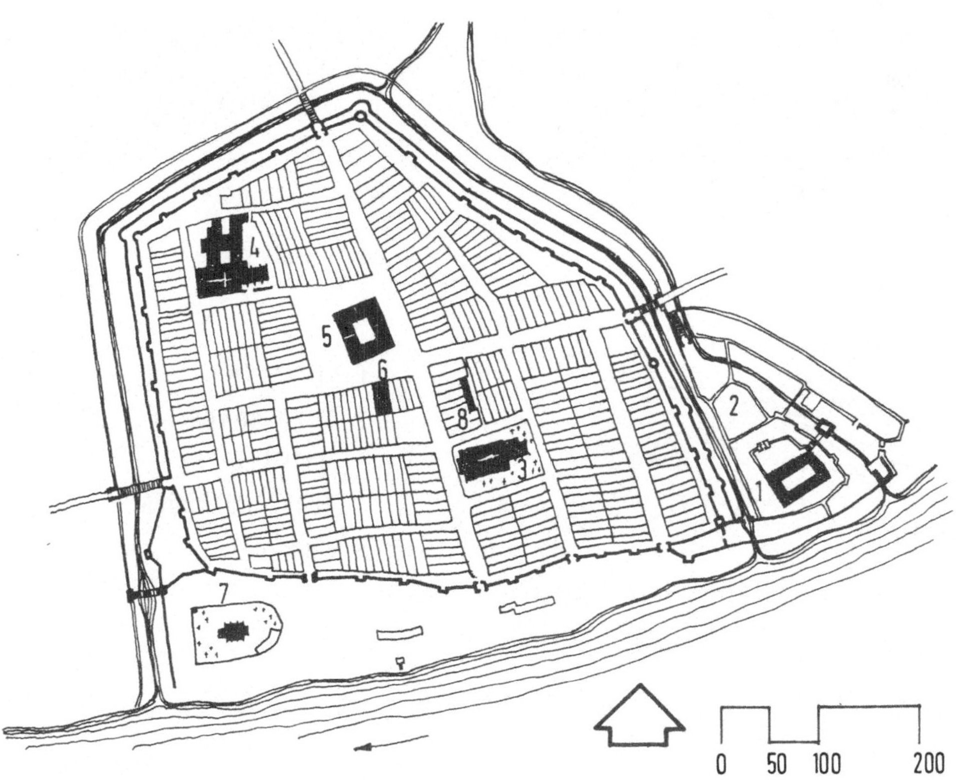

1   ORDENSBURG
2   VORBURG
3   ST. JOHANNES
4   FRANZISKANER
5   RAT - UND KAUFHAUS
6   ARTUSHOF
7   HEILIGGEISTSPITAL
8   FLEISCHBÄNKE

OSTKOLONIALSTÄDTE

'KOLONIAL-TYPENPLÄNE'

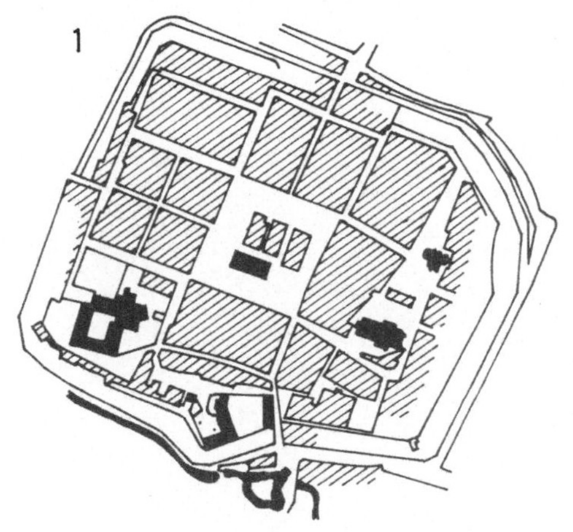

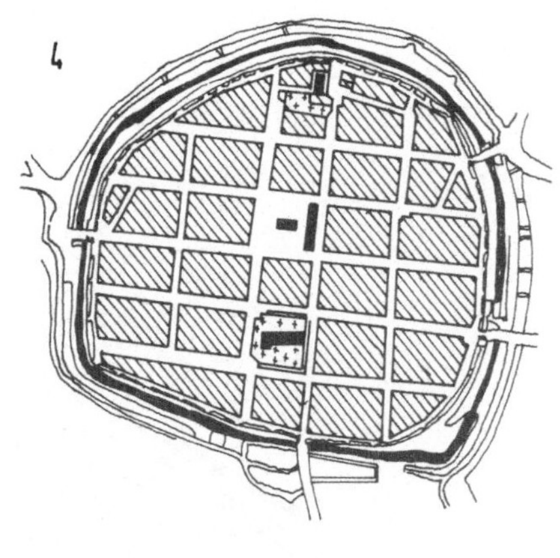

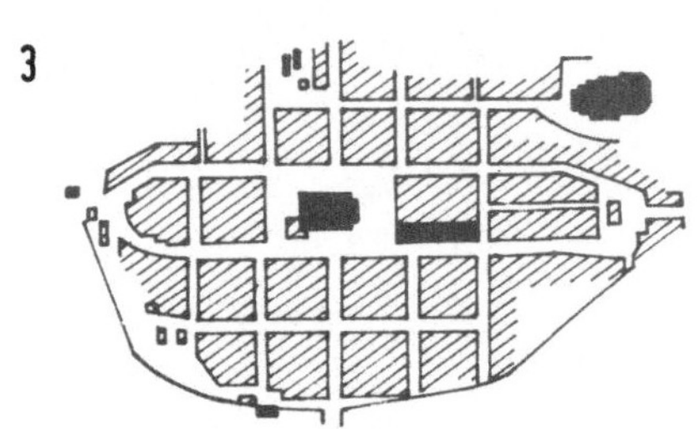

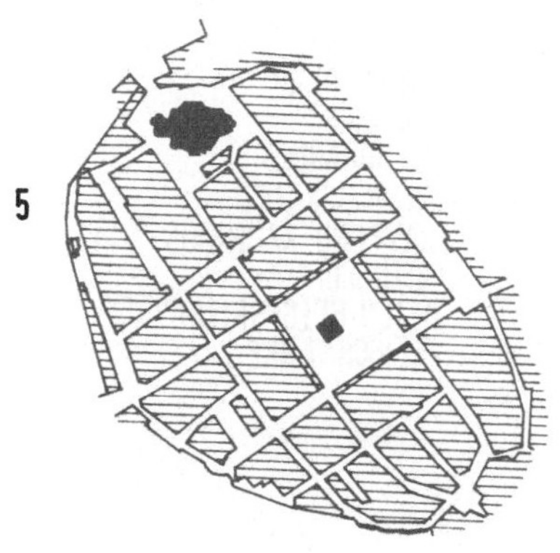

1 STREHLEN
2 REICHENBACH
3 GLEIWITZ
4 NEUBRANDENBURG
5 GUHRAU

MELLINGEN: TORTURM ALS STRASSENABSCHLUSS
ÜBERECK (PERSPEKTIVE)

FLORENZ: PAZZI-KAPELLE, OFFENE VORHALLE,
WIRKUNG AUF RAUMTIEFE

OSTERBURG : KONVERGIERENDE PLATZWÄNDE,
GEGENAKZENT: TURM ÜBERECK

N.N. :   BOGENSTELLUNG BEI VIELEN RATHÄU-
SERN: TIEFENWIRKUNG, WETTERSCHUTZ

ASSISI : RAUMDURCHDRINGUNG: KONKAV (RAUM) - KONVEX (BAUKÖRPER), PLATZ ALS VORRAUM:
STEIGERUNG VON MASSTAB UND GESTALTUNG

BOLOGNA

STADTERWEITERUNG UM RÖMISCHEN KERN,
WIE U.A. LUCCA, PARMA, RAVENNA, VERONA, PAVIA (S 89)

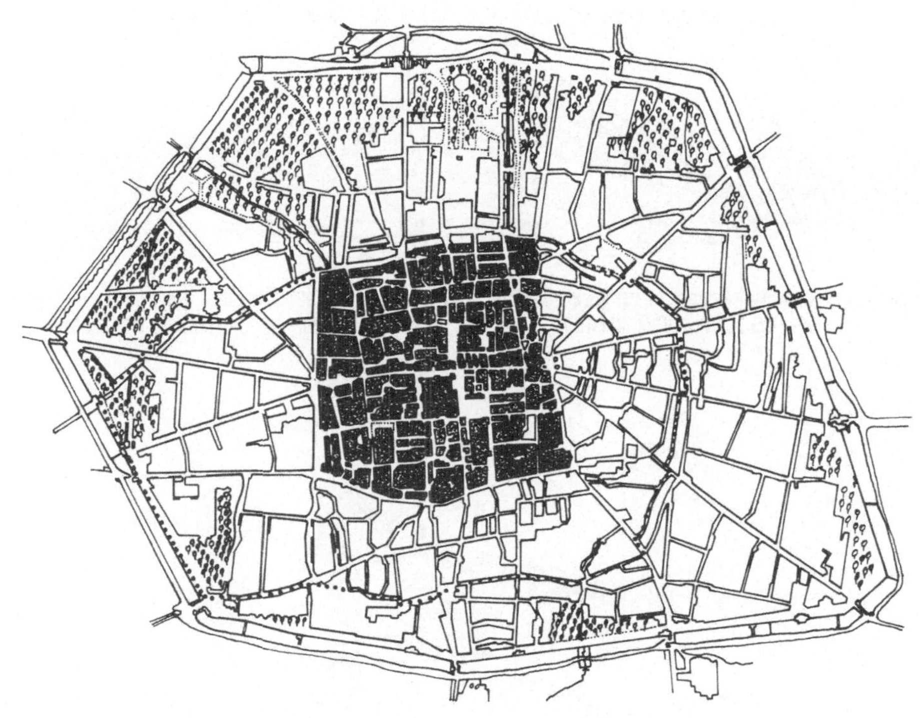

PALOMBARA SABINA

KONZENTRISCHE HÜGELSTADT

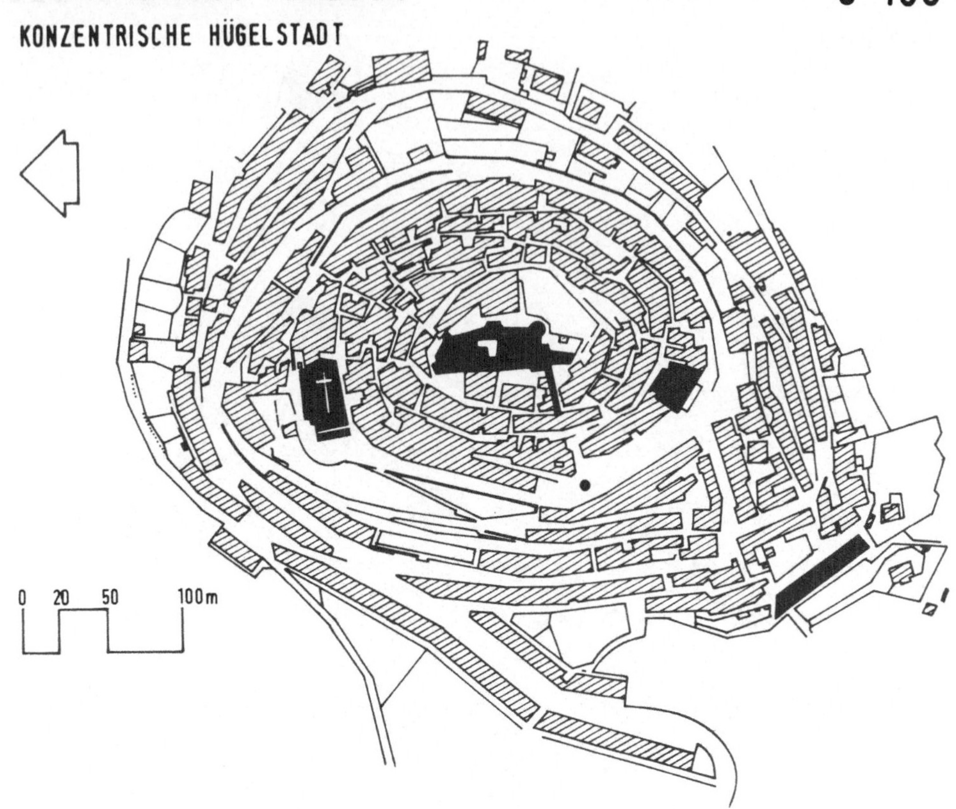

AVERSA

MIT STADTERWEITERUNG

NACH: MORINI M. ATLANTE DI STORIA DELL URBANISTICA MILANO 1963   TR 79

RIVOLTA D'ADDA

RADIALSTADT

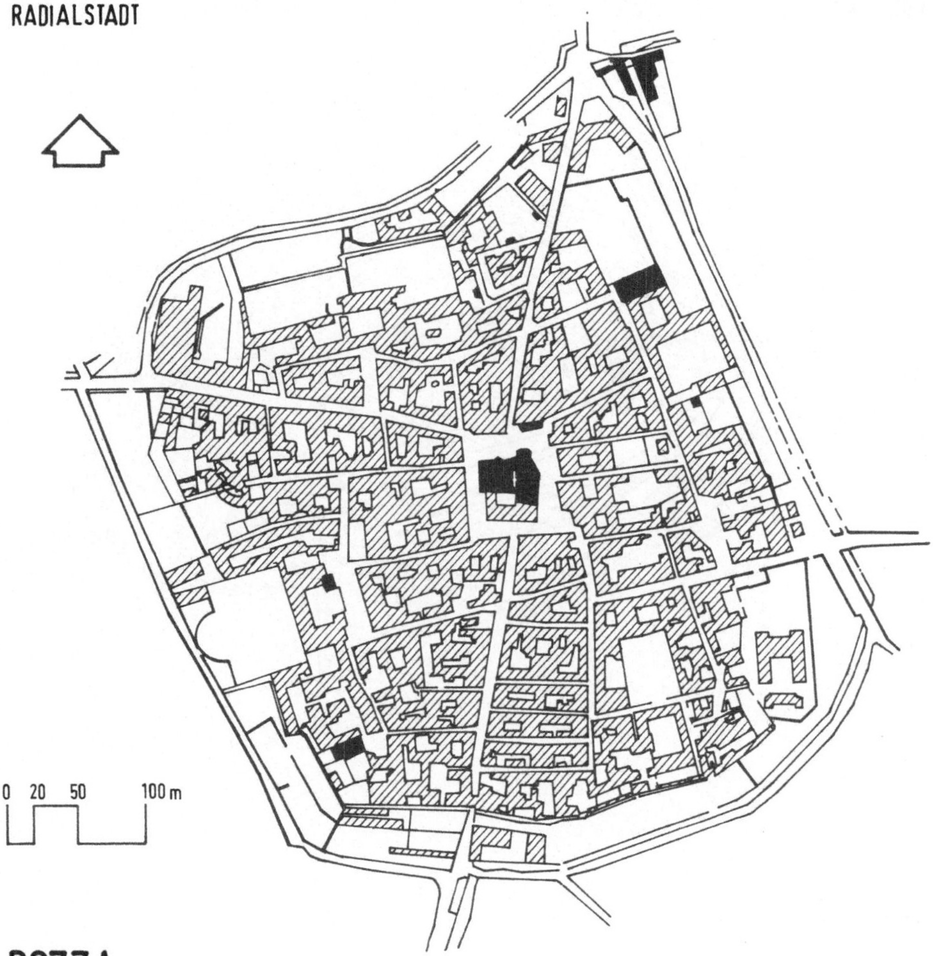

0 20 50   100 m

DOZZA

HÜGELSTADT

0   100   250   500 m

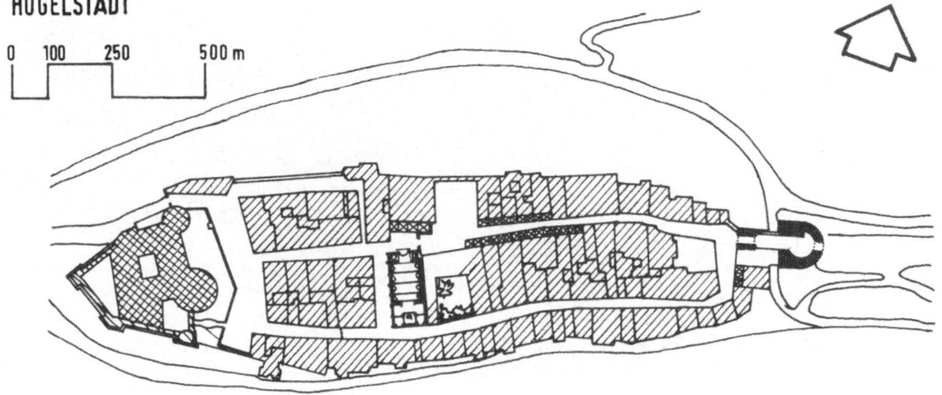

NACH: MORINI M. ATLANTE DI STORIA DELL URBANISTICA   MILANO 1963

SIENA

HÜGELSTADT

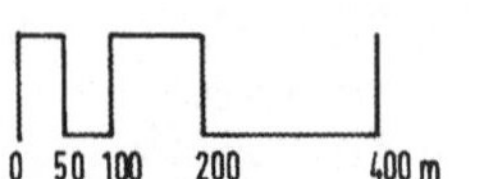

NACH: BRAUNFELS W. ABENDLÄNDISCHE STADTBAUKUNST KÖLN 1976   TR 79

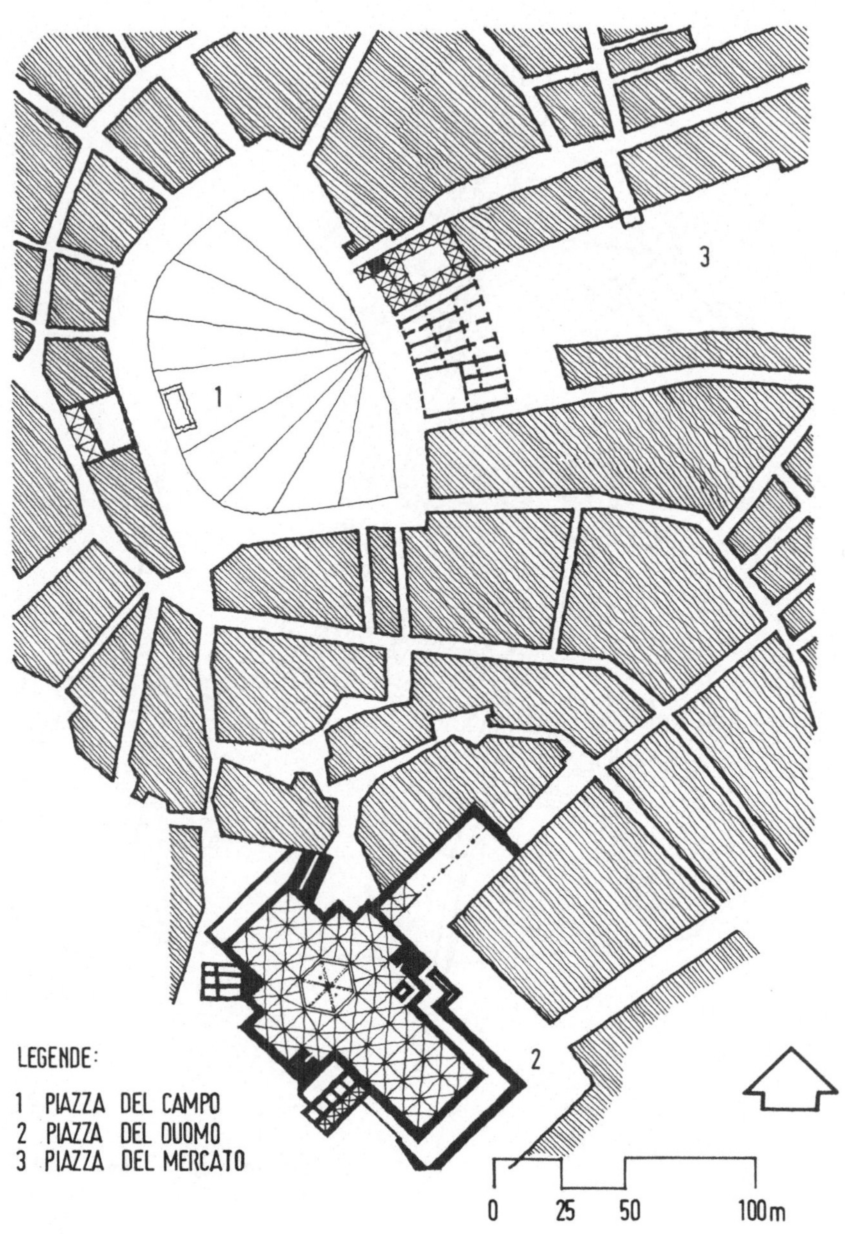

SIENA
ZENTRUM

S 138

3

1

2

LEGENDE:

1 PIAZZA DEL CAMPO
2 PIAZZA DEL DUOMO
3 PIAZZA DEL MERCATO

0   25   50   100 m

SIENA

S 139

PIAZZA DEL CAMPO

NACH: FAVOLE P., PIAZZE D'ITALIA, MAILAND 1972

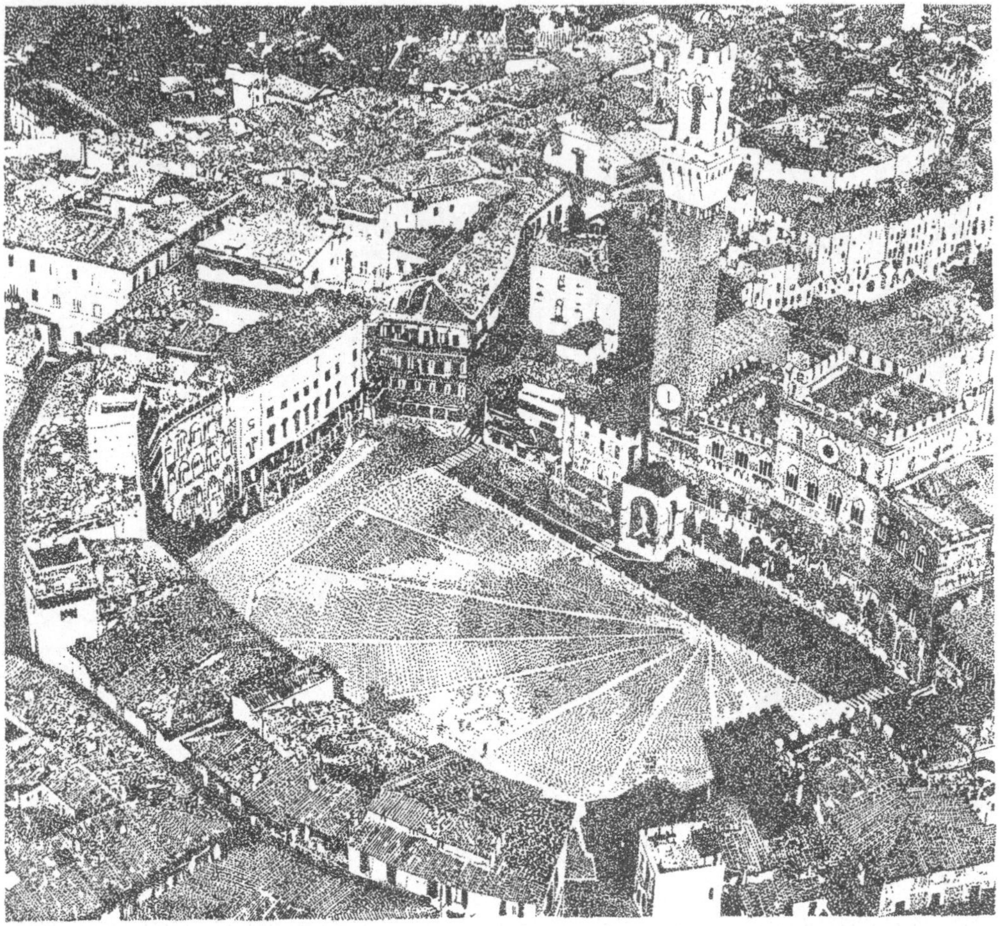

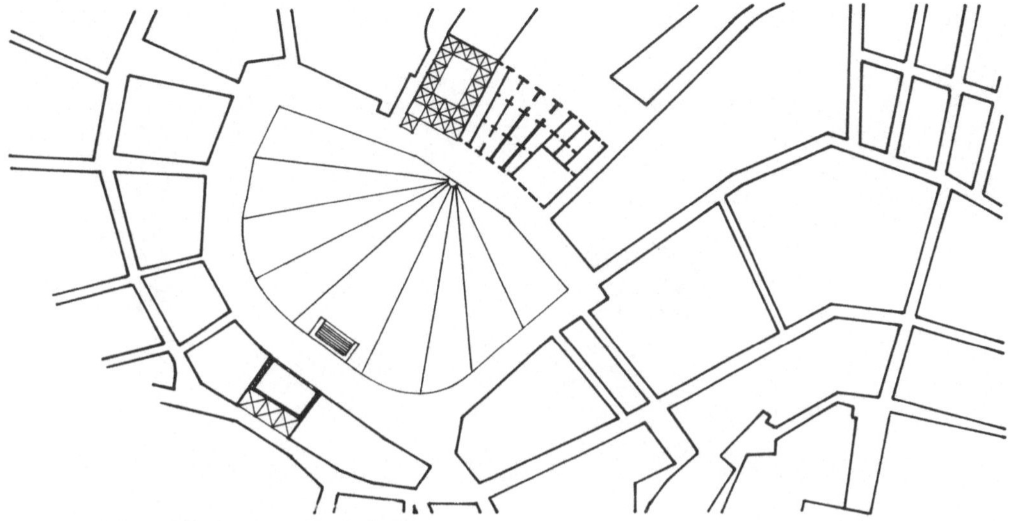

BB78

DER UNSYMMETRISCHE PLATZ

NACH: F. HESS

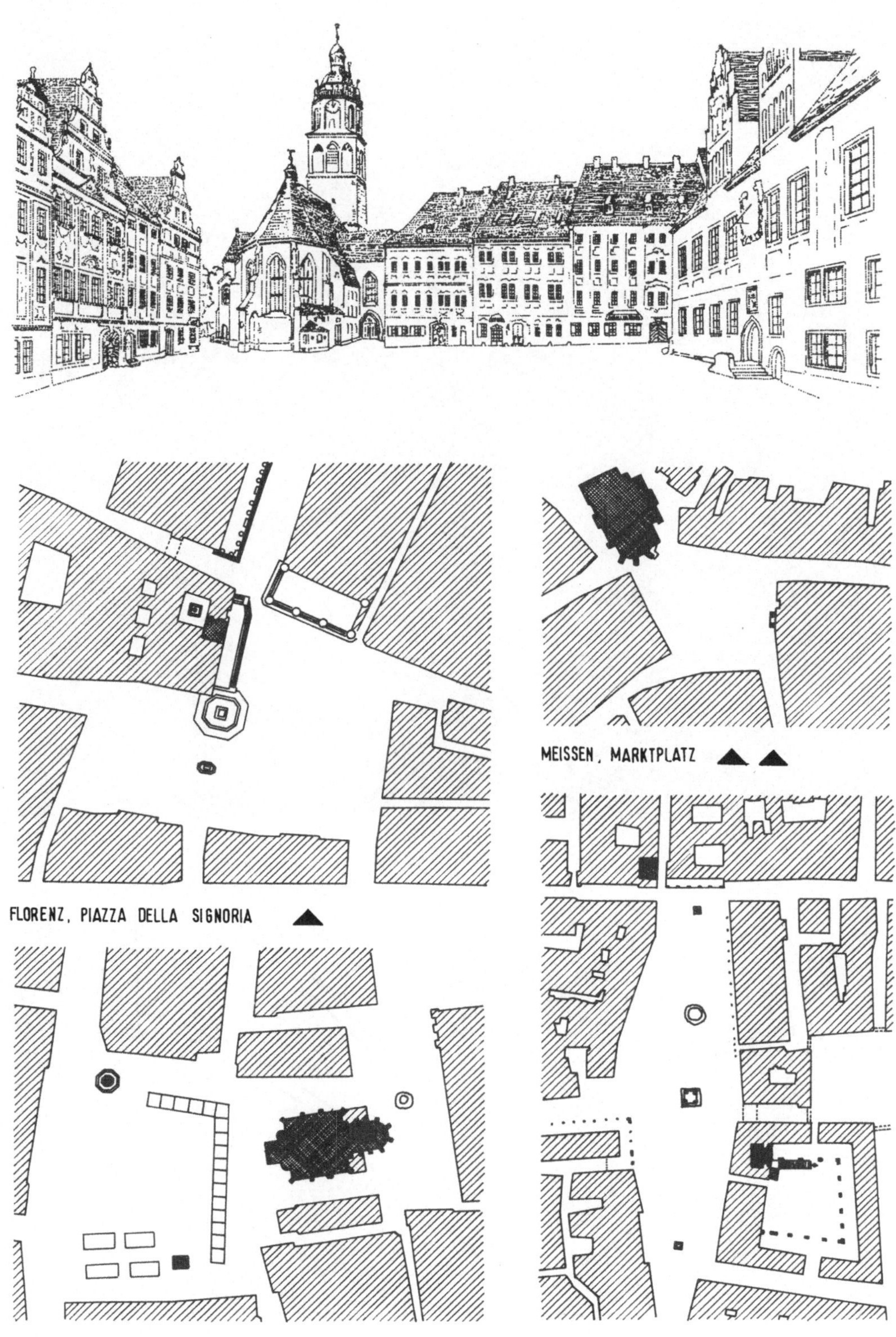

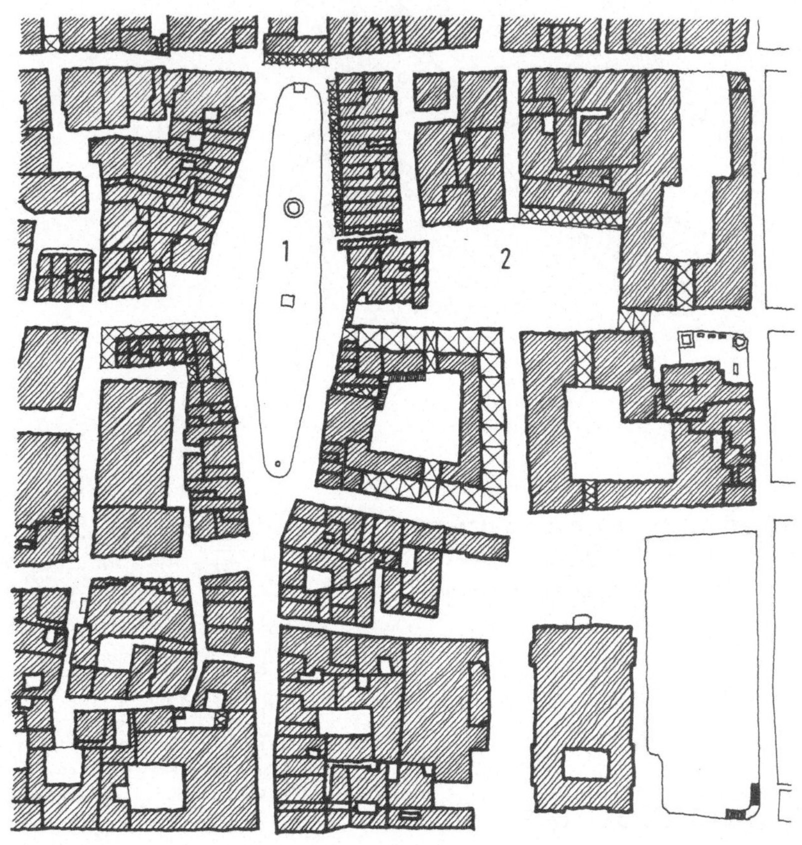

LEGENDE :

1   PIAZZA DELLE ERBE
2   PIAZZA DEI SIGNORI

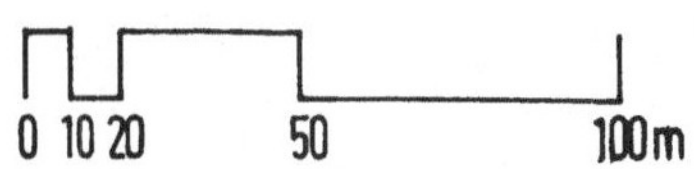

UDINE

RADIALSTADT UM EINE BURG, MARKTPLATZ

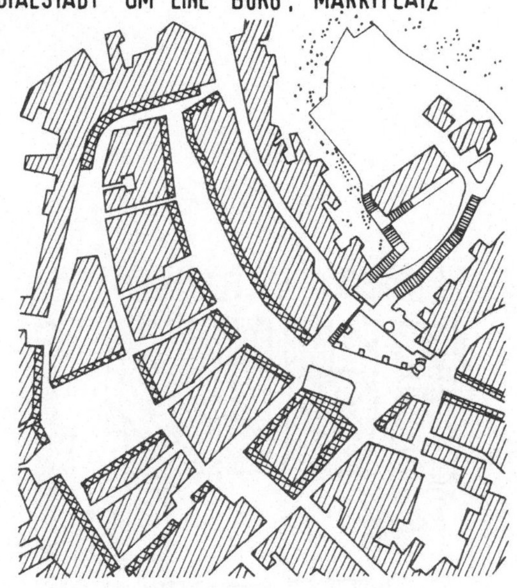

CASTEL FRANCO VENETO

VORGEPLANTE NEUGRÜNDUNG, 1119

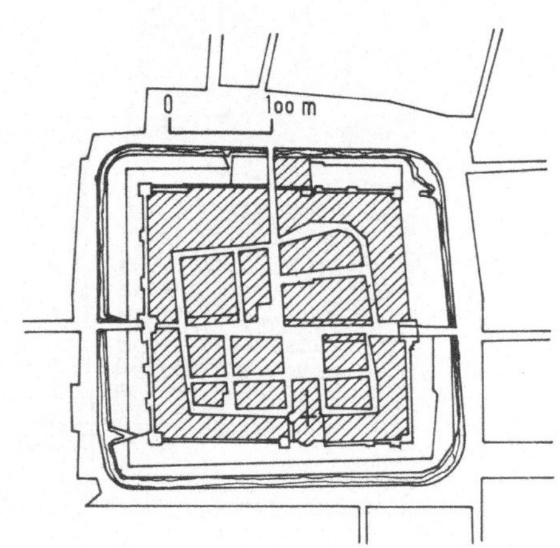

PIETRASANTA, 1255

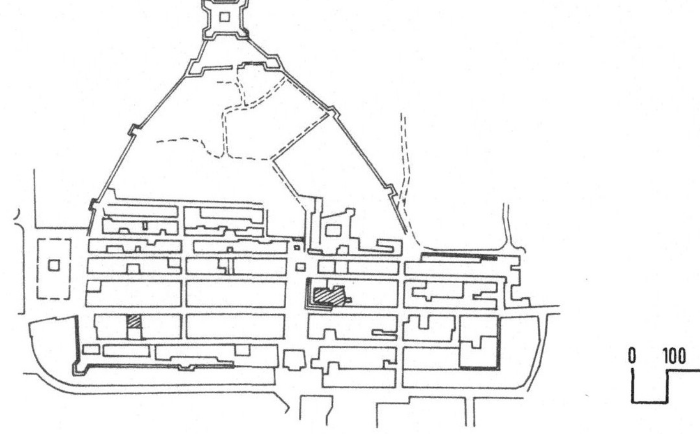

NACH: FAVOLE   PIAZZE D'ITALIA   MILANO 1972

MANFREDONIA
NEUGRÜNDUNG, 1256

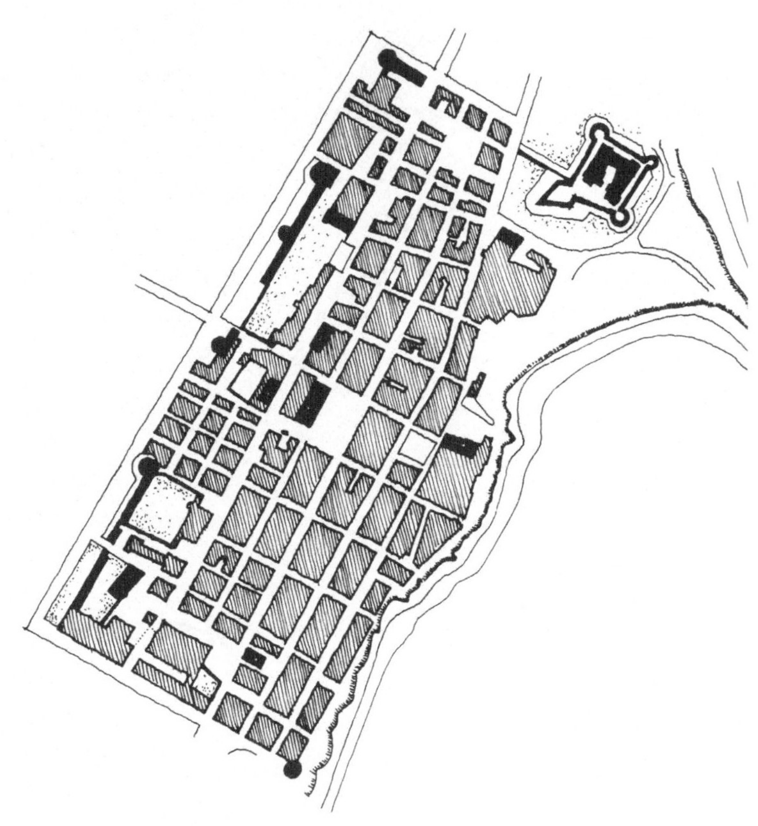

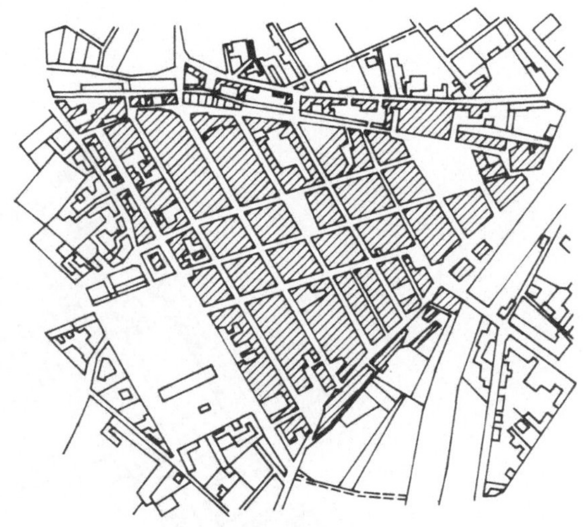

CITTADUCALE, 1309

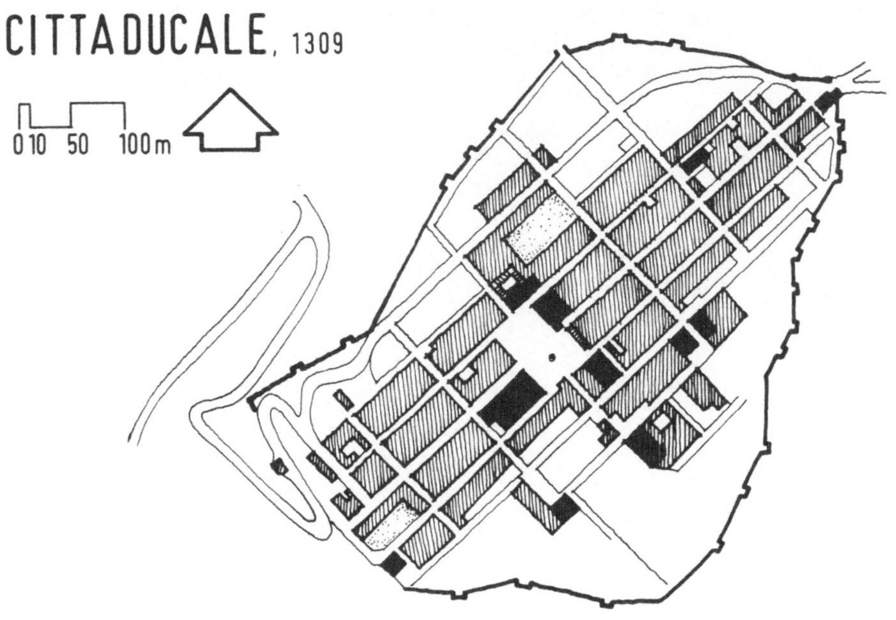

FRANKREICH

KARTE BEDEUTENDER SIEDLUNGEN UND STÄDTE IN MITTELALTER, RENAISSANCE UND BAROCK

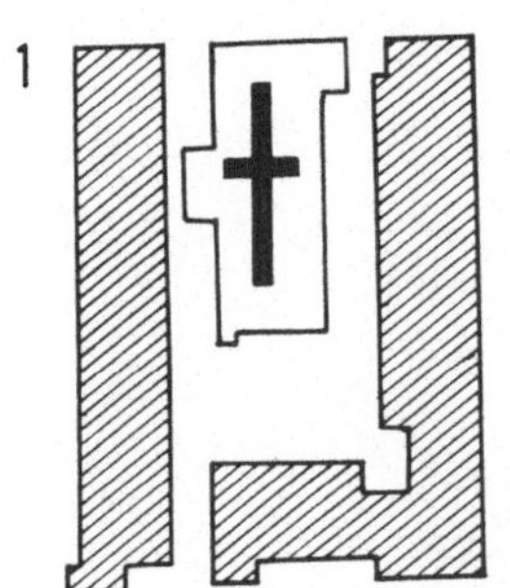

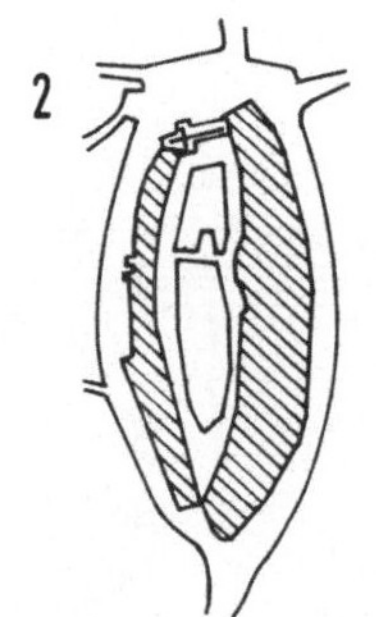

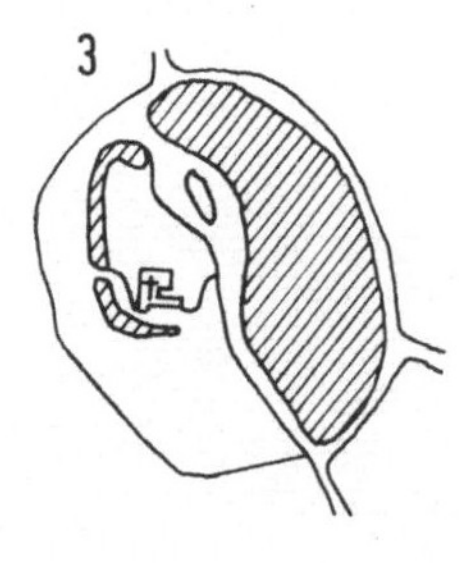

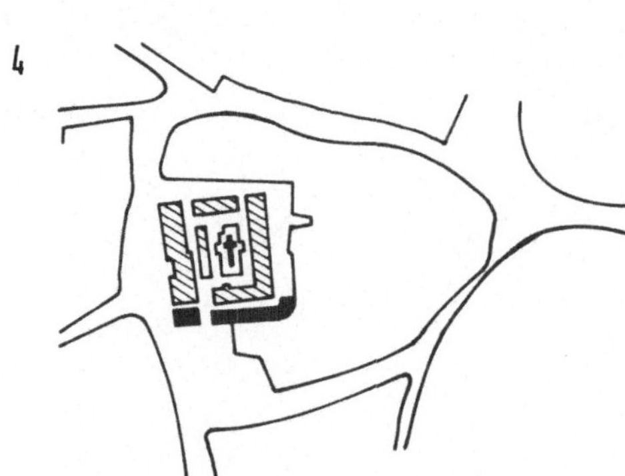

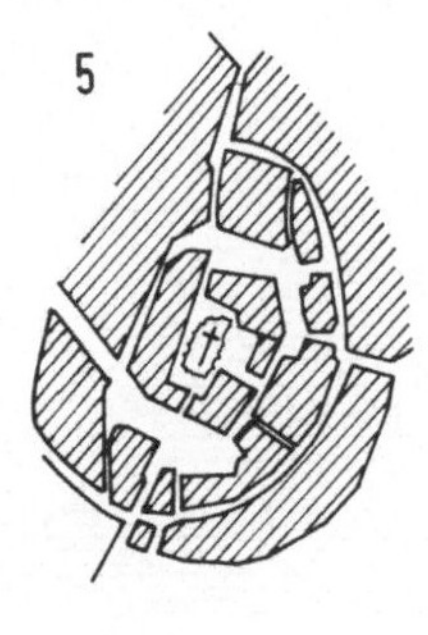

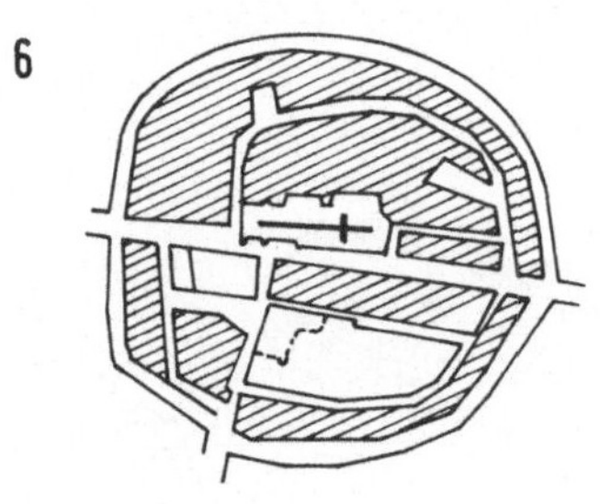

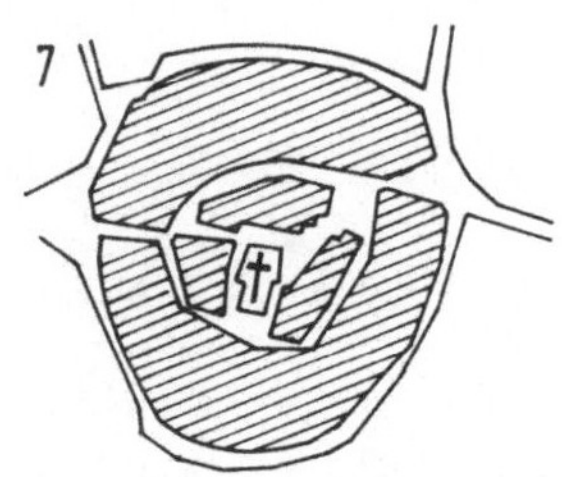

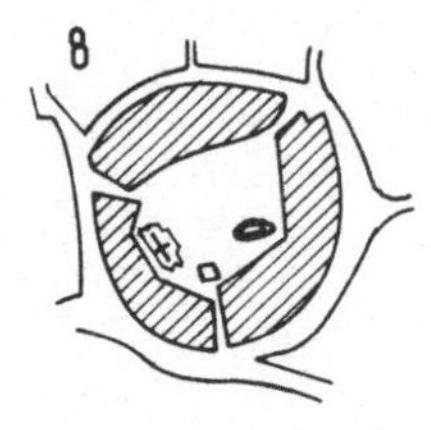

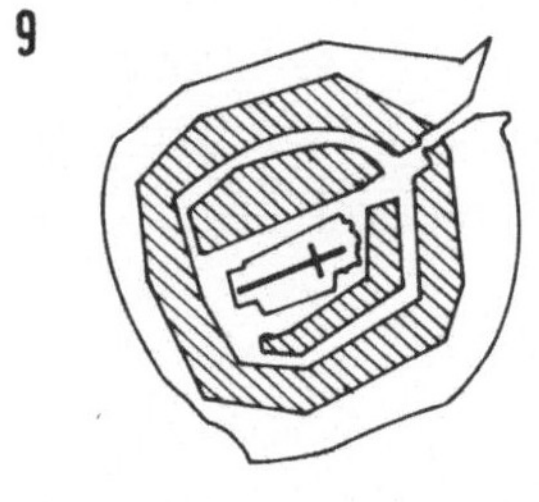

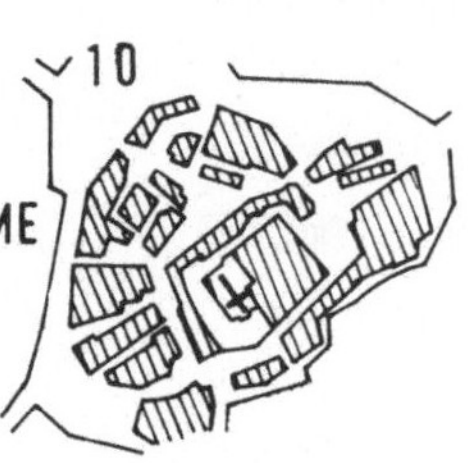

1 MONTJOIE
2 LA BARTHE-DE-RIVIÈRE
3 BEAUMONT-SUR-LÈZE
4 SAINT-CÉSERT
5 SAINTE-COLOMBE-DE-LA-PLUME
6 MARTRES-TOLOSANE
7 SAINT-ANDRÉ
8 SABONNIÈRES
9 SARRANT
10 VAILHOURLES

NACH: EGLI E. GESCHICHTE D. STÄDTEB.

ZÜRICH 1959   TR79

EGUISHEIM

RUNDSTADT, LAGEPLAN

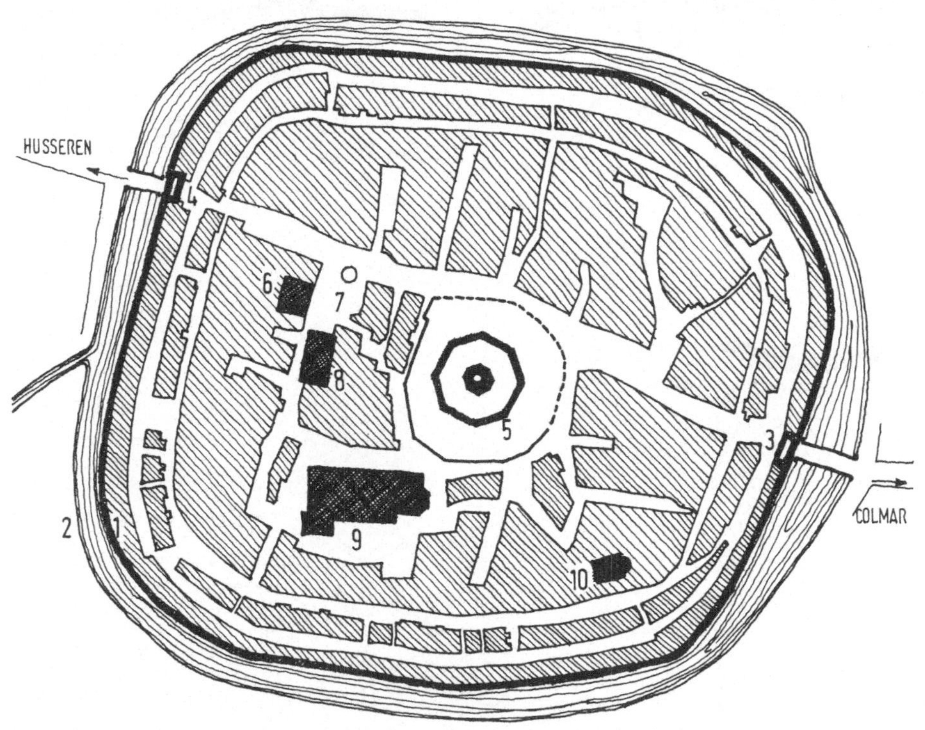

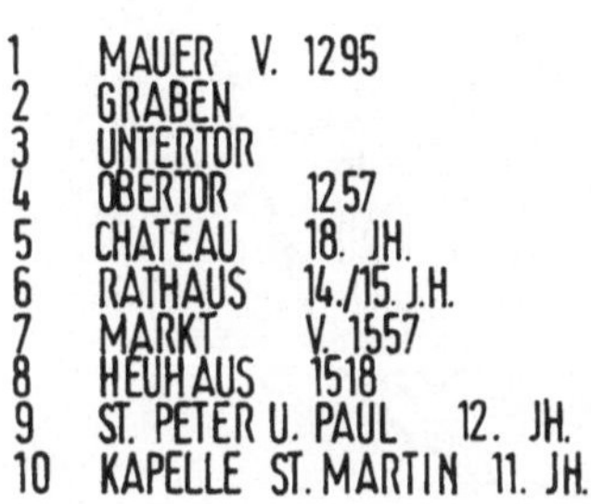

1 MAUER   V. 1295
2 GRABEN
3 UNTERTOR
4 OBERTOR   1257
5 CHATEAU   18. JH.
6 RATHAUS   14./15. J.H.
7 MARKT   V. 1557
8 HEUHAUS   1518
9 ST. PETER U. PAUL   12. JH.
10 KAPELLE ST. MARTIN 11. JH.

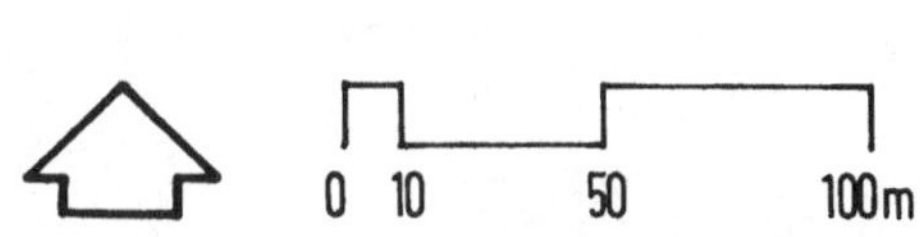

PARIS
STADTWACHSTUM IM 13. UND 14. JH.

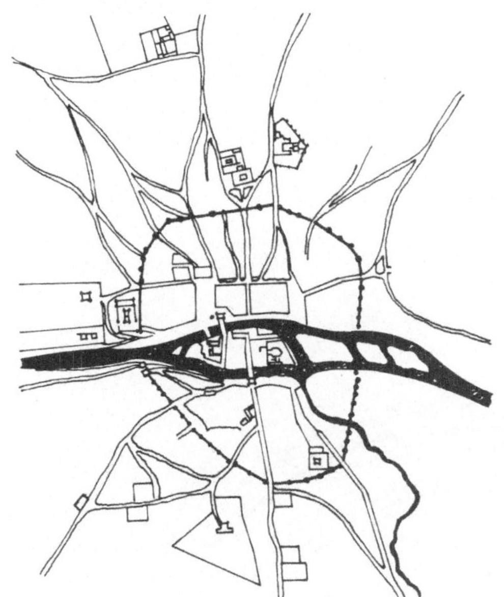

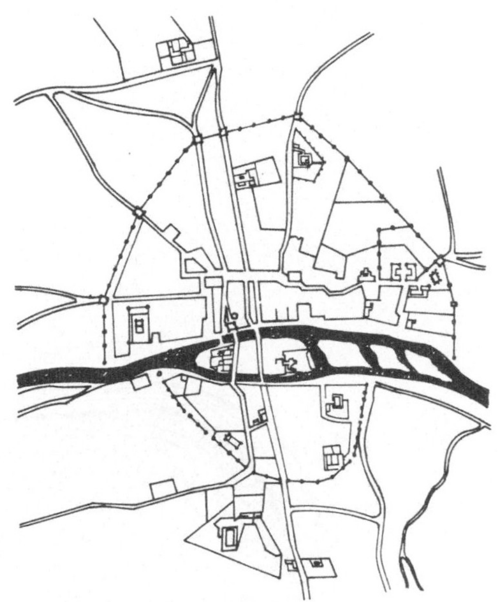

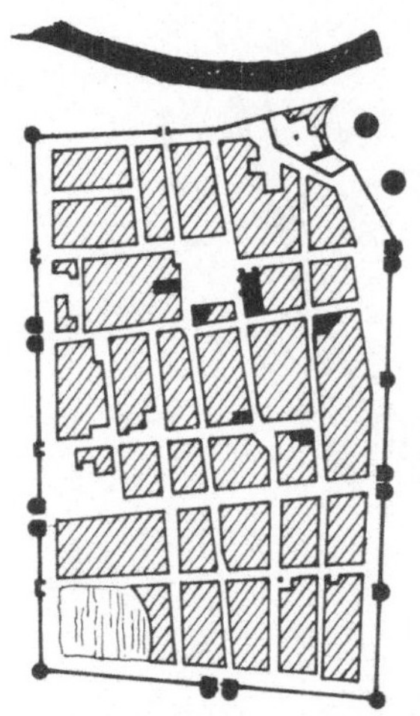

AIGUES-MORTES
BASTIDE, GEGR. 1240

CARCASSONNE
CITÉ, BURGSTADT RÖM. URSPR.

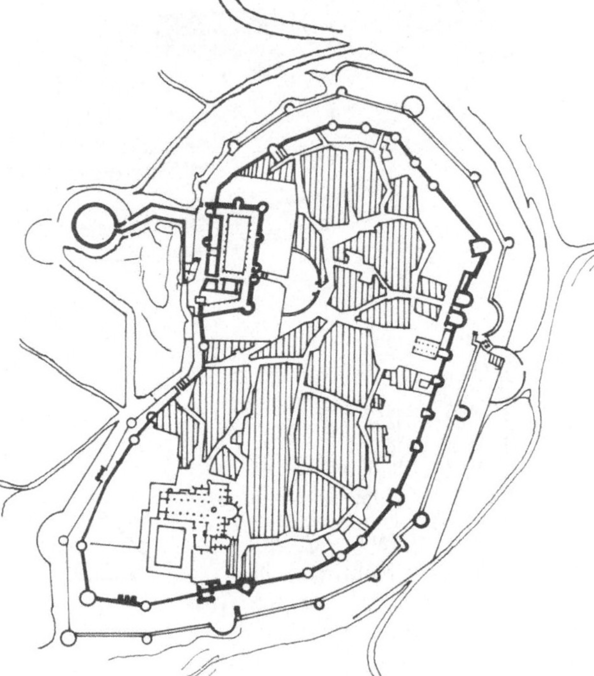

NACH: VIOLLET-LE-DUC E. MILITARY ARCHITECTURE   LONDON 1977 (REPRINT)   TR79

STe.-FOY-LA-GRANDE

BASTIDE, UND WEITERE FRANZÖS. BASTIDES

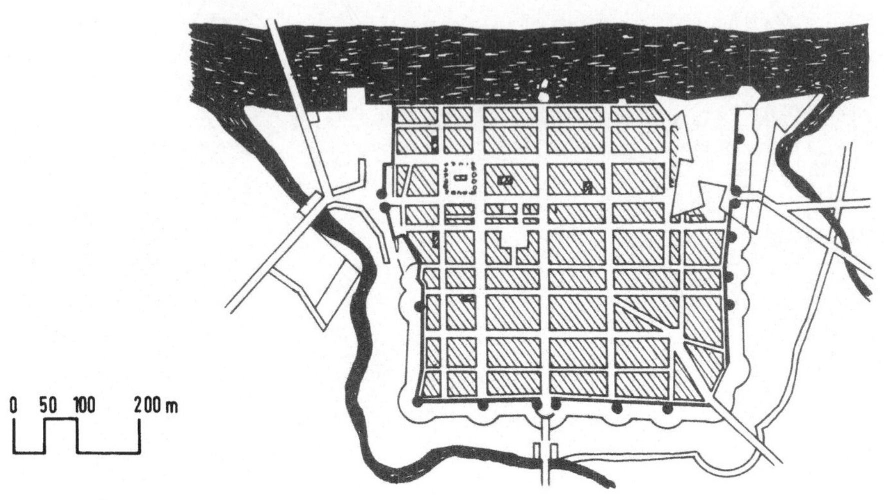

MIRANDE GEGR. 1285

SCHACHBRETTPLAN, UNREGELM. BEGRENZT

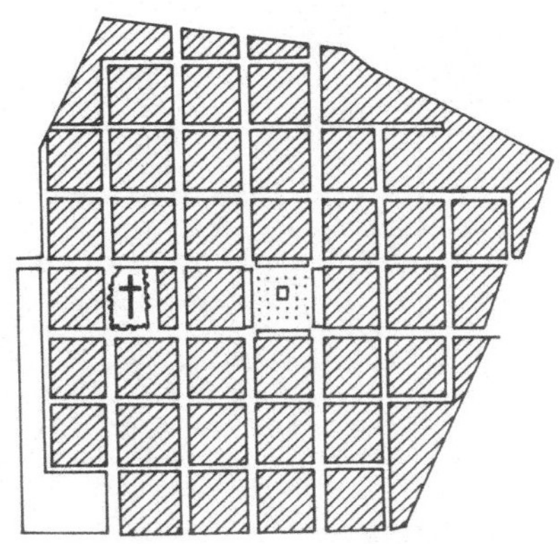

MONPAZIER GEGR. 1284

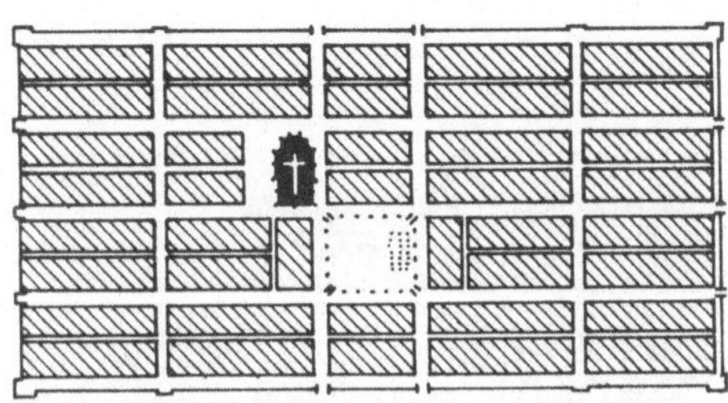

FRANZÖSISCHE BASTIDENSTÄDTE DES 13. JH.s

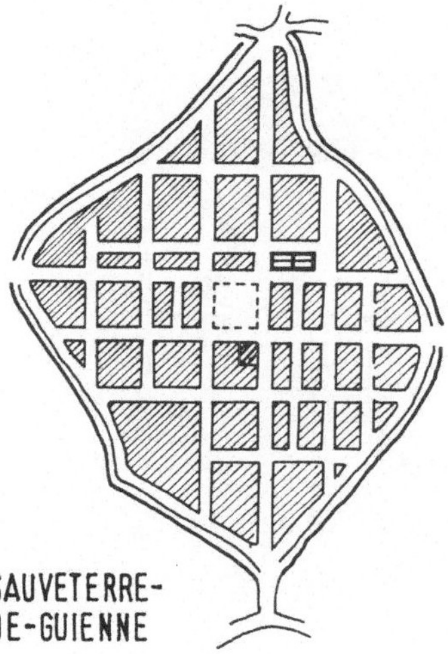

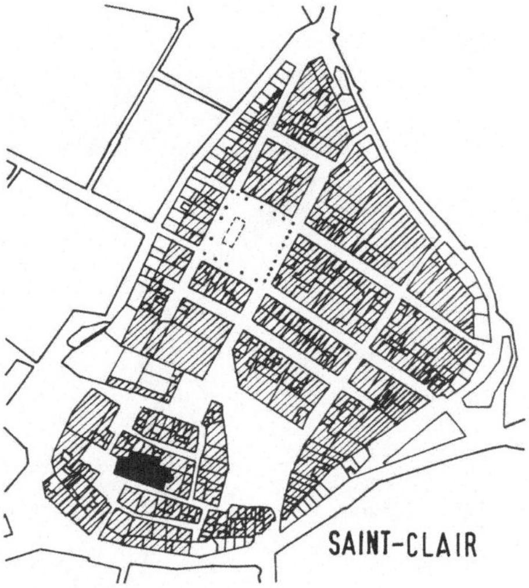

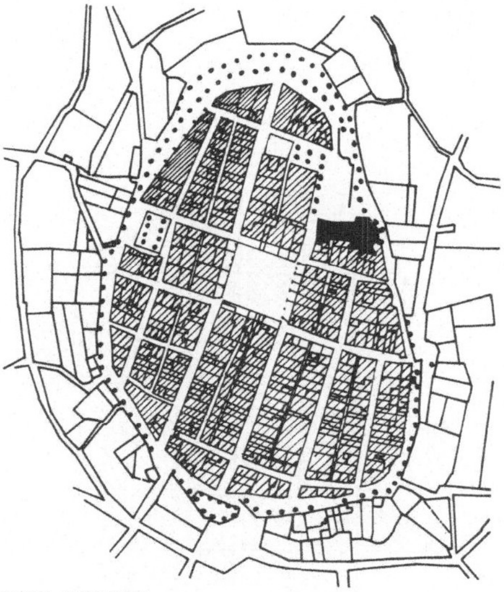

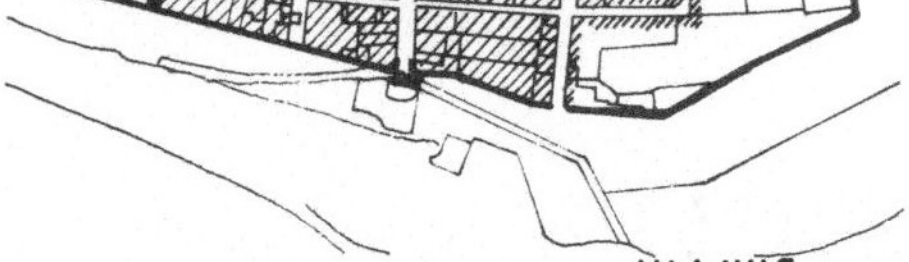

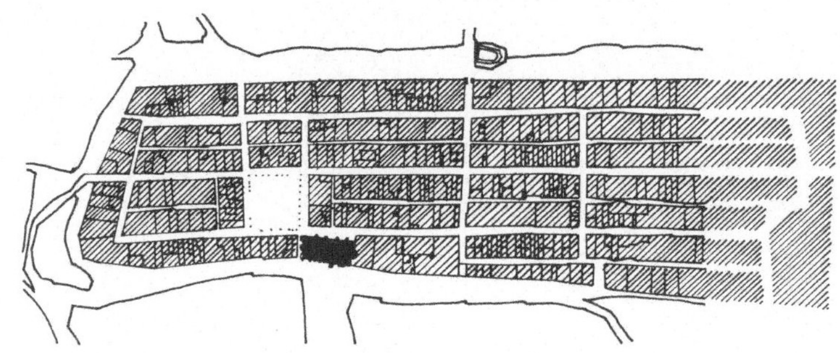

NACH VITRUV (88-26 V.CHR.)

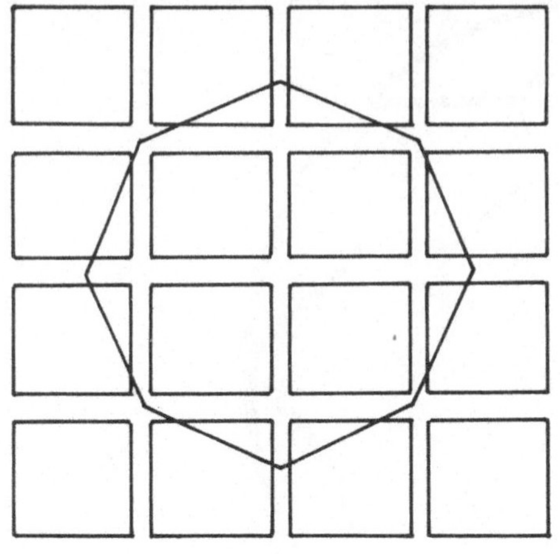 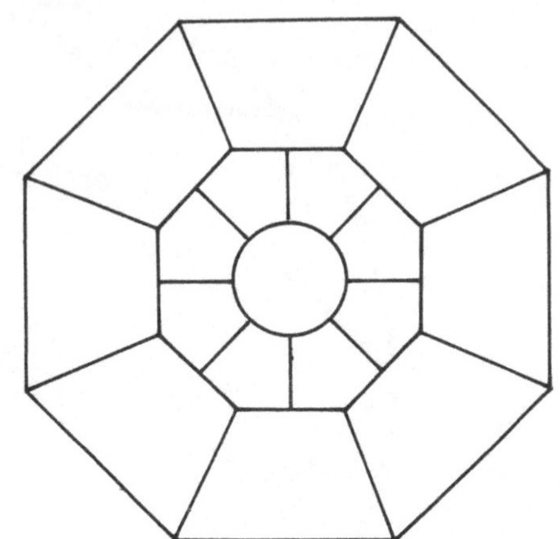

VITRUV , BUCH I , 6-8
STADTPLÄNE , NACH DER AUSGABE VON 1511

DIE VITRUVIANISCHE STADT ,NACH:
'THE ARCHITECTURE OF MARCUS VITRUVIUS
POLLIO' (ÜBERS. JOS. GWILT , 1860)

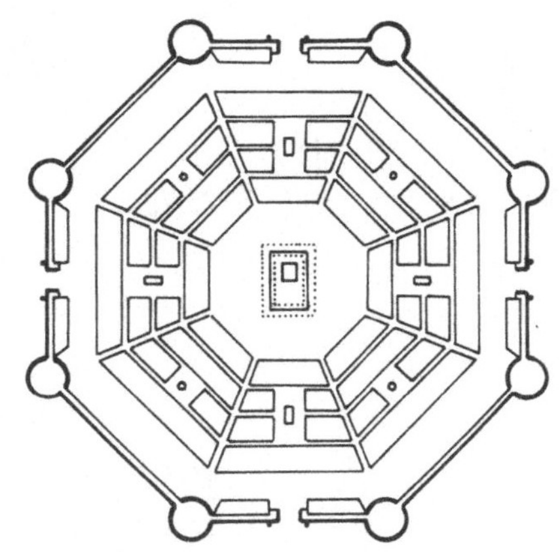

VITRUVIANISCHE STADTPLÄNE NACH:
PIETRO CATANEO : I QUATTRO PRIMI
LIBRI DI ARCHITETTURA , VENEDIG ,1554

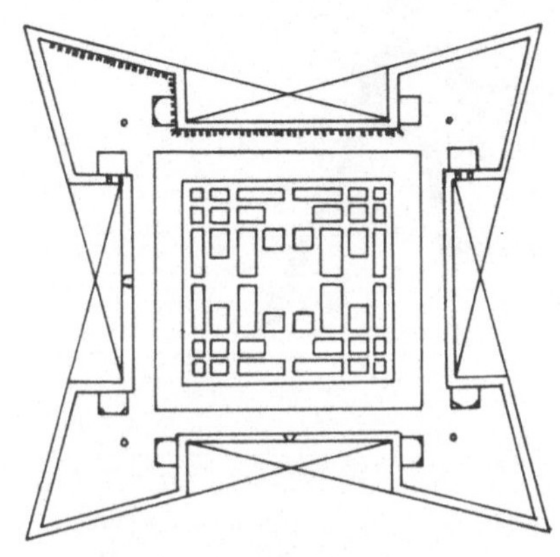

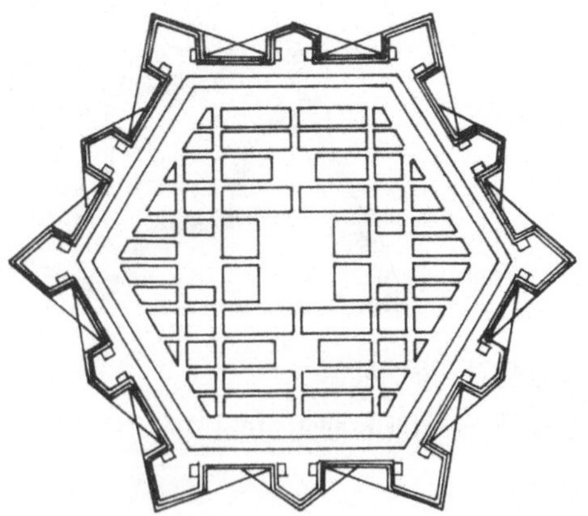

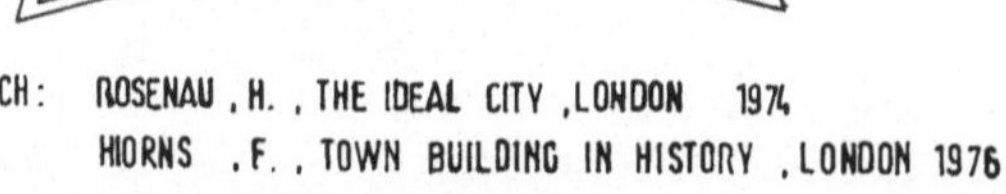

NACH: ROSENAU ,H. , THE IDEAL CITY ,LONDON 1974
        HIORNS .F. , TOWN BUILDING IN HISTORY ,LONDON 1976

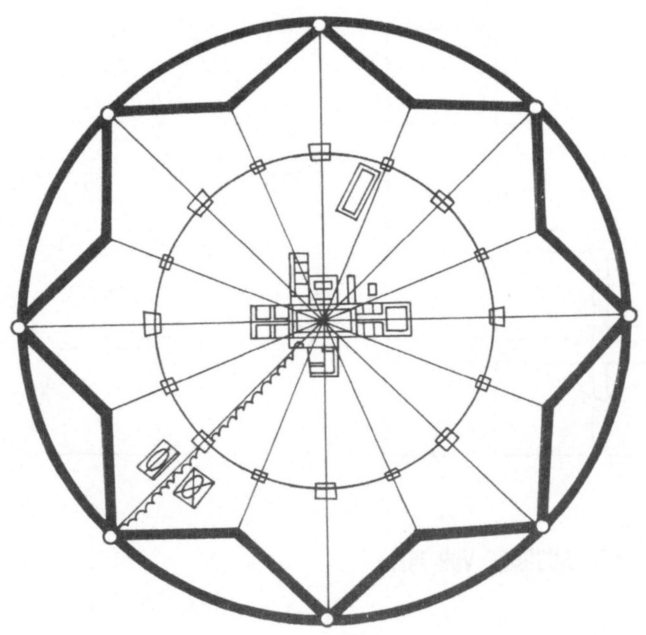

FILARETE , 1400 - 1469 ,
GRUNDRISS DER STADT SFORZINDA

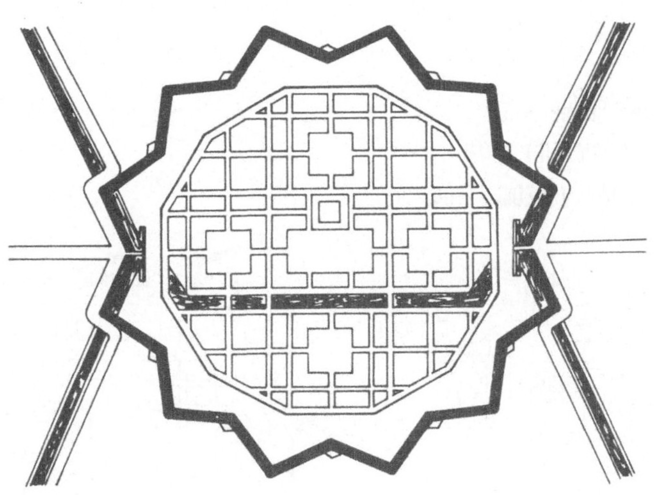

SCAMOZZI , UM 1600
GRUNDRISS EINER IDEALSTADT

VITRUVIANISCHE STADT
NACH BERARDO GALIANI
(NEAPEL 1758)

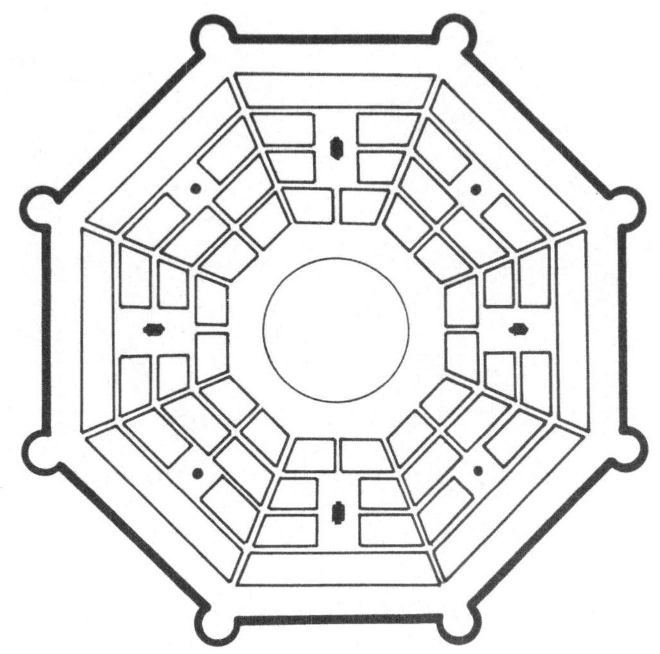

VITRUVIANISCHE STADT
NACH JOSE ORTIZ Y SANZ
(MADRID 1787)

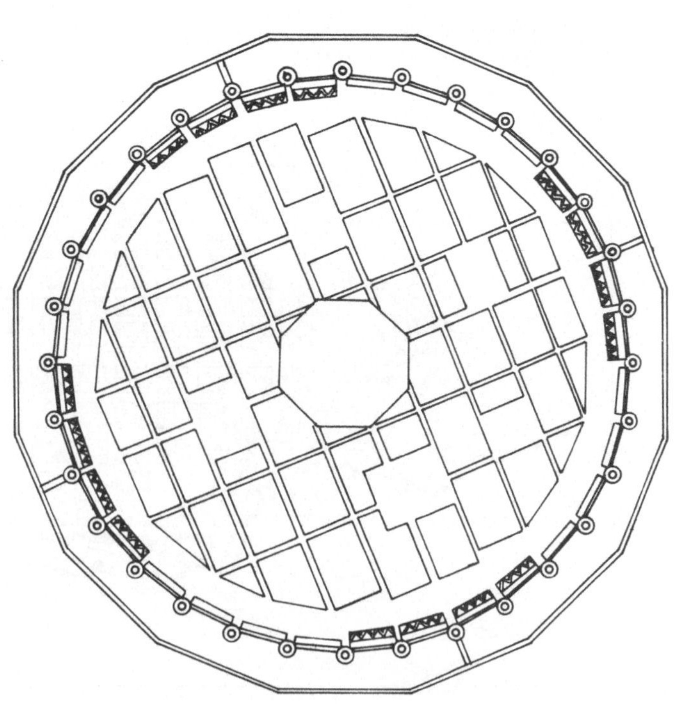

IDEALSTADTENTWÜRFE

PIETRO CATANEO : 'CITTA DEL PRINCIPE'

PIETRO CATANEO :
STADT AM MEER
MIT ZITADELLE
UND BEFESTIGTEM HAFEN

LA VALETTA (MALTA)

NACH : MORINI M. , ATLANTE EGLI E. , GESCHICHTE , BAND III , ZÜRICH 1959

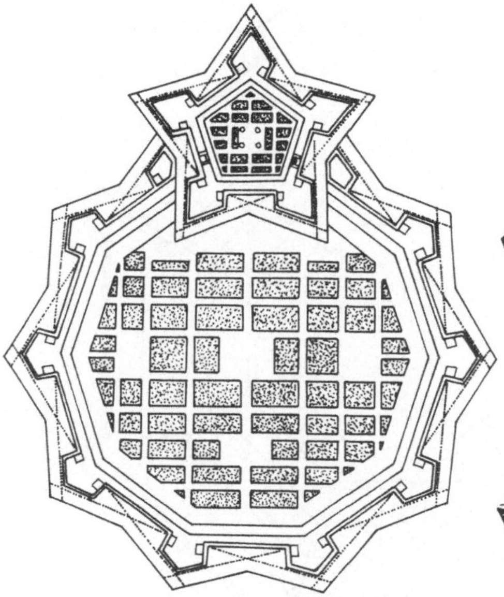

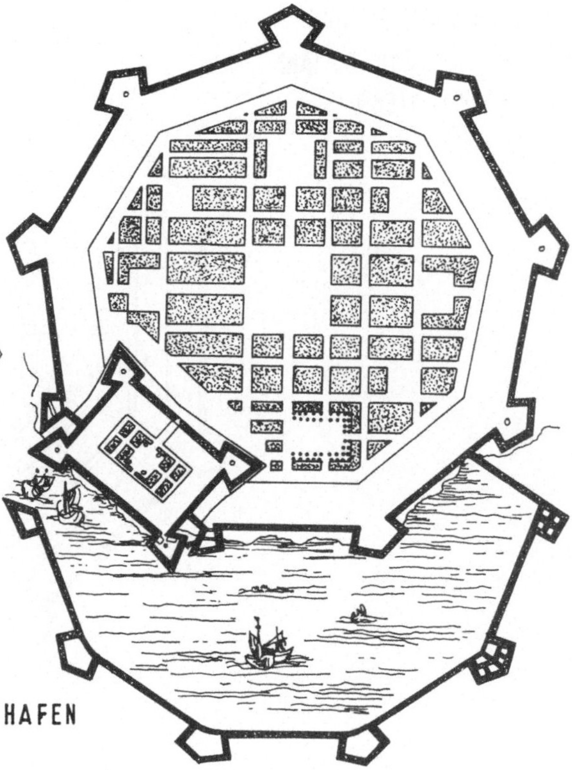

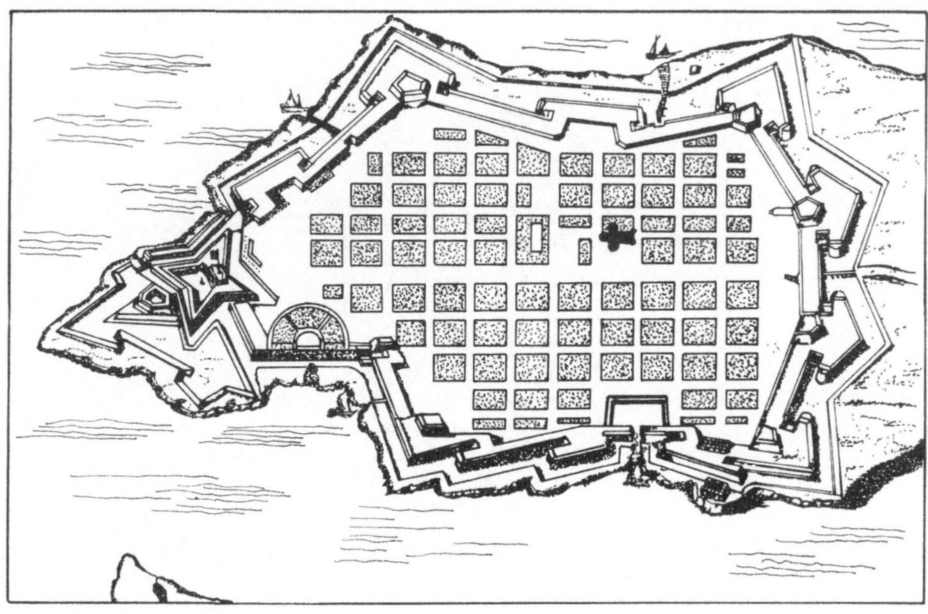

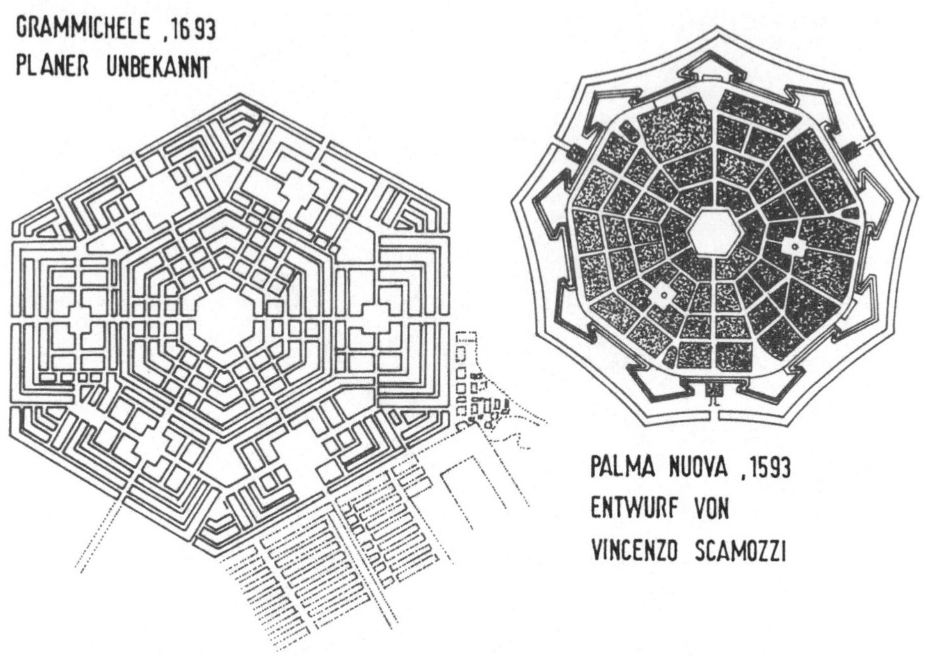

VINCENZO SCAMOZZI : "L'IDEA DELL'ARCHITETTURA UNIVERSALE", VENEDIG 1615

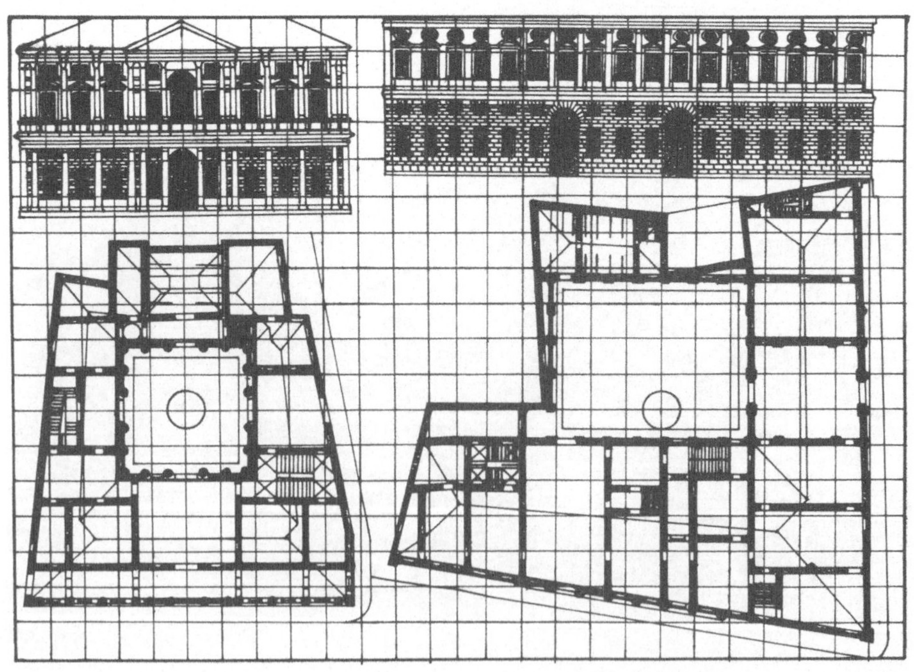

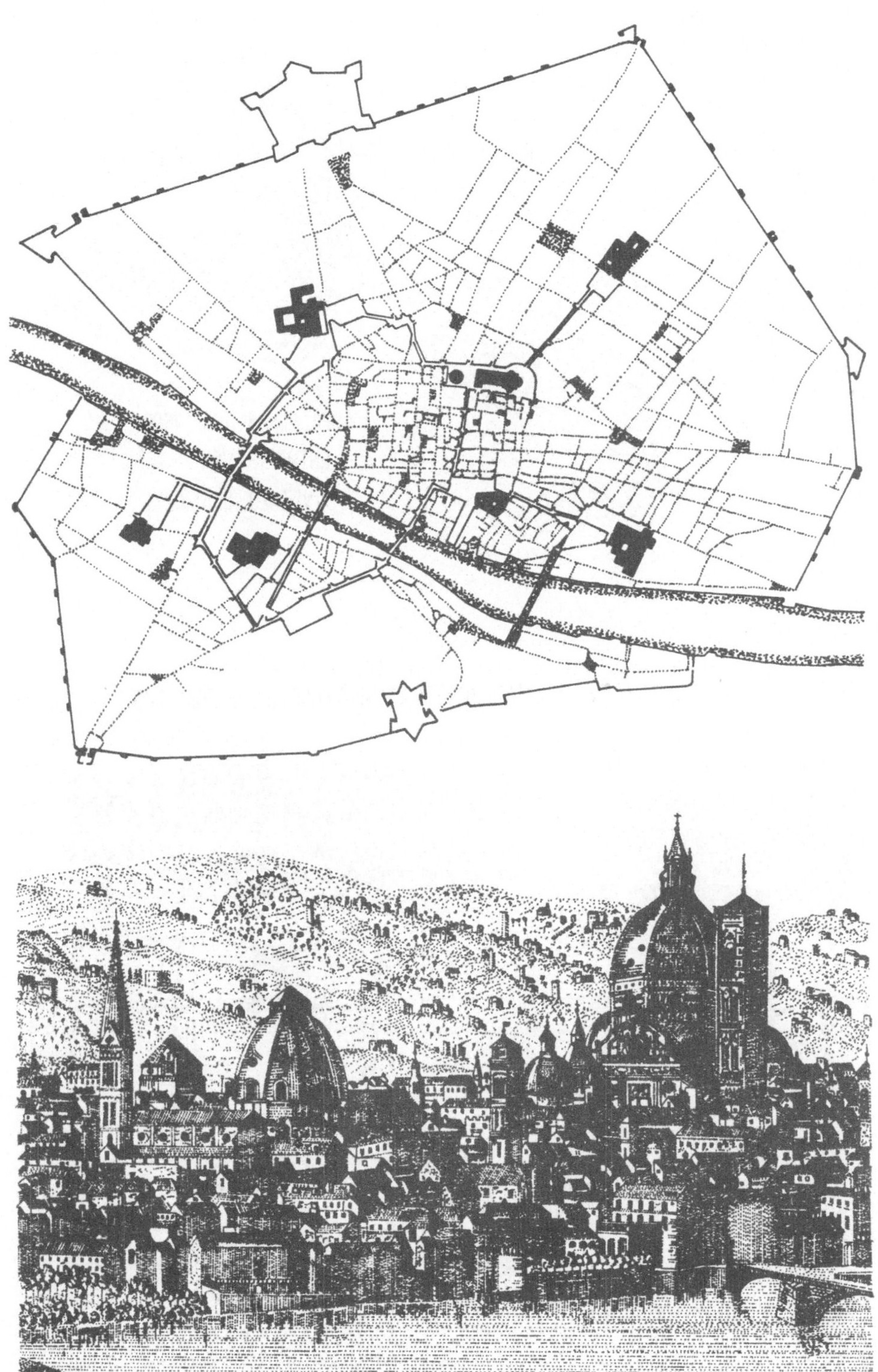

ROM
KAPITOL , BEG. 1539 , MICHELANGELO

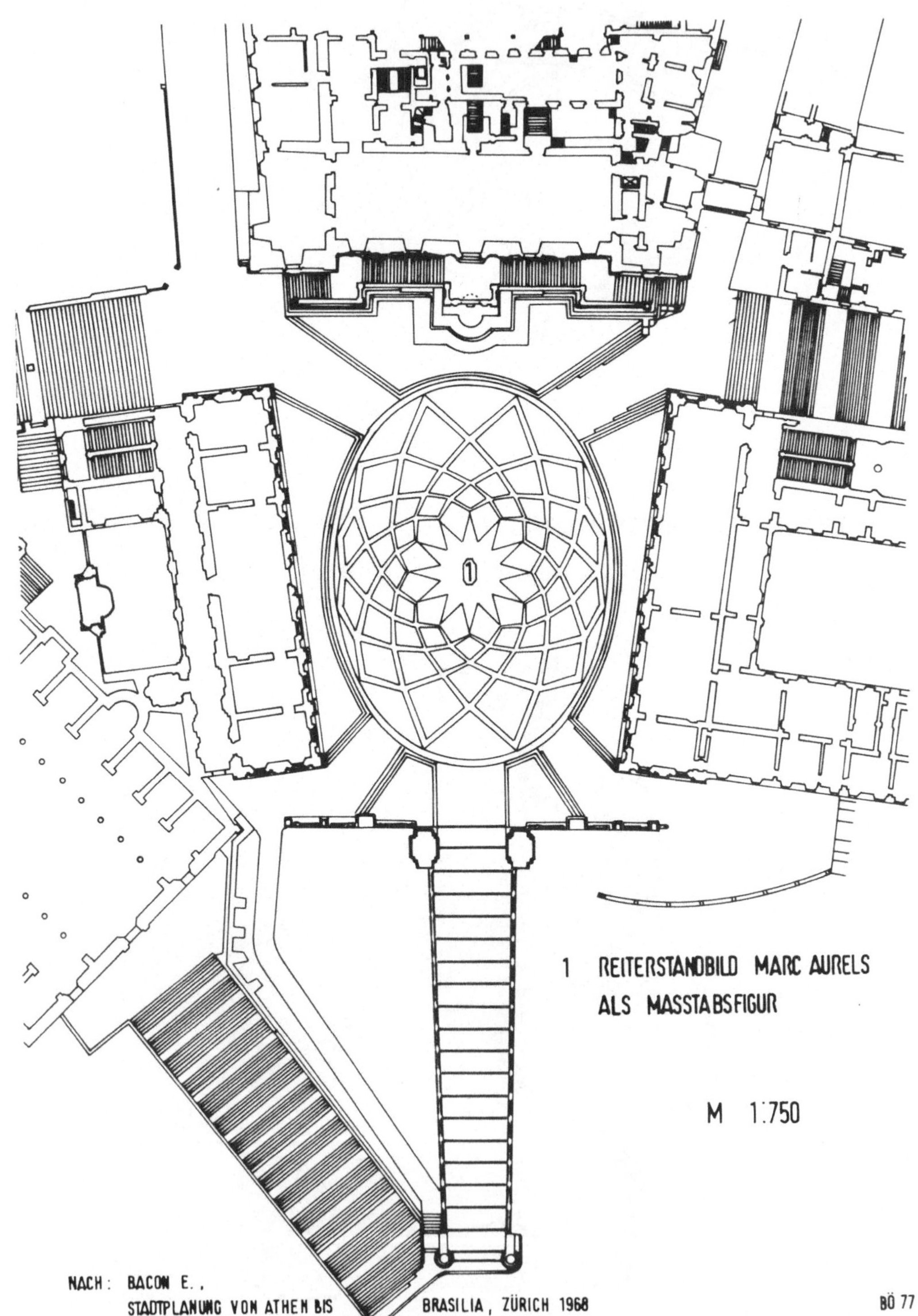

PIAZZA DEL POPOLO

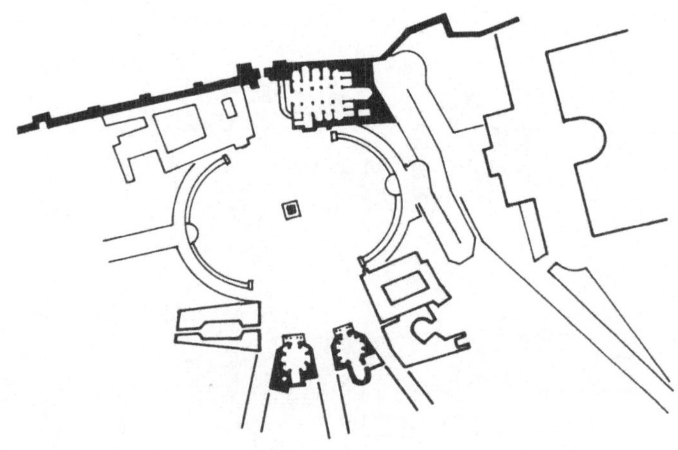

'PROZESSIONSSTRASSENSYSTEM' SIXTUS' V.

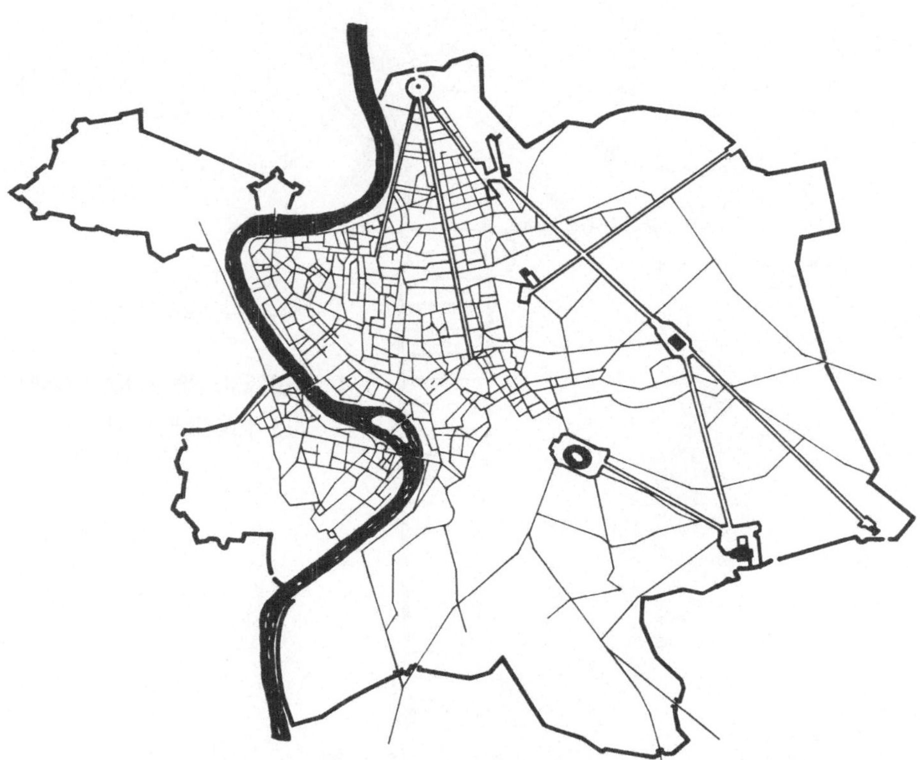

NACH: BACON E., STADTPLANUNG VON ATHEN BIS BRASILIA, ZÜRICH 1968

PETERSPLATZ ,1656-1667 , GIOV. LORENZO BERNINI

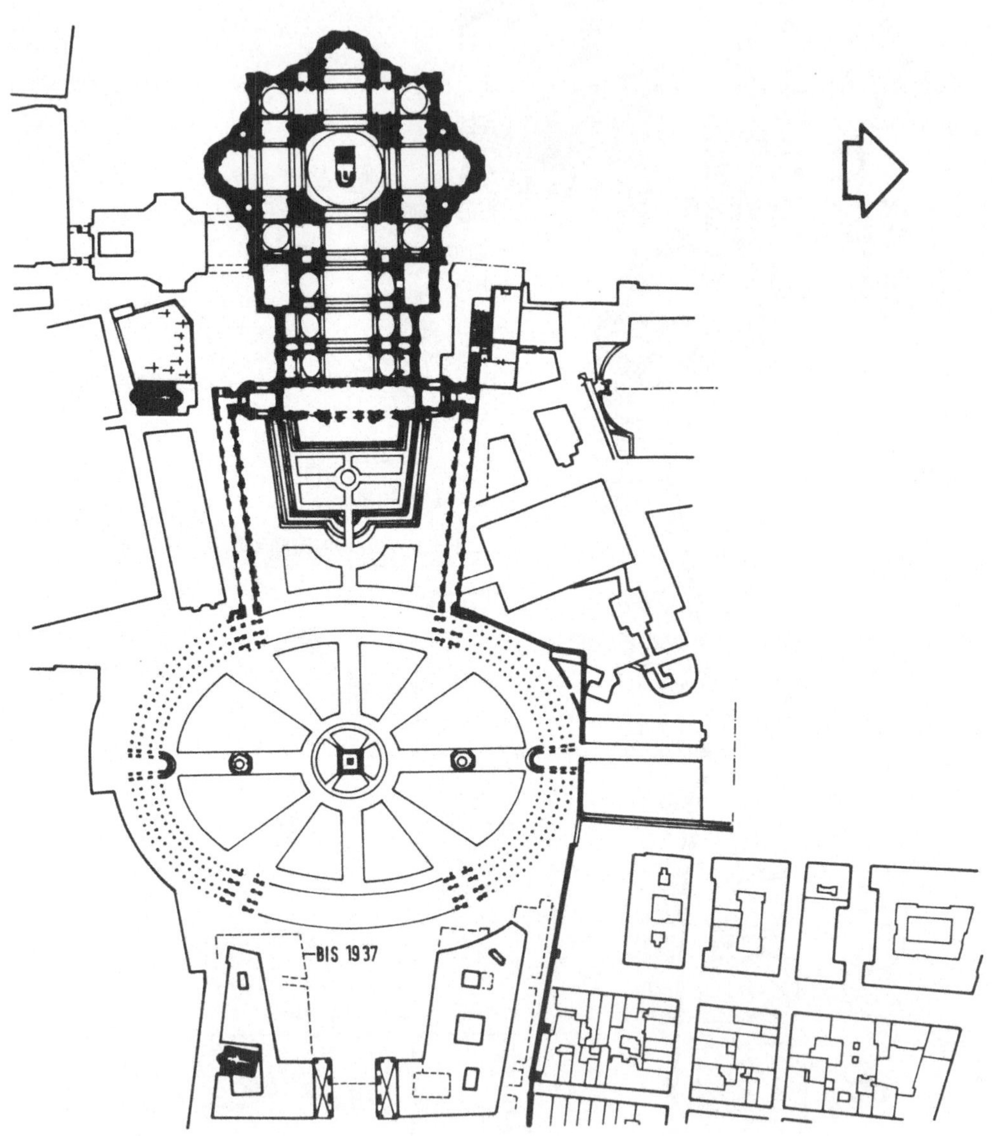

TRAPEZ – PLÄTZE

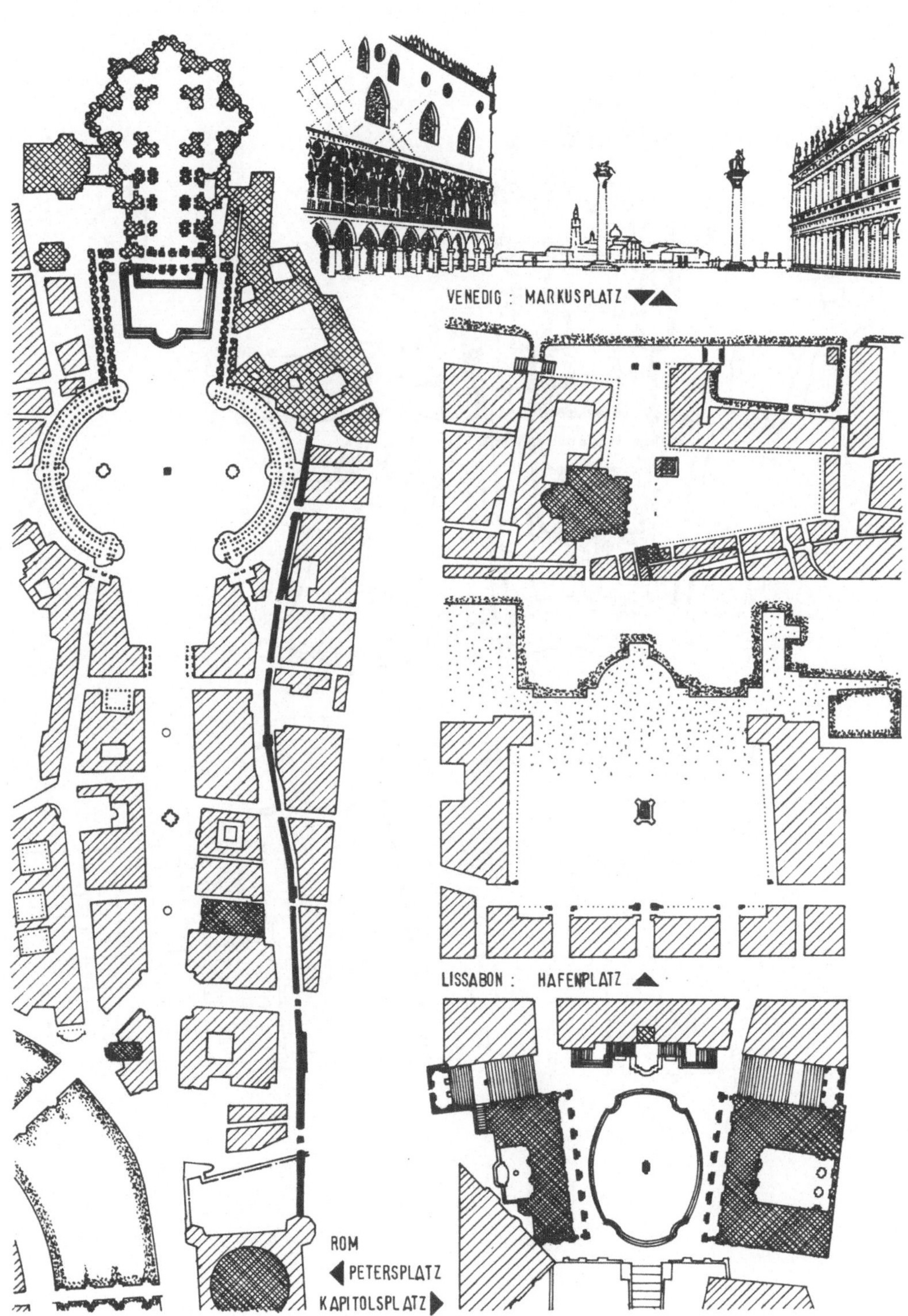

NACH: F. HESS, KONSTRUKTION UND FORM IM BAUEN, STUTTGART 1949

TH 79

VENEDIG
MARKUSPLATZ

PE/75

PIAZZA SAN CARLO

STADTERWEITERUNG IM XVII. JH.

A PIAZZA DI CASTELLO
B PIAZZA SAN CARLO
1 VIA NUOVA (VIA ROMA)
2 VIA PO

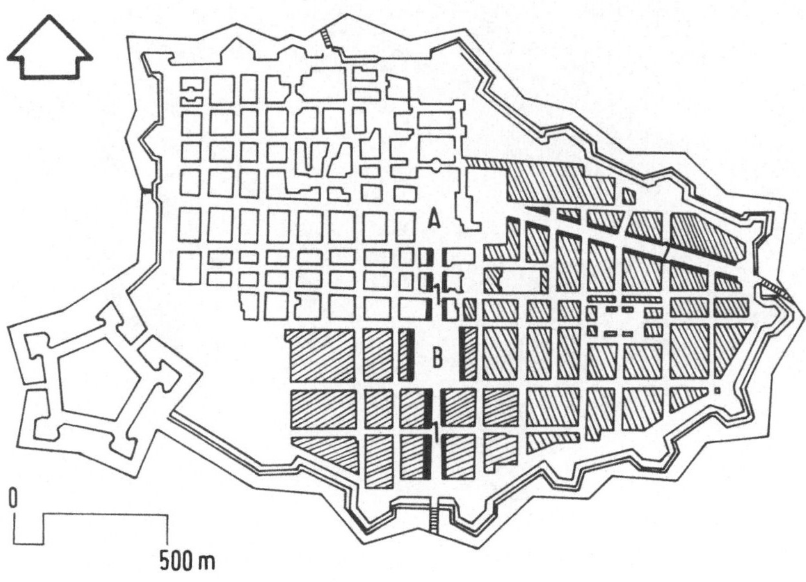

NACH: MUMFORD L., DIE STADT, MÜNCHEN 1979
LAVEDAN P., HISTOIRE DE L'URBANISME, PARIS 1952

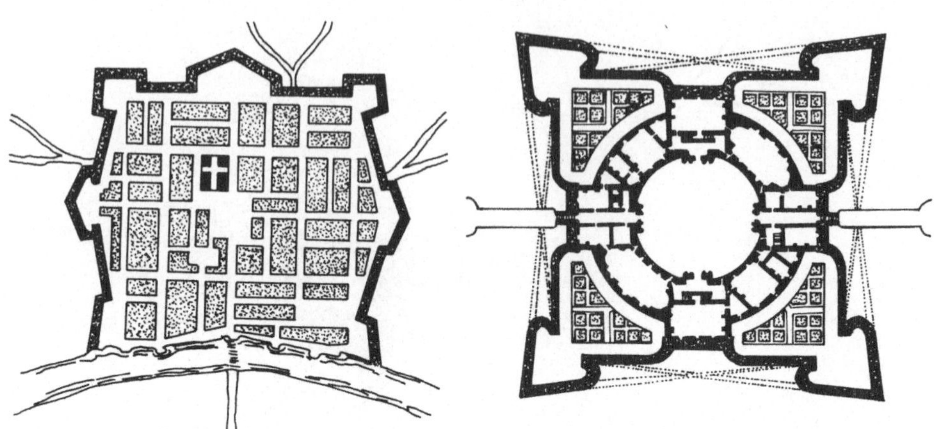

1. VITRY-LE-FRANCOIS 1545

2. STADTBEFESTIGUNG NACH
   DU CERCEAU, 1615

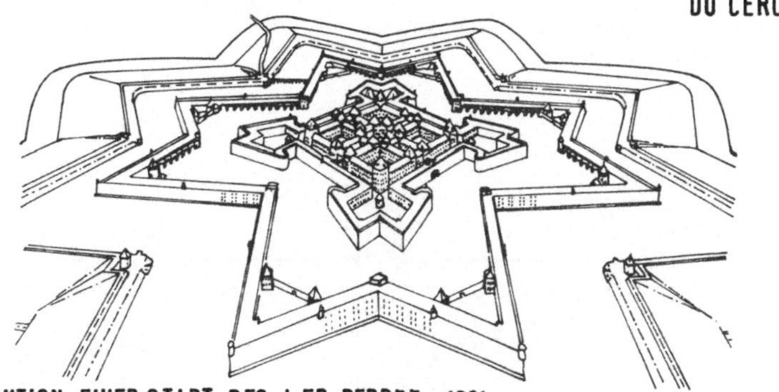

3. REKONSTRUKTION EINER STADT DES J.FR.PERRET, 1601

4. BEFESTIGUNG VON LANDAU NACH VAUBAN, 1702   5. RICHELIEU   J.UND P. LEMERCIER, 1635

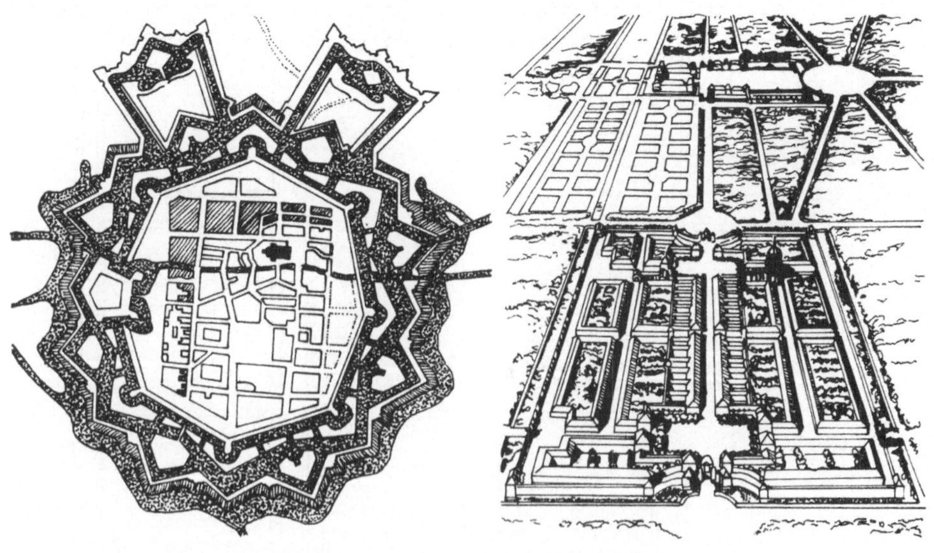

NEUBREISACH

FESTUNGSSTADT NACH VAUBAN (1633–1707)

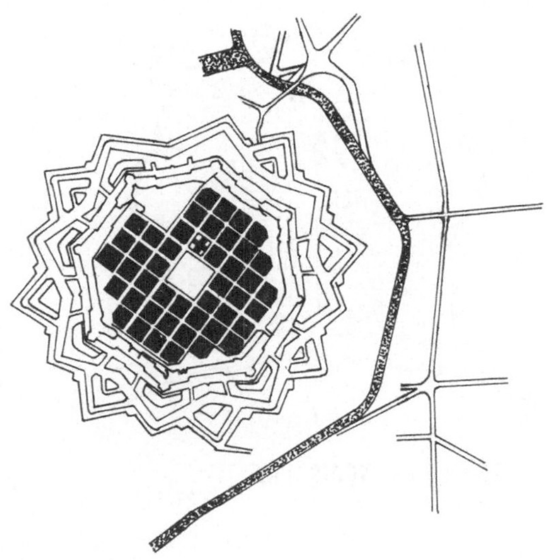

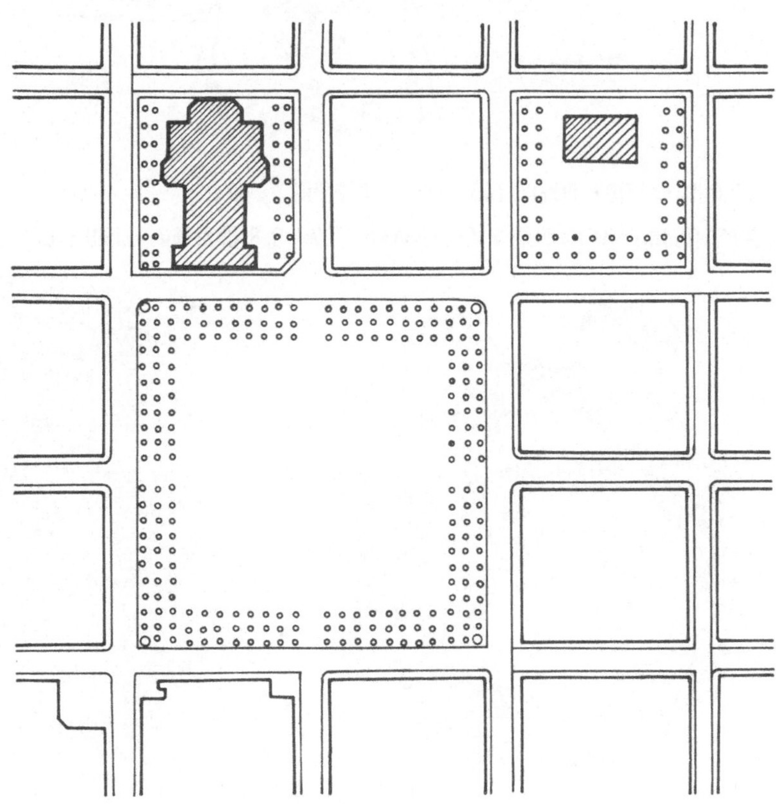

NACH: AUZELLE R. , ENCYCLOPEDIE DE L'URBANISME, PARIS AB 1950

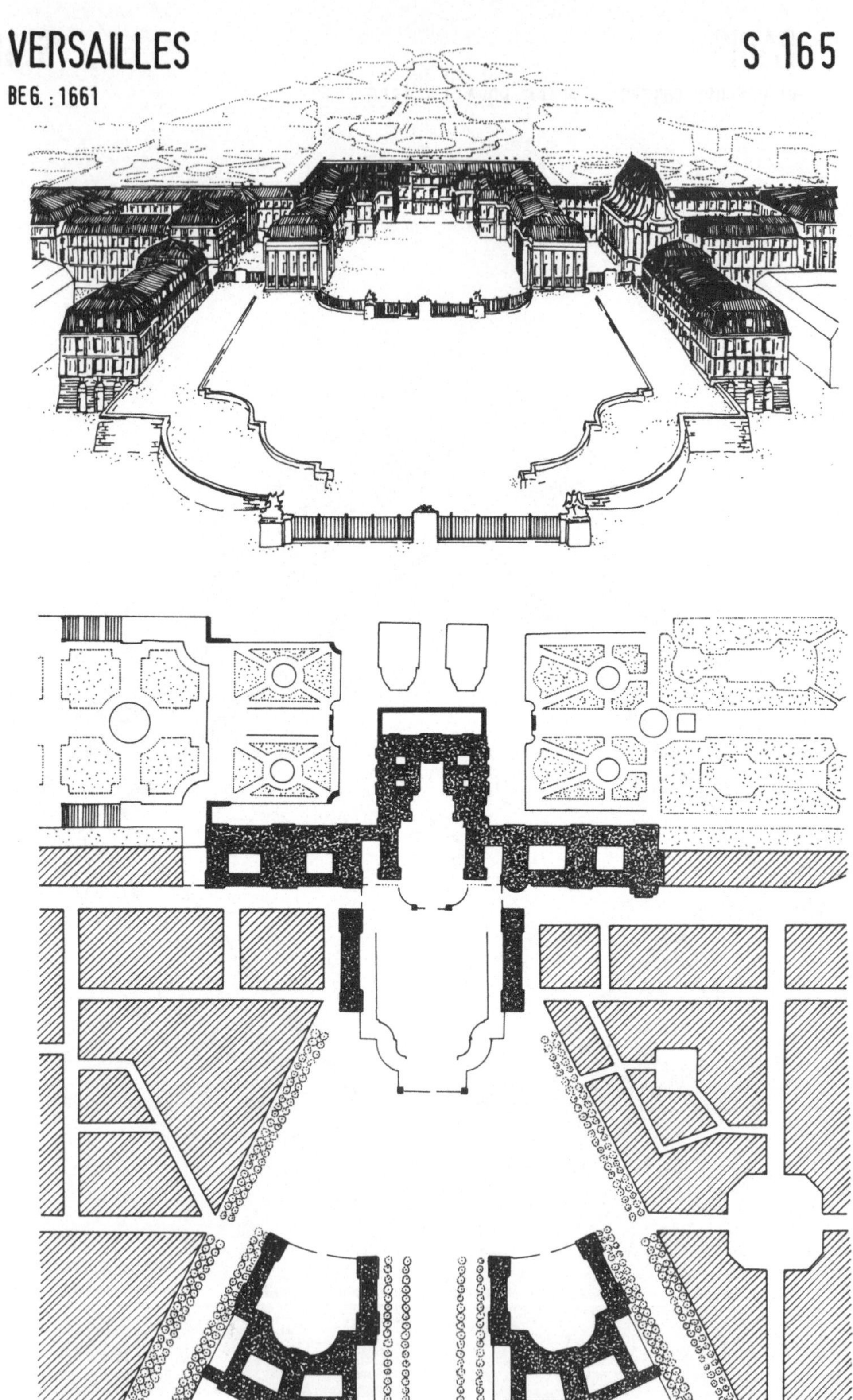

PARIS
PLACE DES VOSGES (PLACE ROYALE) 1605

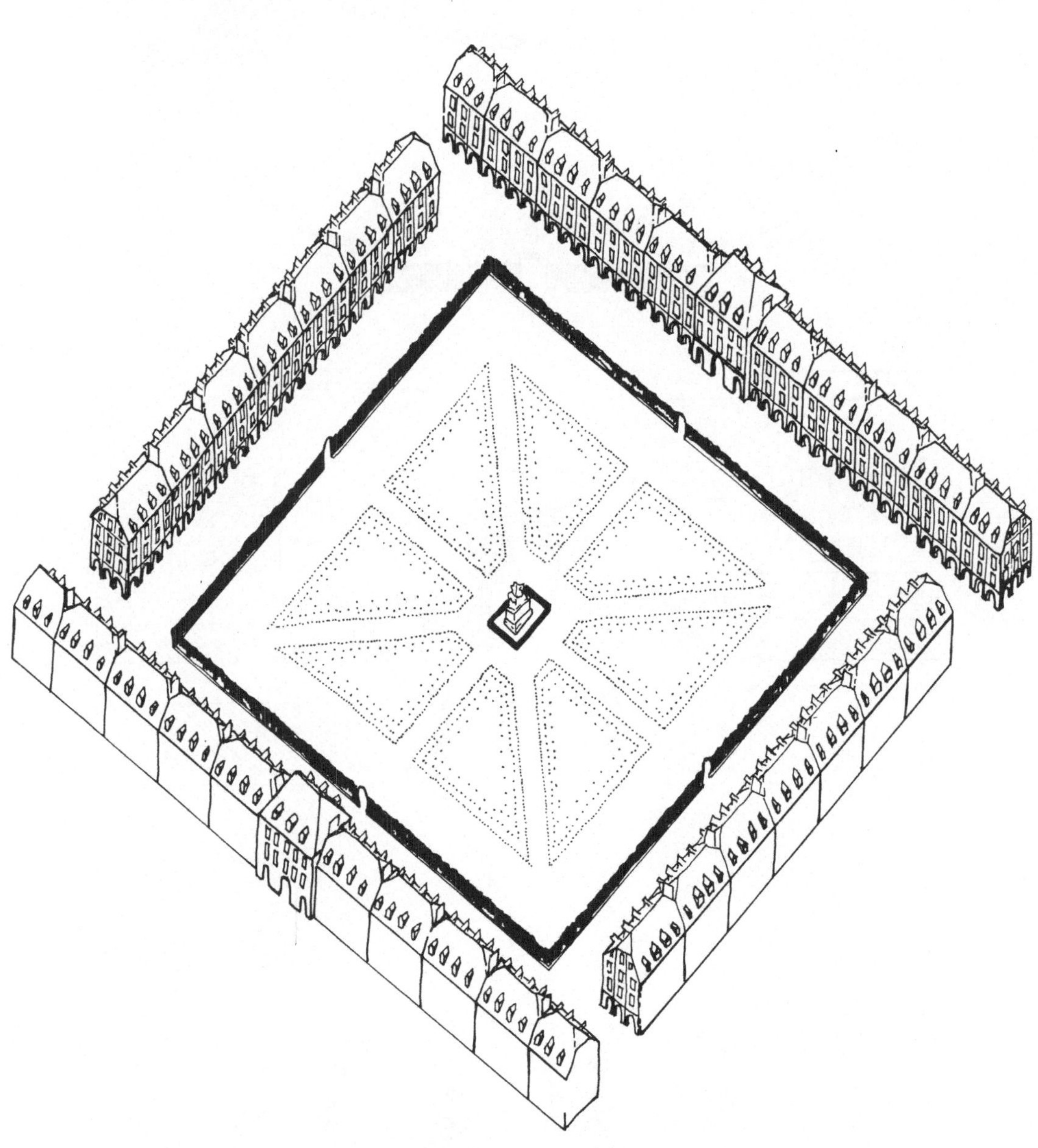

PARIS

PLACE VENDÔME, 1679, PLAN VON JULES HARDOUIN-MANSART (1598-1666)

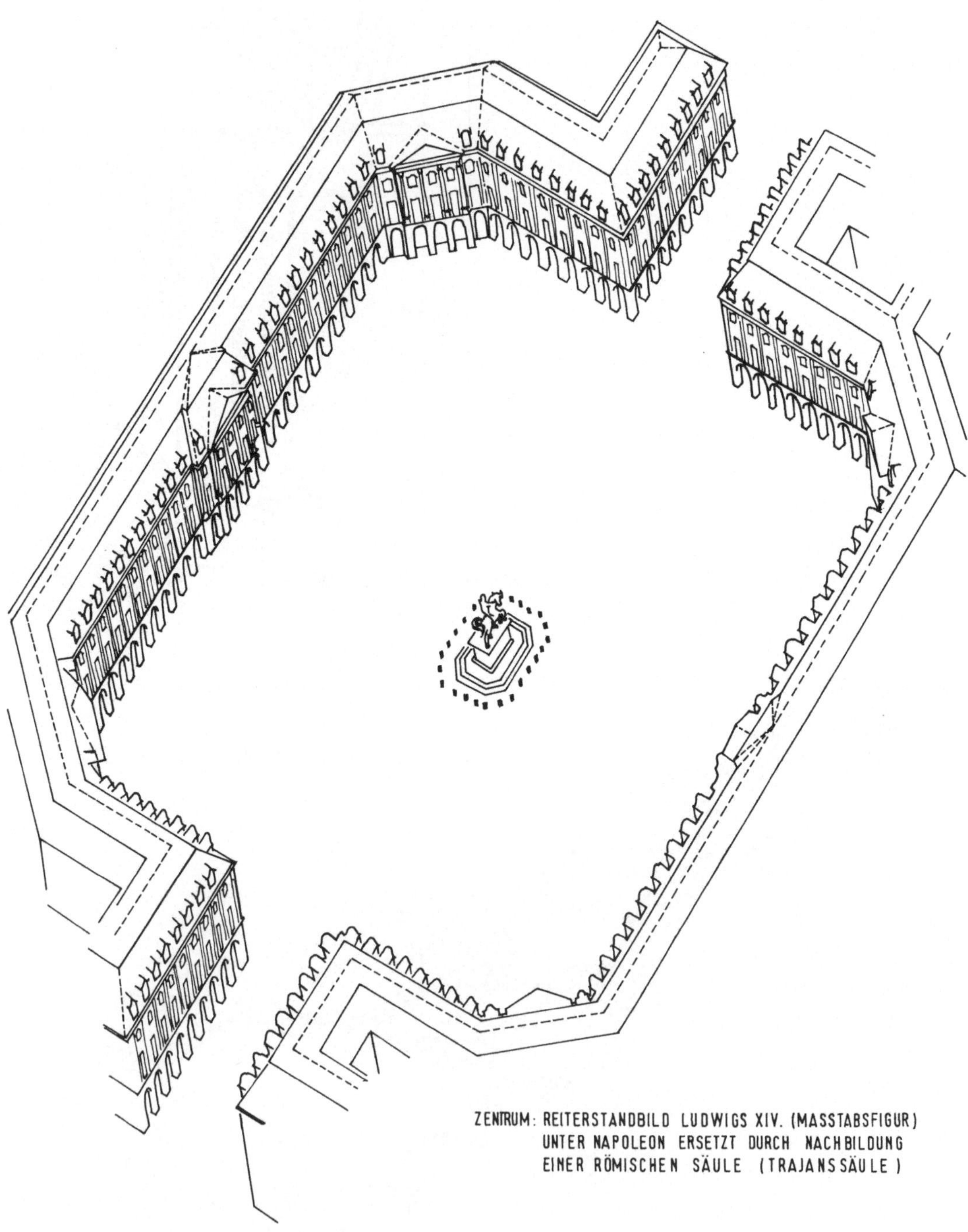

ZENTRUM: REITERSTANDBILD LUDWIGS XIV. (MASSTABSFIGUR)
UNTER NAPOLEON ERSETZT DURCH NACHBILDUNG
EINER RÖMISCHEN SÄULE (TRAJANSSÄULE)

PLACE STANISLAS, HÉRÉ DE CORNY, 1750

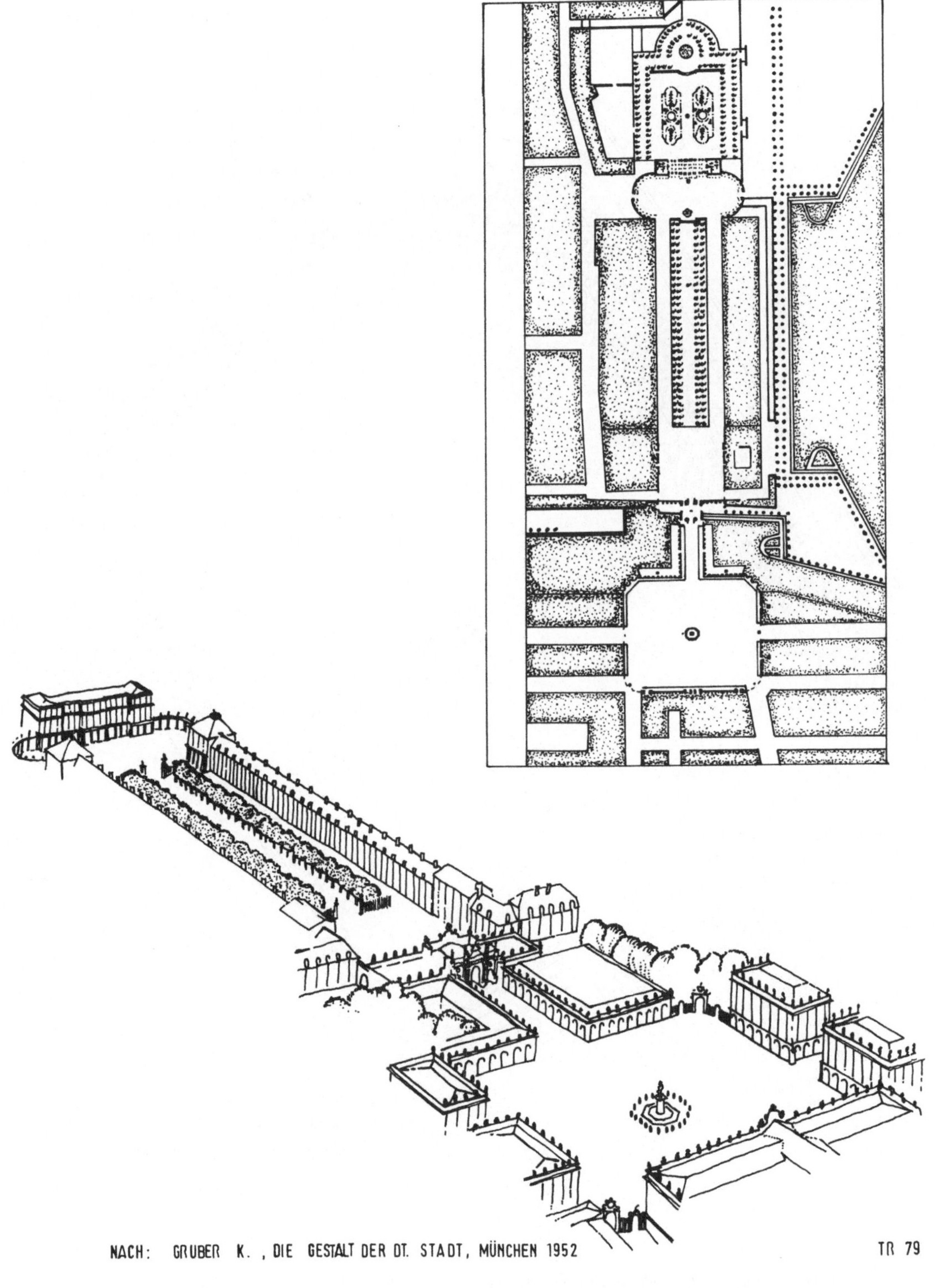

TR 79

ARC-ET-SENANS

SALINENANLAGE (CLAUDE-NICOLAS LEDOUX)

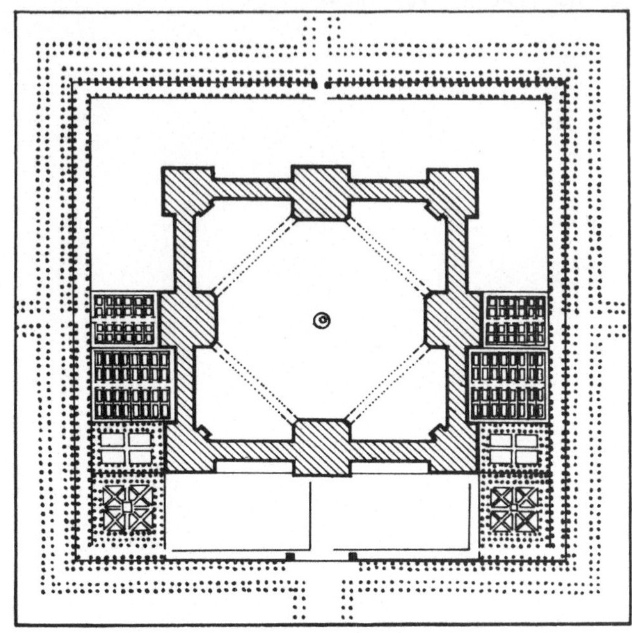

1. ENTWURF (1773?)

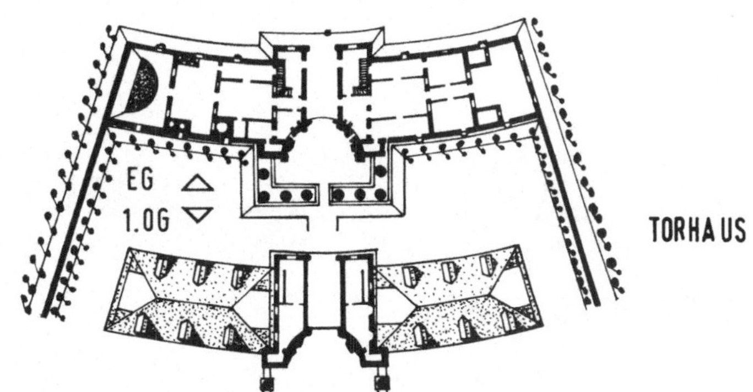

2. ENTWURF (1774)

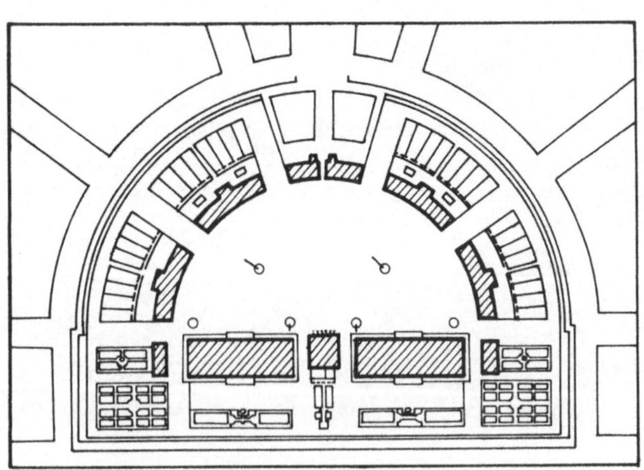

ARC-ET-SENANS S 170

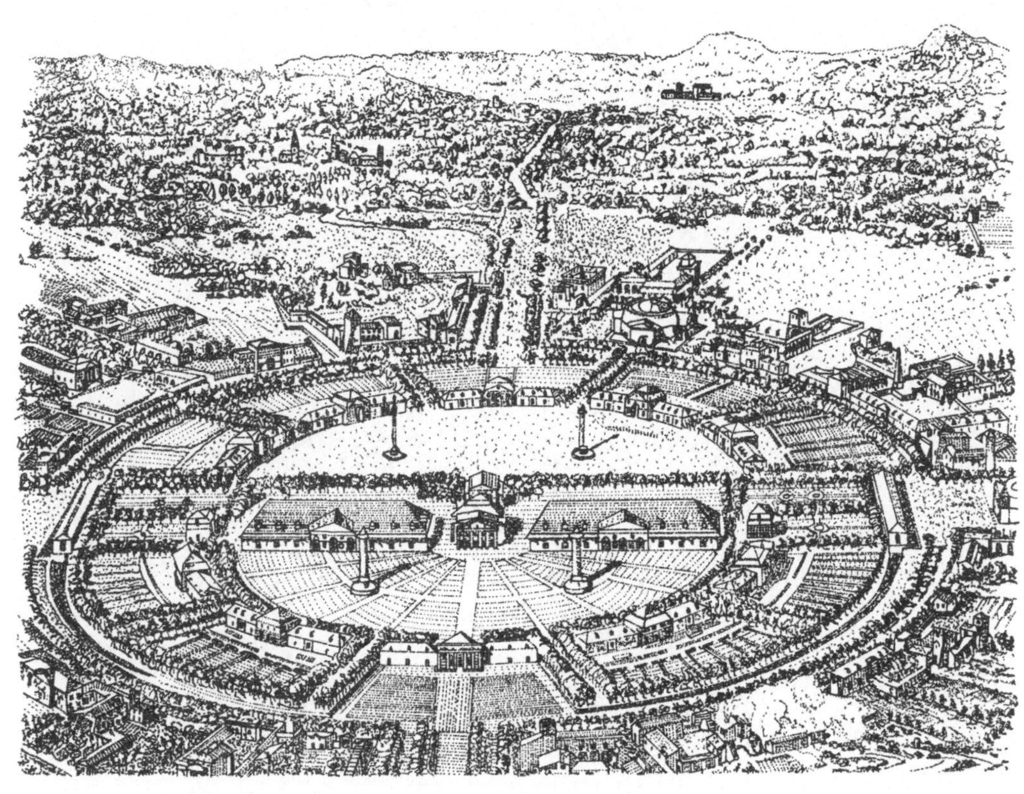

LONDON
ENTWÜRFE FÜR DEN WIEDERAUFBAU NACH DEM BRAND VON 1666

PLAN VON CHRISTOPHER WREN

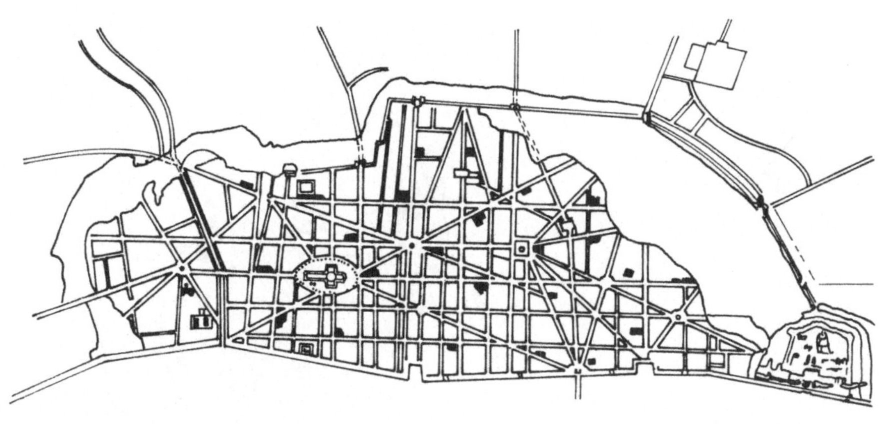

PLAN VON JOHN EVELYN

PLAN VON CRAILING

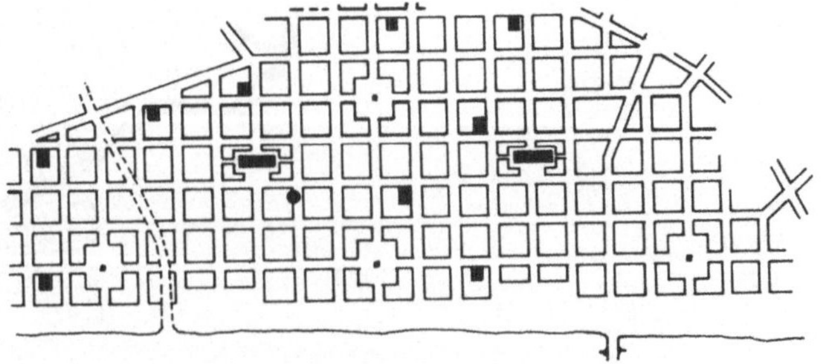

BATH

DIE ENTSTEHUNG DER STADT

1692

1756

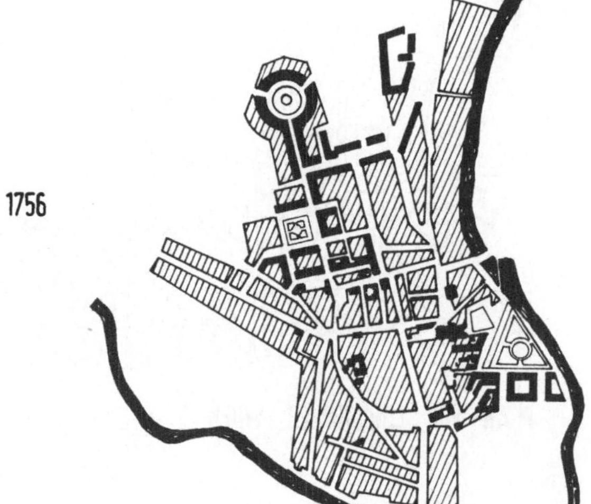

1735

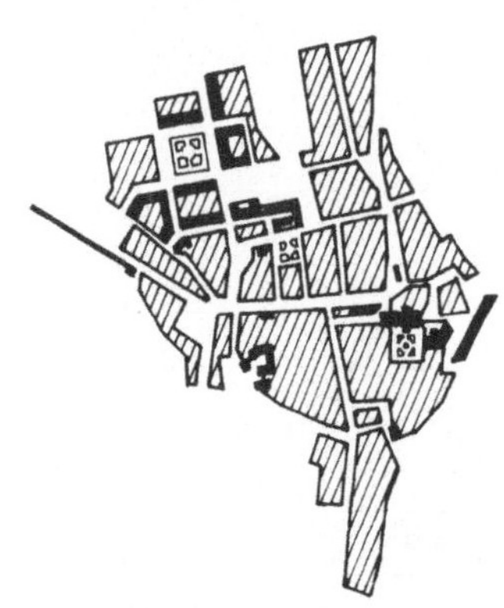

1810

BAUBLOCKERSCHLIESSUNG
MITTELALTERLICHES UND BAROCKES SYSTEM

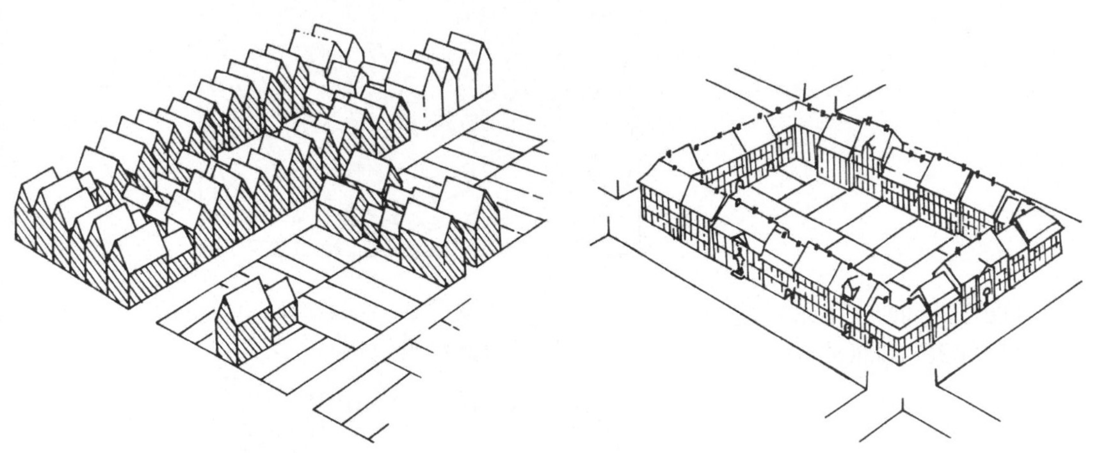

AUGSBURG
DIE FUGGEREI, 1516-25

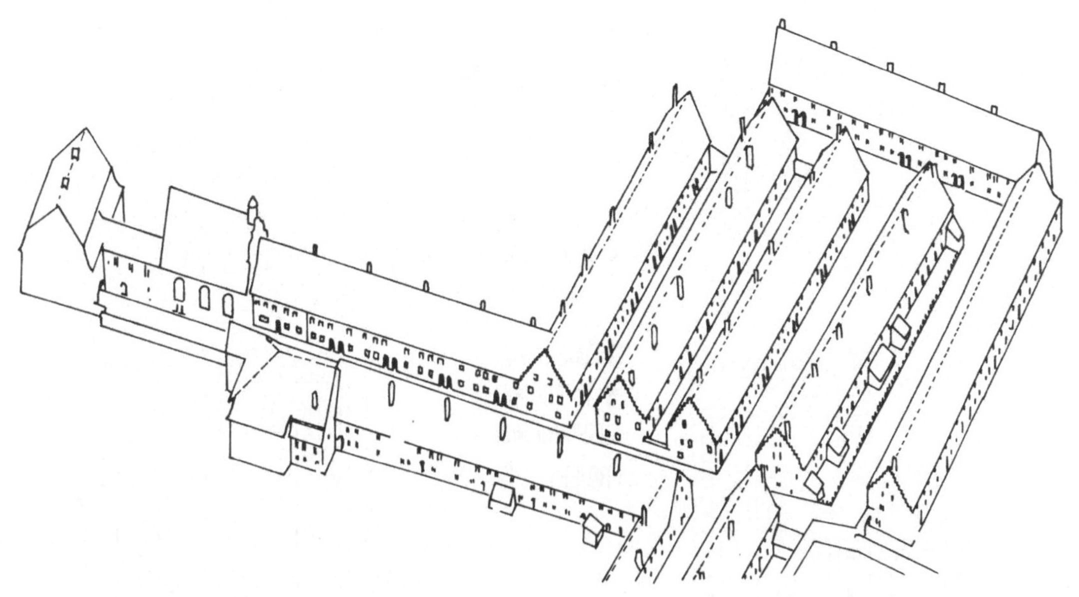

DANIEL SPECKLE (1536-89)

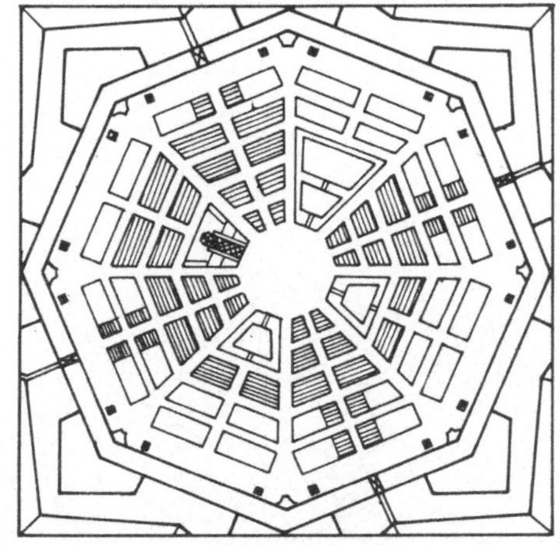

ALBRECHT DÜRER (1471-1528)
'STADT DES KÖNIGS', 1527

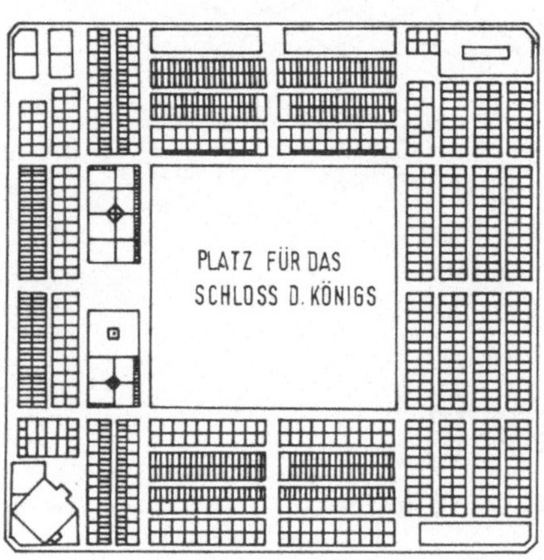

NACH STURM ▶
(1720)

◀ VERF. UNBEK.

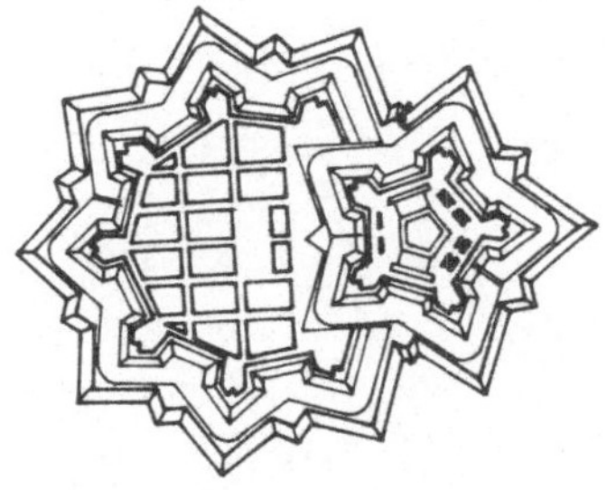

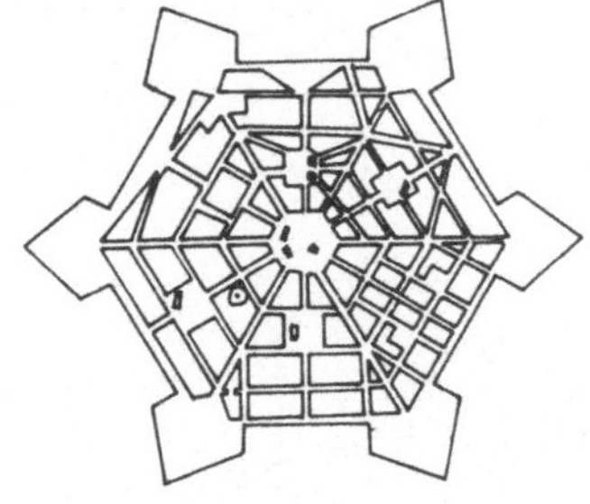

FREUDENSTADT
◀ 1. PROJEKT
AUSFÜHRUNGS-
PROJEKT ▶

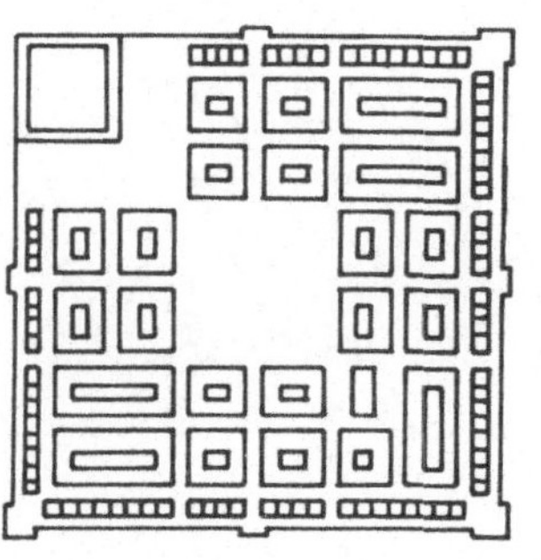

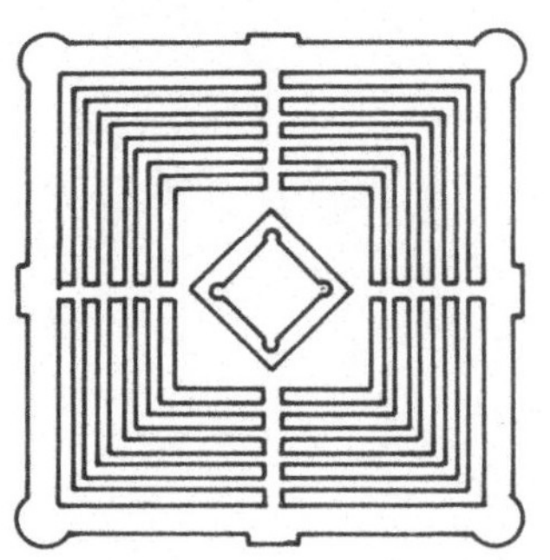

IDEALPLAN EINER STADT

S 175

JOSEPH FURTTENBACH D. JÜNGERE (1591-1667)

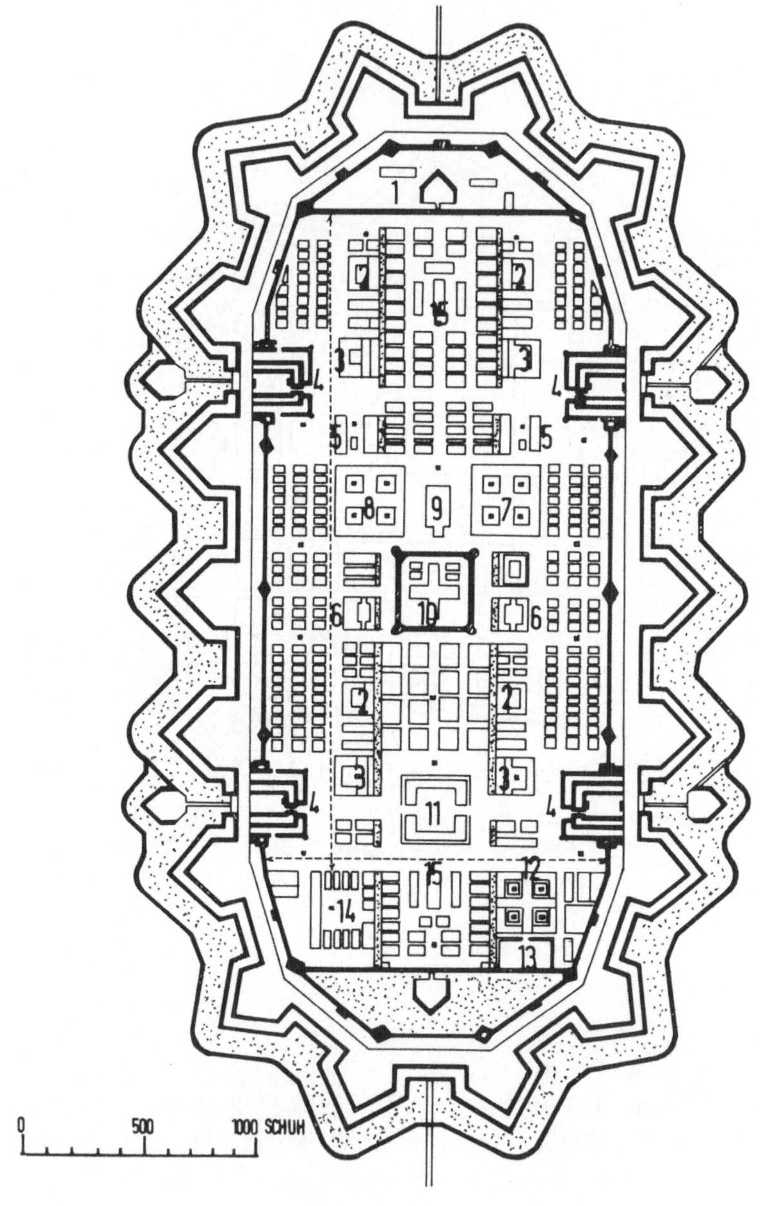

1 WAFFENLAGER   6 PROVIANT   11 GÜTERHAUS
2 BAD   7 RATHAUS   12 SPITAL
3 HERBERGE   8 LATEINSCHULE   13 FRIEDHOF
4 SOLDATEN   9 MÜNSTERKIRCHE   14 WERKHAUS
5 KORNHAUS   10 ZEUGHAUS   15 KIRCHE

MÜLHEIM A. RHEIN

GEZ. IN AMSTERDAM 1612
LIT. GUTKIND

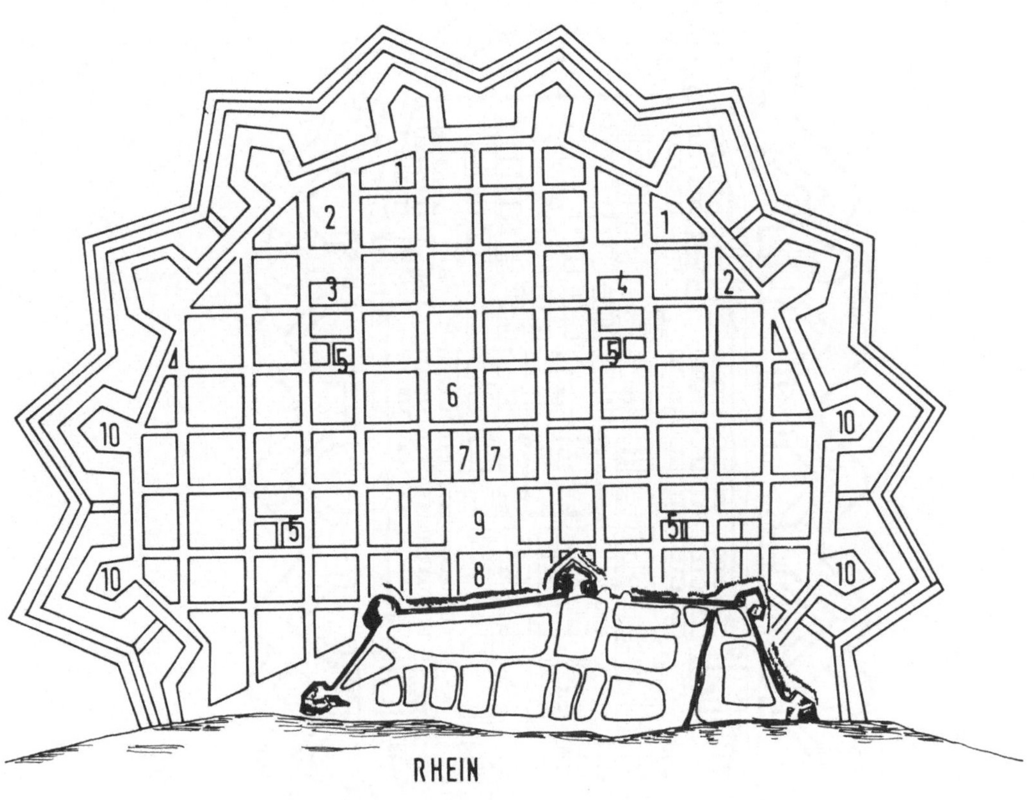

1. HOSPITAL
2. MAGAZIN
3. SCHULE
4. ZUCHTHAUS

5. KIRCHE
6. KAUFHAUS
7. WAAGE

8. RATHAUS
9. GROSSER MARKT
10. WINDMÜHLEN

NACH: GRUBER K. , DIE GESTALT DER DT. STADT, MÜNCHEN 1952 (NEUAUFL. 1976 2.)　　TR 79

BRUCHSAL

RESIDENZ DES FÜRSTBISCHOFS VON SPEYER AB 1720
STADTPLAN VON 1780 VON
JUL. BRAUN

KARLSRUHE

RESIDENZ DES MARKGRAFEN
VON BADEN AB 1715
RISS VON 1739 VON CHR. THRAN

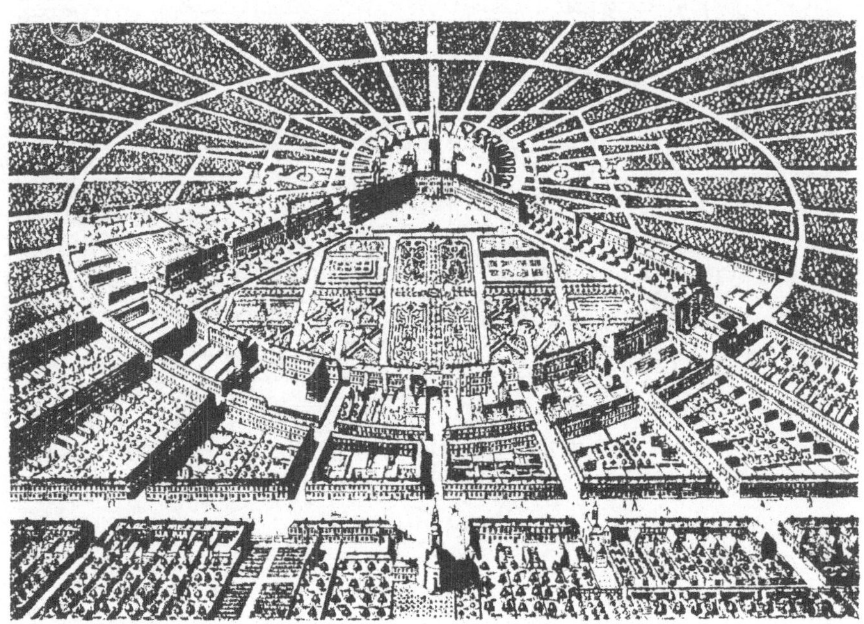

NACH: DIE KUNSTDENKMÄLER DES GROSSHERZOGTUMS BADEN, BD. 9, ABT. 2 (AMTSBEZIRK BRUCHSAL), TÜBINGEN 1913

ROSE H., SPÄTBAROCK. STUDIEN ZUR GESCHICHTE DES PROFANBAUES IN DEN JAHREN 1660-1760, MÜNCHEN 1922

KARLSRUHE

NEUGESTALTUNG UNTER FRIEDRICH WEINBRENNER, 1820 ff

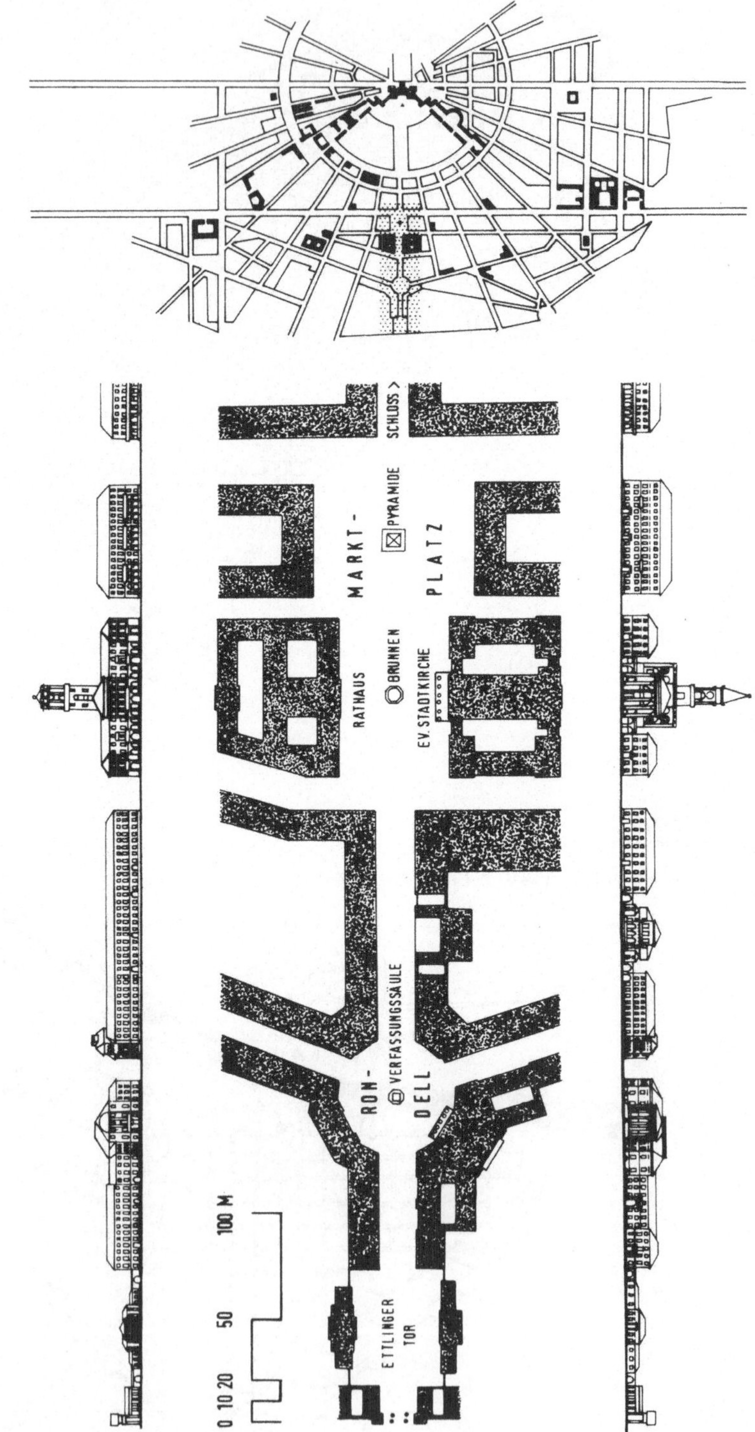

NACH: JASPERT F., VOM STÄDTEBAU DER WELT, BERLIN 1961
       KOEBEL M., FRIEDRICH WEINBRENNER, BERLIN O.J.

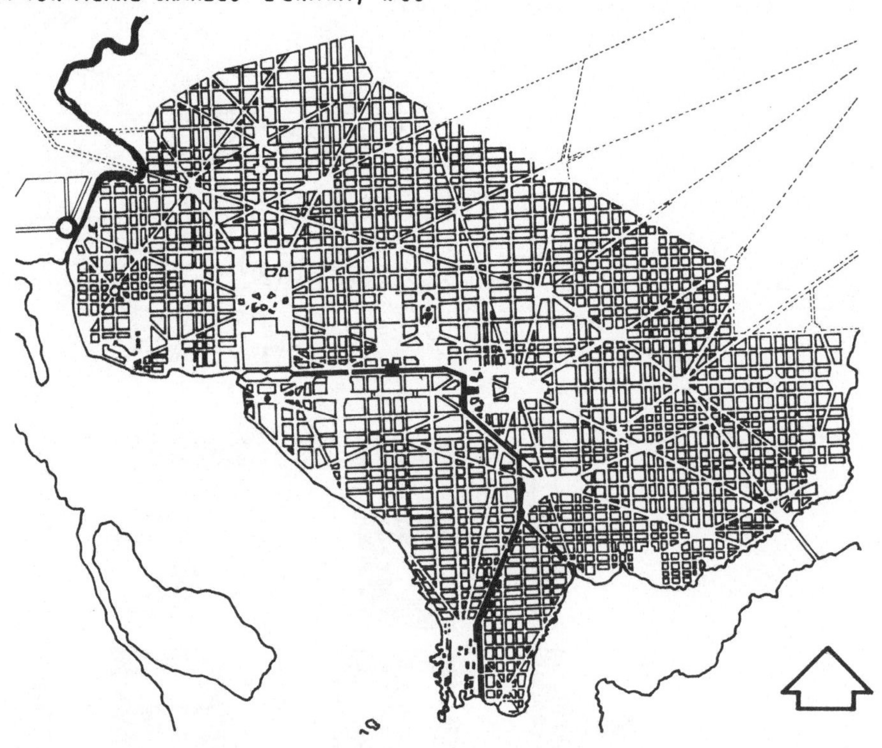

WASHINGTON
S 180
PLAN VON PIERRE CHARLES L'ENFANT, 1789

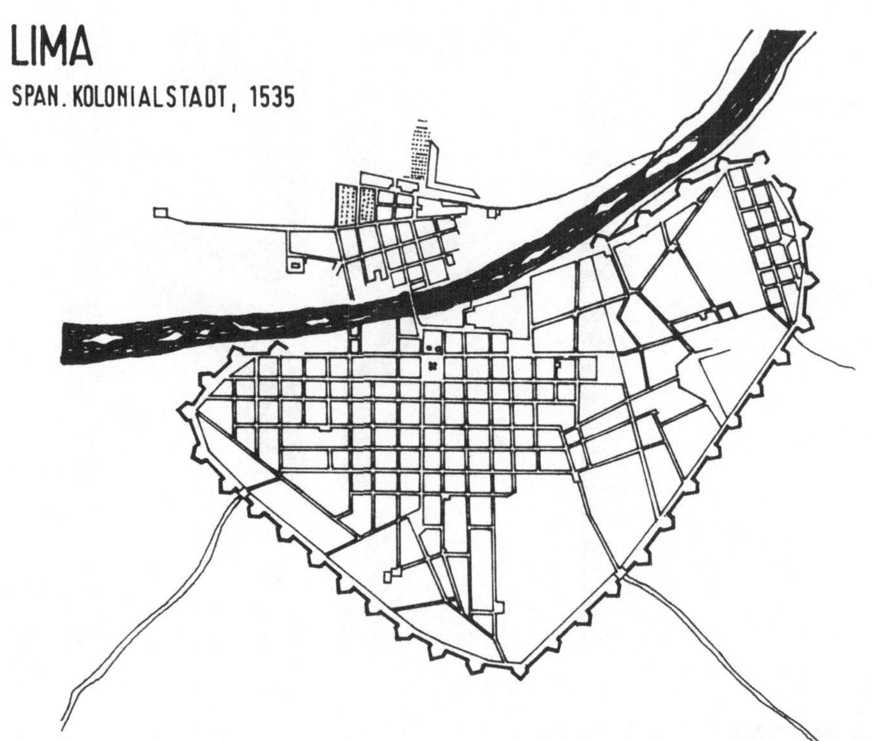

LIMA
SPAN. KOLONIALSTADT, 1535

GRÜNDUNGSPLAN , 1701

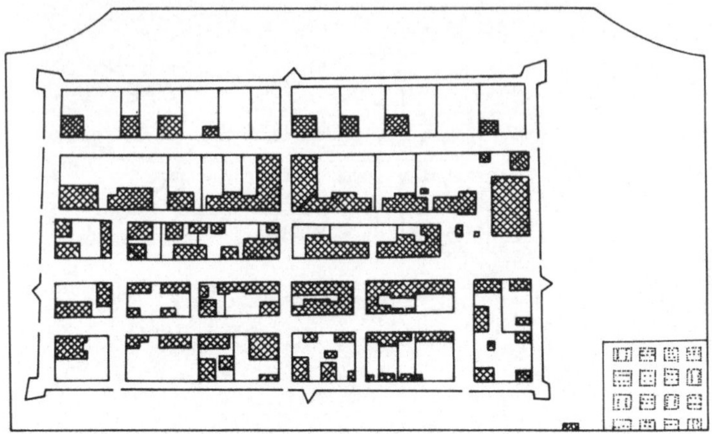

DETROIT ,PLAN VON WOODWARD ,1807

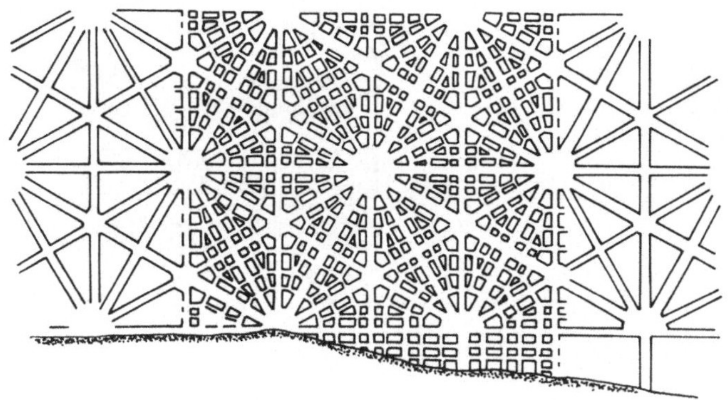

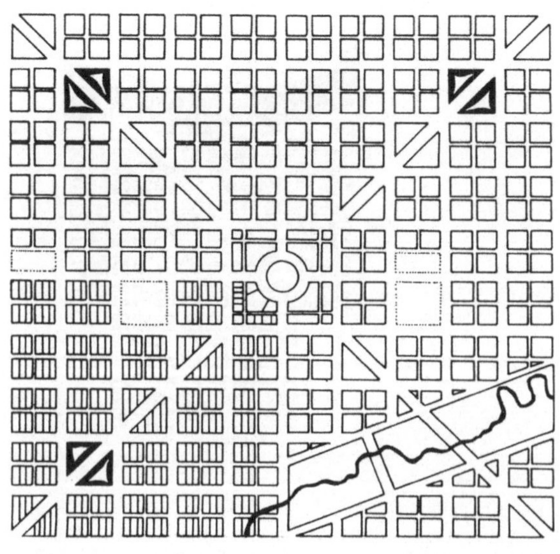

INDIANAPOLIS 18 21

NACH: EGLI E. , GESCHICHTE , BAND III   MOHOLY-NAGY ,DIE STADT ALS SCHICKSAL, MÜNCHEN 1968   TR 79

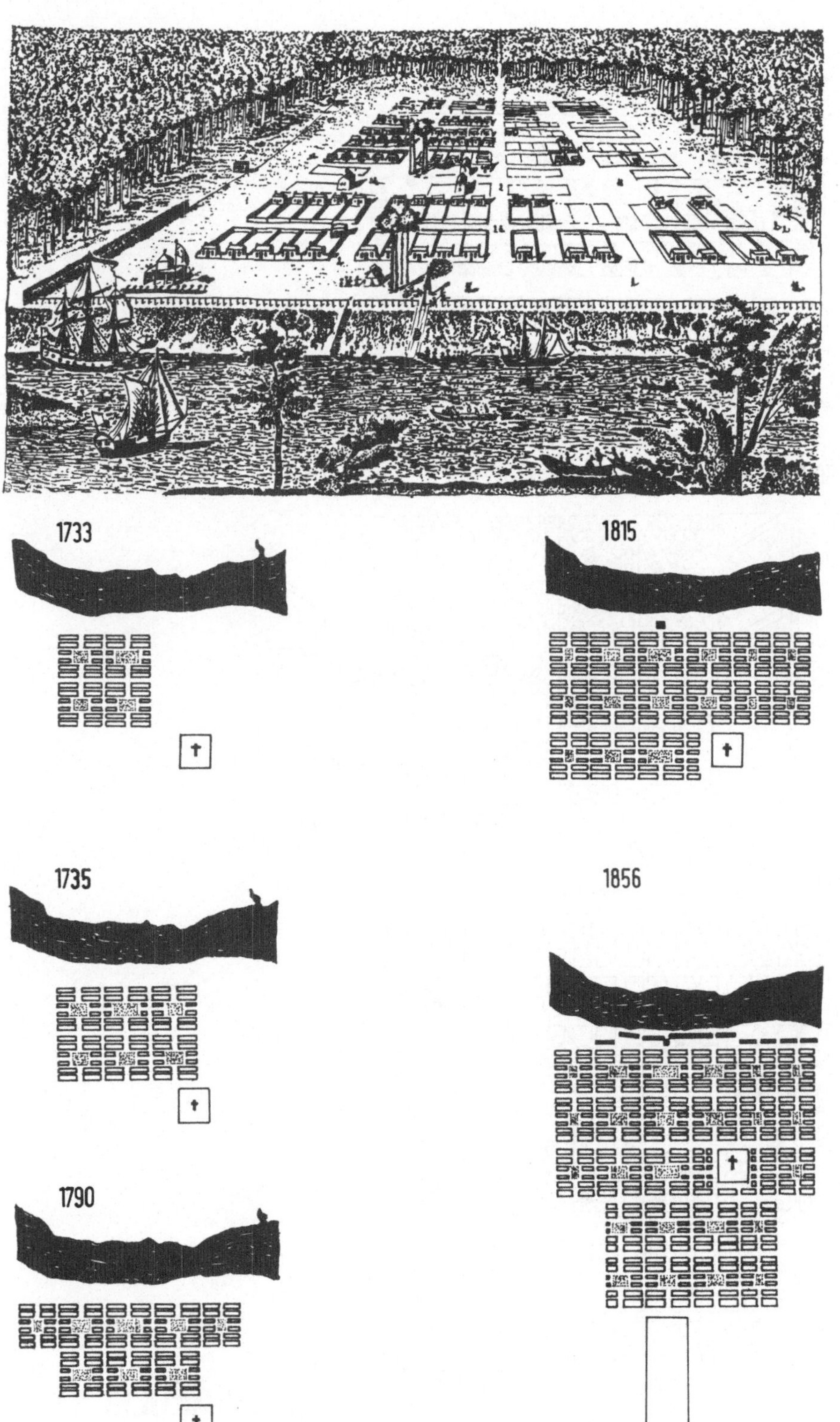

NACH: BACON E., STADTPLANUNG VON ATHEN BIS BRASILIA, ZÜRICH 1968

PLAN VON WILLIAM PENN ,1682

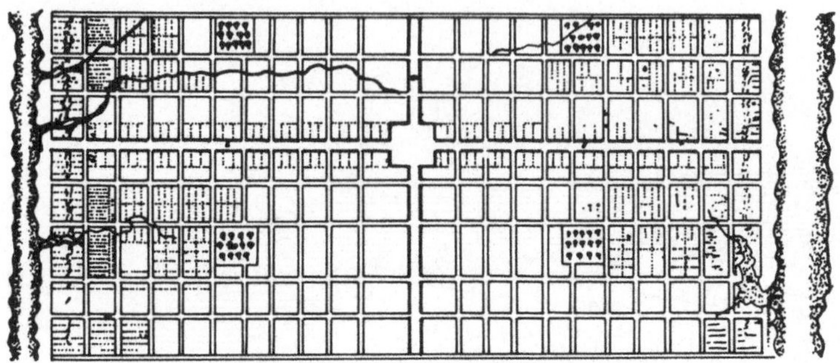

STADTGRUNDRISS   1956

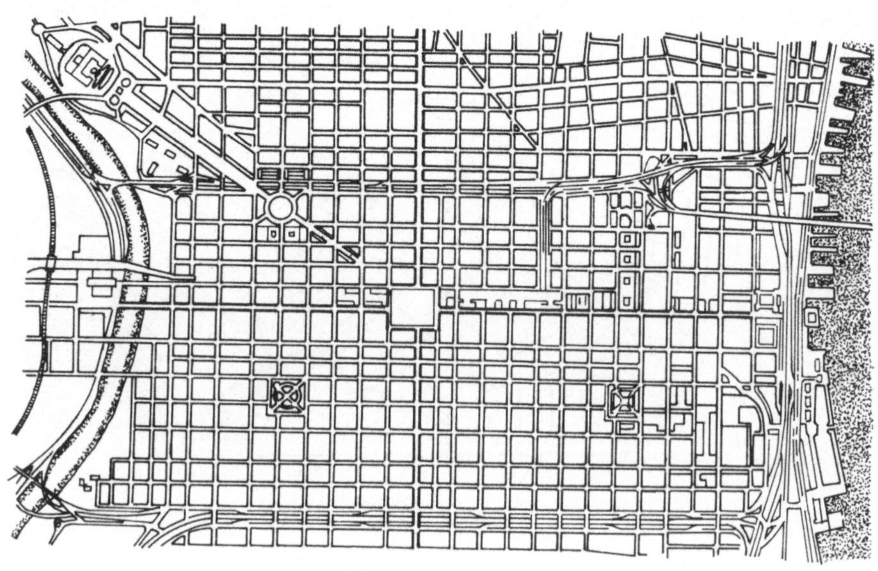

NACH: LAVEDAN P. , HISTOIRE DE L'URBANISME, PARIS 1952
BACON E. , STADTPLANUNG VON ATHEN BIS BRASILIA, ZÜRICH 1968

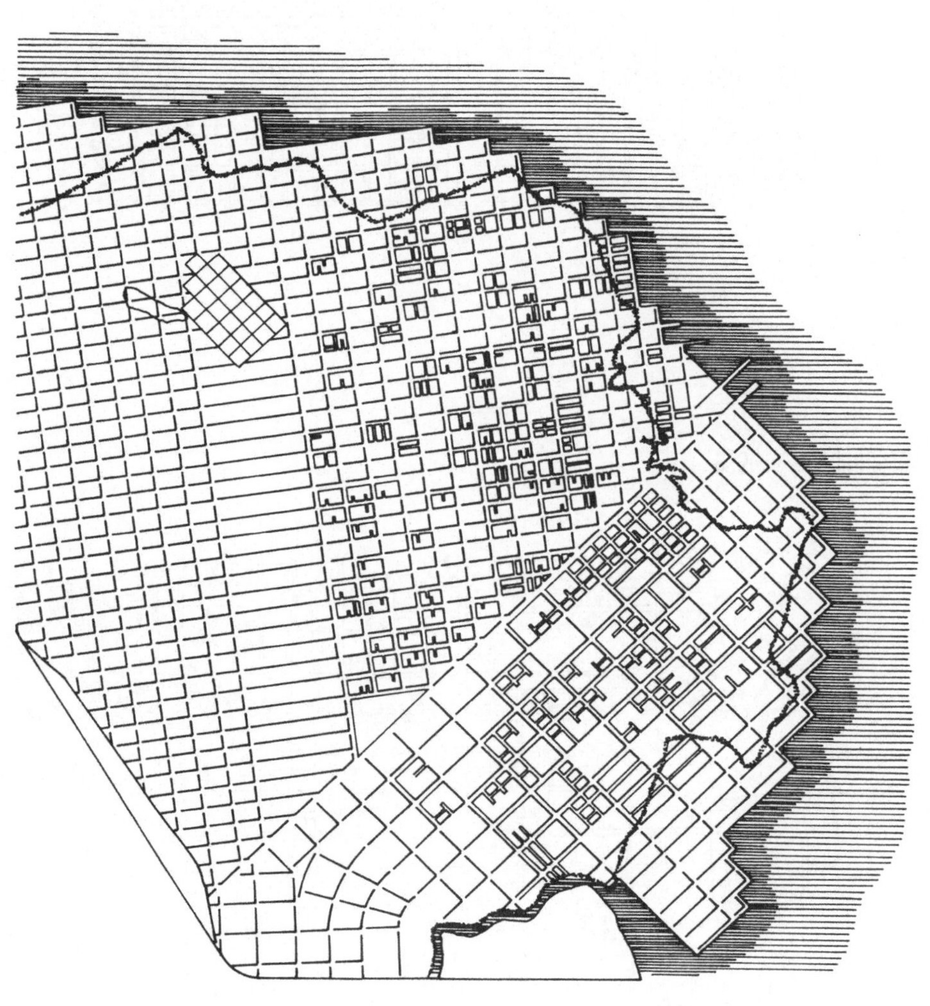

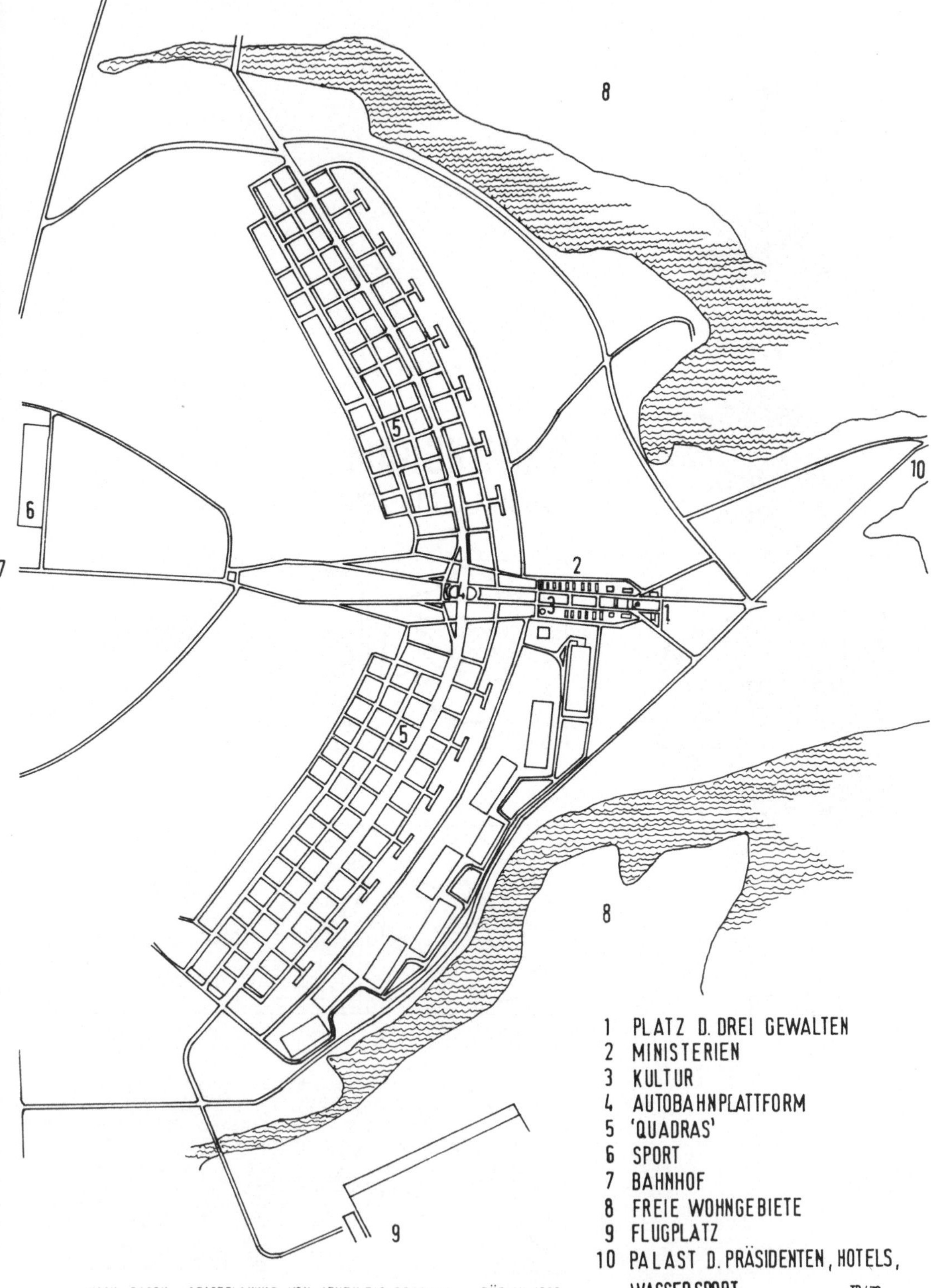

BRASILIA
PLAN VON COSTA, 1956
S 185

8
10
6
7
2
3
1
4
5
5
8
9

1 PLATZ D. DREI GEWALTEN
2 MINISTERIEN
3 KULTUR
4 AUTOBAHNPLATTFORM
5 'QUADRAS'
6 SPORT
7 BAHNHOF
8 FREIE WOHNGEBIETE
9 FLUGPLATZ
10 PALAST D. PRÄSIDENTEN, HOTELS,
   WASSERSPORT

NACH: BACON · STADTPLANUNG VON ATHEN BIS BRASILIA · ZÜRICH 1968   TR/79

LONDON

STADTWACHSTUM IM 19. JH. (1784, 1862, 1914, 1939)

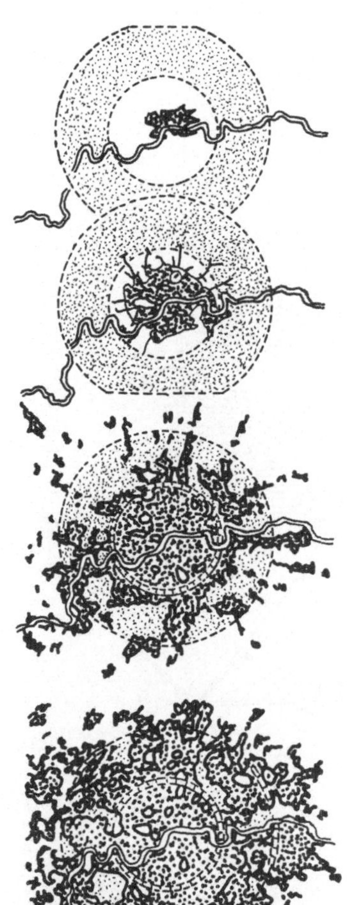

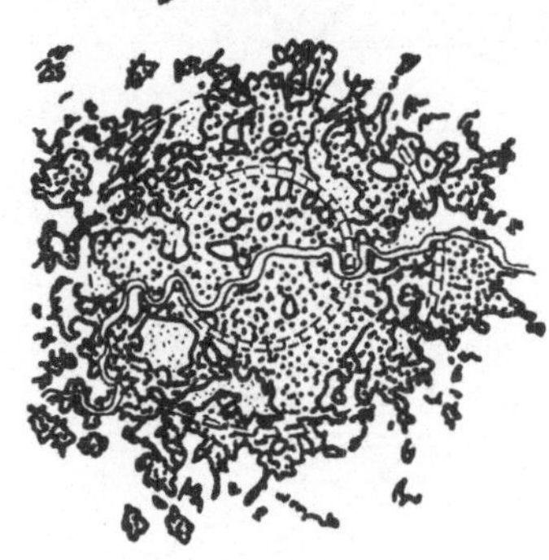

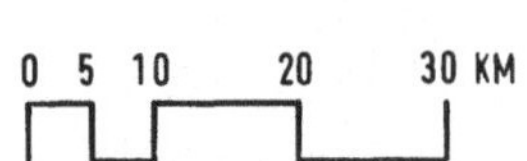

BIRMINGHAM

BEBAUUNG IN DREI KONZENTRISCHEN KREISEN

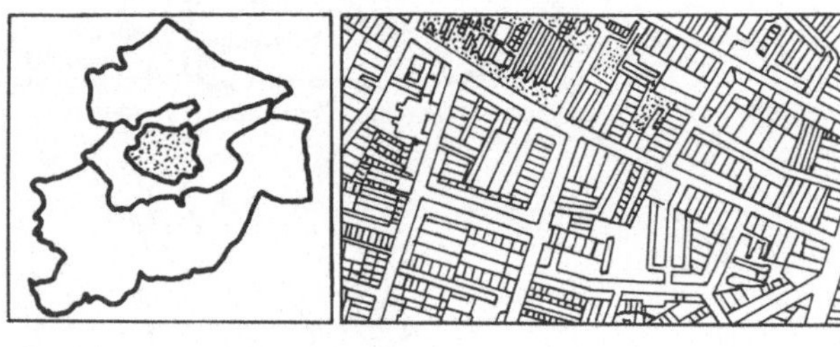

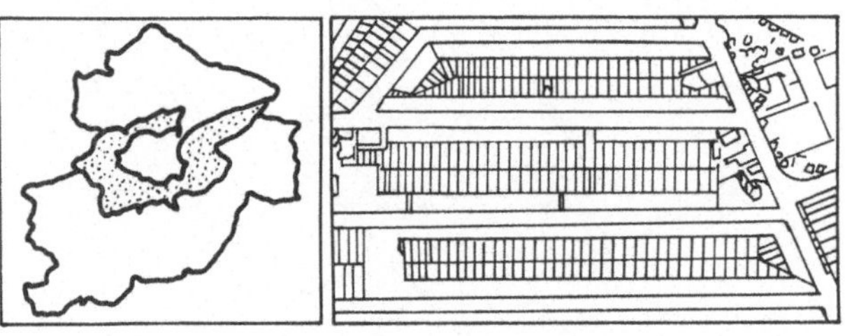

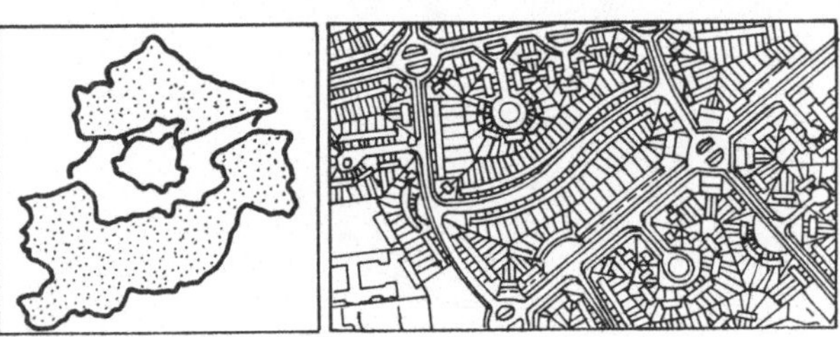

DURCH LONDON MIT DER BAHN, STICH VON GUSTAVE DORÉ CA.1870

TYPISCHE ANLAGE EINES ARBEITERVIERTELS DES 19. JAHRHUNDERTS IN ENGLAND

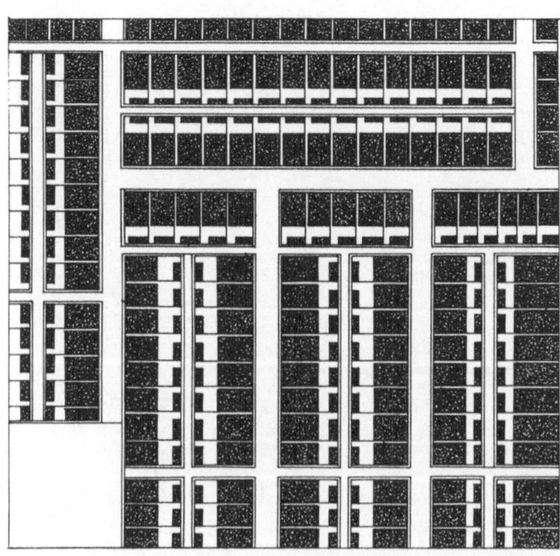

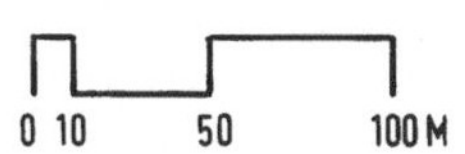

BACK-TO-BACK-BEBAUUNG

NACH: E. HOWARD , GARTENSTÄDTE VON MORGEN (BAUWELT FUNDAMENTE 21), BERLIN, FRANKFURT A.M., WIEN 1968   IM   79

BERLIN

STADTWACHSTUM VON 1740 - 1940

18. JH.

19. + 20. JH.

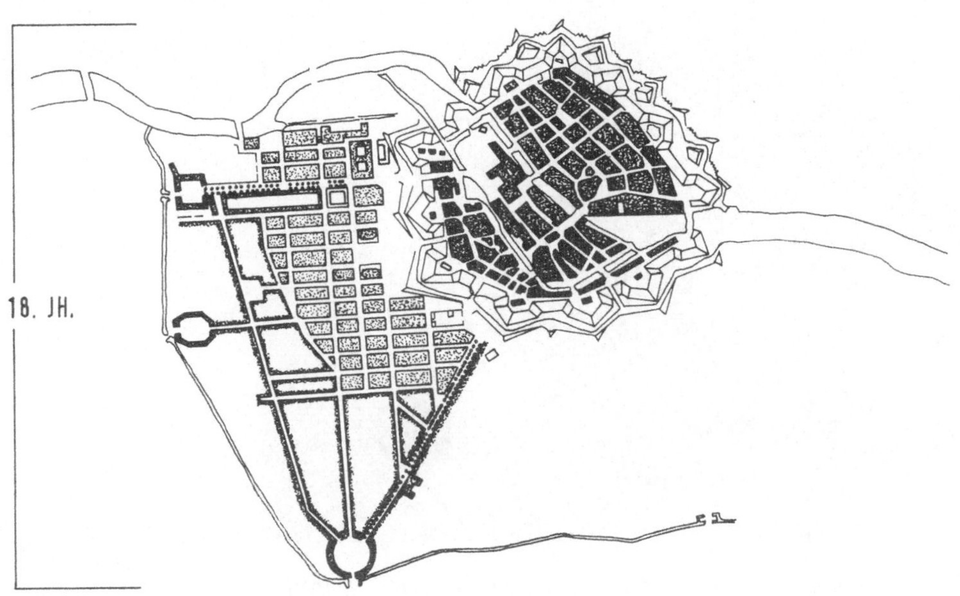

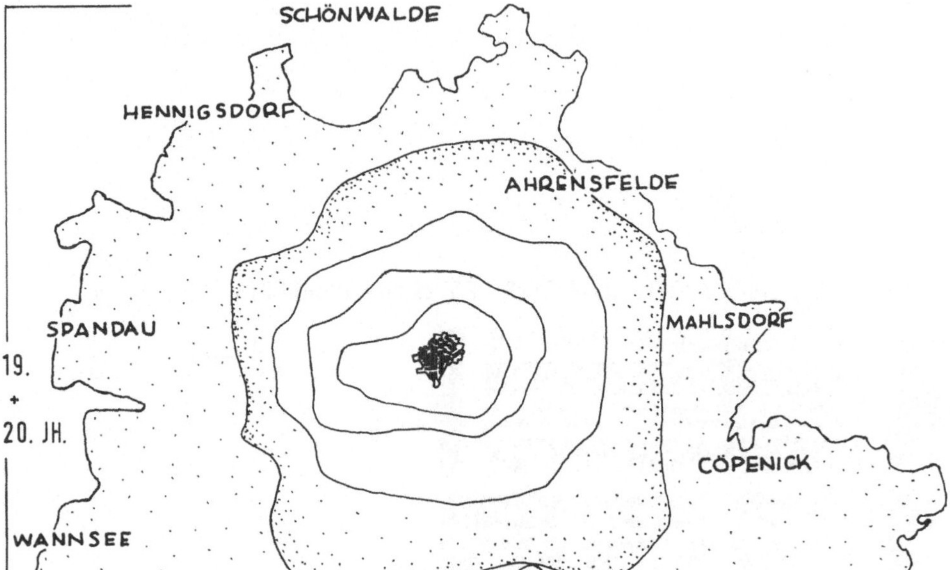

NACH: HESS F., KONSTRUKTION UND FORM IM BAUEN, STUTTGART 1949

BÖ79

HEMSHOF, ARBEITERSIEDLUNG DER BASF

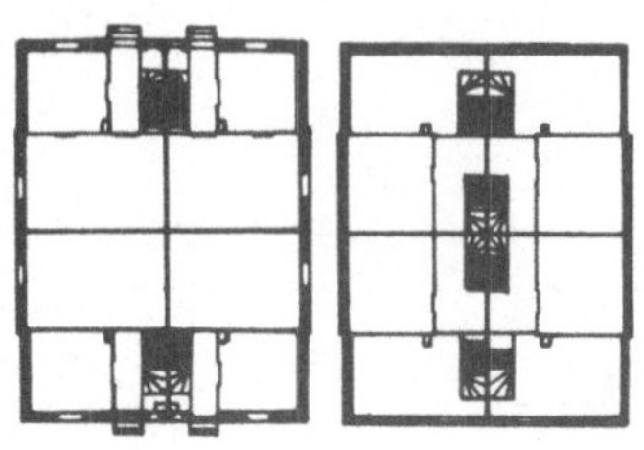

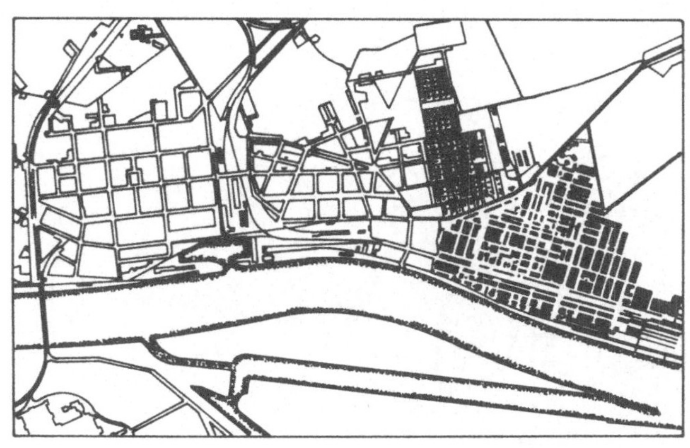

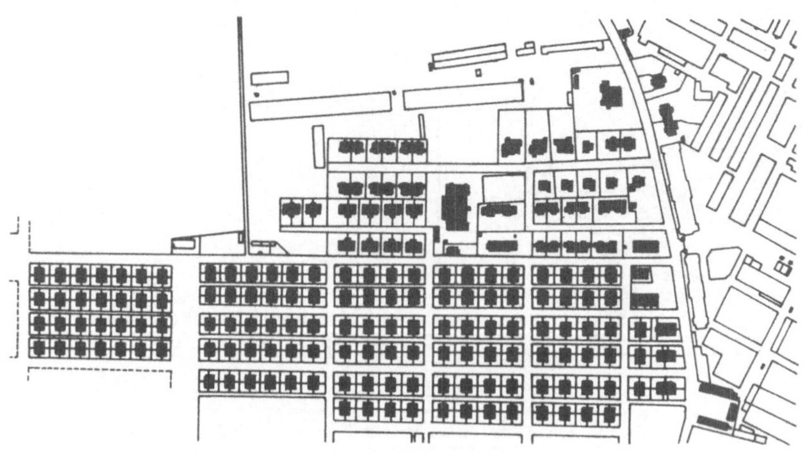

NACH: SÖHNER W., DIE ARBEITERWOHNUNGSKOLONIEN, IN: DBZ, BD. 41.1, S. 170 FF, BERLIN 1907

GU 79

PARIS

HAUSSMANNS STRASSENDURCHBRÜCHE IM KONZENTRISCHEN PARIS

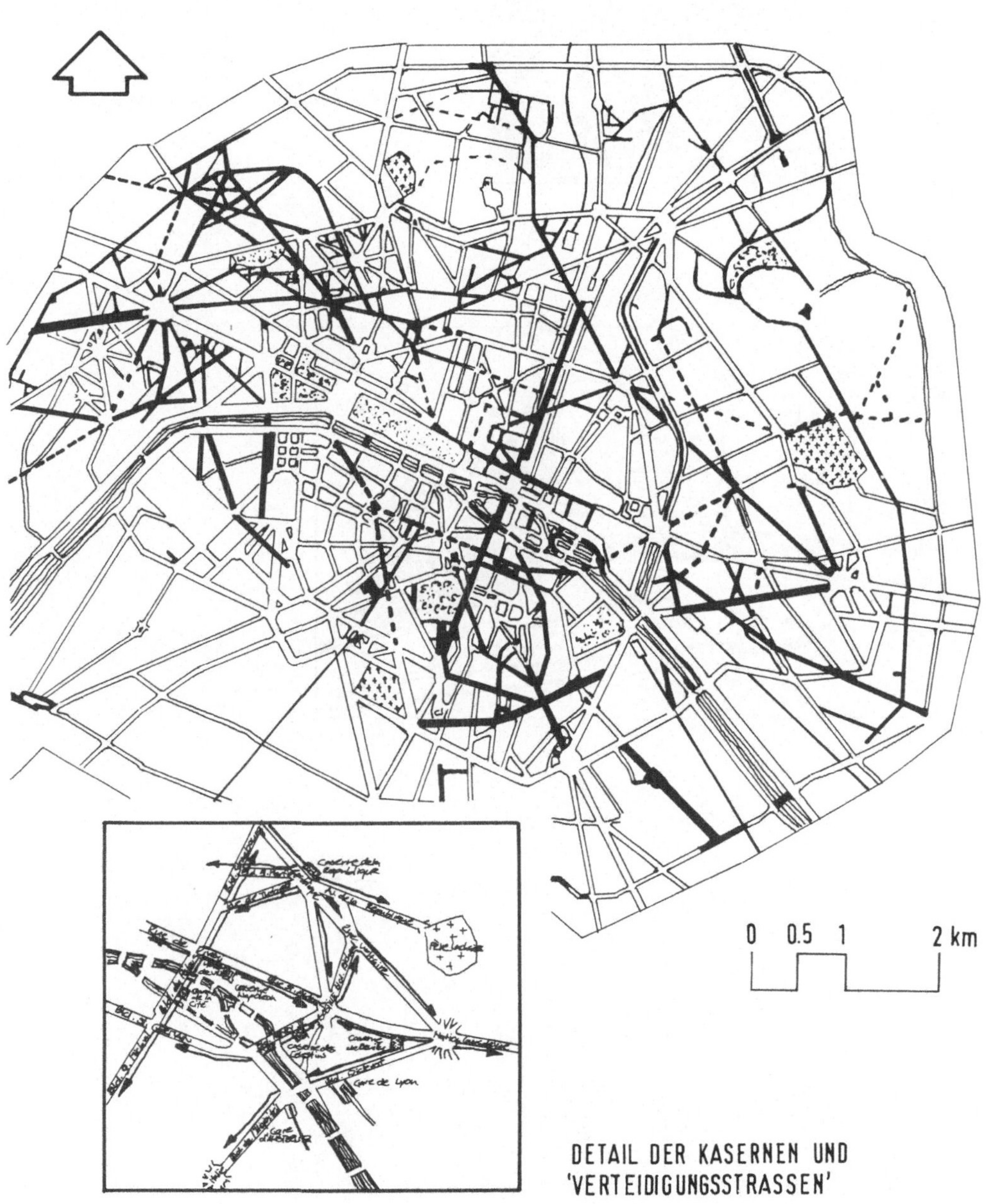

DETAIL DER KASERNEN UND
'VERTEIDIGUNGSSTRASSEN'

NACH: S. MOHOLY-NAGY, DIE STADT ALS SCHICKSAL, MÜNCHEN 1968

WIEN

PROJEKT DER RINGSTRASSE, PLAN VON 1859

RINGSTRASSE, VERÄNDERUNGSVORSCHLÄGE VON CAMILLO SITTE

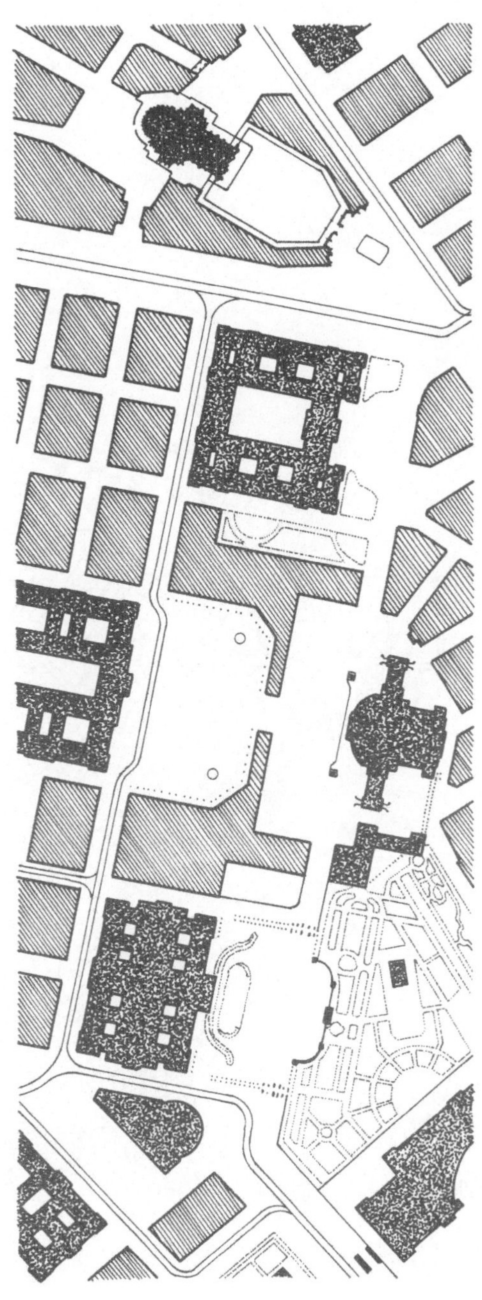

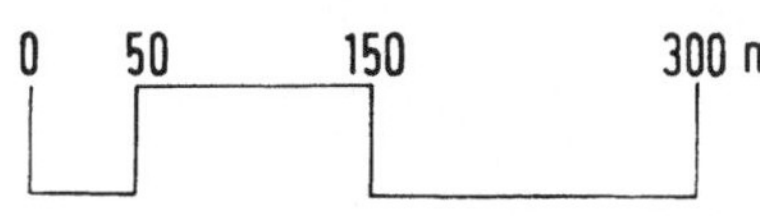

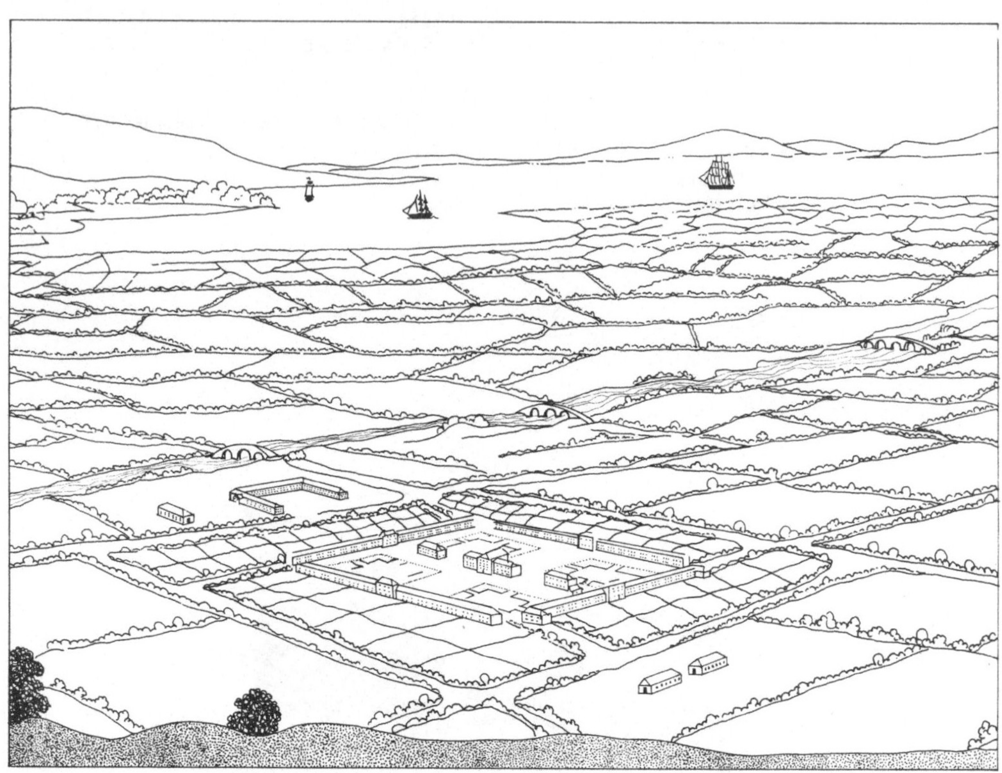

'VILLAGE OF HARMONY AND COOPERATION'

NEW HARMONY, INDIANA (ARCHITEKTON. ENTWURF: TH. ST. WHITWELL, CA. 1824)

1 PARK
2 GASWERK
3 FABRIK
4 KIRCHE
5 FLUSS
6 KANAL
7 EISENBAHN
8 WASCHHAUS

9 BANK
10 SONNTAGSSCHULE
11 LÄDEN
12 SCHULE
13 'LITERARISCHES U. PHILOSOPHISCHES INSTITUT'
14 KAPELLE
15 ARMENHAUS
16 HOSPITAL

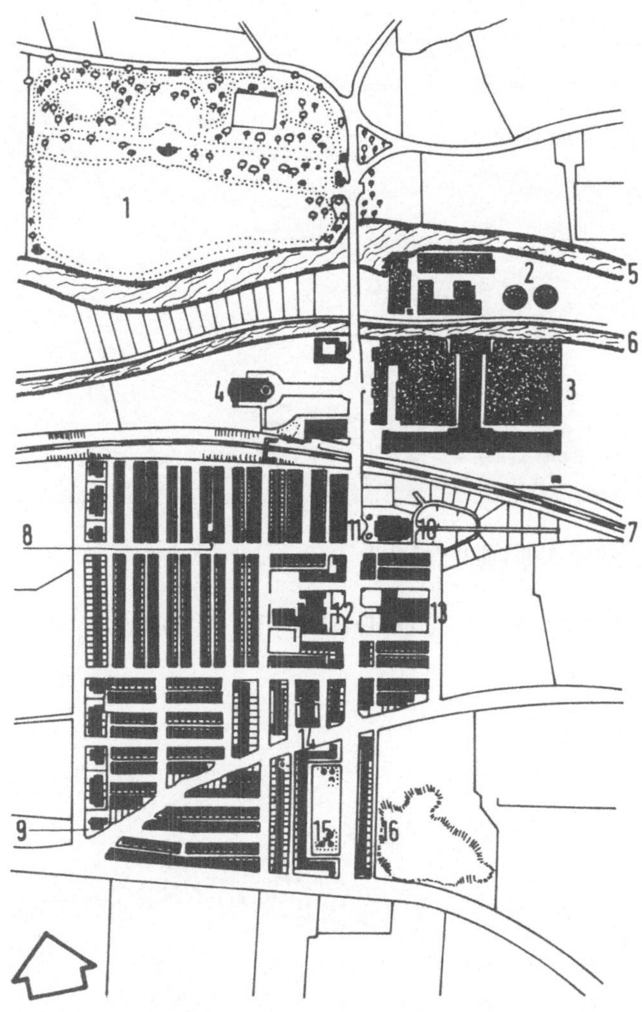

BOURNVILLE

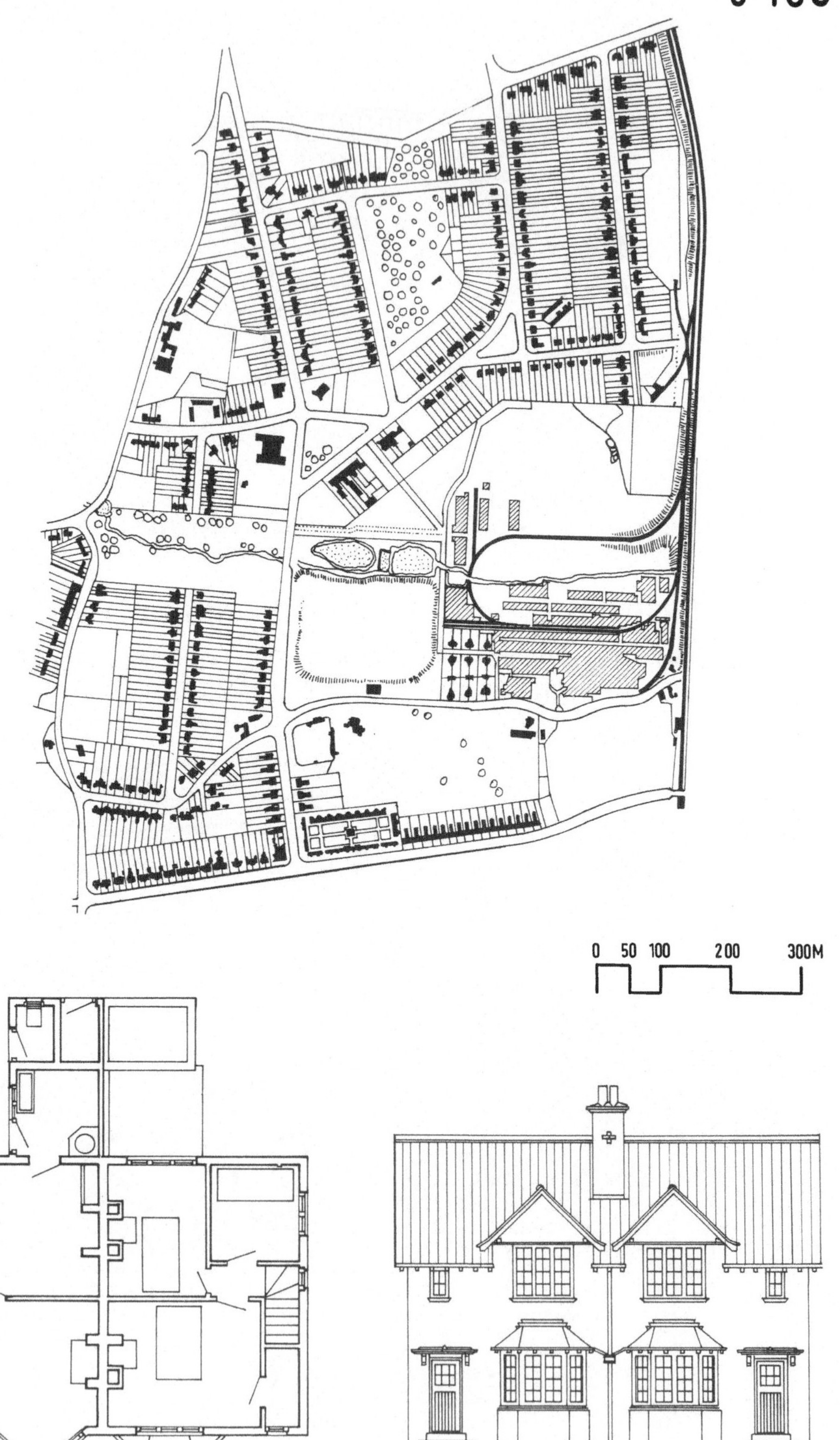

NACH: E.HOWARD , GARTENSTÄDTE VON MORGEN, (BAUWELT FUNDAMENTE 21), BERLIN, FRANKFURT A.M., WIEN 1968   IM: 79

KONZENTRISCHER PLAN

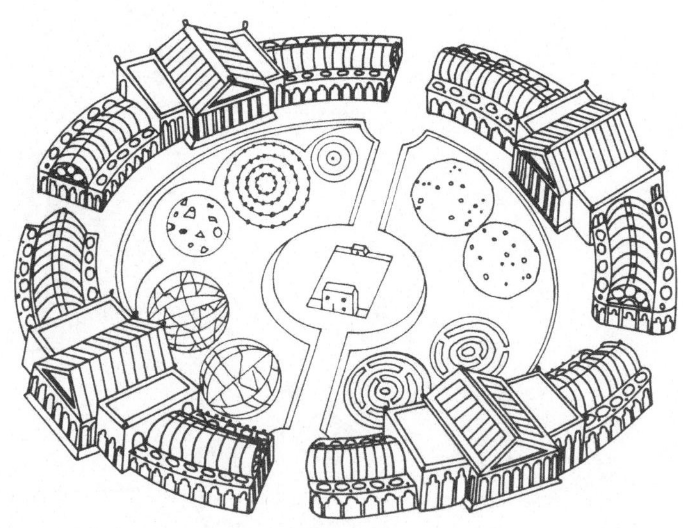

ROBERT PEMBERTONS 'GLÜCKLICHE KOLONIE' AUF NEUSEELAND, 1854

URUBUPUNGA, KONZENTRISCHE VORBILDSTADT FÜR 10 000 BAUARBEITER UND IHRE FAMILIEN IM BRASILIANISCHEN HINTERLAND, 1962

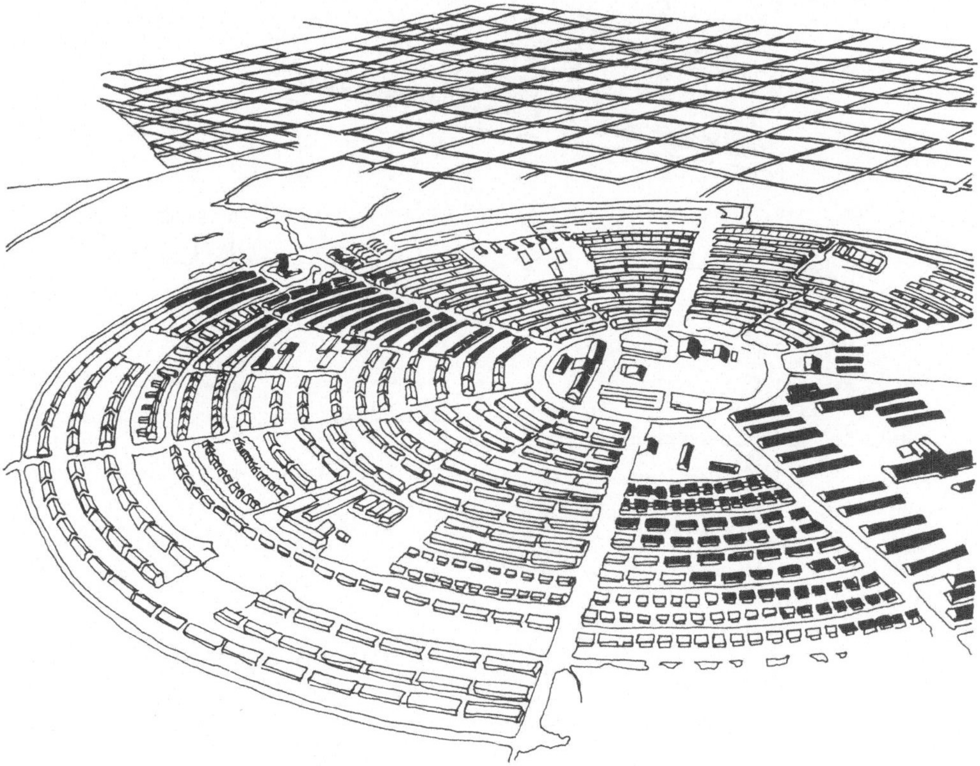

NACH: MOHOLY-NAGY · DIE STADT ALS SCHICKSAL · MÜNCHEN 1968

DIE GARTENSTADT. SIEDLUNGSEINHEIT: EIN SEKTOR DER 6 RINGSEKTOREN, 1898

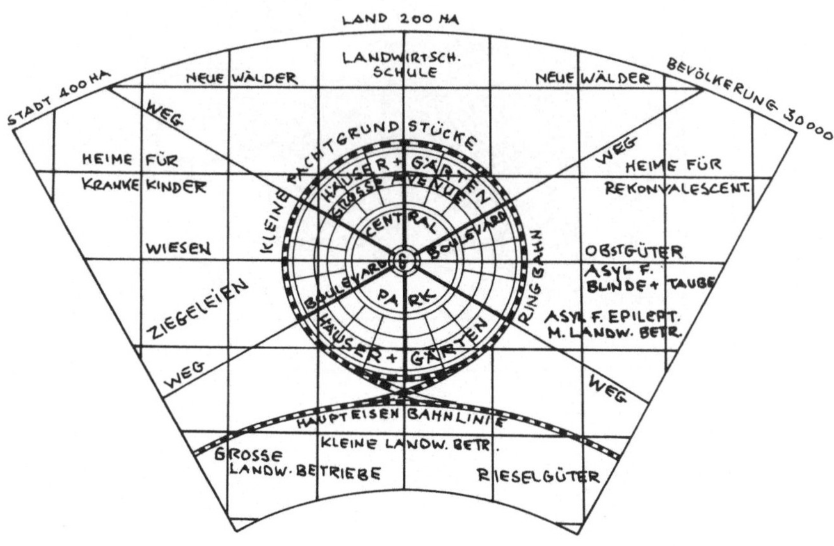

TEIL EINES DER RINGSEKTOREN

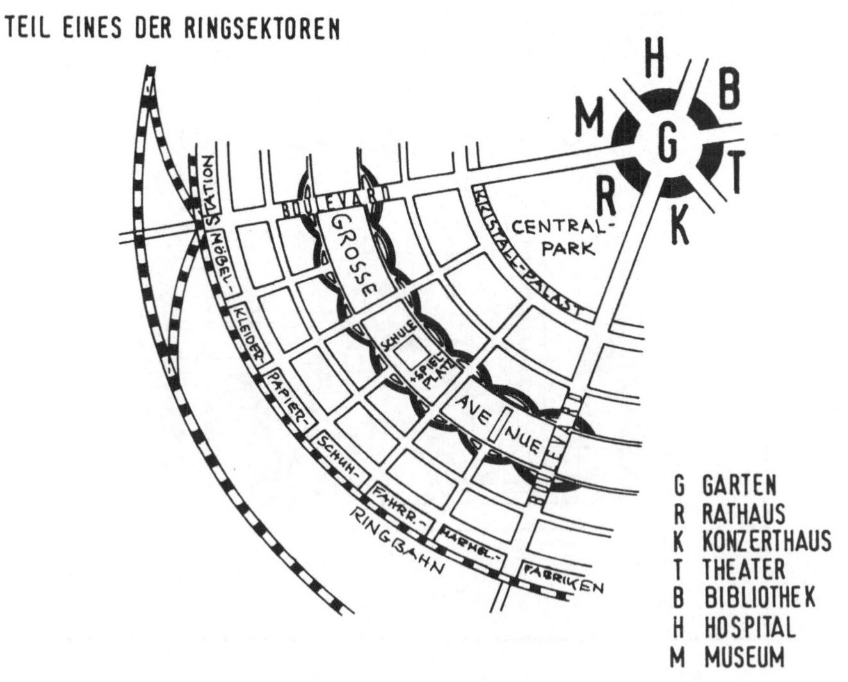

G GARTEN
R RATHAUS
K KONZERTHAUS
T THEATER
B BIBLIOTHEK
H HOSPITAL
M MUSEUM

GARTENSTADT, ARCHITEKTON. PLANUNG: BARRY PARKER U. RAYMOND UNWIN, 1903

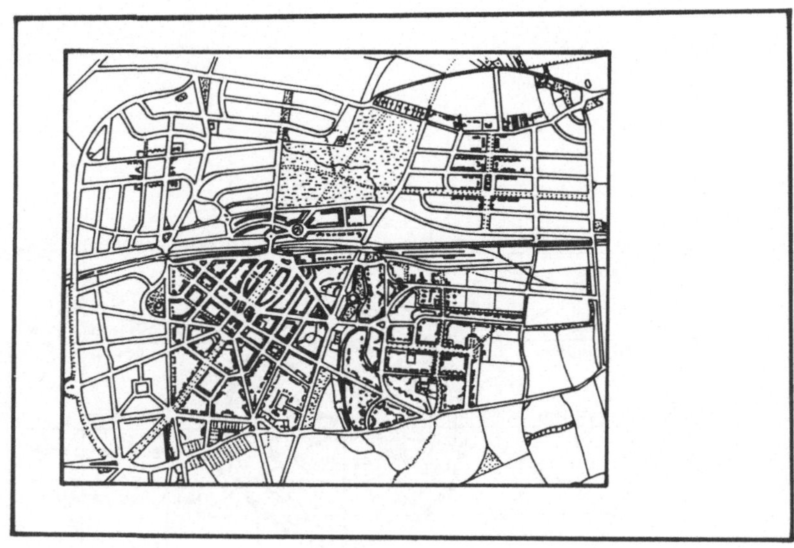

STADTTEIL PIXMORE HILL (170 WE, 510 EW)

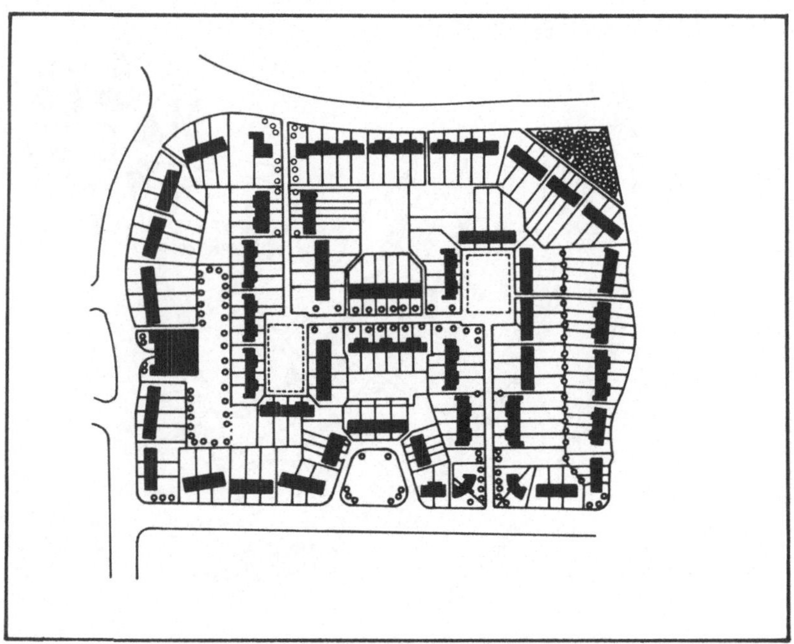

GARTENSTADT, ARCHITEKTON. PLANUNG: LOUIS DE SOISSONS, 1918/19

DIE KOORDINIERTE STADT

ERICH GLOEDEN, SIEDLUNGSPUNKTE

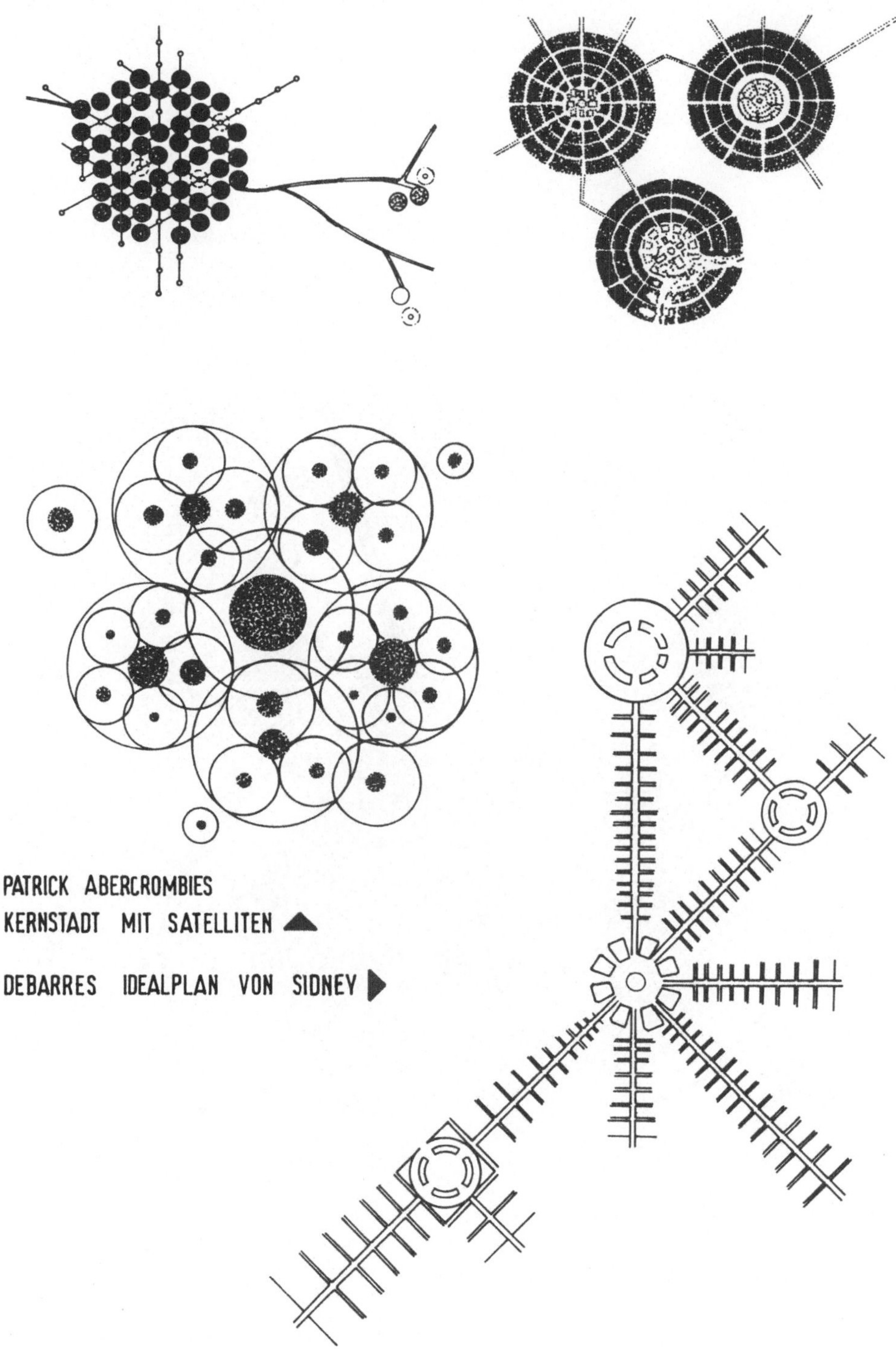

CIUDAD LINEAL

DIE BANDSTADT VON SORIA Y MATA

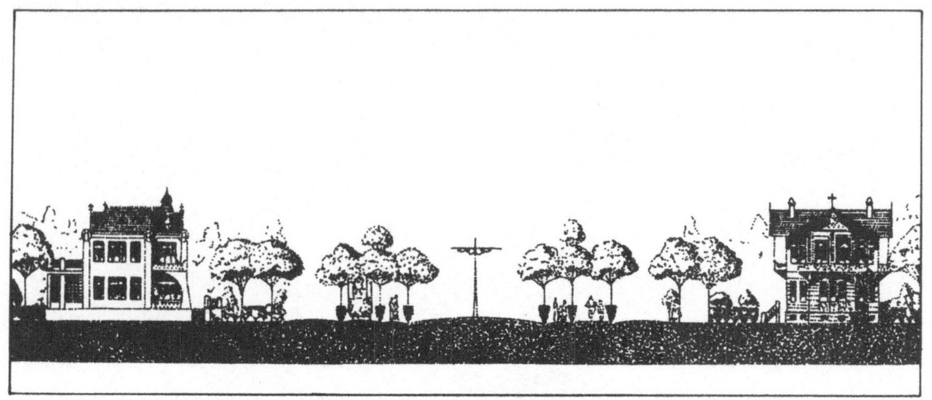

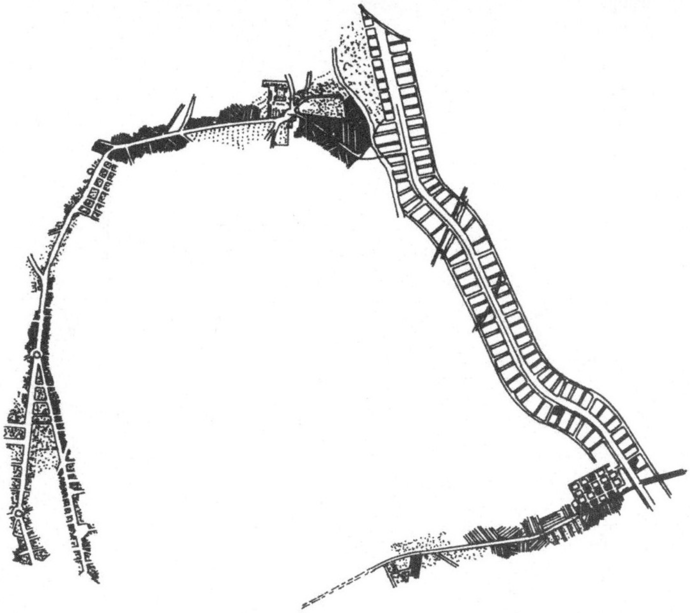

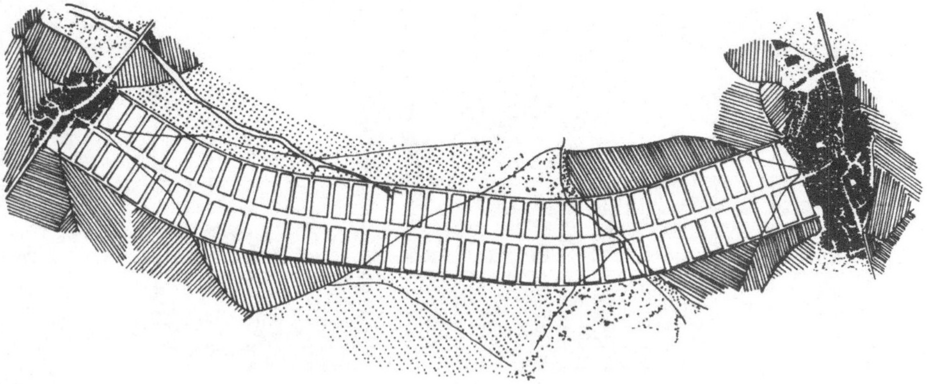

NACH: CHOAY F., THE MODERN CITY, LONDON 1969

CITÉ INDUSTRIELLE

TONY GARNIER, 1904

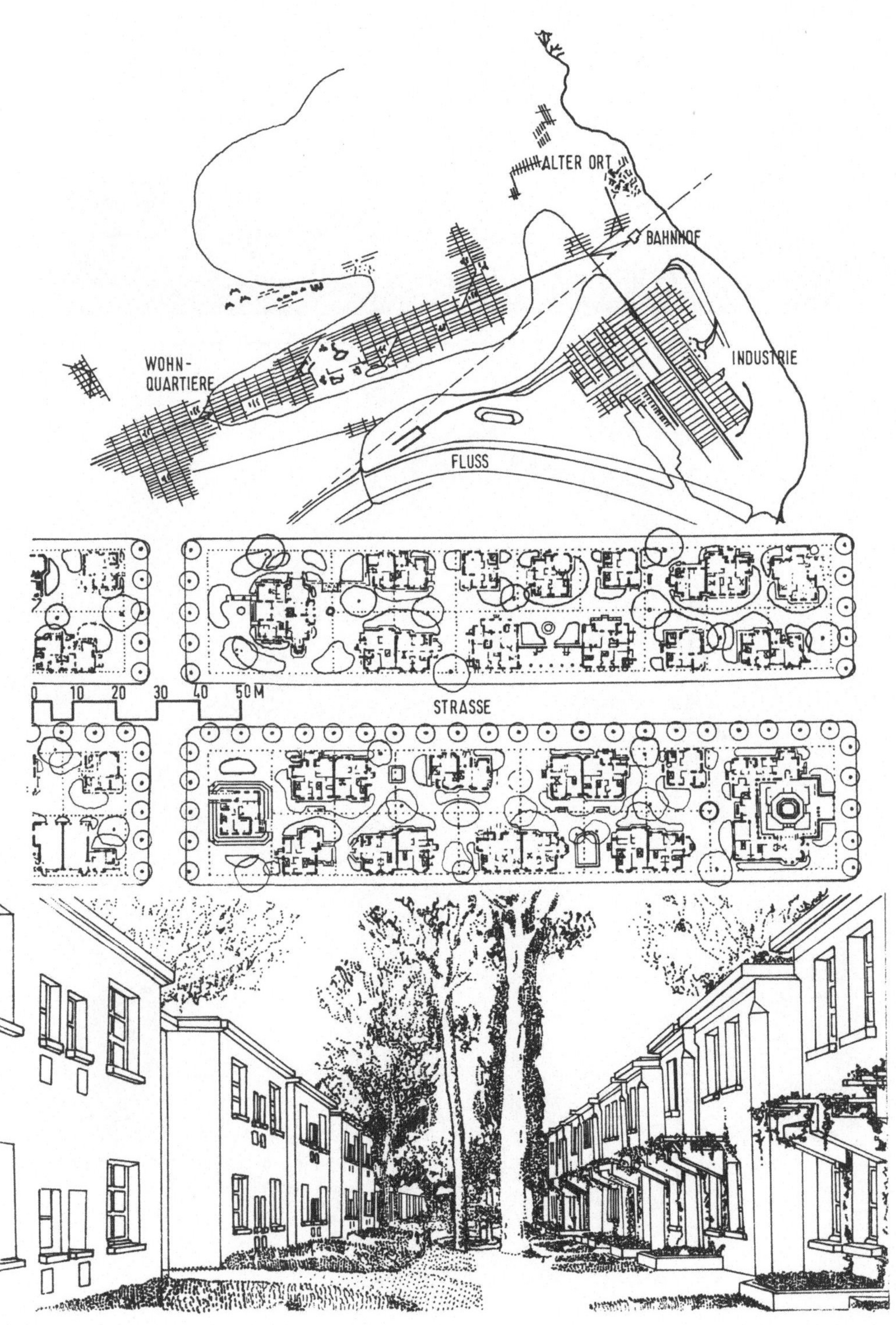

HELLERAU

ERSTE DEUTSCHE GARTENSTADT, BEI DRESDEN, 1909

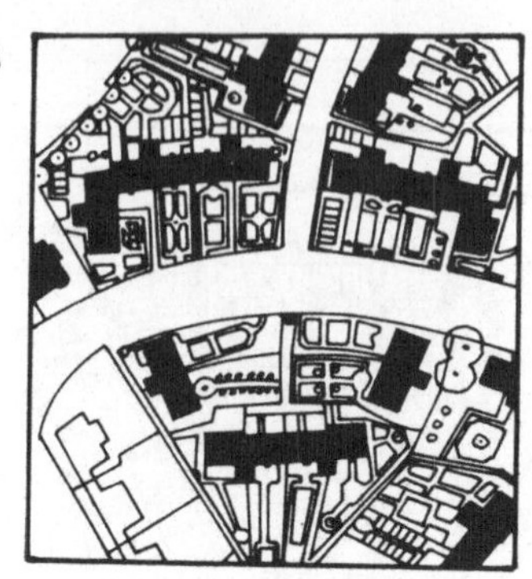

A=PLATZARTIGE ERWEITERUNG (MUTHESIUS)

BEBAUUNGSPLAN: ARCHITEKT RIEMERSCHMID

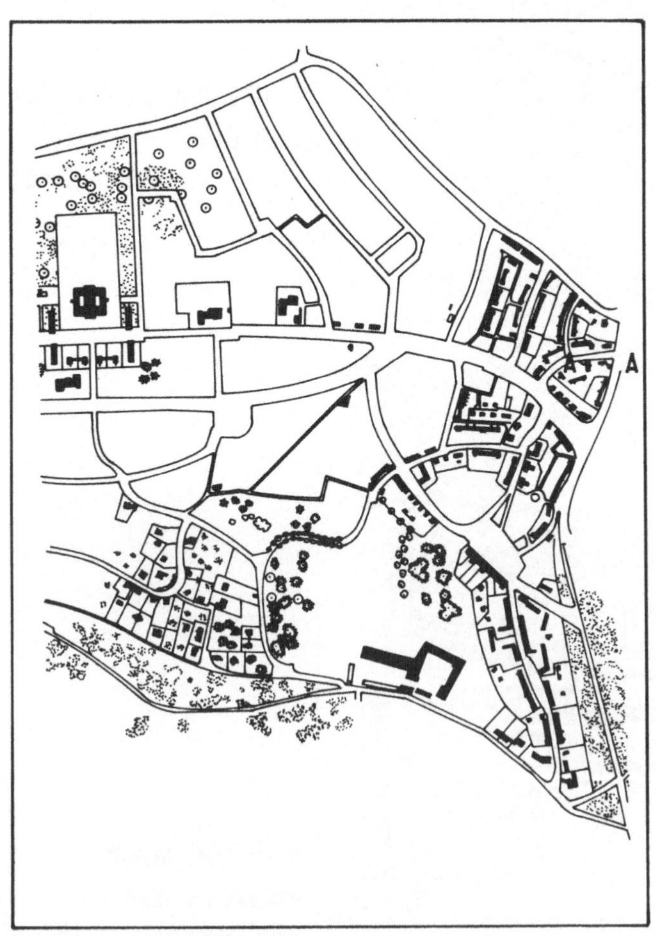

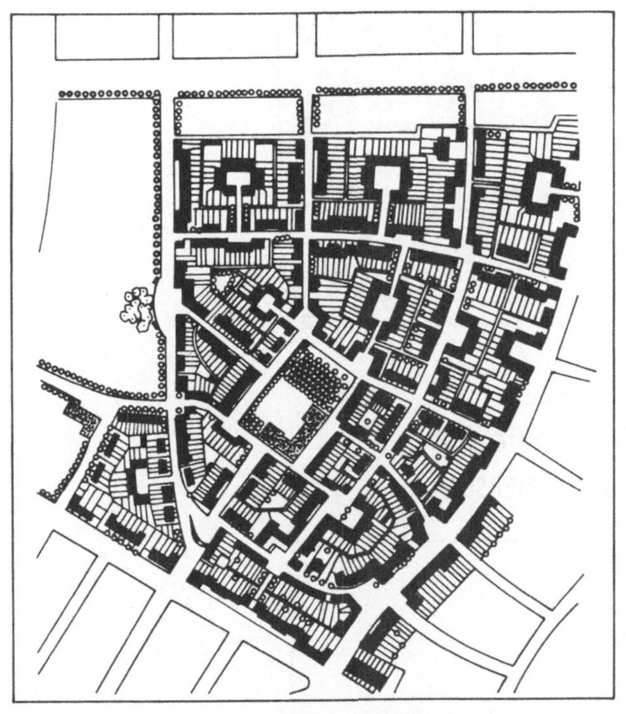

SIEDLUNG DER GEMEINNÜTZIGEN
BAUGESELLSCHAFT IN LEIPZIG -
LÖSSNIG   ARCH. MUTHESIUS

KRUPP'SCHE SIEDLUNG:
DAHLHAUSER HEIDE
ARCH. SCHMOHL   1907-11

'GARTENSTADT' - PLAN, ARBEITERSIEDLUNG DER FA. KRUPP, 1917

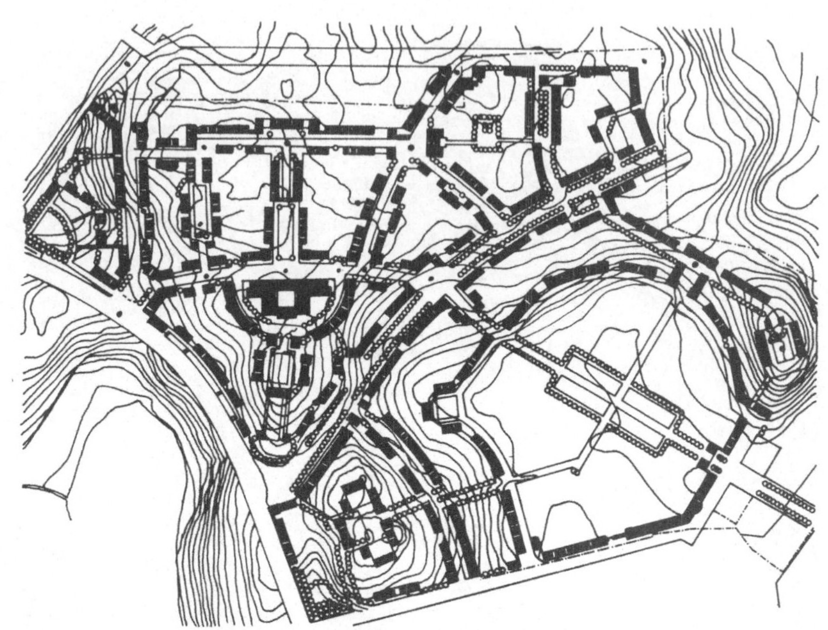

ESSEN

GARTENSTADT MARGARETHENHÖHE

ARBEITERSIEDLUNG DER FA. KRUPP, GEORG METZENDORF, 1909ff

FÜNFFAMILIEN - REIHENHAUS

GARTENANSICHT

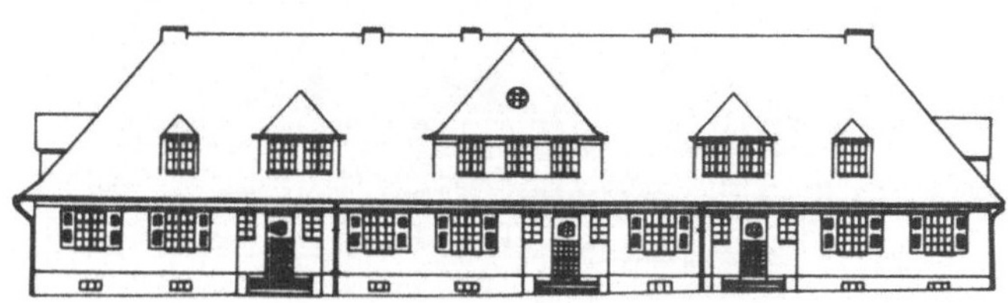

STRASSENANSICHT

WIEN

XXII. GEMEINDEBEZIRK
619 HEKTAR ZU 50% ÜBERBAUT (CA. 30 000 WE FÜR CA. 150 000 EW), OTTO WAGNER 1911

ZENTRUM DES BEZIRKS, VOGELSCHAUBILD

LAGEPLAN   1 HAUPTPLATZ   3 II. ZONENSTRASSE   5 MARKTSTRASSE
           2 I. ZONENSTRASSE   4 MARKTSTRASSE

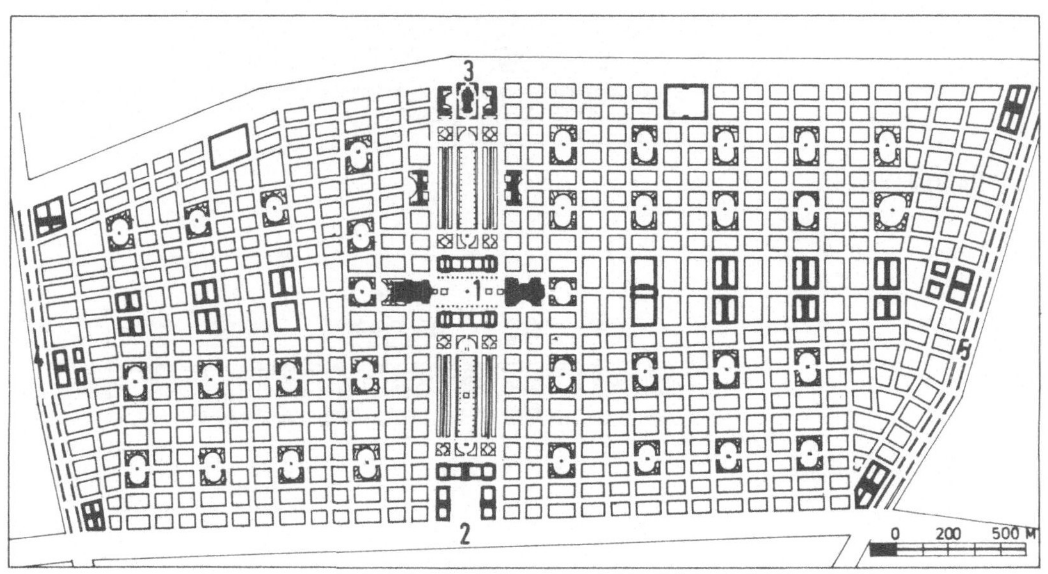

BRUNO TAUT, 1916

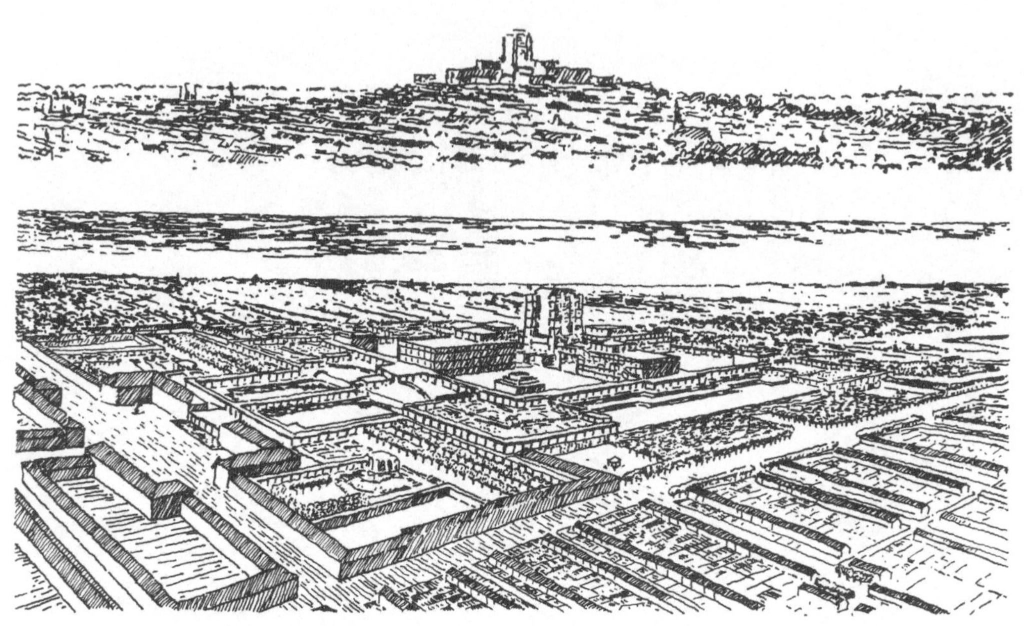

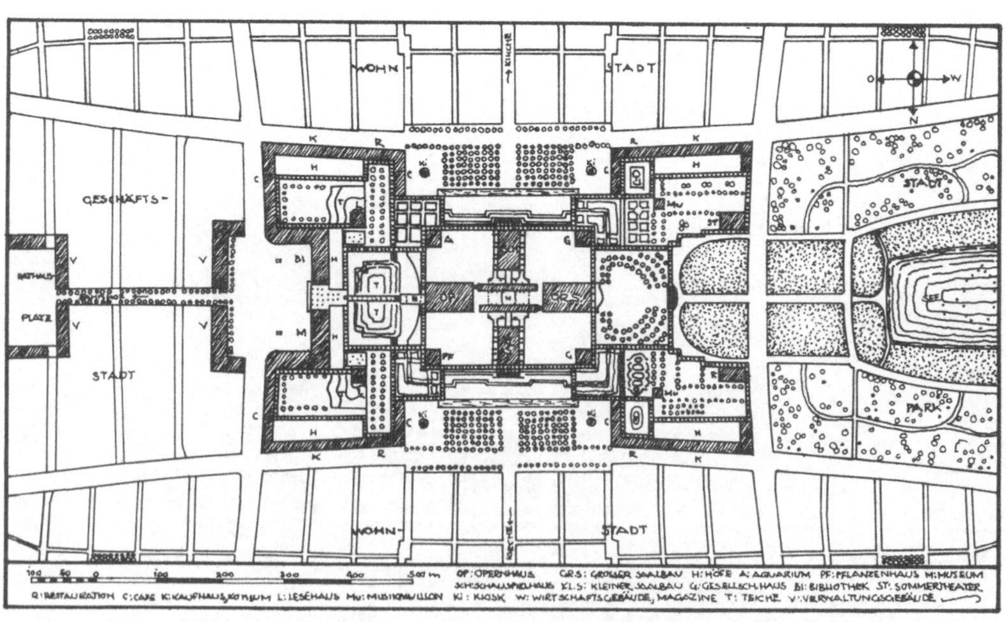

PARIS

"PLAN VOISIN", LE CORBUSIER 1925

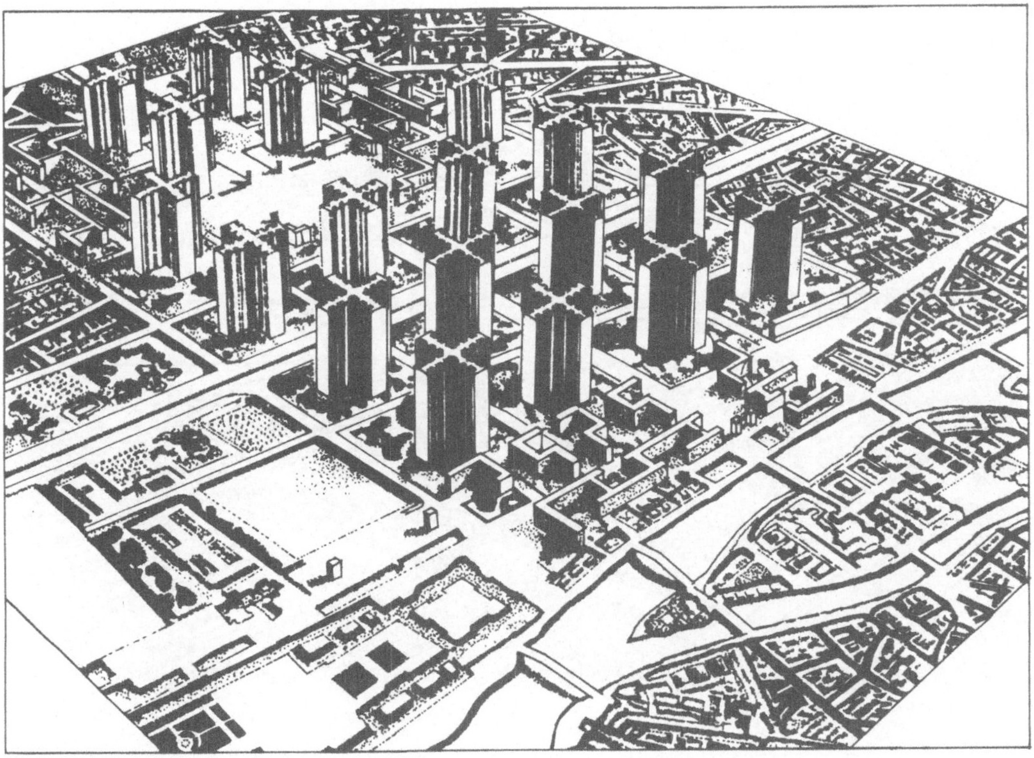

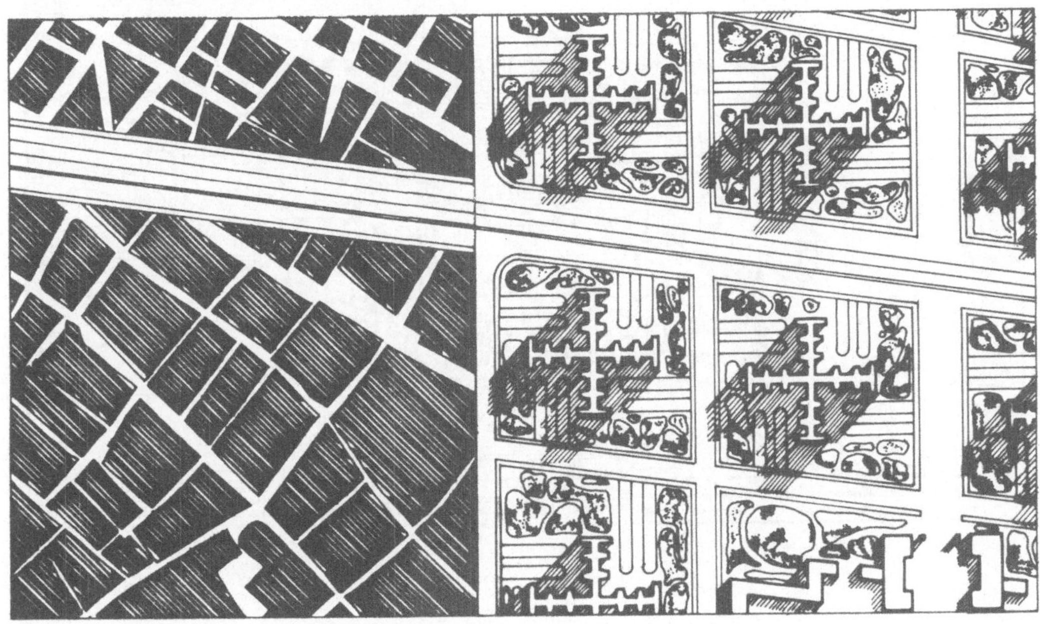

KONTRAST ZWISCHEN DEM "URBANISIERTEN" BEREICH IN DER ERNEUERTEN STADT UND DEN ANGREN-
ZENDEN GEWACHSENEN QUARTIEREN ▽

NACH: LE CORBUSIER ET PIERRE JEANNERET, ŒUVRE COMPLÈTE DE 1929-1934 (VOL. 2), ZÜRICH 1964

FRANKFURT

SIEDLUNG RÖMERSTADT, ERNST MAY / H. BOEHM / W. BANGERT 1927 - 1928

1 IN DER RÖMERSTADT
2 HADRIANSTRASSE
3 IM BURGFELD
4 AN DER RINGMAUER

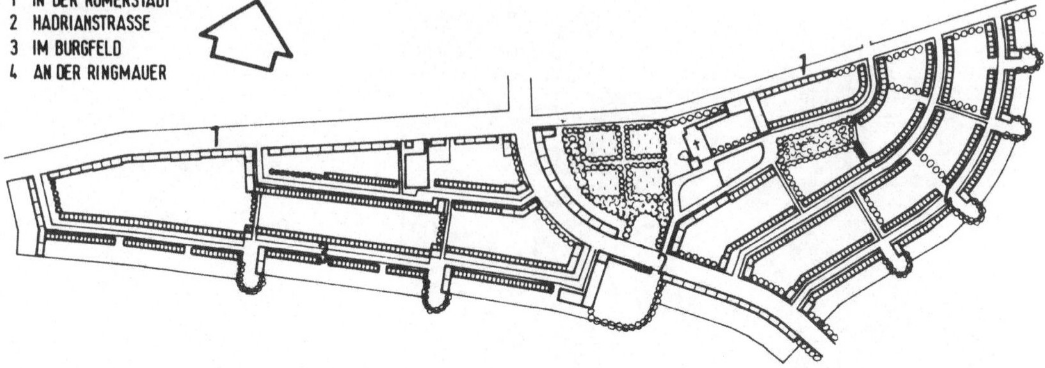

WIEN

KARL-MARX-HOF, KARL EHN 1927 - 1930

1 HEILIGENSTÄDTER STRASSE
2 BOSCHSTRASSE
3 GEISTINGERGASSE
4 GRINZINGER STRASSE

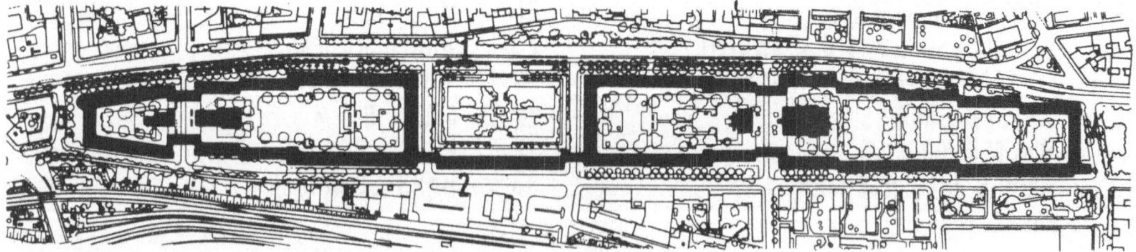

NACH: ERNST MAY UND DAS NEUE FRANKFURT 1925 - 1930, BERLIN 1986

BRAMHAS E., DER WIENER GEMEINDEBAU, BASEL 1987

MA/SO 89

WEISSENHOFSIEDLUNG (AUSSTELLUNG DES DEUTSCHEN WERKBUNDES, 1927)

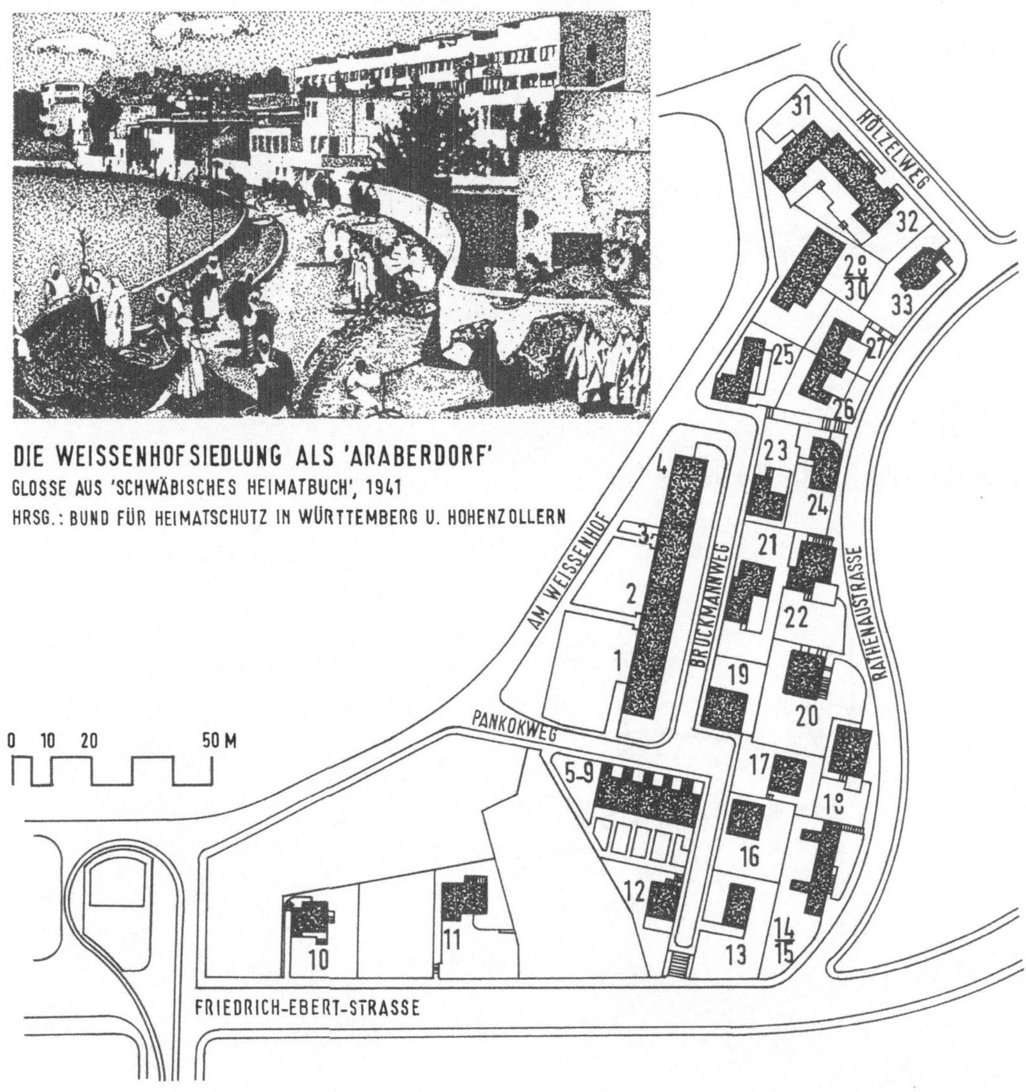

DIE WEISSENHOFSIEDLUNG ALS 'ARABERDORF'

GLOSSE AUS 'SCHWÄBISCHES HEIMATBUCH', 1941

HRSG.: BUND FÜR HEIMATSCHUTZ IN WÜRTTEMBERG U. HOHENZOLLERN

01-04	LUDWIG MIES VAN DER ROHE	20	HANS POELZIG
05-09	J.J.P. OUD	21	RICHARD DÖCKER
10	VICTOR BOURGEOIS	22	RICHARD DÖCKER
11	ADOLF G. SCHNECK	23	MAX TAUT
12	ADOLF G. SCHNECK	24	MAX TAUT
13	LE CORBUSIER MIT P. JEANNERET	25	ADOLF RADING
14+15	LE CORBUSIER MIT P. JEANNERET	26+27	JOSEF FRANK
16	WALTER GROPIUS	28-30	MART STAM
17	WALTER GROPIUS	31+32	PETER BEHRENS
18	LUDWIG HILBERSEIMER	33	HANS SCHAROUN
19	BRUNO TAUT		

NACH: JOEDICKE J./PLATH CHR., DIE WEISSENHOFSIEDLUNG, STUTTGART 1977 (= 2. AUFL.)

STUTTGART S 211

MUSTERSIEDLUNG AM KOCHENHOF (ERR. IM RAHMEN DER AUSSTELLUNG "DEUTSCHES HOLZ FÜR HAUSBAU UND WOHNUNG"), PAUL SCHMITTHENNER U.A., 1933

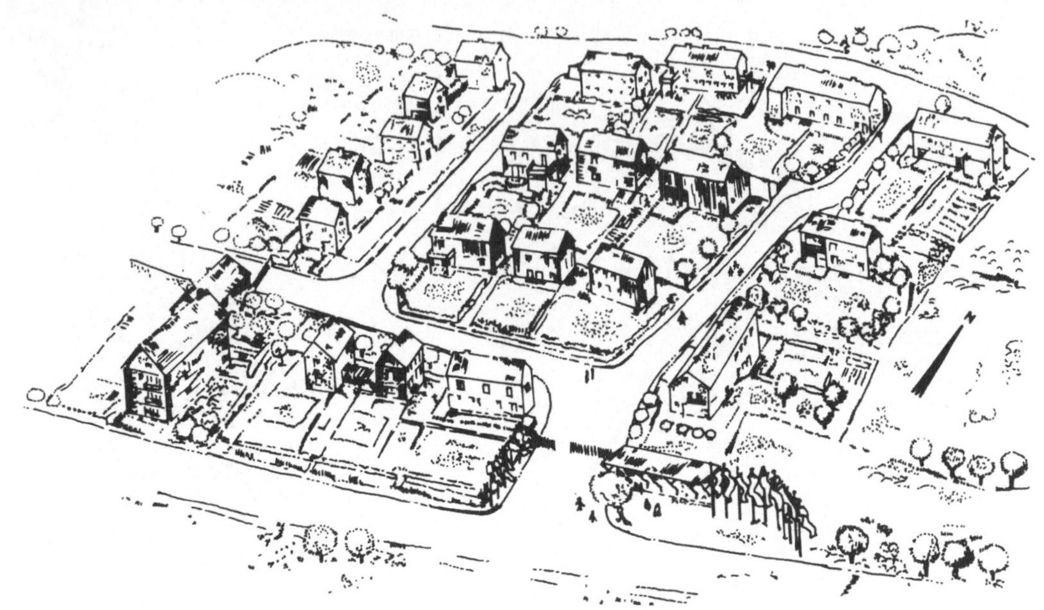

PIRMASENS

VORSTÄDT. SELBSTHILFE - KLEINSIEDLUNG "AM SOMMERWALD", 1932 - 1935

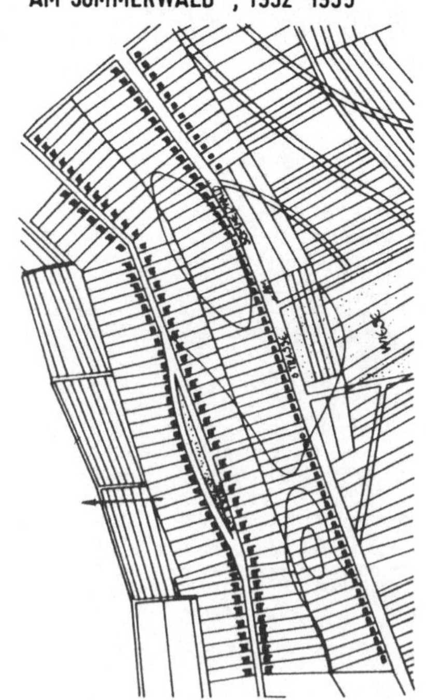

ROTTWEIL

BAUTYP DER KOLONIE "AUF DER BRÜCKE", P. SCHAEFFER - HEYROTHSBERGE, 1937 - 1940

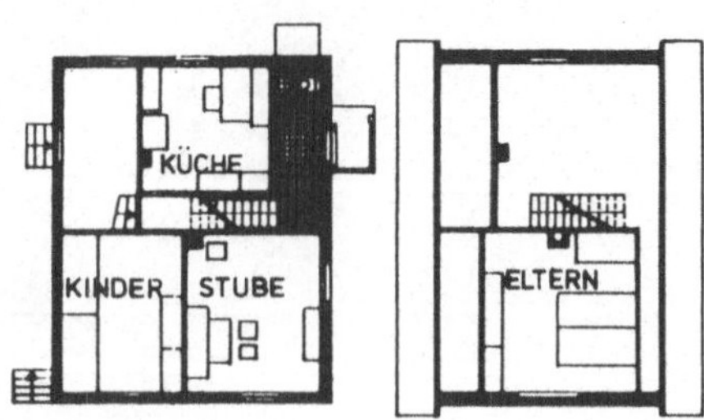

NACH: STUTTGARTER KUNST IM 20. JAHRHUNDERT (HRSG.: H. HEISSENBÜTTEL), STUTTGART 1979

BENEVOLO L., GESCHICHTE DER ARCHITEKTUR DES 19. UND 20. JAHRHUNDERTS, MÜNCHEN 1964

BERLIN

NORD-SÜD-ACHSE DER REICHSHAUPTSTADT, ALBERT SPEER 1937-1943

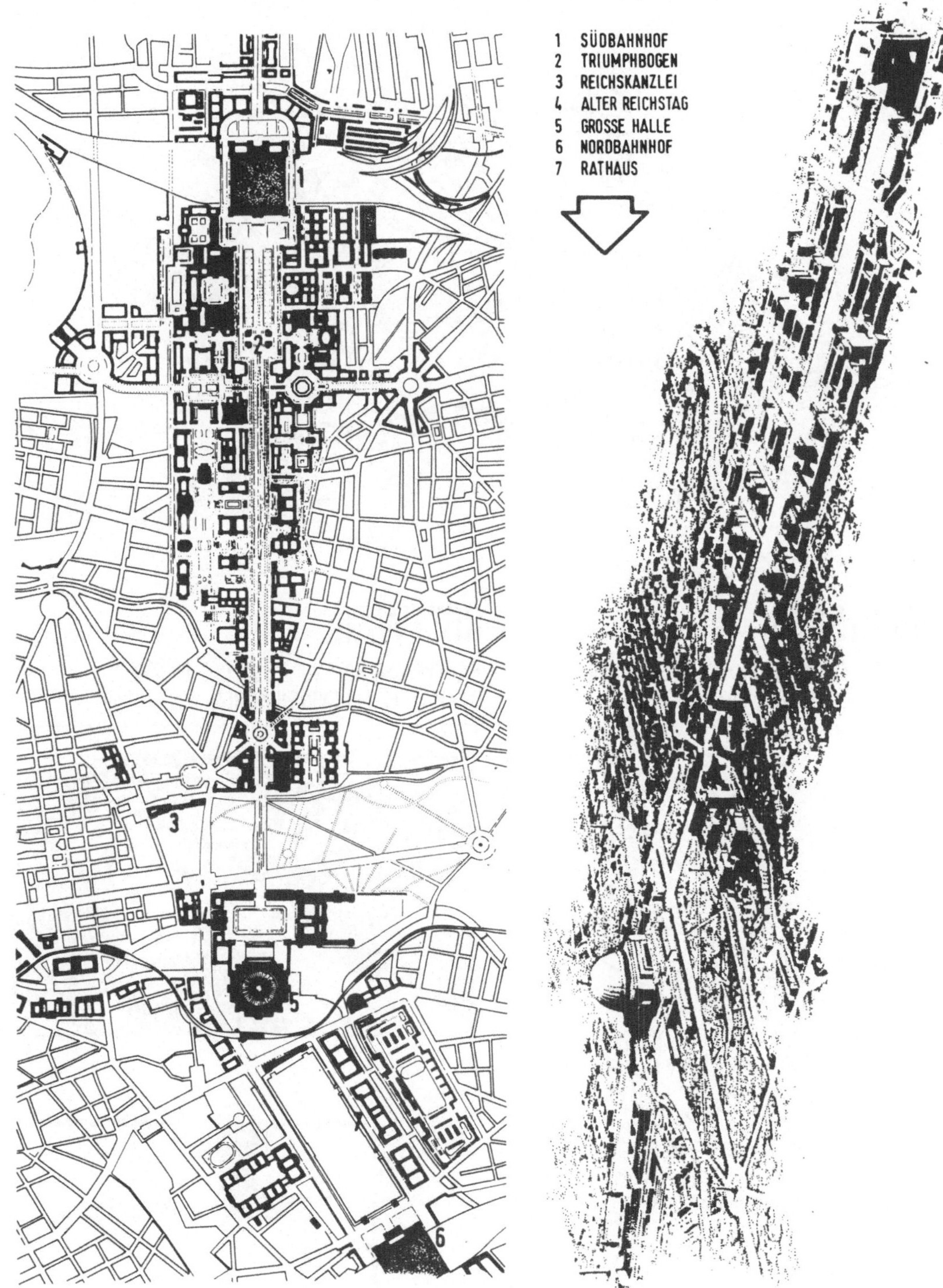

NACH: ALBERT SPEER . ARCHITEKTUR . ARBEITEN 1933-1942, FRANKFURT a.M./BERLIN/WIEN 1978

BERLIN

HANSAVIERTEL - INTERBAU - AUSSTELLUNG   1957

1 GROSSER STERN
2 SPREE WEG
3 ALTONAER STRASSE
4 STRASSE DES 17. JUNI
5 KLOPSTOCK STRASSE

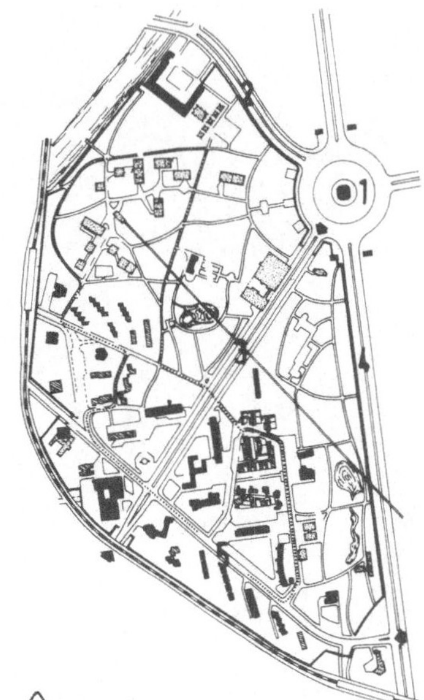

△
DAS VIERTEL BIS ZU SEINER ZERSTÖRUNG 1943
MODELLANSICHT ▽

△
DIE NEUPLANUNG

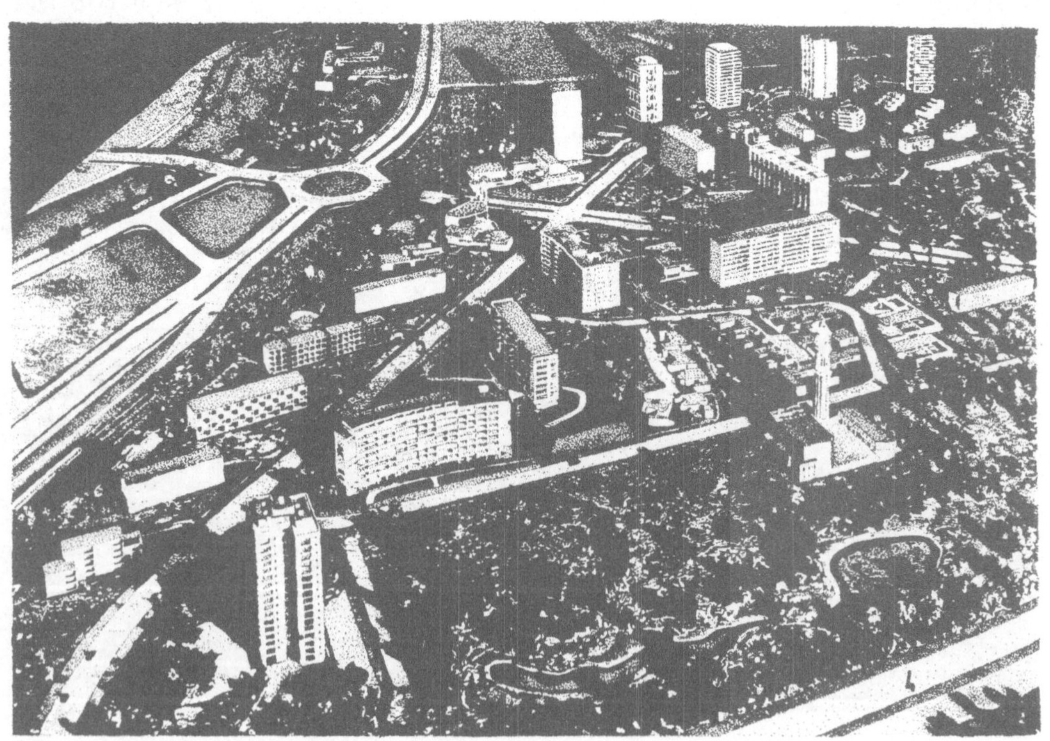

NACH: NAGEL S., DAS BERLINER HANSAVIERTEL UND DIE INTERBAU 1957 IN: DBZ 6/57

MÜNSTER

PRINZIPALMARKT, WIEDERAUFBAU NACH DEM 2.WELTKRIEG

WESTSEITE 1907 △   ▽ WESTSEITE 1982

NACH: ROSINSKI R., DER UMGANG MIT DER GESCHICHTE BEIM WIEDERAUFBAU DES PRINZIPALMARKTES IN MÜNSTER/WESTF.

NACH DEM 2.WELTKRIEG, BONN 1987

BIELEFELD

SENNESTADT, H.B. REICHOW 1954 ff

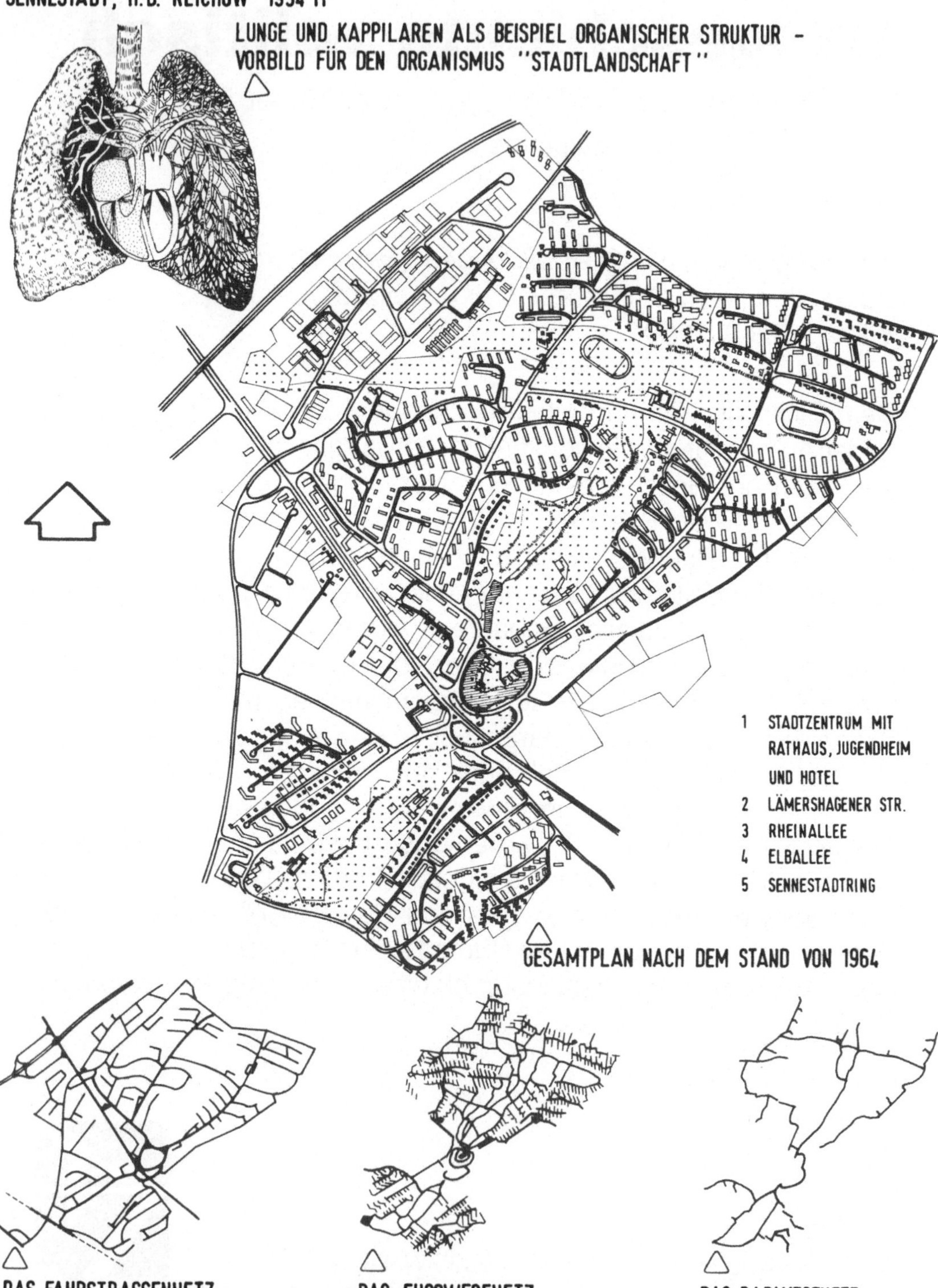

NACH: REICHOW H.B., ORGANISCHE STADTBAUKUNST, BRAUNSCHWEIG/BERLIN/HAMBURG 1948

REICHOW H.B., 10 JAHRE SENNESTADT. PLANUNG UND AUFBAU STAND OKTOBER 1964

Baugeschichte politisch

Schinkel, Stadt Berlin, Preußische Schlösser

Zehn Aufsätze mit Selbstkommentaren

von Goerd Peschken

1993. 233 Seiten mit 49 Abbildungen. (Bauwelt Fundamente, Bd. 96; hrsg. von U. Conrads und P. Neitzke) Kartoniert. ISBN 3-528-08796-X

Dem Blick, der sich nicht beim schönen Schein architektonischer Bilder aufhält, gerät die konventionelle Baugeschichte zur Hilfswissenschaft der Geschichtswissenschaft. „Ohne Reflexion des Ganzen", notiert Goerd Peschken im Vorwort zur vorliegenden Textsammlung, „würde Baugeschichte mich nicht sehr interessieren." Das anscheinend Selbstverständliche – die Entzifferung des Politischen im Erscheinungsbild alles Gebauten – wurde ihm zur Passion. Während die Baugeschichte sich über „die ewigen Gesetze rechter Gestaltung" beugte, „liebäugelte ich", schreibt er, „mit der modernen Architektur und ihrer offen dargestellten Beziehung zu Industrie und Großstadt. Und kapierte, daß Schinkels Architektur damit etwas zu tun hatte. Wie er am Museum gleiche Fenster oder Säulen reiht – das Ungleiche aussondert (...) – waren das nicht industrielle Prinzipien? Und die Bauakademie, war sie nicht ein Fertigteilbau? War sie nicht überhaupt ein moderner Skelett- und Rasterbau?" Peschken studierte nicht nur im Hörsaal, er studierte die Stadt. Seine scharfsinnigen Beobachtungen sind Ausdruck einer einzigartigen Architekturlektüre.

Verlag Vieweg · Postfach 15 46 · 65005 Wiesbaden

Transformation und Utopie des Raums in der Französischen Revolution

von Hans-Christian Harten

1994. 236 Seiten. (Bauwelt Fundamente, Bd. 98; hrsg. von U. Conrads und P. Neitzke) Kartoniert. ISBN 3-528-08798-6

Die Französische Revolution war nicht allein eine politische, sondern fast mehr noch auch eine kulturelle Revolution. Es ging um nicht mehr und nicht weniger als um eine ästhetische Repräsentation der Utopie von der auf der reinen Ratio gründenden Republik. Zur neuen Zeit – die ja unter neuen Benennungen begonnen wurde – und zum neuen Menschenbild mußte auch ein neuer Raum definiert und erlebbar gemacht werden: der Raum als Territorium unbegrenzter Freiheit in einer harmonisch ausgeglichenen sozialen Welt, die wahre Heimat des Menschen. Diesem Prozeß und den mit ihm verbundenen Fragestellungen geht der Autor auf Wegen nach, die weithin so gut wie unbekanntes Material und bisher von der Bau- und Stadtbaugeschichte wenig beachtete Fakten zutage fördern. Die Ästhetik des Direktoriums stellt sich uns als Beginn der auf politisch-gesellschaftliche Ziele ausgerichteten, durch Anschaulichkeit wirkenden Massenbeeinflussung dar, als eine ideologisch versierte kulturelle Praxis.

Verlag Vieweg · Postfach 15 46 · 65005 Wiesbaden

Architektur des Mittelalters

herausgegeben von Hartmut Hofrichter

2., verbesserte Auflage 1993. 397 Seiten. Kartoniert.
ISBN 3-528-18682-8

Wer sich ein Bild von der Baugeschichte des Mittelalters, vom Reichtum des mehr oder weniger Erhaltenen, Umgebauten, Zerstörten, Rekonstruierten machen will, muß gewöhnlich hunderte von Einzeldarstellung konsultieren. Architektur des Mittelalters geht in seiner Kompaktheit und Vielschichtigkeit weit über eine Einführung in die Thematik hinaus. Der Textteil stellt die Entwicklung vom frühen Christentum über Byzanz, die merowingische/karolingische Zeit bis zur Romantik und Gotik informativ und konzentriert dar. Der Bildteil zeigt baugeschichtlich bedeutende, darunter teilweise weniger bekannte, doch für das Verständnis von Entwicklungszusammenhängen wichtige Beispiele in Grundrissen, Schnitten, Ansichten und anschaulichen isometrischen Darstellungen – akribisch Gezeichnetes, das seine Mission nicht verbirgt: ein Nachschlagewerk zu sein, das sich zugleich als Reise in die Vielfalt der mittelalterlichen Architektur versteht. Der Band gehört, wie die ebenfalls in zweiter, verbesserter und ergänzter Auflage vorliegende Stadtbaugeschichte von der Antike bis zur Gegenwart, inzwischen zu den Standardwerken unter den architekturgeschichtlichen Darstellungen.

Verlag Vieweg · Postfach 15 46 · 65005 Wiesbaden